当代科学技术基础理论与前沿问题研究丛书

中国科学技术大学

校友文库

二维状态下的聚合

单分子膜和Langmuir-Blodgett膜的聚合

Polymerization in Two-dimensional State

Polymerization in Monolayer and Langmuir-Blodgett Films

何平笙 著

中国科学技术大学出版社

内 容 简 介

单分子膜和 LB 膜超薄有序，能在分子水平上对它们的结构以及物理、化学性能加以控制，从而实现分子的排列和组合，组建超分子结构以及超微复合材料，观察一般环境下无法进行的化学反应和物理现象。为克服小分子化合物单分子膜和 LB 膜不耐热和机械力学强度低的缺点，在成膜有机小分子化合物中引入能进一步发生聚合反应的基团，使它们高分子化。全书在介绍单分子膜和 LB 膜基本概念和测试技术基础上，详细讨论了成膜单体、二维状态下的聚合，聚合反应动力学，以及聚合物在二维这样一个极端条件下的特殊行为。强调单分子膜和 LB 膜与高分子科学的结合点上发现的新现象和新规律，同时，还以较大篇幅介绍它们在高新技术领域中的各种应用。

图书在版编目(CIP)数据

二维状态下的聚合：单分子膜和 Langmuir-Blodgett 膜的聚合/何平笙著．—合肥：中国科学技术大学出版社，2008.10

(当代科学技术基础理论与前沿问题研究丛书：中国科学技术大学校友文库)

"十一五"国家重点图书

ISBN 978-7-312-02207-4

Ⅰ.二…　Ⅱ.何…　Ⅲ.单分子膜—聚合　Ⅳ.O484　O631.5

中国版本图书馆 CIP 数据核字(2008)第 151563 号

出版发行　中国科学技术大学出版社

地址　安徽省合肥市金寨路 96 号，邮编：230026

网址　http://press.ustc.edu.cn

电话　编辑部 0551－3606196　发行部 0551－3602909

印　刷　合肥晓星印刷有限责任公司

经　销　全国新华书店

开　本　710mm×1000mm　1/16

印　张　24.75

字　数　390 千

版　次　2008 年 10 月第 1 版

印　次　2008 年 10 月第 1 次印刷

印　数　1—3000 册

定　价　69.00 元

序

单分子膜和LB膜超薄有序，能在分子水平上对它们的结构以及物理、化学性能加以控制，从而实现分子的排列和组合，组建超分子结构以及超微复合材料，观察一般环境下无法进行的化学反应和物理现象，乃至特殊功能和生物活性。今天，单分子膜和LB膜以及LB技术在物理、化学、生物学、非线性光学和微电子学等高技术领域中的潜在应用前景已被越来越多的科学家所认识，也引起了工业界的关注。LB膜已开始从实验室研究逐步走向实用研究。

为克服小分子单分子膜和LB膜不耐热和机械力学强度低的缺点，可在成膜有机小分子化合物中引入能进一步发生聚合反应的基团，使它们高分子化，导致了一大类有实用价值的成膜化合物的出现，大大促进了单分子膜和LB膜研究工作的深入。然而，任何学科都是相互促进的，在单分子膜和LB膜技术中大量应用高分子科学的知识时，高分子科学也从LB膜技术中学到了很多。如今，高分子科学与LB膜技术的关系已不仅限于提高膜的稳定性方面，而且能够通过分子的有目的组装来合成新的聚合物，以及用它来研究二维状态下的聚合反应，讨论聚合物在二维这样一个极端条件下的行为。LB膜技术的应用也对高分子科学的发展有积极的推动作用。

从1985年起，我们就在国家自然科学基金委的支持下开始了单分子膜和LB膜的研究工作——聚双烯类宏观单晶体及其LB膜研究(84科基金化准字第130号)。而后又开展了基金资助项目“LB膜的聚合和聚合的LB膜”(28970188)、“二维聚合反应器——Langmuir膜天平研究聚合反应”(29674027)和“聚合物单分子膜的动态弹性和二维橡胶态”(29974028)的研究。在单分子膜和LB膜与高分子科学的结合点上有了一些新的认识，并发现了一些新的现象和规律。本书就是这四个国家自然科学基金委资助项目科研工作的总结。特别是本书的撰写和出版还得到了国家自然科学基金委出版基金的支持，在此一并表示感谢。

参加基金项目的博士生和硕士生有周慧琳、吕卫星、金邦坤、邹纲、方堃、田清平、周悦、陈仁钊、于淑芳等，没有他们出色的工作就不可能有本书的出版。特别是邹纲博士重新整理编写了第8章“LB膜的应用”，并对全书的最后完成做出了重要贡献，在此表示衷心感谢。感谢李春娥高级工程师和周慧琳博士，是她们设计和制作了我们实验室的Langmuir膜天平主机和电子控制部分。

本书的部分内容曾在中国科学技术大学高分子化学和物理博士点开设的博士生课程上讲授过多次。许多博士生对课程的内容和安排都提出过不少很好的建议。

由于水平有限，缪误之处在所难免，恳请读者提出批评和指正。

何平笙

2007年10月

于中国科学技术大学

目　录

第 1 章　单分子膜和 Langmuir－Blodgett 膜

1.1　历史和现状

1.1.1　1970 年以前的历史

人类是在长期的航海实践中认识单分子膜的。远在公元前，古代巴比伦人就已经观察到油在水面上的铺展现象，并知道这种水面上的油膜能平静海浪。古代中国造船工匠也在用桐油刷涂木质船体时涉及了单分子膜[1]；日本古代一种称为"墨流"的工艺就是一种"天然蛋白质胶"的大分子层吸附的碳微颗粒画，墨汁是碳微粒和胶的悬浮液，将它在水面上铺展后，碳微粒随同胶分子一起浮在水面上。

单分子膜的近代科学观察和理论探索是与下列科学家的名字分不开的。他(她)们是：

Benjamin Franklin(1706～1790)。他在 1774 年报告了用一茶匙(约 5 mL)的植物油铺满约 2 000 m^2 池塘水面的实验结果。植物油膜有效地平息了池塘的水面波浪，水面看上去像玻璃一样平滑[2]。这是有关表面化学有记录的最早科学实验，由此估算的水面铺展油膜厚度约为 2.5 nm，与油分子的伸展长度相近。Franklin 还就铺展膜在平息海上波浪方面的实用价值及铺展的机理作了一些推测。

John Schields(1822～1890)。他在英国北部阿伯丁(Aberdeen)的码头海面进行了大范围的油层平息海浪实验，并于 1880 年申请了有关试验的专利[3]。

John Aitken(1839～1919)。作为一名工程师，他于 1882 年设计并亲手制作了平息水波的首台实验室装置，用它来验证有关的理论[4]。

Agnes Pockels(1862～1935)。1891年,她在自己家里厨房的水槽中进行了水面上铺展膜的研究工作[5]。她所使用的水槽就是今天我们使用的 Langmuir 水槽的雏形。1891～1893年,她在著名的《Nature》上连续发表文章,介绍我们现在称之为的表面压-面积($\pi-A$)曲线[6]以及有关水面上单分子膜实验的详细操作：用涂蜡的丝线分割和控制水面,并用刮膜方法清除已铺展的膜面。她还求得了每个硬脂酸分子所占有的面积为 2.2 nm²,对于当时使用的纯度并不高的硬脂酸来说,这 2.2 nm² 的分子占有面积已相当精确。现在,有人还把铺展单分子膜时表面压刚能被观察到的那个点叫做 Pockels 点。

Load Rayleigh(1842～1919)。他在物理化学许多领域中都有杰出的贡献,在单分子膜方面,他第一次提出了单分子层的概念[7]。他研究了橄榄油对水的表面张力的影响,并推测如果橄榄油在水面上达到最大程度的铺展,应该是一层分子,即单分子层。他估算出了橄榄油单分子层的厚度为 1～2 nm。1899年,Rayleigh 使用 Pockels 的水槽实验技术在实验上更证实了单分子层概念的正确性,并精确计算出橄榄油单分子层的厚度为 1 nm。他还对 Pockels 实验的 $\pi-A$ 曲线和 Pockels 点作出了合理的解释。单分子层的概念是自然科学中的基本概念之一,在现代科学中有着广泛的应用。

Irving Langmuir(1881～1957)。他是现代单分子层理论基础的奠基者(图1.1左)。他研制出了现在常说的 Langmuir 膜天平,并用他所发明的膜天平研究了一系列长链脂肪酸在水面上的铺展,以及气-液界面上分子的大小、形状、取向和在气-液界面的有序性等,为单分子膜和 LB 膜的研究开辟了一个全新的局面[8]。单分子膜领域里的第一个诺贝尔奖正是 Langmuir 因出色的吸附理论而荣获的(1932年)。

Katharine Blodgett (1898～1979,图1.1右)。这位 Langmuir 的女弟子在1919年第一次实现了长链脂肪酸单分子层从水面向固体基片的成功转移,从而开创了在固体表面上多分子层的研究工作[9]。该多分子层就是现在我们所说的 Langmuir - Blodgett 膜,简称 LB 膜。他(她)们所用的沉积技术就叫 LB 膜技术[10]。Langmuir 和 Blodgett 发现,转移到基片上的单分子层对固体表面的性质有很大影响。在随后的十多年里他们师生两人使用了多种化合物成膜,并用光学技术来研究 LB 膜的性质。LB 膜技术带动了许多科学家投入到这个领域,从而形成了20世纪30年代第一个单分子膜和 LB 膜的研究高潮。

Hans Kuhn。到了20世纪60年代,德国科学家 Kuhn 一直在想,化学

图 1.1 Irving Langmuir (1881～1957,1932 年获诺贝尔奖,左)
和 Katharine Blodgett (1898～1979,右)

家总能找到各种化学反应来任意排列原子(排列化学键),而对排列分子(排列范德华键)却缺乏有效的手段,而 LB 膜技术正是排列范德华键的有效方法。1962 年,Kuhn 第一次在 LB 膜中引入了光活性的染料分子,并对它们的能量转移性能做出了有意义的工作,实现了 LB 膜技术通过单分子层的组装建造分子有序体系的构想[11]。Kuhn 开辟了 LB 膜研究的又一个新阶段,是现代 LB 膜研究的代表人物之一。由于 Kuhn 对 LB 膜技术的突出贡献,有人甚至建议把 Langmuir - Blodgett 膜改称为 Langmuir - Blodgett - Kuhn 膜(LBK 膜)。

1.1.2 1970 年以后的状况

由于 Kuhn 的工作,从 20 世纪 70 年代开始,单分子膜和 LB 膜的研究工作重新受到广泛的重视,从而导致了单分子膜和 LB 膜研究的又一个高潮。科学家认识到 LB 膜有序超薄,能在分子水平上对它们的结构以及物理、化学性能加以控制,从而实现分子的排列和组合,组建超分子结构以及超微复合材料,观察一般环境下无法进行的化学反应和物理现象,乃至特殊功能和生物活性。今天,单分子膜和 LB 膜以及 LB 技术在物理、化学、生物学、非线性光学和微电子学等高技术领域中的潜在应用前景,已被越来越多的科学家所认识,也引起了工业界的关注。LB 膜已开始从实验室研究逐步走向应用研究。

1981 年在英国 Durhan 大学召开了第 1 届 LB 膜国际会议(International Conference on Langmuir - Blodgett Films)。从那时候起,

LB膜国际会议每两年召开一届，1991年在巴黎召开的第5届LB膜国际会议上，为了拓宽会议包含的领域，决定改名为有序分子组装膜会议（International Conference on Organized Molecular Films）[12]，到目前为止已经召开了十一届。在国内，20世纪80年代就有部分高校开展了单分子膜和LB膜的研究工作[13]。1986年由中国科学技术大学和复旦大学在上海共同发起并召开了全国LB膜研讨会，并决定成立LB膜专业委员会（现在叫分子有序膜专业委员会，属中国化学会）和召开第1届全国LB膜学术报告会（开封，1987）[14]。至今全国LB膜学术报告会已召开了八次，还召开了中日双边LB膜学术报告会，最后发展为亚洲分子有序膜学术报告会（北京，1998）。并且，国内外还以诸如未来的电子学器件、生物电子学和分子电子学等名称召开各种有关LB膜应用方面的学术会议[15]，把LB膜在微电子学上的应用价值的认识推向了一个新的高度。

当前在单分子膜和LB膜研究工作中领先的国家有德国、英国、日本、美国和法国，此外像加拿大、以色列、意大利等国也有相当的研究力量。我国自80年代开展LB膜科研工作以来，发展很快。在最近几次国际分子有序组装膜会议上我国学者提交的论文数和参加会议的人数都在前3,4位。作为对我国在单分子膜、LB膜和自组装膜方面工作的肯定，2003年10月第10届国际有序分子组装膜会议由我国科学家主持，在北京召开。几百位中国代表出席了会议，并取得了成功[16]。2005年的第11届国际有序分子组装膜会议在日本举行。

单分子膜和LB膜的学术论文主要发表在下面的学术期刊上，它们是 *Langmuir*, *Thin Solid Films*, *Journal of Chemical Physics*, *Synthesis Metal*, *Journal of Colloid and Interface*, *Colloid and Polymer Science*, *Molecular Crystals & Liquid Crystals* 以及其他高水平综合学术期刊。中文期刊有《化学物理学报》、《物理化学学报》、《膜科学和技术》、《高分子学报》、《化学学报》和《高等学校化学学报》等。

已出版的有关单分子膜和LB膜的中英文专著有10余本。早在1966年G.L.Gaines Jr就出版了第一部有关单分子膜的专著[10]。H.Kuhn于1972年撰写有关单分子膜和LB膜的综述尽管没有以专著的形式出版[11]，但对近30年来单分子膜和LB膜工作起了重要的推动作用。此后，活跃在单分子膜和LB膜科研工作第一线的科学家纷纷把他们的研究成果写出专著出版[17-21]。特别是我国科学家不但翻译国外的专著[22]，结合自己的工作撰写介绍单分子膜和LB膜的入门书[23]，更有在单分子膜和LB膜研究某个方面有造诣的学者,也撰写中文的专著出版[24]。

1.2 单分子膜(Langmuir monolayer)

1.2.1 单分子膜铺展和它的 $\pi-A$ 曲线

把一头是亲水基团,另一头是疏水基团的两亲性长链有机化合物(成膜化合物)的稀溶液滴加在水面上,该化合物分子亲水的基团就扎向水里,疏水的基团却朝向空气而在水面上铺展开来。待溶剂挥发后,成膜化合物分子东倒西歪地分散在水面上(图 1.2 a)。如果用一片膜障(barrier)缓慢向前移动,压缩水面,本是杂乱排布的成膜化合物分子会逐渐变得规整起来。在极限情况下,分子完全规则排列在水面上,形成只有一个分子层的,紧密排列的不溶性单分子膜(图 1.2 b)。所以,单分子膜是指漂浮在空气和亚相水界面上的,一个分子层厚的二维薄膜。为纪念单分子膜的奠基者

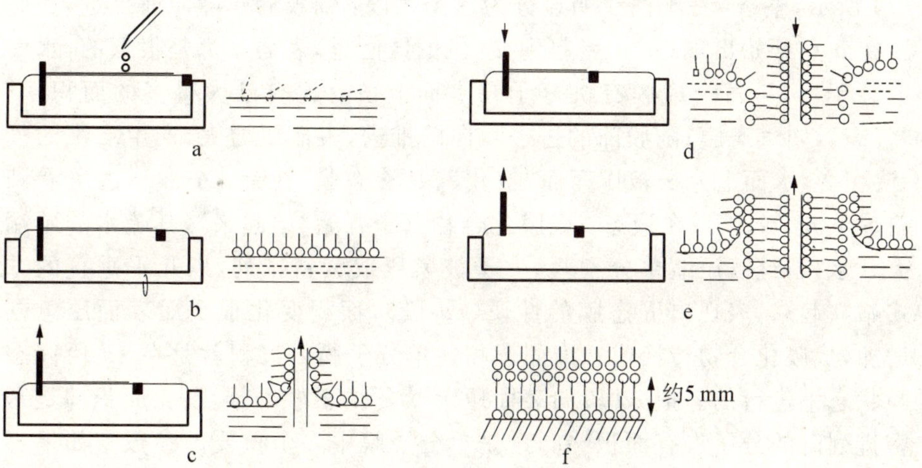

图 1.2 单分子膜的铺展和 LB 膜沉积过程示意图

a. 成膜有机化合物的稀溶液滴加铺展在水面上,溶剂挥发后有机分子东倒西歪地排布在水面上;b. 用膜障(黑方块)压缩水面,分子逐渐变得规整,最后完全规则排列形成只有一个分子层的紧密排列的不溶性单分子膜;c. 预先置在水面下亲水的基片由下向上运动,排列整齐的有机分子就沉积在这基片上;d. 沉积上第一层的基片向下运动,又有一层分子以相反的形式沉积在基片上;e. 重复以上运动,有机分子一层又一层沉积在基片上,得到规整有序多层分子膜——LB 膜 f

I. Langmuir，单分子膜也叫 Langmuir 膜。用一个固体基片在铺展有单分子膜的水面上垂直上下移动，把上述成膜有机化合物的单分子膜逐层沉积在固体基片上，所得到的一个单分子层或多个分子层的膜（图 1.2 c,d,e），叫做 Langmuir - Blodgett 膜，简称 LB 膜（LB films，图 1.2f）。

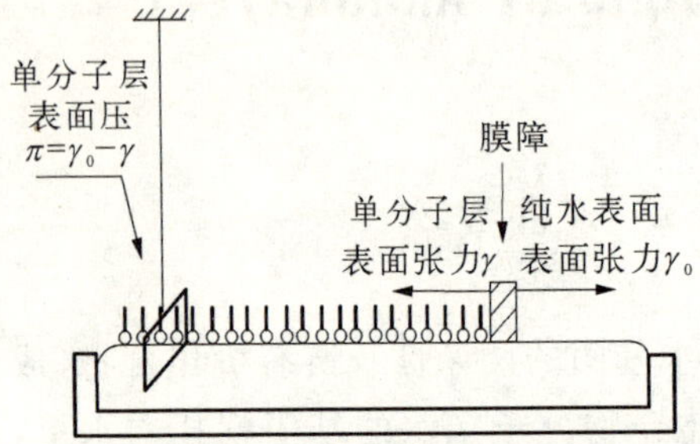

图 1.3 单分子膜的表面压 $\pi=\gamma_0-\gamma$，为纯水表面张力(γ_0)与覆盖了膜后的表面张力(γ)之差

两亲性性有机化合物分子铺展在水面上引起水的表面张力的改变，单分子膜的表面压 π（Surface pressure）定义为纯水（溶剂）的表面张力（γ_0）与覆盖了膜后的表面张力（γ）之差（图 1.3）

$$\pi = \gamma_0 - \gamma$$

正如在三维空间中常用压力-体积关系图（$p-V$ 曲线）来表征物质的状态一样，在二维单分子膜的情况，通常是用对应的表面压（π）-分子面积（A）等温线（Isothermal surface pressure - area curve，$\pi-A$ 曲线）来表征单分子膜的状态。最典型的长链脂肪酸分子的 $\pi-A$ 曲线如图 1.4 所示，整条 $\pi-A$ 曲线明显分为三个线段：铺膜后膜障向前推进，表面压在 a 点开始出现；从 a 点起到 ab 段的区间里，表面压都是很低的，水面上分子不多，每个成膜有机分子在水面上占有比自己大得多的面积，呈"气态"，叫气态膜；随膜障的进一步向前推进，表面压增大，产生二维的气-液相变，水面上分子被压缩而"液化"，是液态膜，在 $\pi-A$ 曲线上可看到斜率上升（bc 段）；在液态，成膜化合物分子开始"站起来"，其疏水的尾端离开水相；继续压缩单分子膜，分子被紧压成紧密排列，以几乎垂直的方式站立起来，表现出固态膜的性质（cd 段），面积变化很小而表面压急剧增加，成膜化合物转换成二维固态相。单分子膜的沉积就是在 cd 段固态膜状态下进行的。把 cd 段向表面压 π 为零的横轴外推，所得面积即是紧密排列时的分子占有面积 A_0，这是单分子膜中一个重要的参数。如果再继续压缩单分子膜，成膜化合物分子膜变得不稳定，到 d 点，表面压不但不增大反而下跌，单分子膜发生崩溃，分子相互挤压、皱褶、重叠（图 1.5），d 点对应的表面压就是崩溃压 π_C（collapse pressure）。当然，也有一些成膜有机化合物分子的单分子膜在崩溃时，表面压并不下跌，而是基本保持不变或略有增加。

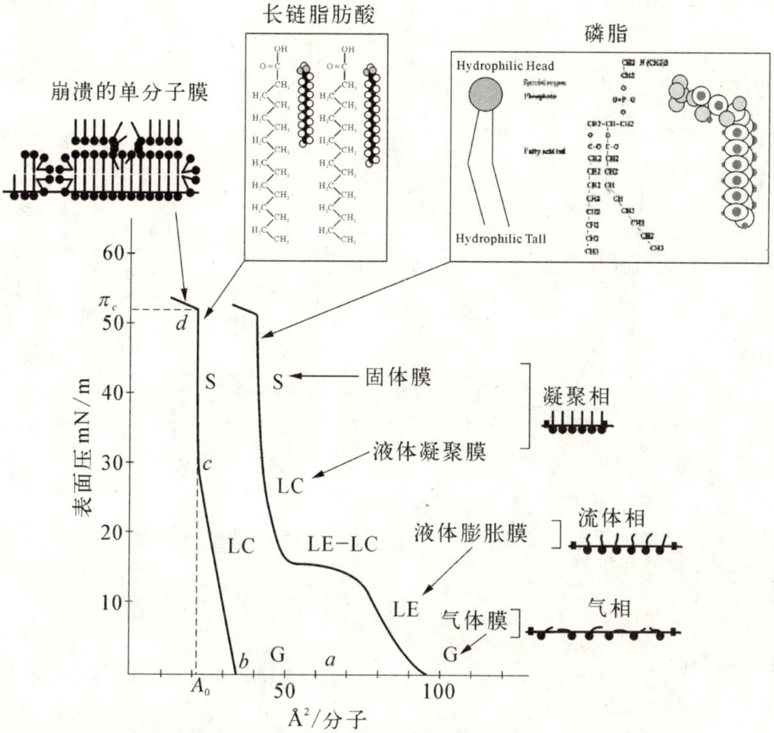

图 1.4 左边的是典型长链脂肪酸分子的表面压 π -分子占有面积 A 等温曲线($\pi-A$ 曲线)

ab 段为气态膜;*bc* 段是液态膜;*cd* 段为固态膜。对应于 *d* 的表面压叫单分子膜的崩溃压;右边的是磷脂的 $\pi-A$ 曲线。

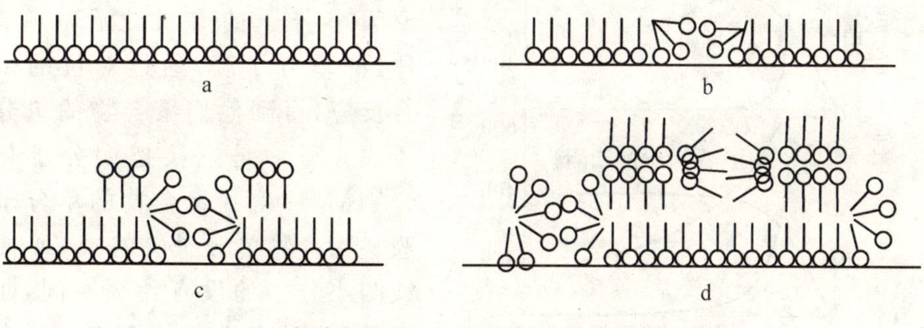

图 1.5 在过高的表面压下水面上单分子膜的崩溃

a. 正常排列的单分子膜;b. 单分子膜发生皱褶;c. 单分子膜不但有皱褶,还有两层膜的重叠;d. 甚至发生三层单分子膜的重叠

图 1.6 是经典成膜化合物硬脂酸(1.1)的实测 $\pi-A$ 曲线。在25 mN/m 表面压处转变为固态膜,约在 53 mN/m 处发生膜的崩溃,30～40 mN/m是沉积 LB 膜最适宜的表面压范围。外推到零表面压,硬脂酸分子在水面上的占

有面积为0.21 nm^2。

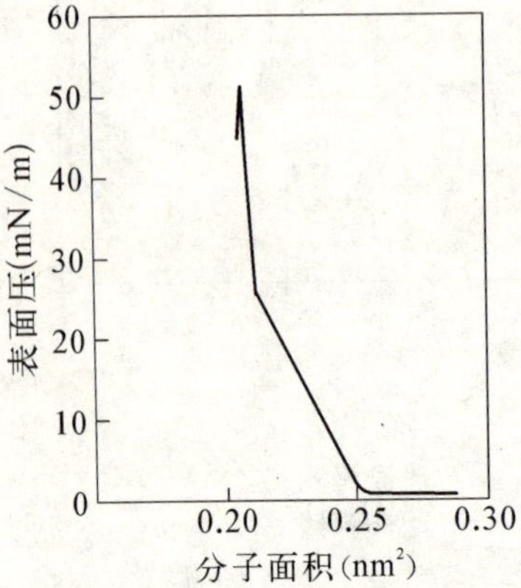

图 1.6.a 硬脂酸在浓度为 10^{-4} mol $CdCl_2$ 亚相上的 π - A 曲线

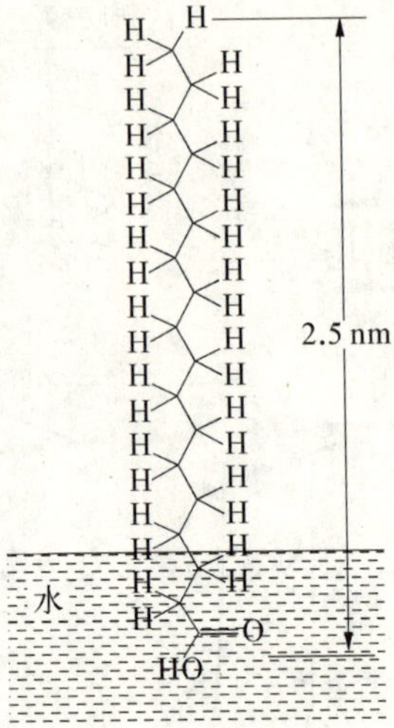

$CH_3—(CH_2)_{16}—COOH$

1.1

图 1.6.b 硬脂酸单分子膜

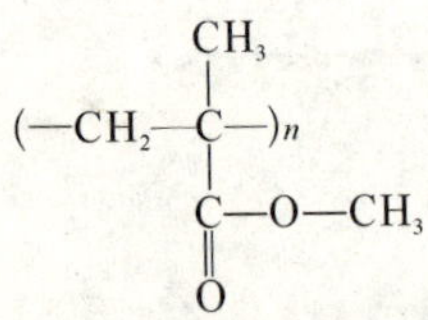

1.2

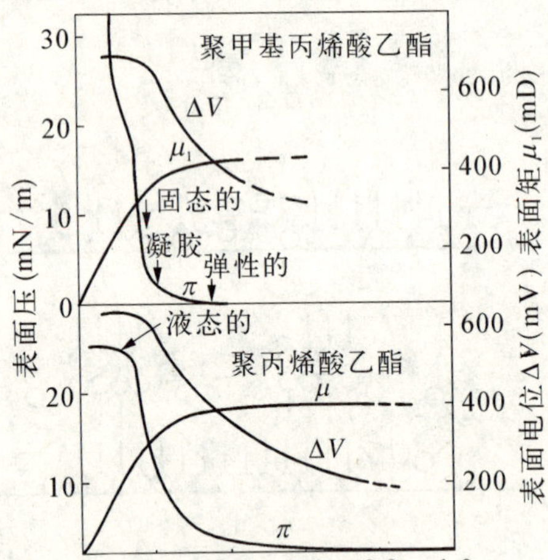

图 1.7 聚合物单分子膜 π - A 曲线的两种类型——膨胀型和凝聚型

聚丙烯酸乙酯具有典型膨胀型的 π - A 曲线，压缩单分子层表面时表面压逐步增大；聚甲基丙烯酸乙酯的 π - A 曲线则是典型的凝聚型，压缩单分子层表面时表面压急剧增大

1.2.2 聚合物的单分子膜

聚合物也是有机化合物，两亲性的聚合物当然也能形成单分子膜。一般说来，有两个途径来得到聚合物的单分子膜，一是原为小分子的有机化合物（单体）的单分子膜，通过对位的聚合反应，得到他们聚合物的单分子膜。另一是直接把大分子化合物铺展，得到聚合物的单分子膜。聚合物单分子膜的 π - A 曲线与小分子的没有什么不同，曲线平滑，没有显著的不连续。在单分子层稳定区也没有“相变”。聚合物单分子膜可按其 π - A 曲线形状分为膨胀型和凝聚型两类[25]。前者在压缩时表面压逐步增大，后者则是在压缩时由于

高分子的粘度大而表面压急剧增大[26](图1.7)。聚丙烯酸乙酯具有典型的膨胀型 $\pi-A$ 曲线,而聚甲基丙烯酸乙酯的 $\pi-A$ 曲线则是典型的凝聚型。膨胀型聚合物的链段在水相中与水分子是相容的,某些部分甚至以结环形式沉浸在水相中,而凝聚型聚合物的链段完全是自我聚集在一起,水分子被完全排斥在外[27]。更详细的统计热力学理论则是建立在二维晶格假说的基础上,类似于聚合物溶液中的 Flory-Huggins 晶格理论。

聚合物单分子膜对实验操作的要求更为严格,所用溶剂既要是聚合物的良溶剂,又要挥发性好。另外,由于聚合物单分子膜的弛豫时间较长,膜的压缩必须放慢,不然会出现表面压的偏差。好在聚合物不会挥发,因此长时间地缓慢压缩聚合物的单分子膜和以极慢速度沉积聚合物的 LB 膜是完全可行的。如果多次测定聚合物的 $\pi-A$ 曲线有很好的重复性,不受铺展溶剂、浓度和用量影响,就表明是真实情况的反映。由于高分子长侧链的约束,限制了高分子主链的构型或构象转变,聚合物单分子膜比相应的小分子单分子膜有更多的自由体积,因此若混合有能填充这自由体积的小分子化合物,则混合膜将更致密坚实。

图1.8是20℃下分子量 M_w 分别为 2.7×10^4 和 1.26×10^5,分散系数 M_w/M_n 为1.11和1.06的聚甲基丙烯酸甲酯(PMMA,1.2,P1和P2)在纯水表面上铺展的单分子膜的 $\pi-A$ 曲线。PMMA 能在较大的表面压范围内形成稳定的单分子膜,随膜被压缩,表面压逐步增大,在固态区表面压足够高时,膜发生皱叠或崩溃,表面压上升显著减慢。PMMA 的主链为线形疏水性碳链,位于水的表面,而主链上 C═O 亲水基团伸入水相中,基本与液面垂直,彼此间存在的相互作用使 PMMA 主链趋于伸直状态,有利于形成二维单层膜。将 P1、P2 单分子膜在固态区的等温线外推至零表面压可得到它们的极限分子占据面积 A_0,分别为 $0.17\ nm^2$ 和 $0.16\ nm^2$,前者较大。从图1.8还可看到,与分子量较小的 P1 相比,P2 的单分子膜崩溃压 π_C 较大,液态区比 P1 窄,表明 P2 单分子膜凝聚性更强。这是由于 P2 的分子

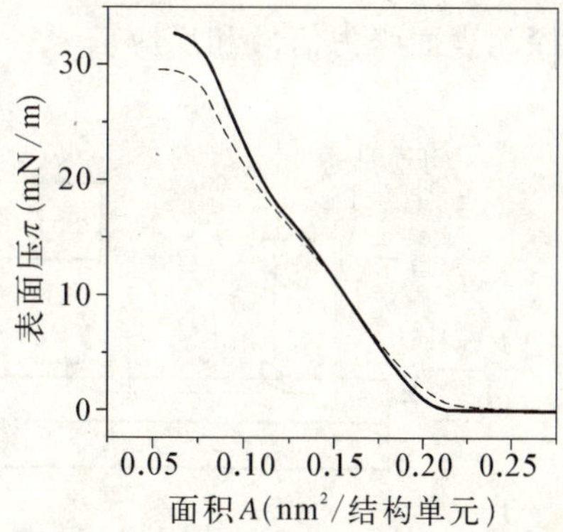

图1.8 20℃下两种不同分子量聚甲基丙烯酸甲酯的 $\pi-A$ 曲线,P1,$M_w=2.7\times10^4$(┈┈)和 P2,$M_w=1.26\times10^5$(——)

链较长,更容易与其他分子链发生链嵌套或缠结等作用而使分子链间的吸引力增大。

1.3 Langmuir 膜天平

Langmuir 膜天平是铺展、研究单分子膜和沉积 LB 膜的实验设备,是一个表面压的连续测量装置。表面压是铺有成膜有机化合物的水面与纯水表面张力之差,所以膜天平实际上是一台测定小重量(1 mg 以下)的精密微量天平,最早是由 Langmuir 发明的,现在就叫做 Langmuir 膜天平(Langmuir balance),简称膜天平。由于现代电子技术的长足进步,特别是应用了电脑技术,膜天平的精度和自动化控制程度都已非常之高。不但能进行常规的 $\pi - A$ 曲线测定和 LB 膜的沉积,只要编写一定的程序,还能进行如测定二维聚合动力学那样的聚合反应机理,以及测定单分子膜动态弹性的研究工作[28,29]。

现代膜天平都是用电脑控制的全自动精密装置。装置的硬件分为机械、电气和传感器三大部分(图 1.9)[30]:机械部分包括水槽、步进电机及其膜障驱动机构,和可逆电机及其沉积 LB 膜的上下移动的机械机构等;电气部分包括 IBM - PC 电脑,负责数据处理、图形显示和控制;控制箱,负责 I/O 缓冲、电平变换、功率放大等,直接驱动步进电机与升降电机;传感器则负责探测表面张力信号和反应信号等(图 1.10)。

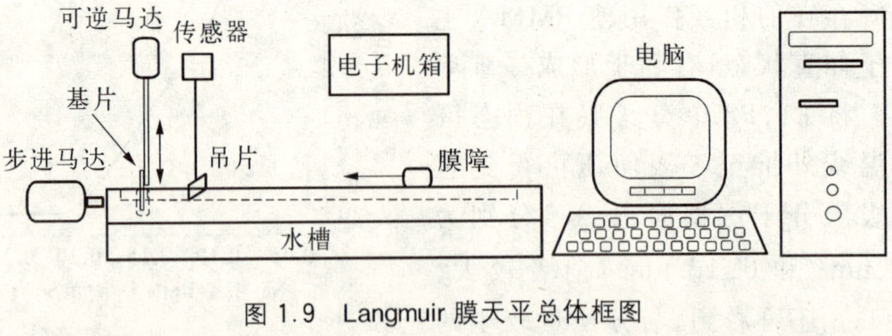

图 1.9 Langmuir 膜天平总体框图

水槽用聚四氟乙烯制成;膜障的前进和后退由步进马达驱动;可逆马达带动基片上下运动以沉积 LB 膜;表面压由 Wilhelmy 吊片经传感器后由电子机箱的放大电路输入到电脑中。整个装置由电脑全自动控制

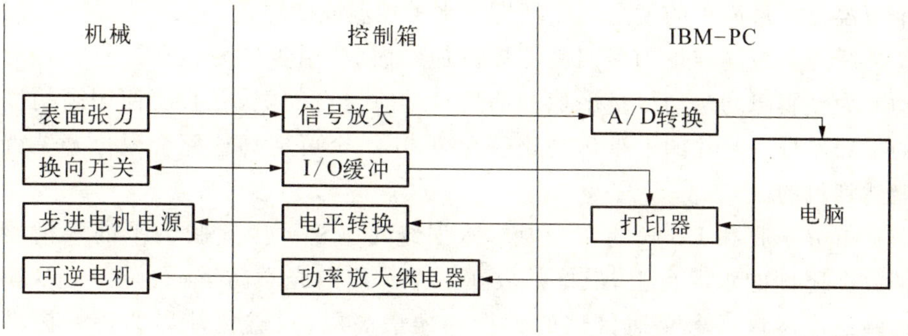

图 1.10 Langmuir 膜天平结构框图

1.3.1 水槽及其他机械部件

单分子膜实验是在空气-水界面上操作的，要求水槽材料疏水。这样，作为最常用亚相的水就能凸出槽的边沿，方便水面的清洁和在水面上的所有操作。最为简单的是用玻璃器皿，涂上石蜡使之疏水。由于塑料工业的进步，现代膜天平水槽都用疏水性极好又清洁光滑和化学惰性的聚四氟乙烯（氟塑料）来制造。可以是在金属制的槽上喷涂聚四氟乙烯薄层，也可以用整块聚四氟乙烯板料机加工而得。这里要注意的是，烧结成型的聚四氟乙烯本体内冻结的残余应力很大，一不小心就会导致板料变形。在用整块聚四氟乙烯料机加工时，进刀量一定要小，并要采取一定机械夹具使其不能变形。实用的膜天平水槽的外形如图 1.11 所示。水槽的可用面积约为 $20\times300\ mm^2$，在槽的外围四周加工有排水小沟。在槽的一端加工有一个深沟，作为基片沉积的通道。除了保证水槽不变形外，另一个重要的是要保持水槽长边的光滑和平行，保证膜障在上面滑动时没有水面上的成膜有机化合物从膜障和水槽的接触面处泄漏。水槽的凹下深度只要约 5 mm，这一方面是单分子膜的操作都是在空气-水界面上进行的，水的深度是无关紧要的；另一方面，超纯水的大量制备总是一件费钱费时的事，用水太多是很不合算的。如果要作变温的实验，可以在膜天平水槽下加工一

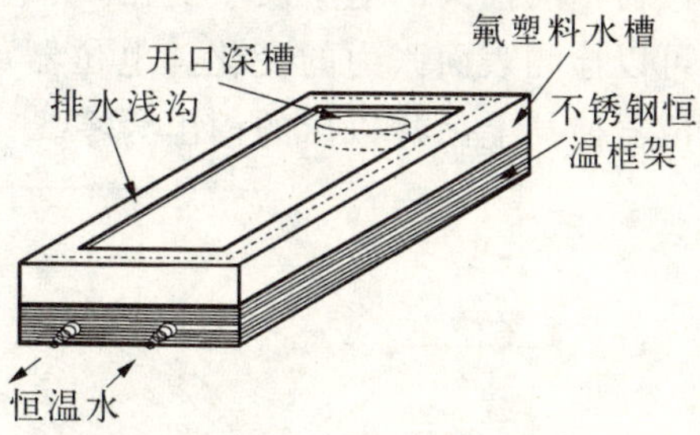

图 1.11 Langmuir 膜天平的水槽

周边是排水沟，槽的一端开以深槽供沉积的基片上下运动。水槽架在不锈钢恒温框架用恒温水调控的恒温器上

个恒温器。最简单的就是用循环恒温水来控温或变温。

膜障条板同样也用聚四氟乙烯机加工而成，用步进马达通过丝杠杆驱动。为使膜障的运动尽量平稳和前后运动时没有间隙，有必要使用高精度的滚珠丝杆。基片的上下运动比较简单，用一个可逆马达配合限位开关就能达到目的。

单分子膜和LB膜的实验要求水面绝对平稳。因此膜天平的水槽要平放在坚固的水泥台上，最好是放在一个专用的光学防震平台上。LB膜实验室应尽量远离交通繁忙的大街和楼房高层，以避免外界的各种振动和干扰。

表面压测定使用自制的表面张力传感器和打毛了的铂片(Wilhelmy 吊片)，整个部件可以安在一个显微镜台做的支架上，调节显微镜上下的微调结构可以方便地调整铂片浸入水面的深度。

1.3.2 电子测量线路

对膜天平电子测量线路技术特性总的要求是：

(1) 表面张力通道总漂移小于±1%(经6 h稳定后)。

(2) 连续工作时间：可连续工作而不发热。

(3) 可靠性：I/O缓冲可保护仪器不受外部强电的破坏。

1.3.2.1 表面张力传感器

表面张力传感器电路上由两个半导体应变片($R_1 = R_2$)分别贴在0.09 mm铍青铜弹性片的两侧，和一个精密电位器($R_3 + R_4 = 200\ \Omega$)组成惠斯登电桥(图1.12)。此电桥采用6 V电压供电，当弹簧片因表面张力的改变而变形时，两个半导体应变片的阻值相应变化，导致输出点电平相对于电位器中间抽头的电平发生变化，该电平经放大、A/D转换后输入电脑，从而可以检测表面张力的变化。电位器可以调节该电桥的工作零点，即调节电位器使挂上吊片以后的输出为零。

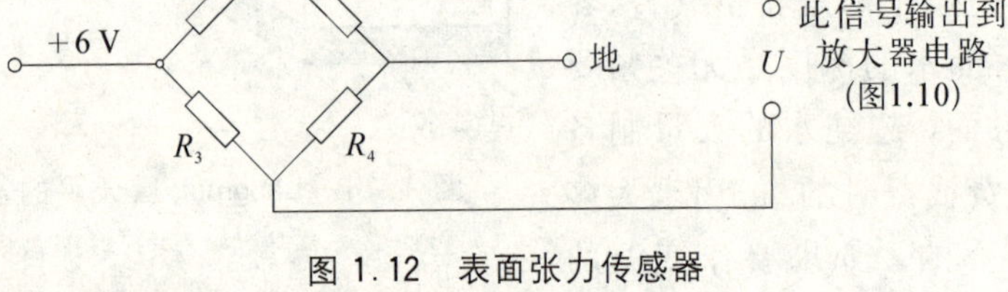

图1.12 表面张力传感器

$R_1 = R_2 = 100\ \Omega$; $R_3 + R_4 = 200\ \Omega$

1.3.2.2 表面张力放大

表面张力传感器的输出信号约为 20 mV,需经放大成为 0～5 V 的电压信号。放大电路(图 1.13)的前级采用对称结构,由两片精密运放 OP07 构成,放大倍数为 240 倍,它共模抑制比高,放大器的漂移极小;第二级是一个差模电路,对前级输出电压求差以后变成对地电压;第三级进行工作位置调零(加法电路)以及放大倍数微调。工作位置调零旋钮已引到仪器面板上。电路调节应先调零,后调节放大倍数,调节的原则是:电脑上的读数能真正反映其表面张力。放大倍数只决定于吊片的周长,只要不改变吊片的尺寸,放大倍数不应改变。

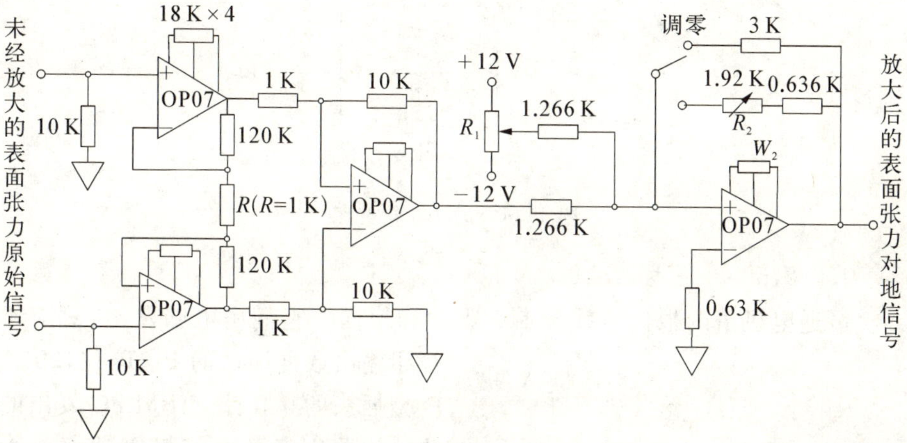

图 1.13 表面张力放大电路

由两片 OP07 构成对称的前级放大,第二级是一个差模电路,工作位置调零由第三级完成

1.3.2.3 A/D 转换

A/D 转换采用商品插件板 M0816N/D 型 8 位中速板。此板采用 2 片 ADC0809 芯片构成 16 路模数转换的输入通道,允许输入电压为 0～5 V;用两片 DAC0832 数模转换芯片构成 2 路 0～5 (或 −5～+5) V 电压的数模转换输出通道。M0816N/D 板主要由 A/D 转换电路、D/A 转换电路、I/O 译码电路、时钟产生电路、基准调整等几部分组成。分辨率为 1/256 (八位二进制),转换速度 100 μs±20 μs,综合误差≤0.5%满量程,完全能满足膜天平的测量要求。

1.3.2.4 步进电机通道

步进电机通道用于控制步进电机的正转(前进)、反转(后退)和停止。此通道处理三个信号:清零、换向和驱动脉冲,对应于步进电机接口四根信号线中的三根控制线(另外一根为接地线,见步进电机接口图 1.14),它们由 IBM PC 发出对应于打印输出数据端口的 P_5，P_6，P_7 位，也即是 25 针 D 型插头的 7，8，9 针。电脑输出的此三个信号是 0.5 V 的 CMOS 电平信号，经 μA741 放大成 0～12 V 的 PMOS 信号（因为步进电机驱动电源用的 PMOS 控制板），送入步进电机驱动电源（型号：BQD1－003），经处理后，驱动步进电机。

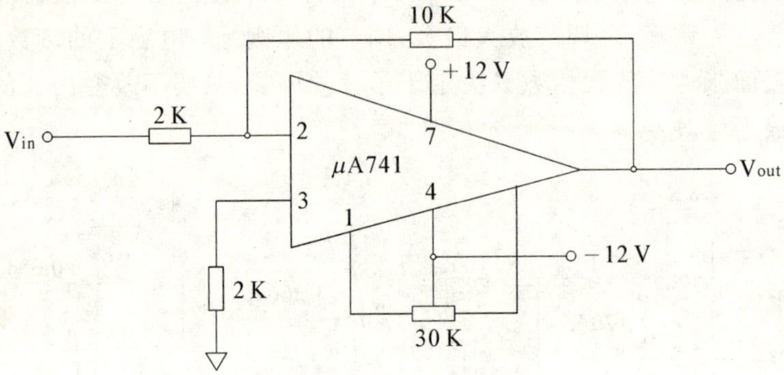

图 1.14 μA741 接线图

1.3.2.5 可逆电机通道

可逆电机由两根信号线控制：驱动和换向。它们由电脑发出，对应于打印输出数据端口的 P_4、P_3 位，25 针 D 型插头的 6、5 针。IBM PC 发出的此信号分别经两个三极管功率放大以后，驱动两个继电器（沪工继电器厂，HH52P 型）。其中，继电器 1 负责切合 ～110 V 交流电信号，继电器 2 负责对该交流电信号进行反向，其吸合与断开状态正好使输出电压反向（图 1.15 与图 1.16）。

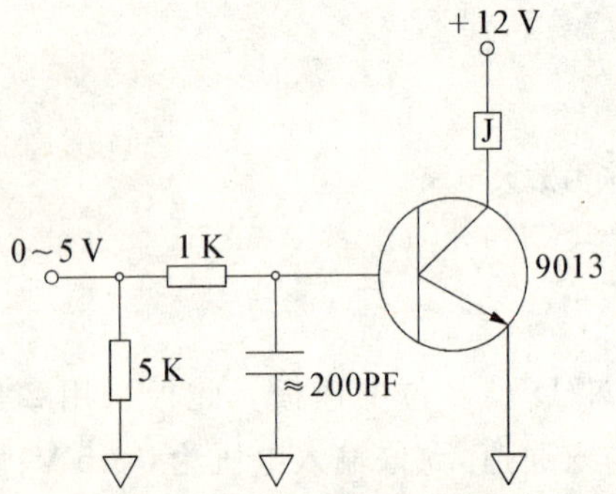

图 1.15 继电器驱动电路

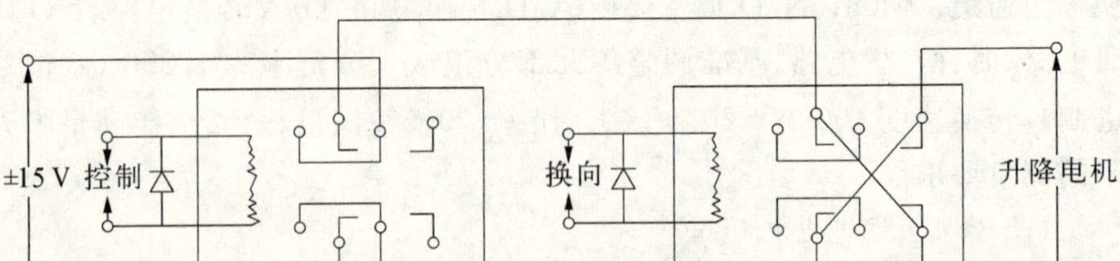

图 1.16 继电器控制电路

继电器控制电路，用于驱动升降电机上下运动。图中的"控制"，指的是控制升降电机的动与不动；"换向"则是由电脑输出到此的电平信号，用于控制升降电机运动的方向。

1.3.2.6 限位开关(换向开关)

限位开关探测升降可逆电机的行进始终端点，上下限位开关可独立检测。上下限位开关分别对应于打印输出端口的 P_4，P_5 位以及 D 型插头的 12，13 针。限位开关的供电电压为经三极管缓冲的 +5 V 电平信号。缓冲的作用在于：即使此电平信号在外部偶然接地，也不会烧坏电源；另一方面，即便此电平在外部偶然接触高压信号，也只毁坏该缓冲三极管，内部电路得到保护(见图 1.17)。上下限位开关的输入也经三极管缓冲，然后引入 IPM PC 的打印口，这样可保护打印口不被外部强电烧毁(见图 1.18)。当换向开关未接触时，输入打印口一个 +5 V 电平，而一旦限位开关合上，该信号则变成零伏。电脑从而得知可逆电机已行进到哪个端点，采取适当的动作。

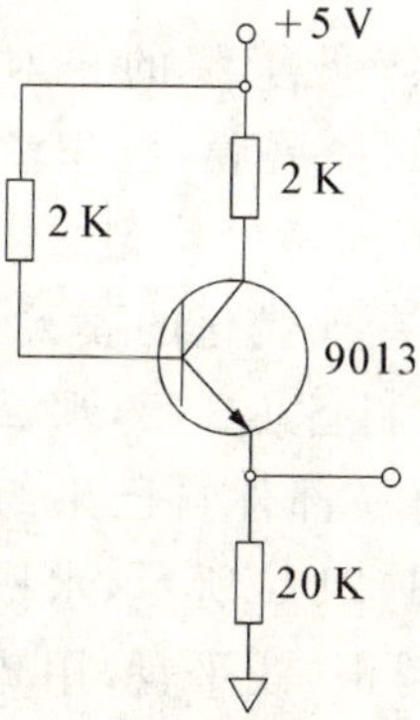

图 1.17 限位开关电源控制电路

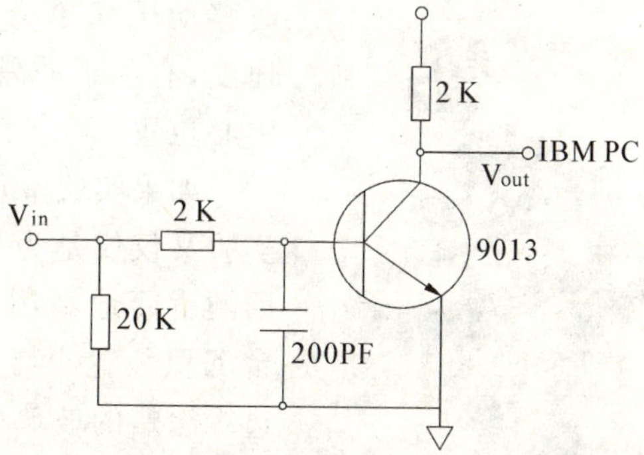

图 1.18 限位开关输入缓冲电路

1.3.2.7 多路直流稳压电路

此电路提供 ±12 V 电源供 OP07、μA741 以及继电器使用；提供 +5 V 电源供限位开关、指示灯使用；提供 +6 V 电源供表面张力传感器使用(电路图见图 1.19)。

1.3.3 微型膜天平和简易膜天平

为了生物实验的需要，使用更少的样品和亚相物质，当然也为了购置费用降低、清洗方便和便以携带，LB 膜天平的另一个发展趋势是微型化，特别是已经生产出了带显微镜的"迷你"LB 膜天平(图1.20)。两根膜障同

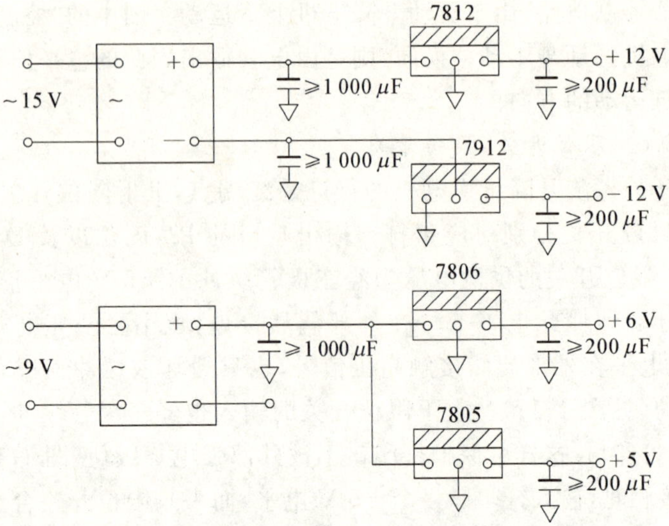

图 1.19 多路直流稳压源电路

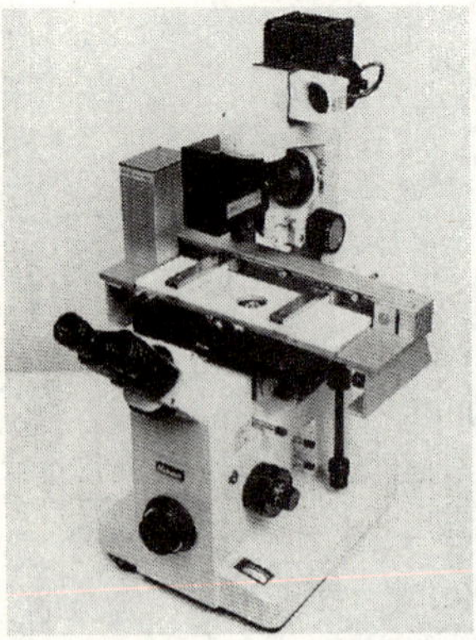

图 1.20 芬兰 KSV 公司生产的带显微镜的“迷你”微型 LB 膜天平

时移动压缩单分子膜，降低了膜的相对压缩速度，有利于非常刚性的铺展膜，沉积池位于中心位置，单分子膜的取向各处均匀。

如果实验室里还没有现代化的膜天平，而实验又仅仅是为了沉积制备 LB 膜，那么可以因陋就简地利用一些简易部件自己来组装一台沉积装置[31]。如图 1.21 a 所示，水槽就用边缘涂蜡的玻璃（或不锈钢）浅平盘，用疏水的棉线（把普通棉线在丙酮里浸泡后，涂上薄薄一层石蜡）把整个水面分成三个部分。在一边的一个水面上滴加推进油，而在另一边的两个水面上滴铺成膜有机化合物。有两个成膜有机化合物铺展区是为了防止推进油从棉线下可能的泄漏。推进油可以根据 LB 膜沉积所需的表面压而选择合适的有机油状化合物。如果 LB 膜的沉积表面压要求是 30 mN/m，那么铺展压约为 30 mN/m 的油酸无疑是推进油最好的选择。油酸的滴加一定要过量，使在水面上形成一个“透镜”，一旦成膜化合物被沉积在基片上而导致铺展水面的表面压降低，“透镜”中多余的油酸会不断释放出来推进弯曲的棉线使铺展水面重新保持恒定的表面压 30 mN/m。

简易膜天平基片的沉积机构也可以自己制作。LB 膜的沉积是一个基片上下的运动，而电机是圆周运动，要把一个圆周运动转变为匀速直线运动可以使用心型轮。这个心型轮具有如下的特性，即每转一定的角度其半径就增加一定的值(图 1.21 b)。譬如，每转 1°，半径增加 0.3 mm，那么转过 180°就有 54 mm 的直线伸出位移。而从 180°到 360°，每转 1°，半径减少 0.3 mm，带来 54 mm 的直线回缩位移，完成需要的周期性的上下直线运动。

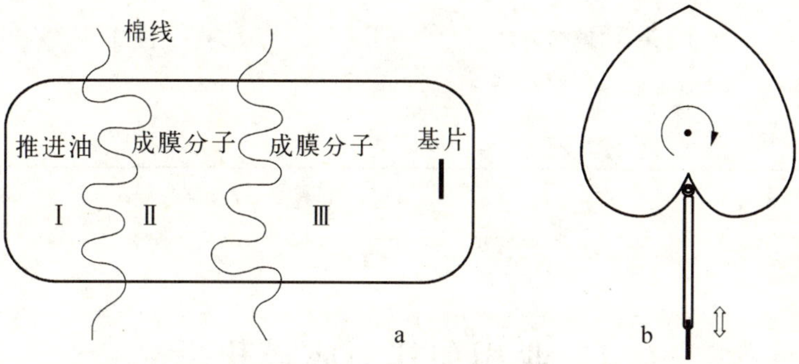

图 1.21 简易膜天平示意图

涂蜡的棉线把水面分成面积不等的三个部分。过量的推进油滴铺在一端的水面上，而成膜有机分子滴铺在另二个水面上(a)。基片的上下运动可以通过心型轮(b)把马达的圆周运动转变为匀速直线运动。这个心型轮具有如下的特性，即每转一定的角度其半径就增加一定的值。譬如，如果每转 1°，半径增加 0.3 mm，那么转过 180°就有 54 mm 的直线伸出位移。过了 180°，每转 1°，半径减少 0.3 mm，到转一周以后，回到原来的位置，完成要求的上下匀速直线运动

用作推进油的都是一些常见的液体，或混合液体，表 1.1 所示的是一些常见液体的表面压[17]。

表 1.1 一些常见液体的表面压

液　　体	表面压(mN/m)
油酸	29.5
亚油精酸	28.0
椿油	19.5
牛脚油	19.0
十四烷酸乙酯	18.0
蓖麻油	16.5
三油酸	15.0
橄榄油	14.5

(续表)

液体	表面压(mN/m)
磷酸三甲苯酯	9.5
十四烷酸乙酯和液体石蜡混合物	
65.5%十四烷酸乙酯	17.0
49.0%十四烷酸乙酯	14.7
33.0%十四烷酸乙酯	11.1
16.5%十四烷酸乙酯	8.5
菜籽油	14.0

1.4 亚相和其他成膜化学品

1.4.1 亚相

铺展成膜分子所用的亚相(subphase)多为纯净的水,只有在非常特殊的情况,实验才使用像甘油或汞这样的液体。对水的要求是水中不能有不必要的离子,电阻要求达 10^{18} Ω。一般情况,二次去离子水已可用作一般的单分子膜和 LB 膜的实验,也可把一次蒸馏水用石英亚沸水蒸馏器做二次蒸馏水。用离子交换树脂得到的纯水可能会引入有机杂质而不能使用。由商品 Millipore - Q 水纯化装置处理的水可直接使用。就是这样,加注到水槽中的水面仍要仔细清洁,可以用尖端非常细的吸管(自己拉制)扫吸水面,也可以用清洁的膜障反复刮扫水面。

有些成膜化合物在纯水上形成的单分子膜不稳定,这时可有意识地在水中添加一些微量的金属离子:一价、二价和三价的正离子均可。常用的有一价的 Na^+、二价的 Cd^{2+}、Ba^{2+}、Pb^{2+} 和三价的 Tb^{3+},其中以二价的 Cd^{2+}($CdCl_2$)最为常用,浓度为 10^{-3}～10^{-4} mol/L。由于电解质能使有机成膜化合物分子盐析,这样,在水面上成膜的实际是他们盐(对长链脂肪酸来说是酯)的单分子膜。譬如,N-(α-甲基丁基)硬脂酸胺在纯水表面上不能形成稳定的单分子膜,但在强酸水溶液中能形成稳定的单分子膜。又如,有 17 个碳原子的双炔酸在水面上根本不能成膜,但在 $CdCl_2$ 水溶液上却能形成稳定的单分子膜。

有时也用在亚相中的金属离子来研究单分子膜分子间的相互作用。此外，在添加有金属离子的亚相上沉积得的LB膜中，由于在每层之间存在有散射能力很强的金属离子，他们对X射线衍射强度有很大的增加，对研究LB膜的周期结构很有帮助(见第2章)。

1.4.2 溶剂

要求铺展单分子膜的溶剂(1)是成膜化合物的良溶剂；(2)密度较低，能在亚相水面上有良好的铺展能力，不会沉入亚相水底；(3)溶剂的挥发速度适中，太快不利于调控成膜化合物的浓度，太慢则会有溶剂残留在单分子膜中；(4)当然，溶剂必须是最高纯度的，不会由它带来不必要的杂质。

常用的铺展溶剂有沸点不高的正己烷(沸点69℃)、氯仿(沸点61℃)、乙醚(沸点35℃)、苯(沸点80℃)、二甲基甲酰胺和二甲亚砜等非水溶性有机溶剂等。但有时由于溶剂挥发过于迅速，使水面上形成的单分子层很快变成刚性，引起铺展有机化合物的化学组成不均匀分布，如花生酸和部花菁染料混合的单分子膜就发现过分相现象。为了避免分相现象，有时使用挥发较慢的溶剂，或加入正十八烷，正十六烷这类分子润滑剂来增加分子的流动性。如果成膜有机化合物不溶于一般的非极性溶剂中，也有用混合溶剂，如已烷-乙醇、苯-乙醇、氯仿-甲醇等。对生物材料，常用氯仿-乙醇-水混合溶剂。需要注意的是溶剂挥发对实验室空气的污染，必须要有良好的通风。

当然，铺展溶剂的选择还必须考虑成膜化合物的性质。譬如，对带有较大疏水基团的成膜化合物(C原子数大于16的脂肪酸，脂肪醇，胆甾醇)，可以用沸点很低的石油醚。苯肯定不是推荐的铺展溶剂，但苯能很好溶解芳香族成膜化合物，有时也不得不用。对一些天然的高分子成膜化合物，如蛋白质、磷脂，更用非常特殊的混合溶剂——含有0.5 mol/L的异丙醇-水混合溶液作铺展溶剂。

成膜化合物的铺展液浓度都是很低的，一般在10^{-3}～10^{-4} mol/L范围内。有时为了配制方便，也可取浓度为1 mg/mL。有了铺展液浓度以及所用水槽面积，就可以估算出一次铺展需要滴加的最大溶剂量。

亚相溶液pH值对单分子膜的成膜性和膜的状态都有很大影响，从而也对水面上单分子膜的聚合有显著的影响(见第6章)。亚相溶液pH值可用无机酸、碱(HCl或NaOH溶液)加以调节。当然有时也有意改变亚相的pH值来选择单分子膜的状态和研究成膜分子之间的相互作用[32]。

对成膜有机化合物的要求是它们的纯度，一般应为光谱纯的化合物。纯度不高的化合物是不能用来做单分子膜实验的。由于单分子膜和 LB 膜实验需要的材料极少，使用昂贵的高纯度成膜有机化合物在经济上并不是一个问题。

1.4.3 基片(substrate)

沉积 LB 膜的基片可以是任何固体材料的表面。但最常用的是玻璃片、石英片和硅片等。通常的显微镜盖玻片可用来沉积一般目的的 LB 膜。若要测定 LB 膜的紫外光谱，必须使用石英基片。作为特殊目的的 LB 膜，沉积使用硅片等基片。基片必须光滑、平整和特别清洁，并要求表面亲水或疏水。正如下面马上就要说明的，要沉积 Y -型和 Z -型 LB 膜需要基片为亲水，而要沉积 X -型 LB 膜则要求基片为疏水。一般说来，所有金属的新鲜表面及半导体材料表面氧化物都是亲水的，而硅片、未氧化半导体材料表面、金和银等表面均疏水。

玻璃基片的清洁和亲水处理最简单的方法是，先在重铬酸钾硫酸洗液中浸泡过夜(譬如 8 h)，第二天用清水冲洗后再浸泡在 NaOH 的饱和乙醇溶液中 2～3 h(碱对玻璃有腐蚀作用，所以浸泡时间绝不能太长)。取出，分别用清水和蒸馏水冲洗干净，储存在蒸馏水中备用。清洗基片的另一个方法是使用超声清洗器，基片放在清洗器的碱性水溶液槽中(85 ℃)，频率为 50 kHz，效果很好。玻璃基片的疏水处理可以把已作亲水处理的玻璃基片用有机硅烷表面活性剂回流 2 h。同样，分别用清水和蒸馏水冲洗干净，储存在蒸馏水中备用。有时也可在本是亲水表面的基片上用 Y -型沉积法(见下节)先沉积一层单分子层，成膜有机分子的疏水基团全部向外导致基片的疏水性。

但是，通过单分子膜亲水基团朝外来造就基片亲水性是不现实的。作者在研究蛋白质在 LB 膜上的吸附时发现，亲水基团朝外的 LB 膜并不是完全亲水的。蛋白质在 LB 膜上的吸附实验要求膜是亲水的，马上就想到只要通过一定的沉积程序把两亲性的成膜化合物的亲水基团朝外，这个表面应该就是亲水的，但事实并非如此。图 1.22 是 10,12 -二炔二十五碳酸(10,12 - pentacosadiyonic acid)LB 膜的接触角 θ 与层数的关系[33]。由图可见，尽管亲水基团朝外确实比疏水基团朝外的亲水性来得好，但亲水基团朝外的 LB 膜的接触角最小也只能降到 55°左右，而不是理想中的完全亲水。无论如何改进实验，包括在沉积后用紫外光照，令 10,12 -二炔二十五碳酸发生聚合以防止亲水基团可能的翻转，也不能再使接触角降低了，原因目前还不清楚。

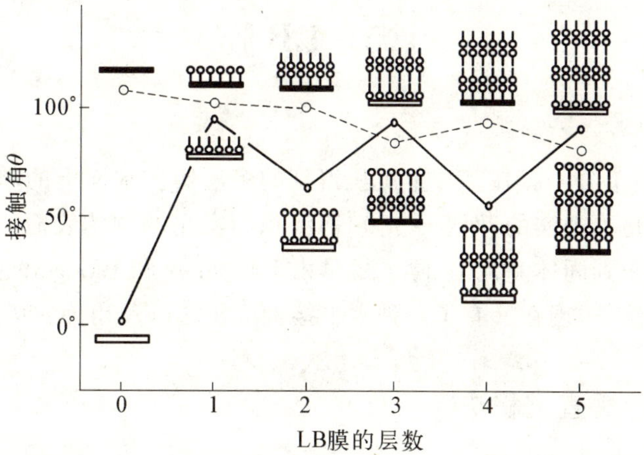

图 1.22 10,12-二炔二十五碳酸 LB 膜的接触角 θ 与层数(5 层以内)的关系

即使是亲水基团全部朝外，接触角最低也为 55°。这里小圈代表亲水基团，小棍代表疏水基团

当用硅一类的半导体单晶片作 LB 膜的基片时，清洁和亲水处理就比较复杂。譬如，Si 单晶片可以用氢氟酸、在添加有少量 $Si(CH_3)_2Cl_2$ 的 CCl_3 中回流或在$[(CH_3)_3]_2NH$ 中回流 5 min；GaAs 外延薄膜可在 Br_2/甲醇 (1∶2 000 体积比)中回流 1 min，在浓 HCl 中回流 5 min 接着用甲醇浸泡；InP 单晶可用 H_2SO_4 ∶ H_2O_2 ∶ H_2O(4 ∶ 1 ∶ 1(体积比))、Br_2/HBr/H_2O(1∶17∶35(体积比))或 HCl∶H_2O_2∶H_2O(1∶1∶10(体积比))20% 溶液；InSb、CdTe、CdS、ZnS 单晶片可用溶有溴的甲醇(0.5%～1%，按体积计)等。此外单晶片的晶面取向也很重要。譬如用不同取向面的硅单晶(110)面和(111)面沉积得到的 LB 膜，表现出来的性能可能是不同的。

做单分子膜和 LB 膜实验时，实验室一定要尽量少尘。如果整个实验室无尘有困难，可以把整套 Langmuir 膜天平装置放在一个无尘的罩子中。不但可以做到局部无尘，也可用它来做不同气氛中单分子膜的实验，譬如在单分子膜的聚合时，在罩中充以氮气以研究空气中氧气的可能影响(氧化)[34]。

因为单分子膜的实验是在静止水面上进行的，任何微小的震动都会导致水面上单分子膜的不稳定，乃至破裂，膜天平一般都放置在防震台上。单分子膜实验室一般也尽量安排在不靠街面的实验室里(地下室更好)，以避免交通要道上来往的汽车带来的震动影响实验结果。

1.5 LB膜

LB膜是单分子膜在基片上沉积得到的多层膜。水面上的单分子膜对许多实际应用是不现实的,而要求把它们沉积到实用的物体表面。把水面上的单分子膜沉积到固体基片上,除了最早由 Langmuir 和 Blodgett 创建的 LB 膜的垂直沉积法外,现在又有了一种水平接触沉积法以及相关的衍生方法。

1.5.1 垂直沉积法

上述把水面上形成的单分子膜沉积到固体基片两种方法中,最常用的仍然是 Langmuir 和 Blodgett 创立的垂直沉积法。该方法的特点是沉积时固体基片与水面上的单分子膜始终呈垂直状态。

按沉积形式的不同,LB 膜的垂直沉积法又分为三种(图 1.23),即:

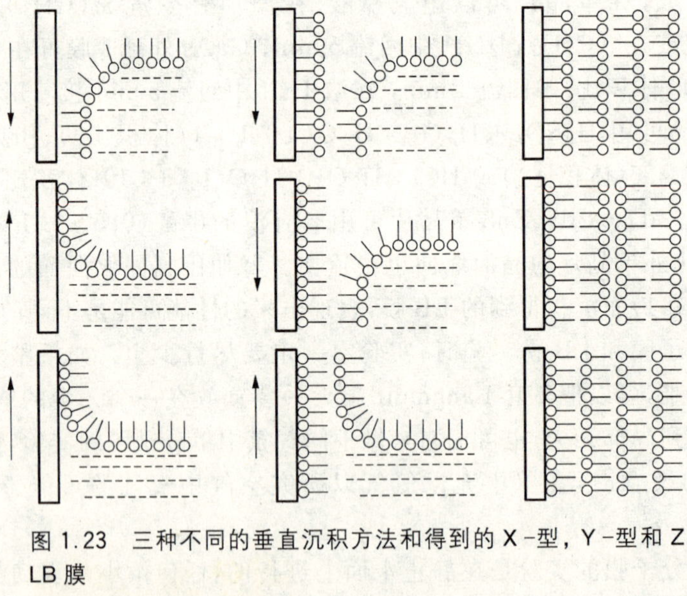

图 1.23 三种不同的垂直沉积方法和得到的 X-型, Y-型和 Z-型 LB 膜

在 X-型 LB 膜中亲水端均指向外,而疏水端均指向基片;与此相反的则是 Z-型 LB 膜;Y-型 LB 膜中亲水端和疏水端的指向是交替的

(1) X-沉积法。表面呈疏水性的固体基片置于单分子膜上方,从上向

下插入铺有单分子膜的水中,单分子膜的疏水基团附着在基片上完成沉积。把水面上的单分子膜清理干净后,再把已沉积一层膜的基片提出水面,如此重复。X-沉积法的特点是:只在基片下降时才有单分子膜的沉积,上升时没有沉积。这样制得的 LB 膜称为 X-型膜。其特征是每层膜的疏水面与相邻层的亲水面相接触,亲水端均指向外,而疏水端均指向基片。制备 X-型 LB 膜的基片表面一定要是疏水的。如果基片本是亲水的,则要预先进行表面的疏水处理。

(2) Y-沉积法。若基片为亲水,在成膜化合物铺展以前就把基片沉埋在水面之下,铺展单分子膜后提升基片沉积上第一层,然后再下降,又沉积上第二层,如此重复,得到多层的 LB 膜;也可以用疏水表面的基片,这时第一层是先从水面上降落,然后依次沉积其他层。这样制得的 LB 膜称为 Y-型膜,其特征是层与层之间是亲水面与亲水面,疏水面与疏水面相接。Y-沉积法是制备 LB 膜最为常用的方法。

(3) Z-沉积法。它正好与 X-沉积法相反,亲水的基片事先沉埋在水面下。铺膜后基片上升,单分子膜的亲水基团附着在基片上,完成膜的沉积。马上清理水面,在水面再没有单分子膜后,再把已沉积了第一层的基片沉在水下,重新铺膜,重复上述步骤得到 Z-型 LB 膜。Z-型 LB 膜的总体特征与 X-型的相同,但疏水端均指向外,而亲水端均指向基片。

Y-型膜层间形成的是亲水或疏水的交接面,属于正常接触,在热力学上最为稳定。而 X-型和 Z-型膜层间是不正常的亲水与疏水面的接触,其稳定性要比 Y-型 LB 膜差很多。并且 Y-型膜容易沉积,一次铺膜可以连续上下沉积若干层,而 X-型膜和 Z-型膜的沉积就麻烦得多,每沉积一次就要清理水面,重新铺膜,除非使用结构复杂、价格昂贵的双槽 Langmuir 膜天平(图 1.28)。另外。用 X-沉积法不一定在任何条件下都能得到完好的 X-型膜,有时它会全部或部分转变为 Y-型。这可能是由于用 X-沉积法制膜时,在基片下降过程中,其正在沉积的分子有部分发生“掉头”现象所致。分子相互作用能量的计算表明这种“掉头”现象是可能的。实验表明,许多物理和化学因素如表面压、温度、沉积速度、亚相的组成和 pH 值,以及成膜有机化合物的化学结构对 LB 膜的类型都有影响。譬如在高 pH 值的亚相中沉积,容易得到 X-型 LB 膜,而在低 pH 值的亚相中则易沉积得 Y-型膜;而成膜分子性质的影响也十分突出,如 4-氰基-4′-正戊基-对三联苯分子在亲水基片上只能沉积得 Z-型 LB 膜。

当然,沉积 LB 膜的类型还与分子膜的亲水和疏水性有关。为此,就必须了解成膜分子对基片的吸附,即上升和下降时成膜分子对前一层的接触角。通常 X-型的亲水性最小，Y-型的次之，Z-型的最大。如果疏水足够大，下降和上升的接触角都会大于 90°。这时，只会在基片下降时吸附分子，形成 X-型膜。疏水性稍差，则基片在上升和下降过程中都会吸附分子，接触角在下降时大于 90°，上升时小于 90°，从而形成 Y-型膜。当亲水性很强时，上升和下降时的接触角都小于 90°，只有在基片上升时才会吸附分子。所以在设计 Z-型分子时，要尽量增加表面的亲水性。但是不能用双头的两亲型成膜化合物，因为这样可能造成弯曲的构象和多种取向。

可以通过带有氨基酸、羧基、对硝基苯胺的头基和带有酰基、酯基、酰氨基主链组成的一组成膜化合物（表 1.2）来分析一下形成 X-型，Y-型和 Z-型 LB 膜的具体情况。

表 1.2 带有氨基酸，羧基，对硝基苯胺的头基和带有酰基，酯基，酰氨基主链组成的成膜化合物[35]

类别	序号	成膜化合物	LB 膜类型	接触角(°) 前进	接触角(°) 后退
Ⅰ	1	$CH_3(CH_2)_{14}C(O)NH(CH_2)_4CH(NH_3^+)CO_2^-$	Z	80	24
	2	$CH_3(CH_2)_{14}C(O)NH(CH_2)_3CH(NH_3^+)CO_2^-$	Y	100	45
	3	$CH_3(CH_2)_{14}C(O)NH(CH_2)_2CH(NH_3^+)CO_2^-$	Y	92	39
	4	$CH_3(CH_2)_{17}NHC(O)(CH_2)_2CH(NH_3^+)CO_2^-$	Y	98	18
	5	$CH_3(CH_2)_{17}NHC(O)CH_2CH(NH_3^+)CO_2^-$	Y	93	36
	6	$CH_3(CH_2)_9C(O)NH(CH_2)_{11}COOH$	Z	85	30
	7	$CH_3(CH_2)_9C(O)NH(CH_2)_{11}CONH_2$	Z	80	25
	8	$CH_3(CH_2)_9C(O)O(CH_2)_{11}C(O)NH(CH_2)_4CH(NH_3^+)CO_2^-$	Y	70	22
Ⅱ	9	$CH_3(CH_2)_9C(O)O(CH_2)_{11}COOH$	Y	88	35
	10	$CH_3(CH_2)_{17}OC(O)(CH_2)_2CH(NH_3^+)CO_2^-$	Y	95	40
	11	$CH_3(CH_2)_{17}OC(O)CH_2CH(NH_3^+)CO_2^-$	Y	95	45
Ⅲ	12	$CH_3(CH_2)_9C(O)NH(CH_2)_{11}C(O)NH(CH_2)_4CH(NH_3^+)CO_2^-$	Z	75	15

（续表）

类别	序号	成膜化合物	LB 膜类型	接触角(°) 前进	接触角(°) 后退
	13	$CH_3(CH_2)_{10}C(O)NH(CH_2)_{10}C(O)NH(CH_2)_4CH(NH_3^+)CO_2^-$	Z	82	28
	14	$CH_3(CH_2)_{10}C(O)NH(CH_2)_{10}C(O)NH(CH_2)_3CH(NH_3^+)CO_2^-$	Z	80	25
	15	$BrCH_3(CH_2)_{10}C(O)NH(CH_2)_{11}C(O)NH(CH_2)_4CH(NH_3^+)CO_2^-$	Z	70	10
	16	p-$O_2NC_6H_4NH(CH_3)_{11}C(O)NH(CH_2)_{11}C(O)NH(CH_2)_4CH(NH_3^+)CO_2^-$	Z	70	40
	17	p-$O_2NC_6H_4NH(CH_3)_{11}C(O)NH(CH_2)_{11}C(O)NH(CH_2)_3CH(NH_3^+)CO_2^-$	Z	72	30
	18	p-$O_2NC_6H_4CH{=}CHC(O)NH(CH_2)_{11}C(O)NH(CH_2)_4CH(NH_3^+)CO_2^-$	Z	64	10
	19	$O{=}C_6H_4{=}C_2H_2{=}C_5H_4N(CH_2)_{10}C(O)NH(CH_2)_{11}CO_2^- K^+$	Z	68	45
	20	$CH_3(CH_2)_4NHC(O)(CH_2)_{11}NHC(O)(CH_2)_{10}C_5H_4{=}C_2H_2{=}C_6H_4{=}O$	Z	75	30
	21	p-$O_2NC_6H_4NH(CH_2)_{11}NC(O)NH(CH_2)_{11}COOH$	Z	—	—
	22	$CH_3(CH_2)_{11}NHC(O)(CH_2)_{11}NH$-$p$-$O_2NC_6H_4$	Z	—	—
Ⅴ	23	$CH_3(CH_2)_{15}C{\equiv}CC{\equiv}C(CH_2)_8C(O)NH(CH_2)_4CH(NH_3^+)CO_2^-$	Z	89	37
	24	$CH_3(CH_2)_{15}C{\equiv}CC{\equiv}C(CH_2)_8C(O)NH(CH_2)_3CH(NH_3^+)CO_2^-$	Z	90	25

第Ⅰ类成膜化合物是由氨基酸、羧酸、酰氨头基和20～29个原子的长链烷基组成，只是酰氨在不同的位置。当酰氨离头基在一个到三个亚甲基时，会形成Y-型LB膜，而离头基四个或以上时，其下降接触角小于90°，形成Z-型LB膜。

第Ⅱ类成膜化合物，如果烷基链上是酯基，则无论距头基多远，都形成Y-型LB膜。

第Ⅲ类成膜化合物是氨基酸头基和29～31个原子的长碳链上有2个酰氨基，这类两亲化合物，如在疏水基片上沉积成膜，前两层是Y-型膜，后面为Z-型膜。而在亲水基片上沉积成膜，则完全是Z-型膜。

第Ⅳ类成膜化合物，如果带有强极性的对硝基苯胺在尾部，有两个酰氨在中间，则形成Y-型LB膜。

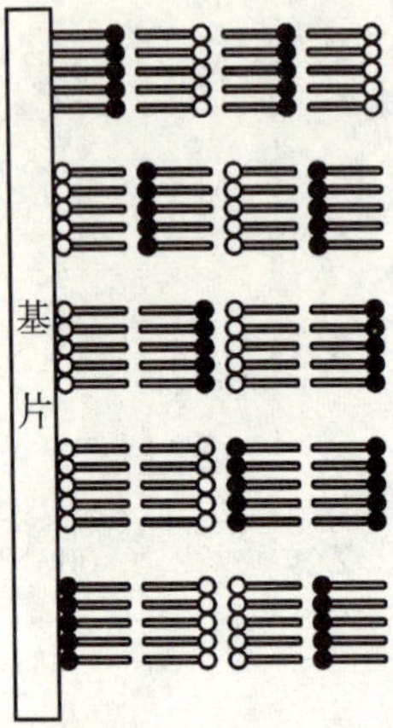

图1.24 如果有两种不同的成膜化合物，那么，除了通常的X-，Y-和Z-型外，还可以沉积出交替的X-，Y-和Z-型乃至中心对称和中心不对称的另几种不同类型的LB膜

在第Ⅴ类成膜化合物中，为了增加膜的稳定性，引入了双炔基团，普通的双炔酸一般只形成Y-型LB膜，而这里的带有酰氨长链和氨基酸头基的双炔酸成膜化合物可以形成Z-型LB膜。

如果是两种不同成膜化合物分子(A和B)的单分子层，可以有许多不同的沉积方式，如AABBAA、AABAAB、ABBABB等。而有三种以上的单分子层则可有更多的沉积方式。这些LB膜没有对称面，即它们没有中心对称，而具有非线性行为。图1.24是通常X-型、Y-型和Z-型的LB膜以外的另几种不同类型的LB膜。

1.5.2 水平接触沉积法

另一种LB膜的沉积方法是水平接触法，它是由日本学者福田清成(Fukuda)于1976年创立的[17]。这个方法是将固体基片与水面上已铺展的单分子膜水平接触而把单分子膜转移沉积到基片上，具体步骤是(图1.25)：

(1) 正常铺膜，保持单分子膜表面压恒定，将疏水的基片缓慢下降，在邻近聚四氟乙烯膜障的位置几乎平行地与单分子膜相接触；

(2) 将另一聚四氟乙烯挡板放在紧邻基片的另一边，刮去残留在基片周围

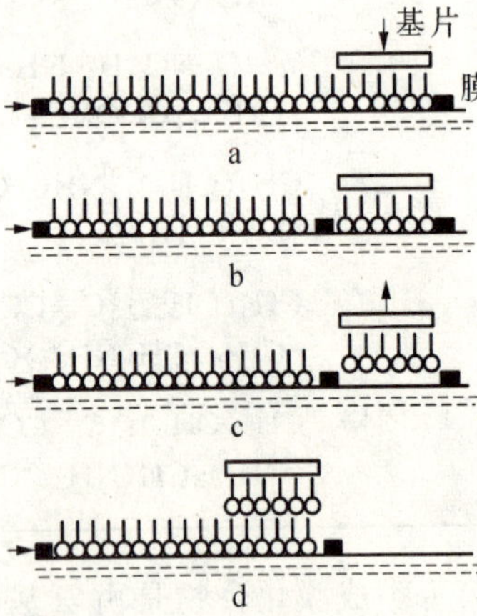

图1.25 水平接触法沉积X-型LB膜

基片平行地与单分子膜接触(a)，并用另一膜障刮去残留在基片周围的单分子膜(b)，把基片缓慢从水面上提起(c)，重复上述过程得到X-型多层LB膜(d)

的单分子膜；

(3) 把基片缓慢从水面上提起；

(4) 重复上述过程，则在基片上沉积了 X-型多层 LB 膜。

水平接触法的优点是分子在水面上的定向和排列方式可以在无任何单分子膜表面流动的情况下直接转移到固体基片上，而保持了所沉积单分子膜的原貌；并且单分子膜的转移速率一致，可以避免由于速率变化引起的膜不均匀性，适用于蛋白质和酶等极性弱的物质。并且，水平接触法不仅对凝聚膜，对气体和液体状态的单分子层也是有效的。此外，水平接触法还可以用于大面积沉积单分子膜或用于沉积刚性较强的膜。在水面上形成的聚合单分子膜，由于分子之间有化学键相连，此时用水平接触法就能得到很好的 LB 膜。但水平接触法对沉积装置的要求比较高，机加工的精度也要求很高。

1.5.3 其他沉积法

从以上两种技术还可以衍变出其他一些沉积技术。如图 1.26 所示，如果将基片从亚相内部平行于亚相表面升起，当离开亚相后，便在基片表面沉积了一层单分子膜。这种方法叫“基片上升水平附着法”；与此法异曲同工的是：可以固定基片不动而是将亚相液体从底部放掉，这可叫“亚相下沉法”。上面提到的 LB 膜沉积方法，不管是垂直沉积法还是水平沉积法都是间歇的操作，效率低下，对将来的工业应用是很不利的。为此有人发明一种叫“圆筒回转法”的 LB 膜沉积方法，它把基体做成筒状，以转动方式在基片上沉积多层膜，操作可以实现连续化。从它的示意图(图 1.27)可以看出：用圆筒回转法沉积的 LB 膜当属 Y-型膜。

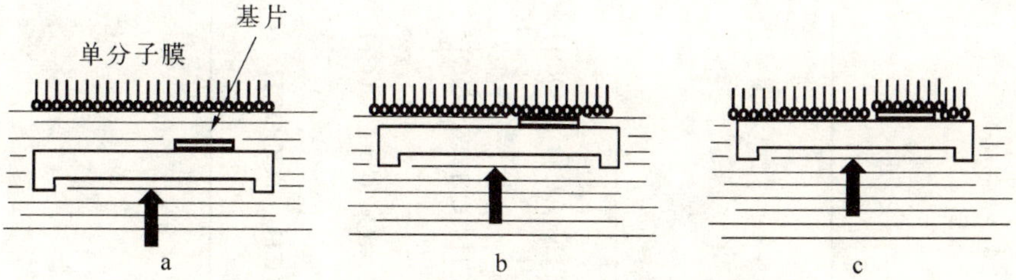

图 1.26 LB 膜沉积的基片上升水平附着法

事先在水面下的基片随上升的托架上向已铺展和排列整齐的单分子层靠近，最终单分子层接触沉积在基片上

LB 膜沉积时要保证固态膜处于恒定的压力，膜障运动速度要足够地慢，且均匀稳定，以保证成膜化合物在基片上均匀地沉积。Pitt[36] 根据自己的经验给出了几个常见成膜化合物沉积的条件(表 1.3)。当然，非常具体的条件还要按实验室的情况自己确定。

表 1.3 几个常见成膜化合物的沉积条件

成膜化合物	化学式	溶剂	水中所含阳离子	水的pH值	表面压（mN/m）	第一层沉积速度（mm/min）	以后各层沉积速度（mm/min）
硬脂酸	$CH_3(CH_2)_{16}COOH$	石油醚	$Cd^{2+}>10^{-3}$ mol/L	5.1～6.0	30～32	3	24
花生酸	$CH_3(CH_2)_{18}COOH$	石油醚	$Cd^{2+}>10^{-3}$ mol/L	5.1～6.0	30～32	3	24
双炔酸	$C_mH_{2m+1}-C\equiv C-C\equiv C-(CH_2)_n-COOH$	氯仿	$Cd^{2+}>10^{-3}$ mol/L	5.1～6.5	20	9～10	6
硬脂酸烯酯	$CH_3(CH_2)_{16}COOCH=CH_2$	石油醚	—	2.0	20	3	—

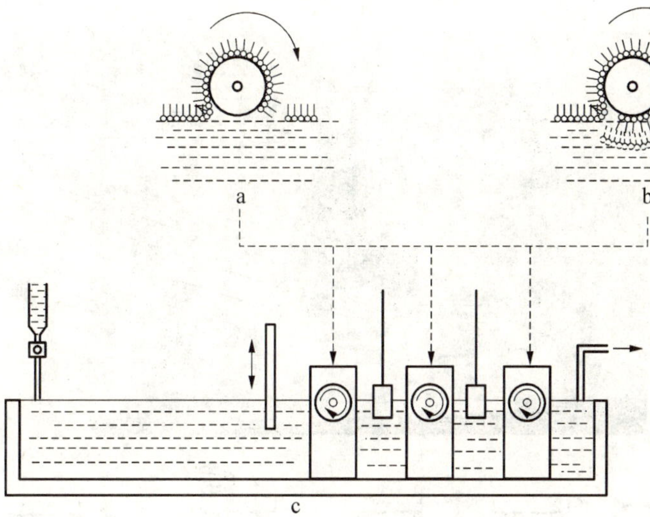

图 1.27 LB膜沉积的圆筒回转法

筒状的基片作圆周运动,水面上的单分子层就以Y-型方式连续沉积成LB膜

1.5.4 双槽 Langmuir 膜天平

如前所述,在LB膜的X-沉积法中,基片只在下降时才沉积,而在基片上升时不允许有沉积,Z-沉积法正好相反。为达这个目的,一般都要求在沉积一层后,把水面上的单分子膜全部吸走,取出基片后再重新铺膜。显然,这样的操作对通常要沉积几十层LB膜来说是很麻烦的。因此有人设计制作了双槽的Langmuir膜天平。水面被分割成两个部分,在一个水面上铺有成膜化合物,而在另一水面上不铺任何分子。这样,在下降沉积一层膜后,靠夹具的转向基片从另一侧的水面拉出而不沉积(X-型沉积时)。在Z-型沉积时正好相反。图1.28是芬兰KSV公司生产的商品KSV-5000双槽Langmuir膜天平实物照片和它的夹具运动示意图。在基片沉积第一层单分子膜后,夹具自动转向180°,从另一个水面提出(图1.28 b-c-d-e)。如此重复。此外,为了制备具有特殊功能的LB膜,有时要用两种不同的成膜化合物,这时就在两个水面上分别铺展这两种化合物。这样在下降时沉积的是一种化合物,上升时夹具转向,在另一侧水面出来,沉积上另一化合物的分子很是方便。

由单分子膜沉积LB膜的质量可用转移比(Transfer Ratio, TR)来描述:

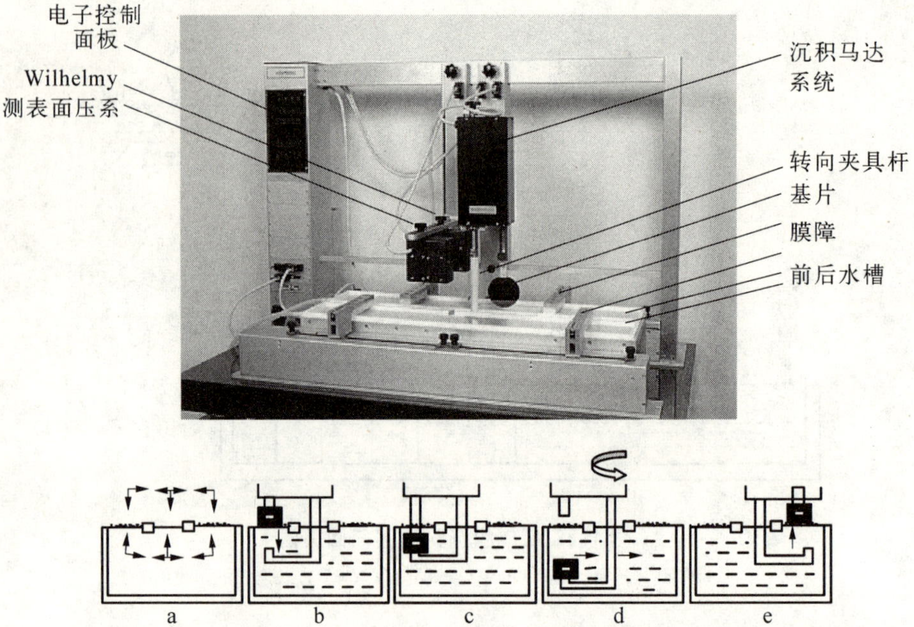

图 1.28 KSV - 5000 型双槽 Langmuir 膜天平实物照片

并列的氟塑料制的水槽上各有一对膜障,可以双向压缩水面。沉积马达系统一方面可以升降基片,另一方面还带有一个转向夹具杆,用来把基片从这个水槽转到另一个水槽,从而实现所要求的 X -型沉积和 Z -型沉积。如果不同的水面上铺展的是不同的成膜化合物,就可以沉积得具有特殊结构,进而有特殊性能的 LB 膜。下方则是双槽 Langmuir 膜天平的工作示意图

$$TR = A_T / A_S$$

这里 A_T 是恒定表面压下,由于在基片上的沉积,水面上单分子膜面积的减少;A_S 是基片上沉积有单分子膜的面积。显然,在理想情况下,水面上减少的单分子膜全部沉积到了基片上,没有任何损失,则 TR = 1。为尽量达到 TR = 1,基片上下运动的沉积速度要缓慢和稳定。通常用的沉积速率可以是 8 mm/min。有时第一层的沉积速度还可以更慢一些。还有一点要指出的是,在沉积 LB 膜时,基片上升离开水面后要给沉积的 LB 膜一个干燥时间,一般可为 10 min。如果干燥时间不够,已沉积在基片上的膜层在基片再次入水时会退回到水面上(膜层退回给水面可导致表面压的上升,很容易从仪表上直接观察到),导致沉积的 LB 膜不完整和不均匀。当然这是建立在成膜分子理想排列基础上的,如果在单分子膜中分子排布密度与沉积后的排布密度不一样,即使 TR = 1 也不能说得到了完全无缺陷的 LB 膜。

1.5.5 LB 膜的特点

从上面 LB 膜的沉积过程可知，LB 膜有如下的特点：

(1) 由于是同一类分子整齐排列，分子等长，LB 膜具有分子水平上的平整光滑度；

(2) LB 膜超薄，只有几个分子的长度厚，且厚度是完全确定的。长链脂肪酸 Y-型 LB 膜的厚度可薄至 4～5 nm，而没有脂肪烃长链的聚酰亚胺 LB 膜，每层厚度只有 0.5 nm。尽管厚度不能连续改变，至少可以说膜厚易于精确控制；

(3) LB 膜中分子紧密排列，膜层缺陷少，优质均匀。和其他利用吸附现象的成膜法相比，气相吸附法和液相吸附法都要使固体表面直接吸附成膜分子，但成膜分子彼此之间的取向、排列难以控制，且分子难以形成紧密的充填。LB 膜法成膜分子被具有水面流动性的界面所吸附，加表面压后能定向，因此，可以利用成膜分子本身的自我组织能力，得到分子的有序排列。成膜时和成膜后的分解、劣化或随时间变化的可能性极小；

(4) LB 膜制备装置简单，制备过程简便，重复性好。制备条件在一般实验室都容易实现，特别是能在常温常压下实现分子的高度有序排列，与其他成膜方法相比，成膜所需的能量就小。

(5) LB 膜体系的设计可能多种多样，可以根据成膜分子不同的凝聚相制作分子取向不同的单分子层。如用水平接触法，还能得到相当于气相和液相分子排列的单分子层。通过交替沉积技术，可以制备不同分子的 LB 膜，从而可把性能优异但不具备不对称中心的分子排列成不对称中心的结构，制备交替叠层体系，实现范德华键的人为排列；

(6) 可以引入具有特殊功能的基团、纳米微粒等，满足一些特殊的要求。

1.6 单分子膜和 LB 膜的结构分析和物理性能测定

为了解单分子膜和 LB 膜的成分和结构，更多开拓单分子膜和 LB 膜的应用范围，必须了解单分子膜的表面性质和 LB 膜的固态物理性质。除已经说过的描述单分子膜状态的等温 $\pi - A$ 曲线外，人们尝试用各种物理分析手段对单分子膜和 LB 膜的成分、结构、有序排列、相互作用、形貌和 LB 膜的成膜质量以及膜的性质进行测试分析（表 1.4）[37]。具体可分为以下几类：

表 1.4 表征单分子膜和 LB 膜常用的方法一览

方　　法	由此得到的信息
表面压(π)-面积(A)曲线	单分子膜形成、分子占有面积、单分子膜的相态、膜崩溃行为、可压缩性，以及在单分子膜上发生的化学反应（包括聚合反应）、与亚相的相互作用、单分子膜的稳定性、混合膜的混合程度等
表面电位(ξ)-面积(A)曲线	分子偶极矩的取向、在单分子膜压缩起始阶段分子的接近程度、聚集、在单分子膜上发生的化学反应、与亚相的相互作用、与亚相的相互作用
电导测量	分子端基内的相互作用、氢键、proton hopping、在单分子膜压缩起始阶段端基间的相互作用
Maxwell 位移电流	聚集、在单分子膜上发生的化学反应
Brewster 角显微镜	单分子膜形貌、微区形成、聚集、单分子膜的相态、相态的共存、膜崩溃行为、$\pi - T$ 相图
荧光显微镜	微区形成、相态的共存
扫描隧道显微镜	单分子膜和 LB 膜的形貌及分子排列结构
原子力显微镜	单分子膜和 LB 膜的形貌及微观结构
紫外-可见光谱	生色团、聚集和分子内相互作用
红外光谱	官能团、离子化程度、头尾基团的取向、氢键
拉曼光谱	官能团、烷基链的构形、单分子膜的有序性
掠入射 X 射线衍射	位置的有序性、单分子膜内的结构、单分子膜的不同相态
X 射线和中子衍射	表面和界面的纳米级结构、发生在单分子膜中的反应，单分子膜的厚度，单分子膜与亚相离子的相互作用

（续表）

方　　法	由此得到的信息
二次谐波法(Second harmonic generation)	单分子膜的表面密度、pK_a 和端基的解离度分子在单分子膜内的取向
累加频率（Sum-frequency generation)	取向和构型的变化、界面的结构、单分子膜的相变、单分子膜的表面密度
石英晶体微天平（Quartz crystal microbalance)	单分子膜本质、水在单分子膜中的结合
椭圆偏振仪	单分子膜的厚度
流变学测量	单分子膜的粘弹性、剪切模量、流变学的相变(微结构相变)、二维橡胶态研究
电化学法	单分子膜和 LB 膜的电化学性质

(1) 膜厚测量：测量膜厚最常见、也比较有效的方法是椭圆偏光法(Ellipsometry)[38]，此方法不仅能精确地测出膜的厚度，而且还能测出厚度大于 5 nm 厚膜的折光指数，测量精度大约 0.2 nm。除此之外，其他方法还有：Nomarski 显微镜法(Nomarski microscopy)[39]和 X 射线衍射法(详见第 2 章)等，虽然这些方法不是很直观，操作也比较复杂，但非常精确；

(2) 结构表征：用于表征 LB 膜的结构方法都是最常用的现代结构物理分析方法，有：紫外-可见光谱(UV - vis)、傅立叶红外光谱(FT - IR)、拉曼光谱(Raman Spectroscopy)、X 射线衍射、电子顺磁共振(EPR，Electron Paramagnetic Resonnance)、中子(电子)衍射、电子能量损耗谱（High-Resolution Electron Energy Loss Spectroscopy，HREELS）等。综合利用这些方法，可以充分得出膜内分子链排布、取向性、周期性等微观结构信息；

(3) 表面分析：常见的方法有：接触角和表面张力测量、光学显微镜、荧光光谱、电子显微镜，包括扫描电子显微镜(SEM)和透射电子显微镜(TEM)、隧道扫描显微镜(STM)、原子力显微镜(AFM)、X 射线光电子能谱(XPS)、俄歇能谱(AES)等；

(4) 性能测定：对单分子膜和 LB 膜的性能进行测定，是 LB 膜由理论研究迈向实际应用的不可缺少的重要步骤。性能测试应针对各种膜的具体特殊功能来进行，如流变学性能测试、电学性能测试和非线性光学测试等。

全面介绍各种测试方法的原理和具体操作是不必要和不现实的，读者可以参考有关的结构分析方法专著。我们将在本章 1.7，1.8，1.9 和 1.10 节里简单介绍单分子膜和 LB 膜结构测定的紫外-可见光谱、红外光谱、X

射线光电子能谱和原子力显微镜技术,在第2章里整章介绍LB膜结构分析的低角X射线衍射技术,以及在第7章介绍单分子膜的动态弹性测定技术。这里只就谱学表征技术的个别测试方法提几点需要注意的事。

用光谱学方法表征单分子膜和LB膜不会造成膜的损害,且反应快速、灵敏度高,并能在通常环境下进行测量。拉曼光谱可以得到红外弱吸收或无红外吸收谱带的官能团的信息,但单分子膜的拉曼反射的信号极弱,需要采用增强技术。如共振拉曼散射表面增强共振拉曼散射(有选择地使分子中一部分特定振动谱带的强度显著增大,甚至会达到正常拉曼谱带的百万倍)等。

1.6.1 LB膜的紫外-可见光谱法

紫外-可见光谱(UV - vis)在LB膜研究中的应用主要有以下几个方面。一个是用UV - vis光谱来评判LB膜的均匀性和重复性。因为不同层数LB膜的吸收峰强度与层数有线性的关系,如果实验结果真的是直线关系,表明所用的沉积条件(沉积时的表面压、沉积所用的基片、沉积速度以及其他沉积条件等)是合宜的,所得LB膜是均匀的。特别是那些比较难成膜的化合物或混合LB膜的沉积。如有机金属钆螯合物$Eu(DPM)_3$和铕螯合物$Gd(DPM)_3$(1.3,1.4)本身都不能单独铺展成膜,但可以与经典的成膜化合物花生酸AA混合成膜。为了观察金属β-二酮螯合物LB膜的荧光及荧光增强效应,我们用了钆螯合物-铕螯合物-花生酸三元混合体系的来沉积他们的LB膜。显然,这里首要的问题就是确定是否真的把有机金属钆螯合物、铕螯合物沉积到了基片上,就可以做它们沉积膜的UV - vis光谱。

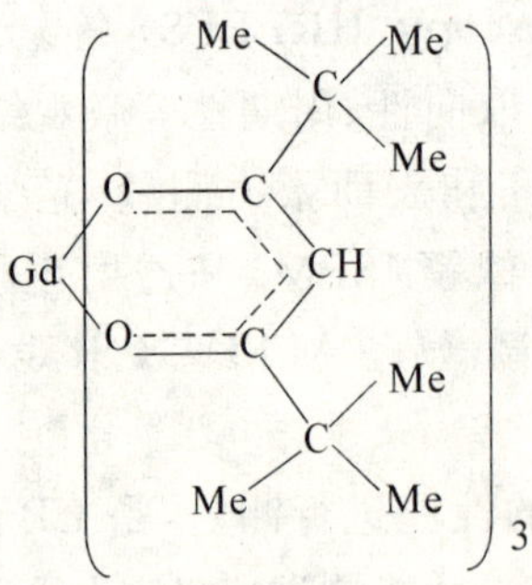

1.3

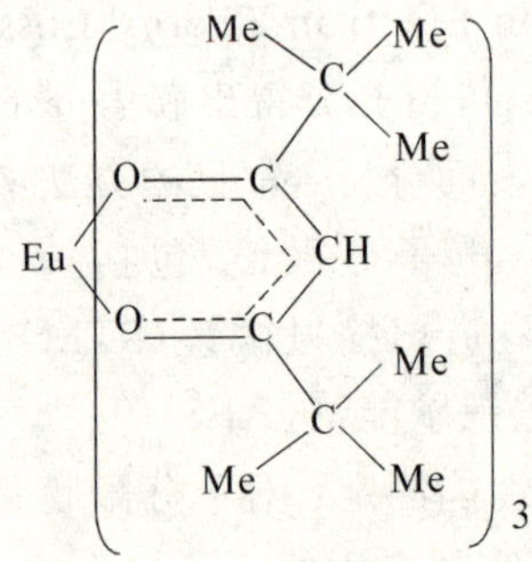

1.4

图1.29表示出了不同层数的钆螯合物-铕螯合物-花生酸三元混合体系LB膜的UV - vis吸收光谱[40]。峰强与沉积层数有非常好的线性关系(图内右上角的插图),表明在整个沉积过程中钆、铕的离子与花生酸分子紧

密结合,并成功地连续逐层转移到了固体基片上。所以,用 UV - vis 光谱来验证水面上的单分子层是否已经沉积到基片而形成了完好的 LB 膜是非常好的方法。当然 UV - vis 光谱实验要求沉积 LB 膜的基片是在紫外波段没有吸收的石英片。

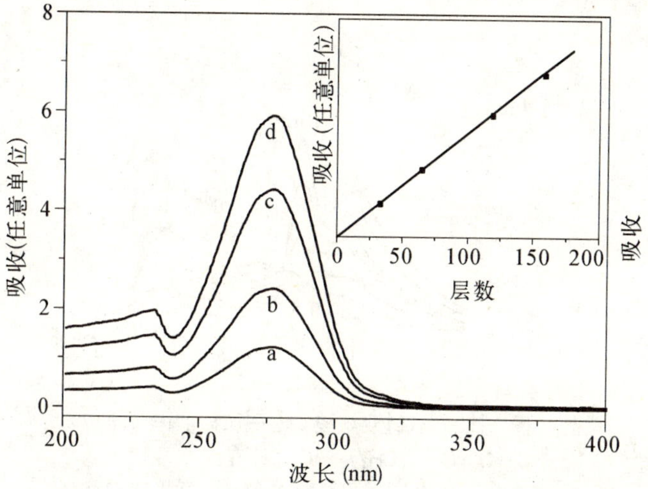

图 1.29 不同层数 $Eu(DPM)_3/Gd(DPM)_3/AA=1:3:8$ 混合 LB 膜的紫外-可见吸收光谱

a. 33 层;b. 65 层;c. 119 层;d. 159 层

UV - vis 光谱另一个用途是研究 LB 膜中成膜分子的取向。四(2,4-二特戊基苯氧基)酞菁铜(1.5)在一定表面压下,酞菁分子会形成环面相对的二聚体,沉积到石英基片上后,二聚体的取向仍是环平面近于平行于基片平面,通过对比 UV - vis 光谱及 LB 膜的偏振 UV - vis 光谱,三[4-(2,4-二特戊基苯氧基)-4-对羧基苯氧基]酞菁铜分子的大环平面在 LB 膜中为倾斜取向[41]。

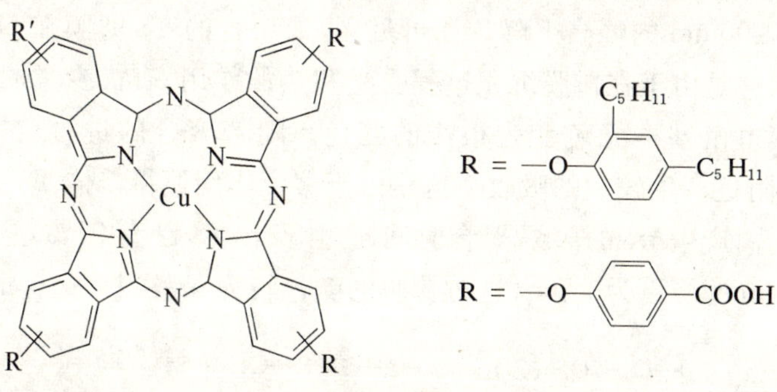

1.5

当然,用 UV - vis 光谱可以跟踪像长链双炔酸那样聚合后会产生共轭双键,从而对紫外光特别敏感的 LB 膜的聚合。图 1.30 是长链双炔酸 $CH_3—(CH_2)_{14}—C≡C—C≡C—(CH_2)_8—COOH$(1.6)在纯水表面上单分子膜层聚合的紫外吸收光谱。随光照时间增加 600 nm 左右的峰值逐步降低,而代表聚合物生成的 550 nm 的峰却随之增大,表示聚合反应的进展情况[42]。

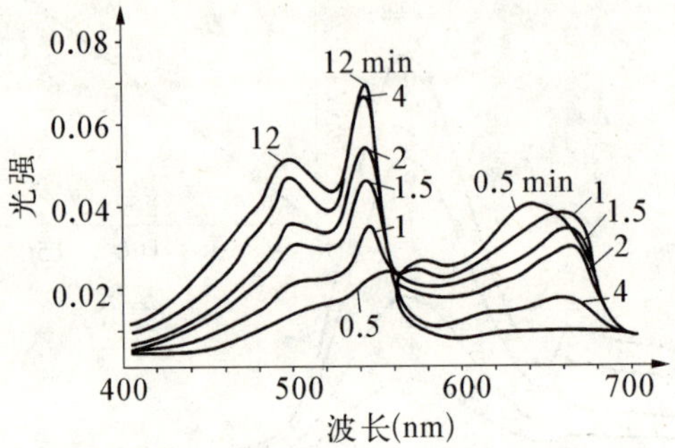

图 1.30 长链双炔酸 $CH_3—(CH_2)_{14}—C≡C—C≡C—(CH_2)_8—COOH$ 在纯水表面上单分子膜紫外光照聚合的紫外-可见吸收光谱

我们用 UV - vis 紫外-可见光谱方法观察了端头不具有亲水和疏水基团的双(对甲苯磺酸) - 2,4 -己二炔- 1,6 -二醇酯(TS,1.7)超薄膜的铺展和 TS 铺展膜的聚合。TS 是一个对称分子,不是传统上能形成单分子膜的两亲性有机化合物,但利用它易于结晶、自动整齐排列的特点,仍用 LB 膜技术令它在水面上铺展(详见第 2 章 2.3.3 节)。为了解 TS 铺展膜的聚合特性,测定了 TS 沉积在 CaF_2 基片上超薄膜 UV - vis 光谱[43]。图 1.31 a 和图 1.31 b 分别是 42 层 TS 超薄膜在 190～400 nm 和 500～800 nm 波数范围内的吸收谱图。在紫外区 TS 薄膜有两个吸收峰,分别在 200 nm 和 300 nm。60 ℃下 35 h 的热聚合后,200 nm 的峰高下降。在可见区,未聚合的 TS 薄膜在 580 nm 处出现一小峰,这是由于在薄膜沉积过程受光和热的作用,有极少量的 TS 发生了聚合,薄膜也由基本无色变为很浅的红色。随着聚合的进行,在 570 nm 和 620 nm处附近产生较大的吸收。这是由于聚合作用使得单体 TS 分子的 π 电子出现交叠,产生 π 电子域,聚合时间超过 35 h,TS 已有 97%左右聚合成了 PTS,620 nm 的峰更为突出。这时薄膜的颜色转为深紫[44]。

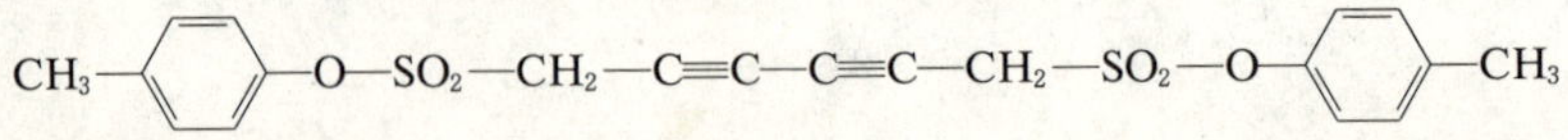

1.7

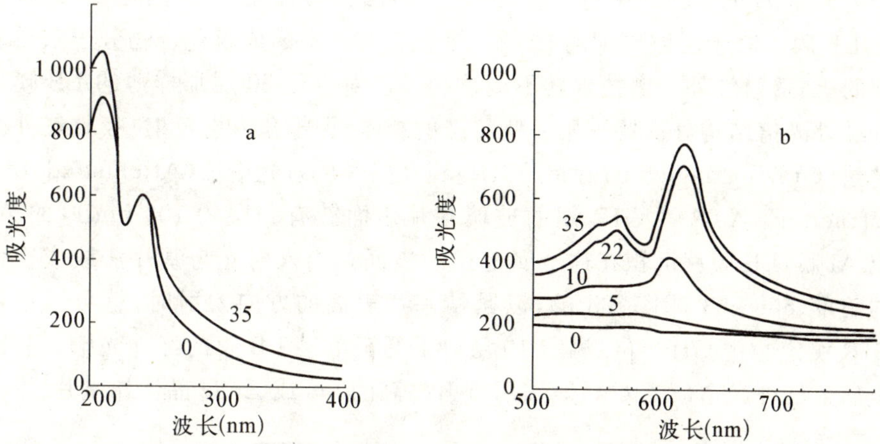

图 1.31 TS 铺展薄膜热聚合过程中紫外-可见光谱的变化

a. 紫外区；b. 可见光区。图中数字为 60℃下热聚合的时间(h)

双炔类化合物的特性之一就是它在固态下具有反应性。也就是说，双炔类化合物的固态聚合反应只有在单体排列非常整齐的情况下才能进行，而在熔融和溶液中皆不能发生[45]。UV - vis 光谱表明，TS 分子的铺展和聚合都是成功的，也从一个侧面证明了它的分子在铺展膜上排列的规整性。

1.6.2 单分子膜和 LB 膜的红外光谱法

红外光谱(IR)是研究单分子膜和 LB 膜分子结构的重要手段之一，用 IR 可以研究 LB 膜体系的稳定性和精确表征分子的取向特征，从而为探讨膜的功能与结构关系提供分子水平的结构化学信息。早在 1959 年，Francis 就提出了 IR 研究 LB 膜的可行性，但由于当时仪器的限制，一直到 70 年代后期该领域的研究才逐渐活跃起来，特别是傅立叶红外光谱(FTIR)灵敏度高，噪声低，又不破坏试样，在单分子膜和 LB 膜研究中应用十分广泛。

应用红外光谱技术研究水面上单分子膜的结构示于图 1.32。在对水面上单分子膜进行原位红外光谱测定时，由于水的复数折射率中衰减常数很小，实数部分很大，会导致有负吸收峰及非线性基线的出现，原位红外测定会受到来自水的干扰，但这并不会影响结果的物理本质。对 LB 膜结构进行表征，一般的透射红外光谱技术还是可用的(图 1.33 a)。IR 透射光谱测量需要把 LB 膜沉积在不怕水的红外透光基片上，一般选用的基片为 ZnSe、KRS - 5 和 CaF_2 等。基片的两边同时沉积有 LB 膜。透射红外光谱

的电矢量 E 的方向是平行于基片的。透射红外光谱法可以测定 30 层以上的 LB 膜。对于层数更少的 LB 膜,沉积在基片上的成膜化合物分子数目非常的少,透射红外光谱技术就不能再用了。对少于 30 层那样薄的 LB 膜进行红外光谱结构分析要采用一些特殊的技术,即掠角入射反射-吸收红外光谱法(Grazing angle infrared, GIR)和衰减全反射光谱法(Attenuated total refraction, ATR)。GIR 用的玻璃基片表面镀有一层约 100 nm 厚的 Ag 或 Al 膜,LB 膜就沉积在这金属薄层的表面。当入射光与基片法线成很大的角度(85°～88°,图 1.33 b),以紧贴基片表面的方向入射时,就可以进行 GIR 测定。用 GIR 可以测定 10 层以下乃至单层 LB 膜的红外光谱。衰减全反射红外光谱(ATR)一般选用折射率高的 Ge 或 ZnSe 晶体作基片。

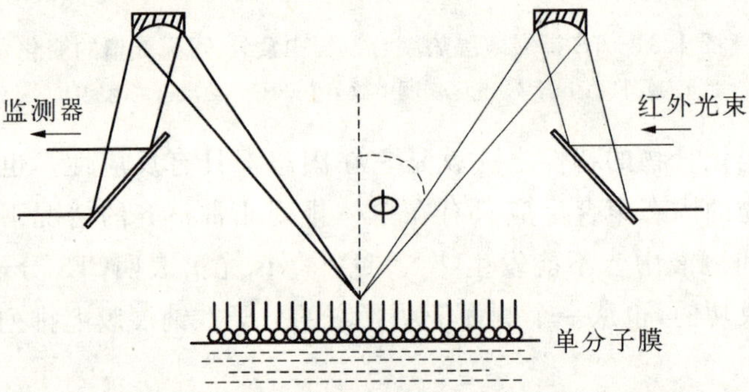

图 1.32 水面上单分子膜原位傅立叶红外光谱测定的光路示意图

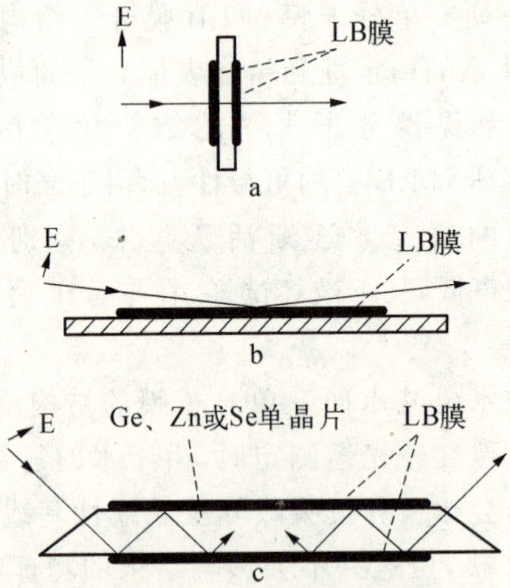

图 1.33 测定 LB 膜结构的红外光谱三种不同实验方法

a. 透射光谱;b. 反射-吸收光谱;c. 衰减全反射红外光谱(ATR)的光路图

将 LB 膜沉积在基片的两边,入射光以大于临界角的角度入射,因基片比 LB 膜的折射率大，故发生全反射。FTIR - ATR 技术也可以测定 10 层以下的 LB 膜的 IR 光谱。

红外光谱在单分子膜和 LB 膜中的应用大致有以下几个方面：

(1) 确定成膜化合物分子在 LB 膜中的排列

成膜化合物分子在 LB 膜中的排列情况对了解 LB 膜的特性和应用非常重要。改变红外光照射角度就能得到有关分子排列的信息。

Chollet[46]研究了二十二烷酸和二十二碳烯酸(1.8,1.9)LB 膜的透射红外光谱,用法线入射的红外二色性光谱确定了复合单分子层结构的面内各向异性。二十二烷酸的法线入射偏振 IR 透射谱见图 1.34。以法线入射测定的红外二向色性可以给出跃迁距的平均取向角 $\langle\cos^2\varphi\rangle$，并通过对比实验和理论的吸收随入射角的变化进一步确定平均倾斜角 θ,测定的二十二烷酸和二十二碳烯酸分子链对于基片法线的倾斜角分别为 $23^\circ \pm 2^\circ$ 和 $18^\circ \pm 2^\circ$。

$CH_3—(CH_2)_{20}—COOH$ 1.8

$CH_2═CH_2—(CH_2)_{19}—COOH$ 1.9

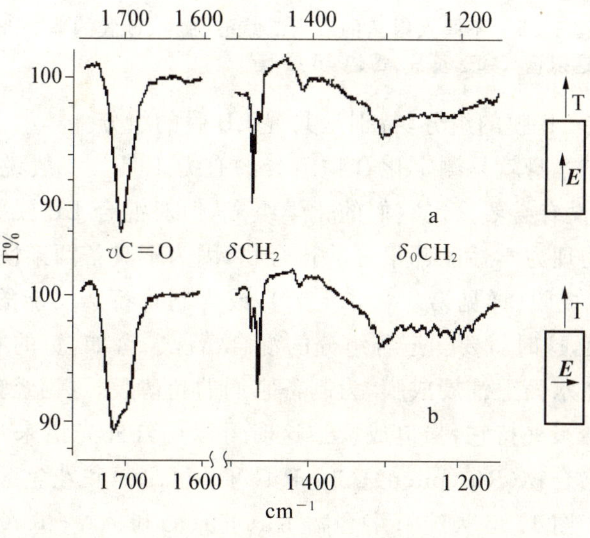

图 1.34 二十二烷酸法线入射偏振 IR 透射谱，CaF_2 基片,每边 41 层膜

a. 偏振的电场矢量 E 平行于沉积方向, $\alpha = 0^\circ$; b. 偏振的电场矢量 E 垂直于沉积方向 $\alpha = 90^\circ$

若以钙离子亚相沉积二十二烷酸钙的 LB 膜,分子链对于基片法线的倾斜角仅为 $8^\circ \pm 5^\circ$,小很多[47],近于垂直表面。从不同入射角测定的二

十二烷酸钙 LB 膜的 IR 光谱(图 1.35)可以看出：当入射角增加时，出现了 COO^-对称伸缩振动带(1 442 cm^{-1})，同时—CH_2—面内剪式振动(1 475～1 465 cm^{-1})和伸缩振动带(2 922～2 852 cm^{-1})的强度有规律降低。由此得知 COO^- 对称伸缩振动 LB 膜平面中 ±4°的范围内是偏振的，也表明不同沉积条件对成膜化合物分子在 LB 膜中的分子排列有不小的影响。

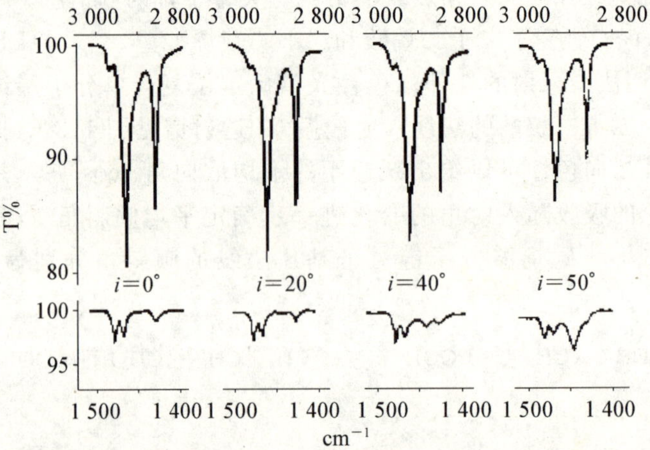

图 1.35 不同入射角的二十二烷酸钙的 LB 膜的偏振 IR 透射谱，CaF_2 基片，每边 16 层膜

(2) 判定 LB 膜的组分，特别是共混 LB 膜的组分

红外光谱本身就是测定化合物组分的有力工具。一般说来，成膜化合物是已知的，没有必要来定它们的化学组成，但对混合 LB 膜就有这个必要了。有一些物理力学性能都很好的化合物，因为不具备两亲性，不能用传统的 LB 膜技术成膜(详见第 3 章 3.1 节)，或为制备特殊功能的 LB 膜，要用混合的 LB 膜，这时就要知道各组分的混合情况。譬如，钌的有机金属络合物本身不能在水面上铺展成膜，为制备它们的超薄膜，可用经典的成膜化合物——花生酸来夹持它，强迫成膜。这时可以用红外光谱来判定混合膜中有机金属钌络合物($Ru(phen)_3Cl_2$，Ru(Ⅱ)，1.10)和花生酸(AA，1.11)的混合情况。图 1.36 为纯钌络合物 Ru(Ⅱ)(a)和 AA - Ru(Ⅱ)LB 膜(b)的傅立叶红外光谱。比较曲线 a 和 b，不难发现 AA - Ru(Ⅱ)LB 膜的下列五个吸收峰：526.8 cm^{-1}处，724.7 cm^{-1}处，776.0 cm^{-1}处，850.5 cm^{-1}处和1 424.5 cm^{-1}处是属于 Ru(Ⅱ)的特征峰，分别对应于纯钌络合物的下列五个吸收峰：528.9 cm^{-1}处，720.6 cm^{-1}处，774.9 cm^{-1}处，847.1 cm^{-1}处和1 422.8 cm^{-1}处。这就证明了 Ru(Ⅱ)确实被成功地被花生酸夹持上来，

嵌入到了所沉积的 LB 膜中。由于 Ru(Ⅱ)离子与 AA 静电结合后发生聚集，导致 Ru(Ⅱ)离子中的基团振动受阻，因此，LB 膜中的五个 Ru(Ⅱ)离子吸收峰相对于纯钌螯合物有一定的蓝移。图中其余几个峰的归属是：2 919.1 cm^{-1} 处和2 851.9 cm^{-1} 处对应—(CH_2)—的不对称和对称伸缩振动；1 711.8 cm^{-1} 处属于 C ═ O 的伸缩振动；而 1 547.8 cm^{-1} 处和 1 467.5 cm^{-1} 处则归于 COO^- 的不对称和对称伸缩振动[48]。

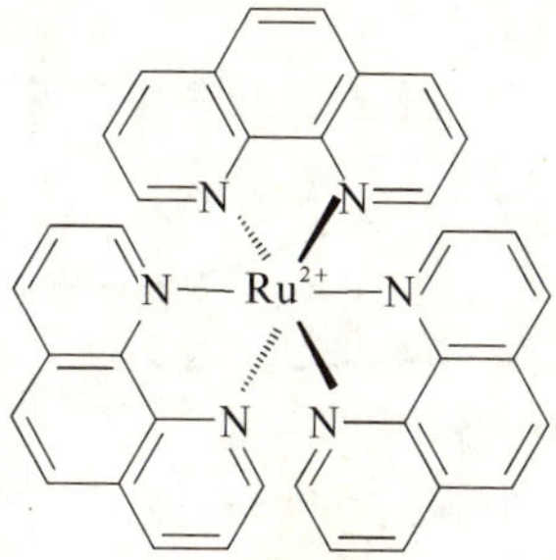

1.10

CH_3—$(CH_2)_{18}$—COOH

1.11

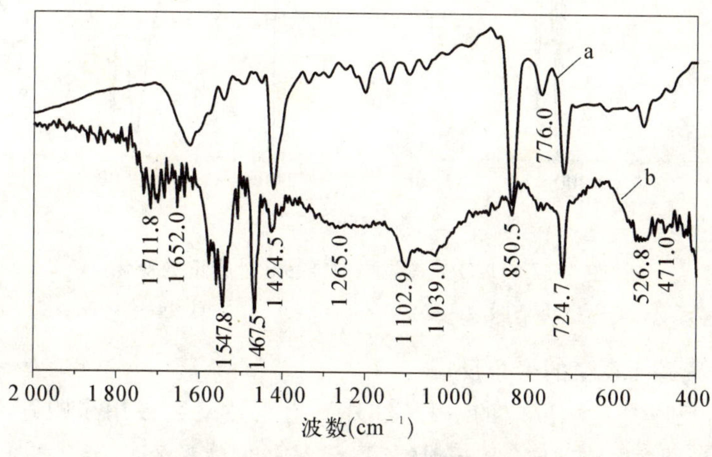

图 1.36 傅立叶红外透射光谱

a. 纯钌络合物，Ru(Ⅱ)；b. 花生酸 AA-钌络合物 Ru(Ⅱ) LB 膜

(3) 跟踪 LB 膜中分子的化学反应

利用 LB 膜中分子的化学反应可以得到特殊分子结构的 LB 膜，从而达到制备特殊功能超薄膜的目的。我们就用前驱物的紫外-臭氧处理(在紫外光和臭氧共同作用下，LB 膜样品中的有机成分被分解，并与臭氧反应挥发，膜中留下金属氧化物，并依然保持均匀状态，简称 UVO 处理)有机金属络合物的 LB 膜来制备无机氧化物超薄膜，制备过程中化学成分的变化也是用红外光谱方法来跟踪的。

UVO 处理所用氧分压为两个大气压。图 1.37 给出了 UVO 处理过程中钇络合物-铈络合物-花生酸体系（[Ce(tmhd)$_4$ - Y(tmhd)$_3$] - AA）傅立叶变换红外光谱（FTIR）的变化。波数为 3 000～2 800 cm^{-1} 段为 C—H 伸缩振动吸收峰，波数 1 720 cm^{-1} 处为花生酸羧基吸收峰，波数 1 540 cm^{-1} 处为络合物配体中羰基的吸收峰。由图 1.37，薄膜中有机成分随着 UVO 处理时间的增长逐渐减少，到 UVO 处理 7.5 h 后有机成分完全消失[49]。

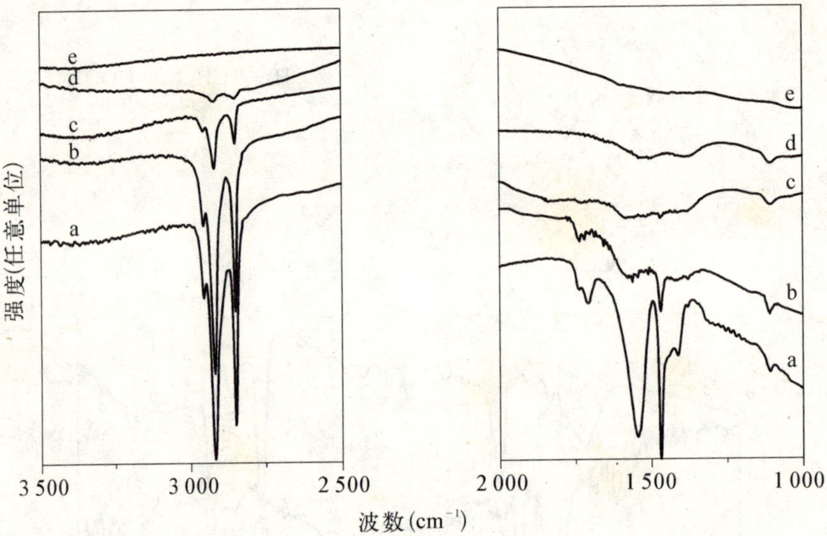

图 1.37 UVO 处理过程中样品红外光谱的变化

UVO 处理时间：a. 0 h；b. 2 h；c. 4 h；d. 5.5 h；e. 7.5 h

(4) 跟踪 LB 膜的聚合反应

聚合反应是化学反应的一种，红外光谱当然就会被用来跟踪 LB 膜的聚合反应。8,10 -二炔二十五碳酸(1.6)是我们实验室由癸二酸和十六烯为原料合成出来的双炔酸化合物，以前没有人报道过它们 LB 膜的聚合。我们用红外光谱跟踪了 8,10 -二炔二十五碳酸 LB 膜的紫外光照聚合[50,51]。

图 1.38 是 8,10 -二炔二十五碳酸 LB 膜的红外光谱图。由于亚相中加有二价的 Cd^{2+}，8,10 -二炔二十五碳酸是以其镉盐的形式存在的，没有游离羧基—COOH 中 O—H 收缩振动的吸收峰（3 500～3 100 cm^{-1}）。同理，表征 C═O 基振动的 1 700 cm^{-1} 处也没有吸收峰出现。Cd^{2+} 的水合作用较强，部分 Cd^{2+} 是以水合状态进入膜中，3 200 cm^{-1} 低宽峰应该是与 Cd^{2+} 水合的水分子的贡献。

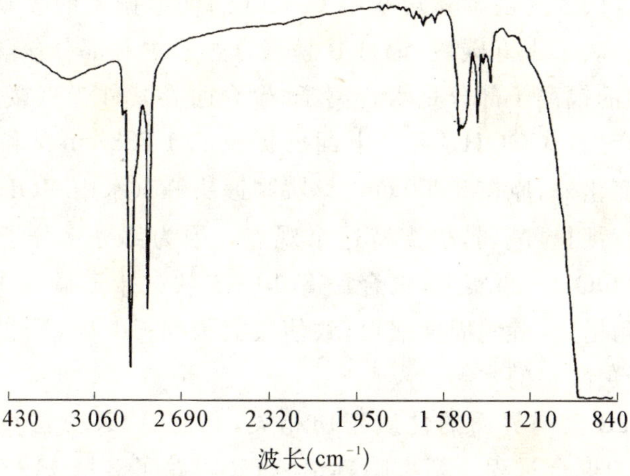

图 1.38 8,10-二炔二十五碳酸(镉)LB 膜红外光谱图

图 1.39 是 8,10-二炔二十五碳酸 LB 膜聚合过程中红外光谱的变化。2 900 cm^{-1} 和 1 500～1 400 cm^{-1} 附近的峰逐渐减弱是由于 LB 膜分子在基片上倾角在聚合后有所增加，分子链上 CH_2 中 C—H 对称和非对称伸缩振动的 v_s(2 849 cm^{-1})、v_{as}(2 918 cm^{-1})的矢量 $\overline{\mu}_s$ 和 $\overline{\mu}_{as}$ 与入射红外光平行的部分就有所减小，引起红外吸收减弱。1 461 cm^{-1} 处—CH_2—剪式振动的吸收峰较小也是这个原因。这种现象是由于分子链取向引起的，因此在本体聚合过程中是观察不到的。

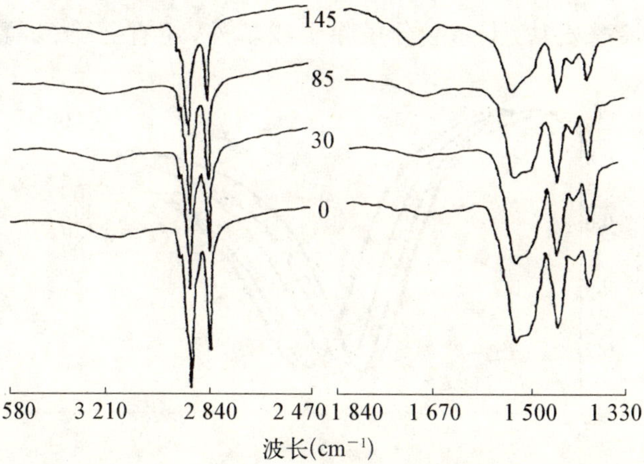

图 1.39 8,10-二炔二十五碳酸(镉)LB 膜在紫外光辐射(聚合)过程中红外光谱随辐照时间的变化

0～145为辐照(聚合)时间(min)

在 1 840～1 330 cm^{-1} 波段最明显的变化是在 1 690 cm^{-1} 处出现的新

吸收峰。可以认为这是游离羧基中 C ═O 的伸缩振动的吸收峰。也就是说在 8,10 -二炔二十五碳酸(镉)LB 膜聚合过程中有部分羧酸根转变为羧基。LB 膜中的镉离子部分是水合离子,聚合时在紫外光直接照射下,镉盐发生水解而产生—COOH。除了上面已提及的 1 538 cm^{-1} 和 1 513 cm^{-1} 处峰的比例变化外,原在 3 200 cm^{-1} 处的"馒头峰"(水中—OH 伸缩振动吸收峰)在聚合后明显减弱,也支持这个观点。因为部分水分子与 COO^- 反应生成了—COOH。事实上,聚合后 8,10 -二炔二十五碳酸 LB 膜分子在基片上倾斜角增大,等同周期缩短,致使羧酸根与 Cd^{2+} 离子的相互作用了减弱,有利于羧酸根的水解。

由于 ATR 谱与界面的性质密切相关,利用 ATR 方法可以监测成膜化合物单体的聚合过程。章志鸣就用 ATR 跟踪了 2 层 11 -(2 -甲基丙烯酰氨基)十一酸(1.12)在镀有银膜的玻璃基片上 LB 膜的紫外光照聚合(λ = 253.7 nm,30 W),结果见图 1.40[52]。由图可见,随紫外辐照时间由 20 min 增至 120 min,ATR 谱的极小值位置向角度大的方向位移,当辐照时间超过 120 min 后,ATR 谱变化就不大了。因为 ATR 谱极值位置的位移和膜厚成线性关系(在膜厚小于 20 nm 时),由 ATR 谱可以计算出每层 LB 膜的厚度和厚度的变化速率。辐照前 11 -(2 -甲基丙烯酰氨基)十一酸膜厚为 1.24 nm,聚合后膜厚增至 2.14 nm,已与 11 -(2 -甲基丙烯酰氨基)十一酸分子链长 2.10 nm 相当,表明聚合后膜内分子以直链状结构整齐排列,但在聚合前分子并不是直立的,而是有一定倾斜度,因为 11 -(2 -甲基丙烯酰氨基)十一酸分子除了羧基外,还有一个酰氨基团也有一

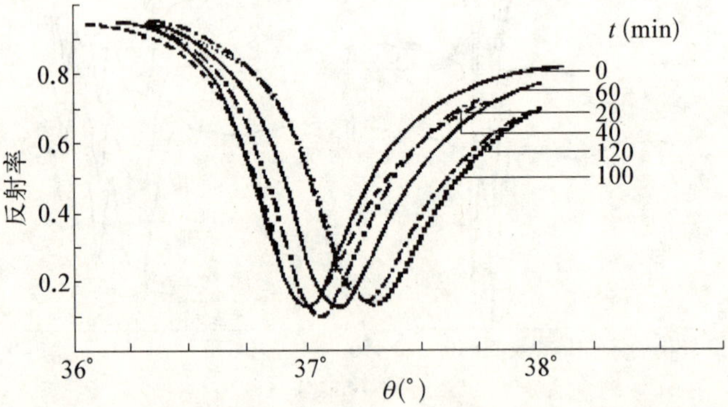

图 1.40 2 层 11 -(2 -甲基丙烯酰氨基)十一酸(1.12) LB 膜在镀银玻璃基片上的紫外光照聚合

随辐照时间增大,ATR 谱的极小值位置向角度大的方向位移。在辐照时间超过 120 min 后,ATR 谱变化就不大了,表明聚合反应已基本完成

定的亲水性，所以聚合前的厚度小于直链状结构型的分子厚度。当 LB 膜经辐照聚合后，借助于化学键的作用力强行将分子拉直。由于 ATR 谱极值位移速度与聚合反应速度相关，由此可以得知在 60 min 时，反应速度为极大，以后反应逐渐趋于平稳，到 120 min 后聚合反应已基本完成。

(5) 混合 LB 膜中分子的排列

用传统的成膜化合物硬脂酸来夹持 C_{60} 分子成膜是通用的方法。那么，C_{60} 分子(1.13)在沉积的 LB 膜中到底是如何排列的，也可以用红外光谱来判定。

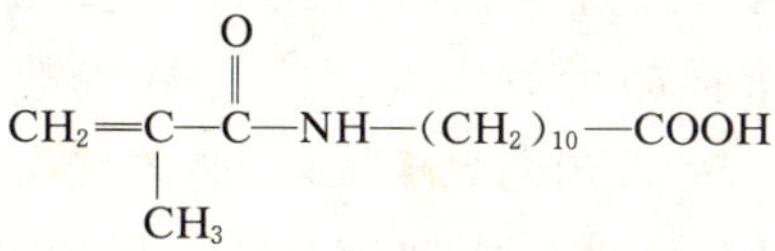

1.12

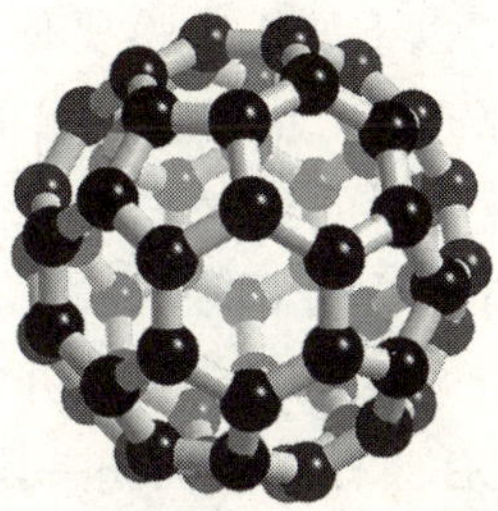

1.13

比较纯硬脂酸和 C_{60}/硬脂酸(1∶4，摩尔比)混合膜的红外光谱图(图 1.41)可见，硬脂酸在 3 840 cm^{-1} 附近的谱带以及 2 330 cm^{-1} 附近的谱带在 C_{60}/硬脂酸混合 LB 膜中消失了，而 C_{60} 在 1 182.4 cm^{-1} 和 1 429.3 cm^{-1} 处的峰没有发生变化，但硬脂酸在 1 684 cm^{-1} 和 1 701 cm^{-1} 处的羰基吸收带发生了 8～11 cm^{-1} 的“红移”；在 2 849.1 cm^{-1}，2 916.6 cm^{-1} 和 2 959.1 cm^{-1} 处甲基、亚甲基的峰并未发生明显变化。由此薛群基[24]推断的 C_{60}/硬脂酸混合 LB 膜中的分子排列有如图 1.42 的形式。

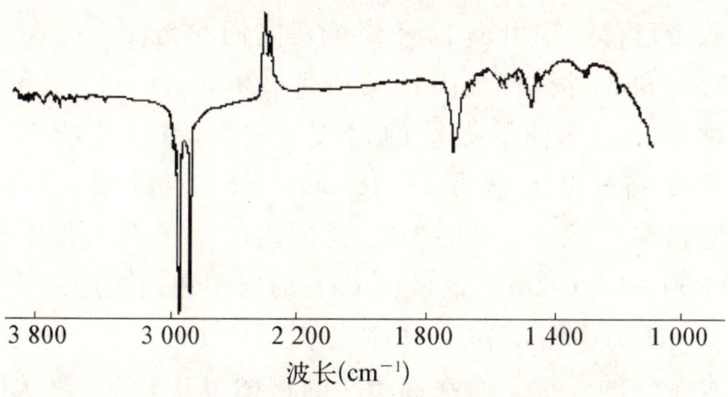

图 1.41 C_{60}/硬脂酸混合 LB 膜的红外光谱

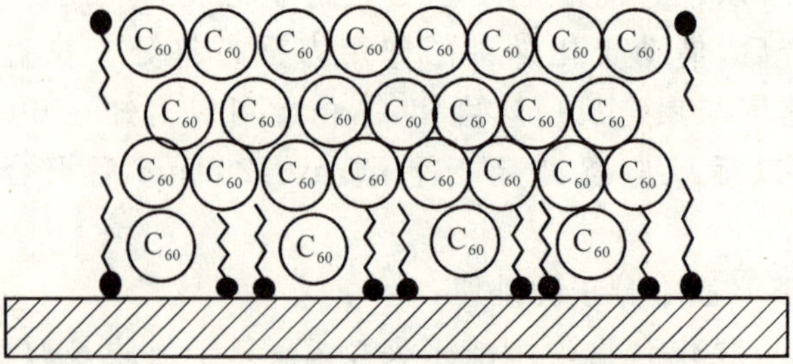

图 1.42 C_{60}/硬脂酸混合 LB 膜中分子排列的可能形式

(6) 红外光谱衰减全反射技术的应用实例

10 层以下的 LB 膜要使用特殊的红外光谱衰减全反射技术(ATR)。其基本原理是,由光源发出的红外辐射经过棱镜投射到 LB 膜样品表面。这个棱镜材料的折射率 n_1 要比 LB 膜样品折射率 n_2 大。当光线的入射角比临界角 α 大时,即 $\sin\alpha > (n_2/n_1)$,光线完全被反射,产生全反射现象(图 1.31c)。事实上,光线并不是在 LB 膜样品表面被直接反射回来,而是贯穿到 LB 膜样品表面内一定深度后,再返回表面。如果 LB 膜样品没有吸收,则是全反射,但如果 LB 膜样品再入射光的频率区域内有吸收,则反射光的强度在 LB 膜样品有吸收的频率位置减弱,由这种方法得到的光谱为衰减全反射光谱,简称 ATR。ATR 是选用折射率高的 Ge、Zn、Se 晶体作基片,LB 膜就沉积在这晶片的两边。入射光以大于临界角的角度入射,因基片比 LB 膜的折射率大,发生全反射。光线多次经过 LB 膜,信号得到累加,灵敏度大增,可以测定 10 层以下甚至几层 LB 膜的红外光谱。

我们用 FTIR - ATR 仔细分析了不同 pH 亚相中沉积的 LB 膜的结构差异。图 1.43 是亚油酸(LA, 1.14)在两个 pH 值的 $TbCl_3$ 亚相上沉积得到的 11 层的 LB 膜的 ATR 红外光谱。尽管由低 pH 亚相沉积的 LB 膜的透明性差很多,它们的强度并不匹配,但由于 FTIR - ATR 灵敏度很高,它们的特征吸收带已都显现出来了,不影响对它们的比较[53]。

—CH_3 对称和非对称伸缩振动的谱带 2 960 cm^{-1} 处,2 871 cm^{-1} 处,—CH_2—对称和非对称伸缩振动的谱带 2 925 cm^{-1} 处,2 853 cm^{-1} 处,COO^- 非对称伸缩振动的谱带 1 548 cm^{-1} 处,双键 CH ═的特征谱带 3 013 cm^{-1} 处和在 1 380～1 480 cm^{-1} 范围内的谱带在两张图谱中均清晰可见;而在 1 350～1 200 cm^{-1} 区域内 CH_2 的摇摆和扭曲运动导致的谱带非常地弱。在低 pH 的谱图 a 中 C ═O 伸缩振动的 1 702 cm^{-1} 处清晰可见,尽管受到来自水蒸气的干扰。而在高 pH 的谱图 b 中,水合离子的谱带可在 3 100～3 400 cm^{-1} 区域内看到。

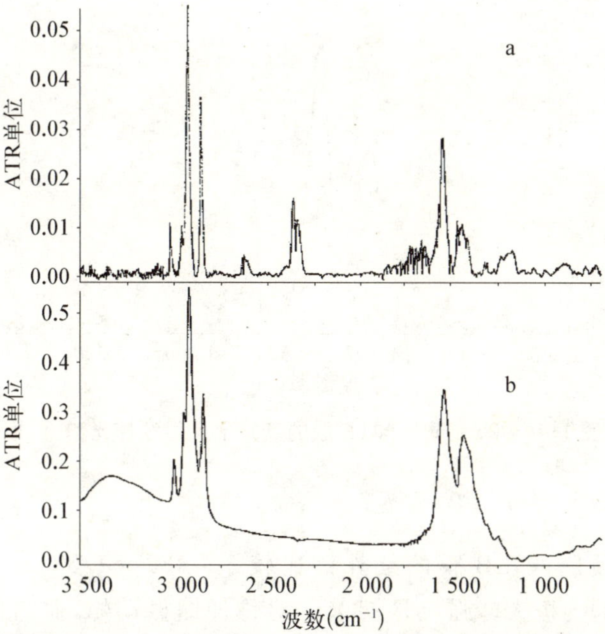

图 1.43 不同 pH 条件下 11 层亚油酸 LB 膜的衰减全反射红外光谱，亚相 $TbCl_3$

a. pH = 5.7; b. pH = 6.9

$$CH_3—(CH_2)_4—CH{=}CH—CH_2—CH{=}CH—(CH_2)_7—COOH$$

1.14

为区分在 1 380～1 480 cm^{-1}区域内的单峰，以及得到自由酸及其盐的更多信息，测定了从两个不同离子浓度亚相中沉积的硬脂酸(SA, 1-1)LB 膜的红外光谱(图 1.44)。由图清晰可见，在较低浓度(10^{-7} mol) Tb^{3+} 的亚相中，SA 单分子膜会部分离子化，但在较高浓度(10^{-5} mol) Tb^{3+} 的亚相中就不会离子化。较低浓度的图 1.44 a 线中，可以见到自由酸 C=O 伸缩振动的峰 1 702 cm^{-1}和 COO^- 非对称伸缩振动特征峰 1 539 cm^{-1}，而在图 1.44 b 线中，羰基的峰几乎已不存在，同时 1 539 cm^{-1} 峰变得非常强。1 437 cm^{-1} 处的 COO^- 对称伸缩振动峰的峰强随盐的浓度增加也有所增加。脂肪链—CH_2—弯曲运动在亚相浓度高时是一单峰，而在亚相浓度低时分裂为 1 465 cm^{-1}和 1 472 cm^{-1}处的两个峰，表明分子链相对于基片法线方向的倾斜，而单峰则是三斜堆砌的对称，所有分子的平面彼此平行。与在 Cd^{2+} 的亚相中沉积的亚油酸 LB 膜的红外光谱相比，情况正好相反：1 410 cm^{-1} 处的单峰归因于邻近羰基的—CH_2—弯曲运动，在低亚相浓度沉积的 LB 膜红外谱中可见，而在高亚相浓度时不但出现了 1 407 cm^{-1}处的峰，且峰强也略有增加。

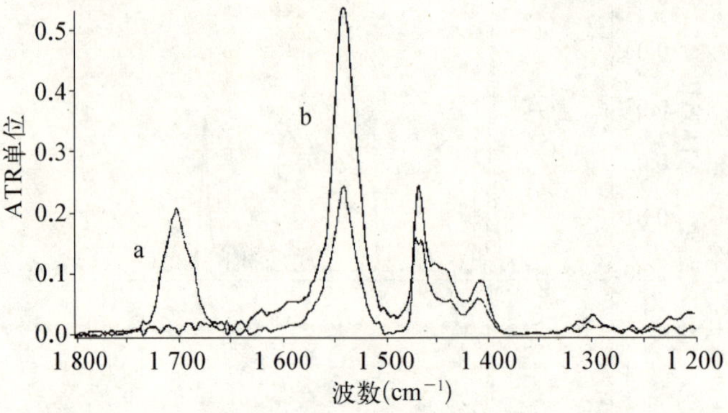

图 1.44 25 层硬脂酸 LB 膜的衰减全反射红外光谱，亚相 $TbCl_3$

a. 浓度 10^{-7} mol; b. 浓度 10^{-5} mol

再来与硬脂酸 LB 膜的红外谱比较。1 480～1 380 cm^{-1} 范围里，1 445 cm^{-1} 处的极大峰强应是 COO^- 对称伸缩振动峰，而它在硬脂酸 LB 膜红外谱中却出现在 1 437 cm^{-1} 处，两个 1 471 cm^{-1} 和 1 411 cm^{-1} 处的肩峰是—CH_2—弯曲运动所致。1 445 cm^{-1} 处附近的精细结构表明对这个谱带的贡献不止一个频率，这说明在膜里存在有对称 COO^- 的伸缩振动，1 548 cm^{-1} 和1 445 cm^{-1} 处峰在强度上都不占优势进一步支持了这一点。相反，也有 ATR 的报道称，如果对称的 COO^- 振动一定要求垂直于薄膜的平面，如同在饱和脂肪酸中的那样，光谱中将出现很微弱的信号，而不对称的振动信号强很多。考虑到烃链中具有两个顺式双键的 LA 分子的非线性构象，上述发现是有道理的。

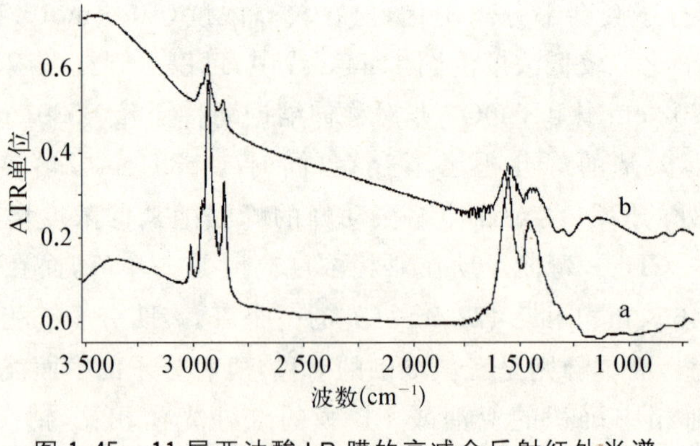

图 1.45 11 层亚油酸 LB 膜的衰减全反射红外光谱，亚相 $TbCl_3$，pH 6.9

a. 紫外辐照前; b. 30 min 紫外辐照后

在低pH时，C=O(1 702 cm^{-1})和COO^- (1 548 cm^{-1})伸缩模式的存在表明LA薄膜是部分解离的。在高pH时，自由酸的峰特征几乎完全消失和离解了的羧基的伸缩峰表明羧基已完全离解，就像在SA中观察到的那样。但是在3 400～3 100 cm^{-1}出现了一个SA薄膜中没有的表征羧基复合物的新峰，表明Tb^{2+}与解离的LA分子发生了反应，形成了$Tb(OH)^{2+}$。这个羧基复合物可以对1 380～1 480 cm^{-1}的频率有贡献，是这个谱带相当弥散最合理的解释。图1.43的谱图进一步支持了在高pH时，Tb^{2+}生成了$Tb(OH)^{2+}$而不是自由的Tb^{3+}。一般说来，CH_2和CH_3伸缩振动峰半高度处的半宽度比SA薄膜中的来得大，表明LA膜中的结晶结构较少。

3 013 cm^{-1}处双键的峰在图1.43中的两张图中都能看到，最大的不同是，UV辐射的膜在3 013 cm^{-1}处双键峰完全不存在，表明烃链中双键大部分已反应掉了。另一个观察到的特征是辐射导致了CH_2和CH_3伸缩振动峰的加宽，由于聚合物膜的沉积不如单体膜好，谱图中的峰强度是不可用来作比较的。此外，从光谱中接受到的信息也不能用来区分聚合物链的长度，或者用来判定聚合物的形成。

1.6.3 LB膜的X射线光电子能谱

X射线光电子能谱(XPS)是表面化学成分分析中最常用的手段，因为它具有许多其他方法无法媲美的优点：灵敏度高、检出量低，是一种痕量检测技术；X-光对待检样品无破坏，是一种无损检测技术；光电子的发射深度只有几纳米，是真正的表面分析技术，特别适合于LB膜的研究。

下面例子是用XPS方法测定由有机LB膜制备无机陶瓷超薄膜的成分。用于固体氧化物燃料电池的金属氧化物陶瓷膜要求超薄和组分的浓度精确，这样才会有高的离子电导率。以有机金属络合物的混合LB膜作前驱物为制备超薄金属氧化物陶瓷膜提供了可能性。这里，最关键的是控制金属元素的比例。

混合LB膜沉积前的组分配比是可以通过铺展溶液浓度来精确配制的，只要沉积过程是合理的，那么沉积到基片上的LB膜的组分应该就是沉积前铺展溶液的组分配比。要得到用于固体氧化物燃料电池的金属氧化物陶瓷膜，就要对沉积的LB膜进行化学处理(详见第8章)，这时要保证LB膜中的组分不变，XPS就是对组分变化监控的有效方法。

用LB膜制备单组分氧化物已有不少报道，我们将LB膜法和自组装技术相结合，引入不溶于水的金属络合物作为“表面离子”与成膜分子混合铺展在不加任何“亚相离子”的纯水表面，通过表面离子与成膜分子的非键合作用(即自组装)来达到 LB 膜前驱物的组分的控制(也见第 8 章)[30-32]，选择锆 β-二酮螯合物和钇 β-二酮螯合物 $Zr(tmhd)_4$ (1.15)和 $Y(tmhd)_3$ (1.16)(tmhd = 2,2,6,6 - tetramethyl-heptanedionate)作为“表面离子”，与花生酸混合成膜。将水面上的混合膜沉积制得了三组分混合 LB 膜，并用这种前驱物经过 UVO 处理和热处理，有机成分大部分被除掉(碳的百分含量大幅降低)，再经过高温热处理，样品进一步转变成陶瓷膜，膜中金属元素以氧化物形式存在，得到 Y_2O_3稳定 ZrO_2(YSZ)超薄膜。

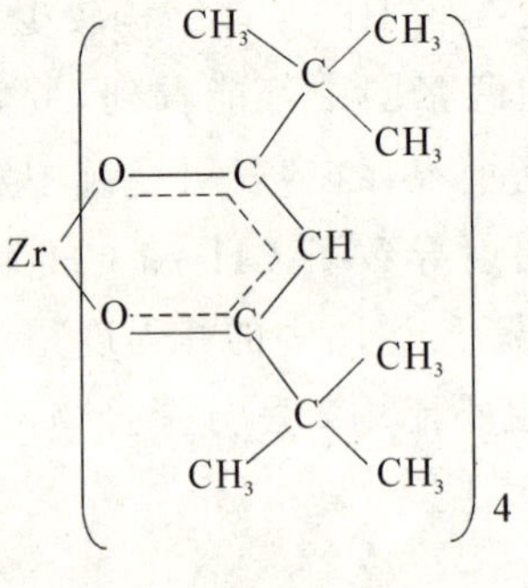

1.15

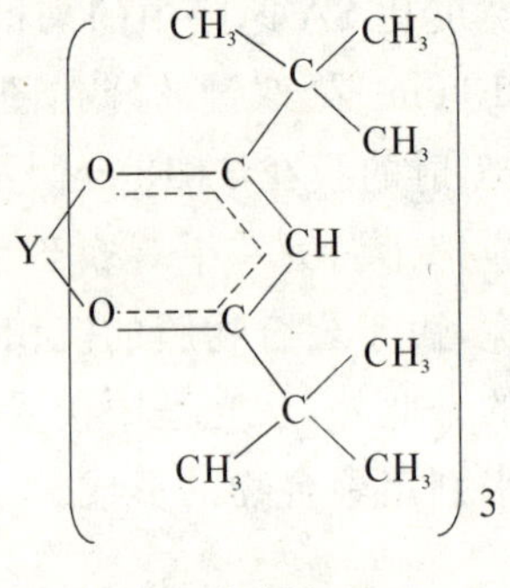

1.16

XPS 的详细结果是：

(1) Cls 峰的精细结构(图 1.46)

LB 膜前驱物中，碳元素主要存在形式为烷基链，峰的中心位置为 284.8 eV，并有一个与羧基相关的弱峰(图 1.46 a 线)。UVO 处理后，烷基链大部分被除去，而羧基依然部分存在，碳峰分为两个部分：一个为中心位置在 284.5 eV，主要为表面吸附碳，这一结果与 FTIR 实验结果完全相同；另一个中心位置在 289.6 eV，为碳酸盐的峰，因为部分碳转化为 CO_2后，与表面金属氧化物反应而成为碳酸盐(图 1.46 b 线)。再灼烧，中心位置在 284.5 eV 的表面吸附碳峰依然存在，而中心位置在 289.6 eV 的碳酸盐峰基本消失(图 1.46 c 线)。碳酸盐分解成为氧化物，陶瓷膜体现出来的碳含量主要为表面吸

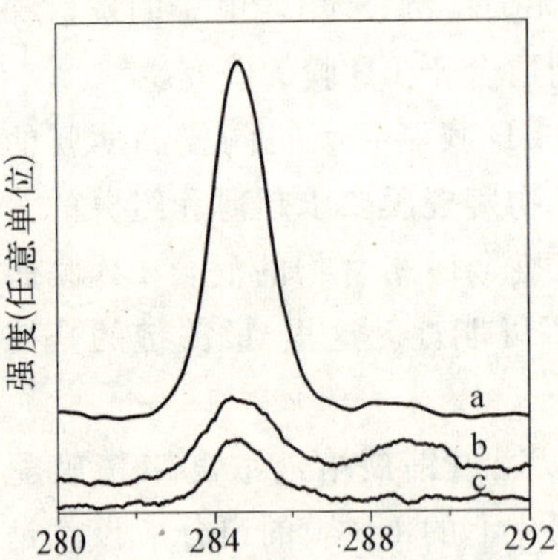

图 1.46 不同阶段 Cls 峰的精细结构

a. LB 膜前驱物；b. UVO 处理 12 h 后的剩余膜；c. UVO 处理 12 h，再 1 000 ℃灼烧 3 h 得到的陶瓷膜

附的碳。

(2) Ols 峰的精细结构(图 1.47)

处理过程中,Ols 峰变化很大。一般认为,高结合能处的峰对应于表面晶格吸附氧,低结合能处的峰对应于晶格氧。LB 膜前驱物中所含氧元素主要存在于花生酸羧基和 β-二酮配体的羰基中,故只出现表面化学吸附氧峰。而 UVO 处理后和灼烧处理后晶格氧峰和吸附氧峰均出现,但晶格氧峰和吸附氧峰强度比明显不同。UVO 处理后晶格氧峰明显低于吸附氧峰,而灼烧处理后晶格氧峰与吸附氧峰强度几乎相同。由 UVO 处理后晶格氧峰的出现可知,UVO 处理过程中已经有部分的氧化物晶体形成(尽管 X 射线衍射分析样品为无定形),但仍以表面吸附氧为主。经灼烧处理后,内部形成了完整的 ZrO_2 晶格结构,以晶格氧为主,故晶格氧峰明显增强。

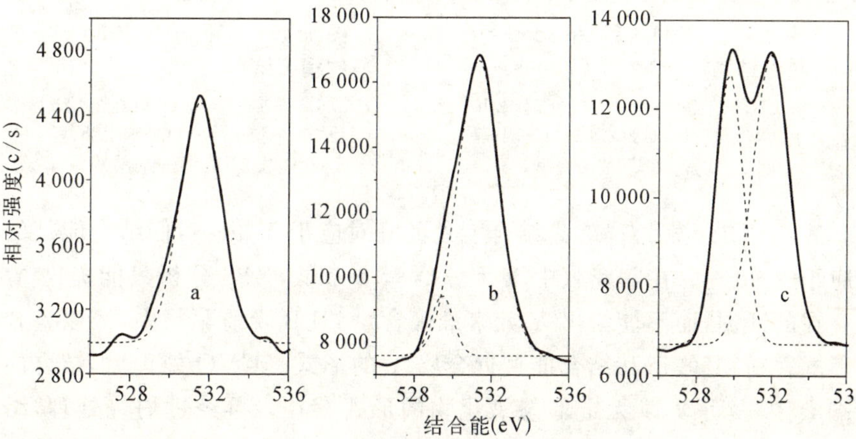

图 1.47 不同阶段 Ols 峰的精细结构

a. LB 膜前驱物;b. UVO 处理 12 h 后的剩余膜;c. UVO 处理 12 h,1 000 ℃灼烧 3 h 得到的陶瓷膜

(3) Zr 3d 峰的精细结构(图 1.48)

Zr 3d XPS 谱为双峰,低结合能处的峰对应于 Zr $3d_{5/2}$,高结合能处的峰对应于 Zr $3d_{3/2}$。LB 膜前驱物中,峰形和结合能接近金属 Zr 的形式,其结合能分别为 183.0 eV 和 185.1 eV(图 1.48 a 线)。UVO 处理后,结合能分别向低端漂移至 182.5 eV 和 184.8 eV(图 1.48 b 线),表明 Zr 以氧化物的形式存在。但由于 UVO 处理是在室温下进行,剩余膜中 ZrO_2 是单斜(monoclinic)晶体结构。此时再经过热处理,结合能继续向低端漂移至 182.2 eV 和 184.6 eV,峰形变化不大,但双峰更加明显(图 1.48 c 线),其晶体结构更完整。此时陶瓷膜中 ZrO_2 是立方相晶体结构,这与 XRD 中仅有 ZrO_2 立方相衍射峰的结果是一致的。

(4) Y 3d 峰的精细结构(图 1.49)

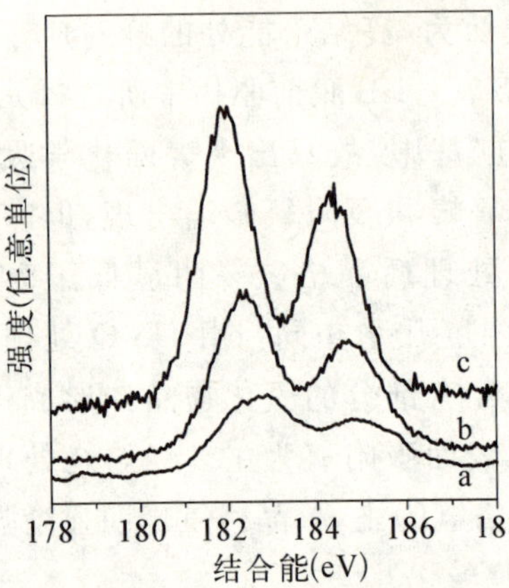

图 1.48 不同阶段 Zr 3d 峰的精细结构

a. LB 膜前驱物;b. UVO 处理 12 h 后的剩余膜;c. UVO 处理 12 h,再 1 000 ℃灼烧 3 h 得到的陶瓷膜

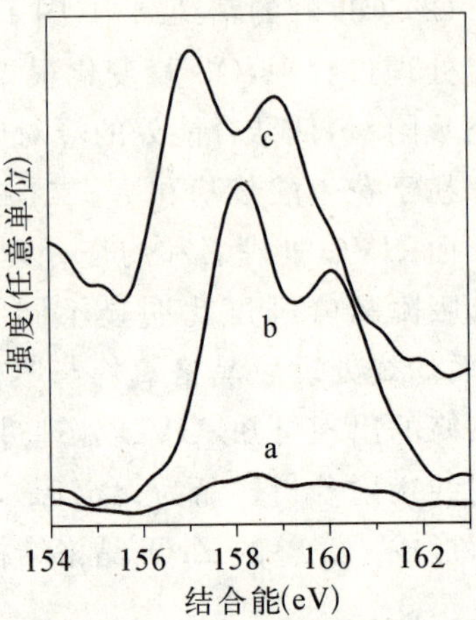

图 1.49 不同阶段 Y 3d 峰的精细结构

a. LB 膜前驱物;b. UVO 处理 12 h 后的剩余膜;c. UVO 处理 12 h,再 1 000 ℃灼烧 3 h 得到的陶瓷膜

Y 3d XPS 谱为双峰,高结合能处的峰对应于 Y $3d_{5/2}$,低结合能处的峰对应于 Y $3d_{3/2}$。在陶瓷膜中 Y 元素含量非常低,XPS 分析只能提供 Y 元素存在的证据,而不能给出 Y 元素准确含量。LB 膜前驱物中,Y 以螯合物的形式存在,其峰形和结合能接近金属 Y 的形式。UVO 处理后,结合能向低端漂移,表明 Y 以无定形态氧化物的形式存在。再经过灼烧处理,结合能继续向低端漂移,可见 Y 完全转变为 Y_2O_3 且以掺杂的形式分散在 ZrO_2 晶格结构中。这与 XRD 中衍射结果是一致的。

表 1.5 为整个过程中薄膜所含元素比率的 XPS 结果。与拉膜过程中的配比相比,发现 LB 膜前驱物(样品 1)、UVO 处理后的剩余膜(样品 2)和 1 000℃热处理 3 h 后的陶瓷膜(样品 3)均与配样 Zr∶Y=4.5∶1(摩尔比)时的比率接近。实验表明用这种方法能够很好地控制陶瓷薄膜中的金属元素的比率,即使用“表面离子”的 LB 膜法可成功用于制备无机陶瓷膜。

表 1.5 处理过程中的元素比例变化

样 品	C	O	Zr	Y	Zr∶Y
1	88.60	9.31	1.73	0.36	4.81∶1
2	25.47	56.32	14.78	3.42	4.32∶1
3	7.34	73.40	15.70	3.56	4.41∶1

上述这些方法所得到的结构信息都是总体的平均结果。需要逐点地、直观地反映和分析LB膜的形貌、研究成膜分子的排列和取向、分辨膜中聚集态等要采用近年来发展起来的隧道扫描显微镜或原子力显微镜。

1.6.4 LB膜的原子力显微镜分析

近年来发展起来的隧道电子显微镜(Scanning Tunnel Microscopy, STM)是以原子级分辨率水准研究物体表面形貌的有力工具。但STM要求所研究的物体表面能够导电,限制了它的使用。后来发展的原子力显微镜(Atomic Force Microscopy, AFM)对此作了改进,对表面不导电的物体也能应用,特别适用于单分子膜和LB膜的形貌研究[54]。

AFM的原理并不复杂,有关专著有详细描述[55],这里仅简单介绍如下。一个对力非常敏感的微悬臂,其尖端有一个微小的探针,当探针轻微地接触样品表面时,由于探针尖端的原子与样品表面之间产生极其微弱的相互作用力而使微悬臂弯曲。将微悬臂弯曲的形变转换成电信号并进行放大,就可以得到原子之间力微弱变化的信号。图1.50是目前商品的AEM仪器原理示意图。半导体激光器发出的一束红光经过光学透镜进行准直,聚焦后,照射到微悬臂上。汇聚到微悬臂镜面的激光经反射后最终照射到四象限光敏检测器上。当探针在样品表面扫描时,由于样品表面起伏不平而使探针带动微悬臂弯曲变化,而微悬臂的弯曲又使得光路发生变化,最终导致照射到光敏检测器上的激光光斑位置发生移动,光敏检测器将光斑位移信号转换成电信号,经放大处理后即可得到图像信号。

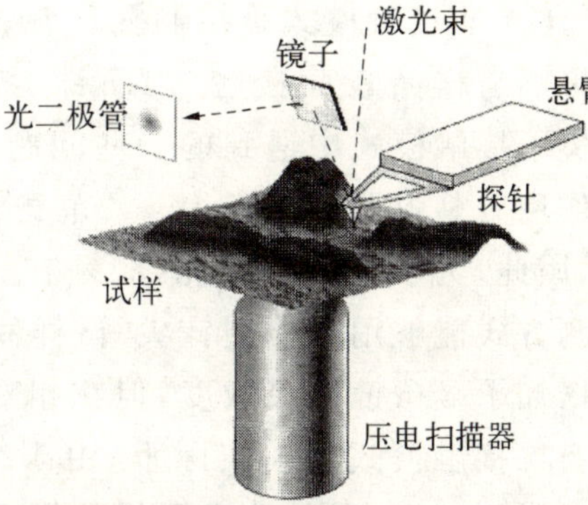

图1.50 原子力显微镜(AFM)装置原理图

根据探针同样品作用力性质的不同,AFM主要有三种成像模式:接触模式,轻敲模式和非接触模式。图1.51为这三种扫描模式的成像比较:

(1) 在接触模式中,针尖始终同试样接触,并简单地在表面上移动,针尖-试样间的相互作用力是互相接触原子的电子间存在的库仑排斥力,大小

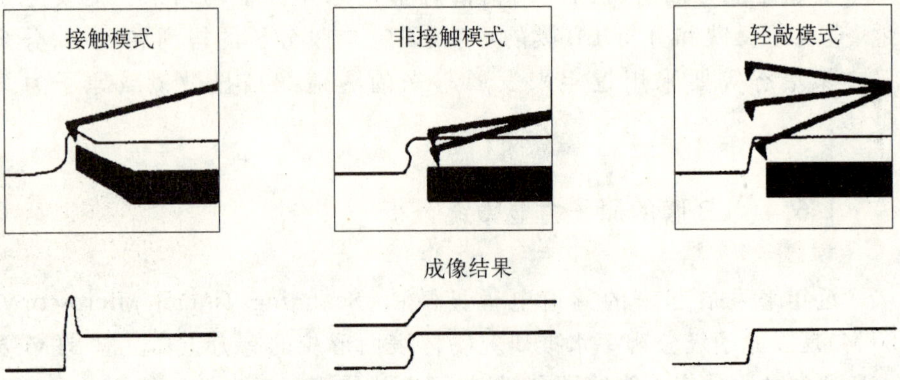

图 1.51 AFM 的三种扫描模式：接触模式，轻敲模式和非接触模式以及扫描模式所形成的成像结果

为 10^{-8}～10^{-11} N。试样表面的 AFM 形貌通常是在这种斥力模式获得的，易获得较高的分辨率。虽然接触模式可以产生稳定，高分辨率图像，但在研究低弹性模量样品时有一些缺点。同时，探针扫描移动时产生的压缩力和剪切力也有可能破坏试样，这些因素将严重影响 AFM 成像质量。通常使用 Si_3N_4 针尖来进行近程模式扫描；

(2) 非接触模式是控制探针在试样表面上方 5～20 nm 距离，探针始终不与样品表面接触，因而针尖不会对样品造成污染或产生破坏。避免了接触模式中遇到的一些问题。在非接触模式中，针尖-试样间相互作用力是很弱的长程力——范德华吸引力。由于吸引力远小于排斥力，因此，为了提高信噪比，必须在针尖上加一小的振荡信号，以便 AC 检测方式能够用来检测针尖-试样间较小的作用力，这种非接触模式虽然增加了显微镜的灵敏度，但在相对较长的针尖-试样间距情况下分辨率要比接触模式低。实际上，由于针尖很容易被表面吸附气体的表面压吸附到试样表面，造成图像数据不稳定和对试样的破坏。因此，非接触模式操作较为困难，并且通常不适合在液体中成像。非接触模式测量时，通常使用 Si 针尖；

(3) 轻敲模式是新发展起来的成像技术，介于接触模式和非接触模式之间，其特点是扫描过程中微悬臂也震荡，并具有比非接触模式更大的振幅(大于 20 nm)针尖在振荡时间断地与试样接触。由于针尖同试样接触，所以可以获得较好的分辨率；但因为针尖分辨率的限制，所以不能获得试样的原子级高分辨图像。由于接触时间实际非常短暂，因此，剪切力引起的对试样的破坏几乎完全消失。轻敲模式在大气中成像，是利用压电陶瓷在微悬臂机械共振频率附近驱动微悬臂振荡。振荡的针尖向表面移动直到轻轻接触表面时。由于微悬臂没有足够空间去振荡,其振幅将增大。反馈系统根据检测器测量这个振幅。不断调整针尖-样品间距来控制微悬臂振幅,作用于样品上的力恒定,从而得到试样的表面形貌。轻敲模式中的针尖-试样间的作用力通常为 $10^{-9}\sim10^{-12}$ N。它可以对柔软、易碎和粘附性较强的试样成像,且对样品的表面不产生破坏。

表1.6是Nanoscope Ⅱ AFM合宜的有关参数。对沉积在玻璃基片上的反式-十八烯酸(*trans*-octadecenoic acid, TODA) LB膜来说,100 μm的探针头和弹性常数为 $k=0.38$ N/m 的悬臂能得到最好的分辨率[56]。

表1.6 悬臂梁与LB膜试样的极大吸引力

试样	不同 k_1 悬臂梁的极大吸引力(10^{-8} N)				粗糙度	
	$k_1=$ 0.06 N/m	$k_1=$ 0.12 N/m	$k_1=$ 0.38 N/m	$k_1=$ 0.58 N/m	$A<$ 100 nm^2	$A<$ 1 000 nm^2
玻璃	1~4	1~6	1~8	30~60	6.7	8.3
玻璃+1层膜	1~10	0.5~1	6~8	40~50	1.5	4.4
玻璃+5层膜	5~10	0.3~0.5	2~8	50~60	0.8	1.3
玻璃+25层膜	2~8	1~1.5	3~5	8~10	0.7	1.9

Peltonen和作者是较早用AFM观察LB膜形貌和分子有序排列的学者。我们用Nanoscope Ⅱ AFM研究了成膜化合物TODA(1.17)在玻璃基片上的排列情况。在浓度为 10^{-4} mol $CdCl_2$ 或 $TbCl_3$ 亚相中,于盖玻片上沉积了25层Y-型的TODA LB膜。在确定了使用弹簧常数为 $k=0.38$ N/m 的探针悬臂梁能得到最佳分辨率后,得到了它们的AFM照片。图1.52是由 $TbCl_3$ 亚相沉积得到的25层TODA LB膜的照片,不管是从原始没过滤的照片(图1.52 a)、经变换的表面图案(inverse-transformed surface plot,图1.52 b)还是外形包络线(图1.52 c)都显示了LB膜中TODA分子在玻璃基片上有序规整的排列。图1.53是只有5层的TODA LB膜经变换的表面图案照片,结果也是一样。

trans-$C_{17}H_{33}COOH$
反式-十八烯酸,TODA
1.17

T. Kajiyama则用AFM观察了硬脂酸LB膜的分子排列,也得到了非常清晰的有序排列的图像(图1.54)[57]。

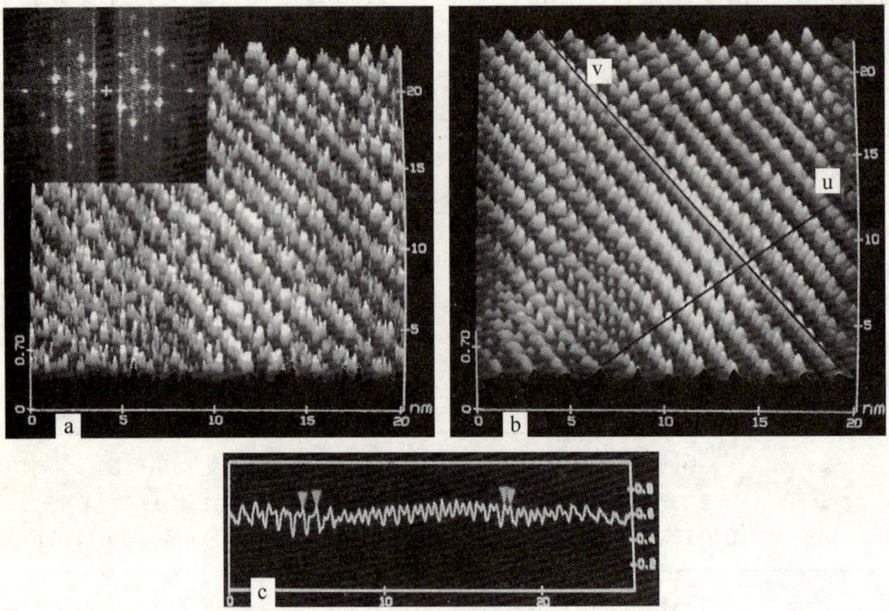

图 1.52　20 ℃下，由 $TbCl_3$ 亚相（pH＝5.8）沉积得的 25 层 TODA LB 膜的 AFM 图像

a. 原始没过滤的；b. 经变换的表面图像；c. 外形包络线

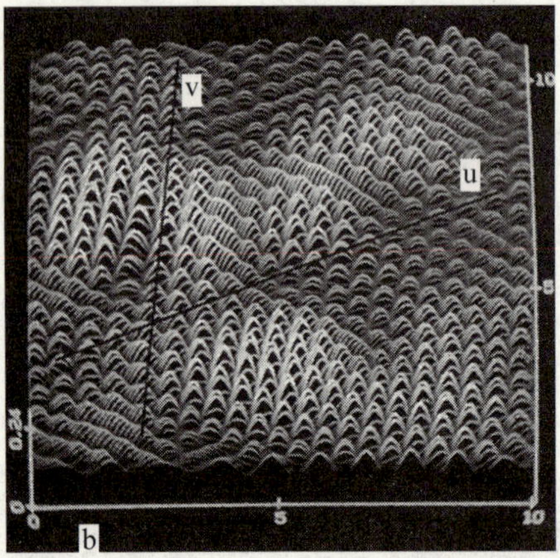

图 1.53　20 ℃下，由 $TbCl_3$ 亚相（pH＝5.8）沉积得的 5 层 TODA LB 膜 AFM 图像

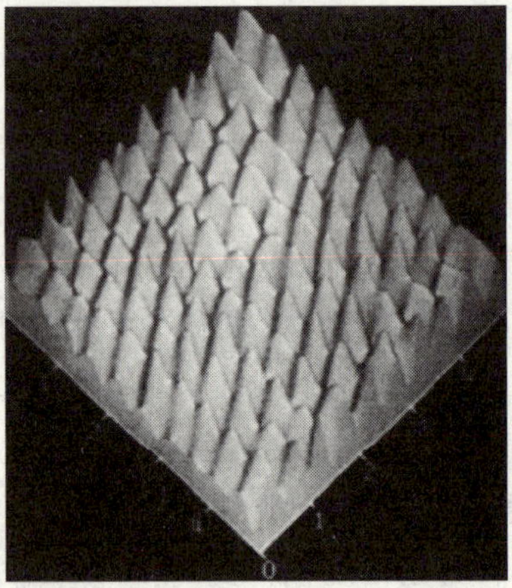

图 1.54　硬脂酸单分子膜的 AFM 图像（5×5 nm^2），分子排列成间距为 0.42 nm 的六方形

我们还用 STM 观察了沉积在导电玻璃上的聚酰亚胺（1.18）LB 膜中的分子排列（图 1.55，聚酰亚胺 LB 膜的制备见第 5 章）[58]。图 1.55 a 为膜的大尺寸表观形貌（55×55 nm^2），图 1.55 b 为同一张膜的高分辨照片（1.8×

1.8 nm^2)。LB 膜在大范围内沿膜沉积方向呈现出一定的取向分布，但并不显示出特别的高度有序性，说明 LB 膜在沉积过程中基本保持了单分子膜的分子取向排布。但由于 LB 膜沉积过程的复杂性，由剪切力的作用，转移过程中分子链可能会发生严重的扭曲及缠结等现象。图中的粗条纹是不同取向的分子链区域的分界线[59]。在图 1.55 b 中可清晰地看到很规则的周期性亮条纹，每两个条纹之间的间距约为 0.45 nm，链中弯曲角约为 110°，弯曲点间距离为 1.5 nm。这些数值在误差范围内与模型符合得很好，这些亮条纹呈现出典型的聚酰亚胺分子链的弯曲结构(图1.56)[60]。一

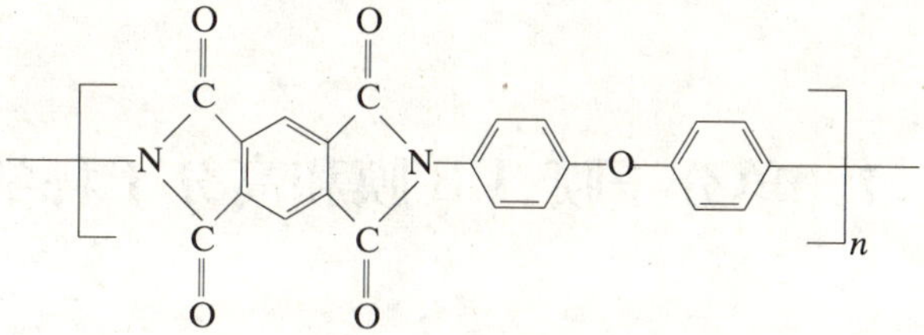

1.18

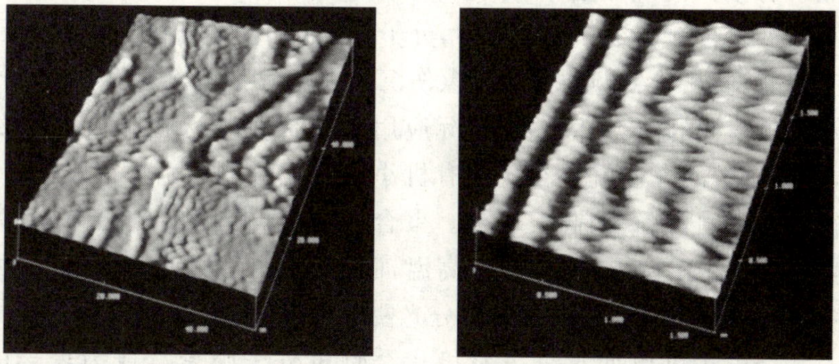

a　　b

图 1.55　聚酰亚胺 LB 膜的 STM 照片

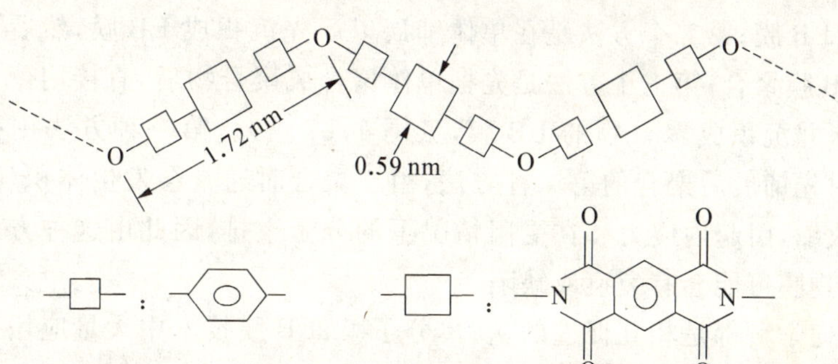

图 1.56　聚酰亚胺分子链典型的弯曲结构

般认为在STM测试中有机物中拥有共轭电子的部分具有较大的隧道电流，据此，图中的亮条纹应对应着聚酰亚胺分子的主链，可见在LB膜的局部范围内分子链是高度严格取向的。

上面1.7，1.8，1.9和1.10节里介绍的只是单分子膜和LB膜结构测定中使用紫外-可见光谱、红外光谱、X射线光电子能谱和原子力显微镜技术的个别例子，在以后的章节中我们会看到它们更多的应用实例，以及其他结构分析方法。

1.7 单分子膜、LB膜和高分子科学

分子水平上均匀、完全规则排列的超薄LB膜理所当然地在许多高技术领域中有很大的应用前景，但是LB膜也有它本身的不足之处。由于一般成膜有机化合物是小分子化合物，分子量低，由它们沉积成的LB膜的机械强度不高（仅几个牛顿的力就能擦伤沉积在基片上的LB膜），耐热性、耐溶剂和耐环境性的能力都较差，实际应用就会受到一定限制。为克服这些弱点，行之有效的方法就是在成膜有机小分子化合物中引入能进一步发生聚合反应的基团，使它们高分子化。聚合物的LB膜耐温已达100℃以上，某些共聚物的LB膜能耐200℃的高温，而像聚酰亚胺的LB膜耐温性会进一步提高，达到300℃，应用前景十分光明。

有三个方法可以使小分子有机化合物单分子膜聚合成为聚合的LB膜：第一个方法是先把有机单体分子铺展在水面上，然后通过紫外光、电子束或γ-射线照射直接在水面上发生聚合，再把这聚合的单分子膜沉积在基片上成LB膜；第二个方法是在单体铺展以后先沉积成LB膜，然后再令沉积的LB膜聚合；第三个方法是先把单体聚合成聚合物后，直接用聚合物铺展成膜，并沉积成聚合物的LB膜，见图1.57[61]。第一种方法用得比较少，而对先铺展后聚合的第二种方法，由于聚合时通常会发生体积（这里是面积）收缩，引起内应力和在受阻情况下的分子重排，因此由这种方法制备的聚合物膜可能会有裂痕或缺陷。

任何学科都是相互促进的，在单分子膜、LB膜技术中大量应用高分子科学的概念和技术时，高分子科学也从LB膜技术中学到了很多。现在高分子科学与LB膜技术的关系已不仅限于提高膜的稳定性方面，而且通过

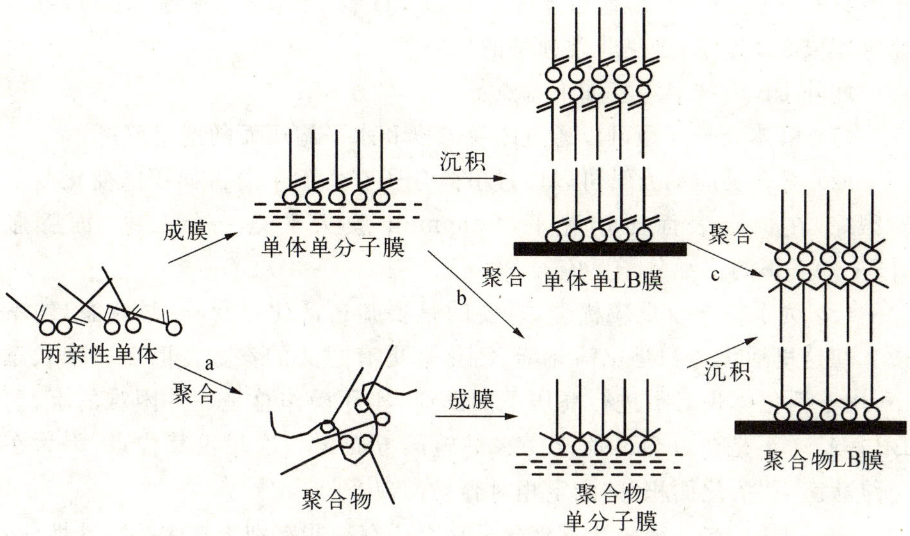

图 1.57 小分子化合物单分子膜成为聚合的 LB 膜有三个方法

可以先成膜后聚合再沉积(a),或先成膜后在水面上聚合再沉积(b),也可先聚合后再成膜,把这聚合物的单分子膜沉积成 LB 膜(c)

分子的有目的的组合来合成新的聚合物,以及用它来研究二维状态下的聚合反应,讨论聚合物在二维这样一个极端条件下的行为。LB 膜技术的应用一定会对高分子科学的发展有积极的推动作用。

在 LB 膜技术中,定量的成膜分子被铺展在水面上,通过水平方向施加不同压力,分子保持一定的取向和分子间距。由于水是流体,在水-空气界面上单分子层仍可自由地取向,聚合反应是在取向分子的各向异性条件下进行的;在所形成的聚合物中,大分子主链具有比通常条件下合成的聚合物链有更好的有序性和各向异性。

α-氨基酸的聚合反应更能说明膜上反应与体相反应的差别。α-氨基酸的聚合可以在分子内发生,也可以在分子间发生。在分子内进行时,产生环状化合物;在分子间进行时,产生线形聚合物。事实上,在活体中 α-氨基酸由于其头、尾及中部都被固定在生物膜的界面上,不同分子末端间很容易相互接触,发生反应。因此形成多肽那样的线形聚合物,而不是环状化合物。但在一般的体相溶液中,α-氨基酸是可能同时产生环状化合物和线形聚合物(详见第 3 章)。

有意思的是 Tredgold[62] 在研究聚咪唑(poly(imidazolium))的 LB 膜时发现,用聚合物铺展得到的 LB 膜和在水面上聚合得到的 LB 膜,其低角 X 射线衍射得到的等同周期不一样。前者的为 3.96 nm,后者为 3.75 nm,表明由聚合物铺展得到的 LB 膜有序程度较差。并且由聚合物铺展的单分子膜只在开头的一次压缩后才能沉积成 LB 膜，如果重复膨胀-压缩，就不能沉积成 LB 膜了，这是非常独特的现象。

此外 LB 膜技术还有如下特点：

(1) 单体分子间距可以通过改变温度和水平施压而随意调节；

(2) 聚合反应动力学可以通过单体分子在水面上所占面积的变化而实时跟踪，在恒定表面压情况下，Langmuir 膜天平是一个二维“面膨胀计”——真正的二维分子反应器；

(3) 为了解聚合反应机理，重要的是要知道活化复合物（过渡态）的本质。在这里活化体积是比活化能、活化熵更有意义的参数。但在三维状态下，由于活化体积必须进行高压下的反应，实际操作总是一件困难的事，而 LB 膜技术正是在可容易地改变水平施压方面再一次显示其优点，因为在二维状态下“活化面积”的测定相对容易实现[63]。

另一方面，在二维的状态高分子是否还有一些有别于本体的特殊性能？事实上，高分子的凝聚态是高分子物理的基本问题之一，是当今凝聚态物理中极有可能有所突破的前沿学科[64]。聚合物有晶态和非晶态两种凝聚态结构，非晶态聚合物又有玻璃态、橡胶态和粘流态三种力学状态[65]。但是在某些特殊情况下，聚合物是否仍有通常的凝聚态结构和力学状态呢？这些特殊情况包括：单链高分子、二维大分子膜（聚合物单分子膜、LB 膜和超薄膜）、超高拉伸聚合物以及结晶度达 100%的聚合物宏观单晶体等。已经知道，柔性链高分子有单链玻璃体和单链单晶[66]；而 100%结晶度的聚丁二炔根本不存在玻璃化转变[67]。但是对二维大分子膜，有关的许多问题还不是很清楚。

具有低玻璃化转变温度的聚合物单分子膜是否在室温存在橡胶态是一个值得探索的问题。作者[68, 69]通过研究了亚油酸单分子膜的聚合和聚合反应对单分子膜动态弹性的影响，首次明确提出了二维橡胶态的概念并给出了初步的实验证明。事实上，如果聚合后的单分子膜的玻璃化温度比室温低，那么它将处于高弹橡胶态。如是，则聚合后的单分子膜的弹性反比其聚合前的来得低。这是可以用单分子膜的动态弹性实验观察测定的（详见第7章）。

当然，高度有序分子的聚合在生物体中有特殊的重要性，因为生物起源中重要的一步就是分子聚集的形成。甚至有人认为分子在岩石表面上的聚集和有组织化在自然界生命产生前大分子的形成中有重要的作用[70]，只是这些内容已经超出了本书的范围。

必须指出的是，在单分子膜和 LB 膜上的聚合也有其特有的不足之处：

首先，由于单分子膜只有一个分子的厚度，即使是多层的LB膜，其所用的有机化合物的量也只有微克的量级，对于主要作为材料来使用的聚合物来说，是太少了。第二，单分子膜的铺展或LB膜的沉积基本上是一个不连续过程，较难形成连续化操作。第三，由于单体聚合成聚合物是一个从范德华相互作用距离到化学键距离的转变，分子之间距离缩短导致所形成的单分子膜聚合物或聚合LB膜的收缩，膜的整体有序性得不到保证。对此，我们要有清醒的认识。

参考文献

[1] G. R. G. Worcester, 1966 Sail and sweep in China (H. M. S. O., London)

[2] B. Franklin, Phil. Trans. R. Soc. London, 1774, 64: 445

[3] J. Schields, British Pantent 1879, 3490

[4] J. Aitken, Proc. R. Soc. Edinburgh, 1882 - 1884, 12: 56

[5] A. Pockels, Nature (London), 1891, 43: 437

[6] A. Pockels, Nature(London), 1893, 48: 152

[7] L. Rayleigh, Proc. R. Soc(London), 1890, 47: 364

[8] Irving Langmuir, *J. Am. Chem. Soc.*, 1917, 39: 1848

[9] K. Blodgett, *J. Am. Chem. Soc.*, 1935, 57: 1007

[10] G. L. Gaines Jr., *Insoluble Monolayers at Liquid Gas Interfaces*, Wiley, New York, 1966

[11] H. Kuhn, D. Mobins, H. Bucher, in *Technology of Chemistry*, Vol I *Physical Methods of Chemistry*, Part IIIB, Ed. by A. Weissberger, Wiley-Interscience, 1972, p577

[12] A. Barraud, S. Palacin, Langmuir - Blodgett Films 5, Elsevier, Amsterdam, 1992

[13] 何平笙，彭建邦，*化工新型材料*，1985, 13(12): 10

[14] 1988年全国LB膜学术讨论会论文集，中国开封，1988

[15] *Thin Solid Films*, 1983, 99 - 106; 1985, 132 - 134; 1987, 143 - 152; 1988, 159 - 160; 1989, 178 - 180; 1992, 210 - 211; 1994, 243 - 244; 1996, 284 - 285; 1998, 327 - 329

[16] The Tenth International Conference on Organized Molecular Films, Oct. 5 - Oct. 10, 2003, Beijing, China

[17] 福田清成，杉道夫，雀部博之编，LB膜とエレクトロニクス，シーエムシー，1986

[18] G. Roberts, Langmuir - Blodgett Films, Plenum Press, New York, 1990

[19] A. Ulman, *AnIntroduction to Ultrathin Organic Films*, *From Langmuir - Blodgett to Self-Assembly*, Academic Press, Boston, 1991

[20] R. H. Tredgold, *Orderin Thin Organic Films*, Cambridge University Press, Cambridge, 1994

[21] M. C. Petty, *Langmuir - Blodgett Films*, *An Introduction*, Cambridge University

Press, Cambridge, 1996

[22] [德] J. H. 芬德勒(Janos H. Fendler)著,江龙等译,《尖端材料的膜模拟》(Membrance Mimetic Approach to Advanced Materials),北京:科学出版社,1999

[23] 欧阳健明,《LB膜原理和应用》,广州:暨南大学出版社,1999

[24] 薛群基,张军,《分子有序体系超薄膜及其在摩擦学中的应用》,沈阳:辽宁科学技术出版社,1996

[25] D. J. Crisp, *J. Colloid Sci*, 1946, 1: 49

[26] D. J. Crisp, *Surface Phenomena in Chemistry and Biology*, Ed. By J. F. Danielli, K. G. A. Pankhurst and A. C. Riddiford, Pergamon, 1958, p23

[27] F. M. Fowkes, *J. Phys. Chem.*, 1964, 68: 3515

[28] 何平笙,聚合的LB膜和聚合物的LB膜,《高技术有机高分子材料进展》黄维元,闻建勋主编,北京:化学工业出版社,1994, p429

[29] 杨海洋,朱平平,丛树昕,李春娥,何平笙,*化学通报*, 1996, (9): 32

[30] 何平笙,汪永忠,李春娥,《1988年全国LB膜学术讨论会论文集,开封》,1988

[31] 何平笙,徐百,汪永忠,王昌燧,周贵恩,*化学物理学报*, 1988,1(1): 64

[32] J. P. K. Peltonen, He Pingsheng, Mika Linden, J. B. Rosenholm, *Journal of Physical Chemistry*, 1994, 98(47): 12403

[33] W. Norde, M. Giesbers, He Pingsheng, *Colloid & Surfaces, B: Biointerface*, 1995, 5: 255

[34] J. P. K. Peltonen, He Pingsheng, J. B. Rosenholm, *Thin Solid Films*, 1992, 210 - 211: 372

[35] R. Popovitz-Biro, K. Hill, E. Shavit, D. J. Hung, M. Lahav, L. Leiserowitz, J. Sagiv, H. Hsiung, G. R. Meredith, H. Vanherzeele, *J. Am. Chem. Soc.*, 1990, 112: 2498

[36] C. W. Pitt, L. M. Walpita, *Thin Solid Films*, 1980, 68: 101

[37] P. D. Latka, A. Dhanabalan, O. N. Oliveira Jr., *Advances in Colloid and Interface Science*, 2001, 91: 221

[38] R. M. A. Azzam, N. M. Bashra, Ellipsometry and Polarized Light, North-Holland Publishing Company: Amsterdam, 1977

[39] G. Nomarski, A. R. Weill., *Rev. Metallurgie*, 1955,50: 121

[40] Zou Gang, Zhang Yanze, He Pingsheng, *Thin Solid Films*, 2004, 468: 268

[41] 王岩,周宇清,王新平,陈文君,席时权,*化学物理学报*,1992, 5(3): 196

[42] He Pingsheng, Tian Qingping, Chen Xin, *New Polymeric Materials*, 1991, 3(1): 19

[43] 何平笙,白建民,陈昕,*物理化学力学进展*,1990, 2: 114

[44] 何平笙,江志坚,朱志伟,*中国科学技术大学学报*,1984, 14(3): 371

[45] 何平笙,*高分子材料科学与工程*,1986, 2(1): 1

[46] P. A. Chollet, J. Messier, *Thin Solid Films*,1983, 99: 197

[47] P. A. Chollet, *Thin Solid Films*, 1978, 52: 343

[48] 方堃,邹纲,吕卫星,何平笙,*化学学报*,2002,60(7): 1220

[49] 吕卫星，方堃，郭卫华，何平笙，*光谱学与光谱分析*，2002，22(1)：16

[50] He Pingsheng, Tian Qingping, Chen Xin, *New Polymeric Materials*, 1991, 3(1): 19

[51] 何平笙，田清平，秦志海，汪永忠，陈昕，*高等学校化学学报*，1990，11(2)：218

[52] 杨心亮，陈冠华，章志鸣，陶凤岗，许临晓，*光学学报*，1987，7(2)：190

[53] J. P. K. Peltonen, He Pingsheng, Mika Linden, J. B. Rosenholm, *Journal of Physical Chemistry*, 1994, 98(47): 12403

[54] J. A. DeRose, R. M. Leblanc, *Surface Science Reports*, 1995, 22: 73

[55] 白春礼，田芳，罗克，《扫描力显微术》，北京：科学出版社，2000

[56] 朱杰，齐浩，孙润广，《单分子科学的原子力显微镜研究现状》，北京：科学出版社，2005

[57] J. P. K. Peltonen, He Pingsheng, J. B. Rosenholm, *J. Am. Chem. Soc.*, 1992, 114(20): 7637

[58] T. Kajiyama, Y. Oishi, F. Hirose, K. Shuto, T. Kuri, *Langmuir*, 1994, 10: 1297

[59] 金邦坤，丛树昕，何平笙，*高等学校化学学报*，2002，(9)：1826

[60] W. M. Heckl., *Thin Solid Films*, 1992, 210/211: 640

[61] Schedel-Niderig. Th, M. Keil., H. Sotobayashi. *et al*, *J. Phys.: Condense. Mater.*, 1991, 3: S23

[62] T. Miyashita, *Prog. Polym. Sci.*, 1993, 18: 263

[63] M. Bardosova, P. Hodge, A. Korenova, F. Nakanishi, R. H. Tredgold, *Thin Solid Films*, 2001, 397: 8

[64] 朱平平，杨海洋，李春娥，何平笙，*高分子材料科学与工程*，1997，13(4)：1

[65] P. G. de Gennes, *Science*, 1992, 256: 495

[66] 何平笙，《高聚物的力学性能》，合肥：中国科技大学出版社，1997

[67] 钱人元，*高分子通报*，2000，(2)：1

[68] 杨海洋，朱平平，李春娥，丛树昕，何平笙，*化学通报*，1996，9：32

[69] He Pingsheng, J. P. K. Peltonen, J. B. Rosenholm, *Chin. J. Polym. Sci.*, 1998, 16(2): 147

[70] B. Tieke, in: C. M. Paleos Ed., Polymerization in Organized Media, Gordon and Breach Sci. Publishers, Philadelphia, 1992, p105

第 2 章　LB 膜的低角 X 射线衍射分析

在诸多研究 LB 膜结构的现代分析方法中,低角 X 射线衍射的应用极为广泛。在许多实验室里 X 射线衍射分析仪已相当普遍,只要配备一台低角相机就可以用于 LB 膜中分子排列结构的研究,况且大家对 X 射线衍射的基本知识也都有相当的了解。

X 射线衍射是研究有序结构的有力工具,在晶体结构研究中有广泛的应用。面间距为 d 的相邻点阵面的反射光束(图 2.1)符合布拉格公式:

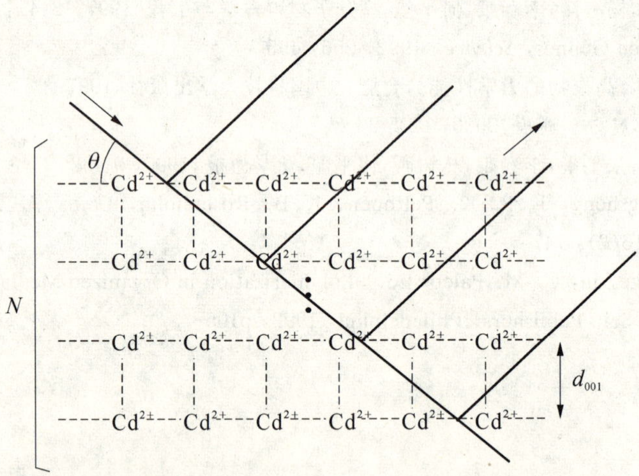

图 2.1　铺展在 $CdCl_2$ 亚相上 Y-型 LB 膜周期结构的 X 射线衍射示意图

两层单分子膜组成了一个面间距为 d_{001} 的周期。X 射线以入射角 θ 射入,N 是总的层数

$$n\lambda = 2d\sin\theta \tag{2.1}$$

式中 λ 是入射 X 射线波长,n 是衍射级数,θ 即为布拉格衍射角。

对同样具有成膜分子规整有序排列的 LB 膜，X 射线衍射也是它们结构分析的重要方法[1,2]。与一般晶体最大的不同之处是有机分子的 LB 膜以整个长链分子为等同周期(面间距)，达几个纳米，比一般晶体结构中的等同周期长很多。由布拉格公式(2.1)经简单的计算可知，LB 膜 X 射线衍射起始的几个衍射峰将出现在很低的衍射角区域内。因此研究 LB 膜的周期结构需要使用低角 X 射线衍射技术，即要在一般的 X 射线衍射分析仪上配置一个低角相机。譬如，有 20 个碳原子的硬脂酸 LB 膜的等同周期约为 5 nm，若用波长 λ 为 0.154 2 nm 的 Cu 靶 K_α线作 X 射线源，由式(2.1)算出呈现第一个衍射峰的位置约在 $2\theta<2^\circ$的地方。所以，LB 膜的 X 射线衍射实验最好要从 $2\theta<1^\circ$这样低的角度做起。

为研究尽可能少的分子层数的 LB 膜的结构，不但需要灵敏的仪器，而且实验条件(管压和管流)的选择非常重要。如使用一般实验室都拥有的日本理学 D/max - γA 型转靶 X 射线仪，石墨单色器，狭缝可选择 DS = 1°，SS = 0.5°，RS = 0.15 mm 和 RS_m = 0.3 mm。实验使用 Cu 靶 K_α 线，$\lambda_{CuK_\alpha}=0.154\,2$ nm。管压可选用 40 kV，管流 50 mA。这样，即使只有 5 层的 LB 膜也能得到很好的 X 射线衍射峰。

LB 膜的低角 X 射线衍射数据包含了成膜分子在 LB 膜中规则排列的许多有用信息，分别介绍如下。

2.1 确认 LB 膜中成膜分子的排列规整性

只要试样的 X 射线衍射图呈现一个或多个规则的布拉格衍射峰，就表明该试样具有规整排列的周期结构。如果用 LB 技术沉积了多层 LB 膜，做它们的低角 X 射线衍射，出现一系列等间距的规则布拉格衍射峰，就表明用 LB 技术得到的 LB 膜确实具有非常规整排列的周期结构。作为例子，图 2.2 是用 1.3.3 所描述的简易膜天平沉积制作的硬脂酸 1 - 1(镉)LB 膜(沉积表面压为 30 mN/m)的 X 射线衍射谱图。由硬脂酸的 $\pi-A$ 曲线(图 1.6)可知，在 25～50 mN/m 硬脂酸(镉)单分子膜处在固态，其中间值应是沉积 LB 膜的合宜表面压。因此，表面压为 30 mN/m 的油酸可以用来作为推进油。由此得到了如图 2.2 的 25 层硬脂酸(镉)LB 膜在 2θ 为 1°～24°范围内的 X 射线衍射谱图。由图可见，在这 2θ 范围内硬脂酸(镉)LB 膜呈现出了 13 个衍射峰，它们峰形清晰、间距相等，与完整无机晶体的 X 射线衍射图可以媲美。这表明，简易膜天平完全适用于 LB 膜的沉积，所沉积得到的 LB 膜中的硬脂酸分子完全是有规则整齐排列的，其结果与用微机控制的现代膜天平一样好。与三维空间原子整齐排列的无机晶体不同的是，LB 膜的 X 射线衍射峰的峰强总的来说是递减的，但仔细分析可以发现，奇数峰的强度比其前一级偶数峰的强度来得大，呈现明显的衍射峰强度“奇偶起伏”现象，其成因将在 2.11 节中讨论。

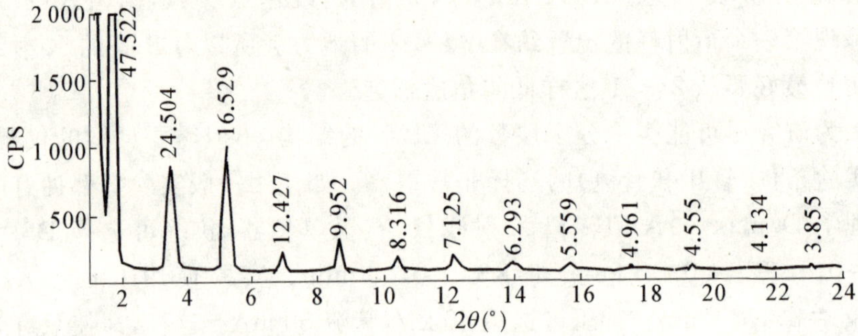

图 2.2　25 层硬脂酸(镉)LB 膜(沉积表面压为 30 mN/m)的 X 射线衍射谱图

在 $2\theta=1^\circ\sim24^\circ$ 的范围内呈现出 13 个等间距的衍射峰。峰强总的来说是递减的，但奇数峰的强度比其前一级偶数峰的强度来得大，呈现明显的衍射峰强度“奇偶起伏”现象

如果 LB 膜由于层数太少，或其他原因，使衍射峰强度过弱而不易被检测出，这时可以试用散射因子更强的金属离子，如 Pb^{2+} 等，添加在亚相水中，从而形成有机成膜分子铅盐的 LB 膜，可以得到更为清晰、衍射强度更大的 X 射线衍射峰，见图 2.3[3]。

图 2.4 是在亚相中添加 Ba^{2+}、Cd^{2+} 和 Pb^{2+} 沉积得的花生酸 LB 膜(均为 60 层)X 射线衍射图谱的比较。由于 Pb^{2+} 的散射因子比 Ba^{2+} 和 Cd^{2+} 大很多，它的 X 射线衍射峰不但强度大，并且在更宽的 2θ 范围内能出峰。由图可见，花生酸(铅)LB 膜在 2θ 为 $1^\circ\sim24^\circ$ 范围内呈现清晰的 14 个峰；开头几个衍射峰的强度达到 4 000(CPS)，即使是第 8 个衍射峰的强度也在 1 000(CPS)左右。而花生酸(钡)LB 膜在 2θ 为 $1^\circ\sim24^\circ$ 范围内，只在 $1^\circ\sim12^\circ$ 范围内呈现有 6 个峰，在 $12^\circ\sim24^\circ$ 范围内已不能呈现能够分辨的衍射峰，即使最强的第一个衍射峰强度也只在 1 000(CPS)以下。花生酸镉 LB 膜在 2θ 为 $1^\circ\sim24^\circ$ 范围内呈现清晰的峰是 12 个，并且，开头几个衍射峰的强度也只有 2 000(CPS)左右。显然这是由于 Pb^{2+}、Cd^{2+} 和 Ba^{2+} 三个离子中 Pb^{2+} 离子的散射因子最大，Cd^{2+} 次之，而 Ba^{2+} 最小。

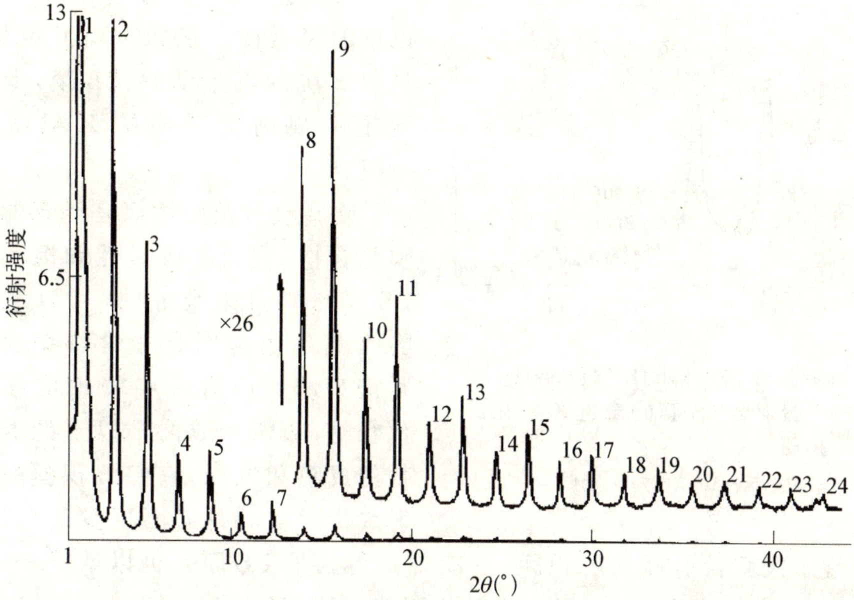

图 2.3 Y-型硬脂酸(铅)LB膜(沉积表面压为 27 mN/m)的X射线衍射谱图

2θ 在 1°～46°的范围内呈现出24个等间距的衍射峰，由此求得的等同周期为5.10 nm

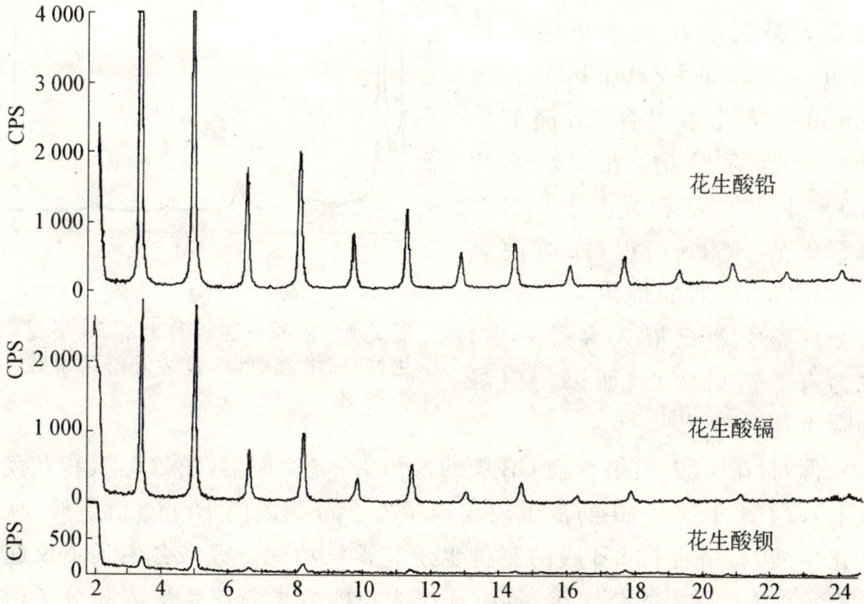

图 2.4 花生酸铅盐、镉盐和钡盐LB膜X射线衍射的比较

花生酸铅LB膜的X射线衍射峰强大，且 2θ 在 1°～24°范围内呈现清晰的14个峰；花生酸镉LB膜在 2θ 为 1°～24°范围内呈现清晰的峰是12个；而花生酸(钡)LB膜在 2θ 为 1°～24°范围内，只在 1°～12°范围内呈现有6个峰

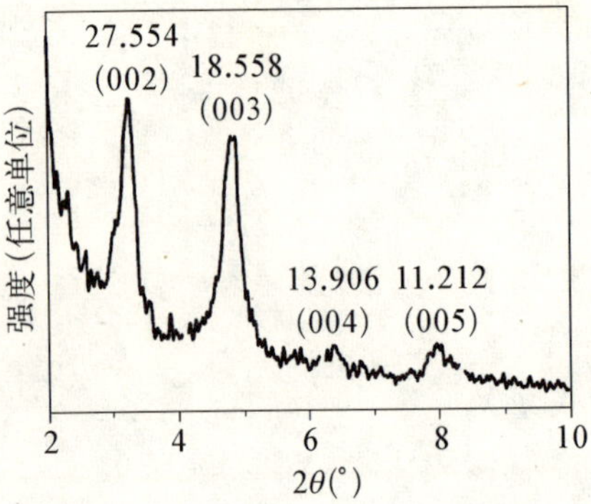

图 2.5　$Zr(tmhd)_4/Y(tmhd)_3$/花生酸混合 LB 膜的低角 X 射线衍射图

2θ 在1.5°～10°范围内观察到 4 个等距离的 Bragg 衍射峰

当然也可以调节衍射仪的参数以增加灵敏度。正如上面所说的，只有 5 层的花生酸镉 LB 膜，也得到了有规则衍射峰的 X 射线衍射图。

硬脂酸和花生酸都是经典的成膜化合物，它们的成膜性和沉积成 LB 膜的能力是很好的，所以它们的 X 射线衍射图是非常漂亮的规则衍射峰。而对一些较难成膜的化合物，和两个或两个以上的混合物的成膜和沉积，它们沉积膜的 X 射线衍射实验是必不可少的，只有出现了规则衍射峰的沉积膜，才能说是得到了 LB 膜。仍以锆 β-二酮螯合物 $Zr(tmhd)_4$(1.15)、钇 β-二酮螯合物 $Y(tmhd)_3$(1.16)(tmhd＝2,2,6,6－四甲基-庚二酮)和花生酸的三组分 LB 混合膜为例。图 2.5 是沉积在疏水单晶硅片(100)上的 $Zr(tmhd)_4$/$Y(tmhd)_3$/花生酸混合 LB 膜的低角 X－光衍射谱，在 2θ 角为 1.5°～10° 的范围内出现了四个等距离的 Bragg 衍射峰，表明该 LB 膜具有规则的周期结构。因为金属螯合物已嵌入多层膜中，成为有效散射中心，所以衍射峰的强度还比较大。

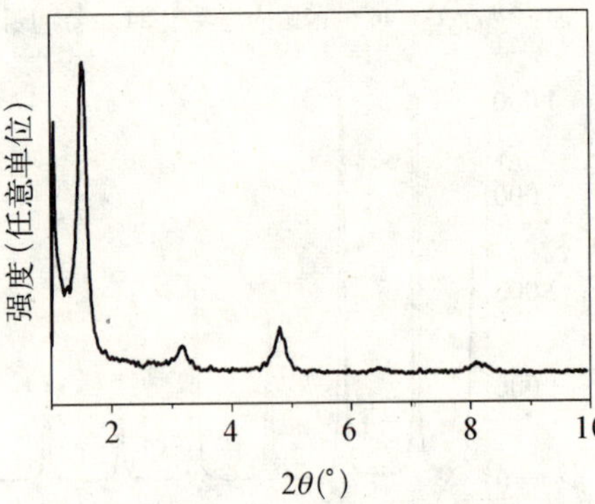

图 2.6　沉积在盖玻片上的 25 层花生酸-钌络合物 LB 膜的低角 X 射线衍射谱

再如，花生酸-钌络合物 LB 膜的低角 X－光衍射谱(图 2.6，沉积在盖玻片上)，2θ 在 1.2°～10°的范围内出现了五个等距离的 Bragg 衍射峰，证明了花生酸-钌络合物 LB 膜的制备也是非常成功的。钌络合离子不仅起到了稳定 LB 多层膜的结构作用，而且作为功能分子与花生酸成膜分子形成了三明治的结构。

2.2 确定等同周期

等同周期 d 是 LB 膜的重要结构参数。由布拉格衍射峰出现的衍射角位置(2θ),可以用式(2.1)计算出 LB 膜的等同周期。若 X 射线衍射呈现多个布拉格衍射峰,可把布拉格衍射峰指标化:从小角度到大角度依次为(001),(002),… ,(00l)。由布拉格公式可计算得出各个衍射峰对应的 d_{hkl} 为 d_{00l},则 LB 膜的等同周期

$$d = l \cdot d_{00l} \tag{2.2}$$

仍以图 2.2 所示的硬脂酸(镉)LB 膜为例,由图中 13 个衍射峰都可以得到一组等同周期值(表 2.1),把它们作算术平均,求得硬脂酸镉 LB 膜等同周期的平均值 $\overline{d}=4.97$ nm。

表 2.1 由 X 射线各衍射峰计算出的硬脂酸(镉)LB 膜的等同周期

hkl	001	002	003	004	005	006	007
d/nm	4.76	4.90	4.96	4.97	4.98	4.99	4.99

hkl	008	009	0010	0011	0 012	0 013
d/nm	4.99	5.00	5.01	5.01	5.01	5.01

需要指出的是,低衍射指标得到的 d 值偏低。特别是由第一级的主衍射峰(001)求得的 d 值与平均值 $\overline{d}$ 相差甚大,这是因为该实验的衍射峰是在 X 射线衍射低角区起始的,而衍射峰低角区误差较大,样品偏离正确位置一个极小角度,也可以引起较大误差。仪器确定 θ 时有 0.01° 的偏差,估计会造成等同周期 0.1 nm 的误差。因此,只有对前几级的数据加以校正(如,忽略第一级的值,余下的几级取平均值)才能得到正确的结果。至少在 LB 膜的 X 射线衍射实验中,主衍射峰并不是得到最佳信息的衍射峰,这也是与完整无机晶体的 X 射线衍射不同的。

用 X 射线衍射测定得的一些成膜有机化合物 LB 膜的等同周期见表 2.2。

表2.2 一些成膜化合物LB膜的等同周期和成膜分子在基片上的倾斜角度

成膜化合物	等同周期/nm	分子倾斜角度/°	参考文献
硬脂酸	4.94	18.9	[4-6]
花生酸	5.46	24.3	[6]
8,10-二炔二十五碳酸	5.51	36.6	[7]
10,12-二炔二十五碳酸	5.40	37.4	[8]
10,12-二炔二十三酸	4.26	45.2	[9]
Petroselaidic acid	4.72	16.8	[10]
反(式)9-十八碳烯酸	4.82	12.1	[10]

还有，同一种成膜分子沉积在不同基片上，其等同周期会略有不同。如在石英基片上沉积的8,10-二炔二十五碳酸(镉)LB膜的等同周期为5.51 nm，而沉积在玻片和镀金玻片上的等同周期分别为5.36 nm和5.43 nm。

金属十八烷基膦酸酯(Metal octadecylphosphonate)是一类含有无机金属元素的有机化合物，用它们制备LB膜其结构会更复杂。但X射线衍射仍是测定它们周期结构的有力工具。Fanucci等制备了14个双层镧系十八烷基膦酸酯(Lanthanide octadecylphosphonate)的LB膜，并进行了低角X射线衍射测定，如图2.7所示。由图清晰可见至少7个布拉格衍射峰。由此确定的金属Ln与金属Ln的层间距为(5.1±0.1)nm。

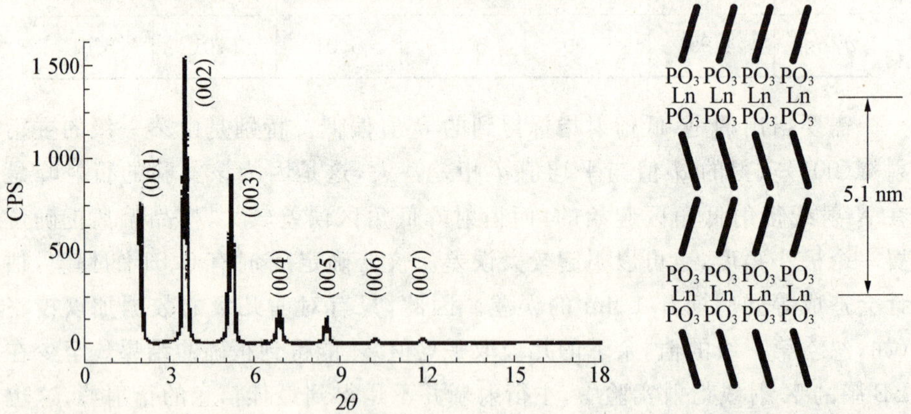

图2.7 双层镧系十八烷基膦酸酯(Lanthanide octadecylphosphonate) LB膜的低角X射线衍射图(a)。由此确定的金属Ln与金属Ln的层间距为(5.1±0.1)nm(b)

有时，LB 膜中规则排列的成膜分子会产生长度方向的交叠，从而影响膜厚的测定。Vincent[11] 用 X 射线衍射研究多个蒽的衍生物(2.1～2.3)LB 膜的分子结构，测定了它们的 X 射线衍射(图 2.8)，推知其 LB 膜是头-头相连，并有上层的“头”与下层的“尾”相互交叠的部分，从而导致了等同周期的缩短。

蒽的衍生物	R	简称	LB 膜层数	X 射线衍射峰	等同周期(nm)
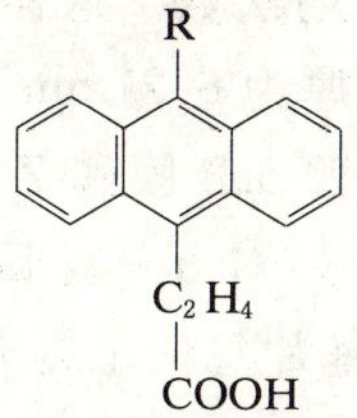	C_4H_9(2.1)	C4	19	3	2.45
	C_8H_{17}(2.2)	C8	17	2	2.86
	$C_{12}H_{25}$(2.3)	C12	17	3	3.36

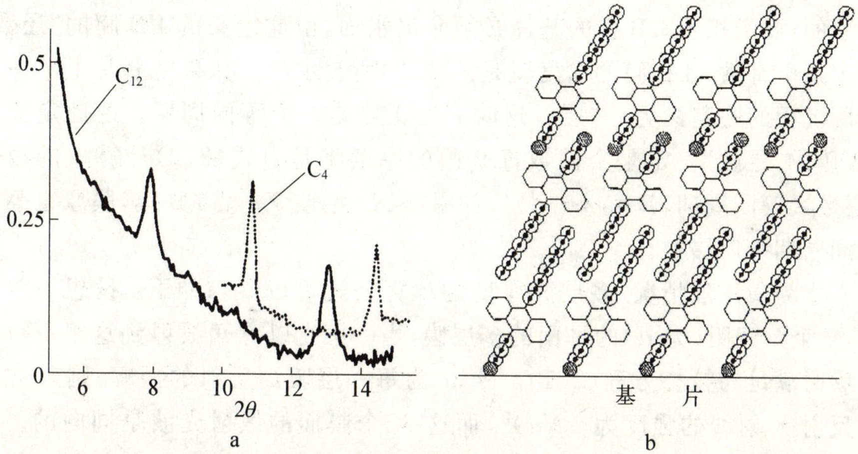

图 2.8 蒽的衍生物 LB 膜的 X 射线衍射曲线 (a) 和由此推知的蒽衍生物 C8 分子在 LB 膜中的结构(b)

上层的 C_8H_{17} 与下层的 CH_2CH_2COOH 相互交叠，导致了等同周期的缩短

2.3 计算 LB 膜的膜厚

LB 膜的厚度也是 LB 膜应用中重要的技术参数之一。已经说过超薄膜厚度有效的测试方法是椭圆偏光法，不管是什么样的薄膜，都可以用它来测定膜厚，但它需要特殊的装置。对具有规则排列的 LB 膜来说，X 射线衍射实验为 LB 膜的膜厚测定提供了一个实用和精确的方法。由于 LB 膜是

由多层等长度的、规则排列的单个分子层沉积而成的，以Y-型LB膜为例，两个分子层构成了一个等同周期，这样，有了等同周期 d 就可以方便地计算出LB膜的厚度 D，

$$D = m \cdot (d/2) \tag{2.3}$$

其中 m 为沉积在LB膜的分子层数，也即为基片上下移动的次数。这样，由上节得到的等同周期可计算得29层硬脂酸镉LB膜的膜厚为6.21 nm。

这里需要说明一下LB膜的"层数"。一般说来，对X-型LB膜和Z-型LB膜，确定层数是没有问题的，每沉积一次就是一层。但对Y-型LB膜，不同的作者对LB膜的"层数"有不同的说法。有人把基片每向上提升一次或每向下沉降一次都定为一"层"，这样，由于Y-型沉积是基片先在水面下的，而沉积上LB膜的基片必须拿出水面，由此定义的LB膜的"层数"一定是个奇数，LB膜的厚度就是式(2.3)所表示的。如果把基片上下一个来回沉积的膜定义为一"层"，这时一层正好是一个等同周期。由此定义的LB膜的"层数"一定是个偶数，LB膜的厚度将是由式(2.2)计算值的两倍(层数×等同周期，$D = m \cdot d$)。如果是X-型或Z-型LB膜，膜厚也等于等同周期乘以层数。

作为最一般情况，多层膜厚度的计算公式可以推求如下：设想一个含有 N 个等间距(为 d)的平面的多层膜，当一束光以 θ 角投射到这组平行多层膜时满足布拉格方程(2.1)。令 u 为每一层膜面反射的振幅，则 θ 方向上反射X射线的强度为 $(Nu)^2$，而这 N 个膜面的散射光波是同向的。考虑 θ 角偏离布拉格角的情况，入射角有一个 $\Delta\theta$ 的偏离($\Delta\theta \to 0$)，则相邻两个膜面的光程差为

$$2d\sin(\theta + \Delta\theta) = 2d\sin\theta\cos\Delta\theta + 2d\sin\Delta\theta\cos\theta \tag{2.4}$$

当 $\Delta\theta \to 0$ 时，$\sin\Delta\theta = \Delta\theta$，$\cos\Delta\theta = 1$，则相邻两个膜面反射的光程差是

$$\lambda + 2d\Delta\theta\cos\theta$$

所以第一、第二晶面反射线的相位差是：$\frac{2\pi}{\lambda}2d\Delta\theta\cos\theta$

第一、第三晶面反射线的相位差是：$\frac{2\pi}{\lambda}2d2\Delta\theta\cos\theta$

…………

第一、第 N 晶面反射线的相位差是：$\frac{2\pi}{\lambda}2d(N-1)\Delta\theta\cos\theta$。

则反射线的振幅为

$$U = \mu \left| 1 + e^{i\frac{4\pi d}{\lambda}\Delta\theta\cos\theta} + \cdots + e^{i\frac{4\pi d}{\lambda}(N-1)\Delta\theta\cos\theta} \right|$$
$$= \mu \frac{1 - e^{i\frac{4\pi d}{\lambda}N\Delta\theta\cos\theta}}{1 - e^{i\frac{4\pi d}{\lambda}\Delta\theta\cos\theta}} \tag{2.5}$$

令 $\phi = \frac{2\pi Nd}{\lambda}\Delta\theta\cos\theta$，则 $U = \mu \frac{1 - e^{i2\phi}}{1 - e^{i2\phi/N}}$

$$I = U \times U^* = \mu^2 \frac{1 - e^{i2\phi}}{1 - e^{i2\phi/N}} \frac{1 - e^{-i2\phi}}{1 - e^{-i2\phi/N}}$$
$$= \mu^2 \frac{\sin^2\phi}{\sin^2(\phi/N)} \approx \mu^2 \frac{\sin^2\phi}{(\phi/N)^2} = N^2\mu^2\left[\frac{\sin\phi}{\phi}\right]^2 \tag{2.6}$$

考虑半峰高处，$I = \frac{I_{\max}}{2} = \frac{N^2\mu^2}{2}$，$\frac{\sin\phi}{\phi} = \frac{1}{\sqrt{2}}$，解此方程有 $\phi = 0.444\pi$，所以

$$\Delta\theta = \frac{0.444\lambda}{2Nd\cos\theta} = \frac{0.222\lambda}{h\cos\theta} \tag{2.7}$$

其中 h 为膜厚，θ 为布拉格角，λ 为 X 射线波长。这里 $2\Delta\theta$ 用弧度来表示。

膜厚的计算公式为

$$h = \frac{0.444\lambda}{2\Delta\theta\cos\theta} \tag{2.8}$$

通过 LB 膜的等同周期和膜厚测定，结合其他结构因素，还能对混合 LB 膜中不同分子的排列有更多的了解。譬如，在 2.1 节中提到花生酸-钌络合物 LB 膜的低角X-光衍射谱图 2.6，由衍射峰求得的等同周期或膜厚都比纯花生酸的来得大，表明金属钌离子作为“表面离子”嵌入到了花生酸亲水的—COOH 之间，与花生酸成膜分子形成了三明治的结构(图 2.9)。

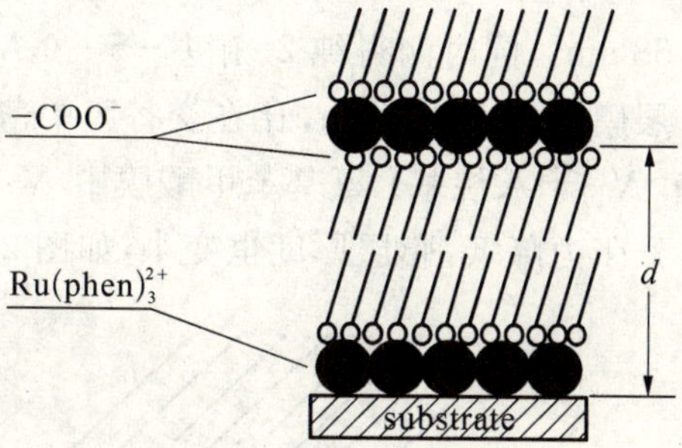

图 2.9 花生酸-钌络合物 LB 膜的三明治结构

金属钌离子作为“表面离子”嵌入到了花生酸亲水的—COOH 之间，与花生酸成膜分子形成了三明治的结构

欧阳健明[12]用低角 X 射线衍射研究了如下的两个化合物的 LB 膜结构。实验测得 9 层 2.4 的 LB 膜双层厚度为 4.09 nm，而在相同条件下，2.5 的 LB 膜双层厚度为 3.19 nm。这是由于 2.4 的疏水侧链在 8-羟基喹啉的

2位，而2.5的疏水侧链在8-羟基喹啉的8位，当两者成膜时，其疏水链弯曲程度不同，造成膜厚不同。

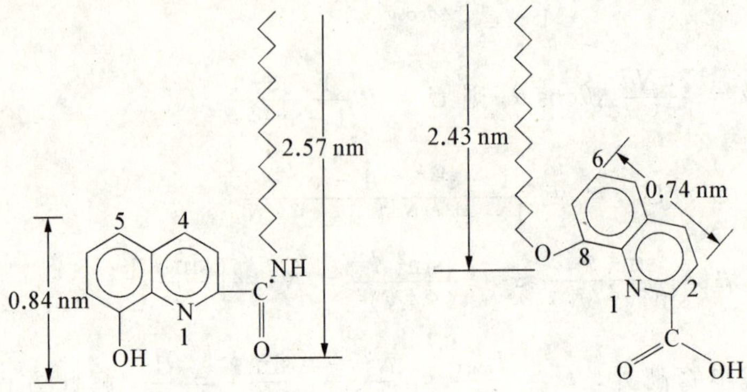

2.4　　2.5

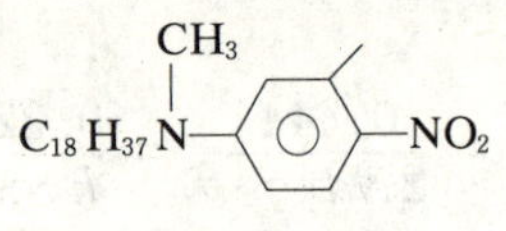

2.6

方屹[13]用低角X射线衍射测定了2-硝基-5-（*N*-甲基-*N*-十八烷基）氨基苯甲酸(2.6)的LB膜以及它与花生酸交替LB膜的厚度。交替双层膜厚度为 $d=5.55$ nm，已经知道花生酸单层膜厚 $d=2.87$ nm，则交替膜中2-硝基-5-（*N*-甲基-*N*-十八烷基）氨基苯甲酸单层膜厚 $d=2.68$ nm。同时测得纯2-硝基-5-（*N*-甲基-*N*-十八烷基）氨基苯甲酸单层膜厚 $d=1.90$ nm，比在交替膜中薄，原因是在纯2-硝基-5-（*N*-甲基-*N*-十八烷基）氨基苯甲酸膜中*N*-十八烷基发生转向，芳环发生倾斜，导致张力降低，膜层厚度也变小，如图2.10所示。

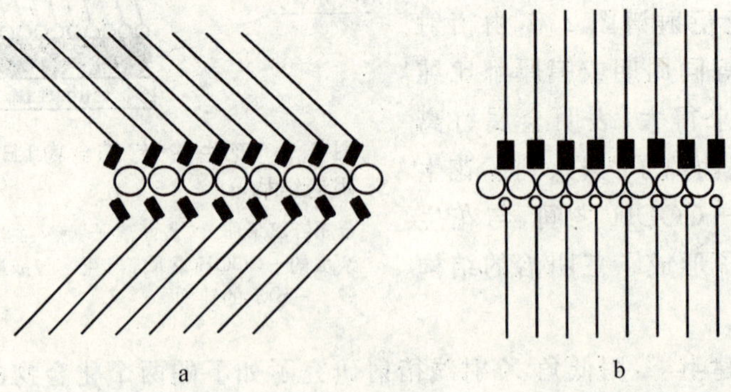

图2.10　a. 2-硝基-5-(*N*-甲基-*N*-十八烷基)氨基苯甲酸Y-型LB膜可能排列；b. 其与花生酸交替LB膜的可能排列

2.4 确定LB膜类型

正如第1章中说明的,LB膜有X-型、Y-型和Z-型膜之分。其中Y-型膜(基片处理成亲水,基片从水下向上提升)亲水基团和亲水基团相邻,两层分子为一等同周期。X-型膜(基片处理成疏水,基片只在下降时沉积)和Z-型膜(基片处理成亲水,基片只在上升时沉积)亲水基团和疏水基团相邻,每一层分子为一周期。照理,按沉积方式就能确定所沉积的LB膜的类型,但X-型和Z-型LB膜在热力学上是不稳定的,存在着向热力学上更为稳定的Y-型膜的转换[14]。因此,确定实验所沉积的到底是什么类型的LB膜仍是必须要关心的问题。这里,把由X射线衍射得到的等同周期 d 值与由手册上查到的化合物键长和键角理论值计算得到的分子链长作比较,就可以验证实验所沉积的是什么类型的LB膜。LB膜的等同周期为分子链长理论计算值两倍的,肯定是Y-型沉积膜;而LB膜等同周期与分子链长理论计算值相等的(或相近的)则是X-型沉积膜或Z-型沉积膜。例如,花生酸(镉)的分子式为:$CH_3(CH_2)_{18}COOCd_{1/2}$。则花生酸(镉)分子的理论链长应如下计算:

$$\begin{aligned} L_{\mathrm{AACd}} &= (L_{\mathrm{C-H}} + L_{\mathrm{C-C}})\sin 54.73 + L_{\mathrm{COO-}} + L_{\mathrm{Cd}^{2+}} \\ &= (1.08 + 19\times 1.54)\sin 54.73 + 2.5 + 1.31 \\ &= 28.58(\text{Å}) \\ &= 2.86(\text{nm}) \end{aligned} \tag{2.9}$$

实际测得的花生酸镉LB膜的等同周期 $\overline{d} = 5.55$ nm(见图2.11),近似为分子链长理论计算值的2倍,是典型的Y-型膜。又如由键长、键角计算完全伸展的硬脂酸镉的分子长度为 $L = 2.61$ nm,而其LB膜的等同周期为4.94 nm,则一个等同周期里应该含有两个分子,应是Y-型膜。再如,8,10-二炔二十五碳酸(镉)的分子长度为 $L = 3.28$ nm,而用恒定表面压29.5 mN/m沉积的LB膜的等同周期为5.51 nm,则一个等同周期里应该含有两个分子,也应是Y-型膜。

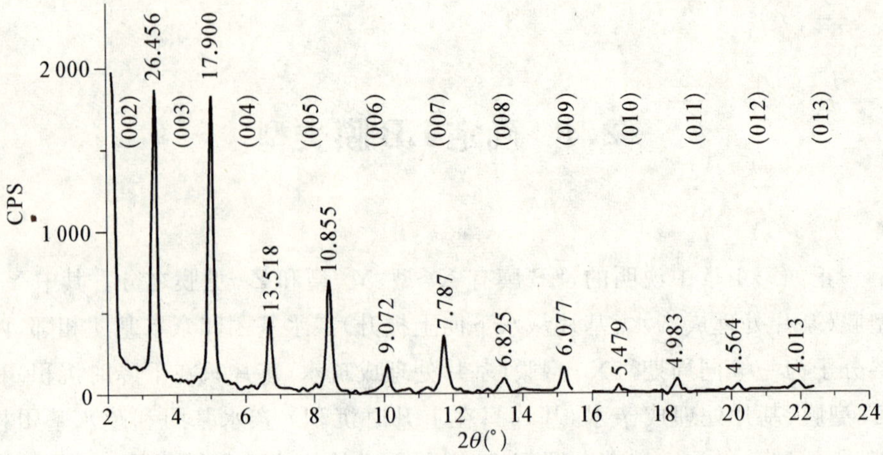

图 2.11 51层花生酸镉LB膜X射线衍射图样

2.5 成膜分子在基片上的倾斜角度

按前面介绍的恒定表面压下由水面上紧密排列的单分子层沉积得到LB膜,其双亲性成膜分子的亲水基团扎在基片上,而疏水基团冲向空气。在理论上,成膜分子是垂直于基片的。但按Y-型LB膜的模型,等同周期应按 $d=2L$ 计算,那么其理论等同周期应为 $d_{理}=2\times L_{AACd}=5.72$ nm,此值比实验值5.55 nm大,说明LB膜中的成膜分子并不是像理想的那样垂直于基片的,而是以一个倾斜的方式排列在LB膜中,成膜化合物分子相对于基片平面的法线方向有一定的夹角(图2.12)。

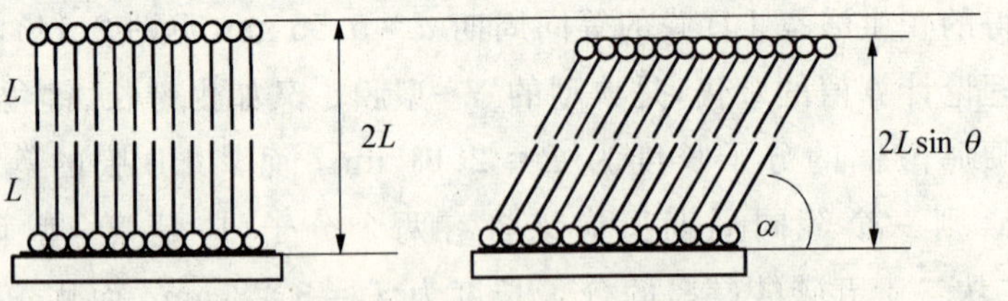

图 2.12 成膜分子在基片上的倾斜角度

左图为理想的Y-型LB膜,一个等同周期等于两倍的分子链长度。如果成膜分子与基片法线有一个交角 θ,等同周期将是 $2L\sin\theta$,比分子链长度的两倍小由于 LB 膜各层间是以范德华力连接的，如果能够算出各层之间的层间距，则可以计算出实验值中实际链长的贡献，从而可以计算出 LB 膜中成膜分子链相对于基片平面法线方向的倾斜角度。

为简单起见，由图 2.4 的第五个衍射峰 d_{005} 求得花生酸铅、花生酸镉和花生酸钡的等同周期 $d_{实验}$ 分别为 5.48 nm，5.47 nm 和 5.40 nm，而根据标准键长和键角计算的它们的理论链长 L 是 2.88 nm，2.86 nm 和 2.89 nm，按 Y-型膜双层分子构成一个周期，则花生酸铅、花生酸镉和花生酸钡的理论等同周期 $d_{理论}$ 分别为 5.76 nm，5.72 nm 和 5.78 nm，比实际测定值大，花生酸分子一定是倾斜排列在 LB 膜中。简单的计算可以求知（扣除了最小范德华间距 0.3 nm，见下面的说明），在花生酸铅、花生酸镉和花生酸钡 LB 膜中花生酸分子与基片法线的倾斜角分别为

$$\cos\alpha_{Pb} = (5.48 - 0.3)/5.76 = 0.8993, \qquad \alpha_{Pb} \approx 25.9^\circ$$
$$\cos\alpha_{Cd} = (5.47 - 0.3)/5.72 = 0.9038, \qquad \alpha_{Cd} \approx 25.3^\circ$$
$$\cos\alpha_{Ba} = (5.40 - 0.3)/5.78 = 0.8624, \qquad \alpha_{Ba} \approx 28.0^\circ$$

又如 8,10-二炔二十五碳酸 Y-型 LB 膜的实验等同周期为 5.51 nm，比由键长、键角计算的理论分子长度的两倍（$2L = 5.56$ nm）小，表明 8,10-二炔二十五碳酸分子在基片上也不是垂直而是倾斜的。同样的计算求得 8,10-二炔二十五碳酸分子与基片法线方向的夹角为 36.6°（图2.13）[7]。沉积在基片表面上的 LB 膜分子完全垂直于基片方向的情况是很少的，$C_{21}H_{45}COOH$ 的倾斜角是 25°[6]，$CH_3(CH_2)_{17}C{\equiv}C{-}C{\equiv}C{-}COOCu_{1/2}$ 分子的倾斜角为 43°，$C_{10}H_{21}{-}C{\equiv}C{-}C{\equiv}C(CH_2)_8COOCd_{1/2}$ 为 31°（表 2.2）。一般说来含共轭三键的双炔酸成膜化合物 LB 膜中分子的倾斜角都比较大，约在 30°～50°之间[15-17]，这应该是与双炔酸化合物进行固态聚合所需要的分子排列有关。在总结了 200 种能聚合和不能聚合的双炔酸单体的晶体结构分析知道，双炔酸单体的排列应该具备下图所示的条件[18]，才能得到完整类晶体的聚双炔酸 LB 膜（图 2.14）。

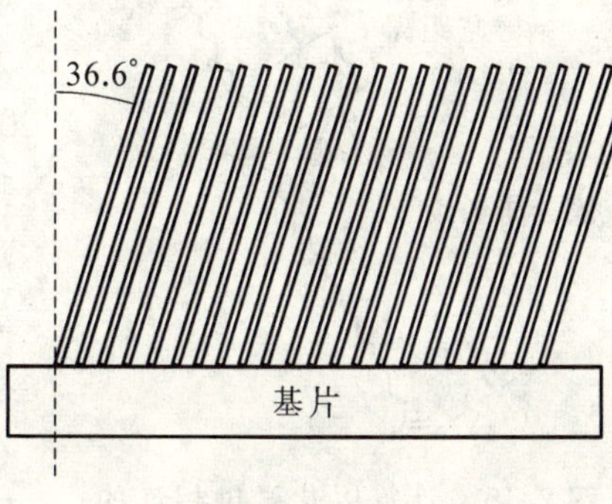

图 2.13 成膜分子并不都是完全垂直于在基片上，而是与基片法线方向有一定的角度。譬如 8,10-二炔二十五碳酸分子在基片上的角度为 36.6°

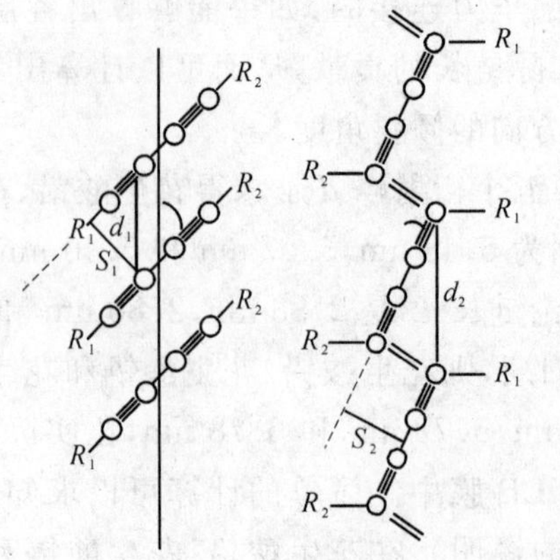

$S_1 = d_1 \sin \gamma_1$

$3.4Å < S_1 < 4.0Å$

$\gamma_1 \approx 45^\circ$

$d_2 = (4.9 \pm 0.1)Å$

$\gamma_2 = 13.5^\circ$

$S_2 = 1.2Å$

图 2.14 分子排列对双炔酸单体单晶聚合的影响

右边是有关分子排列的具体参数

需要交代的是，在计算成膜分子在基片上的倾斜角度时，如何处理两个分子相遇时的间距。有人简单地把两个分子的理论长度加起来作为一个等同周期的长度，但在分子水平上，两个分子不可能是紧挨着的。即使是用化学键连接，也有 0.154 nm 的化学键间距(对 σ 键)，对像 LB 膜那样不是化学键相连而是以范德华力的分子连接，应该有一个 0.3～0.5 nm的范德华间距(图 2.15)。在我们计算中，取两个分子间的距离为范德华间距的最小值 0.3 nm，即 $d_{理论} = (2 \times d_{实测}) + 0.3$ nm。由此可见，文献上提供的成膜化合物分子在基片上倾斜角数据不会是完全相同的，相当的文献在计算理论链长时是没有加上这范德华间距的。所以，在引用他人数据时一定要仔细查看具体的计算。用上面计算方法求得的某些成膜分子在基片上的倾斜角数据也一并列于表 2.2 中。

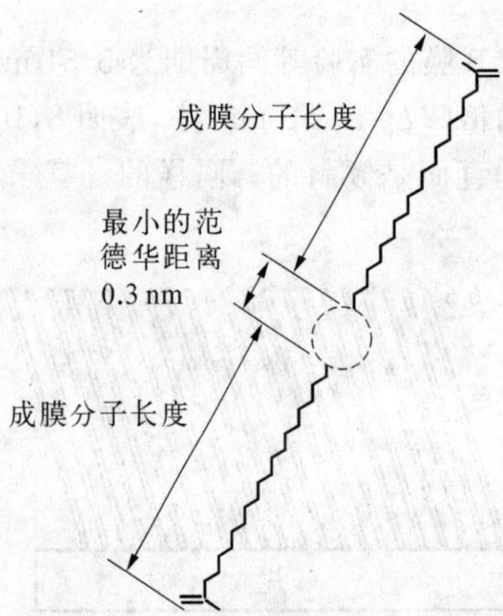

图 2.15 计算以化学键相连的分子链长度有标准的键长和键角数据可用。问题是在两个分子紧密排列时，是否应该考虑它们之间的非键合距离，即范德华距离。这样，Y-型 LB 膜一个周期的长度应该包括两倍的分子链长度加上这范德华距离，我们这里取值为 0.3 nm

全氟取代长链脂肪酸是所有的氢原子都被氟原子所取代的化合物，显然它是一个理想的成膜有机化合物。

图2.16是51层全氟取代硬脂酸LB膜的X射线衍射图。2θ在2°～23°范围内有非常清晰规则的11个衍射峰，成膜性很好。由此计算得到的等同周期为$\overline{d}=4.55$ nm，比相同碳原子数的硬脂酸的短。可见，由于氟原子的半径(0.072 nm)比氢原子的0.032 nm大很多，电子云密度也大，会引起更大的分子链倾斜。LB膜的X射线衍射确实能为了解成膜分子在基片上的情况提供宝贵的信息。

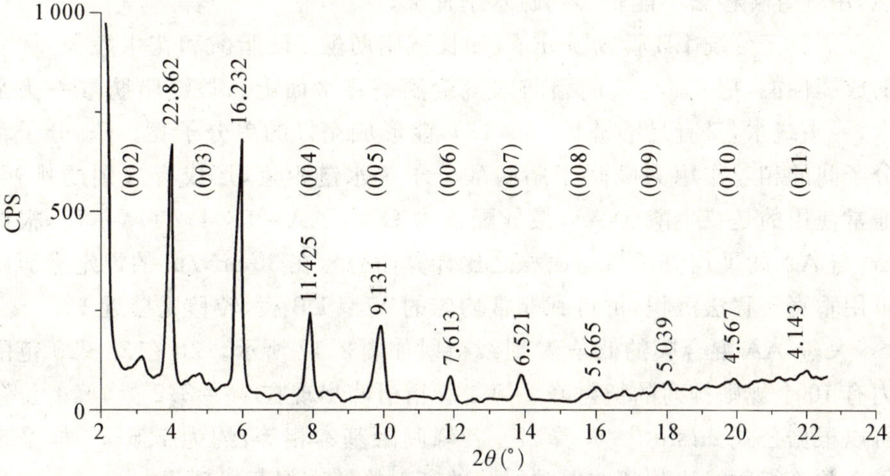

图2.16　全氟取代硬脂酸51层LB膜的X射线衍射图

2θ在2°～23°范围内有非常清晰规则的11个衍射峰，表明它是一个具有很好成膜性的化合物。由于氢被氟取代，全氟取代硬脂酸分子在基片上有更大的倾角

2.6　C_{60}分子在C_{60}/AA混合LB膜中的排列

C_{60}为60个碳原子组成的具有32个面的笼状分子，有很高的分子对称性(1.13)。C_{60}分子的特殊结构及随后发现的一系列优良的物理化学性能引起了科学界的极大关注。制作C_{60}分子在固体基片上的有序薄膜是研究它们优异物性和付诸实际应用的必要环节和关键问题之一。C_{60}的成膜可以用LB技术，即C_{60}的稀溶液在纯水或含有金属离子的亚相水面上铺展，紧压为单分子膜后，沉积在基片上形成多分子层的LB膜。

C_{60}分子虽然不像经典的LB膜成膜分子那样具有亲水、疏水的两亲基团，但实验已证实分子形状呈球形的疏水分子 C_{60} 能够在空气-水的界面形成稳定的漂浮膜(尽管不一定是单分子膜)。把纯度超过99%的 C_{60} 经超声波振荡溶于苯溶液中形成浓度为 10^{-4}～10^{-6} mol/L 的稀溶液，滴铺在亚相水面上。待溶剂挥发后，膜障以20 mm/min的速度推压 C_{60} 分子，使之规则紧密排列，直至形成 C_{60} 的漂浮膜。C_{60} 溶液只有在极稀情况下(10^{-4}mol/L左右或更稀)，才有可能形成 C_{60} 的单分子膜。C_{60} 膜相当刚性，用垂直转移法不能转移到疏水基片上。

借助于传统LB膜成膜分子(如长链脂肪酸：硬脂酸和花生酸等)优异的成膜性能，把 C_{60} 与长链脂肪酸混合滴铺在水面上。长链脂肪酸一头亲水、一头疏水，又有足够链长($n>18$)，能形成完好的单分子膜。C_{60} 分子藉分子间的相互作用力吸附于脂肪酸分子疏水链附近，形成有规则的排列。通常使用的是花生酸(AA)，最佳配比为 C_{60}：AA=1：4.2(摩尔比，根据 C_{60} 与AA的平均分子占据面积之比计算而得)，在30 mN/m的恒定表面压下用垂直转移法沉积，可得到非常均匀的Y型LB膜，转移比接近1。

C_{60}/AA混合膜的低角X射线衍射如图2.17所示。2θ 在2°～20°范围内有10个规则排列的衍射峰。第二级衍射峰出现在 $2\theta=3.2°$ 处，峰的位置可以根据公式 $2d\sin\theta=\lambda$ 算出。各峰间距基本相等，约为1.6°，一样呈现了奇数级衍射峰比相邻的偶数峰高的衍射峰的奇偶起伏现象。

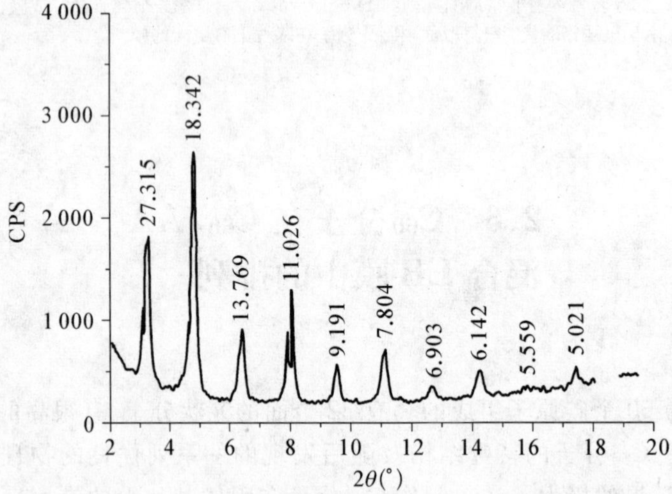

图2.17 C_{60}/AA混合LB膜的X射线衍射

2θ 在2°～20°范围内有10个清晰规则的衍射峰，表明花生酸把 C_{60} 嵌入到了LB膜中

X射线衍射结果表明，尽管混有了 C_{60}，C_{60}/AA混合LB膜与纯AA LB膜的等同周期几乎没有什么差别。也就是说，C_{60} 分子的混入并没有使

AA LB 膜的等同周期增加。曾有一些文献[19]认为 C_{60}/AA 混合 LB 膜中，C_{60}分子是被挤出而处在花生酸疏水的碳氢链顶端，从而建立了如图 2.18(a)所示的理论分子排列模型。按这个模型，C_{60}/AA 混合 LB 膜的等同周期应比纯 AA LB 膜的等同周期至少长了一个 C_{60}分子的尺度。尽管椭圆偏振法测厚曾有 LB 膜周期增加的报道，但一直没有来自 X 射线衍射数据的支持。这里的实验结果也与这个理论模型不符。为了避免可能的由于实验条件不同而导致不同的结果，我们不但重复了有关文献的实验条件，而且改变多种条件，包括不同 C_{60}/AA 混合的配比、不同沉积表面压和沉积温度、不同的亚相浓度、沉积 LB 膜的层数，乃至采用不同的 X 射线发射管的管流等，来做 C_{60}/AA 混合 LB 膜的 X 射线衍射(表 2.3)。

表 2.3 沉积 C_{60}/AA 混合 LB 膜的各种条件

样品	组　　成	亚相浓度 mol/L	沉积表面压 mN/m	沉积温度℃	X 射线管流 mA	层数
1	$M_{C_{60}}=M_{AA}=1.54\times10^{-3}$	纯水	25	16	150	29
2	$M_{C_{60}}=M_{AA}=1.54\times10^{-3}$	$M_{Cd^{2+}}=4\times10^{-4}$	25	20	150	11
3	$M_{C_{60}}=5.41\times10^{-4}$、$M_{AA}=5.43\times10^{-4}$	$M_{Cd^{2+}}=4\times10^{-4}$	30	20	150	17
4	$M_{C_{60}}=M_{AA}=1.54\times10^{-3}$	$M_{Cd^{2+}}=2\times10^{-4}$	30	30	150	11
5	$M_{C_{60}}=6.38\times10^{-4}$、$M_{AA}=2.68\times10^{-3}$	$M_{Cd^{2+}}=2\times10^{-4}$	30	30	100	25
6	$M_{C_{60}}=1.53\times10^{-3}$、$M_{AA}=6.43\times10^{-3}$	$M_{Cd^{2+}}=2\times10^{-4}$	30	30	150	27
7	$M_{C_{60}}=6.38\times10^{-4}$、$M_{AA}=2.68\times10^{-3}$	$M_{Cd^{2+}}=2\times10^{-4}$	32	30	120	83
8	$M_{C_{60}}=5.41\times10^{-4}$、$M_{AA}=5.43\times10^{-4}$	$M_{Cd^{2+}}=2\times10^{-4}$	32	30	120	53

同样利用公式 $d=l\cdot d_{00l}$计算它们的等同周期 d 值。结果表明，不同实验条件制备的 C_{60}/AA 混合 LB 膜的 d 值尽管不完全相同，但都很接近，所有这些样品的等同周期 $\overline{d}$ 值皆在 5.5～5.6 nm 之间，没有达到一个 C_{60}

分子尺度的差别，并与纯AA LB膜的$\overline{d}_{AA}=5.55$ nm基本相同。按图2.18(a)模型，C_{60}分子顶在花生酸分子链疏水端的顶端，若在膜的一个等同周期里，只携带了一个C_{60}分子，其等同周期$\overline{d}$至少应为$\overline{d}=5.55+1.00=6.55$(nm)，更何况一般应该携带两个$C_{60}$分子，那么其等同周期更应为$\overline{d}=7.55$ nm。但X射线衍射实验表明，改变C_{60}/AA混合物中C_{60}/AA的比例、增大C_{60}的浓度及沉积表面压，都不能使膜的等同周期有1～2 nm那样明显的增大。因此，从膜的等同周期来看，C_{60}并没有顶在花生酸分子链疏水端的顶端，它极可能被包埋在花生酸分子链之间，也有文献表达了同样的观点[20]。

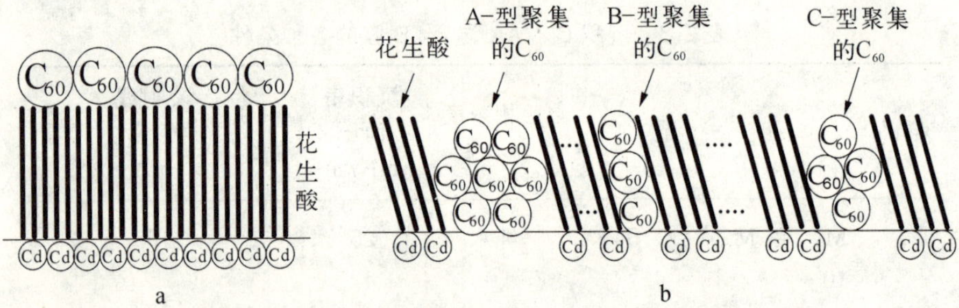

图2.18 C_{60}/AA混合LB膜中C_{60}和AA的排列模型

a. C_{60}分子被挤出而处在花生酸疏水的碳氢链顶端；b. C_{60}/AA混合LB膜中的C_{60}分子。可以有模型中A、B、C三种聚集方式。因为纯C_{60}晶体的点阵结构多为面心立方或六方密堆砌结构，那么在C_{60}/AA混合LB膜中C_{60}分子的聚集方式应趋于C_{60}晶体的排列，所以混合LB膜中的C_{60}分子应以方式A和方式C聚集为主

根据以上X射线衍射实验事实，可以提出比图1.37更为精确的C_{60}/AA混合LB膜内分子排列的结构新模型，如图2.18(b)。新模型认为C_{60}/AA混合LB膜中的C_{60}分子可以有模型中A、B、C三种聚集方式。聚集方式A与聚集方式C实际上是同一种，因为纯C_{60}晶体的点阵结构多为面心立方或六方密堆砌结构，那么在C_{60}/AA混合LB膜中C_{60}分子的聚集方式应趋于C_{60}晶体的排列，所以膜中的C_{60}分子应以此两种方式聚集为主；至于聚集方式B出现的几率应远小于聚集方式A和C。C_{60}分子的理论直径为1.002 nm，在纯C_{60}单分子层膜中的分子占据面积是0.96 nm^2，因此模型中列出A、C两种聚集的堆砌高度应为$h=2\times\sqrt{10^2-5^2}+10=2.732$(nm)，并不超过花生酸分子链的理论链长2.86 nm；再者，按照A、C这两种聚集方式，C_{60}分子在LB膜中的占据面积分别为$A_B=0.274$ nm^{2}和$A_C=0.24$ nm^2，其中由聚集方式C计算出来的C_{60}分子占据面积与文献中由$\pi-A$曲线外推所得数据相符最好，因此聚集方式C在LB膜中出

现的可能性最大。这就是为什么由 $\pi-A$ 曲线得到的 C_{60}/AA 混合 LB 膜的分子占据面积一般在 0.20～0.24 nm^2之间。

图 2.18(b)模型还能很好解释 C_{60}/AA 混合 LB 膜的重复压缩性。初次压缩 C_{60}/AA 混合漂浮膜时，C_{60}分子有了初步的聚集，譬如每一种方式的聚集可能只有 1 或 2 层的 C_{60}，达不到聚集的最佳或极限状态，因此飘浮膜可以经重复压缩后达到最佳或极限状态的聚集，得到稳定的 $\pi-A$ 曲线。

2.7 混合物的LB膜

为了制备一些特殊功能的 LB 膜，有时要用两个或两个以上的成膜化合物混合溶液来铺展和沉积 LB 膜。用 X 射线衍射研究混合的 LB 膜，可从其结果来推测混合 LB 膜中混合分子的排列和结构信息。最简单的是不同配比花生酸和硬脂酸(它们具有非常相似的结构，不同之处仅仅是链长不一样)混合 LB 膜。图 2.19 是花生酸摩尔比为 0.25 的混合酸 LB 膜的 X 射线衍射图。

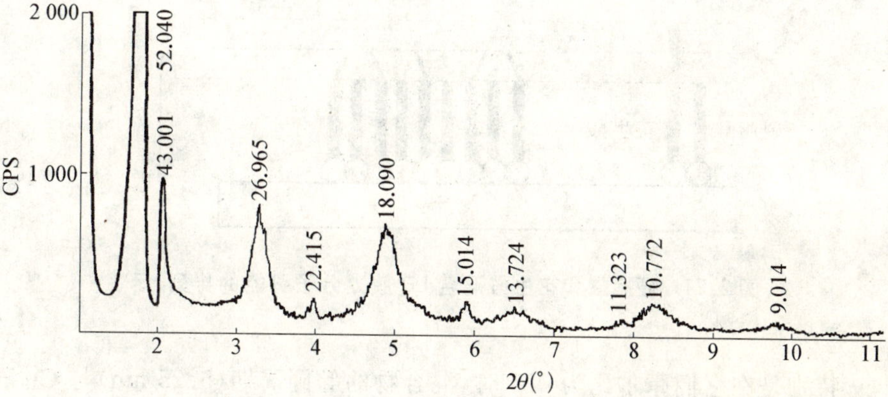

图 2.19 花生酸摩尔比为 0.25 的花生酸和硬脂酸 51 层混合 LB 膜 X 射线衍射图

由图可见，除了具有像它们单组分时那样的一组衍射峰(可以称之为主衍射)外，出现了另一组衍射强度较弱的五个规则的等间距衍射峰(称之为次衍射)。对于次衍射，衍射峰出现的角度不随混合酸中配比的变化而变化，其出现的机理尚不清楚。从 X 射线衍射的结果推测，可以认为混合 LB 膜结构中不只是两种分子链的简单的混合,而有可能因范德华相互作用而导致在LB膜中产生新的膜构造方式。对于主衍射,仍按前面所述的方法计算混合酸的等同周期。图2.20是混合物LB膜等同周期与混合物中花生酸摩尔比的关系曲线。有图可见,混合物等同周期介于其均质组分硬脂酸和花生酸等同周期之间,这正是所预期的结果。

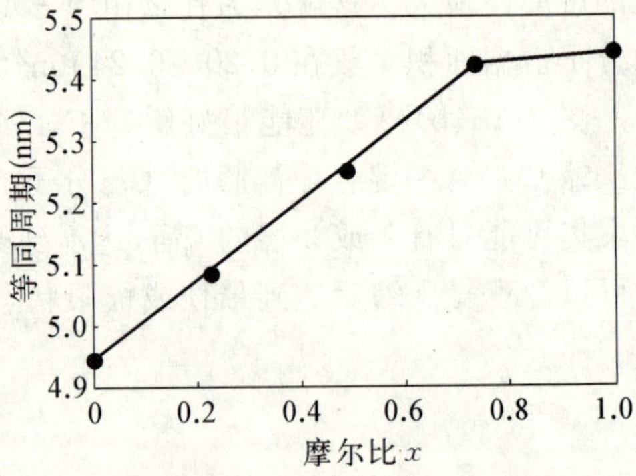

图2.20 花生酸和硬脂酸混合LB膜等同周期与混合摩尔比关系

可以用分子链弯曲来解释上述的实验事实(图2.21)。假定硬脂酸和花生酸是均匀混合的,在沉积时混合膜始终受到设定表面压的外压作用,比硬脂酸更长的花生酸分子链,就会向硬脂酸分子留出的"空位"发生链的内旋转,本来伸直的花生酸分子变弯了。硬脂酸在混合膜中的比例越少,留出的"空位"越多,弯曲越可能发生。这样,当花生酸的摩尔比 $x<0.5$ 时,主要反映较短的分子链的衍射;$x>0.5$ 时,主要反映较长的分子链的衍射,与图1.16的实验事实相符。由此可见,在研究混合膜的性质时,混合液组分比例的精确度是非常重要的。

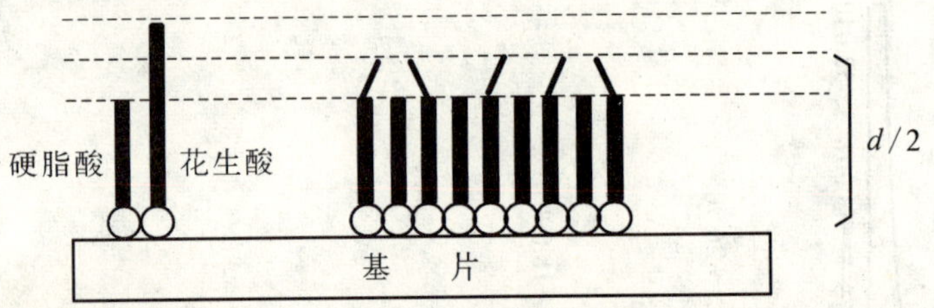

图2.21 硬脂酸和花生酸混合LB膜上分子可能的排列(示意图)

特别是在它们摩尔比为0.5时,混合物的等同周期(5.25 nm)与C_{19}酸的等同周期(5.28 nm)非常接近。这为连续改变有序结构的等同周期提供了可能,在用作光栅的LB膜制作中有一定实用意义。

对于性质完全不同的成膜化合物,两种成膜分子各自形成独立的微区,X射线图上就会出现各自独立的两组衍射峰。图2.22是硬脂酸和全氟取代长链脂肪酸混合物LB膜的X射线衍射图。由图清晰可见硬脂酸和全氟取代长链脂肪酸各自的衍射峰组。只是由于全氟取代长链脂肪酸的成膜性比硬脂酸来得好，全氟取代长链脂肪酸 LB 膜的衍射峰更为明显。

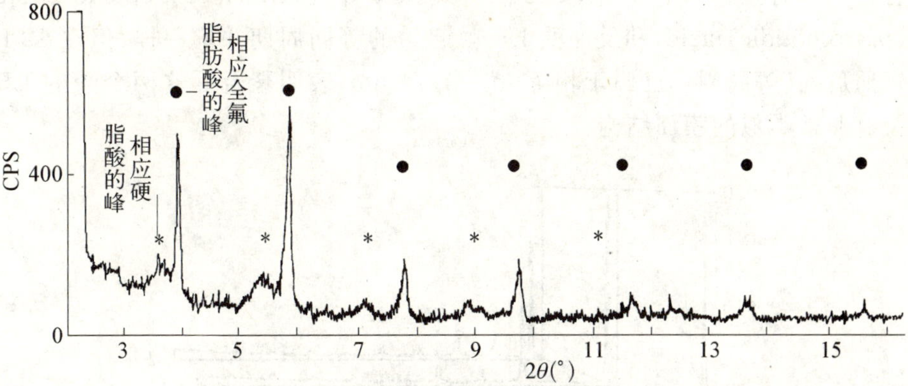

图 2.22 硬脂酸和全氟取代长链脂肪酸混合物 LB 膜的 X 射线衍射图

在第 8 章有关“表面离子”制备无机超薄陶瓷膜中，有更多的实例显示 X 射线衍射方法研究两组分，乃至三组分混合 LB 膜结构的工作。

2.8 研究成膜分子在 LB 膜上的聚合

对于由有机两亲性单体分子沉积成的 LB 膜，在光、热条件下发生聚合反应，用 X 射线衍射法跟踪可得知 LB 膜由于聚合而引起的结构变化，以及完全聚合时间[9]。聚合是单体分子由范德华相互作用（范德华距离）变为化学键连接。它不改变 LB 膜周期结构，但衍射峰位置会发生明显位移，并且单体 LB 膜的聚合使得等同周期缩短，即倾斜角增大。同时由于光、热使晶格发生畸变，从而使 X 射线衍射峰变宽。

图 2.23 是沉积在石英基片上反（式）6-十八碳烯酸（*trans*-6-octadecenoic (petroselaidic) acid，2.7）15 层 LB 膜和反油酸（反（式）9-十八碳烯酸，$C_{17}H_{33}COOH$，*trans*-9-octadecenoic (elaidic) acid，2.8）27 层 LB 膜的 X 射线衍射曲线。用 100 W 高压汞灯在距离 LB 膜 20 cm 的上方辐照不同的时间令它们聚合。图 2.23 也显示了它们 X 射线衍射峰随辐照时间的变化。由此可以计算不同辐照时间上述两种成膜化合物 LB 膜的等同周期变化（图 2.24）。由图可见，在 12～14 h 辐照后等同周期的变化趋于平衡，表明聚合反应基本完成。因此我们也可以通过 X 射线衍射测定

LB 膜等同周期随聚合时间的变化来监测 LB 膜的聚合程度和判定完全聚合时间。有意思的是，尽管反(式)6－十八碳烯酸(trans－6－octadecenoic (petroselaidic) acid)和反油酸 LB 膜起始的等同周期并不一样，但在 12 h 辐照后，其等同周期已归于相等，d = 4.71 nm，表明聚合后这两个酸的 LB 膜有非常类似的膜面结构。

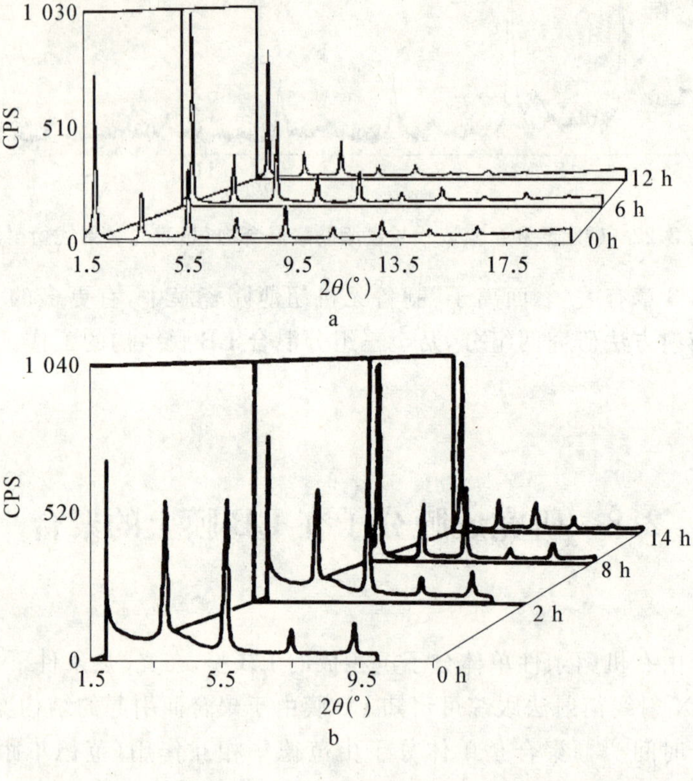

图 2.23　15 层反(式)6－十八碳烯酸 LB 膜和 27 层反油酸 LB 膜的 X 射线衍射曲线随辐照时间的变化(石英基片)

Laschewsky 用 X 射线测定了许多碳氢和碳氟成膜化合物聚合前后的等同周期[15]，不管是聚合前还是聚合后等同周期都比理论计算值来得小，表明 LB 膜中成膜化合物分子都有明显的倾斜(表 2.4)。另外聚合反应改变了 LB 膜的等同周期，这是一般的规律。

但白玉白[9]却在 10,12－二炔二十三酸 LB 膜的 X 射线衍射中观察到了不同的结果。10,12－二炔二十三酸在 SiO_2、CaF 片和 Si 片上 LB 膜的小角 X 射线衍射实验，都有良好的衍射图样。图 2.25 是在 Si 片上制备 15 层和 5 层的 LB 膜在 $2\theta = 1^\circ \sim 15^\circ$ 得到 X 射线衍射图。由衍射峰可算出 10,12－二炔二十三酸(Cd 盐)LB 膜的等同周期为 4.26 nm。因为完全伸直

10,12-二炔二十三酸分子长度是3 nm,则二个分子的长度为6 nm。但从衍射图所得到的等同周期明显变小,表明10,12-二炔二十三酸分子不是直立在基片上,而是与基片形成45.2°的倾斜角。有意思的是白玉白对在20 mN/m和24 mN/m条件下不同层数LB膜的X射线衍射谱图进行的研究发现,两种样品分别固定在X光机上,连续扫描10次,衍射谱图并未变化,再用紫外灯照射连续扫描20次,除强度发生变化外,等同周期亦只稍变大,且层数少的样品强度减弱较快,层数多的样品减弱慢(图2.25)。这与何平笙(详见第4章)和Lieser[21]等研究长链双炔酸类分子LB膜光聚合时的结果:聚合后等同周期变小和等同周期变大都不尽相同。

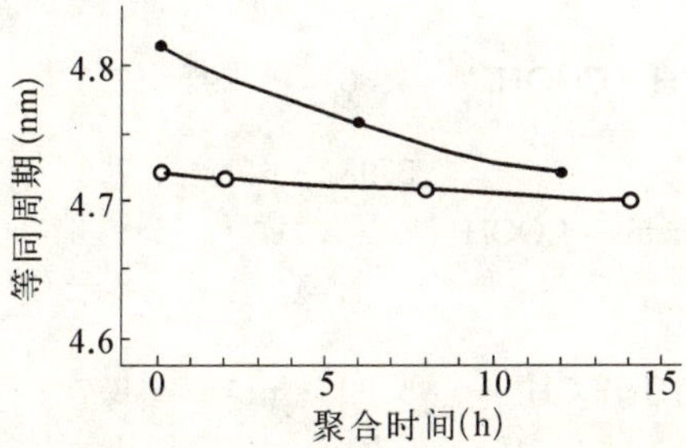

图2.24 反(式)6-十八碳烯酸(trans-6-octadecenoic (petroselaidic) acid)和反油酸LB膜等同周期随紫外辐照时间(聚合时间)的变化。

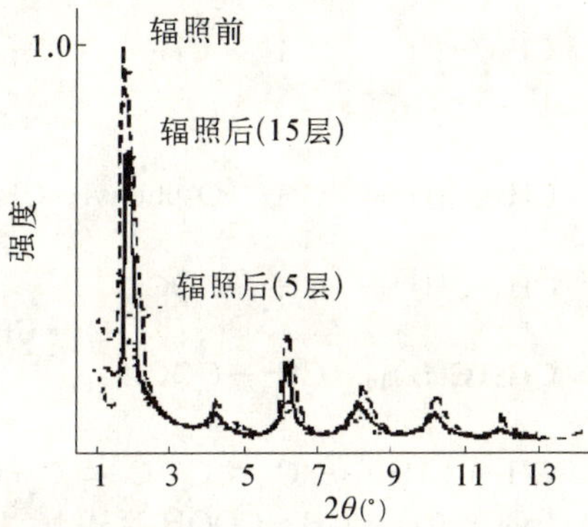

图2.25 10,12-二炔二十三酸LB膜辐照前后的X射线衍射图

表2.4 某些成膜化合物聚合前后等同周期的变化

成膜化合物	单体等同周期/nm	聚合物等同周期/nm	等同周期计算值/nm
$CH_3(CH_2)_{12}—C≡C—C≡C—(CH_2)_8COOH$ /镉盐	5.68	5.77	7.1
$CH_3(CH_2)_{21}—C≡C—C≡C—COOH$	5.05	5.32	7.2
$CH_3(CH_2)_{16}—CH═CH—CH═CH—COOH$	5.06	5.32	6.3
$CH_3(CH_2)_{16}—CH_2—OOC—CH═CH—COOH$ 反式	4.41	5.68	6.6
$CH_3(CH_2)_{16}—CH_2—OOC—CH═CH—CH═CH—COOH$ 反式	5.26	5.42	7.1

（续表）

成膜化合物	单体等同周期/nm	聚合物等同周期/nm	等同周期计算值/nm
$CH_3(CH_2)_{16}—CN_2—OOC—CH_2—C(=CH_2)—COOH$	4.44	4.67	6.3
$H—(CF_2)_{10}—CH_2—OOC—CH═CH—COOH$ 反式	3.86	3.82	4.8
$H—(CF_2)_{10}—CH_2—OOC—CH═CH—CH═CH—COOH$ 反式	4.08	4.25	5.3
$CF_3—(CF_2)_9—CH_2—CH_2—OOC—CH_2—C(=CH_2)—COOH$	3.90	3.87	5.1
$CH_3(CH_2)_{16}—CH_2—O$-phenyl$—CH═CH—COOH$	5.66	5.59	7.0
$(CH_3(CH_2)_{16}—CH_2—OOC)_2>C═CH—$phenyl$—COOH$	5.98	6.13	7.3
$CH_3(CH_2)_{13}—C≡C—C≡C—(CH_2)_8—CH_2—OOC—CH═CH—COOH$ 反式	5.92	6.15	8.7
$CH_3(CH_2)_{13}—C≡C—C≡C—(CH_2)_8—CH_2—OOC—CH═CH—COOH$ 顺式	5.83	5.92	8.7
$CH_3(CH_2)_{13}—C≡C—C≡C—(CH_2)_8—CH_2—OOC—CH═CH—CH═CH—COOH$ 反式	6.20	6.38	9.2
$CH_3(CH_2)_{13}—C≡C—C≡C—(CH_2)_8—CH_2—OOC—CH_2—C(=CH_2)—COOH$	6.12	6.22	8.7

2.9 LB膜在酸碱环境下的稳定性

LB膜应用中可能遇到的问题之一是它们周期结构的环境稳定性。特别是LB膜用作传感器时，它们的酸碱稳定性更倍受关注。用X射线衍射技术跟踪酸、碱环境下 LB 膜周期结构的变化，可以来判定它们的环境稳定性。实验是把沉积有 LB 膜的基片置于盛有 HCl 和氨水的锥形瓶中，基片与液面相距 10 cm，由它们的蒸气与 LB 膜作用。在不同熏蒸时间把基片取出，作它们 LB 膜的 X 射线衍射实验。

花生酸铅、镉、钡 LB 膜经氨蒸气处理后，其衍射峰强度都有所降低，等同周期也有变化。图 2.26 a 是用 8%的氨蒸气处理后的花生酸铅 LB 膜的 X 射线衍射曲线。若以(003)级衍射峰为参比，相对强度与氨蒸气处理时间关系如图 2.27 a 所示，衍射峰的强度衰减并不大，表明氨蒸气对花生酸铅 LB 膜周期结构影响不大。等同周期 d 值先小后变大。因为花生酸铅 LB 膜中存在有与 Pb^{2+} 的结合水，氨蒸气将与这结合水反应，致使铅周围的环境发生变化：失去结合水，Pb^{2+} 的有效体积变小，d 值变小。随着氨蒸气处理时间的增加，Pb^{2+} 又与氨形成了配位体，d 值又开始变大。

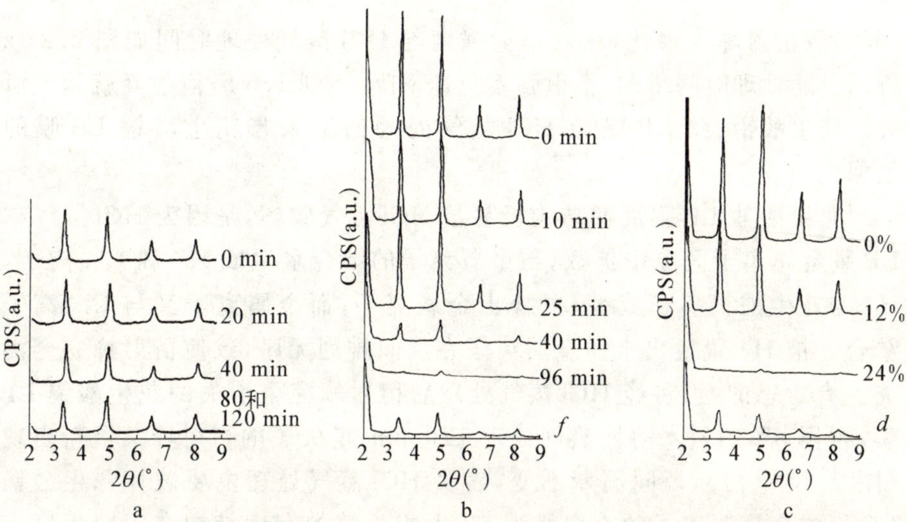

图 2.26 花生酸 LB 膜在氨水和浓盐酸蒸气熏蒸下 X 射线衍射图样的变化

a. 花生酸铅 LB 膜，8%氨水蒸气熏蒸不同时间；b. 花生酸镉 LB 膜，18%浓盐酸蒸气熏蒸不同时间，其中 f 是在衍射峰完全消失后，再用 8%氨水蒸气熏蒸 120 min 出现的衍射峰；c. 花生酸铅 LB 膜，不同浓度浓盐酸蒸气熏蒸 25 min，d 是在衍射峰完全消失后，再用 10%氨水蒸气熏蒸 90 min

花生酸镉、钡的 LB 膜经 8%氨蒸气处理后，其 X 射线衍射强度和等同周期的变化与花生酸铅的基本一样。在三种花生酸盐的 LB 膜中，以花生酸镉 LB 膜受氨蒸气处理的影响最小。

HCl 酸蒸气对 LB 膜周期结构的影响就很大。图 2.26b 是花生酸镉 LB 膜经 18% HCl 水溶液蒸气处理不同时间后的 X 射线衍射图。仍以

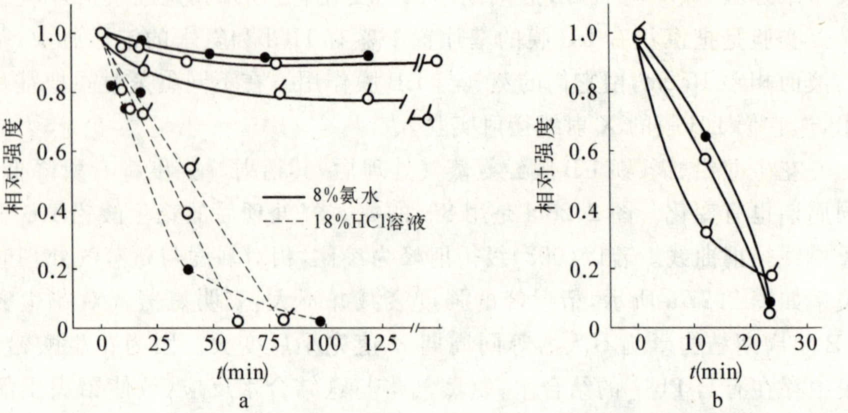

图 2.27 a. 花生酸铅、镉、钡 LB 膜(003)峰相对强度随蒸气熏蒸时间的变化;b. 花生酸铅 LB 膜(003)级衍射峰相对强度与 HCl 蒸气浓度的关系

(003)级衍射峰为参比,相对衍射强度与 HCl 蒸气处理时间如图 2.27 a 所示。随处理时间增加,衍射强度急速下降,不到 1.5 h,衍射峰就基本消失。花生酸铅、钡 LB 膜经 HCl 蒸气处理的结果与花生酸镉 LB 膜的类似。

花生酸盐 LB 膜周期结构极易被 HCl 蒸气破坏,是因为 HCl 蒸气在 LB 膜金属离子间隙中扩散,与金属离子的结合水生成 H^+ 和 Cl^- 离子,H^+ 与花生酸根离子成键,置换出金属离子,而金属离子又与 Cl^- 离子结合。被 H^+ 置换出来的金属离子在层间排列无序,致使衍射峰完全消失。有意思的是,将经 HCl 蒸气处理后衍射峰完全消失的花生酸镉 LB 膜,再用 8% 的氨水溶液蒸气处理 120 min,消失了的衍射峰又重新出现(图 2.26 b(f)),等同周期不变,表明 HCl 蒸气处理主要破坏花生酸镉 LB 膜中金属镉离子的有序排列,花生酸长链的有序结构在一定程度上还是被保留了下来。氨与 HCl 的中和作用使得部分镉离子复位,X 射线衍射图又出现反映有序结构的布拉格衍射峰。如果把经 HCl 蒸气处理,衍射峰基本消失的花生酸铅 LB 膜浸泡在 $PbNO_3$ 溶液中,消失的衍射峰也会重新显现出来,只是强度小了许多,说明 HCl 蒸气处理后 LB 膜的周期性并没有完全破坏,仅仅是金属离子偏离了原来有序排列的位置,被 H^+ 占据了,而 H^+ 的散射因子太小,膜的有序性用 X 射线衍射显示不出来。$PbNO_3$ 溶液浸泡使 Pb^{2+} 置换了 H^+,部分 Pb^{2+} 得以复位,衍射峰又显示出来。

显然,用作酸碱处理的氨和 HCl 蒸气的浓度会对周期结构的变化有影响。以 HCl 为例，固定 HCl 处理时间为 25 min，观察不同浓度 HCl 蒸气对 LB 膜周期结构的影响。花生酸铅、镉、钡 LB 膜衍射峰强度均随 HCl 蒸气浓度增加而急剧下降。图 2.26 c 是花生酸铅 LB 膜的这种变化。(003)级衍射峰相对强度与 HCl 蒸气浓度的关系如图 2.27 b 所示。与前面一样，经 24%HCl 蒸气熏蒸，衍射峰基本消失的花生酸铅、镉 LB 膜再分别用 10%氨水蒸气熏蒸 90 min 和 60 min，衍射峰又显现出来(图 2.26 c(d))。当用最浓的 36% HCl 蒸气处理花生酸铅和花生酸镉 LB 膜，只要 4 min，LB 膜的衍射峰就已基本消失，而出现了一个新的衍射峰，文献[22]认为是花生酸微晶的衍射峰。

酸碱环境对混合 LB 膜的周期结构也有明显的影响。图 2.28 是 C_{60}/AA 混合 LB 膜经 12% HCl 蒸气处理不同时间的 X 射线衍射图。由图可见，经 HCl 蒸气熏蒸，衍射峰逐步消退。以(005)级衍射峰为参比，相对峰强对 HCl 蒸气处理时间的关系如图 2.29 所示，随处理时间的增加，衍射峰的强度开始下降很快，随后渐趋平缓。HCl 蒸气也使 C_{60}/AA 混合 LB 膜的等同周期略有变小，但规律性不强。

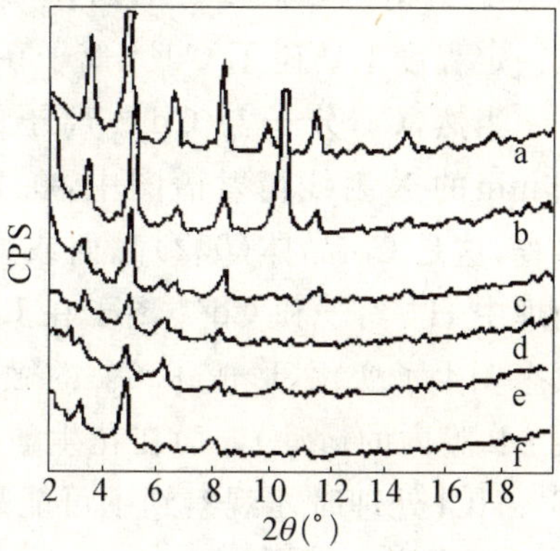

图 2.28 盐酸蒸气熏蒸前后 C_{60}/AA 混合 LB 膜 X 射线衍射的变化

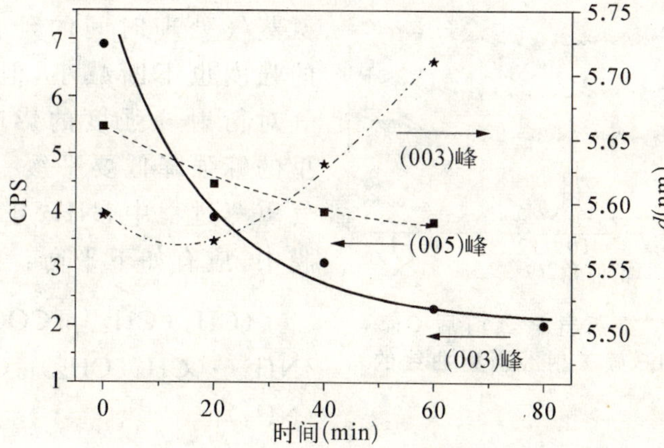

图 2.29 C_{60}/AA 混合 LB 膜 X 射线衍射的(005)峰强度随 HCl 蒸气熏蒸时间，和(003)峰强度及等同周期随氨蒸气熏蒸时间的变化

HCl蒸气中H^+离子侵入到LB膜中，会致使本与—COO^-结合在一起的Cd^{2+}离子在LB膜中游离和扩散，破坏花生酸镉LB膜中金属镉离子的有序排列，那么主要由规则排列的Cd^{2+}离子引起的X射线衍射就会减弱。但花生酸分子长链有序结构在一定程度上还是保留了下来，因为对经HCl蒸气熏至衍射峰差不多完全消失的LB膜，再用12%氨蒸气熏35 min，业已消失的衍射峰又呈现了出来，说明由于氨蒸气对HCl的中和，使LB膜中的Cd^{2+}离子得到了部分的复位。

与HCl蒸气处理花生酸LB膜周期结构的影响相比，C_{60}/AA混合LB膜X射线衍射峰强度对HCl蒸气有较强的抵抗能力，可见C_{60}分子的引入在一定程度上妨碍了Cd^{2+}离子在LB膜内的任意扩散。

当然，C_{60}分子与Cd^{2+}离子的影响是相互的，因为在HCl蒸气熏蒸20 min的X射线衍射谱图中，在$2\theta=10^\circ$左右出现了一个很强的衍射峰。据查，这是C_{60}晶体(002)晶面或(111)晶面的衍射峰。这应该是因为HCl处理中H^+离子和Cd^{2+}离子在LB膜中的运动也使膜中的C_{60}分子的聚集状态发生了变化，形成了C_{60}的微晶（C_{60}分子的球形结构应该有利于它们在LB膜内的运动）。而在花生酸LB膜的HCl处理过程中，只有用最浓的36%HCl处理时才观察到了可能是花生酸微晶的衍射峰。确切的机理目前尚不很清楚。

同样，氨蒸气对C_{60}/AA混合LB膜的周期结构也有相类似的影响。图2.30是53层C_{60}/AA混合LB膜在12%氨蒸气熏蒸前后的X射线衍射图。由图可见，随氨蒸气处理时间的延长，衍射峰的强度也不断减小，但与HCl蒸气对衍射峰强度的影响相比，这里的峰强降低要平缓一些。氨蒸气熏蒸过程中，NH_3分子渗入LB膜中，应有如下平衡：

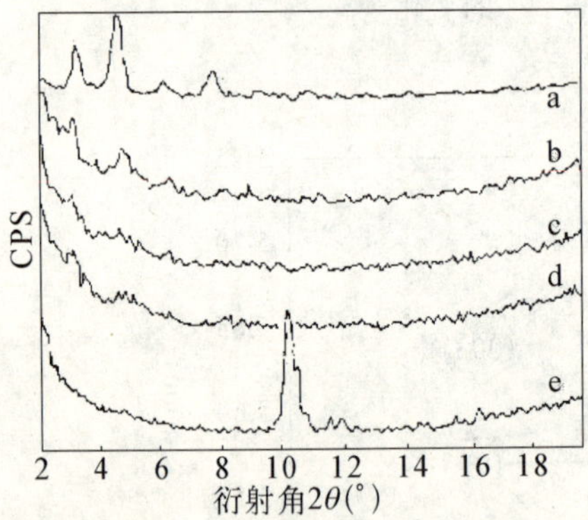

图2.30 氨蒸气熏蒸前后C_{60}/AA混合LB膜X射线衍射曲线的变化

$$(CH_3(CH_2)_{18}COO^-)_2Cd + 4NH_3 \leftrightarrow (CH_3(CH_2)_{18}COO^-)_2Cd(NH_3)_4$$

因为，氨蒸气处理60 min后，再用12%HCl蒸气处理30 min，衍射峰几乎没有恢复。但在2θ为10°附近也出现一个C_{60}晶体的衍射峰，是由于局部地方形成了C_{60}微晶体，与HCl蒸气熏蒸的情况相似。

Dhanabalan 等用 X 射线衍射观测了经 HCl 蒸气处理前后聚苯胺/AA混合 LB 膜衍射峰的变化，发现经 HCl 蒸气处理后没出现任何衍射峰，这是由于 HCl 不仅同高分子骨架作用转化成了质子形式，而且同花生酸镉盐作用形成了花生酸和 $CdCl_2$。类似的现象也有别人观察到。将 C_{60}/AA 混合 LB 膜置于 HCl 溶液上方熏蒸，随着处理时间的延长，衍射峰的强度是不断下降的，最终衍射峰将完全消失。这是因为 HCl 同花生酸镉发生反应，H^+ 取代了 Cd^{2+} 形成花生酸，游离的镉离子就会在层与层之间扩散从而打破了层与层间的界限，使得层与层趋向为一个整体，所以各层间出现的衍射峰消失，但在同一层内分子链之间的有序性还是存在的。继续换氨水熏蒸，衍射峰又出现了，这说明由于氨水对酸的中和，使膜中的镉离子得到了复位，也说明 LB 膜的有序性不易被破坏。若先用氨水熏蒸，衍射峰强度也是逐渐降低，这是由于氨在膜中扩散，对花生酸分子链造成挤压使其发生弯曲，导致膜的相对无序与等同周期变短；随处理时间的延长，形成了 $(AA)_2Cd(NH_3)_4$ 络合物，从而使成膜分子链有效长度增大，导致等同周期增大。随后的盐酸处理，衍射峰强度没有得到恢复，说明 HCl 难以破坏形成的络合物。

2.10 包埋有无机纳米微粒的 LB 膜的结构

平贵臣[23]用双十八烷基二甲基溴化铵(DODAB)作为包埋剂，将 ZnS 纳米粒子从水相中转移到有机溶剂氯仿中，在气液界面上形成了 ZnS 单粒子膜后，再将这种单粒子膜转移到固体基片上。用低角 X 射线衍射测定此 DODAB 包埋 ZnS 纳米粒子 LB 膜的结构，如图 2.31 a 所示。图中在 $2\theta=1.45^\circ$ 处出现(002)的衍射峰，表明此 LB 膜具有良好的层状结构。由 Bragg 公式计算出层状结构的等同周期为 18.0 nm。结合由原子力显微镜图像得知的 ZnS 粒子在单层膜中并非紧密相邻排列，而是被游离的 DODAB 分子间隔开，因此可以认为 DODAB 包埋的 ZnS 纳米粒子在 LB 膜中的排列方式应如图 2.31 b 所示的那样。因为每层粒子交叉排列，所以其层间距值小于粒子直径。

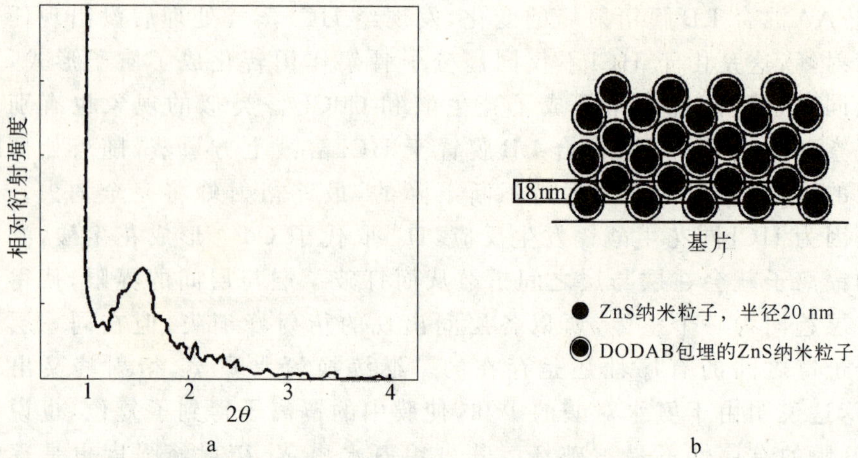

图2.31 69层双十八烷基而甲基溴化铵(DODAB)包埋ZnS纳米粒子LB膜的低角X射线衍射(a)和结构示意图(b)

2.11 X射线衍射峰的“消光”

用X射线衍射还能判定LB膜中更为复杂、细微的结构[24,25]。譬如，当LB膜中存在相同面间距、交替排列的两套多层结构，并且在两套多层结构间距为面间距d值1/6的时候，从两套多层结构中反射出来的光刚好在(003)，(009)……角度处出现π，3π……的相位差，根据布拉格定律，这样会导致(003)峰、(009)峰……的消光(extinction)，即(003)峰、(009)峰……会全然消失。

图2.32为不同比率Ru(Ⅱ)-AA混合LB膜的低角X射线衍射谱。可以看出，以混合比Ru(Ⅱ)∶AA=1∶2拉制的LB膜(21层)有很好的周期性结构，比起混合比Ru(Ⅱ)∶AA=4∶1(a)和Ru(Ⅱ)∶AA=1∶4(b)得到的LB膜(41层)，虽然其层数较少，但周期性却好得多，这说明混合比Ru(Ⅱ)∶AA=1∶2时，成膜性能最佳，而其他的比例则不然，与前面$\pi-A$等温线和光谱分析的结论完全相符。混合比大于1∶2时，其中多余的纯Ru(Ⅱ)分子膜或纯花生酸分子膜由于没有与之相结合的反离子存在，成膜性能较差，不能形成规则的周期结构。

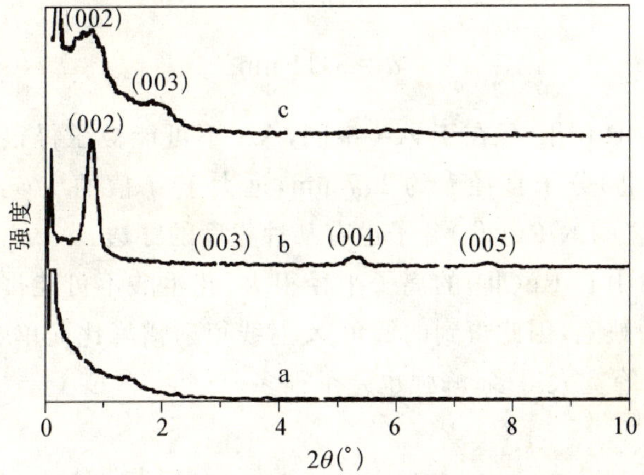

图 2.32 不同混合比 LB 膜的小角 X 光衍射

a. Ru(Ⅱ)：AA＝4：1，41层；b. Ru(Ⅱ)：AA＝1：2，21层；c. Ru(Ⅱ)：AA＝1：4，41层

图 2.32(b)有一个有趣的现象，即混合比 Ru(Ⅱ)：AA＝1：2 拉制的 LB 膜的低角 X 射线衍射谱中，出现了(003) 峰消光。遗憾的是，由于Ru(Ⅱ)引起谱峰增宽，而且 LB 膜层数较少，我们无法看到(009)峰消失。根据以上讨论，我们可以推测 Ru(Ⅱ)- AA 混合 LB 膜的结构如图2.33所示。

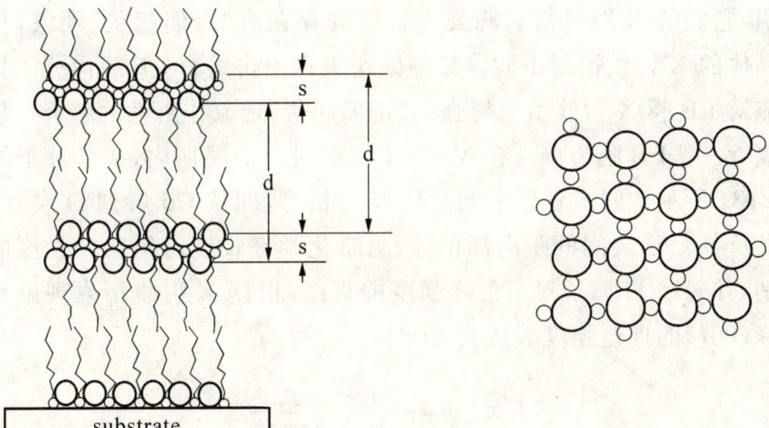

a. 层间结构　　b. 面内结构

图 2.33 混合比 Ru(Ⅱ)：AA＝1：2 的 LB 膜的结构

根据布拉格公式，d 值可用如下方法计算：

$$d = l \cdot d_{00l} \tag{2.10}$$

利用这个公式，算得 LB 膜的 d 值为

$$d = 5.11\ \text{nm}$$

由于大的 Ru(Ⅱ)存在于 AA 中间，AA 不可能被压得很紧，也不能完全伸直。Ru(Ⅱ)分子直径大约 1.7 nm，远大于 d 值的 1/6。这同样也表明，相邻两层之间的 Ru(Ⅱ)分子也有某种程度的穿透。

由于散射中心 Ru(Ⅱ)的离子半径很大，花生酸不可能排得很紧密，可能引起局部的缺陷，因此得到的低角 X 射线衍射谱峰比简单金属离子花生酸盐 LB 膜的峰宽大得多，峰强也差了很多[26, 27]。

2.12 衍射峰强度的奇偶起伏现象

在讨论图 2.1 时我们已经提过，硬脂酸镉 LB 膜的 X 射线衍射峰强度从左至右是逐渐降低的，但存在着所谓的“奇偶起伏”现象，即奇数峰的强度比其前一个偶数峰的强度来得大。其他成膜化合物 LB 膜的 X 射线衍射实验表明，它们的 X 射线衍射峰强度也同样存在有“奇偶起伏”现象，与完整三维晶体的 X 射线衍射不同。X 射线衍射理论再结合 LB 膜内分子排列模型已能对 LB 膜 X 射线衍射峰强的“奇偶起伏”现象作定性的解释。仍以硬脂酸镉 Y-型 LB 膜为例。在 Y-型 LB 膜的一个周期内，成膜分子的排列如图 2.34 所示。假定各原子间的距离都相等，即从 Cd 层到 O 层、O 层到 C 层以及各 C 层之间的距离都相等，忽略化学键长度对衍射峰强度的贡献的区别，并忽略 H 原子对衍射峰强度的贡献，根据 X 射线衍射理论可得到衍射峰(00l)的理论强度表达式为[28]

$$I \propto |F|^2 \frac{(1+\cos 2\theta)}{\sin^2\theta\cos\theta} \tag{2.11}$$

$$F_{(00l)} = \sum_n f_{\text{Cd; O; C}} \exp[2\pi i(lz)] \tag{2.12}$$

$$f_{\text{Cd; O; C}} = A\exp(-aX^2) + B\exp(-bX^2) + C \tag{2.13}$$

和

$$X = (\sin\theta)/\lambda \tag{2.14}$$

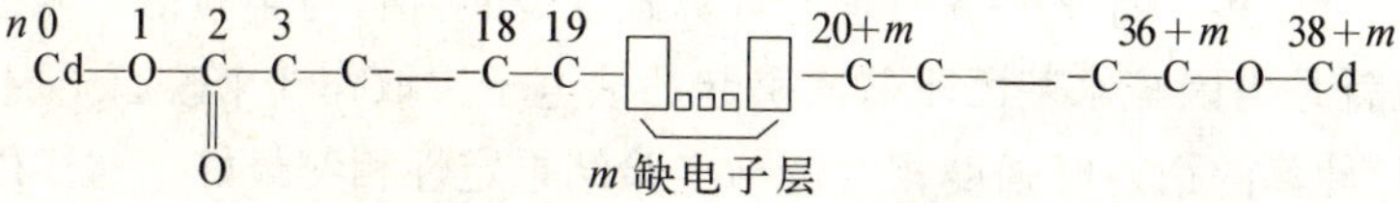

图 2.34 Y-型硬脂酸镉 LB 膜一个周期内分子的排列模型

疏水基团头头毗邻,其较低的电子云密度在等同周期中引起缺电子层,图中以小方格表示,缺电子层厚度 m

这里 I 是衍射峰强度,$F_{(00l)}$ 为第 l 级衍射峰的结构因子,θ 为布拉格衍射角,可从衍射图上直接读到,$f_{Cd;O;C}$ 是镉原子、O 和 C 原子的散射因子,z 为参数,分别从 $1/n$,$2/n$,到 n/n,A,a,B,b,C 为镉原子的特征衍射参数,可由文献查得[28],λ 是 Cu K_α 线的波长($\lambda = 0.1542$ nm)。

这里重要的是所谓"缺电子层"的概念。在 Y-型 LB 膜中,沿着碳氢长链的电子密度是不均匀的,两个分子链疏水端毗邻处产生缺电子层。图2.34中的小方块表示的就是硬脂酸镉分子末端疏水基团毗邻引起的缺电子层。X 射线衍射受到此缺电子层厚度和位置的影响很大。通常把此缺电子层置于 LB 膜一个等同周期的中心位置上,调整它的厚度,即改变参数 m 的值(当然这缺电子层 m 一定是取正整数),由上述公式可以计算得到一系列的衍射峰理论强度的相对值。将这些理论值同实验值一一相比较,可得到与实验值最相符的一组理论值,这组最相符合的理论值对应的 m 值就是缺电子层的厚度。图 2.35 比较了 25 层硬脂酸镉 LB 膜衍射峰的理论计算强度(相对值)与

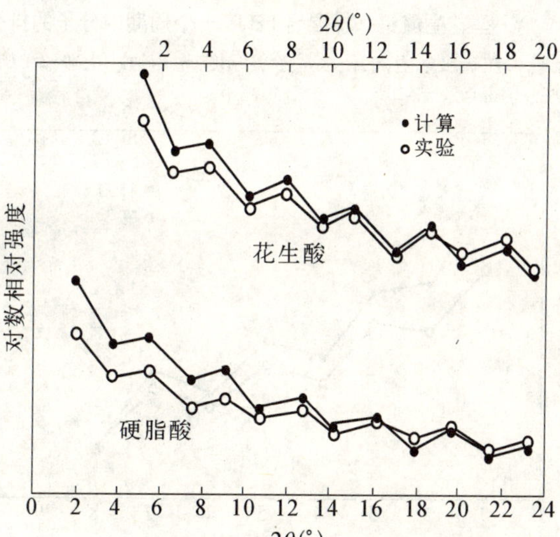

图 2.35 25 层硬脂酸镉 LB 膜衍射峰的理论计算强度(相对值)与实验衍射峰强度

在 $m=3$ 时理论计算强度(相对值)与实验衍射峰强度最为相符

实验衍射峰强度。在 $m=3$ 时理论计算强度(相对值)与实验衍射峰强度最为相符,也就是当因疏水基团毗邻而引起的缺电子层取作3个碳原子层厚时,由式(2.11)计算的衍射峰强度相对值与实验结果定性相符最好。这样硬脂酸镉LB膜X射线衍射峰强度的"奇偶起伏"现象得到了定性的解释。

文献[29]中,Matsuda把缺电子层取作2个C原子层厚度时就定性符合他的硬脂酸镉LB膜的X射线衍射实验结果,这一方面是他的实验只在 $2\theta\approx8°$ 时才出现衍射峰强度的奇偶起伏现象,另一方面应该就是上面提到的在理论计算等同周期中两个成膜分子毗邻时是否加上了应该有的范德华距离(0.3~0.5 nm)。

不同成膜分子的LB膜有不同的缺电子层 m 值。在研究 C_{60}/花生酸混合LB膜时,我们也观察到了这种混合LB膜X射线衍射强度的奇偶起伏现象。以与上面同样的思路来设计这混合LB膜一个周期内的分子排列如图2.36。由于 C_{60} 是"顶"在花生酸疏水端的(见下节),这里把它置于缺电子层的两边。其他计算公式一如式(2.11)。同样,把由此计算得到的理论值与实验值比较,发现在 $m=2$ 时 C_{60}/花生酸混合LB膜X射线衍射峰强度与理论计算值有最好的定性相符(图2.37)。可见 C_{60}/花生酸混合LB膜中的 C_{60} 分

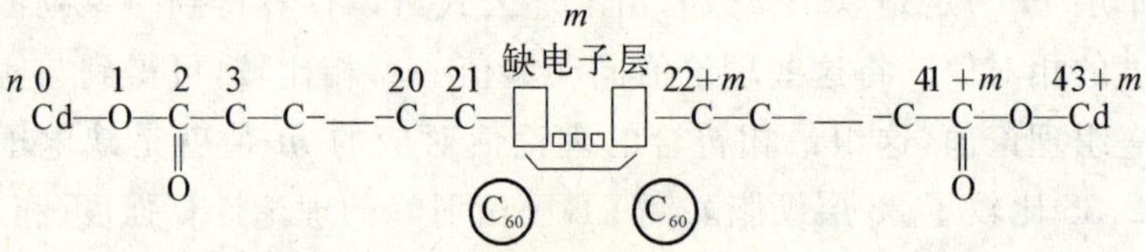

图2.36 Y-型花生酸镉/C_{60}混合LB膜一个周期内分子的排列模型

由于 C_{60} 毗邻在疏水基团,致使缺电子层厚度 m 由纯花生酸镉LB膜时的 $m=3$ 变成为 $m=2$

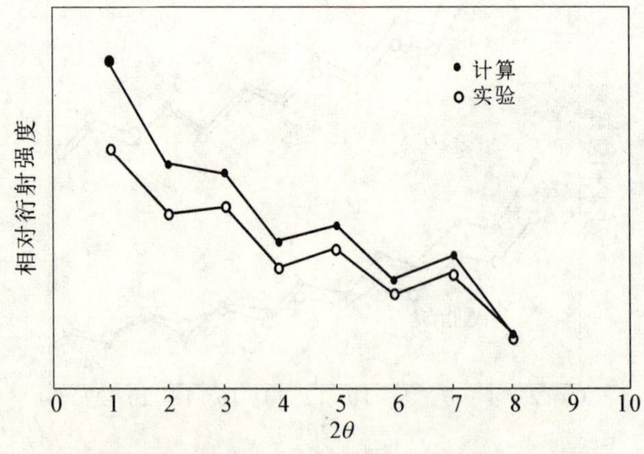

图2.37 花生酸镉/C_{60}混合LB膜衍射峰的理论计算强度(相对值)与实验衍射峰强度

在 $m=2$ 时理论计算强度(相对值)与实验衍射峰强度最为相符

子也会影响两个花生酸分子链疏水端毗邻处产生的缺电子层的厚度。由纯花生酸的 $m=3$ 变为 $m=2$,缺电子层的厚度变薄了。

2.13 特殊的X射线衍射技术

近年来又发展了几种特殊的X射线衍射技术可用来研究LB膜的结构,简介如下:

(1) X射线驻波法 1964年,Batterman[30]提出了X射线驻波(XSW)的概念和原理,但这项技术真正发展是在最近的20年[31-35],主要应归因于同步辐射的出现,它为这项技术提供了两个有利条件:高能量和波长可调。X射线驻波的原理如下:一束X射线入射到一块完美晶体中,产生反射波,在入射波和反射波交界的地方产生干涉,导致晶体内的波场分布具有驻波的形式,且驻波的周期为晶体发射面的周期,或者说是这两个波的波矢差的倒数。驻波场不仅存在于晶体内部,也存在于晶体外部。驻波实验必须连续地记录样品的X射线摇摆曲线和吸收原子发出的荧光信号,为了获得固有的摇摆曲线,必须使用平面波入射。获得近似平面波的途径是利用X射线单色器。XSW方法最大的优点在于它精确地确定原子在基体、表面或界面的位置、性质、占据度,因此得到了广泛的应用,可用于研究LB多层膜。王静等人[34]报道了用X射线驻波研究有机多层膜的结果。利用临界角以下的入射光束和全反射光束的干涉来产生驻波。选择Au作为反射镜面,构成镜面表面的原子越重,临界角越大,有利于数据的采集。驻波的周期与角度的关系为:$D=\lambda/(2\sin\theta)$。测量发现从 $\theta=0$ 到临界角 $\theta=2.2$ mrad,荧光强度单调递增。计算表明,当 $\theta=2.3$ mrad时,驻波的第一个波腹位于Zn原子层。由于有机层的存在,使得金镜面的入射角小于空气-膜界面的入射角,这种效应使得荧光的峰位偏移。

而Zheludeva[36]则用100层的硬脂酸铅和一个单层的二十二酸钡在两个不同的角区域产生长程驻波。第一角区域对应一级布拉格衍射,其驻波周期等于面间距离值;而第二区域对应全反射区域,它的驻波周期可变是由于入射角的作用。铅原子的荧光率在较小角区域反射率有最低值,而在较大角有最大值。这表明衍射面,即电子密度最大处对应铅原子。有趣的是同膜厚相比,这种结构的消光长度约70个单分子层厚。由于钡单分子层在反射面以上约几个 nm,因而钡荧光的最大值对应的波腹在小于临界角处。由此,XSW 给出垂直于表面方向的距离,可以得到相关系数及有序度。

(2) 掠入射X射线衍射(GIXD)研究LB膜的精细结构

以上X射线衍射研究的垂直于表面方向的信息,而GIXD研究的是平面内的分子排列。GIXD测量是在超高真空的同步辐射装置上进行,平行的X射线以很小的角度入射到样品上,样品应为多晶膜。为得到平面内的衍射信息,在临界角以上收集数据。为确定二维分子的排列,测不同方向角的GIXD图像,可观察到显著的表面衍射峰,将峰经高斯图处理,可的衍射峰的角位置 $2\theta_{hkl}$、相应平面内的晶格常数和峰宽,以及宏畴中的单晶微畴。

当分子沿与平面垂直的方向完美排列时,分子排列为六方晶胞;而当分子沿对称方向倾斜时,分子排列应为扭曲六方晶胞。在GIXD图像中,分子为六方晶胞排列时应为单峰;分子为扭曲六方晶胞时,出现双峰。E. Milella等观察到了三个峰,表征了斜的二维晶胞的存在。当分子不是沿与表面垂直方向排列成行,而是沿不定方向倾斜,可得到斜的平面内晶胞。从平面峰宽,利用 Scherrer 公式可导出区域的横向尺寸。

彭建邦用同步辐射光源做了不少有关LB膜GIXD的研究工作[37, 38]。图2.38是27层花生酸镉LB膜的GIXD衍射图纹,图中清晰可见一些棒条和点柱,由此推知花生酸镉在面内具有矩形对称性,晶格常数为 $a = 7.52$ Å, $b = 4.86$ Å 和 $\gamma = 90$。

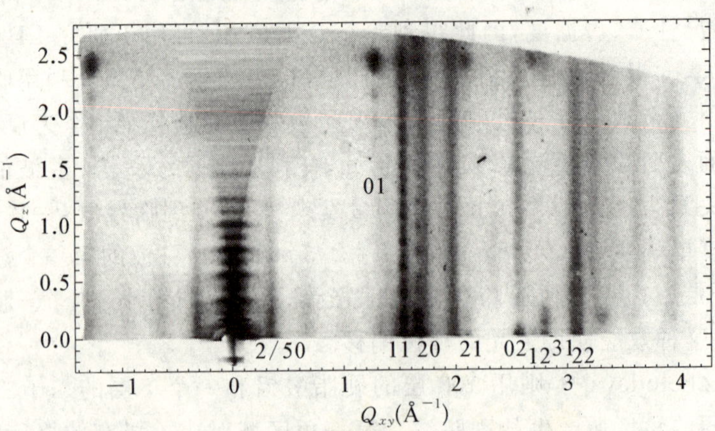

图2.38 27层花生酸镉LB膜的GIXD衍射图纹

图2.39是最强的衍射点组(11l)衍射强度随 Q_z 的变化的图像。由图可见,(111),(113),(115) 等奇数峰的强度迅速降低,由它们推求出来的长度为 2.77 nm,正是伸直的花生酸分子链长。有意思的是偶数峰也很明

显，其强度几乎是个常数(除 $Q_z = 0.13$ 和 $0.24\ nm^{-1}$外)。强度分布计算表明，如果镉原子在 LB 膜平面内是有序的话，由此产生的衍射应该随 l 的增加而相对较缓慢地下降，而由分子链产生的强度会迅速下降，并在 $Q_z > 0.10\ nm^{-1}$ 后可以忽略。由此他们假定图 2.39 的图案是由来自烷烃链(l 为奇数的峰，衍射强度迅速降低的)和来自镉离子(无论是奇数还是偶数的 l，衍射强度缓慢降低的)的两部分组成。镉的斑点的间隔是 $0.011\ 4\ nm^{-1}$ (5.54 nm)，对应于双层膜中花生酸分子完全伸直时的长度。在高 Q_z 衍射点仅仅在(11l) 和 (02l)系列中才比较清晰，而来自烷烃链的衍射点尽管较弱，却是一直可以见到的(图 2.38)，这是与离子晶格平面正方结构一致。

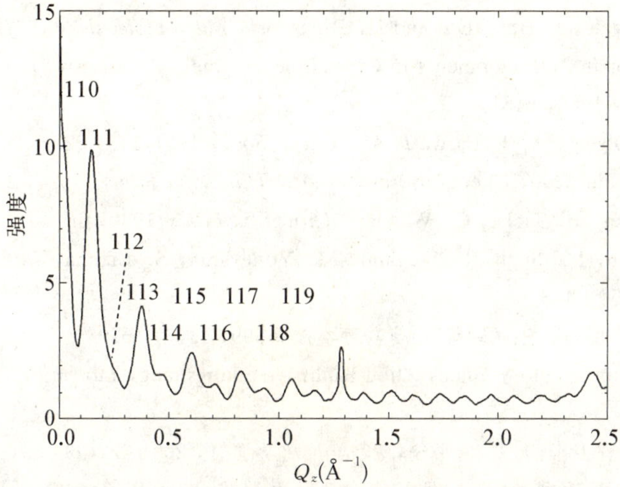

图 2.39 沿 (11l) 的衍射图纹(Q_{xy} = 0.154 Å^{-1})

X 射线衍射对研究 LB 膜的结构是一种非常强有力的工具。详细了解各种 X 射线的衍射几何对膜的研究乃至应用均具有重要意义。

参考文献

[1] J. K. Basu, M. K. Sanyal, *Physics Reports*, 2002, 363: 1

[2] 何平笙,*功能材料*, 2001, 32(2): 220

[3] B. Yang, Y. Qiao, *Thin Solid Films*, 1996, 284-285: 377

[4] 何平笙,徐百,汪永忠,王昌燧,周贵恩,*化学物理学报*,1988, 1(1): 64

[5] 张建华,姜玉涛,梁映秋,*吉林大学自然科学学报*,1991, 2: 82

[6] 何平笙,白建民,徐百,汪永忠,王昌燧,周贵恩,*高等学校化学学报*,1989, 10(3): 284

[7] 何平笙,陈昕,田清平,汪永忠,李春娥,*高分子学报*,1990, 1: 87

[8] Yu Shufang, Zhou Huilin, He Pingsheng, *J. Mater. Sci.*, 1999, 1: 34

[9] 白玉白,李丽华,王雅茹,汤心颐,李铁津,汤大新,董玺娟,王卉,*高等学校化学学报*,1991, 12(12): 1651

[10] J. P. K. Peltonen, P. He, J. B. Rosenholm, *Langmuir*, 1993, 9(9): 2363

[11] P. S. Vincent, W. A. Barlow, *Thin Solid Films*, 1980, 71: 305

[12] J. M. Ouyang, Z. M. Zhang, Y. Yuan et al., *Mol. Cryst. Liq. Cryst.*, 2000, 338: 117

[13] 方屹,艾慧,黄阅等,*化学学报*,1996, 54(11): 1128

[14] G. L. Gaines Jr., Insoluble Monolayers at Liquid Gas Interfaces, Wiley, New York, 1966

[15] A. Laschewsky, H. Ringsdorf, G. Schmidt, *Thin Solid Films*, 1985, 134: 153

[16] B. Tieke, G. Lieser, K. Weiss, *Thin Solid Films*, 1983, 99: 95

[17] D. Naegele, J. B. Lando and H. Ringsdorf, *Macromolecules*, 1977, 10: 1339

[18] D. Bloor in "Developments in Crystalline Polymers-I", ed. by D. C. Bassett, AS London, 1982, p151

[19] Y. S. Obeng, A. J. Bard, *J. Am. Chem. Soc.*, 1991, 113: 6279

[20] Yu Xu, Jun Guo, Chengfen Long et al., *Thin Solid Films*, 1994, 242: 45

[21] G. Lieser, B. Tieke, G. Wegner, *Thin Solid Films*, 1980, 68: 77

[22] M. Saito, M. Sugi, K. Ikegami, M. Yoneyama, S. Lizima, *Japan. J. Phys.*, 1986, 25: L478

[23] 平贵臣,杜滨阳,王丽颖等.*化学物理学报*,1999, 12(6): 659

[24] Lu Weixing, Guo Weihua, Zhou Huilin, He Pingsheng, *Langmuir*, 2000, 16(11): 5137

[25] 吕卫星,郭卫华,方堃,何平笙,*高等学校化学学报*, 2001, 22(4): 691

[26] 盛夏,方堃,邹纲,何平笙,吕卫星,*物理化学学报*,2003,19(3): 237

[27] 方堃,邹纲,吕卫星,何平笙,*化学学报*,2002, 60(7): 1220

[28] 黄胜涛,《固体X射线学(一)》,北京:高等教育出版社, 1985, p96

[29] A. Matsuda, M. Suli, T. Fukbi, S. Lizima, M. Miyahara, Y. Otsubo, *J. Appl. Phys.*, 1977, 48(2): 771

[30] B. W. Batterman, *Phys. Rev. A.*, 1964, 133: 759

[31] M. J. Bedzyk, *Science*, 1988, 241: 52

[32] M. J. Bedzyk, *Science*, 1990, 248: 1788

[33] L. W. Cheng, *Surf. Sci.*, 1997, 382: L690

[34] J. Wang, *Science*, 1992, 258: 775

[35] R. Itri, R. T. Zhang, M. Craffery, *Biophys. J.*, 1997, 73(3): 1506

[36] S. I. Zheludeva, M. V. Kovalchuk, N. N. Novikova, A. N. Sosphenov, *J. Phys. D-Appl. Phys.*, 1993, 26(4A): A206

[37] J. B. Peng, G. T. Barnes, I. R. Gentle, G. J. Foran, *J. Phys. Chem. B*, 200, 104: 5553

[38] J. B. Peng, G. J. Foran, G. T. Barnes, I. R. Gentle, *Langmuir*, 1997, 13: 1602

第3章　成膜单体和单分子膜的聚合

早在20世纪30年代，就已经开始了单分子膜和LB膜中化学反应的研究。研究的目的是考察膜的稳定性，所研究的化学反应只局限于水解、氧化和聚合等很少的几类反应。由于单分子膜和LB膜为分子排列提供了高度有序和可控的环境，它们的聚合能高效地进行并生成高度均一的产物，制备可控分子取向和厚度的超薄聚合膜，并随着单分子膜和LB膜的潜在应用被越来越多地人所认识，它们较低的机械力学性能，热稳定性迫使人们更多地把化学反应的研究重点放到了聚合反应的研究上。在历界LB膜国际会议上有关聚合LB膜的报告在LB膜研究中都占一个很大的比例。

3.1　成膜有机单体

成膜有机化合物单体的首要要求是，它必须是一头带亲水基团，另一头带疏水基团的两亲性化合物。但不同的亲水和疏水基团在水面上形成稳定单分子层的能力相差很大，表3.1比较了各种亲水和疏水基团对水的亲和程度。尽管已研究过为数不少的烯类、二烯类、二炔类和环氧类单体在单分子膜状态下的聚合，但总的来说数量还是极其有限的，原因就是成膜有机化合物单体必须是两亲性的，才能在水面上铺展开来。表3.1应该是有机合成工作者合成制备成膜有机化合物单体的依据之一。

影响水面上单分子膜成膜性能的因素还有：

表 3.1 亲水和疏水基团形成单分子膜的能力

	端 基	对水的亲和力 mJ/m^2	成 膜 能 力
疏水基	碳氟基 $-CF_3$ 饱和烃基 $-CH_3$ 不饱和烃基 $-C=H_2$ 芳烃基 $-C_5H_6$	最小 40～50 65～70	碳原子数增加，疏水性增强。若能配合适当的亲水基，能形成单分子膜。支化、侧基和顺式双键都会使多层膜的沉积发生困难
亲水基	卤代基 $-CH_2I$ $-CH_2Br$ $-CH_2Cl$ 硝基 $-NO_2$	70～75	其亲水性尚不足以形成稳定的单分子膜
	醚基 $-CH_2OCH_3$ $-C_6H_4OCH_3$	77	虽然有该基团的分子能形成单分子膜，但膜不够稳定
亲水基	酮基 $-CH_2COCH_3$ 醛基 $-CHO$ 酯基 $-COOCH_3$	80～87	有该基团的分子能形成相当稳定的单分子膜，可用来沉积多层 LB 膜
	胺基 $-CONH_2$ $-CN$ $-C_6H_4SO_2$ $-CH=NOH$ $-C_6H_4OH$ 酰胺基 $-NHCONH_2$， $-NHCOCH_3$ 醇基 $-CH_2OH$ 脂肪酸羧基$-COOH$ 脂肪酸二价金属盐	90～95	亲水性强，与碳原子数 16～22 的碳氢链的端基相配合，疏水性和亲水性有很好的平衡，因此能形成稳定的不溶性单分子膜，最适合于沉积多层 LB 膜
	脂肪酸金属盐基 磺 $-SO_3$，$-OSO_3$ 砜基 $-NR_3^+$		亲水性极强，无论碳氢链有多长，亲水性仍比疏水性强，均能溶于水，所以常用作表面活性剂。在水中溶解时，会吸附在一部分界面上形成可溶性的单分子膜，并在压缩时很容易全部溶解于水，不适用于沉积 LB 膜

(1) 成膜有机分子间的相互作用力。分子间范德华力不能太弱，也就是要求分子链不能太短，不然链间的范德华力不足以将它们维系在一起，形

成紧密排列的有序分子膜。当然分子间相互作用也不能太强，否则有机分子根本不可能在水面上铺展开来；或者因分子太长，加压时发生弯曲而破坏规则排列。只有中等链长（几个纳米）的有机分子才宜作为成膜材料。对长链脂肪酸而言，碳原子数一般在16到22之间为宜。

（2）成膜有机分子的挥发性。如果挥发性很大，即使在水面上形成了单分子层，只有一个分子层厚度的物质很快就会在水面上挥发掉。

（3）除成膜有机化合物本身外，单分子膜成膜性能还依赖于气相和液相的本性，以及温度和压力等外在条件。譬如某些化合物不能在水面上形成单分子层，却可在汞面上形成；某些水溶性化合物会在浓盐溶液表面上形成单分子层。再如，以—COOH为端基的化合物，在水相中加入金属离子能极大地改善成膜性能，提高单分子层的稳定性。高的温度使水面的水分子运动加剧，因此单分子膜的铺展和LB膜的沉积一般都在较低的温度下（10～20℃）进行为好。

（4）另外，成膜有机单体中官能团在分子链中的位置对它们形成单分子膜的能力影响很大。例如，环氧基团处在分子中间的化合物——环氧十八酸(3.1)在2.5×10^{-4} mol $CdCl_2$亚相上能成膜，但其$\pi-A$曲线呈现明显的膨胀性状：表面压为1 mN/m时的分子占有面积很大（4.0 nm^2），压缩单分膜，表面压上升很慢，崩溃压仅为20～30 mN/m（图3.1 a）。环氧基团在分子端头的环氧酸(3.2)在$n=8$, 10, 14时，由于溶解度太大，不能成膜。但在$n=18$时在纯水亚相上也能形成稳定的单分子膜，显示更为正常单分子膜$\pi-A$曲线的行为，压缩时表面压上升很快，崩溃压高达50 mN/m以上（图3.1 b）[1]。

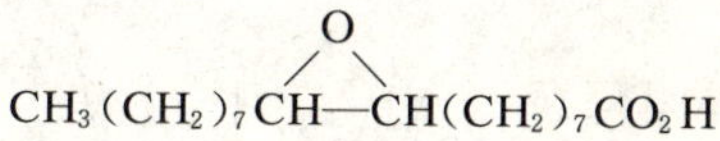

3.1

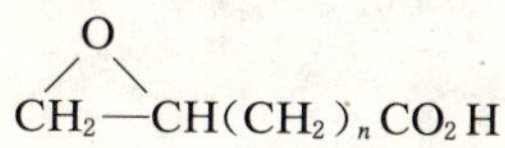

3.2

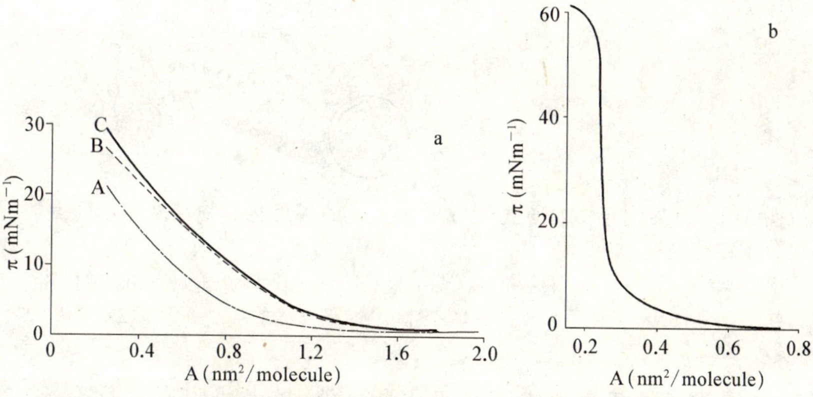

图3.1　a. 环氧十八酸在2.5×10^{-4} mol $CdCl_2$亚相上的$\pi-A$曲线，A：19℃，pH 6.0；B：19℃，pH 3.5；C：9℃，pH 6.0；b. 21个碳原子的环氧酸在纯水亚相上的$\pi-A$曲线；两者行为有明显区别

由于现代LB膜研究的重要目的之一是制备功能化和器件化的LB膜，为了设计和制备新型单分子膜和LB膜功能体系，必须扩大成膜有机化合物的范围，包括新型两亲分子的设计、合成以及它们之间在结构上的巧妙组合与互补。多年来，新型成膜分子的设计、合成及其LB膜的结构与性能研究发展迅速，已有大量集功能化与有序化于一体的含各类功能配合物和聚合物的LB膜。新合成的两亲分子除了亲水基为羧基、磺酸基、磷酸和季铵盐外，还有含有N、P、S等杂原子的两亲配体以及两亲配合物，尤其是卟啉类和酞菁类两亲衍生物。也可将具有某种功能的非长链化合物、非两亲性分子和某些水溶性分子沉积成LB膜。对非两亲性分子，可借助于传统的两亲性分子(如脂肪酸)做辅助制膜材料，制成非两亲性分子包埋的LB膜。通过长链脂肪酸与非两亲性分子间相互作用帮助在水面上均匀铺展。对可溶性染料分子，可在溶有染料的水面上铺展两亲性分子的单分子膜，靠其亲水基团与溶液中染料带电部分的库仑相互作用，将溶液中染料分子吸附到水面上，然后将两者一起沉积成LB膜。杯烯化合物(3.3，图3.2)是一类新型成膜有机化合物，由 $n=4$ 的杯烯化合物的亲水端基组成的微孔刚好是一个 Na^+ 离子的大小，如果把 $n=4$ 的杯烯化合物沉积到多孔基片上，那么它的LB膜就是很好的分离膜，只有 Na^+ 离子才可以通过这LB膜，比 Na^+ 离子大的其他离子都将被挡住。合成不同 n 的杯烯化合物，就能组成大小不同的“微孔”，制得有选择性的超薄分离膜。

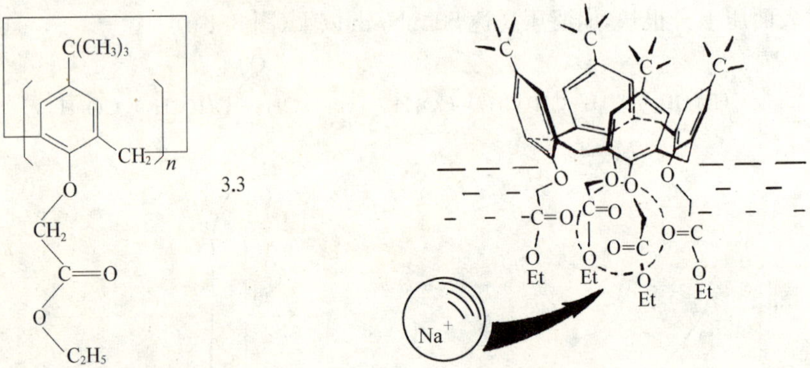

图3.2 杯烯化合物的通式(左)和 $n=4$ 的杯烯化合物铺展在水面上的分子结构(右)

亲水端基组成的微孔刚好是一个 Na^+ 离子的大小，把 $n=4$ 的杯烯化合物沉积到多孔基片上，只有 Na^+ 离子可以通过这LB膜，比 Na^+ 离子大的其他离子都将被挡住，其LB膜就是很好的分离膜

除了合成新的两亲性成膜有机化合物外，扩大成膜有机化合物范围的根本办法是突破对成膜化合物两亲性的苛刻要求，想办法也能用非两亲性的有机化合物成膜。经过多年的努力，出现了以制备聚酰亚胺LB膜为代

表的前驱物法[2,3]和以制备组分可控的混合氧化物 LB 膜为代表的“表面离子”法[4]，这些都将在后面的章节中详细加以介绍。

3.2 两亲性单体

尽管在 20 世纪 30 年代，就有 Gee[5]关于 β-甘油三桐酸酯与顺丁烯二酸酐单分子膜在酸性亚相上发生加聚反应和 Geoffrey[6]关于表面活性剂在气液界面上聚合的报道，以后，Friedlander 报道了乙烯基硬脂酸单分子膜的聚合[7]，但直到 60 年代前，有关的研究还是很少的。在那个时代，只知道由排列规整的单分子膜或 LB 膜聚合得到的产物不同于通常情况下聚合反应的产物。对聚合的单分子膜和 LB 膜进行详细研究的是 70 年代开始的 Ringsdorf[8]和 Lando[9]的工作。随后，Barraud[10]、Tieke[11]等人也在这一领域开展了研究。

最经典的成膜有机化合物单体是一头带亲水基团、一头带疏水基团的两亲性有机化合物单体，主要是下面的三类有机化合物：(1) 长链烯类化合物和二烯类化合物；(2) 长链双炔类化合物；(3) 带环氧基的长链脂肪酸。它们带有的不饱和键（双键和叁键）或环氧基，可用常规方法引发加聚反应，分别介绍如下。

3.2.1 长链烯类化合物和二烯类化合物

像在体相中的聚合一样，长链烯类化合物和二烯类化合物是单分子膜和 LB 膜聚合中重要的成膜化合物单体，像硬脂酸乙烯酯、丙烯酸十八酯、甲基丙烯酸十八烷基酯、丙烯酰胺-丙烯酸十八酯、马来酸单十八酯和马来酸酐酯等。这些早期的工作主要是确认在单分子膜或 LB 膜上成膜化合物的聚合已经发生，以及如何用光谱的方法来表征生成的极微量的聚合物。已研究过的一些代表性的烯类和二烯类化合物列于表 3.2，包括它们基本的研究内容和结果要点。

3.2.2 长链双炔类化合物

在聚合单分子膜和 LB 膜的成膜过程中，成膜材料的聚合基团不应太大，否则不能形成质量较好的膜。线性双炔基团由于没有突出的“膨胀物”，可以用长链脂肪酸取代且不影响分子的排列，加上长链双炔类化合物能够在紫外光辐照下容易发生聚合反应，而成为聚合单分子膜和LB膜理想的成膜单体材料。

双炔类聚合物的分子是单键、双键和叁键交替的长链，有很好的共轭π-电子云的交叠。理论计算表明，一维体系的共轭π-电子云一定要有足够的长度才会显示出非线性，但这还不够，还要求它们分子高度有序，像单晶体那样。但是，要得到聚合物的宏观单晶体是一件非常困难的事。一般的聚合物晶体是先聚合后结晶的，只能得到微米量级的折叠链片晶，尺寸太小，分子链又是垂直于晶面，没有实用性[12]。双炔类化合物具有在固体时发生聚合反应的特性，可以先结晶后聚合，只要把单体培养成单晶体，就可以由单体的单晶直接聚合(固态晶相)成聚合物的单晶体。单体单晶培养得有多大，就能得到同样大小的聚合物单晶，一般可以得到毫米级的宏观聚合物大单晶，尺寸大，分子链又平行于晶面。但是，制备双炔类聚合物的宏观大单晶毕竟不是一件容易的事，需要双炔类化合物有非常特殊的分子排列，因为要发生固态晶相聚合，单体单晶的堆砌必须满足如图3.3所示的条件，即(1) 双炔类化合物单体的周期 d_1 和聚合物的周期 d_2 之差要接近为零，也就是说范德华距离要与化学键的键长非常接近，事实上，大多数能发生聚合反应的双炔类化合物单体的 d_1 在0.47～0.52 nm之间，而双炔类化合物聚合物的 d_2 几乎都为0.493 nm；(2) S_1 要小于0.4 nm，但最小又不能小于0.34 nm；(3) 分子链的夹角 θ 为45°。显然，满足上述条件的双炔类化合物是不会多的。这样，有序排列它们分子的另一种选择就是用LB膜技术了。

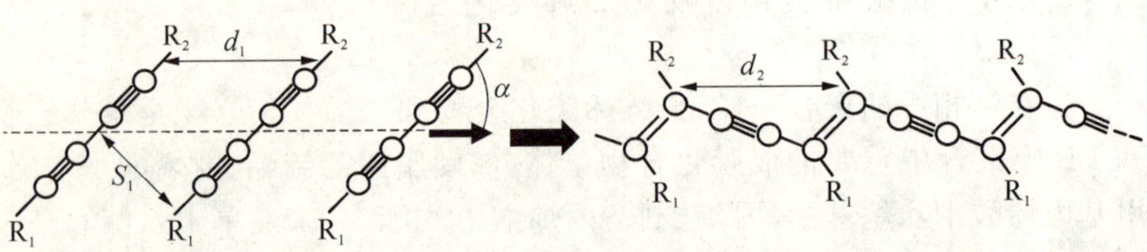

图3.3 双炔类化合物的晶体结构参数与聚合反应性的关系

要求 d_1：0.47～0.52 nm；d_2：～0.493 nm；0.34 nm$<S_1<$0.4 nm；α：45°

20世纪70年代中期以来有大量的有关长链双炔类化合物单分子膜和LB膜的工作报道，主要用的就是长链双炔酸 $CH_3—(CH_2)_m—C≡C—C≡C—(CH_2)_n—COOH$，以后有很多科学家详细研究了各种结构的长链双炔酸单分子膜和LB膜的聚合反应[13,14]，并对聚合膜的性质进行了大量的研究。

表 3.2 长链烯类化合物和二烯类化合物

成膜单体化合物	分子式	研究要点	参考文献
丙烯酸十八酯 3.2	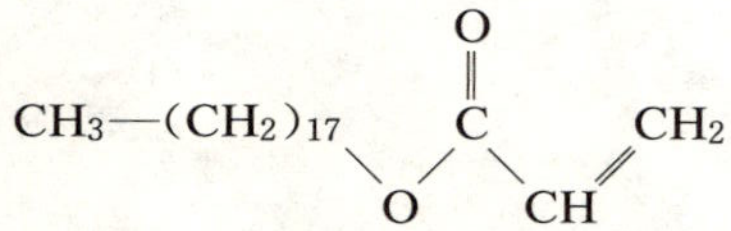	单分子膜能在辐照下聚合。如果用氧引发聚合，则丙烯酸十八酯会与氧发生共聚，得到过氧化物，是完全不同的聚合产物。改变温度和表面压可以致使膜中分子方向发生某种变化，随表面压增加，聚合速率经历一个极大值。	[16]
N-丙酰烯胺长链烃酯 *N*-alkylacrylamide $n=17$(ODA)，19(ICA) 3.3	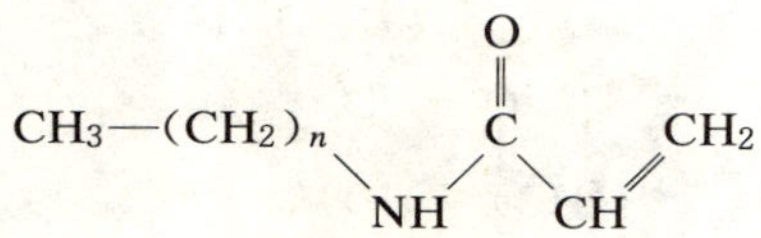	均能在水面上形成稳定的单分子膜，并能沉积成 LB 膜。在 UV 光照下发生聚合，聚合的 ODA LB 膜不溶于通常的有机溶剂，由此可用作负性光刻图纹。	[17,18]
乙烯基硬脂酸 3.4	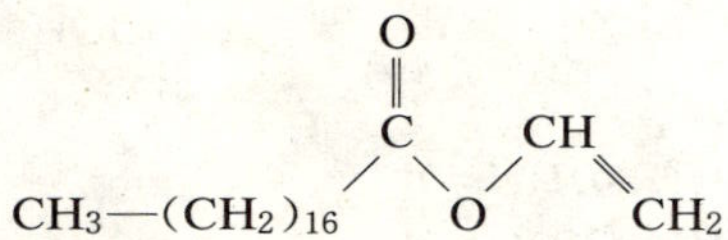	单分子膜用^{60}Co 辐照引发聚合，用衰减全反射红外光谱监测聚合过程。温度，辐照剂量和氧都会影响聚合反应。浸润实验表明单体和聚合物的甲基都排列紧密，X 射线衍射显示它们都有某些单晶的特征。 若与硬脂酸乙酯共铺膜，混合物单体膜中分子高度有序，聚合后有序性会保留下来；当硬脂酸乙酯浓度超过 50%时，聚合度会降低。	[19,20]
马来酸酯和马来酸酰胺 3.5	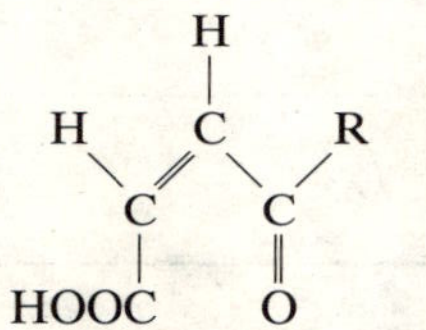 $R=O(CH_2)_{17}CH_3$ $R=NH(CH_2)_{17}CH_3$	马来酸十八酯和富马酸十八酯互为顺-反异构体。研究了在单分子膜和多层膜中这对顺-反异构体的光聚合。	[21]

（续表）

成膜单体化合物	分子式	研究要点	参考文献
富马酸和富马酸酰胺 3.6	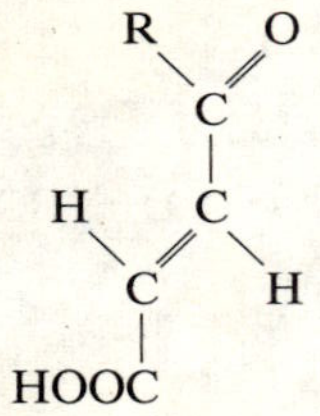 R = $O(CH_2)_{17}CH_3$ R = $NH(CH_2)_{17}CH_3$	在富马酸十八酯镉盐 LB 膜紫外光照射聚合时，开头的 10 层有近似的六方形排列，其烷基链垂直于基片。在膜较厚时会发生重排，变为单斜结构。	[22]
丙烯酸酯 Diacrylic ester 3.7	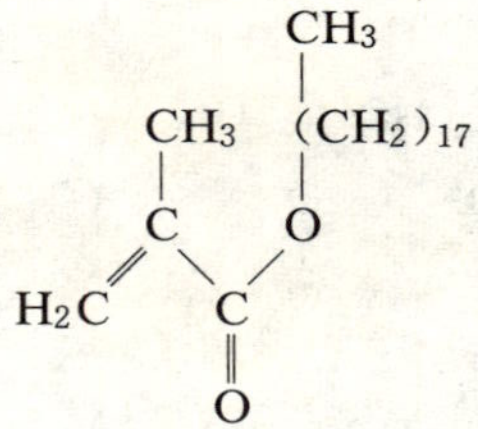	单分子膜在光照下聚合，由于有两个双键，所得聚合物可以是交联的，在凝胶点前后表面粘度会有很大的变化。	[23]
两性的四烷基胺两亲物 Zwitterionic tetraalkylammonium amphiphile 3.8	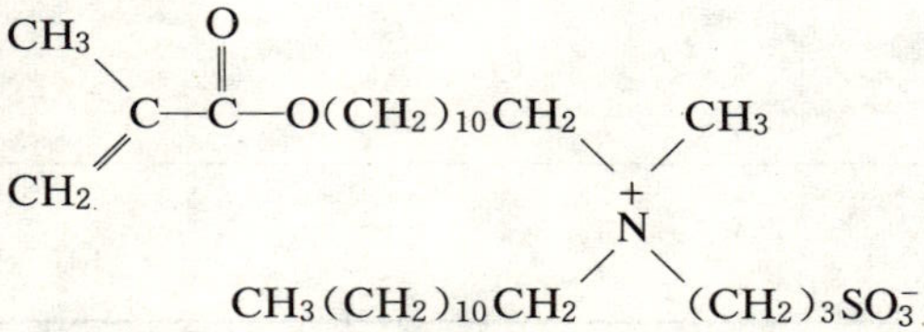	在水面上能形成稳定的单分子膜，聚合能使单分子膜更稳定，亲水的磺酸基表面比在空气中更稳定，磺酸基表面与血液有非常好的相容性，可排斥血小板。	[24]

（续表）

成膜单体化合物	分子式	研究要点	参考文献
ω-二十三烯酸（TCA） 3.9	$H_2C{=}C{-}(CH_2)_{20}{-}COOH$	在电子束作用下发生固态聚合，形成交联结构。因为双键是在分子的疏水端，聚合对分子亲水端的键合影响极小。其LB膜也能在X射线和电子束作用下发生聚合。Barraud用电子束聚合30层的LB膜得到了精度达60 nm的负刻蚀图纹。	[25,26]
十七碳烯酸 3.10	$CH_2{=}CH{-}(CH_2)_{14}{-}COOH$	UV光能引起它的单分子膜的聚合。在UV光的引发阶段以后，反应动力学为零级反应，反应速率随表面压的增加而增大。	[27]
Trans-4-octadecanoxy-cinnamic acid 3.11	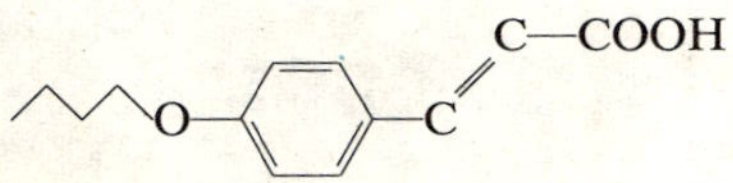	尽管它在水面上能形成稳定的单分子膜，但却不能把多层膜沉积到基片上。在单分子膜上的反应是形成了环状的二聚体，可见在单分子膜中的分子具有非常有序的排列，才能发生这样的“晶格控制”的反应。 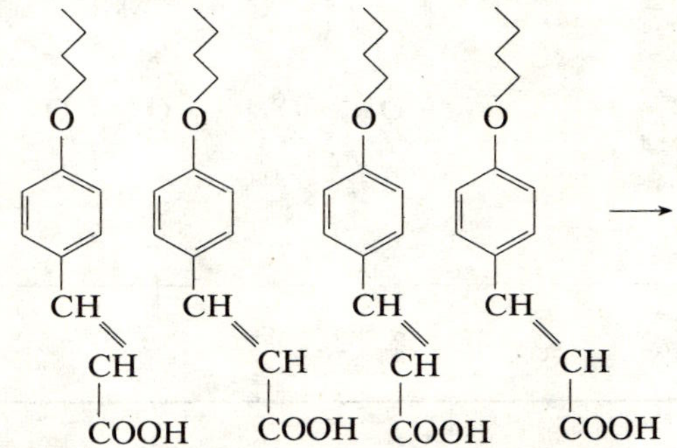	[28]

（续表）

成膜单体化合物	分子式	研究要点	参考文献
		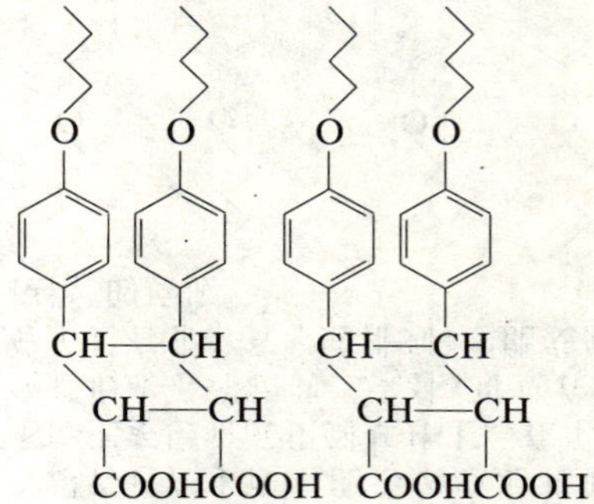	
Amphiphiles containing cinnamic acid moieties（$CinN^+$） 3.12	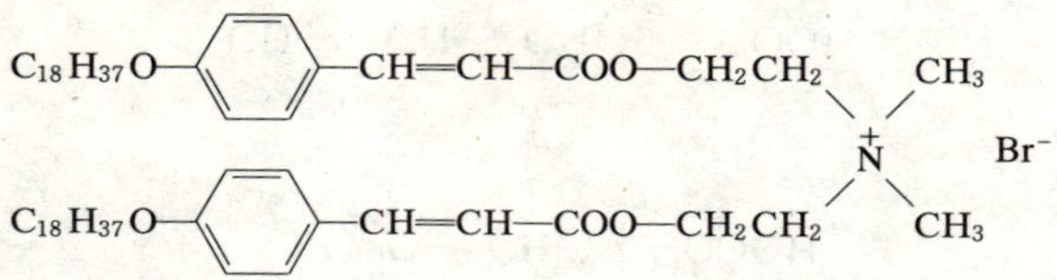	这个双链的两亲性化合物可能发生分子内和分子间的光化学反应。前者的产物与单链的化合物一样是二聚体，后者则会形成聚合物。与硬脂酸的混合单分子膜能沉积在基片上辐照聚合。	[29]
全顺式十八碳四烯酸 3.13	$C_2H_5 \leftarrow\!(CH=CH)\!\rightarrow (CH_2)_3-COOH$	研究了它与硬脂酸混合 LB 膜的聚合，发现聚合区域的大小与混合膜中十八碳四烯酸的浓度有关，如果浓度过大，光化学反应导致分子取向的很大改变，膜的层状结构不复存在，膜厚也会发生变化。	[30]

（续表）

成膜单体化合物	分子式	研究要点	参考文献
二烯类化合物 Amphiphilic Dienes 3.14	$CH_3\text{-}(CH_2)_n\text{-}CH=CH-CH=CH-COOH$ $CH_3\text{-}(CH_2)_n\text{-}CH=CH-CH=CH-CHO$ $CH_3\text{-}(CH_2)_n\text{-}CH=CH-CH=CH-CH_2OH$ $n=12, 16$	只有醇和酸才能沉积成 LB 膜，并在光照下迅速聚合。聚合会分两步进行，首先在可见光照射下产生可溶性的聚合物，然后在 UV 辐照下发生交联得到不溶性的聚合物。聚合会产生缺陷和破坏有序结构。	[31]
2-eicosenoic acid 3.15	$CH_3-(CH_2)_{16}-CH=CH-COOH$	聚合过程中，在单体和聚合物组成的基体中会发生相转变。在聚合的最后阶段由于单体分子的迁移和它们在聚合物基体中的微畴生成会发生相分离，表明分子在层内有比想象中高得多的活动性。	[32]
Octadecylacrylamide 3.16	$CH_3-(CH_2)_{17}-NH-CO-CH=CH_2$	能在光和辐照下发生聚合，但聚合过程中没有相转变，侧链保护了分子的取向。可用作负性刻蚀剂。	[33]
Octadecylfumarate (ODF) Octadecylmaleate (ODM) 3.17	$CH_3-(CH_2)_{17}-OCOCH=CHCOOH$	ODF 和 ODM 互为异构体，因此用它们来研究双键构型对聚合的影响。聚合过程中 LB 膜中的顺式异构体分子发生完全改组，脂族长链沿表面的法线方向排列。ODF 和 ODM 得到的聚合物用红外光谱分辨不出异同。	[34]
ω-octadecenylfumarate 3.18	$CH_2=CH-(CH_2)_{16}-O-CO-CH=CH$ $-COO^-(Cd^{2+})_{1/2}$	不同波长的紫外光会导致不同的聚合方式，因为双键在链端的 ω 位置，相邻层间也会发生反应。	[35]

（续表）

成膜单体化合物	分子式	研究要点	参考文献
2,4-docosylpentadienoate 3.19	$CH_3—(CH_2)_{21}—O—CO—CH=CH—CH=CH_2$	二烯类化合物的聚合也是分两步：在 λ = 250 nm 紫外光照射下 $C_3=C_4$ 先发生反应，速率很快且反应完全；然后，在 λ = 210 nm 紫外光照射下发生第二阶段的反应，较慢，转化率不超过 80%。因为 $C_3=C_4$ 和 $C_1=C_2$ 在膜中位置不同。	[36]
ω-tricosenyl-penta-2,4-di-enoate 3.20	$CH_2=CH—(CH_2)_{21}—O—CO—CH=CH—CH=CH_2$	这里有了第三个双键，聚合可以分为三个阶段。尽管烯键在层间界面处链端的 ω 位置，聚合仍然有一定困难。	[37]
Hydrocarbon derivatives of muconic acid 3.21	$CH_3—(CH_2)_{16}CH_2—O—CO—CH=CH—CH=CH—COOH$	聚合转化率可达 100 %。聚合的 LB 膜非常稳定，能覆盖聚丙烯薄膜上直径 0.2 μm 的小孔。	[38,39]
2,4-octadecadienoic acid 3.22	$CH_3—(CH_2)_{12}—CH=CH—CH=CH—COOH$	沉积表面压 π_{tr} 对聚合速率有影响：π_{tr} = 5 mN/m 比 π_{tr} = 15 mN/m 时的聚合速率高。如果在 π_{tr} = 30 mN/m 沉积，聚合最慢。	[40]
β-parinaric acid 3.23	trans—$C_2H_5(CH=CH)_4(CH_2)_7—COOH$	纯 β-parinaric acid 不能形成层状结构，若与花生酸混合，随花生酸浓度增加，其 LB 膜的有序程度增加，但聚合仍然会破坏 LB 膜的有序性。	[41]

（续表）

成膜单体化合物	分子式	研究要点	参考文献
不同链长的 *N* - alkylacrylamide 3.24	$CH_2{=}CH{-}CO{-}NH{-}(CH_2)_{n-1}{-}CH_3$ n = 12(DDA), 14(TDA), 16(HDA), 18(ODA), 20(ICA)	ICA 和 ODA 能形成稳定的单分子膜以及沉积成 LB 膜，紫外光照下发生聚合。聚合符合一级反应规律。分子在 LB 膜中的活动性限制 ICA 的聚合速率。不同沉积表面压得到的 ODA LB 膜聚合速率不同，较高沉积膜压的聚合速率较慢。	[42,43]
Sodium 1,2 - bis [[[16 -(acryloyloxy) hexadecyl]oxy]carbonyl] ethane - 1 - sulfonate 3.25	$CH_2{-}CO{-}O{-}(CH^2)_{16}{-}O{-}CO{-}CH{=}CH_2$ $Na^+SO_3^-{-}CH_2{-}CO{-}O{-}(CH^2)_{16}{-}O{-}CO{-}CH{=}CH_2$	这个具有两个可发生聚合烷烃链的新一类化合物在 35 mN/m 表面压下沉积在聚苯乙烯膜上，形成双层层状膜结构，发生聚合后这种结构仍然保持，具有很好的血液相容性。	[44]
Amphiphilic pyrrole derivatives 3.26	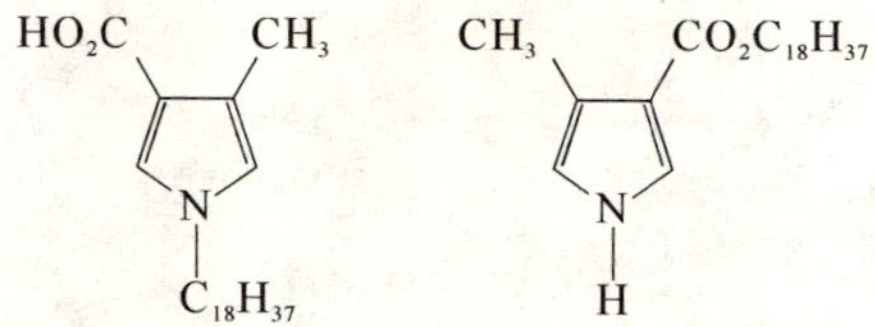	能发生电化学聚合，得到各向异性的导电聚合物 LB 膜。因为烷烃长链是很好的绝缘层，与导电层交替排布。	[45]
Octadecyl fumarate 3.27	$CH_3{-}(CH_2)_{17}{-}OOC{-}CH{=}CHCOOH$ 反式	其镉盐能形成稳定的单分子膜和沉积成 LB 膜，在紫外光照下发生聚合反应。聚合过程中单体与聚合物的侧链构成了固体溶液。在约 40% 转化率时发生从单体到聚合物的相转变。聚合反应发生在同一层内，与近邻层无关。	[46]

（续表）

成膜单体化合物	分子式	研究要点	参考文献
Polymerizable lipids containing a hydrophilic spacer group between the reactive group and the main amphiphilic structure 3.28	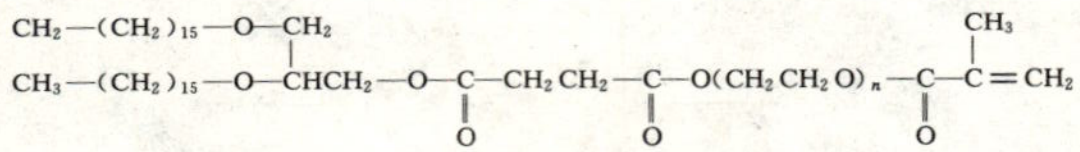	由于使用了间隔基，聚合物链与两亲性侧基运动的去耦作用非常有效，避免了由聚合导致的重要流体相的消失。带间隔基的脂质体的聚合单分子膜，无论是在单分子膜上聚合的，还是由已聚合的脂质体铺展而得，都显示有近乎理想的表面压-面积曲线。最为显著的是，聚合了的带间隔基的脂质体自组装成为聚合的脂质体表明，聚合物主链和形成两亲性侧基的薄膜之间退耦作用是成功的。此外，带间隔基的脂质体能够来组建 LB 多层膜。	[47]
Allyl and diallyl vesicle-forming quaternary ammonium salts 3.29	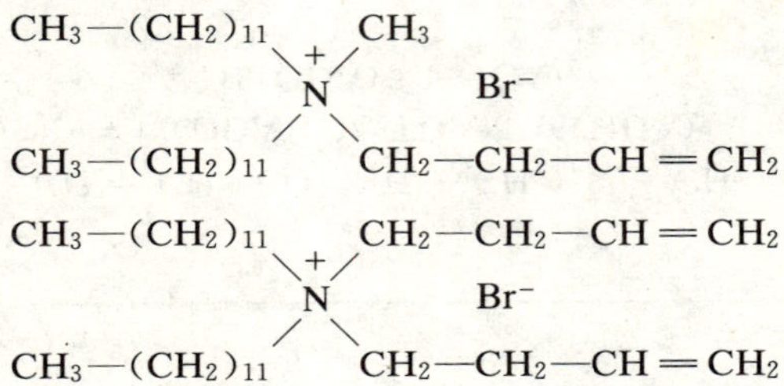	该单体的囊泡用 γ-射线聚合。由于单烯丙基和双烯丙基取代的单体的聚合机理不同，它们的聚合速率也不同。只有双烯丙基取代的单体聚合得的聚合物囊泡仍然保留有单体囊泡的结构，并且比较稳定。	[48]

（续表）

成膜单体化合物	分 子 式	研 究 要 点	参考文献
n - hexadecyl 11 - (4 - Vinylbenzamide) undecyl Hydrogen Phosphate and from mixtures of Dioctadecyldi-methylammonium Bromide and n - hexadecyl 11 - (4 - Vinylbenzamide) undecyl Hydrogen Phosphate 3.30	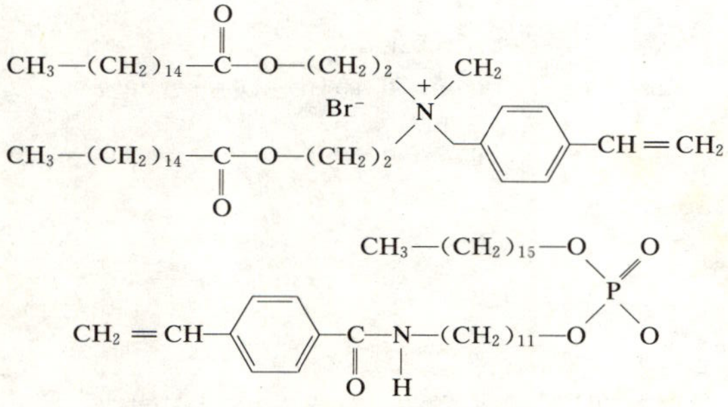	用 450 W 氙灯聚合。中性化离子对和带电片段在由带正负电表面活性剂混合物制备的光聚合囊泡中的不平衡分布是本实验中最有意义的结果。囊泡基质中有相转变发生，其微区提供了释放囊泡中物质的机理。光聚合动力学机理以及气相渗透压测定表明光聚合的程度很小。	[49]
Monoacryl and diacryl double-chain ammonium amphiphiles 3.31	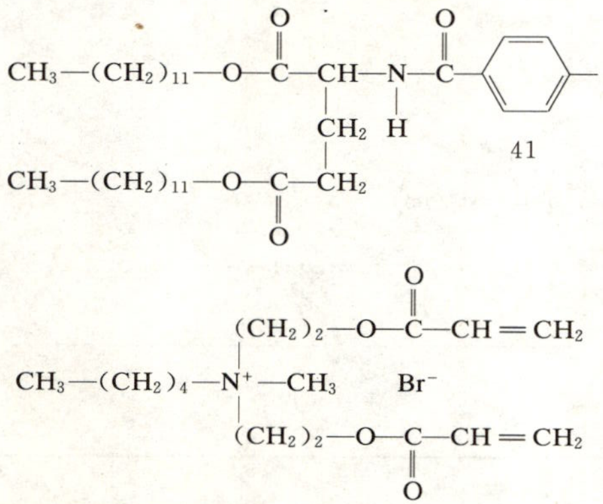 41	分散在水中没有聚合的双分子层在紫外光辐照下发生聚合。电镜观察聚合后双分子层的形貌比聚合前的有序程度变差了，但聚集数目并没有很大的变化。在有机溶剂中聚合物的分子量达好几百万。	[50]

（续表）

成膜单体化合物	分子式	研究要点	参考文献
Choline methacrylate dihexadecyl phosphate 3.32	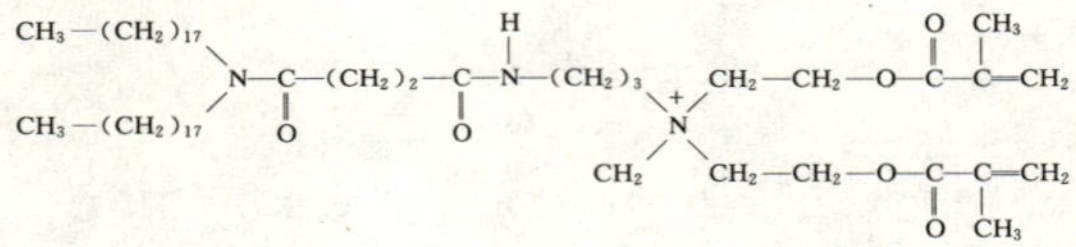	能形成直径为 90 nm 的小囊泡，lipid 相变为 37 ℃。囊泡受 209 nm 射线辐照很容易聚合。没有聚合和聚合的囊泡都能很好的诱陷葡萄糖。	[51]
1,2－dioctadecadienoyl－3－phosphatidylcholine（DODPC）， 3.33	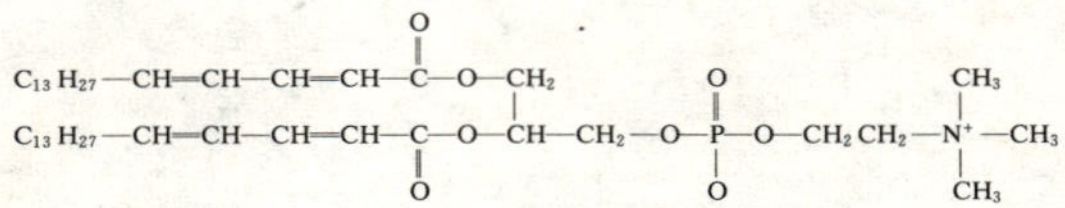	紫外辐射聚合。也可用水溶性的 azobis(isobutyronitrile)（AIBN）和 azobis(2－amidinopropane) dihydrochloride（AAPD）自由基引发剂引发聚合。DODPC 脂质体只要 UV 辐射 3 h 就完全聚合了。与此相反，用 AIBN 或 AAPD 引发剂的只能聚合到 50%～60%（60℃），但若同时使用 AIBN 和 AAPD 能达到完全聚合，其聚合脂质体也更为稳定。	[52]
Dienoyl Lipids 3.34	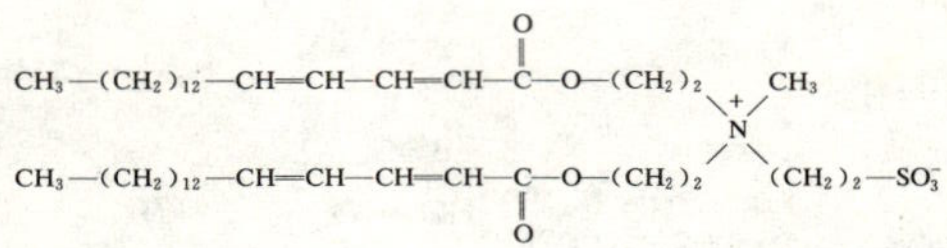	不对称的 dienoyl 碳酸酯没有证据表明有双层导致的聚集，而对称的 dimethyldialkylammonium 卤化物有利于生色团的聚集，表现出明显的蓝移。上述结果表明使用 dienoyl 脂质作为脂质体长链在囊泡中排堆的探针是很有用的。	[53]
Dioctadecyldimethylammonium methacrylate（DODAM） 3.35	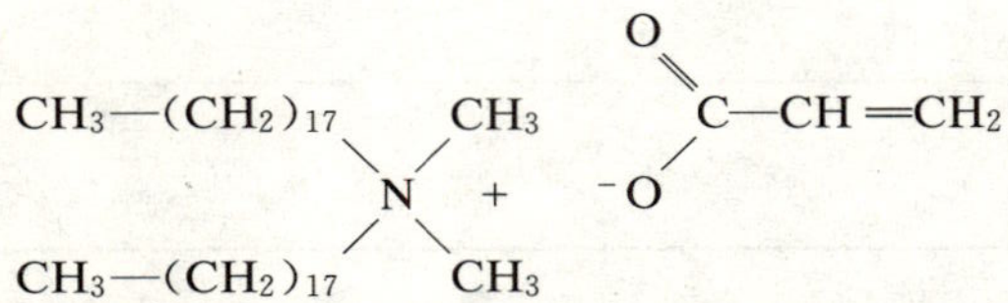	在 30℃ 和 60℃，$\lambda = 254$ nm 紫外光辐照下能发生光聚合，形成包裹聚合物的囊泡，并保持着相转变行为。	[54]

(续表)

成膜单体化合物	分子式	研究要点	参考文献
11 - pyrrolylundecanoic acid (PUA) 3.36	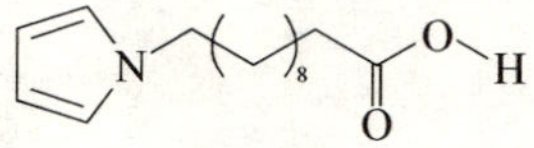	从 PUA 不能制备得到导电的聚合物 LB 膜，但把 PUA 与噻吩在水-空气界面上共聚得到的噻吩-PUA 共聚物能制备得有序的导电 Y -型 LB 膜。具体是把噻吩和 PUA 不同比率的氯仿溶液铺展在含有 $FeCl_3$ 的亚相上，最佳条件是温度 17℃，pH 5.3，表面压 40 mN/m^2，噻吩/PUA 摩尔比为 10∶1。噻吩- PUA 共聚物 LB 膜非常平整，电导达 7.15×10^{-5}S/cm。	[55]
n - 4 - cyano - 4 - biphenyl oxy-undecanyl vinyl ether CN - *n* - M 3.37	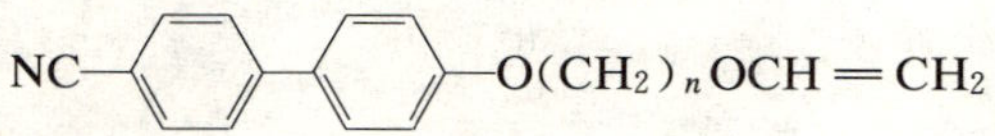	具有较长分子链的单分子膜相比较短的有更好的稳定性。他们的外推极限面积都较小。不同组分 CN - 11 - M 和 PAAS 混合单分子膜平均分子面积与理想行为的正偏差，以及混合自由能为负值都表明混合单分子膜是互溶的。与 PAAS 的混合物很容易在 UV 辐照下在水-空气界面处发生聚合，为二维聚合中常见的一级反应。由不同温度反应的 Arrhenius 作图求得的表观活化能为 27.8 kJ/mol。用简单的反应模型计算了聚合反应过程中面积的变化，在反应的早期面积增大表明发生了相分离，而在反应后期发生的面积收缩是因为在 UV 辐照过程中 PAAS 分子链和液晶的分裂。	[56]

（续表）

成膜单体化合物	分子式	研究要点	参考文献
Cysteinyl peptidolipid C_{18}-Cys-Gly-Cys-NH_2 和 control peptidolipid C_{18}-Ser-Gly-Ser-OH 3.38	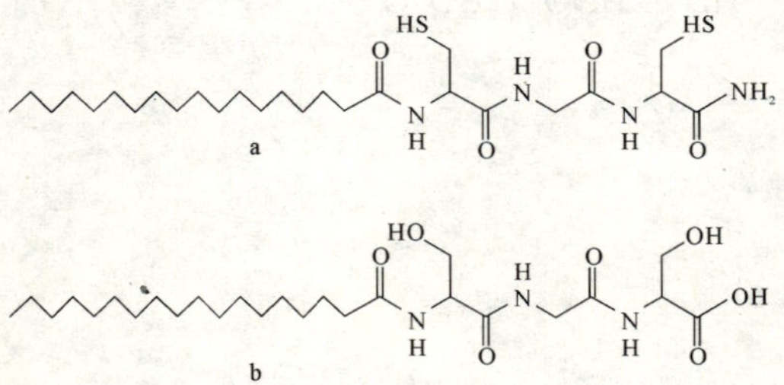	比较了 cysteinyl peptidolipid 在纯水（pH 5.8）亚相上和在用氧饱和的纯水亚相以及用 ammonium bicarbonate 缓冲的水相（pH 7.8）上的 $\pi-A$ 曲线，其中在用氧饱和的纯水亚相上的极限面积有所缩小。也观察到压缩和解压缩循环中滞后圈。考虑到 peptidolipid 的化学结构，有理由认为 peptidolipid 的自由巯基被碱性亚相中的氧所氧化形成在-水界面上分子间的二硫化合物键。peptidolipid 单分子膜和 LB 膜的表面形貌给出了 cysteinyl peptidolipid 在空气-水界面上的聚合的明显证据，LB 膜 XPS 光电子能谱也显示了二硫化合物键的存在。	[57]
乙胺基反式油酸胺（AEEAm） 3.39	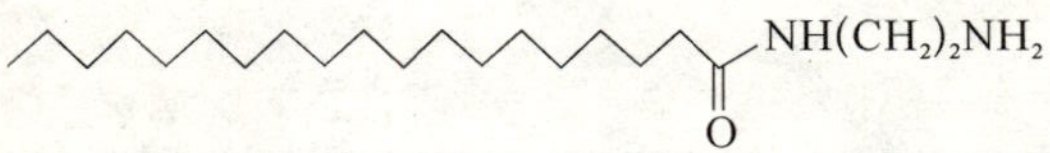	用扫描力显微镜（SFM）研究了双键在链中间的 AEEAm 单分子膜和 LB 膜的光聚合，观察到了单分子膜上具有纳米纤维结构的结晶聚合物和 LB 膜中非结晶的聚合物图像，说明 AEEAm 膜在不同的排列条件下能发生不同的聚合，而且光聚合的同时导致了分子排列的改变，不能完全满足光聚合所要求的立体结构，导致了聚合反应的不完全。	[58]

（续表）

成膜单体化合物	分子式	研究要点	参考文献
双键在极性头基部分的4-十八烷基肉桂酸(OCA) 3.40	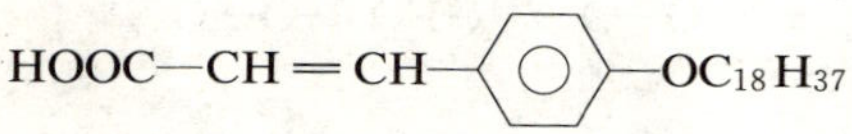	研究了浓度对分子成膜性能的影响，认为较稀的溶液能有效地降低分子的聚集。发现 OCA 分子在紫外光照射下的二聚是二级反应，LB 膜提供的有序层状结构为顺式头-头二聚反应提供了良好的环境。X-射线衍射证明反应产物仍具有相同的层间距，说明二聚反应并未改变 LB 膜的有序结构，反应在各层之间进行。	[59]
末端含有二烯基团的类脂 3.41	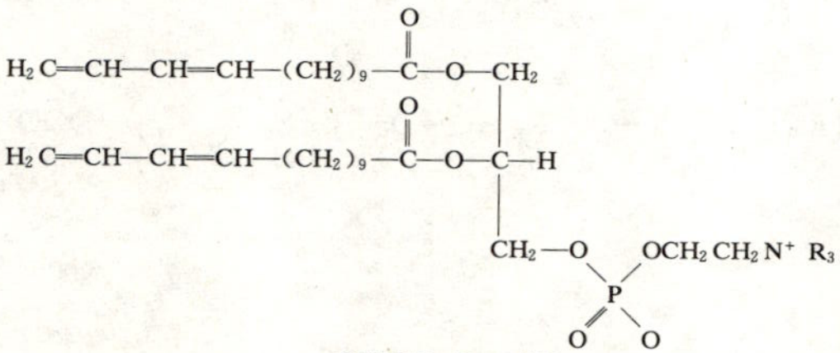 DTDPC R = CH_3 DIDPE R = H	研究了末端含有二烯基团的类脂聚集体的光化学行为，发现它们的光异构和光聚合现象与类脂膜所处环境(湿度、温度等)密切相关。光聚合使得原有烷基链的晶状排列被破坏，形成排列有序的聚合物多层膜。	[60]

(续表)

成膜单体化合物	分子式	研究要点	参考文献
含长链的二烯化合物 3.42	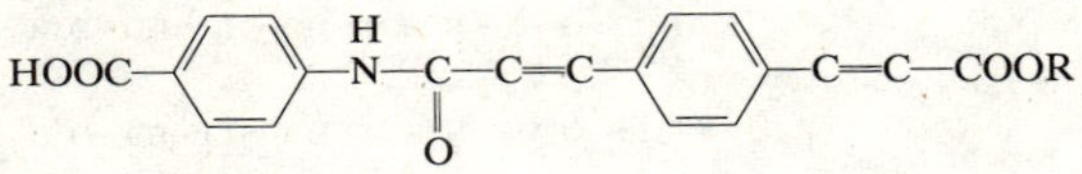 $R = C_{18}H_{37}$	研究了含长链的二烯化合物在 LB 膜中的光聚合,红外光谱发现在聚合过程中伴随着酰胺基团之间氢键的破坏和碳链的扭曲。发现聚合动力学和分子所处的环境如分子的堆积、排列和相互作用等密切相关。	[61]
二元蒽取代物 (bolaamphiphile) 3.43	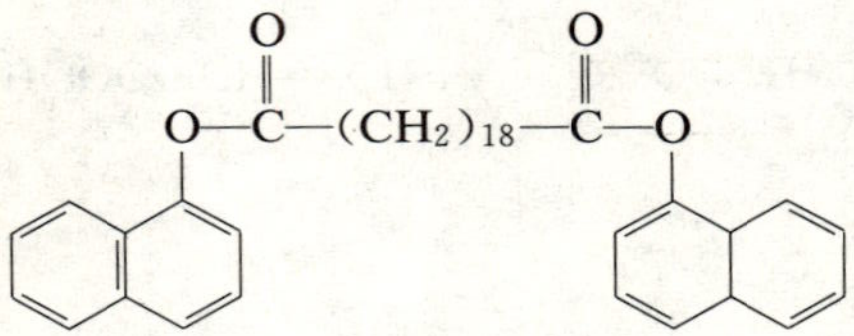 C20BNp	二元蒽取代物(bolaamphiphile)具有独特分子构型,在 LB 膜上发生光聚合反应。结果表明此类分子在单分子膜上采取竖直排列,随表面压增大在界面上聚集为三维晶体,J 和 H 聚集体并存(相对含量与表面压有关),研究表明:在空气中主要为光氧化产物;在充氮气条件下,H 聚体优先光聚合,余下 J 聚体。因此光聚合反应与分子在 LB 膜上的排列方式有关。	[62]

需要指出的是带上双炔结构，不但使一般成膜化合物具有紧密的堆砌和良好的聚合反应性，而且也能在生物膜模拟中形成双分子层或脂质体。Ringsdorf 制备了一系列含有双炔单元的可聚合的脂质单体，铺展在水面上聚合，得到有序结构和具有自组织功能的类生物膜[15]。

我们也合成了不同链长和不同炔基位置的长链双炔酸，并详细研究了它们的聚合反应，以及聚合过程中的分子排列等，将在第 6 章中加以介绍。

3.2.3 带环氧基的长链两亲性化合物

成膜有机化合物中聚合基团不能太大，因此除了带双键或炔键的长链化合物单体外，剩下的就是体积不大的环氧基了，并且带环氧基的化合物在聚合时体积变化相对较小。即使如此，带环氧基的长链两亲性化合物铺展单分子膜和制备 LB 膜的工作也并不多。它们的分子不但要足够长，而且，正如在前面刚讲过的，这里还要注意环氧基在长链中的位置。在纯水亚相上能成膜的带端基环氧的 3.2 的分子占有面积为 0.27 nm^2，比通常的长链脂肪酸分子的 0.21 nm^2 大，原因就在于这个环氧基正好处在长链脂肪酸的端基上。

3.3 非两亲性单体

LB 膜技术对成膜有机化合物两亲性的要求，给选用成膜有机化合物带来了极大的限制。有许多有机化合物本身具有非常好的物理力学性能(电学、光学乃至非线性光学性能等)，但由于其分子不同时具有亲水和疏水基团，不能用 LB 膜技术来制备它们的超薄膜。人们一直在探究如何在 LB 膜的制备中利用非两亲性有机化合物分子，经过多年的努力，终于得到了可喜的结果，现在知道的方法有前驱物法、夹持法和直接利用非两亲性单体的一些特殊性质来成膜的方法，介绍如下。

3.3.1 前驱物(prosecor) 法成膜

前驱物法是专为 LB 膜技术所必需的成膜化合物两亲性而创立

的成功方法。它首先通过一定的化学反应在成膜化合物接上有关基团，使得原本没有两亲性的成膜化合物变成为两亲性化合物，再利用传统的LB膜技术铺展成单分子膜和沉积成LB膜。成膜后，通过另外的化学反应，把接上的有关基团除掉，恢复原先的成膜化合物的本性。

制备聚酰亚胺LB膜是前驱物法最成功的典例。聚酰亚胺是一类物理力学性能，尤其是电学性能特佳的高性能聚合物。聚酰亚胺薄膜广泛用于电子学中的高温绝缘材料、电子束光刻和气体分离的高选择分离膜等。像低驱动电压、高集成度的MIS装置、分子-电子装置中的存储元件都需要超薄的聚酰亚胺膜。LB技术是制备超薄膜的有效方法之一，但是并不具备两亲性的聚酰亚胺不能用传统的LB技术来制得它们的LB膜，因为聚酰亚胺的起始化合物聚酰胺酸不能在水面上铺展、形成规则排列的单分子膜。

Kakimoto[63]发展的前驱物法，通过加接有机长链胺，变非两亲性的聚酰胺酸为两亲性的聚酰胺酸盐，成功制备了聚酰亚胺的LB膜。具体步骤是：先把聚酰胺酸用16个碳的长链胺来络合，形成具有两亲性的聚酰胺酸胺盐，即所谓的前驱物，再用LB技术把聚酰胺酸胺盐稀溶液在水面上铺展成单分子膜，通过传统的垂直法把聚酰胺酸胺盐单分子膜沉积到玻璃基片上，形成聚酰胺酸胺盐的LB膜。通过与化学试剂反应或加热，聚酰胺酸胺盐LB膜发生亚胺化反应，并在亚胺化的同时把络合上去的长链胺脱掉，“还原”为聚酰亚胺，从而制得真正的聚酰亚胺LB膜。稍后，Uekita[64]也报道了另一种前驱物法，即利用聚酰胺酸脂肪醇制备聚酰亚胺LB膜的方法，它首先是长链烷基醇与二酸酐反应得到带有二个羧基的二酯，经磺酰氯酰氯化为二酯基二酰氯，再与二胺聚合得到两亲性预聚物聚酰胺酸二酯，沉积成LB膜后，在加热条件下进行亚胺化。由于聚酰亚胺本身的优良物理力学性能，及其化学结构的多样性，聚酰亚胺LB膜一直是聚合物超薄膜制备和研究者关注的热点之一（详见第5章）。

许多像聚酰亚胺一样的高性能聚合物，都可以借助前驱物法来制备它们的LB膜，譬如，Poly(p－phenylenevinylene)s (PPVs)（聚对苯乙炔）是具有共轭主链的聚合物，有很好的光电性能，但一般PPV的不溶性使得不能用通常的LB技术来成膜。这时可把PPVs用带有sulfonium-leaving group（脱锍基团）的水溶性前驱物（聚电解质），或带有methoxy-leaving group（脱甲基基团）的氯仿可溶的前驱物作热处理，用类皂（对）离子，或用双层形成的 amphiphile(两亲物)来取代氯(对)离子,水溶性前驱物就能用于 LB 膜技术。当然,对氯仿可溶的前驱物也一样。

作为例子,图 3.4 是 Nishikata 的方法[65]:

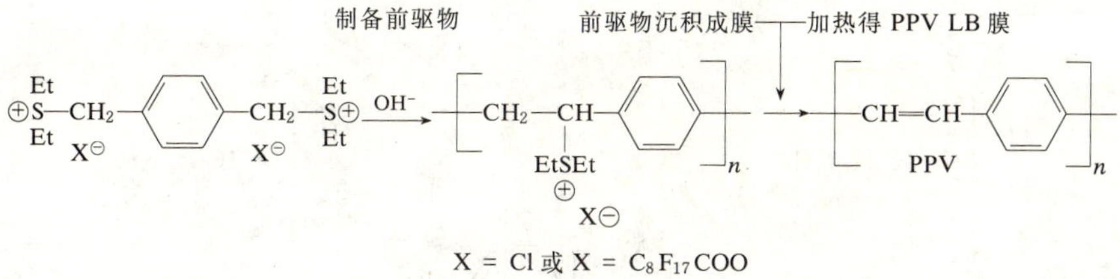

图 3.4 制备具有共轭主链的 PPV 聚合物 LB 膜的前驱物法

Hagting 等用二甲氧基取代的前驱物 poly(p -phenylenevinylene)(prec-DMePPV)制备了二甲氧基- PPV 的 LB 膜[66,67]。由于主链中共轭部分间疏水的分子内和分子间的相互作用,prec-DMePPV 单分子膜可以看成是一个二维的物理网络,并因为沉积过程中网络的被拉伸,在沉积方向上产生取向。

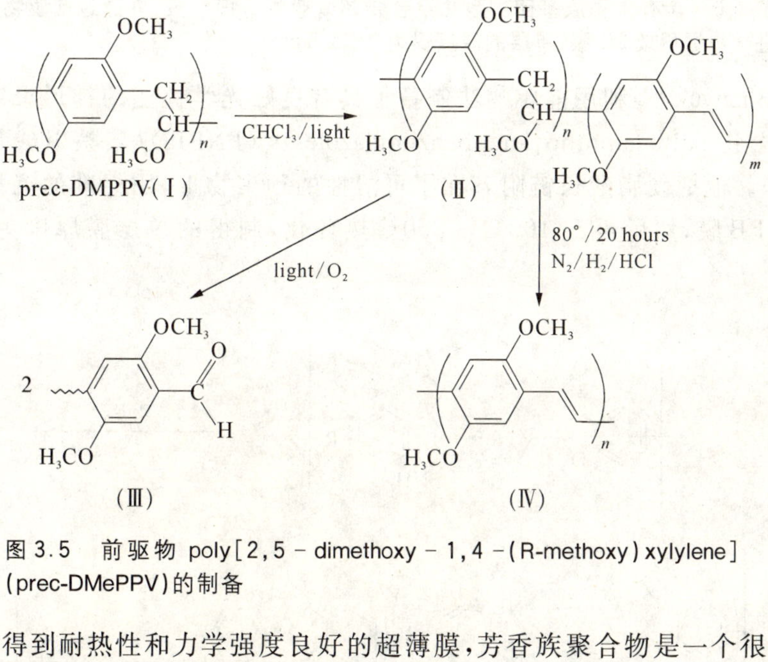

图 3.5 前驱物 poly[2,5 - dimethoxy - 1,4 -(R-methoxy)xylylene](prec-DMePPV)的制备

为得到耐热性和力学强度良好的超薄膜,芳香族聚合物是一个很好的选择。把对二苯甲醛戊二丑胺与苯胺化合物来反应,再通过与长链胺组成前驱物,铺展在水面上形成单分子膜[68],沉积成 LB 膜。单层的厚度仅为 2～3.5 nm,是耐热性和耐溶剂性都好的聚合物超薄膜(图 3.6)。

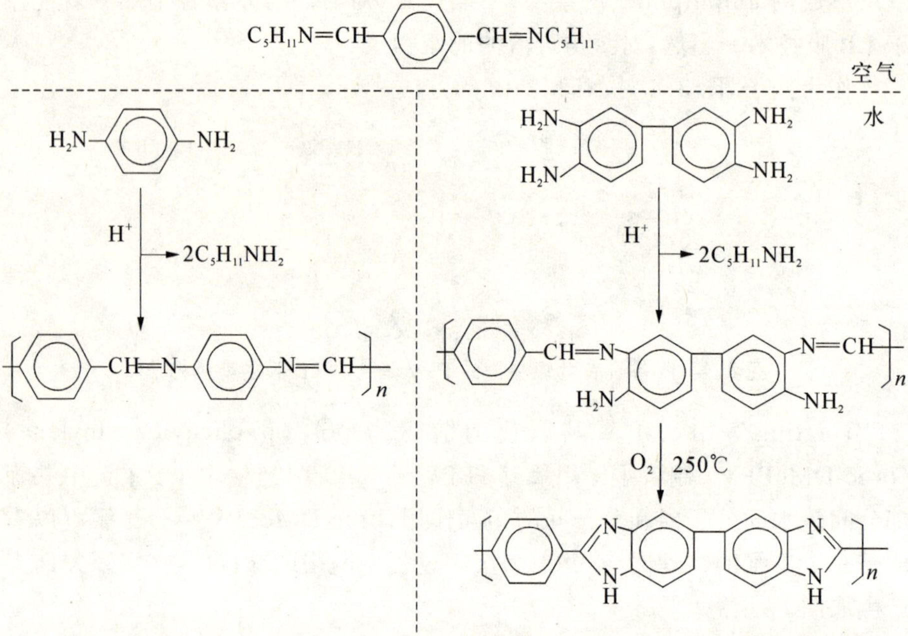

图 3.6　含有芳香族基团的耐热聚合物超薄膜的界面缩聚，并通过前驱物法进一步沉积成 LB 膜，单层的厚度仅为 2～3.5 nm

Bliznyuk[69]利用前驱物法制备了具有良好光学性能的梯形聚杂亚芳基聚合物 poly(naphthoylene benzimidazoles)s (PNBIS)(聚萘甲酸基苯甲亚胺)。他把硬脂酸长链附着在了可溶性的预聚物上，用标准的沉积技术制备 LB 膜，然后再在 100℃～350℃热环化，制得的单层膜厚度为 4 nm (图 3.7)。

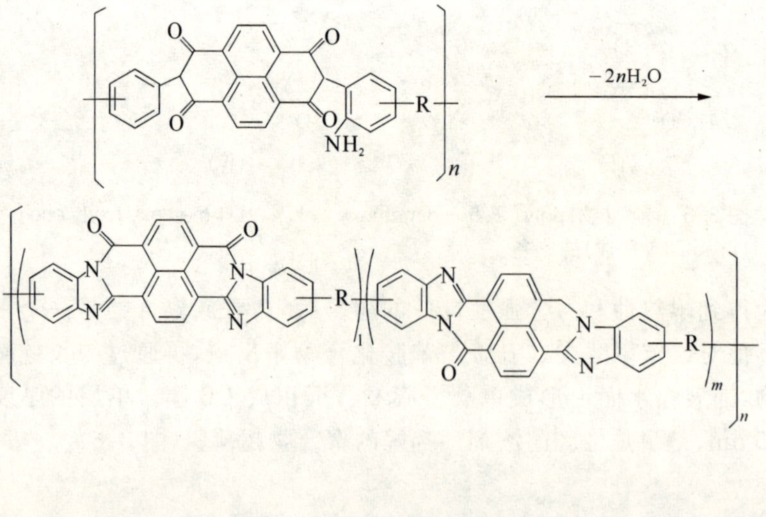

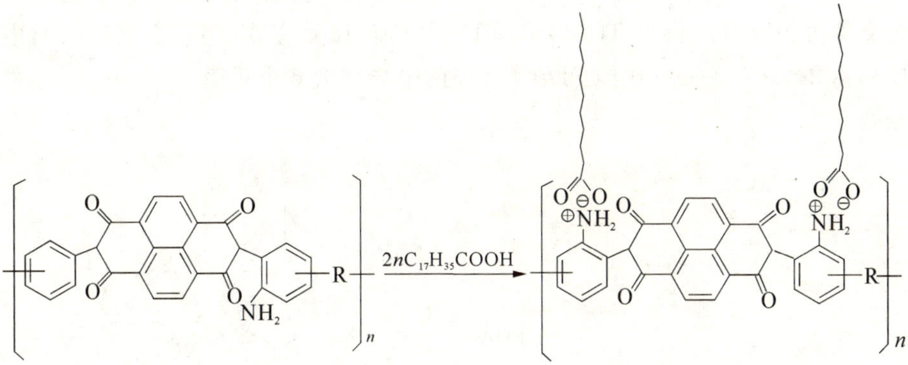

图 3.7 前驱物法制备具有良好光学性能的梯形聚杂亚芳基聚合物 PNBI

3.3.2 传统两亲性化合物夹持法

对于非两亲性有机化合物，也可以添加传统的两亲性成膜化合物，如硬脂酸和花生酸等长链脂肪酸，或聚甲基丙烯酸异丁酯等两亲性聚合物作为辅助制膜材料，借助两亲性分子强有力的成膜性能把非两亲性成膜分子夹持而竖立起来，制成非两亲性分子的包埋单分子膜和 LB 膜。譬如，C_{60}是60 个碳原子组成的具有 32 个面的笼状分子，有很高的分子对称性。C_{60}分子的特殊结构及随后发现的一系列优良的物理化学性能引起了科学界的极大关注。很多科学家都想用 LB 技术把它制成超薄膜。当然，可以利用 C_{60}的反应性，把带亲水基团的长链连到 C_{60}上，形成能成膜的两亲性 C_{60}衍生物。但更为简单的办法就是把 C_{60}与硬脂酸或花生酸混合铺膜，利用长链脂肪酸良好的成膜性，把 C_{60}强行夹持成膜（详见第 2 章第 2.6 节）。

聚(3–烷基噻吩)

3.44

由于噻吩基团只有很弱的亲水性，聚（3 -烷基噻吩）(3.44)铺展在水面上不能形成单分子膜，而是聚集成高分子的“岛”。把硬脂酸与聚（3 -烷基噻吩）混合，混合物就能形成很好的单分子膜。以重复单元计，混合膜中聚（3 -烷基噻吩）的含量可高达 80%。混合膜中取代烷基像硬脂酸一样垂直于膜平面，而聚噻吩主链则无规分布在硬脂酸单分子膜中。

Minakata[70]用传统的长链双炔酸 $CH_3—(CH_2)_{11}—C≡C—C≡C—(CH_2)_6—COOH$(PDA)把电荷转移络合物 TCNQ 和 TTF 夹持在 PDA 层间，形成交替的电荷转移复合物薄膜。把 1∶1 的 TCNQ 或 TTF 与 PDA 混合物铺展在 0.5 mmol $CdCl_2$亚相上，从 $\pi-A$ 曲线外推求得的分子占有面积可知，TCNQ 或 TTF 都被挤在 PDA 分子的端头，形成双层结构(图3.8)，这样通过交替沉积就可以得到 TCNQ 和 TTF 电荷转移复合物薄膜，没有掺杂时电导率达 2×10^{-2}S/cm，比纯 PDA LB 膜的电导率大 6 个量级。

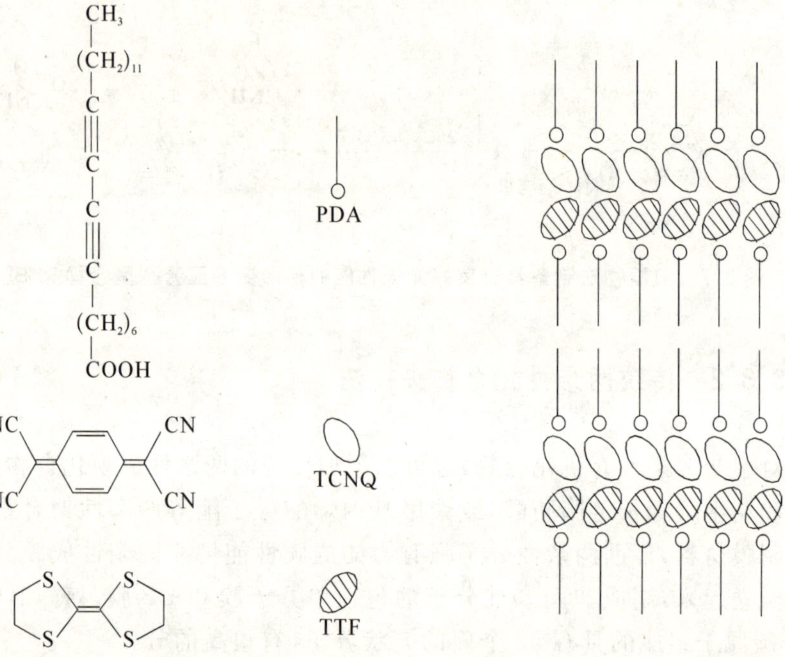

图 3.8 把电荷转移络合物 TCNQ 和 TTF 夹持在 PDA 层间，形成的交替电荷转移复合物薄膜

3.3.3 直接利用非两亲性单体的一些特殊性质来成膜

端头不具有亲水和疏水基团的双(对甲苯磺酸)-2,4-己二炔-1,6-二醇酯(TS,3.45)是一个对称分子，结构式为

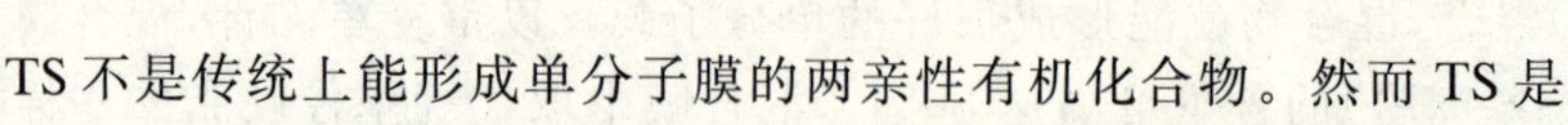

3.45

TS 不是传统上能形成单分子膜的两亲性有机化合物。然而 TS 是一个非常容易结晶的化合物，它的宏观单晶体就是由溶剂蒸发法制得的。在做 TS 的透射电镜观察时，其电镜试样 TS 薄晶片也是在水面上由它的甲苯溶液挥发而得到的[71]，说明 TS 分子在水面上有自动排列整齐的倾向。如果当 TS 分子在水面上结晶排列时，再外加上一定的膜压，TS 分子在水面上的定向排列完全是可能的。

浓度为 4.2 g/mL 的 TS 甲苯稀溶液滴铺在纯水表面，按常规的 LB 技术等待溶剂挥发和膜障压缩，测得 TS 铺展膜（这里不能叫 TS 单分子膜）的 π - A 曲线，如图 3.9 所示。当然，由于 TS 不是典型的两亲性化合物，TS 铺展膜决不是均匀的。好在 TS 极易聚合，在紫外光照射下马上就能发生聚合而从无色变成深蓝色，因此，通过肉眼就可以看到 TS 在水面上的分布情况。实验表明，TS 铺展膜在水面上总的来说是均匀的，紫外光照射后的 TS 铺展膜呈现一片均匀的深蓝色，但也能观察到几处颜色更深的“小岛”镶嵌在这总体均匀的深蓝色铺展膜中。通过对滴加的 TS 量、TS 所占面积与水槽水面面积的简单计算可知，TS 铺展膜不是单分子膜，而是由好几个 TS 分子层叠加在一起的。降低 TS 甲苯铺展溶液的浓度，可以使铺展膜中 TS 分子的层数减少，但还是达不到单分子膜的铺展。这是因为在 TS 溶液铺展时，同时进行着 TS 分子随甲苯溶液的扩散和 TS 本身自发聚集的结晶两个过程。镶嵌在均匀 TS 铺展膜中的“小岛”应该就是 TS 分子结晶先于铺展过程而形成的极薄的 TS 片晶。

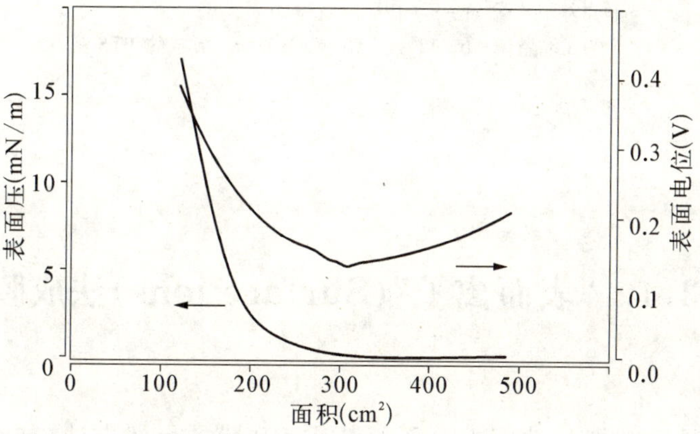

图 3.9 双(对甲苯磺酸)-2,4-己二炔-1,6-二醇酯(TS)铺展膜的表面压-面积曲线和表面电压-面积曲线

因为不是 TS 的单分子膜，这里横坐标不用分子占有面积，而是铺展的 TS 所占有的那部分水槽的面积

TS 铺展膜可以用常规的垂直沉积技术得到 TS 的沉积薄膜（这里当然也不能叫 TS 的 LB 膜）。42 层 TS 沉积薄膜的 X 射线衍射曲线在 $2\theta = 5^\circ \sim 40^\circ$ 范围内出现五个规则的等间距衍射峰（图 3.10），表明 LB 技术制得的 TS 沉积膜具有规则的周期结构。与 TS 单晶体（010）面相同角度范围内的主衍射峰相比，出现的峰位几乎完全相符。说明由 LB 技术制备得的 TS 沉积膜与由溶剂蒸发培养得到的单晶体有相同的分子排列，确是人为排列具有规则有序结构的超薄膜。

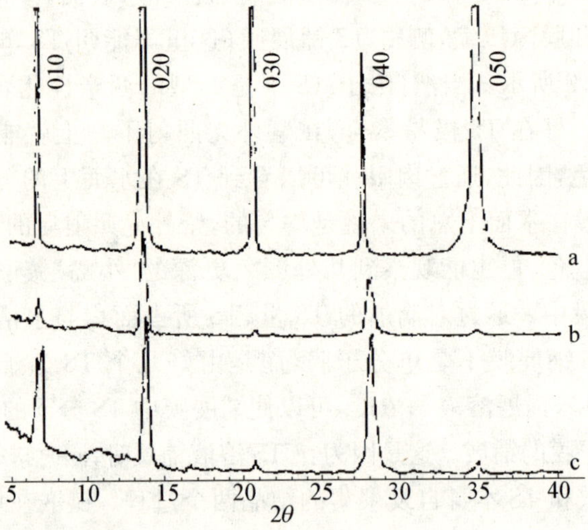

图3.10 TS沉积膜的X射线衍射及其与TS单晶体的比较，5°≤2θ≤40°

a. TS单晶体；b. 42“层”TS沉积膜；c. 相应的PTS沉积膜

3.4 “表面离子”(Surface ions)法成膜

将不具两亲性的功能性分子组装成LB膜的上述方法(如在亚相中加入可溶于水的功能分子，利用经典成膜分子与亚相功能分子间的静电或吸附作用将功能性分子吸附到单分子膜中，然后再通过LB技术转移到固体载片上而成；或通过有机合成和化学修饰等手段将功能分子处理，使其具有两亲性，能直接用于LB膜沉积)都有缺点，前者吸附过程是一种热力学随机过程，很难控制所成LB膜中功能分子的浓度(即组分)，因此，膜的功能性也难以控制；后者化学处理过程复杂，使用范围受到很大限制。近年来，发展了一种新的LB膜制备方法，我们称之为“表面离子”法，即用不溶于水的功能分子与传统成膜分子共铺展成膜，然后再沉积成混合LB膜。这种方法能有效解决上述两种方法的缺点，应用简单，单分子膜和LB膜中功能分子的组分可精确控制和简单调节，并有效扩大了LB膜在制备新型功能材料中的应用范围。

3.4.1 “表面离子”的概念

“表面离子”法是近年来发展的一种新的LB膜制备方法,即用不溶于水的功能分子与传统成膜分子共铺展成膜,然后再沉积成混合LB膜。为了区别传统的成膜分子吸附亚相离子法,我们把这种不溶于水,不能单独成膜,但能在水面上与传统成膜分子共铺展成膜并制备LB膜的一类化合物定义为“表面离子”。“表面离子”的范围很广,包括各种金属配合物、螯合物,甚至不包含金属元素的有机、无机功能分子也可以充当“表面离子”。

“表面离子”应具有三个基本特征:

(1) 不溶于水,不具两亲性,不能在水面上单独成膜;

(2) 在水面上能与经典成膜分子共铺展成膜,能均匀分散在经典成膜分子中;

(3) 在紧密排列下能通过LB技术与经典成膜分子一起沉积到固体基片上,形成混合LB膜。

表3.3给出了“表面离子”与传统的“亚相离子”的区别。“表面离子”法在LB技术中的应用扩大了LB技术中化合物的使用范围,为我们提供了一种制备功能薄膜的简单途径,还使我们能够很好地研究物理化学中的一些基本问题。

表3.3 “表面离子”与传统“亚相离子”的区别

“表面离子”	“亚相离子”
不溶于水	能溶于水
“表面离子”能与传统的成膜有机化合物分子共铺展形成单分子膜,并可直接沉积成LB膜	“亚相离子”是先随机地吸附在传统的单分子膜上,然后才被沉积沉积成LB膜
单分子膜和LB膜的组分和浓度都可以容易地加以控制和调节	单分子膜和LB膜的组分和浓度不能控制和调节

与目前在LB膜领域广泛使用的“亚相离子”法相比,“表面离子”有如下几个优点:

(1) 铺展和拉膜过程可控。传统的“亚相离子”法中亚相离子通过静电吸引作用先随机吸附到经典成膜分子层上,再用LB技术沉积,是一种热力学随机过程,易受到外界环境因素的影响,而表面离子直接与经典成膜分子共铺展成膜并用LB技术沉积,铺展和拉膜过程可控,不易受到外界因素影响;

(2) 铺展膜和 LB 膜中功能分子二维密度和凝聚态结构精确可调。通过改变铺展溶液中功能分子与经典成膜分子比例可精确调节铺展膜和 LB 膜中功能分子二维密度,从而控制膜中功能分子凝聚态结构。而在传统的"亚相离子"法中亚相离子随机吸附到经典成膜分子层上,功能分子二维密度不可调;

(3) 由"表面离子"法得到的铺展膜和 LB 膜中功能分子二维密度和凝聚态结构精确可调,由此为我们定量研究膜中功能分子间能量转移,电子转移等基本物理问题提供了一个很好的实验体系;

(4) 可应用于多组分体系。传统的"亚相离子"法中亚相离子通过静电吸引作用先随机吸附到经典成膜分子层上,对于两种以上亚相离子,根本无法控制膜中功能分子比例,无法应用于多组分体系。而"表面离子"法很好地解决了这个问题,对于多种表面离子,膜中功能分子比例和结构由铺展溶液直接控制,易用于多组分体系。

"表面离子"的引入,使具有不同亲和力的分子在空气/水界面上进行识别组装,以构筑二维的分子集合体系。由于分子间的这种"操作"是发生在水面上,所以可以通过膜天平人为控制分子的组分和集合形态。这种方法不仅有效扩大了 LB 膜在制备新型功能材料中的应用范围,还为研究分子集合体系构筑的热力学行为,如自由能变化、熵变和焓变等提供了方便的表征手段。

3.4.2 "表面离子"成膜作用机理

由于"表面离子"的范围很广,包括各种金属配合物、螯合物,甚至不包含金属元素的有机、无机功能分子,其成膜作用机理比较复杂。按照"表面离子"在水面上形成单层膜结构还是多层膜结构,可将其分为两类。下面分别以钌螯合物($Ru(dpphen)_3^{2+}$)和金属 β-二酮螯合物为例,详细描述这两类表面离子在水面上的成膜作用机理。

(1) 钌螯合物($Ru(dpphen)_3^{2+}$)成膜作用机理

图 3.11 为功能分子钌螯合物($Ru(dpphen)_3Cl_2$,简写为 Ru(Ⅱ),3.46)的分子结构示意图。钌螯合物不溶于水,可以在空气/水界面中形成 Langmuir 单分子膜。但是由于没有较长的疏水链和亲水基团,不能用来直接制备 LB 膜。若将其与成膜分子(如花生酸、硬脂酸等)混合,由于功能分子自身可以充当"类金属离子"的作用,有助于 LB 膜的沉积。何平笙等人[4]以纯水为亚相,系统地研究不同摩尔比的 Ru(Ⅱ) - AA Langmuir 单分子膜以及转移到载片上的 LB 膜的成膜作用机理。因为 Ru(Ⅱ)不溶于

水,可以在水面上形成单分子膜。将 AA 与 Ru(Ⅱ)均匀混合,铺展在水面上,形成混合单分子膜。用 Langmuir 膜天平测得了不同配比下 Ru(Ⅱ)-AA 混合单分子膜的 $\pi-A$ 曲线。经过系统的研究发现 Ru(Ⅱ)与 AA 可以达到均匀的混合,在二维条件下有很好的相容性。但是以 Ru(Ⅱ):AA=1:2为混合比的单分子膜最为稳定。通过混合分子膜的超额自由能 ΔG^{ex} 计算,分析了混合单分子膜的相容性以及分子间的相互作用的本质,发现所有混合单分子膜的 ΔG^{ex} 皆大于零,且 Ru(Ⅱ):AA=1:2 时,ΔG^{ex} 值最大。仔细分析所得结果,可以看出,每一个正二价钌有机螯合物与两个负一价花生酸分子通过静电相互作用形成一组电中性的分子“集团”,ΔG^{ex} 随着电中性的分子“集团”的数目增加而增加,揭示了“集团”与 Ru(Ⅱ)或 AA 之间存在相互作用,且这种相互作用力为互相推斥力。这种推斥力相互作用不仅可促使两种组分的互溶,而且对于形成稳定的单分子膜和 LB 膜起到了重要的作用。由 $\pi-A$ 微分曲线可以明显看出单分子膜相变和可压缩性的变化趋势。对于混合单分子膜,Ru(Ⅱ)/AA=1:2 时单分子膜最稳定,不可压缩性最好,也就是膜处于凝聚态时刚性最好。任何多余的Ru(Ⅱ)或 AA 都将对混合单分子膜的稳定性和可压缩性产生不良的影响。用 LB 技术可以将这个配比下的单分子膜沉积到具有疏水表面的盖玻片上,得到上下转移率均为 1 的 Y-LB 膜。Ru(Ⅱ):AA=1:2 时,成膜性能最佳,无论是在面内还是面间都可以形成一种规则的周期结构,LB 膜衍射峰会出现(003),(009),……等峰的缺级,形成一维超晶格结构如图 3.12 所示。图 3.12中 d 为多层周期结构间距,s 为两套多层周期结构间距。

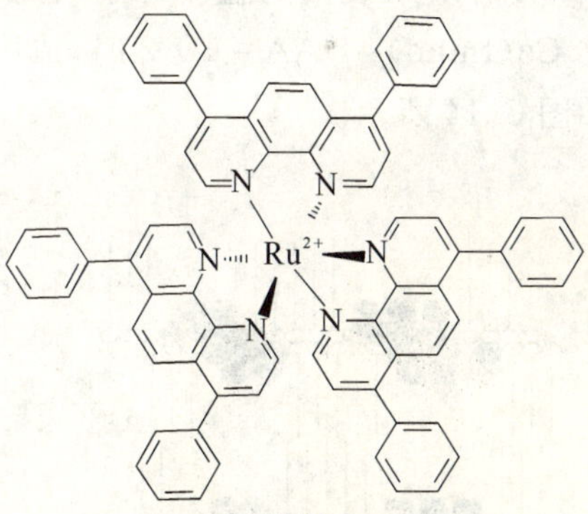

3.46

图 3.11 二价钌与二苯基邻菲咯啉三螯合物的分子结构图

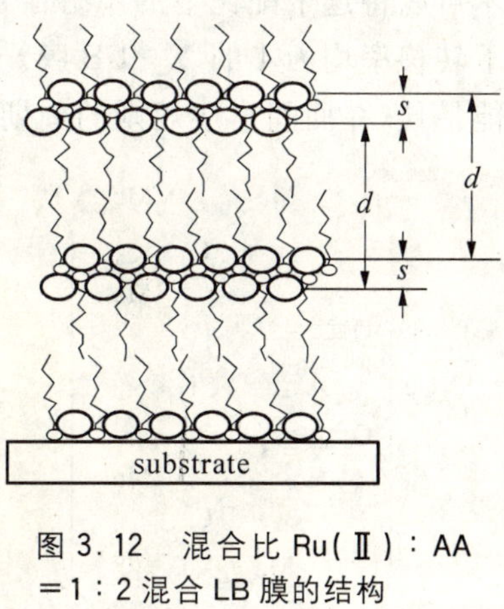

图 3.12 混合比 Ru(Ⅱ):AA=1:2 混合 LB 膜的结构

(2) 金属 β-二酮螯合物成膜作用机理

Ce(tmhd)$_4$(tmhd = 2,2,6,6 - tetramethyl - 3,5 - heptanedionate,

3.47)分子结构示意图如图 3.13 所示。金属铈 β-二酮螯合物不溶于水,金属铈 β-二酮螯合物分子在水面上高度团聚,形成多层膜结构,即使在膜压很低的情况下也是如此,这是由于 Ce(tmhd)$_4$分子没有两亲性,且具有高度对称性造成的。金属铈 β-二酮螯合物不能用来直接沉积 LB 膜,若将其与成膜分子(如花生酸、硬脂酸等)混合,能得到结构规整的混合 LB 膜。何平笙[72,73]以纯水为亚相,系统地研究不同花生酸-金属铈 β-二酮螯合物 Langmuir 单分子膜以及转移到基片上的 LB 膜的成膜作用机理。将花生酸与金属铈 β-二酮螯合物均匀混合,铺展在水面上,形成混合单分子膜。用 Langmuir 膜天平测得了不同配比下 Ce(tmhd)$_4$-AA 混合单分子膜的 $\pi-A$曲线。经过系统的研究发现 Ce(tmhd)$_4$与 AA 可以达到均匀的混合,在二维条件下有很好的相容性。在压缩混合膜的过程中,并没有发现相分离现象。通过崩溃压、极限平均分子面积和压缩模量的计算,分析了混合单分子膜的相容性以及分子间的相互作用的本质,发现所有混合单分子膜在混合比 Ce(tmhd)$_4$:AA=1∶2 时,体系最稳定。$\pi-A$ 等温线和动态弹性的分析证明,AA 与金属 β-二酮螯合物间确实存在强烈的相互吸引作用力,这种作用力使得它们间的混合不是理想状态混合的,而是比理想状态的混合膜更凝聚,分子排列更紧密。紫外可见吸收光谱测试表明 AA 与金属 β-二酮螯合物间相互吸引作用为一种配合作用。每一个中性金属 β-二酮螯合物与两个花生酸分子通过配合相互作用形成一组分子"集团",分子"集团"间相互作用力为互相吸引力。这种配合相互作用不仅可促使两种组分的互溶,而且对于形成稳定的单分子膜和 LB 膜起到了重要的作用。用 LB 技术可以将这个配比下的单分子膜沉积到具有疏水表面的盖玻片上,得到上下转移率均为 1 的 Y-LB 膜。混合比 Ce(tmhd)$_4$∶AA=1∶2 时,成膜性能最佳,在面间形成规则的周期结构如图 3.14 所示。

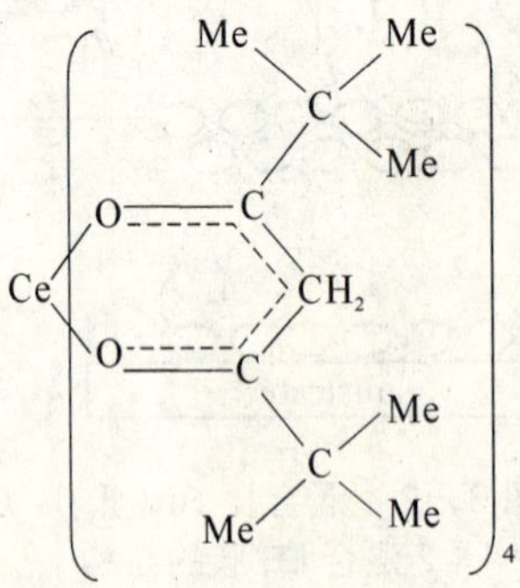

3.47

图 3.13 铈 β-二酮络合物的结构式

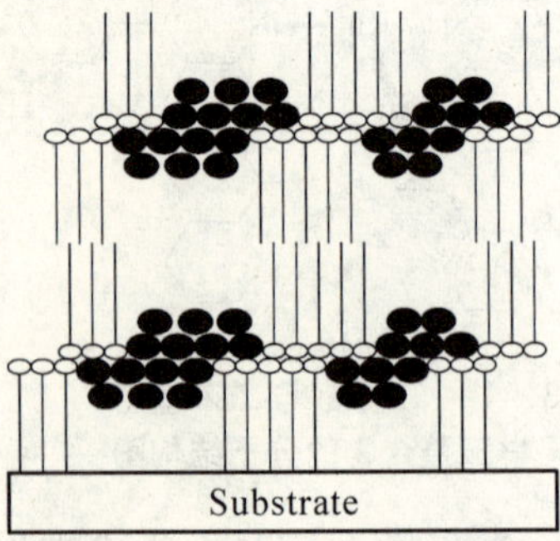

图 3.14 混合 LB 膜(Ce(tmhd)$_4$:AA=1:2)的结构

3.5 缩聚单体

与加成聚合一样,缩聚反应也是合成聚合物的一大反应类型。具有两个或两个以上官能团的低分子有机化合物相互作用而生成大分子的过程,即为缩合聚合反应。在缩聚反应中,有反应官能团的置换-消除反应,即在生成大分子的同时生成低分子化合物,如水、氯化氢、醇等。但由于对反应物的要求更为苛刻,单分子膜的缩聚还没找到更多的用途。

第一篇有关LB膜中十六和十八酯甘氨酸(hexadecyl and octadecyl esters of glycine)缩聚的报道发表在1948年[74]。日本的福田清成(Fukuda)[75]和德国的Ringsdorf[76]在单分子膜缩聚方面做了大量的研究工作。

空气/水界面上的单分子膜缩聚反应,由于分子取向排列,对反应速度和生成的高分子聚合物的结构和形态均有明显的影响(加速反应),所以界面上的缩聚反应相对于一般的高分子化学的缩聚反应有着特殊的意义,但要实现单分子膜上缩聚反应并不容易。这一方面是因为对能反应的成膜化合物有更为严格的要求,另一方面也是因为实现缩聚的条件必须是两个组分在单分子膜中要是相容的,反应物之一个在亚相中要可溶,又要在另一个的单分子膜上有吸附,并且作为反应产物的低分子量化合物要能从单分子膜中逸出。但仍可以预计,借助于单分子膜的缩聚反应有可能得到具有特殊性能的二维组装体系。

福田清成研究了许多α-氨基酸长链酯(甘氨酸酯和丙氨酸酯,表3.4)单分子膜和LB膜的缩聚反应[77]。

表3.4 α-氨基酸长链酯单分子膜和LB膜的缩聚反应单体

化合物	分子式	缩写	
Long-chain esters of glycine and alanine (DL- and L-forms)(长链酯甘氨酸和丙氨酸)	$H_2N-CH_2-COOC_{16}H_{33}$	Gly-C_{16}	3.48
	$H_2N-CH_2-COOC_{18}H_{37}$	Gly-C_{18}	3.49
	$H_2N-CH(CH_3)-COOC_{18}H_{37}$	L-Ala-C_{18}	3.50
		DL-Ala-C_{18}	3.51
	$H_2N-CH(CH_2CH_2COOC_{18}H_{37})-COOC_{18}H_{37}$	L-Glu-$(C_{18})_3$	3.52

(续表)

化合物	分子式	缩写	
Octadecyl esters of L-lysine and L-glutamic acid (硬酯赖氨酸和谷氨酸)	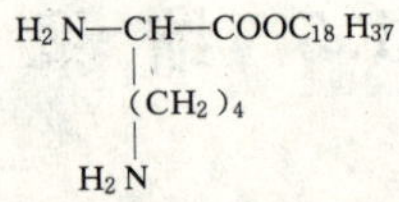	L-Lys-C_{18}	3.53
Octadecyl esters of L-phenylalanine (左旋硬酯苯丙氨酸)	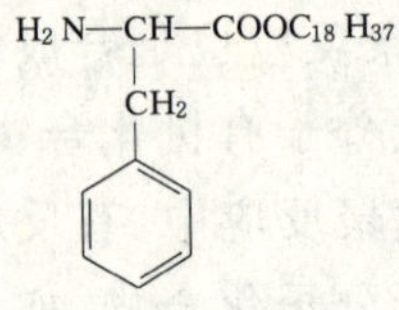	L-Phe-C_{18}	3.54
Octadecyl esters of L-tyrosine (硬酯酪氨酸)	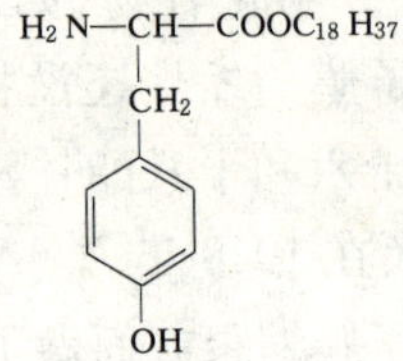	L-Tyr-C_{18}	3.55
Octadecyl esters of L-tryptophan (硬酯色氨酸)	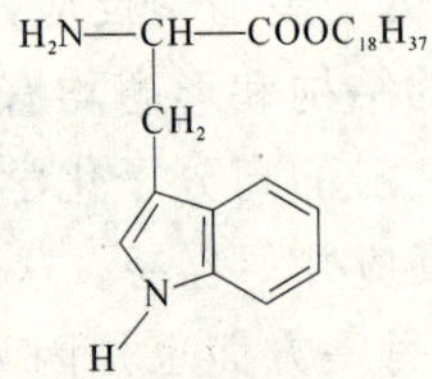	L-Trp-C_{18}	3.56

以 DL-Ala-C_{18}单分子膜为例[78]，它在中性和碱性亚相上能形成稳定的单分子膜，室温下不用任何催化剂或引发剂，缩聚反应也能进行得相当快，单体分子的定向排列和带有一些旋转自由度的紧密堆积非常有利于缩聚反应的发生。但在酸性的亚相上由于氨基的离子化使得溶解度增加，单分子膜变得不再稳定。

很容易观察到的表面粘度不断增加现象是缩聚反应进行的简单又直接的证据，但缩聚反应更有效的跟踪还是使用红外光谱。用红外光谱特征谱带的强度变化来跟踪缩聚过程：随聚合时间增加，表征酯的谱带 $\nu_{C=O}$ = 1 743 cm^{-1} 逐渐消失，而胺的特征谱带 1 645 cm^{-1} 和 1 550 cm^{-1} 出现了(图 3.15 a)。在聚合 1 h 时出现的谱带 1 645 cm^{-1}应该是聚合体而不是环状二聚体，因为它随聚合的进行就消失了。表面粘度增加和红外光谱都表明，单体缩聚可以在没有任何催化剂或引发剂的情况下自发进行。只有当亚相碱性更大时（pH＞11），长链酯会发生水解，与缩聚反应相竞争(图 3.15 b)。

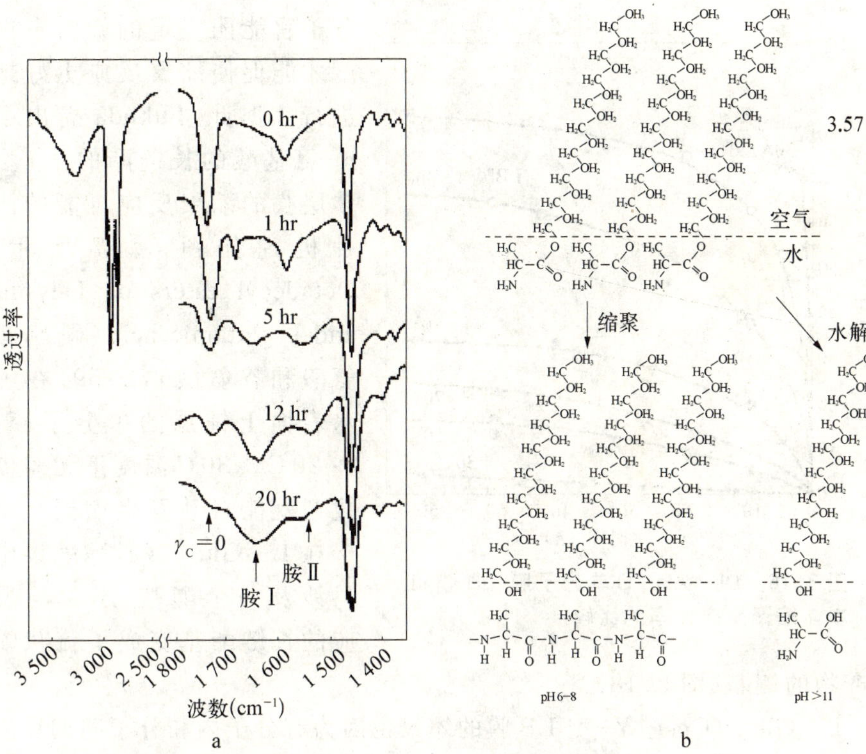

图 3.15 a. 在纯水亚相上(pH 6～8)DL－Ala－C_{18}单分子膜(涂在 CaF_2 片上)在不同时间间隔后的红外光谱图；b. DL－Ala－C_{18}单分子膜在 pH 6—8 和 pH＞11 的缩聚和水解

120 min 后，缩聚反应的转化率已达 80 %以上，与在本体时非常慢的反应相比，在水面上单体分子的有序排列和取向大大加速了单分子膜的缩聚反应。

再来看看它们 LB 膜的缩聚反应。控制好条件(亚相 10^{-3} mol $CaCl_2$，pH 9～10，10℃～15℃)，完全可以在聚合以前把它们沉积成 100 层以上的 Y－型 LB 膜，并用跟踪酯基强度的方法来研究它们的缩聚反应。为了弄清 LB 膜分子排列对 α－氨基酸长链酯 LB 膜缩聚反应速率和产物结构的影响，测定了产物的聚合度，发现在 LB 膜上聚合的产物，其聚合度比同样温度下体相粉末的聚合产物的聚合度和在较高温度下熔融状态聚合产物的聚合度都高(图 3.16)。由此可见，在功能团被浓集且有效地定位在空气/水界面上时，单体分子有规则的排列将有效地促进缩聚反应的进行。但 LB 膜的聚合速率却比水面上单分子膜慢不少，原因是分子在 LB 膜中被过于紧密压缩，反而降低了分子官能团的旋转自由度。因此，单体分子的排列紧密程度要合宜，保持单体

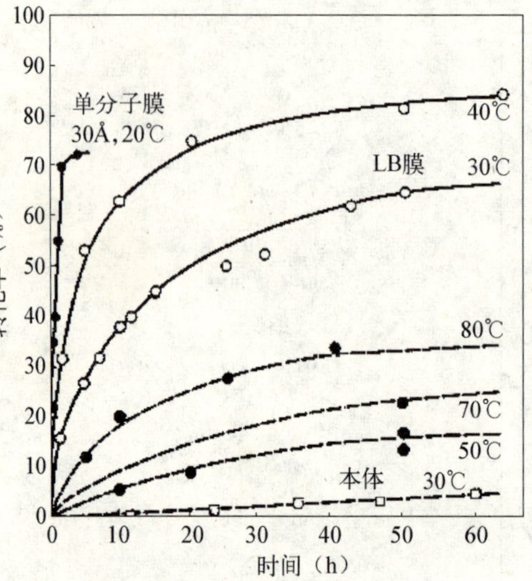

图 3.16 DL-Ala-C 单分子膜、LB 膜和本体缩聚反应速率的比较

分子官能团一定的旋转自由度才能促使缩聚反应更好地进行。据此，Fukuda 提出了 α-氨基酸的长链酯的 Y-型多层膜的缩聚反应可能的两种机理如图 3.17 所示。Octadecyl esters of L-lysine and L-glutamic acid（硬酯赖氨酸和谷氨酸）(3.59)在纯水表面上铺展的单分子膜，在 20℃～30℃温度下无需催化剂就能自动发生缩聚。由于在 L—Glu—$(C_{18})_2$ 缩聚中只涉及一个酯基，不参与反应的长链酯基变成了梳状缩聚产物的侧基(图 3.18)。

L—Glu—$(C_{18})_2$ Y-型 LB 膜的缩聚也因为有分子内和分子间的反应而有两种可能的反应机理，但若把 L—Glu—C 与 L—Lys—C 等摩尔混合，其 Y-型混合 LB 膜中分子内和分子间的反应都能有效地发生，缩聚反应将以图 3.19 的形式进行。

芳香氨基酸长链酯单分子膜缩聚的一个突出之处是亚相中添加的 Cu(Ⅱ)离子会大大加速反应速率(比在 phosphate buffer 上的快 10 倍，比本体时的聚合速率快了好几百倍)。因为在 Cu(Ⅱ)离子会和芳香氨基酸的酯基形成分子间或分子内的复合物(图 3.20)，不但增加了面内邻近氨基和酯基接触的几率，也有利于缩聚产物中功能基团的合宜排列。复合物的形成还使芳环取向变化，导致更为紧密的排布，降低缩聚时的空间位阻。

需要指出的是，尽管 α-氨基酸长链酯单分子膜的聚合反应速率比其本体或熔体的要大百倍，但它们的反应活化能与本体反应的差不多，约为50～60 kJ/mol，表明单分子膜缩聚反应的加速不是由活化能改变引起的，而完全是由单体分子在水面上特殊的排列和取向而导致的频率因子的变化引起的。

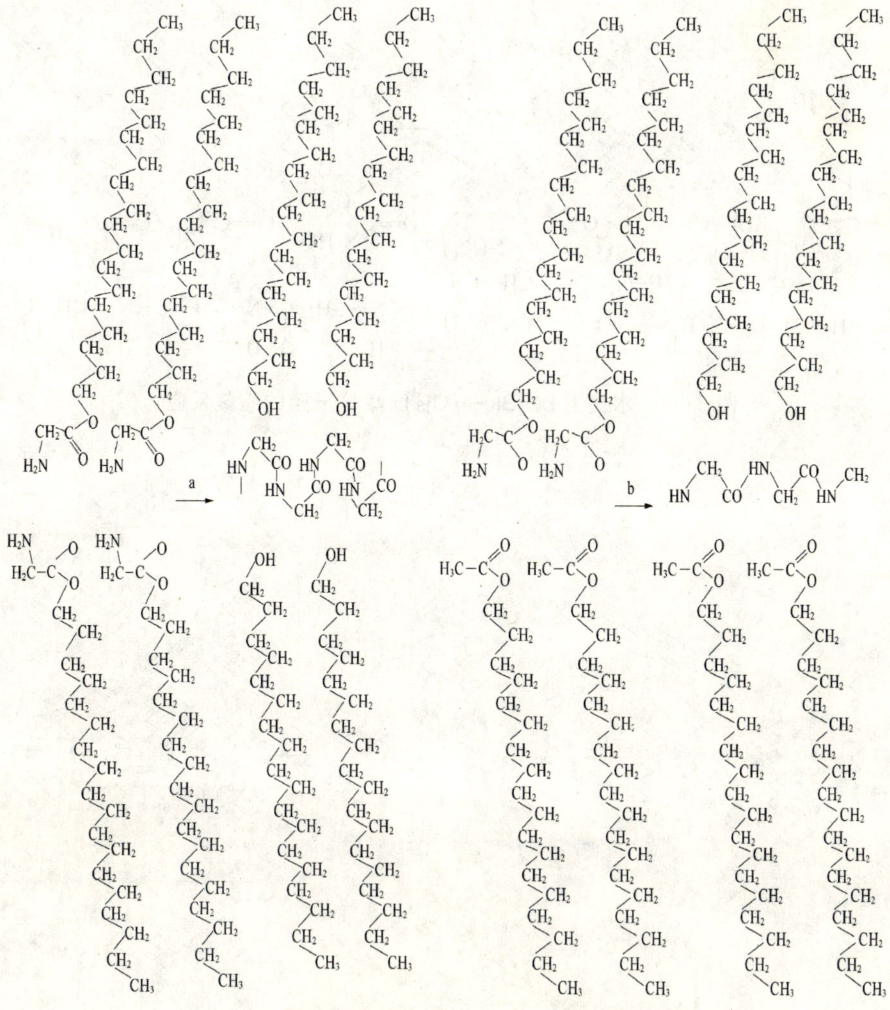

图 3.17 α-氨基酸长链酯缩聚反应两种可能的聚合机理

a. 头对头的双层组合 Y-型 LB膜；b. 被不能聚合的单分子层分隔的单一单分子层

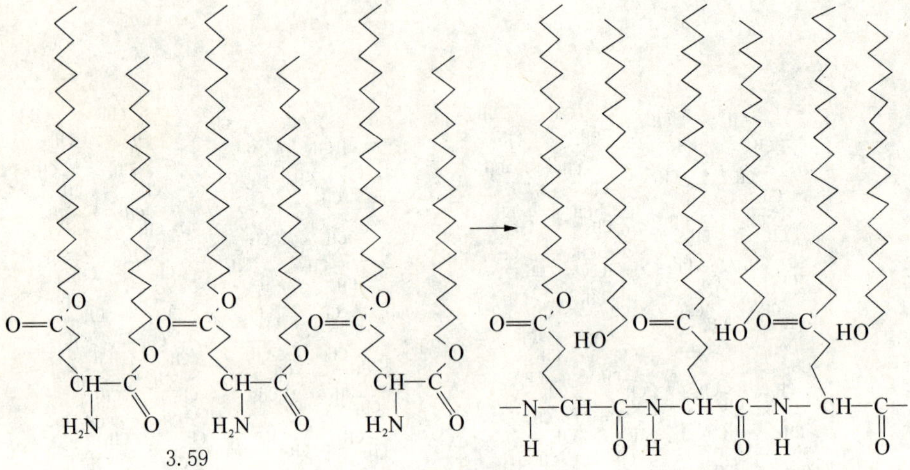

3.59

图 3.18 水面上 L—Glu—$(C_{18})_2$ 单分子膜的缩聚反应

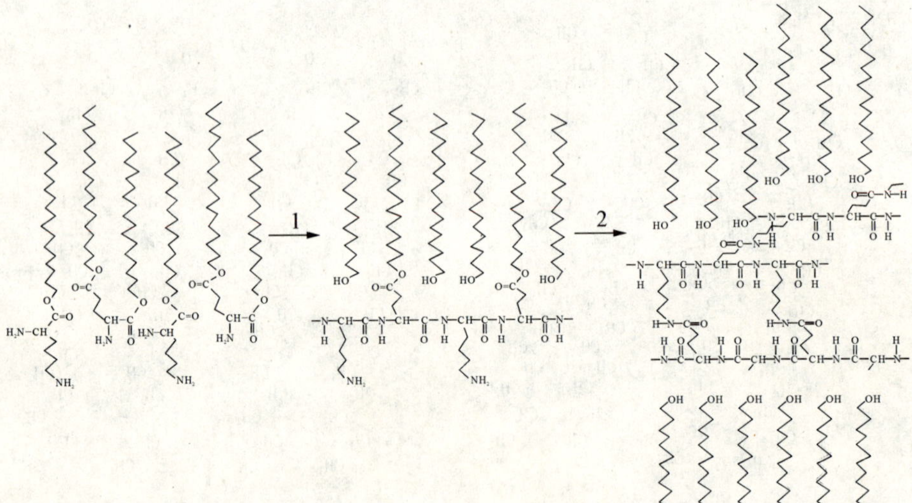

图 3.19 等摩尔混合的 L—Glu—C 与 L—Lys—C Y-型混合 LB 膜缩聚反应

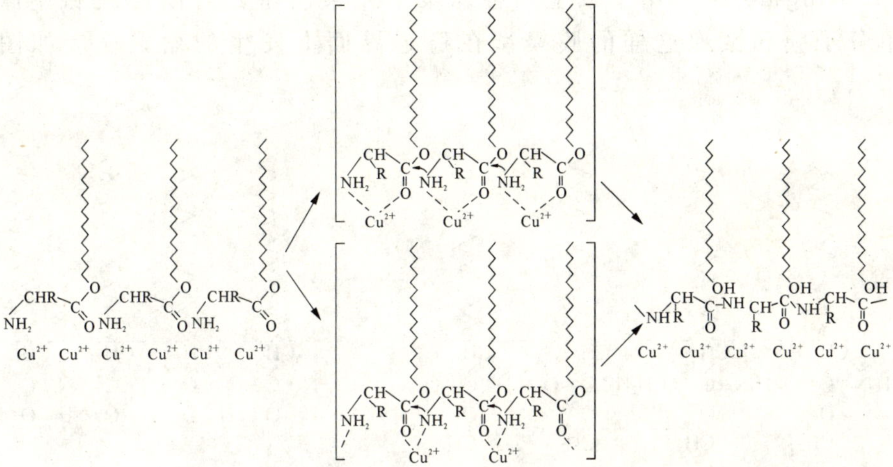

图 3.20 在含 Cu(Ⅱ)离子亚相上芳香氨基酸长链酯单分子膜缩聚的可能机理

LB 膜缩聚反应的另一个目的是模拟生物膜。细胞膜最通常的脂质组分是磷脂，具有如下的结构：

$$CH_3-(CH_2)_{15}-CH(NH_2)-C(=O)-O-CH_3 \qquad 3.60$$

$$CH_3-(CH_2)_{15}-CH(NH_2)-C(=O)-O-(CH_2)_{21}-CH_3 \qquad 3.61$$

$$CH_3-(CH_2)_{23}-CH(NH_2)-C(=C)-O-CH_3 \qquad 3.62$$

$$CH_3-(CH_2)_{23}-CH(NH_2)-C(=O)-O-(CH_2)_{21}-CH_3 \qquad 3.63$$

$$CH_3-(CH_2)_{17}-NH-CH_2-CH_2-NH-(CH_2)_{17}-CH_3 \qquad 3.64$$

$$[CH_3-(CH_2)_{17}]_2C[C(=O)-O-C_2H_5]_2 \qquad 3.65$$

Ringsdorf[79]用了以上六种缩聚单体来制备聚合肽的膜和使像单分子膜和微泡这样的膜模型在稳定界面上发生的缩聚反应如图所示：

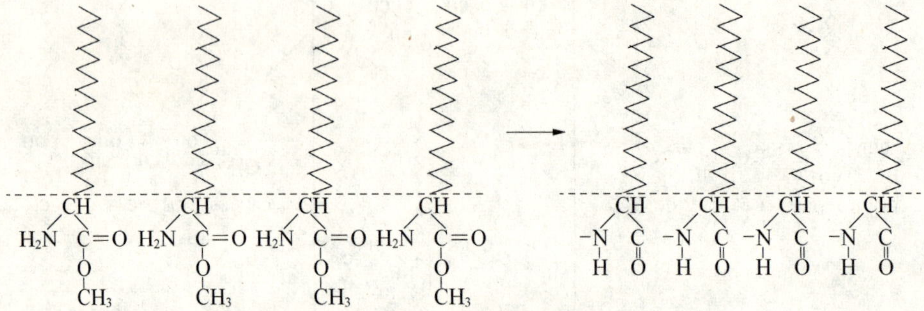

3.60 和 3.62 的界面缩聚

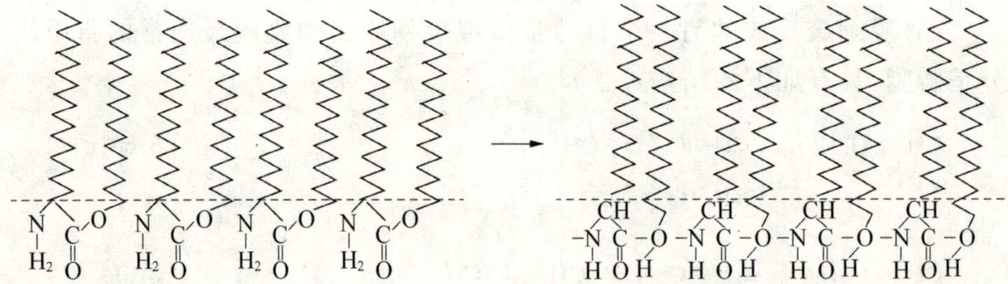

3.61 和 3.63 的界面缩聚

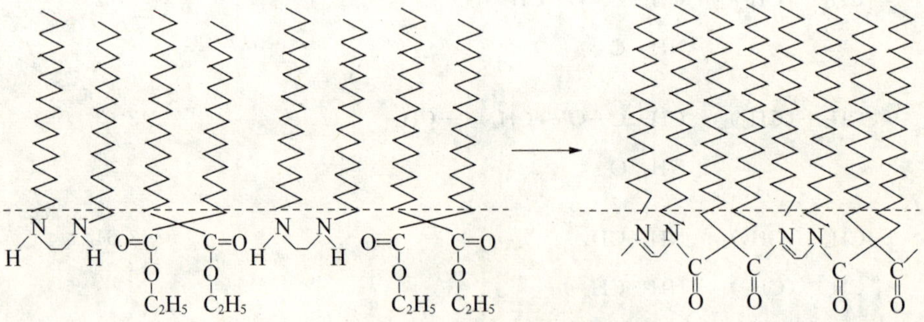

3.64 和 3.65 的界面缩聚

单体 3.60，3.62 的缩聚伴随有膜的收缩，形成了更紧密堆积的单分子膜。与之相反，单体 3.61，3.63 的缩聚伴有膜的伸展，这是由于在缩聚过程中，产物烷醇不溶于水，停留在单分子膜中阻碍了长脂肪链的密堆积，如下图所示。

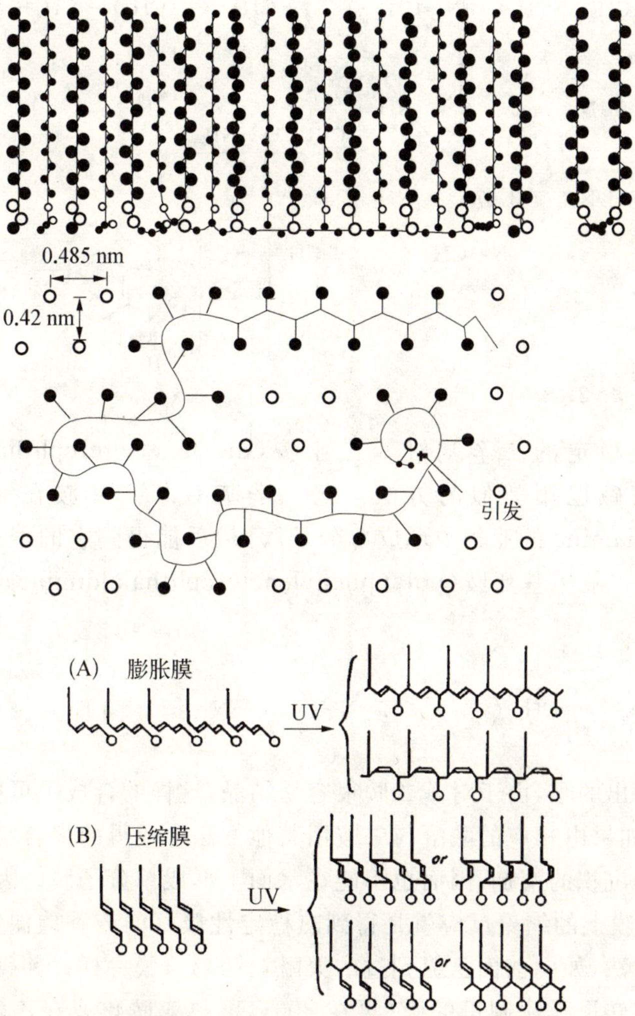

事实上，3.3.1 节中介绍的聚酰亚胺 LB 膜也可以算是缩聚的一种。与制备聚酰亚胺 LB 膜的前驱物法相类似，好多具有优良物理力学性能的“工程塑料”的超薄膜都是单分子膜缩聚反应的实例。本身不含长链烷基的二甲基对苯二亚胺（dialkylterethalaldimine，3.66）在含有四胺（tetramine，3.67）的酸性亚相上形成单分子膜，经氧化的环化脱氢作用就变为聚苯并咪唑（polybenzimidazole，3.68），这环化脱氢受氧气流量控制，并且在室温就能发生在空气/水界面上的单分子膜中，而不能在 LB 膜中发生，即使温度高达 120℃ 也不会发生。只有到温度升高到 220℃ 以上，在 LB 膜中才会发生环化脱氢反应。这样得到的膜就是在空气中高达 420℃ 的高温下还是稳定的。

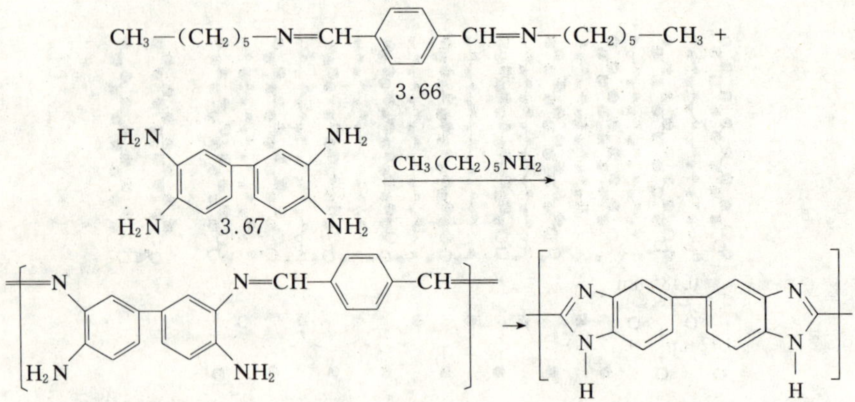

3.66 3.67 3.68

合成热稳定的二辛基对苯二亚胺(dioctadecylterephthalaldimine)芳香族席夫碱也用类似的方法。把二辛基对苯二亚胺在含有 para-phenylenediamine 的亚相中形成单分子膜,最后能得到它的聚合物——聚亚苯基对苯二亚甲基亚胺(poly(phenyleneterephthalaldimine), 3.69),分子量很高。

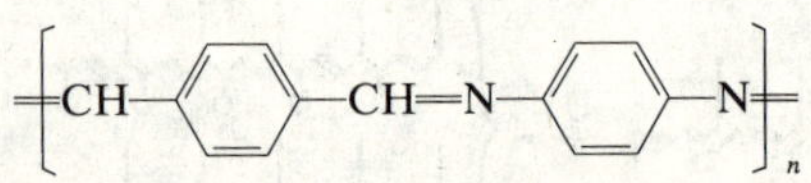

3.69

值得指出的是,由于对苯二胺很容易结晶,这样的合成不可能发生在溶液中,并且如果由相应的酸酐与二胺用其他方法合成得的聚合物3.50,将不溶于可用来沉积的溶剂,因而也不能在水面上形成单分子膜。因此,在单分子膜或 LB 膜上的缩聚反应就是得到热稳定性极好的芳香族偶氮甲碱聚合物的唯一方法,如同前面已提到过的聚酰亚胺超薄膜一样。并且,把聚酰胺酸溶液用旋转甩膜法制得的膜(再在 300℃ 下热亚胺化或在乙酸酐与吡啶的混合介质中亚胺化)最小膜厚达0.1 μm,而用单分子膜和 LB 膜这样的方法制得的仅是 1~200 分子层那样厚的薄膜。

3.6 共聚单体

两种或三种不同的单体进行共聚是又一种高分子聚合反应,由此可得到二元或三元共聚物。显然,单体在有序排列状况下发生共聚反应有着特殊的意义,但有关 LB 膜共聚的研究工作并不多。Rosilio 把甲醛蒸气扩散到 30 层十八烷尿素的 LB 膜中,令它们发生共聚反应,得到了线性的聚合物[80]。CH_2 桥正好适合于紧密排列的两个相邻极性基团间的距离。如果提高温度,并继续在 LB 膜中扩散甲醛蒸气,剩下的另一个—NH—基团也参加了反应,生成交联的聚合物。有意思的是这种反应在本体中是不能发生的,只有在像 LB 膜中那样有序的组装体系中,才会发生这种反应[81]。类似于十八烷尿素与甲醛之间的这种反应,也可以发生在苯酚-甲醛以及双酮-联氨体系中。

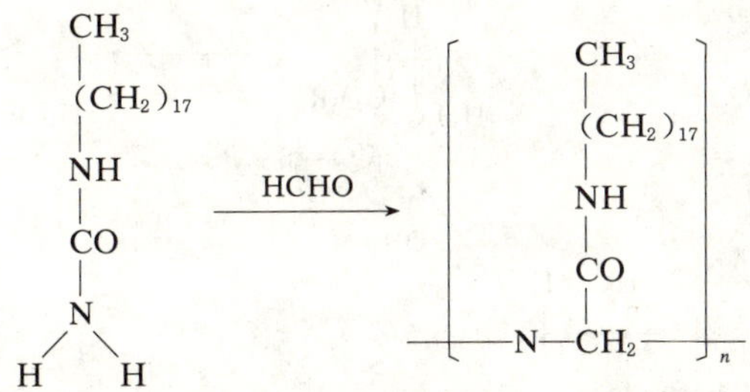

Tredgold[82]详细研究了马来酸酐与烯类单体的交替共聚,甚至把双键、炔键或双炔键引入到侧基中,用 UV 光令它们交联产生共价键连接的二维多层膜。如图 3.21 所示,马来酸酐能与乙烯基单体(尤其是苯乙烯)形成交替共聚物。进一步进行化学反应则可在交替共聚物中引入各种侧链,如氟碳侧链、致晶侧链等。Tredgold 等发现,由于图 3.21 所示的交替共聚物中 R″基团与羧基成顺式构形,因此,若将 R′与 R″均为疏水基团的两亲聚合物在水面上铺展成膜时,R″基团将发生弯曲现象以减小与水面的相互作用。研究表明,对 1-十六烯/马来酸酐交替共聚物的衍生物单分子膜,随 R″基团碳原子数的增加,$\pi-A$ 等温线所得出的重复单元截面积也随之增加,X 射线分析则进一步证实,相应 LB 膜的堆积效率也从 90%下降到最低限度时的 50%。这一特点限制了 R″基团的适应范围,因此在这类聚合物中,以 R′为疏水性长链烷基,R″为普通的短链烷基(例如甲基)最适合于制备高度有序、致密的 LB 膜。

嵌段共聚物具有良好的自组织特性和良好的稳定性,特别是嵌段共聚物自组织的微区相分离结构为模板构造各种纳米结构提供了依据。两亲性的两嵌段共聚物在固体表面的诱导下可以形成表面胶束,这种表面胶束也可自组织成有序的二维或三维的纳米结构,从而在表面修饰和制造功能化表面方面应用价值很大。王刚[83]等在气-液界面上实现了嵌段共聚物的三维组装,他们将氢化的苯乙烯(Ps)/丁二烯(PB)/苯乙烯(Ps)三嵌段共聚物(SEBS)磺化,得到磺化的 SEBS(S-SEBS, M_W = 154 000),在水亚相上铺展了 S-SEBS 的单分子膜,制备了 S-SEBS 的 LB 膜。

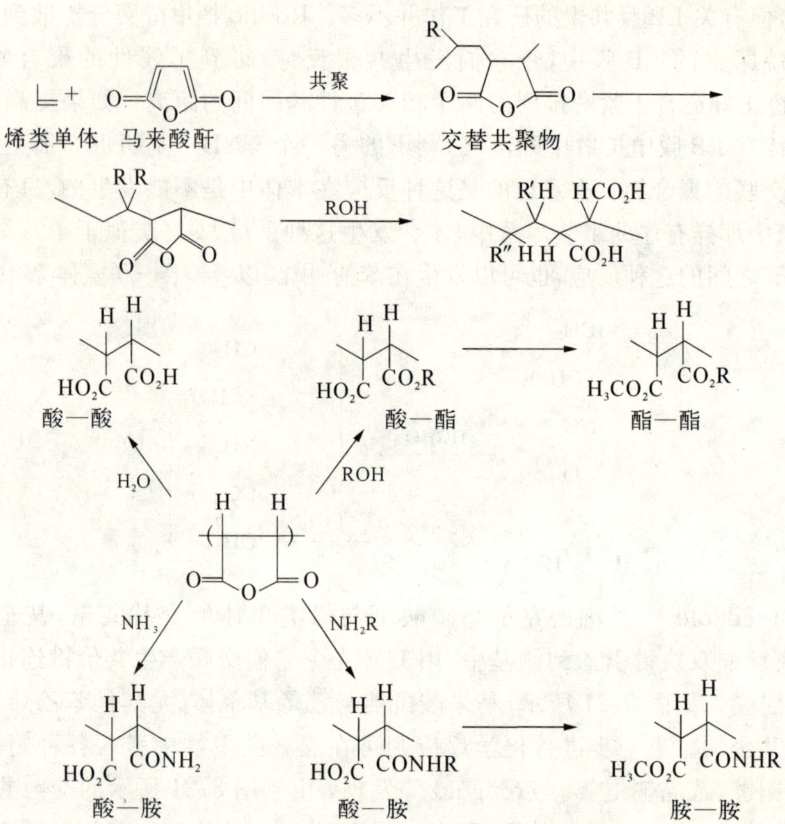

图 3.21　马来酸酐与烯类单体的交替共聚物

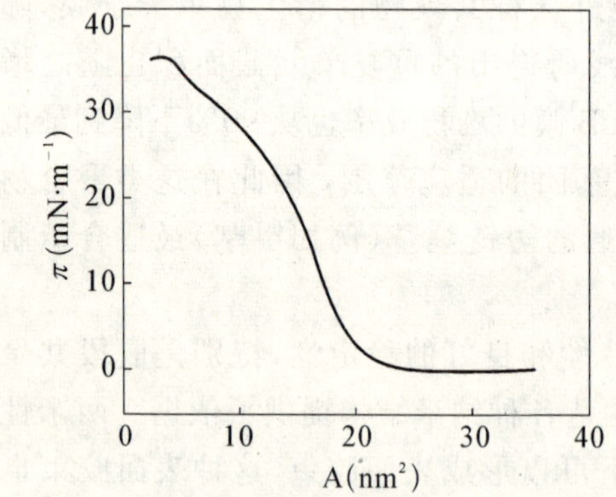

图 3.22　氢化苯乙烯(Ps)/丁二烯(PB)/苯乙烯(Ps)三嵌段共聚物(SEBS)经磺化，得到磺化的SEBS(S－SEBS，M_W＝154 000)，在水亚相上单分子膜的 $\pi-A$ 曲线

由 S－SEBS 的 $\pi-A$ 曲线可见(图 3.22)，在低压区($\pi<20$ mN/m)，随分子面积减小，表面压上升较快，说明膜由疏松结构变为紧密结构。在高压区($\pi>20$ mN/m)，表面压上升缓慢，$\pi-A$ 曲线出现噪声，水上的膜出现与障板平行的条纹，表明分子膜形成多层结构。表面压升至 37 mN/m 时膜已完全崩塌。

S－SEBS LB 膜的 AFM 研究表明，S－SEBS 在气-液界面可以形成由两亲性的纳米小球组装而成的有序的二维和三维的纳米结构。具体是：较低表面压(5 mN/m)下 S－

SEBS 的 LB 膜由许多球状单元紧密排列而成，尺寸均一(约为 40 nm)，分散效果也较好，无大的聚集区域，在平面内形成紧密的二维排列，而且小球之间通过分子间的相互作用而彼此联结；而在较高表面压(25 mN/m)下 S-SEBS LB 膜的形态主要是一些与障板平行的带状结构，每条带都是由大小较均匀近似斜方体的单元密堆积而成，而且每个单元之间都是错位排列的，具有一定的方向性，是三维的有序层状组装体。在障板的横向压力下，低压时的 S-SEBS 的球状聚集体进一步组装为大的“斜方体”，进而以此“斜方体”为单元组装成三维有序层状结构。以芘作荧光探针的 S-SEBS 溶液及 LB 膜的荧光表征表明，成膜的最小单元是两亲性的球体，浸在水下的亲水部分由亲水的 PS 链段组成，在水面上的疏水部分由疏水的 PEB 链段组成。铺展在水面后，含有—SO_3H 基团的亲水的 PS 链段与水面发生强烈相互作用吸附在水面上，疏水的 PEB 链段收束成核离开水面，减小与水之间的斥力，形成表面胶束。随着膜障的挤压，亲水的 PS 链段逐渐收缩以至浸入水中，即表面胶束由星型结构转变为水母型结构。由于亲水部分的含量小，疏水部分的含量大，S-SEBS 此时的聚集体更像一个两亲性的小球，占大部分的疏水球体在水面上，占小部分的亲水球体在水下。在膜障的横向压力下，两亲性的小球根据疏水之间以及亲水之间的相互作用，先是以错位排列的密堆积方式组装成“斜方体”，“斜方体”的稳定结构，均为两层球组成，而且上下表面都亲水.进而依此“斜方体”为单元进行三维组装，由于组装的最小单元是球体，最终形成呈阶梯状排列的有序层状结构。

参考文献

[1] P.A. Delaney, R. A. W. Johnstone, B. L. Eyres, R. A. Hann, I. McGrath, A. Ledwith, *Thin Solid Films*, 1985, 123: 353

[2] M. Kakimoto, M. Suzuki, T. Konishi, et al., *Chemistry Letter*, 1986, 823

[3] M. Uekita, H. Awaji, M. Murata, *Thin Solid Films*, 1988, 160: 21

[4] 何平笙，邹纲，方堃，*物理化学学报*，2004, 20(10): 1275

[5] G. Gee, E. K. Rideal, *Proc. R. Soc. London. Ser. A.*, 1935, 153: 116

[6] G. Geoffrey, *J. Chem. See. Faraday Trans.*, 1936, 32: 187

[7] H. Z. Friedlander, *U. S Patent*, 3031721 (May 1, 1962); *Chem. Abstr.*, 1962, 14008

[8] R. Ackermann, O. Inacker, H. Ringsdorf, *Kolloid -Z. Z. Polym*, 1971, 249: 1118

[9] A. Cemel, T. Fort, J. B. Lando, *J. Polym. Sci.*, *Part A*-1, 1972, 10: 2061

[10] A. Barraud, C. Rosilio, A. Ruaudel-Teixier, *Polym. Prepr.*, *Am. Chem. Soc.*,

Div. Polym. Chem, 1978, 19(2): 179

［11］ B. Tieke, G. Wegner, D. Naegele, H. Ringsdorf, *Angew. Chem. Int. Ed. Engl*, 1976, 15(12): 764

［12］ 马德柱,何平笙,徐种德,周漪琴,《高聚物的结构与性能》, 第2版, 北京: 科学出版社,1995

［13］ H. Bader, K. Dorn, B. Hupfer and H. Ringsdorf, *Adv. Polym. Sci.*, 1985, 64: 1

［14］ He Pingsheng, in "*Polymers and Organic Solids*" ed. by Shu Lianghe and Zhu Daoben, Science Press, Beijing, 1997, 25.

［15］ H. Ringsdorf, I. Schlarb and J. Venzmer, *4 ngew. Chem. Int. Ed. Eng.*, 1988, 27: 113

［16］ R. Ackermann, O. Inacker, H. Ringsdorf, *Kolloid - Z. Z. Polym*, 1971, 249: 1118

［17］ T. Miyashita, H. Yoshida, T. Murakata and M. Matsuda, *Polymer*,1987, 28: 311

［18］ T. Miyashita, H. Yoshida, and M. Matsuda, *Thin Solid Films*, 1987, 155: L11

［19］ A. Cemel, T. Fort, J. B. Lando, *J. Polym. Sci.*, *A-1* , 1972, 10: 2061

［20］ M. Puterman, T. Fort, J. B. Lando, *J. Colloid Interface Sci.*, 1974, 47: 705

［21］ R. Ackermann, D. Naegele, H. Ringsdorf, *Makromol. Chem.*, 1974, 175: 699

［22］ D. Naegele, J. B. Lando, H. Ringsdorf, *Macromolecules*, 1977, 10: 1339

［23］ Dulault, C. Casagrande, M. Veyssie, *Journal of Physical Chemistry*, 1975, 79 (21): 2254

［24］ M. Uchida, T. Tanizaki, T. Kunitake, T. Kajiyama, *Macromolecules*, 1989, 22: 2381

［25］ A. Barraud, *Thin Solid Films*, 1983, 99: 317

［26］ K. Ogawa, H. Tamura, M. Hatada, T. Ishihara, *Langmuir*, 1988, 266: 525

［27］ C. Kevin, C. E. Rogers, J. B. Lando, *Thin Solid Films*, 1983, 102: 131

［28］ Y. Tanaka, K. Nakatama, S. Iijima, T. Shimizu, Y. Maitani, *Thin Solid Films*, 1985, 133: 165

［29］ H. Koch, A. Laschesky, H. Ringsdorf, K. Teng, *Makromol. Chem.*, 1986, 187: 1843

［30］ S. Hirota, Itoh, M. Sugi, *Thin Solid Films*, 1985, 134: 67

［31］ A. Laschewsky and H. Ringsdorf, *Macromolecules*, 1988, 21: 1936

［32］ A. Laschewsky, H. Ringsdorf, G. Schmidt, *Polymer*,1988, 29: 448

［33］ A. Banerjie, J. B. Lando, *Thin Solid Films*, 1980, 68: 67

［34］ J. P. Rabe, J. F. Rabolt, C. A. Brown and J. D. Swalen, *J. Chem. Phys.*, 1986, 84: 4096

［35］ F. Nakanishi, S. Okada and H. Nakanishi, *Polymer*, 1989, 30: 1959

［36］ B. Tieke, *Adv. Polym. Sci.*, 1985, 71: 79

［37］ A. Barraud, C. Rosilio and A. Ruaudel-Teixier, *Polym. Prepr. ACS Div. Polym.*

Chem., 1978, 19: 179

[38] A. Laschewsky, H. Ringsdorfand, G. Schmidt, *Thin Solid Films*, 1985, 134: 153

[39] Jones, R. H. Tredgold, F. Davis, Hodge, *Thin Solid Films*, 1990, 184: L51

[40] K. Fukuda, Y. Shibasaki and H. Nakahara, *Thin Solid Films*, 1985, 133: 39

[41] S. Hirota, U. Itoh and M. Sugi, *Thin Solid Films*, 1985, 134: 67

[42] T. Miyashita, K. Sakaguchi, M. Matsuda, *Polymer*, 1990, 31: 461

[43] T. Miyashita, K. Sakaguchi, M. Matsuda, *Langmuir*, 1992, 8: 336

[44] M. Uchida, T. Tanizaki, T. Oda, T. Kajiyama, *Macromolecules*, 1991, 24: 3238

[45] M. Ando, Y. Watanabe, T. Iyoda, K. Honda, T. Shimidzu, *Thin Solid Films*, 1989, 179: 225

[46] D. Naegele, J. B. Lando, H. Ringsdorf, *Macromolecules*, 1977, 10(6): 1339

[47] R. Elbert, A. Laschewsky and H. Ringsdorf, *J. Am. Chem. Soc.*, 1985, 107: 4134

[48] D. Babilis, Photis Dais, L. H. Margaritis, C. M. Paleos, *J. Polym. Sci. Polym. Chem. Ed.*, 1985, 23(4): 1089

[49] Youxin Yuan, Pietro Tundo and Janos H. Fendler, *Macromolecules*, 1989, 22: 29

[50] Toyoki Kunitake, Naotoshi Nakashima, Masashi Kunitake, *Macromolecules*, 1989, 22: 3544

[51] Ringsdorf, B. Schlarb, P. N. Tyminski, D. F. O'Brien, *Macromolecules*, 1988, 21: 671

[52] Hiroyuki Ohno, Yoshitaka Ogata and Eishun Tsuchida, *Macromolecules*, 1987, 20: 929

[53] P. N. Tyminski, I. S. Ponticello and D. F. O'Brien, *J. Am. Chem. Soc.*, 1987, 109: 6541

[54] Hiroyuki Fukuda, Tadeusz Diem, James Stefely, Ferenc J. Kezdy and Steven L. Regen, *J. Am. Chem. Soc.*, 1986, 108: 2321

[55] Yun Heum Park, Ji Im Jang, Keon Hyeong Kim, Won Ho Jo, *Thin Solid Films*, 2005, 489: 215

[56] Mu-Hyun Kim, Jong-Duk Kim, *Thin Solid Films*, 2001, 385: 142

[57] Jianmin Xu, Changqing Li, Chengshan Wang, Jinhai Wang, Qun Huo, Roger M. Leblanc, *Langmuir*, 2006, 22: 181

[58] V. Derue, S. Atexandra, J. M. Valleton, *Langmuir*, 1999, 15: 3852

[59] Q. Xia, X. S. Feng, J. Mu, et al., *Langmuir*, 1998, 14: 3333

[60] H. Binder, A. Anikin, B. Kohlstrunk, *J. Phys. Chem. B.*, 1999, 103: 450

[61] J. Zhao, H. Akiyama, K. Abe, Z. Liu, F. Nakanishi, *Langmuir*, 2000, 16: 2275

[62] 贡浩飞,吕庆,刘鸣华,界面光化学反应研究进展,*化学进展*,2001,13(6): 420

[63] M. Kakimoto, M. Suruki, T. Konishi, et al., *Chem. Lett.*, 1986, 823

[64] M. Uekita, H. Awaji, M. Murata, *Thin Solid Films*, 1988, 160: 21

[65] Yasunari Nishikata, Masa-aki Kakimoto and Yoshio Imai, *J. Chem. Soc. Chem.*

Commun., 1988, (15): 1040

[66] J. G. Hagting, R. E. T. P. de Vos, K. Sinkovics, E. J. Vorenkamp and A. J. Schouten, *Macromolecules*, 1999, 32: 3930

[67] J. G. Hagting, E. J. Vorenkamp and A. J. Schouten, *Macromolecules*, 1999, 32: 6619

[68] A.K. Engle, T. Yoden, K. Sanui, N. Ogata, *J. Am. Chem. Soc.*, 1985, 107: 8308

[69] V. N. Bliznyuk, I. I. Ponomarev, A. L. Rusanov, *Thin Solid Films*, 1994, 237: 231

[70] T. Minakata, I. Nagoya, M. Ozaki, *Synthetic Metals*, 1991, 41-43: 1509

[71] R. M. Robert and N. P. Paras, *J. Polym. Sci, Polym Phys. Ed.*, 1985, 23: 1223

[72] W. X. Lu, K. Fang, H. B. Wang, W. H. Guo, P. S. He, M. R. Ji, *Thin Solid Films*, 2002, 418(2): 175,

[73] G. Zou, K. Fang, P. S. He, *J. Mater. Chem.*, 2002, 12: 2998

[74] A. Baniel, M. Frankel, I. Friedrich, A. Katchalsky, *J. Org. Chem.*, 1948, 13: 791

[75] 福田清成,杉道夫,雀部博之编,LB膜とエレクトロニクス,シーエムシー,1986

[76] T. Folda, L. Gros, H. Ringsdorf, *Makromol. Chem. Rapid Commun.*, 1982, 3: 167

[77] K. Fukuda, Y. Shibasaki, H. Nakahara, M. H. Liu, *Advancesin Colloidand Interface Science*, 2000, 87: 113

[78] K. Fukuda, Y. Shibasaki, H. Nakahara, *J. Macromol. Sci. Chem.*, 1981, A 15: 999

[79] H. Bader, K. Dorn, H. Ringsdorf, In "*Advancesin Polymer Science*" 64, p1

[80] C. Rosilio, A. Ruaudel-Teixier, *J. Polym. Sci., Part A*, 1975, 13: 2459

[81] A. Ruaudel-Teixier, J. Leloup, A. Barraud, *Mol. Cryst. Liq. Cryst.*, 1986, 134: 347

[82] R.H. Tredgold, *Thin Solid Films*, 1987, 152: 223

[83] 王刚,魏莉,洪霞,汪大洋,杨文胜,刘凤岐,李铁津,白玉白,**高等学校化学学报**, 2002,23(5): 937

第 4 章　LB 膜的聚合

研究在水面上单分子膜的聚合对二维状态这种特殊条件下的聚合反应非常重要。但从应用角度看，我们需要的是沉积在固体基片上多层 LB 膜的聚合。只有使小分子成膜化合物的 LB 膜发生聚合，才能有效提高 LB 膜的机械力学强度、耐热性和耐溶剂性，达到应用的要求。对单分子膜或 LB 膜上的二维聚合反应来说，孤立的双键、共轭双键和双炔基团都是理想的反应基团。事实上，上一章已经涉及了许多成膜化合物 LB 膜聚合的内容。本章主要介绍长链双炔化合物 LB 膜的聚合。

聚双炔类化合物是一类非常特殊的聚合物，它可以高度有序，具有很好的共轭主链，可以接上不同的侧基和功能性的端基。它们可以形成本体材料，也可以形成多层 LB 膜[1,2]和单分子膜[3-8]、聚合的囊泡[9-12]，甚至嵌入无机物形成纳米复合材料[13]。由此形成的材料具有引人入胜的性能：受光、热、化学品甚至机械作用都能发生非常明显的颜色变化。近年的研究更表明这种颜色变化是可控的，用原子力显微镜(AFM)或近场扫描光学显微镜(NSOM)的针尖施加一定压力，更发现 PDA 能从蓝色的类型变成红色的类型，即在纳米尺度上具有力学二色性(mechanochromism)[14]。显然，这些转变可以用在化学和生物传感器这样实用的应用上，也在聚合物变色这样的基本层面的问题上为我们开示了新的观点。最近的研究也表明这些材料非常强的各向异性会导致各向异性的微力学行为，聚双炔类化合物可以用作微结构装置的元件。自 20 世纪 70 年代，长链双炔化合物因其聚合产物具有优异的光学和电学性质而最为人所关注，Wegner 和 Tieke 研究组[4]对长链双炔类化合物的成膜和二维聚合作了很多开创性工作，此后，包括我们实验组在内的各国研究者通过各种方法对长链双炔类化合物(特别是长链双炔酸)单分子膜和 LB 膜的聚合、性质和应用做了更为广泛和深入的研究，得到了很多有意义的结果。本章以长链双炔酸 LB 膜的聚合为重点,介绍 LB 膜聚合的基本规律和一些特殊的现象。

4.1 长链双炔酸类成膜化合物

已经说过,双炔类化合物(PDAs)是一类特殊的聚合物:高度有序的共轭主链分子,可带上各种不同的侧基和功能端基。用于 LB 膜聚合的长链双炔类化合物很多,可以大致分为四类,即具有一个或两个亲水基团的单链双炔类化合物Ⅰ和Ⅱ,反应性基团位于疏水端(Ⅲ)和位于亲水那头(Ⅳ)的双链双炔类化合物。这四类双炔类化合物中,链长 m, n 和亲水极性基团 X 还可以加以调节改变。

Ⅰ $CH_3—(CH_2)_{m-1}—C≡C—C≡C—(CH_2)_n—X$

Ⅱ $X—(CH_2)_n—C≡C—C≡C—(CH_2)_n—X$

Ⅲ $CH_3—(CH_2)_{m-1}—C≡C—C≡C—(CH_2)_n—X—(CH_2)_n—C≡C—C≡C—(CH_2)_{m-1}—CH_3$

Ⅳ $CH_3—(CH_2)_n—X—CH_2—C≡C—C≡C—CH_2—X—(CH_2)_n—CH_3$

这里主要介绍单链双炔类化合物Ⅰ类中亲水基团为—COOH 的长链双炔酸 LB 膜的聚合。

长链双炔酸的通式是

$$CH_3—(CH_2)_{m-1}—C≡C—C≡C—(CH_2)_n—COOH$$

这里,m 和 n 分别是双炔键两边烷基链的碳原子数,因此长链双炔酸在文献里以一般简写为 C_mC_n。表 4.1 是一些已被广泛研究过的长链双炔酸[15]。

表 4.1 被广泛研究过的长链双炔酸列表

编 号	总碳原子数	m	n	熔点(℃)	参考文献
1	29	16	8	73~75	[4]
2	27	14	8	—	[5]

（续表）

编 号	总碳原子数	m	n	熔点(℃)	参考文献
3	26	13	8	68～69	[6]
4	25	0	20	—	[7]
5	25	14	6	—	[8-11]
6	25	12	8	61	[12]
7	23	10	8	57	[13]
8	23	16	2	93	[14]
9	23	18	0	—	[15]
10	22	9	8	48	[4]
11	21	8	8	—	[4]
12	20	16	0	75	[12]
13	19	12	3	57	[12]
14	19	12	2	—	[14]
15	19	14	0	63	[16]
16	17	10	2	—	[17]
17	17	12	0	58	[18]

长链双炔酸具有很高的光反应性，受紫外光、X射线和 γ-射线照射都会发生聚合反应，并且起始的聚合速率非常快，只是在高转化率时才逐步降低下来。通常，转化不可能完全(图 4.1)，除非用极高的辐射剂量。

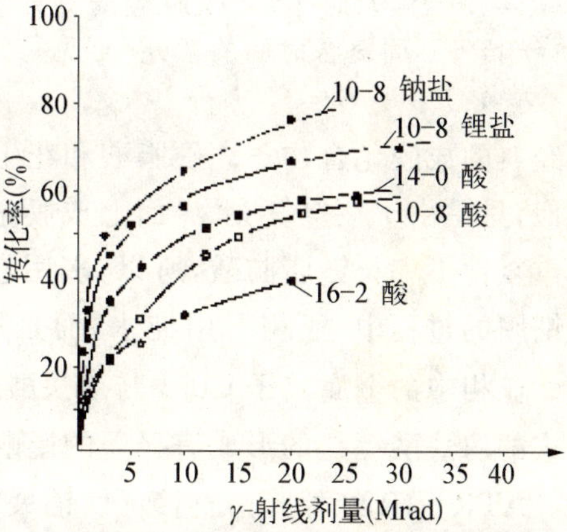

图 4.1 几种长链双炔酸的转化率曲线

对双链双炔类化合物，由于它们两三基的结合位置不同，会有不同的聚合物类型，可以是分子与分子之间的反应形成 $\alpha\beta$-链的聚合物，也可以是 $\alpha\alpha$-链或 $\beta\beta$-链的梯形聚合物，如图 4.2 所示。

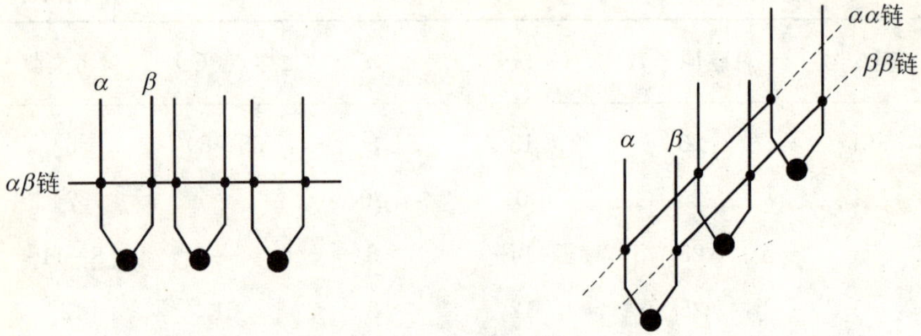

图4.2 双链双炔类化合物聚合物链的类型

由于长链双炔酸的共轭结构对可见光有很强的吸收性，它们的聚合反应可以很容易用紫外-可见光谱来跟踪和表征。譬如图4.3就是 $CH_3—(CH_2)_{14}—C≡C—C≡C—(CH_2)_8—COOH$ 在紫外光照下不同聚合时间的紫外-可见光谱图。在开始光照时，峰值在可见光区间内，随着光照时间的延长，极大值位移到了更短的波长。当然，定量研究它们聚合反应的方法还是跟踪聚合时单分子膜面积的变化。一般说来，长链双炔酸单分子膜聚合时单分子膜占有的面积是收缩的，由此可以研究它们的聚合反应表观动力学和求解包括活化能、反应级数等许多表观动力学参数[16-23]。详细的内容见第6章。

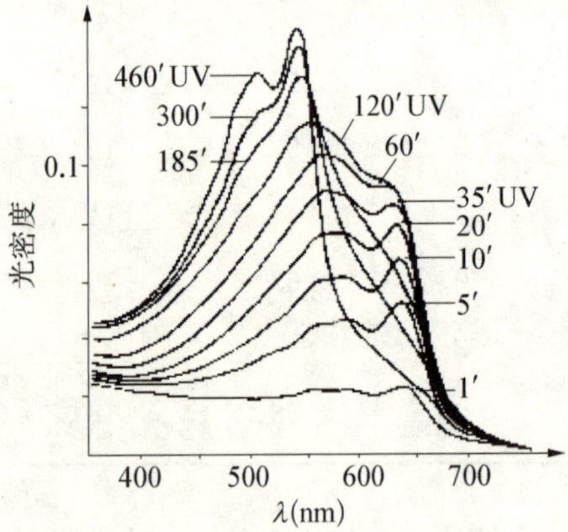

图4.3 双炔酸 $CH_3—(CH_2)_{14}—C≡C—C≡C—(CH_2)_8—COOH$ 在紫外光照下不同聚合时间的紫外-可见光谱

长链双炔酸单体分子成膜条件与经典的成膜化合物——硬脂酸和花生酸等长链脂肪酸分子成膜条件基本类似，只是由于在空气-水界面上成膜过程中，纯双炔酸单分子膜的稳定性和重复性不如长链脂肪酸，所以，多用它们的镉盐来形成更为稳定的膜，即在铺膜的过程中，亚相不用纯水，而是用无机镉盐（$CdBr_2$，$CdCl_2$）的稀溶液。亚相中的金属离子 Cd^{2+} 与双炔酸成盐，因此亚相的pH值对单分子膜形式的双炔酸镉盐的形成有显著的影响。

ATR-IR红外光谱直接证明铺展在无机镉盐（$CdBr_2$，$CdCl_2$）稀溶液上的长链双炔酸已形成了双炔酸的镉盐。自由的羧基 C＝O 的价带在 1 710 cm^{-1}，而当离子化的羧基存在时，C＝O 价带在 1 550 cm^{-1} 处出现一强的谱峰。因此可以从上面两个谱峰相应的强度来推算长链双炔酸转变成其镉盐的量。实验表明,在 pH = 6.5 时,大约有 95%的长链双炔酸转变为它们的镉盐。不同 m 和 n 的长链双炔酸的 $\pi-A$ 曲线如图 4.4 所示,虚线是在纯水亚相上,实线是在 Cd^{2+} 亚相上。由图可见,铺展在 Cd^{2+} 亚相上的 $\pi-A$ 曲线都比在纯水亚相上有更为明显的相变区域和更高的崩溃压,因此,不管是较短的、还是较长的长链双炔酸,其镉盐都较纯双炔酸有更好的成膜性质,分子排列得更紧密。在更长的双炔酸 $C_{14}C_8$ 的 $\pi-A$ 曲线中,大约膜压为 15 mN/m 时,还出现一个固-固相转变(图 4.4 中箭头所指)。

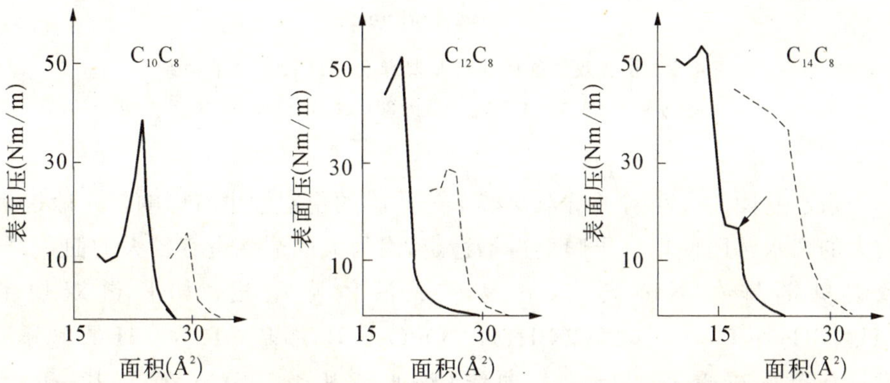

图 4.4 长链双炔酸单分子膜的表面压-面积($\pi-A$)曲线

虚线是在纯水亚相上,实线是在 Cd^{2+} 亚相上

随着长链双炔酸中碳原子总数的增加(和亚相温度的降低),单分子膜凝聚态更为稳定。Tieke[3] 等人做了一系列不同的 m, n 值的长链双炔酸铺膜的对照实验,一个粗略的结果是: $m+n$ 为 20,熔点大于 45℃ 的长链双炔酸,能在纯水表面形成稳定的单分子膜,如果碳原子数降为 $m+n=17$ 的长链双炔酸,在纯水表面上就不能形成稳定的单分子膜,只能在 $CdCl_2$ 亚相上才可形成稳定的单分子膜。即便是 20 个碳原子以上的长链双炔酸,为使单分子膜更加稳定,一般也在水相中加入少量 Cd^{2+}。

长链双炔酸单分子膜崩溃压和稳定性与分子链长有关。图 4.5 是不同链长双炔酸单分子膜的 $\pi-A$ 曲线,随着双炔酸分子中疏水基团 CH_3—$(CH_2)_{m-1}$—中 m 值的增加,单分子膜的稳定性是线性地增加。在 m 一定时,较短的亲水基团—$(CH_2)_n$—COOH(n 值小)比长亲水基团—$(CH_2)_n$—COOH(n 值大)的单分子膜稳定得多。

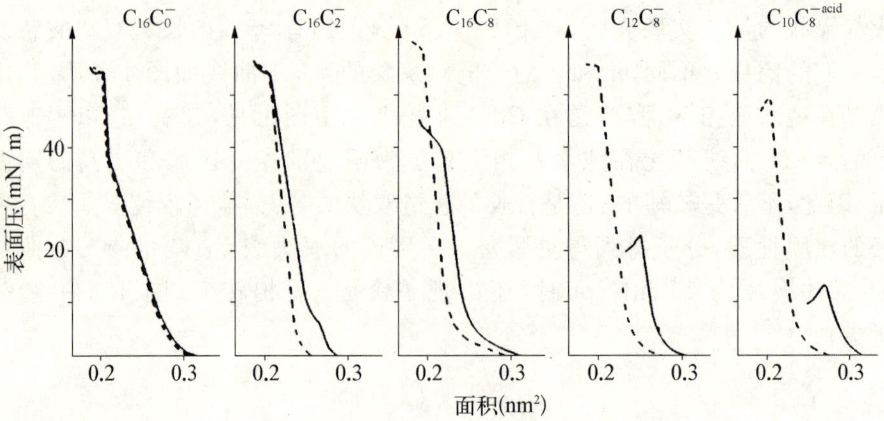

图 4.5 长链双炔酸的链长与其单分子膜稳定性的关系

实线为 12℃、在纯水亚相上的 $\pi-A$ 曲线；虚线为 20℃、在 10^{-3} M $CdCl_2$ 亚相上的 $\pi-A$ 曲线

亲水基团的大小对长链双炔酸单分子膜的稳定性也有影响。一般说来较大的亲水基团使单分子膜变得不稳定，因为大的端基占有较大的面积，导致碳氢链排布不够紧密，容易形成液体膨胀相。如长链双炔酸 $CH_3(CH_2)_{12}C\equiv C—C\equiv C(CH_2)_9—OPO_3—R$，端基—R 为—H 的单分子膜具有单一凝聚相的 $\pi-A$ 曲线（纯水亚相，<35℃），而端基—R 为—$(CH_2)_2N(CH_3)_3$ 的单分子膜，则因为庞大极性基团存在而使其 $\pi-A$ 曲线改变了类型（图 4.6）。

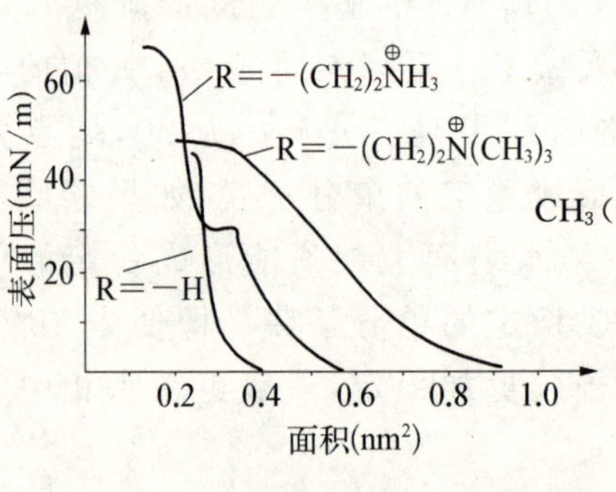

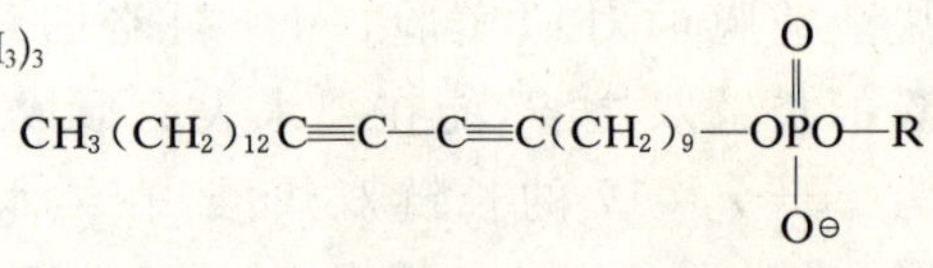

4.1

图 4.6 长链双炔酸分子中亲水基团大小对单分子膜稳定性的影响

电子衍射实验表明，长链双炔酸单分子膜也不是非常均匀的，而是具有区域结构（domain）——单分子膜中直径为几个毫米的结晶小区（图 4.7）。长链双炔酸镉盐 LB 膜中，金属 Cd^{2+} 离子并不固定在特定的（晶格）位置，因为在分子层间金属 Cd^{2+} 离子部分地与水形成了溶剂

化离子。

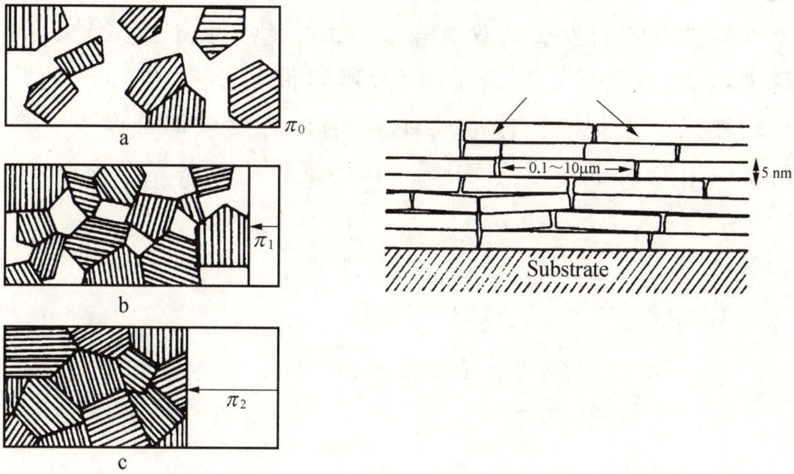

图 4.7 单分子膜和 LB 膜中的 domain 结构

将长链双炔酸的单分子膜或沉积有长链双炔酸的 LB 膜的基片用紫外光(UV)或高能辐射照射,将发生如图 4.8 所示的反应。这是一个在位的 1,4-加成聚合反应,双炔酸分子在其有序排列的平衡位置以其质量中心为中心作剪切摆动,从而使叁键能有机会靠近,打开发生 1,4-加成聚合反应,聚合后在平行于膜的方向上形成单键、双键和叁键的大 π 共轭键。

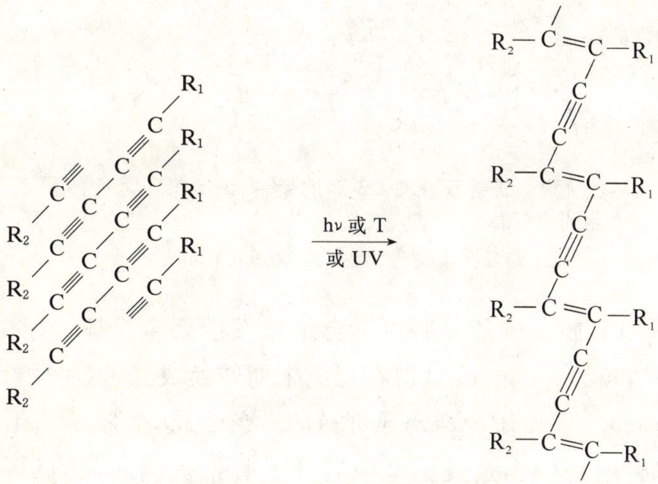

图 4.8 双炔类化合物在紫外光照或热的作用下发生 1,4-加成聚合反应

所得的聚合物主链中有单键、双键和叁键三种不同类型的键

在UV或高能辐射下，聚合是在二聚体的基础上产生的，而二聚体的形成约需1 eV的热激发能，因此，具有254 nm(约为4.7 eV)波长的普通紫外灯光能够引发长链双炔酸LB膜的聚合，波长越长，聚合越慢。一般说来，长链双炔酸及其镉盐的LB膜对波长小于300 nm的紫外光辐照比较敏感。一旦二聚体形成，随后的聚合反应即被激发。聚合反应经历了一个双极子和卡宾(碳烯)作为活性中间体的历程[24]，如图4.9所示。

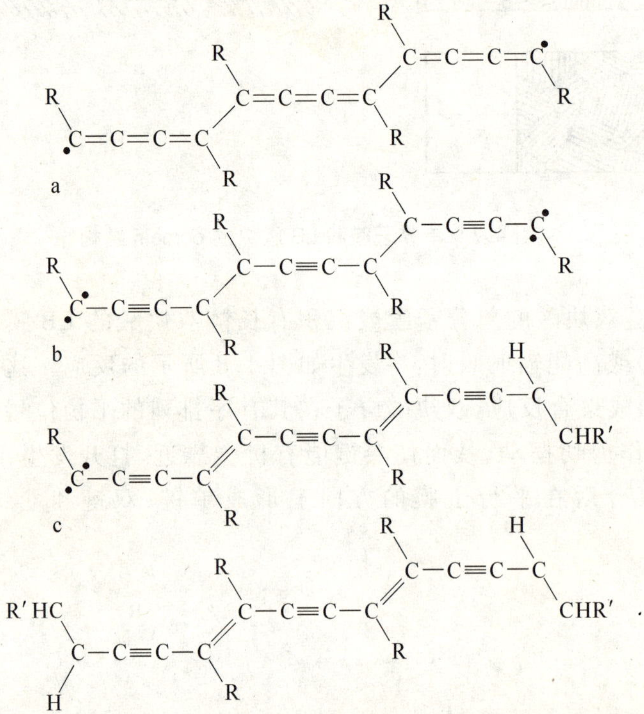

图4.9 长链双炔酸LB膜的聚合，a,b和c为各种可能的中间体

一个圆点表示自由基，两个圆点表示双极子

双炔酸LB膜在紫外光照射下会迅速发生聚合反应。聚合初期呈蓝色(吸收峰在620～630 nm)，但在反应末期转换成红色(吸收峰在500 nm和541 nm处)。表面压也会诱导可逆的颜色变化，低膜压下是蓝色，增加表面压则转变成红色，这是由共轭高分子骨架受侧向应力引起的。分子中共轭双炔的位置对长链双炔酸单分子膜以及由此沉积的LB膜结构都有影响。电子衍射表明，当长链双炔酸中共轭双炔在分子中间附近的位

置，如 $C_{12}C_8$，膜中有一直径大于 1 μm 的分子定向排列的小区域(domain)。在这一区域里双炔酸的脂肪长链呈结晶排列。如果共轭双炔的位置在链的末端，如 $C_{16}C_0$，则分子定向排列的脂肪长链结晶区域直径甚至小于0.1 μm。

亚相水中添加的金属离子形成的长链双炔酸盐明显改善了双炔酸单分子膜的稳定性，也即改善了双炔酸分子在单分子膜和 LB 膜中的排列规整性，由此也会导致双炔酸光反应性的变化。$C_{16}C_8$ LB 膜的吸收光谱表明，纯 $C_{16}C_8$ 双炔酸及其镉盐的 LB 膜都是光活性的，然而用 UV 照射30 min以后，只有 $C_{16}C_8$ 镉盐的 LB 膜的吸收峰极大值向短波方向移动了，表明 $C_{16}C_8$ 双炔酸聚合物发生了相转变。对纯的 $C_{16}C_8$ 双炔酸 LB 膜，即使辐照更长的时间，也不会发生这种相转变。长链双炔酸 LB 膜的聚合受空气中氧的影响不大，聚合了的 LB 膜可以在几个星期里保持稳定，没有发生主链上生色团的褪色。即使有所影响，也仅限于在最上面的那一层。这与它们单分子膜聚合时的情况有很大不同，长链双炔酸单分子膜的聚合就受空气中氧的影响极大，特别是在试样用紫外光聚合时产生的臭氧。

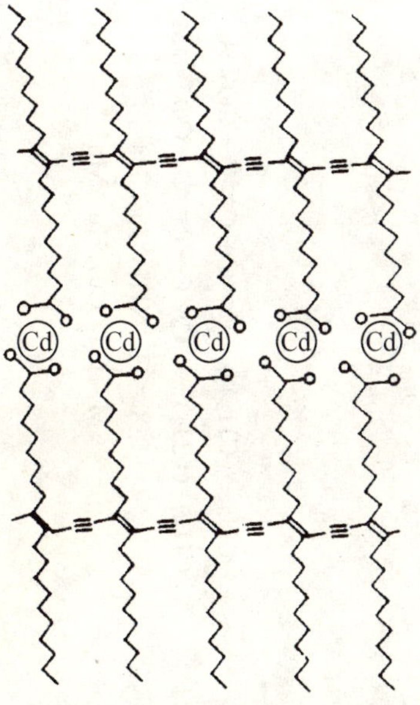

图 4.10 聚双炔酸镉盐 LB 膜的结构

表 4.2 是有关长键双炔酸单分子膜和 LB 膜的有关信息。

表 4.2 长链双炔酸单分子膜和 LB 膜的有关信息

成膜单体化合物	分子式	研究要点	参考文献
长链双炔酸(Ⅰ) 4.2	$CH_3—(CH_2)_{m-1}—C≡C—C≡C—(CH_2)_n—COOH$ $m=10$ $n=8$ $m=16$ $n=2$ $m=16$ $n=0$	炔键靠近羧基的双炔酸能形成最稳定的单分子膜。由于范德华作用能不足以弥补熵的效应,短的烷基链不会形成类固体的组装,这样,一旦炔键处在烷基链的中间,就把链分割成相对短的,类液体的两部分,它们的每一部分都不能贡献足够的能量来稳定组装,但却为聚合提供了足够的改变晶体结构的"柔性"。另一方面,炔键靠近烷基的头,就能形成稳定的,类固体的组装,但这并不能保证能满足固态晶相聚合所需求的排列。	[25]
具有单价和双价阳离子的长链双炔酸盐 4.3	$CH_3—(CH_2)_{17}—C≡C—C≡C—CO_2^- X^+$ $[CH_3—(CH_2)_{17}—C≡C—C≡C—CO_2^-]_2M^{2+}$ X = H, NH_4, Ag, Na M = Cd, Cu, Hg, Mn	长链双炔酸和单价阳离子(Na^+ 是例外)长链双炔酸盐能发生固态晶相聚合,而所有的双价阳离子的长链双炔酸盐都不能聚合,因为双价阳离子的存在导致两个炔键都不能在垂直分子膜层的方向有任何活动,这样聚合时不能发生"晶格"位置的调整,聚合物并不稳定。	[26]
带苯基的长链双炔酸 4.4	$—(CH_2)_m—C≡C—C≡C—(CH_2)_8—COOH$	这类长链双炔酸既有炔键又有苯基的 π-体系,可以作为更为复杂体系的模型化合物。两个不同官能团的方向可以灵巧地操纵,基团之间的相互作用可以系统地改变,从而产生一些新的物理现象。苯基和炔键的距离可以通过 m(=0, 2, 3) 的多少来控制,对它们的 $\pi-A$ 曲线有显著的影响。$m=0$ 时,在纯水表面测不到任何表面压,而 $m=2,3$ 时,在分子占有面积小于 0.25 nm^2处表面压就上升很快。添加 Cd^{2+} 确实使膜更为稳定,但崩溃压大约只有 15 mN/m。$m=0$ 和 $n=8$的长链双炔酸不会发生聚合。	[27]

（续表）

成膜单体化合物	分子式	研究要点	参考文献
长链双炔酸（Ⅱ）4.5	$CH_3—(CH_2)_{15}—C≡C—C≡C—(CH_2)_8—COOH$	Chen 用表面增强拉曼光谱研究了它们的聚合。从单分子膜到多层膜随厚度的增加，C＝C 和 C≡C 伸缩模式向低能量方向有较大的位移（≈50cm^{-1}）。同时随膜厚增加，会发生无序到有序的转变。 Shutt 则把该双炔酸作为电绝缘层组装在金属/LB膜/半导体装置中。亚相中 Cd^{2+} 离子浓度从 10^{-5} 增加到 10^{-3}mol 时，发生一个转变。Cd^{2+} 离子在几个亚相离子中对单分子膜的稳定作用最好（$Cd^{2+}>Ba^{2+}>Mg^{2+}$）。Cd^{2+} 盐的等同周期为 0.34 nm，由此推算的分子链倾斜角约为 30°。	[28，29]
系列长链双炔化合物（Ⅰ）4.6	$C_{18}H_{32}(C≡C)_2CH_2OH$ DA1 $C_{18}H_{33}CO_2CH_2(C≡C)_2CH_2OH$ DA2 $C_{18}H_{37}SO_3CH_2(C≡C)_2CH_2OH$ DA3 $C_{18}H_{33}SO_3CH_2(C≡C)_2(CH_2)_9OH$ DA4 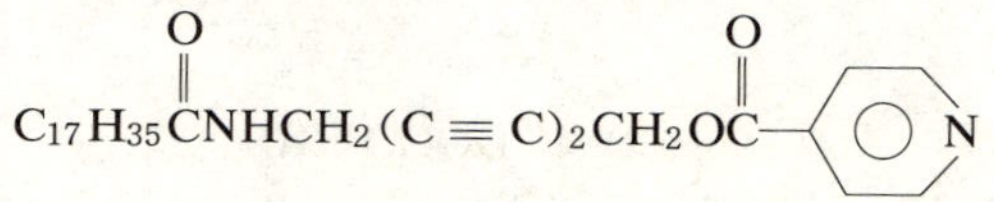 DA5	分别对长链双炔亲水端和疏水端进行修饰，并在分子结构中引入磺酰基和吡啶基，并对系列长链双炔化合物在水面上的聚合动力学进行了研究，发现长链双炔化合物的聚合特性由双炔基团的位置决定，而与磺酰基和吡啶基的引入无关。在相同条件下，分子结构中含磺酰基的聚合活性最高。	[30]
双长链双炔溴化胺 4.7	$Me_2\overset{+}{N}([CH_2]_{11}—C≡C—C≡C—[CH_2]_{10}Me)_2Br^-$	双长链双炔溴化胺在水溶液中会自组装成微米尺寸的圆柱和准球形聚集体，并能在一定条件下聚合。	[31]
系列长链双炔化合物（Ⅱ）4.8	$[CH_3(CH_2)_nC≡C—C≡C(CH_2)_mS—]_2$ $[CH_3(CH_2)_nC≡C—C≡C(CH_2)_mOOC(CH_2)_2S—]_2$	研究了系列长链双炔化合物自组装单分子层结构，发现分子内空间位阻效应和底部基片约束效应均可有效控制双炔化合物自组装单分子层结构。	[32]

（续表）

成膜单体化合物	分子式	研究要点	参考文献
含有两个双炔基团的系列长链双炔化合物 4.9	$CH_3(CH_2)_m—C≡C—C≡C—(CH_2)_t—C≡C—(CH_2)_n—R$ R = COOH，NMe_2，NEt_2	研究了含有两个双炔基团的系列长链双炔化合物表面组装和聚合行为，并对系列长链双炔化合物薄膜 pH 值稳定性进行了研究。	[33]
含有三个炔键的长链双炔酸 4.10	$CH_3(CH_2)_{13}—C≡C—C≡C—C≡C—(CH_2)_8—COOH$	为了增加共轭体系长度，合成了这个含有三个炔键的成膜化合物。它能很好成膜，并在紫外辐照下发生聚合。聚合物的 π 共轭增长，如果用 γ-射线来聚合，其非线性光学系数 χ^3 还有可能进一步提高。	[34]
端基为双炔基的长链双炔酸 4.11	$HC≡C—C≡C—(CH_2)_{20}—COOH$	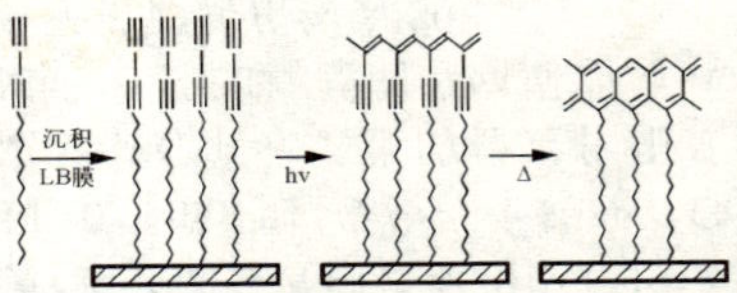端头有双炔基团的两亲化合物沉积成 LB 膜，通过环化反应使端头形成类石墨结构的多联苯（一维的石墨）。	[35]
含双炔基的长链缩二氨酸 4.12	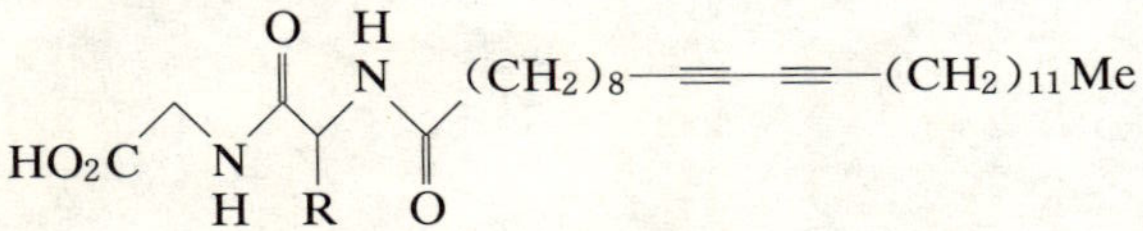 PDA - GlyGly - OH　R = H PDA - AlaGly - OH　R = Me PDA - ValGly - OH　R = Pr[1] PDA - PheGly - OH　R = Bn	缩二氨酸在纯水亚相上（pH = 5.80）的单分子膜在恒定表面压 20 mN/m 下用 λ = 254 nm 紫外光辐照发生聚合反应。微小的结构变化就能引起它们二色性的极大变化，并用非共面堆砌模型解释了聚双炔的这个二色性。	[36]

（续表）

成膜单体化合物	分子式	研究要点	参考文献
含双炔基的长链酰胺 4.13	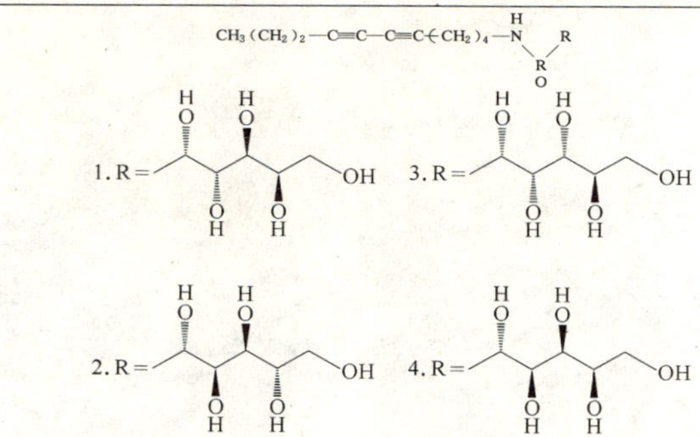	研究不同构象取代基对含双炔基的长链酰胺及其聚合物超分子组装后的微结构的影响。	[37]
含双长链双炔基的溴化胺 4.14	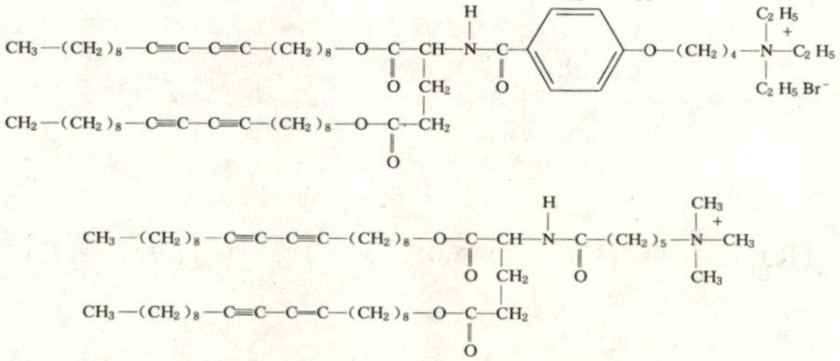	不但研究在水面上的聚合，也研究了它们在玻璃上浇铸膜的聚合（$\lambda = 254$ nm 紫外光照）。在室温到 50 ℃间有可逆的热二色性，表明即使在浇铸膜中仍然保持有分子的取向。	[38]
长链双炔酸和新型双长链双炔基的三氨-三嗪 4.15	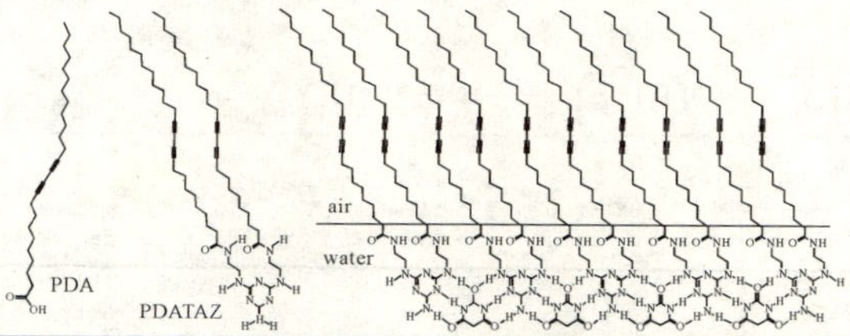	研究了新型长链双炔酸 PDATAZ 与双炔酸 PDA 在水面上混合膜自组装及光照聚合行为，并对聚双炔的色变行为进行了研究，发现当侧链极性基团间存在强相互作用时，侧链的运动受到阻碍，聚双炔薄膜将保持蓝相。	[39]

（续表）

成膜单体化合物	分子式	研究要点	参考文献
含吗啉基的长链双炔化合物 4.16	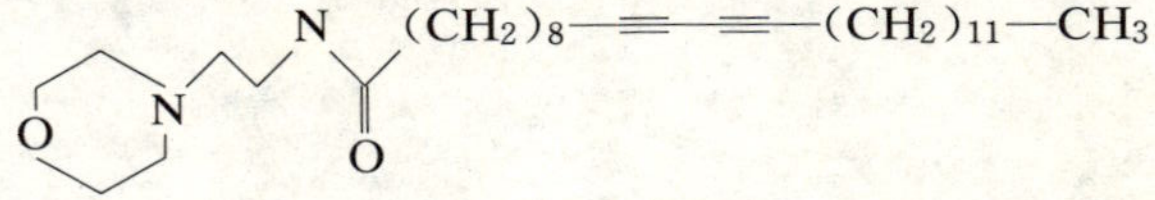	研究了新型含双炔基团化合物在水面上的聚合动力学，及其色变行为。	[40]
10,12 二十五双炔酸 4.17	$CH_3-(CH_2)_{11}-C\equiv C-C\equiv C-(CH_2)_8-COOH$	将长链双炔酸 LB 膜沉积在金表面，并用电子束刻蚀方法制备了微米尺寸的聚双炔图案薄膜。有关聚合的内容更见正文。	[41]
双炔酸和联有唾液酸糖脂的长链双炔分子 4.18	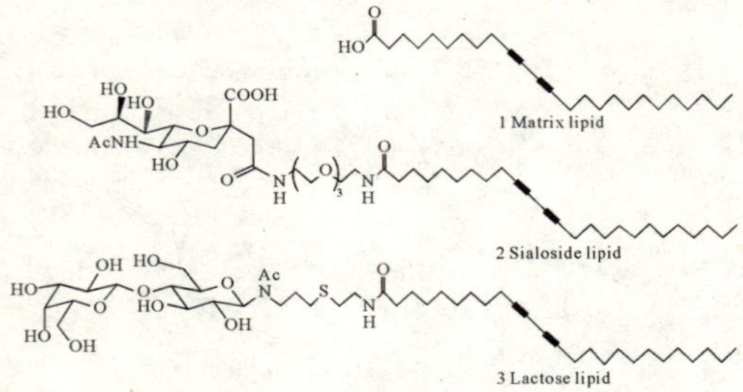	利用化学方法将唾液酸糖脂插入到聚联乙炔 LB 膜中，形成具有识别流感病毒功能的变色 LB 膜。	[9,42]
一端被苯或苯衍生物取代的长链双炔分子 4.19	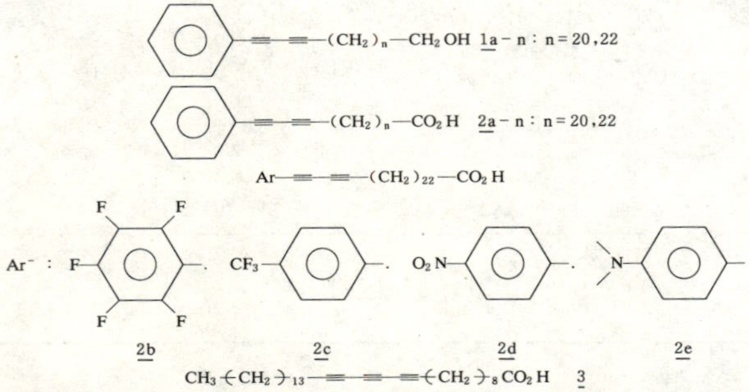	系列一端被苯或苯衍生物取代的长链双炔分子被合成，并对其成膜性质和聚合行为进行了研究。	[43]

4.2 8,10-二炔二十五碳酸 LB 膜的聚合

4.2.1 8,10-二炔二十五碳酸在水面上的铺展和 LB 膜

8,10-二炔二十五碳酸(4-20)

$$C_{12}H_{25}—C≡C—C≡C—(CH_2)_8—COOH\ (C_{13}C_8)$$

是我们实验室用癸二酸与十六烯合成而得的一种长链双炔酸成膜化合物，基本的合成路线是

(1) $HOOC—(CH_2)_8—COOH \rightarrow HOOC—(CH_2)_8—COOC_2H_5 \rightarrow CH_2{=}CH—(CH_2)_6—COOC_2H_5 \rightarrow CH_2{=}CH—(CH_2)_6—COOH \rightarrow CH_2Br—CHBr—(CH_2)_6—COOH \rightarrow CH≡C—(CH_2)_6—COOH$ (Ⅰ)

(2) $CH_2{=}CH—(CH_2)_{13}—CH_3 \rightarrow CH_2Br—CHBr—(CH_2)_{13}—CH_3 \rightarrow CH≡C—(CH_2)_{13}—CH_3 \rightarrow IC≡C—(CH_2)_{13}—CH_3$ (Ⅱ)

(3) (Ⅰ)+(Ⅱ) $\xrightarrow[CH_3CH_2NH_2]{CuCl_2\ HONH_2 \cdot HCl} CH_3—(CH_2)_{13}—C≡C—C≡C—(CH_2)_6—COOH$

癸二酸是从我国的大宗产品蓖麻油中提取的，由癸二酸出发合成的长链双炔酸 $C_{13}C_8$ 在水面上的铺展和聚合均未见报道，我们在只有简易膜天平的条件下(第 1 章 1.3.3 节)，用涂蜡的棉线作膜障来沉积他们的 LB 膜。因为没有 $C_{13}C_8$ 的 $\pi-A$ 曲线，沉积表面压是参照碳原子数相近的长链双炔酸

$$C_{12}H_{25}—C≡C—C≡C—(CH_2)_8—COOH\ (C_{12}C_8)$$

和

$$C_{14}H_{29}—C≡C—C≡C—(CH_2)_8—COOH\ (C_{14}C_8)$$

的 $\pi-A$ 曲线数据[4]确定的。$C_{12}C_8$ 和 $C_{14}C_8$ 单分子膜在 10～50 mN/m 表面压范围内，都呈紧密排列的固态膜而不崩溃，碳原子与它们相近的 8,10-二炔二十五碳酸($C_{13}C_8$)至少可以认为在适中的表面压 $\pi=30$ mN/m 时是

固态膜。这样，用简易膜天平沉积 LB 膜时，用相应的油酸作推进油是合宜的，油酸 30 mN/m 的表面压正好用作 8,10 -二炔二十五碳酸（$C_{13}C_8$）单分子膜的沉积表面压。

沉积 LB 膜的速度对 LB 膜的完整性是重要的，较慢的沉积速度会使所得 LB 膜更为完好，特别是对第一层的沉积。为此选择 0.2 cm/min 作为第一层的沉积速度，以后各层的沉积速度提高为 0.4 cm/min，X 射线衍射表明，以这样的速度沉积的多达 100 多层的 8,10 -二炔二十五碳酸 $C_{13}C_8$LB 膜具有完好的周期结构。

4.2.2 8,10 -二炔二十五碳酸 LB 膜的紫外-可见光谱

因为是用简易膜天平沉积的 LB 膜，首先用紫外吸收光谱来比较 LB 膜和纯 $C_{13}C_8$ 的吸收峰，以确认 $C_{13}C_8$ 确实是沉积到了基片上。图 4.11 a 是 $C_{13}C_8$ 120 层 LB 膜的紫外吸收光谱，在 255 nm，240 nm，230 nm 处呈现 3 个吸收峰，与浓度为 10^{-3} g/mL 的 $C_{13}C_8$ 环已烷溶液的 4 个吸收峰 255 nm，240 nm，228 nm，218 nm 中的 3 个相对应，表明确有 $C_{13}C_8$ 分子沉积到了石英基片上。

$C_{13}C_8$ LB 膜的紫外光照聚合（低压汞灯，波长 $\lambda = 254$ nm）也是用紫外-可见光谱来跟踪和检测的。图 4.11 b 显示了 $C_{13}C_8$LB 膜紫外光辐照聚合前后的可见光出现吸收峰。其环已烷溶液或 LB 膜辐照前没有吸收峰，到紫外光辐照（聚合）后紫外-可见光谱有显著变化，出现了两个很强的吸收峰，相应的波长分别为 582 nm 和 635 nm，这是 LB 膜发生聚合反应的结果。双炔酸发生 1,4 -加聚反应，形成三键、双键共轭的大 π 键，因而在可见光区域有吸收。由图 4.11 b 可以看到 $C_{13}C_8$ LB 膜的紫外光照聚合大致可以分为三个区期。在紫外光照的前 12 min 是聚合前期，吸收峰位置不变，但峰高却随光照时间而增大，这是聚合反应正在继续进行的结果，LB 膜的颜色为绿色，635 nm 的峰较大。在紫外光照的 12～33 min 是聚合中期，只要聚合时间超过 20 min LB 膜的颜色逐渐变为红色，反映在光谱上就是相对应的 582 nm 的峰变大了，并随聚合程度的增加，582 nm 吸收峰越加变高，表明其大 π 键共轭区域变大。光照时间超过 33 min 聚合反应进入后期，582 nm的吸收峰相对于 635 nm 的峰越来越大，LB 膜的颜色越来越深，最后变为深红色。另外，当辐照时间超过 90 min，又在 506 nm 处分裂出另一个新的峰，更说明了 LB 膜颜色的变深。150 min 后谱图不再变化，同时原有紫外吸收峰也消失了，表明聚合已基本完成[44]。

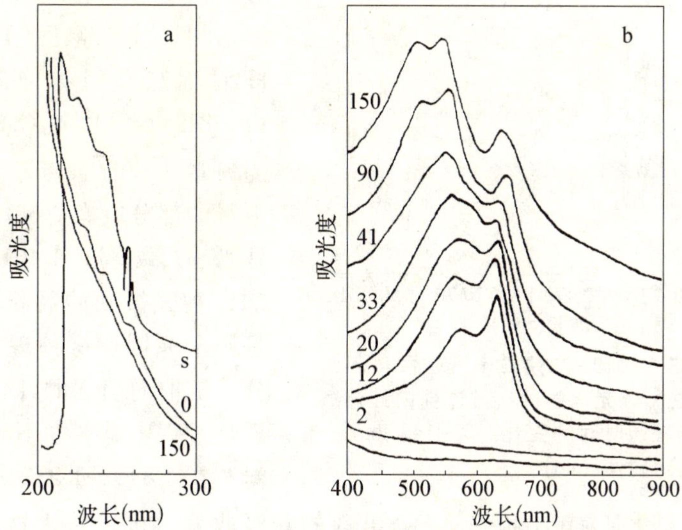

图 4.11　8,10-二炔二十五碳酸 LB 膜紫外(a) 和可见(b) 光谱

数字 0, 2, …, 150 为 LB 膜在紫外光辐照的时间(min), s 为它的环己烷溶液

4.2.3　8,10-二炔二十五碳酸 LB 膜的红外光谱

我们也用红外光谱考察了 $C_{13}C_8$ LB 膜的紫外光照聚合[44]。图 4.12 是 $C_{13}C_8$ 沉积在 CaF_2 基片上的 LB 膜红外光谱图。由于亚相中加有二价的 Cd^{2+},8,10-二炔二十五碳酸是以其镉盐的形式存在的,没有游离羧基—COOH 中 O—H 收缩振动的吸收峰(3 500～3 100 cm^{-1})。同理,表征 C=0 基振动的 1 700 cm^{-1} 处也没有吸收峰出现。Cd^{2+} 的水合作用较强,部分 Cd^{2+} 是以水合状态进入膜中,3 200 cm^{-1} 低宽峰应该是与 Cd^{2+} 水合的水分子的贡献。

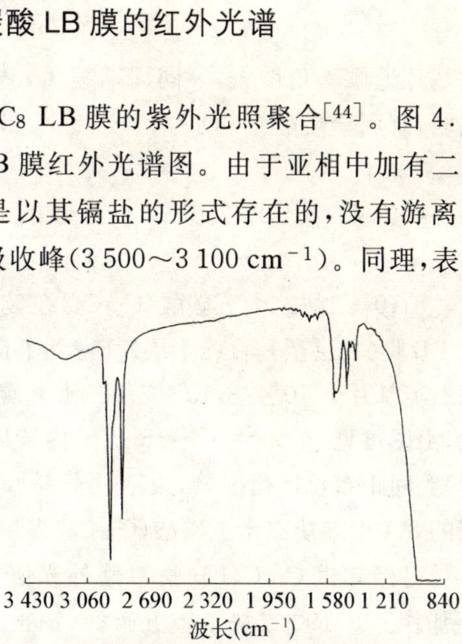

图 4.12　8,10-二炔二十五碳酸(镉) LB 膜的红外光谱图

图 4.13 是 $C_{13}C_8$ LB 膜聚合过程中红外光谱的变化。2 900 cm^{-1} 和 1 400～1 500 cm^{-1} 附近的峰逐渐减弱是由于 LB 膜

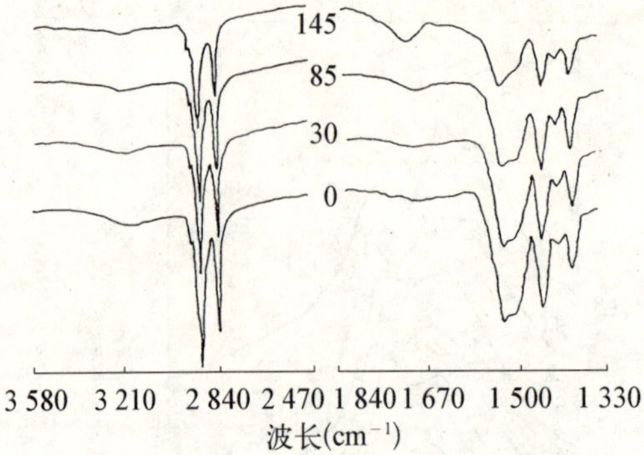

图 4.13 8,10-二炔二十五碳酸(镉)LB 膜在紫外光辐射(聚合)过程中红外光谱随辐照时间的变化。0～145 为辐照(聚合)时间(min)

分子在基片上倾角在聚合后有所增加。分子链上 CH_2 中 C—H 对称和非对称伸缩振动的 ν_s(2 849 cm^{-1}),ν_{as}(2 918 cm^{-1})的矢量 $\vec{\mu}_s$ 和 $\vec{\mu}_{as}$ 与入射红外光平行的部分就有所减小,引起红外吸收减弱。1 461 cm^{-1} 处 CH_2 剪式振动的吸收峰较小也是这个原因。这种现象是由于分子链取向引起的,因此在本体聚合过程中是观察不到的。

在 1 840～1 330 cm^{-1} 波段最明显的变化是在 1 690 cm^{-1} 处出现的新吸收峰。可以认为这是游离羧基中 C=O 的伸缩振动的吸收峰。也就是说在 $C_{13}C_8$ LB 膜聚合过程中有部分羧酸根转变为羧基。LB 膜中的镉离子部分是水合离子,聚合时在紫外光直接照射下,镉盐发生水解而产生—COOH。除了上面已提及的 1 538 cm^{-1} 和 1 513 cm^{-1} 峰的比例变化外,原在 3 200 cm^{-1} 的"馒头峰"(水中—OH 伸缩振动吸收峰)在聚合后明显减弱,也支持这个观点。因为部分水分子与 COO^- 反应生成了—COOH。事实上,聚合后 $C_{13}C_8$ LB 膜分子在基片上倾斜角增大,等同周期缩短,致使羧酸根与 Cd^{2+} 离子的相互作用减弱,有利于羧酸根的水解。

4.2.4 8,10-二炔二十五碳酸 LB 膜的 X 射线衍射

8,10-二炔二十五碳酸($C_{13}C_8$)在玻片(显微镜用盖玻片),镀金片上沉积的 LB 膜(几层至一百几十层)都得到了良好的 X 射线衍射图样。图4.14是沉积石英基片上 70 层 8,10-二炔二十五碳酸(镉盐)聚合前后的 X 射线衍射曲线,由图可见,在 $2\theta=1^\circ\sim15^\circ$ 范围内清晰呈现出 7 个(聚合前)和 5 个(聚合后)等间距布拉格衍射峰,表明用简易膜天平铺膜和以油酸作推进油沉积得到的 8,10-二炔二十五碳酸($C_{13}C_8$)多层 LB 膜具有规整排列的周期结构。

已经知道 $C_{13}C_8$ LB 膜在紫外光照射 150 min 已能使之完全聚合。石英基片上 8,10-二炔二十五碳酸(镉盐)LB 膜聚合后的 X 射线衍射结果如图 4.14 上部分曲线所示。规则的衍射峰表明 8,10-二炔二十五碳酸(镉盐)LB 膜聚合后仍然保持了它们的周期结构,因为双炔酸 LB 膜的聚合与

其本体时的聚合一样时固态在位聚合，聚合不破坏其层状结构。

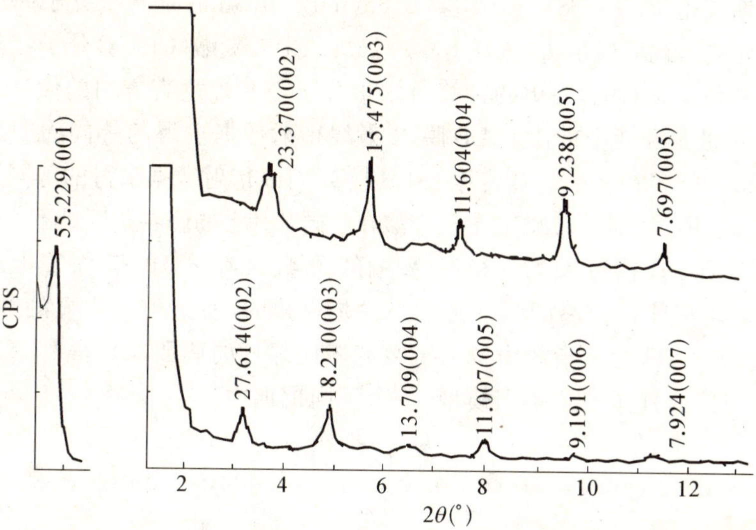

图 4.14 在石英基片上 71 层 8,10-二炔二十五碳酸（镉盐）LB 膜聚合前（下）、后（上）的 X 射线衍射图

2θ 在 1°～13°范围内分别呈现了 7 个（聚合前）和 5 个（聚合后）等间距衍射峰

由图可见，$C_{13}C_8$LB 膜聚合后的 X 射线衍射峰明显向 2θ 大的方向位移，表明其等同周期在缩小。由衍射峰计算得到 8,10-二炔二十五碳酸（镉盐）LB 膜聚合后的等同周期为 4.639 nm，比聚合前缩短了 0.867 nm，这是因为本来是分子间的范德华作用距离聚合后变成了化学键距离，致使 LB 膜中分子的倾斜角度进一步加大。对双炔酸类化合物，固态在位聚合反应只有在它们分子的排列非常整齐的情况下才能进行，而在溶液和熔融状态下都不能发生。8,10-二炔二十五碳酸 LB 膜的聚合成功，也从一个侧面证明了其 LB 膜分子排列的规整性。

由公式 $d = l \cdot d_{00l}$ 计算得 8,10-二炔二十五碳酸在石英片上 LB 膜的等同周期平均值 $d = 5.506$ nm。考虑到 X 射线衍射仪在特别低的角度实验时误差偏大，平均值中不包括由 2θ 在 1°～1.5°范围内第一级衍射峰得到的数据（原因详见第 2 章）。

由键长估算完全伸展的 8,10-二炔二十五碳酸镉

$$CH_3—(CH_3)_{13}—C≡C—C≡C—(CH_2)_6—COOCd_{1/2}$$

长度 $L = 3.28$ nm，而 8,10-二炔二十五碳酸（$C_{13}C_8$）LB 膜的等同周期为 5.506 nm，那么一个等同周期里应该含有两个 8,10-二炔二十五碳酸分子，所以是 Y-型 LB 膜。

以一个等同周期里含有两个分子来计算 8,10 -二炔二十五碳酸 LB 膜的等同周期应是 (2×3.28) + 0.3 = 6.86(nm) (0.3 nm 是两个分子间最小的范德华距离),比实验值大,表明 8,10 -二炔二十五碳酸($C_{13}C_8$)分子在基片上不是垂直而是倾斜的,简单的计算可求得分子与基片垂直方向的倾斜角 α = 36.6°。由玻片和镀金玻片上 LB 膜 X 射线衍射数据求得的等同周期分别为 5.355 nm 和 5.426 nm,与石英片上 LB 膜 X 射线衍射数据求得的等同周期不尽一致。这说明 8,10 -二炔二十五碳酸在不同基片上的倾斜角度是不一样的。

像所有 LB 膜的 X 射线衍射峰一样,图 4.14 中 8,10 -二炔二十五碳酸 LB 膜的 X 射线衍射峰的强度总的来说是递减的,但呈现出明显的“强度奇偶起伏”现象,即衍射指数中 l 为奇数的峰比邻近的偶数峰来得高。用来解释这个现象的具体分子排列模型(一个等同周期中)是

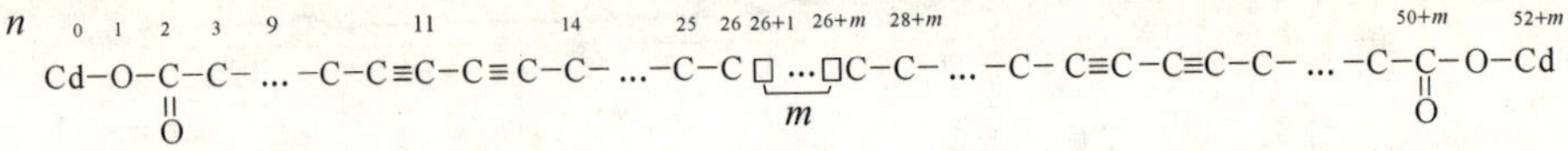

图 4.15 用于解释 8,10 -二炔二十五碳酸(镉)LB 膜 X -射峰强度“奇偶起伏”现象的具体原子排列模型

这里不考虑三键和单键键长的差别

用 Y -型 LB 膜中疏水基团头头相接将引起等同周期中等缺电子层的概念,和计算衍射峰强度 I 的公式(见第 2 章),求得当缺电子层数目 m 取 3 时,计算得衍射峰相对强度不但呈现出奇偶起伏,并且与 X 射线衍射的实验结果有最好的定性相符(图 4.16),从而顺利解释了 8,10 -二炔二

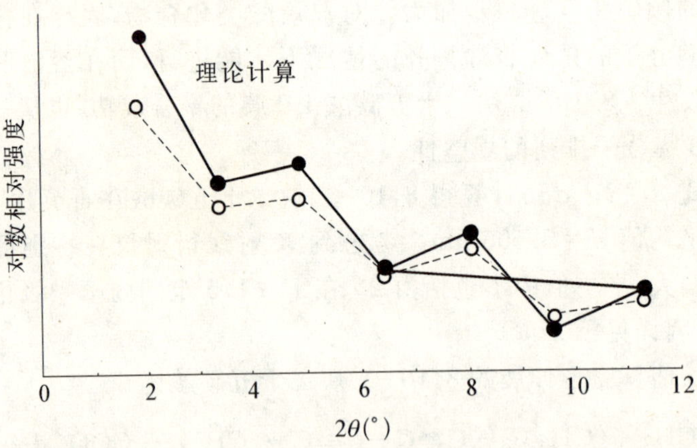

图 4.16 8,10 -二炔二十五碳酸 LB 膜的 X 射线衍射峰强度“强度奇偶起伏”现象

在取缺电子层数目 m = 3 时,计算得衍射峰相对强度不但呈现出奇偶起伏,并且与 X 射线衍射的实验结果有最好的定性相符

十五碳酸 LB 膜 X 射线峰强度的奇偶起伏现象。对长链脂肪酸(硬脂酸、花生酸)LB 膜 X 射线衍射峰强度的奇偶起伏,一般是在 $m=3$ 时,理论计算与实验有最好的定性符合。8,10-二炔二十五碳酸分子中含有两个共轭的三键,它们的键长比 C—C 单键短,尽管如此,它们 LB 膜 X 射线衍射强度的奇偶起伏仍可用 $m=3$ 的上述模型来定性地加以解释。

8,10-二炔二十五碳酸 LB 膜在紫外光辐射 150 min 的辐照已能完全聚合,石英基片上 71 层 LB 聚合后 X 射线衍射的结构如图 4.14 所示,规则的衍射峰表明 8,10-二炔二十五碳酸 LB 膜的聚合仍保留了它们的周期结构,双炔酸 LB 膜的聚合与其本体时的聚合一样是固态在位聚合,聚合不破坏其层状结构。由图可见,8,10-二炔二十五碳酸 LB 膜聚合前后的 X 射线衍射向 2θ 大的方向位移,表明其等同周期在缩小。聚合后 LB 膜的平均等同周期 $d_{聚合后}=4.64$ nm,比聚合前缩短了 0.87 nm,这是因为本来是分子间的范德华作用距离聚合后变成了化学键距离,致使 LB 膜中分子的倾斜角度进一步加大。对双炔类化合物,固态在位聚合反应只有在它们分子的排列非常整齐的情况下才能进行,而在溶液和熔融状态下都不能发生,8,10-二炔二十五碳酸 LB 膜的聚合成功,也从一个侧面证明了用简易膜天平制备的 LB 膜是可行的,其分子排列是规整有序的。

4.3 10,12-二炔二十五碳酸 LB 膜的聚合

4.3.1 10,12-二炔二十五碳酸在水面上的铺展和 LB 膜

10,12-二炔二十五碳酸(4.15)是一个被广泛使用和研究的长链双炔酸成膜化合物,有商品供应。固体粉末状试样溶于氯仿中,过滤掉少量已聚合的杂质,浓度为 0.5 mg/mL。采用两种亚相,即 4×10^{-4} mol/L $CdCl_2$ 和 4×10^{-4} mol/L $TbCl_3$ 的水溶液。10,12-二炔二十五碳酸在不同亚相 4×10^{-4} mol/L CdCl 和 4×10^{-4} mol/L $TbCl_3$ 上的 $\pi-A$ 曲线如图 4.17 所示,以 $CdCl_2$ 为亚相溶液时,单分子膜呈现出很好的压缩曲线,崩溃压为 48 mN/m,崩溃后,表面压 π 迅速降低。紧密排列的单分子膜中单个分子的占据面积为 0.31 nm^2。而当以 $TbCl_3$ 为亚相溶液时,单分子膜在 37 mN/m 呈现相分离,这恰恰发生在膜崩溃前,并且膜在崩溃时曲线无显

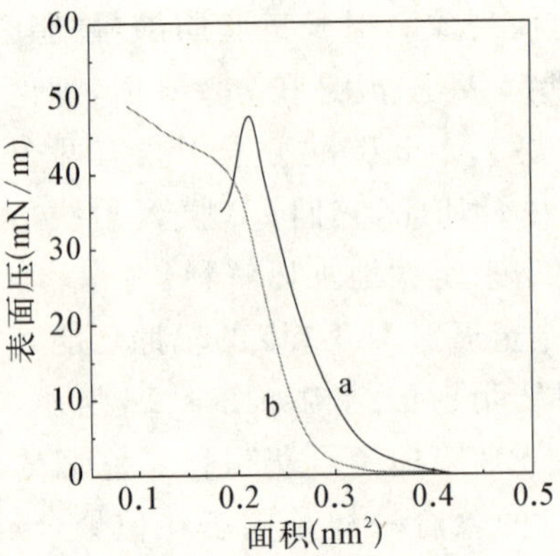

图 4.17 不同亚相上 10,12-二炔二十五碳酸的 $\pi-A$ 曲线

a. 亚相 4×10^{-4} mol/L CdCl2; b. 4×10^{-4} mol/L $TbCl_3$, 20℃

著变化。它的分子占据面积是 0.27 nm^2。显然,三价离子 Tb^{3+} 对单分子膜中分子排列的压缩效应比二价离子 Cd^{2+} 强得多,不同亚相影响其表面上分子的聚集状态。

浓度为 0.5 mg/mL 10,12-二炔二十五碳酸的氯仿溶液铺展在含 4×10^{-4}mol/L $CdCl_2$ 或 4×10^{-4} mol/L $TbCl_3$ 的亚相(pH 为 6.5,20℃)上,膜障以 8 mm/min 的速度推进,在 $CdCl_2$ 亚相沉积 LB 膜时,沉积表面压保持在 30 mN/m;而在 $TbCl_3$ 亚相上时,沉积表面压保持在 22 mN/m。沉积时,上升速度为 4 mm/min 的,下降速度为 3 mm/min,一律沉积成 Y-型 LB 膜。

4.3.2 10,12-二炔二十五碳酸 LB 膜聚合前后的 X 射线衍射

10,12-二炔二十五碳酸 LB 膜的聚合是在紫外光照(低压汞灯,波长 $\lambda=254$ nm)下实现的。

以 $CdCl_2$ 溶液为亚相,沉积在盖玻片上的 81 层 10,12-二炔二十五碳酸 LB 膜 X 射线衍射图 4.18 中的曲线 a。2θ 在 1.2°~10°范围内清晰呈现出 5 个等间距衍射峰,以及衍射峰强度呈现出明显的"奇偶振荡现象",表明用 30 mN/m 表面压沉积所得的 LB 膜具有规整排列的周期结构。

由公式 $d=l\cdot d_{00l}$ 计算得 10,12-二炔二十五碳酸 LB 膜的等同周期平均值 $d=5.45$ nm。由于衍射仪低角误差较大,平均值中不包括由第一级衍射峰得到的数据(详见第 2 章)。由键长和键角估算得到完全伸展的 10,12-二炔二十五碳酸分子长度为 3.28 nm,而 10,12-二炔二十五碳酸 LB 膜的等同周期为 5.45 nm,那么一个等同周期里应该含有两个 10,12-二炔二十五碳酸分子,所以是 Y-型 LB 膜。以两个分子来计算 10,12-二炔二十五碳酸 LB 膜的等同周期是 $2\times3.28+0.3=6.86$(nm)(0.3 nm 是两个分子间最小范德华距离),比实验值大,这表明 10,12-二炔二十五碳酸分子在基片上不是垂直而是倾斜的,简单的计算可求得分子与基片垂直方向的倾斜角 α 为 37.4°。

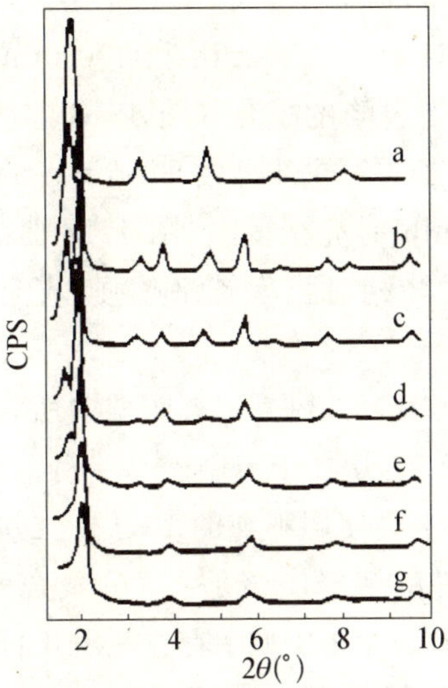

图4.18　81层10,12-二炔二十五碳酸LB膜的X射线衍射图,亚相为$CdCl_2$,紫外光照

a. 光照前;b. 10 min;c. 20 min;d. 40 min;e. 110 min;f. 210 min;g. 400 min

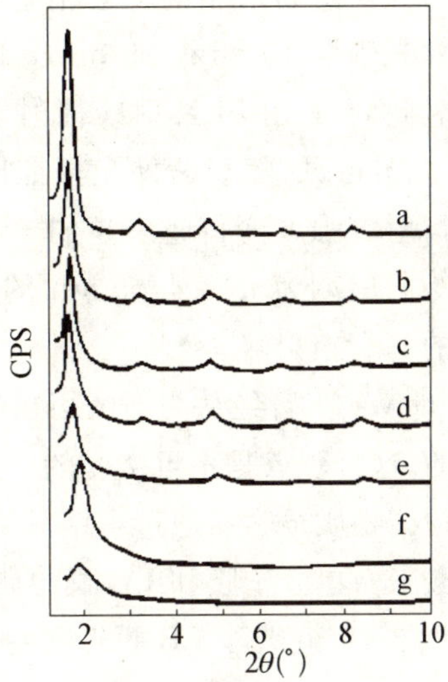

图4.19　81层10,12-二炔二十五碳酸LB膜的X射线衍射图,亚相为$TbCl_3$,紫外光照

a. 光照前; b. 10 min; c. 30 min;d. 100 min;e. 200 min;f. 350 min;g. 400 min

图4.19曲线a是以$TbCl_3$为亚相溶液时10,12-二炔二十五碳酸LB膜的X射线衍射曲线。在1.2°～10°范围内,也呈现出5个等间距衍射峰,也有“奇偶振荡现象”。计算同上,得到其等同周期为$d=5.40$ nm,因而PCDA分子的倾斜角为38.1°。可见,不同的亚相,即不同的离子影响基片上PCDA分子的倾斜角。

4.3.3　以$CdCl_2$为亚相铺展的10,12-二炔二十五碳酸LB膜聚合过程中的两套X射线衍射峰

如上所述,聚合前10,12-二炔二十五碳酸LB膜呈现出一套规整的衍射峰。然而在紫外光辐照下,以$CdCl_2$为亚相的部分聚合的10,12-二炔二十五碳酸LB膜呈现出了两套X射线衍射峰(图4.18,曲线b),也就是说,在紫外光辐照下10,12-二炔二十五碳酸LB膜在原有衍射峰对应的2θ更大的角度上产生了新的衍射峰。同理可计算得到部分聚合的10,12-二炔二十五碳酸LB膜中新的一套衍射峰的等同周期为$d'=4.65$ nm,比聚合前的等同周期大。

为弄清这新产生的一套衍射峰的由来，将10,12-二炔二十五碳酸LB膜紫外光辐照10 min，20 min，40 min，110 min，210 min和400 min六个不同时间间隔，并用X射线衍射仪跟踪其衍射峰的变化（图4.18曲线b～g）。由图可见，随着紫外光辐照时间的延长，等同周期为5.45 nm的原有那套衍射峰强度变得越来越弱，辐照210 min时完全消失（图4.18曲线f）。同时等同周期为$d'=4.65$ nm的那套衍射峰相对强度越来越强，直至成为唯一的一套衍射峰。

Ogawa[45]曾经认为新的衍射峰是由10,12-二炔二十五碳酸中所含杂质引起的，这个观点是不可接受的，因为10,12-二炔二十五碳酸是一种晶体，因而它的纯物质很容易通过重结晶得到，人们不会使用不纯的10,12-二炔二十五碳酸来做单分子膜和LB膜的研究。合理的解释应该是：部分聚合的10,12-二炔二十五碳酸LB膜出现两套衍射峰，表明LB膜中存在两种不同的分子有序排列结构，即纯10,12-二炔二十五碳酸和它们聚合物的有序结构。以$CdCl_2$为亚相溶液部分聚合的10,12-二炔二十五碳酸LB膜出现的另外一套$d'=4.65$ nm的衍射峰应该与10,12-二炔二十五碳酸的聚合物结构有关。聚合前的膜中只有10,12-二炔二十五碳酸单体相存在，一用紫外光辐照，部分10,12-二炔二十五碳酸分子便聚合成高分子，由于10,12-二炔二十五碳酸单体和10,12-二炔二十五碳酸聚合物的“晶格”存在很大的不匹配，因而在部分聚合的10,12-二炔二十五碳酸LB膜中便产生两相，这就是为什么出现两套衍射峰的原因。一套衍射峰属于10,12-二炔二十五碳酸单体分子，另一套衍射峰属于10,12-二炔二十五碳酸聚合物的分子。

众所周知，通常条件下，10,12-二炔二十五碳酸是很容易聚合的。如果铺展和聚合时不注意避免来自阳光中的紫外光，10,12-二炔二十五碳酸LB膜将发生部分聚合，从而导致另一套衍射峰的产生。因而，Ogawa等多名学者因为做实验时没有任何措施来避免阳光中的紫外光，在他们的实验中都观察到新的衍射峰是可以理解的。

问题在于，如何解释在$TbCl_3$亚相上铺展的10,12-二炔二十五碳酸LB膜聚合时只有一套衍射峰。原来，双炔类化合物固态晶相聚合存在有两种方式，即如图4.20 a的异相聚合和图4.20 b的均相聚合。异相聚合的第一步是聚合物相的成核，新相是在缺陷、表面或母相中不完善的地方成核的，显然，在这种情况下核之间的连贯性被破坏。而均相聚合是在单体晶体中均匀地进行，它起始于整个晶体中无规分布的某些点，这样就形成了分散在单体母体中伸直链大分子的固态溶液，结果，结构的连贯性保持不变，聚合是连续的均相过程。

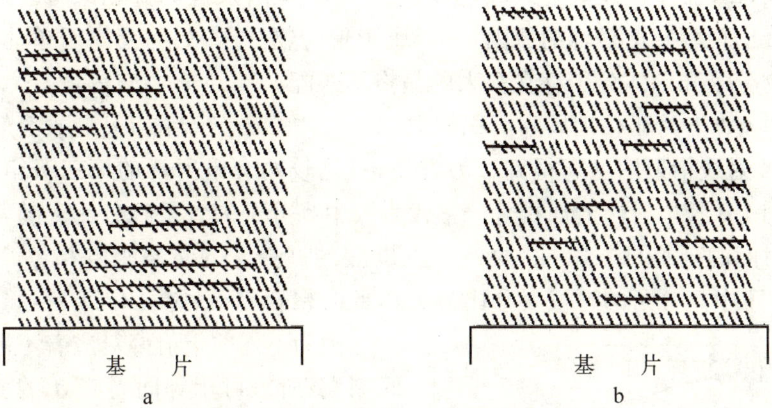

图 4.20　a. 10,12-二炔二十五碳酸 LB 膜的异相链增长，$CdCl_2$ 亚相；b. 10,12-二炔二十五碳酸 LB 膜的均相链增长，$TbCl_3$ 亚相

在 $CdCl_2$ 亚相上铺展和沉积得到的 10,12-二炔二十五碳酸 LB 膜在聚合时呈现两套衍射峰，即存在两相表明 LB 膜中的链增长反应是异相的；而在 $TbCl_3$ 亚相上铺展和沉积得到的 10,12-二炔二十五碳酸 LB 膜属于均相链增长聚合反应，聚合的 10,12-二炔二十五碳酸大分子均匀分布在其单体中，类似于固态溶液，因而图 4.19 中只有一套衍射峰的 d 值是单体分子和聚合物分子的平均效果。包括衍射峰在内的大多数物理现象应与均相的固态溶液有关。

由 $\pi-A$ 曲线知道，在不同的亚相上，分子的密堆积状态不同。以 $CdCl_2$ 溶液为亚相时，单个 10,12-二炔二十五碳酸分子的占据面积为0.31 nm^2，而以 $TbCl_3$ 溶液为亚相时单个分子的占据面积为 0.27 nm^2。开始聚合时，部分聚合的分子倾斜，在层间膨胀从而挤压邻近的分子，这样在链末端产生内应力，从而阻止了链增长。$TbCl_3$ 亚相上分子的排列较 $CdCl_2$ 亚相上更紧密。随链增长，以 $TbCl_3$ 溶液为亚相铺展的 10,12-二炔二十五碳酸 LB 膜的内应力越来越大，链增长迅速终止，同样的原因使近邻的分子难以被引发。部分聚合的分子随机分布在膜中，分子聚合为均相聚合。一旦应力释放，链增长反应继续进行。而以 $CdCl_2$ 溶液为亚相铺展的膜，分子占据面积较大，产生的内应力小得多。分子一旦被引发，即进行

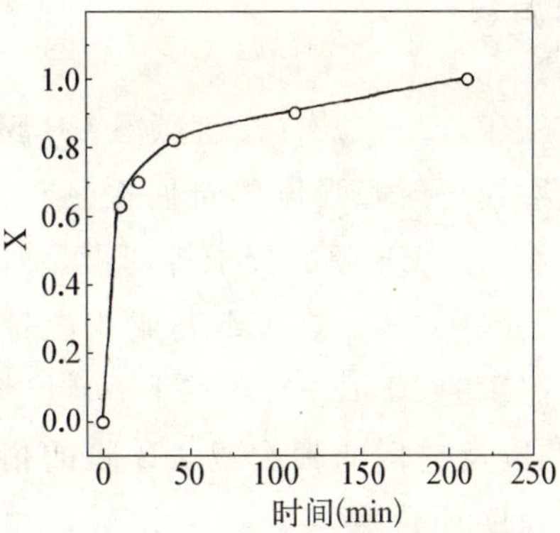

图 4.21　10,12-二炔二十五碳酸 LB 膜聚合转化率曲线，$CdCl_2$ 亚相

链增长,LB 膜中出现聚合区域,这表明膜中的聚合反应为异相聚合。这就是为什么出现两套衍射峰的原因,一套属于聚合物分子,另一套属于单体分子,聚合物分子和单体分子存在很大的晶格不匹配。

以 $CdCl_2$ 为亚相铺展和沉积的 10,12-二炔二十五碳酸 LB 膜聚合转化率可由 X 射线衍射图估算得到。为方便,只比较两套衍射峰的第三级衍射峰,聚合的 LB 膜衍射峰的面积百分率代表膜中高分子的含量百分比。随紫外光辐照时间的延长,10,12-二炔二十五碳酸的高分子含量越来越高。210 min 时 LB 膜中高分子的含量百分比为 1.0,此时聚合完毕,如图 4.21 所示。

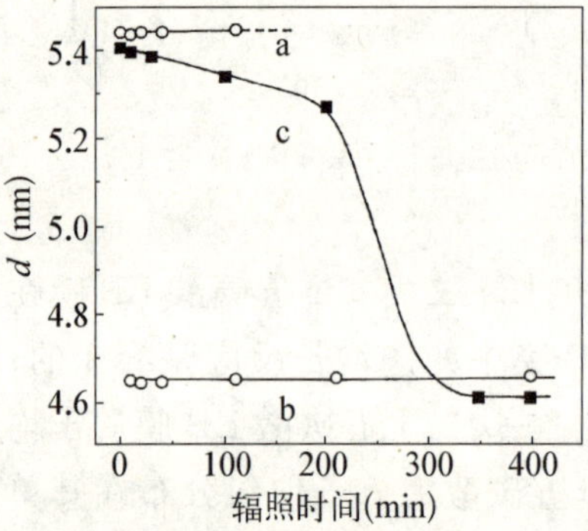

图 4.22 紫外光照时,10,12-二炔二十五碳酸 LB 膜的 d 值

曲线 a, b: $CdCl_2$ 亚相;曲线 c: $TbCl_3$ 亚相

因为不同的衍射峰对应着不同的等同周期,所以可用等同周期 d 的变化来监测 LB 膜的聚合过程。以 $TbCl_3$ 溶液为亚相铺展和沉积的 LB 膜,随紫外光辐照时间的延长,LB 膜的等同周期(d 值)逐渐变小。光照 350 min,直至 400 min 后,d 值不再变化,这个时间即为在 $TbCl_3$ 溶液亚相上沉积的 10,12-二炔二十五碳酸 LB 膜完全聚合的时间(图 4.22,曲线 c)。与之不同的是,在 $CdCl_2$ 亚相上铺展和沉积的 10,12-二炔二十五碳酸 LB 膜,两套衍射峰有不同的等同周期,并且均几乎保持恒定(图 4.22,曲线 a 和 b)。

4.3.4 X 射线衍射峰强度奇偶振荡

10,12-二炔二十五碳酸 LB 膜的 X 射线衍射峰强度的奇偶振荡现象,仍然是用 LB 膜的分子排列模型解释的。图 4.23 是在 $CdCl_2$ 亚相上铺展和沉积的 10,12-二炔二十五碳酸 LB 膜,以及它们的聚合物 LB 膜的衍射峰强度理论和实验值的比较。由图可见,当 $m=3$ 时,理论线与实验线才在数据及变化趋势上相近,并且与 X

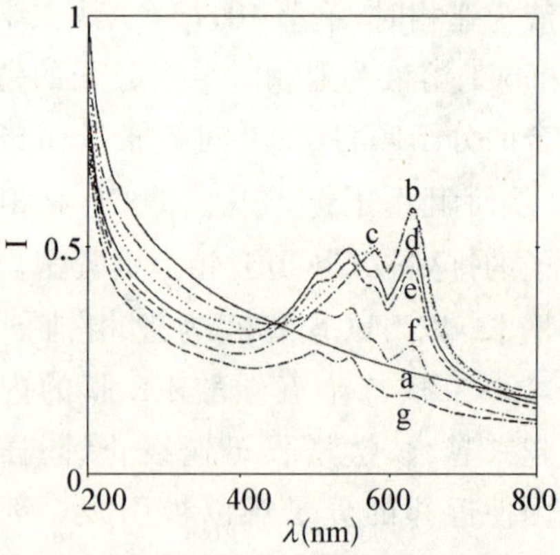

图 4.23 10,12-二炔二十五碳酸 LB 膜的紫外-可见光谱,以 $CdCl_2$ 为亚相溶液

a. 聚合前; b. 10 min; c. 30 min; d. 100 min; e. 160 min; f. 400 min; g. 800 min

射线衍射的实验结果(衍射峰呈现奇偶振荡现象)有最好的定性相符。由此便得到 10,12-二炔二十五碳酸 LB 膜的缺电子模型中,有 3 个缺电子层。有趣的是,在 $CdCl_2$ 亚相铺展和沉积的 LB 膜的两套衍射峰和在 $TbCl_3$ 亚相铺展和沉积的 LB 膜的衍射峰均在 $m=3$ 时,计算的衍射峰相对强度不但呈现出奇偶振荡,并且与 X 射线衍射的实验结果有最好的定性相符。由此可见,分子间的聚合反应发生在层内,不影响沿分子链的缺电子层。分子链两疏水端的并排产生缺电子层,而 Cd^{2+} 离子或 Tb^{3+} 离子是连在分子链亲水端的—COO^- 上,因而不同的亚相离子不会影响缺电子层,这就是为什么在三种不同的情况下,m 的值均为 3。

4.3.5 10,12-二炔二十五碳酸 LB 膜的紫外-可见光谱

10,12-二炔二十五碳酸 LB 膜的紫外光照聚合也用紫外-可见光谱来监测,基片用的是对紫外没有吸收的石英片。记录了光照(聚合)前和从 10～800 min 不同的光照(聚合)时间 LB 膜紫外-可见光谱吸收峰的变化。以 $CdCl_2$ 溶液为亚相铺展和沉积的 LB 膜,开始呈现蓝色,继续辐照变为红色,最终变为无色。而以 $TbCl_3$ 溶液为亚相铺展和沉积的 LB 膜,开始为红色,然后变为无色。图 4.23 和图 4.24 分别是以 $CdCl_2$ 和 $TbCl_3$ 为亚相时,沉积在石英基片上 103 层的 10,12-二炔二十五碳酸 LB 膜在 200～800 nm 波数范围内的紫外-可见吸收谱图。

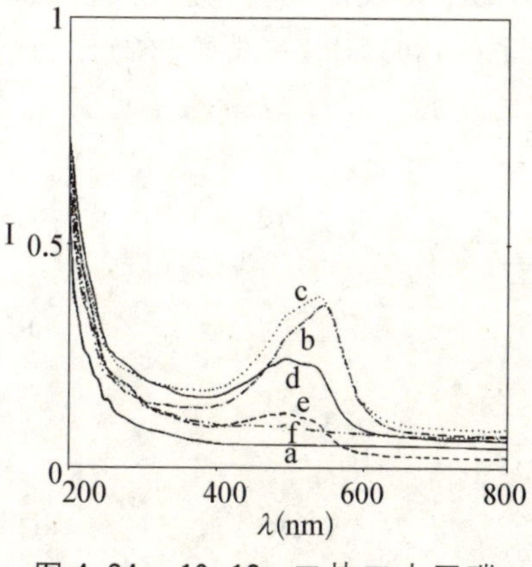

图 4.24　10,12-二炔二十五碳酸 LB 膜的紫外-可见光谱,以 $TbCl_3$ 为亚相溶液

a. 聚合前;b. 10 min; c. 30 min; d. 100 min; e. 160 min; f. 350 min

在不同亚相溶液上铺展和沉积的 LB 膜有显著的不同。在 $CdCl_2$ 亚相溶液上沉积的 LB 膜聚合前在 240 nm, 255 nm(图 4.23 曲线 a)出现两个双炔基团的典型吸收峰,表明 10,12-二炔二十五碳酸分子确实沉积到了石英片上。而在可见区域没有吸收峰出现,此时膜是无色的。紫外光辐照聚合 10 min,在 630 nm 和 580 nm 处出现强吸收峰,膜吸收红色和黄色的暖色光,因而呈现蓝色。这两峰是 LB 膜中的 10,12-二炔二十五碳酸分子发生聚合的结果: 1,4-加成聚合形成了包含单键、双键、三键的共轭 π 键。用光照射共轭聚合物时,能量与聚合物成键

-反键能带间隙相符合的光子被吸收。每一个被吸收的光子把一个电子从成键能带激发到反键能带，同时在成键能带中产生一个空穴。由于成键和反键能带都较宽，因而其吸收峰会较宽。不仅如此，除了可能发生带间跃迁外，也可能出现元激发所引起的束缚能级间以及束缚能级与能带间的跃迁。随聚合的进行，10,12-二炔二十五碳酸 LB 膜的紫外-可见吸收峰变化见图 4.24 中的 b～e 线。聚合时间超过100 min，500 nm 和 550 nm 处出现了两个新的吸收峰，膜开始吸收绿色和青色的冷色光，逐渐呈现红色。聚合时间达到 800 min，580 nm 和 630 nm 的峰消失，只剩 500 nm 和 550 nm的吸收峰，此时，膜为浅红。PCDA 的聚合反应被认为存在平衡反应[46]（图 4.25）。双炔酸 LB 膜聚合时由蓝到红颜色的变化亦被广泛研究。Tamura 等[47]认为 LB 膜中由蓝到红颜色的变化是由于侧链中的无序影响主链所致。但实验所用的双炔酸不存在侧链，所以此种解释不适用于 PCDA LB 膜的聚合。由图 4.25 知，存在聚乙炔结构(a)和聚丁三烯结构(b)的平衡反应，均为完全共轭的平面高分子结构。聚合反应经历了一个双极子(1)和双卡宾（碳烯）(2)作为活性中间体的历程。

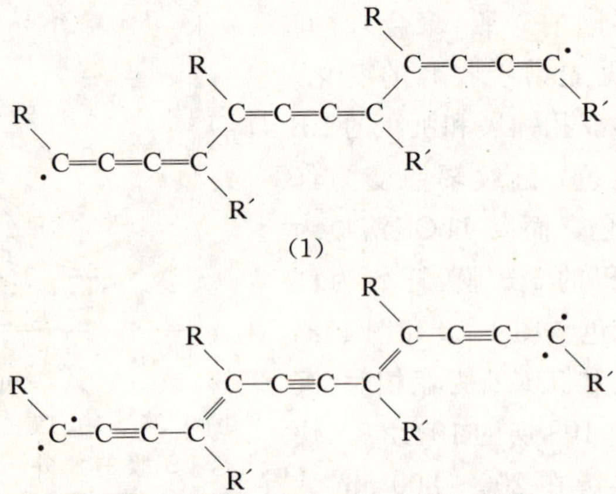

(1)

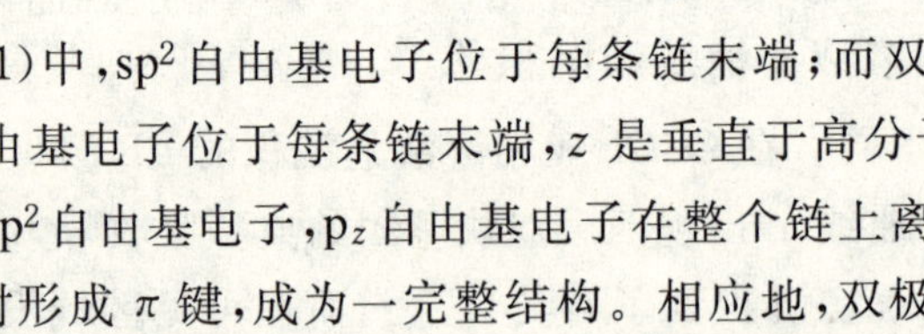

(2)

在双极子(1)中，sp^2 自由基电子位于每条链末端；而双卡宾（碳烯）(2)中，sp^2 和 p_z 自由基电子位于每条链末端，z 是垂直于高分子骨架的电子轨道轴。不同于 sp^2 自由基电子，p_z 自由基电子在整个链上离域化，两个电子沿链移动相遇时形成 π 键，成为一完整结构。相应地，双极子(1)的形成来源于双卡宾（碳烯）(2)中 p_z 自由基电子沿链移动的相遇而结合[48]。在丁三烯(i)和乙炔(ii)的重复单元中存在 0.4～0.6 eV 的能量差。典型的链长依赖性可由 Huckel 模型计算 p_z 自由基电子的空间分布几率得到。在 $n_c=6$时，临界链长处存在相转变，此时双炔骨架变得不稳定。因而当聚合单元少于6时，链较短，电子激发态能量较高，聚丁三烯结构(b)占主要成分；当聚合单元大于7时，聚乙炔结构(a)变为主要成分。在由丁三烯到乙炔的转变过程中，链末端产生 p_z 自由电子。以 $CdCl_2$ 为亚相时，膜聚合时呈现从蓝色到红色的颜色变化，是由于存在上述两种共轭结构的转化[49]。由于10,12-二炔二十五碳酸分子链的基态不具有简并特性，故不可能存在孤子型激发[50]。紫外聚合10 min，膜变为蓝色，在580 nm和630 nm处的强吸收峰，即为聚丁三烯结构(b)的吸收，是典型的类激子型吸收区。550 nm和500 nm处出现两新峰，这三个典型的强峰属于双极化子激发。聚合时间超过800 min时，580 nm和630 nm的峰消失，只剩500 nm和550 nm的吸收峰，此时，膜为浅红，聚丁三烯结构(b)几乎全部转变为聚乙炔结构(a)。继续光照，膜变为无色，并且吸收峰消失，这是由于聚合物发生光降解，分子链断裂，破坏了其共轭结构。

$$\left(\!-\mathrm{RC}=\mathrm{C}=\mathrm{C}=\mathrm{CR}-\!\right)_x \qquad\qquad \left(\!-\mathrm{RC}-\mathrm{C}\equiv\mathrm{C}-\mathrm{CR}-\!\right)_x$$

(i) (ii)

以 $TbCl_3$ 溶液为亚相铺展膜的紫外可见谱图(图4.24)，聚合前膜也为无色，在225 nm，240 nm，250 nm处出现三个双炔的吸收峰。聚合10 min后，在500 nm和550 nm处出现吸收峰，膜吸收青色和绿色的光因而呈现玫瑰红。随聚合反应的进行，500 nm吸收峰强度相对较强，550 nm吸收峰逐渐向低波长偏移至535 nm。聚合时间超过350 min时，峰消失，膜变为无色。此时，10,12-二炔二十五碳酸 LB 膜的聚合反应如图4.25所示。发生聚合反应时，生成聚乙炔结构(a)。随紫外光照时间的增加，膜的颜色越来越浅直至无色，这表明发生的光降解使分子链断裂，破坏了高分子膜的共轭结构。

不同的亚相溶液得到的两种Y-型膜呈现出显著不同的聚合行为，从而导致变色不同。问题在于为什么不同的亚相聚合反应会不同。在不同的亚相 $CdCl_2$ 和 $TbCl_3$ 上铺展的膜，其 $\pi-A$ 曲线显著不同。在不同的亚相上，分子的密堆积状态不同。以 $CdCl_2$ 为亚相时，单个10,12-二炔二十五碳酸分子的占据面积为0.31 nm^2，而以 $TbCl_3$ 亚相时为0.27 nm^2。膜的颜色变化与分子的堆积状态有关，低密度时，膜呈现蓝色；高密度时，膜呈现红色[51]。亚相 $CdCl_2$ 上铺展的膜单分子占据面积较大。刚聚合时，生成链较短的聚丁三烯结构(b)，相对于聚乙炔结构(a)，密度较低，因而膜呈现红色。随着进一步聚合，聚丁三烯结构(b)逐渐转变为聚乙炔结构(a)，导致聚合的分子进一步倾斜，在层间膨胀从而挤压邻近的分子，分子密度增大，所以膜逐渐由蓝色变为红色。而 $TbCl_3$ 亚相上分子的排列较 $CdCl_2$ 亚相上紧密,聚合时容易生成聚乙炔结构(a),分子密度较大,所以一开始聚合即呈现红色。

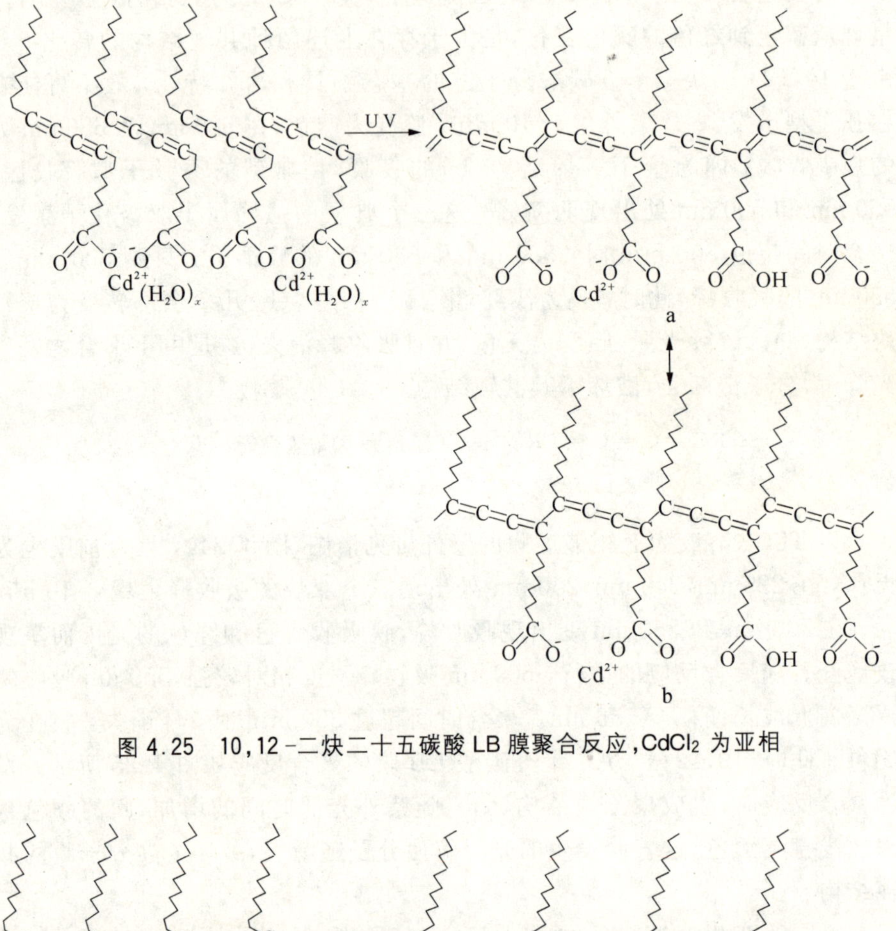

图 4.25 10,12-二炔二十五碳酸 LB 膜聚合反应,$CdCl_2$ 为亚相

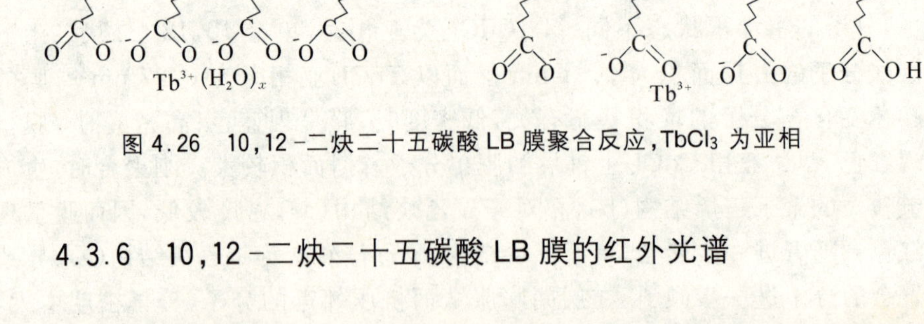

图 4.26 10,12-二炔二十五碳酸 LB 膜聚合反应,$TbCl_3$ 为亚相

4.3.6 10,12-二炔二十五碳酸 LB 膜的红外光谱

用作红外研究的 10,12-二炔二十五碳酸 LB 膜是沉积在硅片上。表

4.3 示出了 4 000～490 cm^{-1}波数范围内的聚合前后的红外光谱。

表 4.3 10,12-二炔二十五碳酸 LB 膜聚合前后的红外谱

图 4.30 和图 4.31 中吸收峰的分析波数(cm^{-1})	振动方式
2 955	—CH_3的不对称伸缩振动
2 923	—CH_2—的不对称伸缩振动
2 853	—CH_2—的对称伸缩振动
1 710	C═O 的伸缩振动
1 650	C═C 的伸缩振动
1 540	—COO^- 的不对称
1 410	和对称伸缩振动
1 465	—CH_2—的剪式振动
1 110	C—O 的伸缩振动
722	—$(CH_2)_n$—的平面摇摆振动

图 4.27 表示从 $CdCl_2$ 亚相沉积得到的 LB 膜的红外谱图。由于分子的

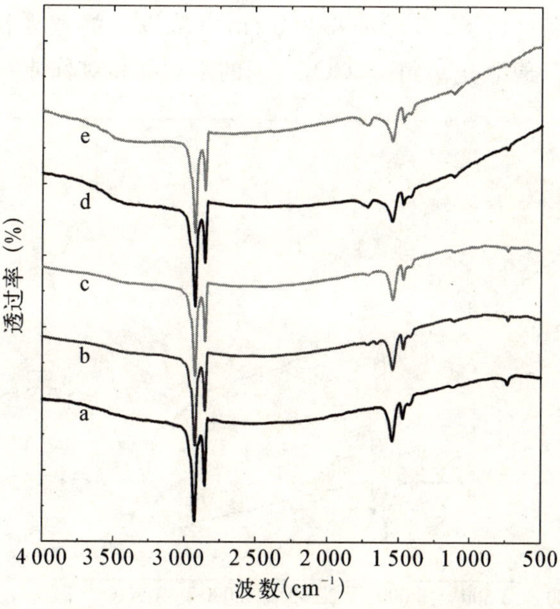

图 4.27 10,12-二炔二十五碳酸 LB 膜的 FTIR 变换光谱(117 层,基片为单晶硅片),以 $CdCl_2$ 溶液为亚相

a. 刚沉积, UV 光照; b. 30 min; c. 116 min; d. 400 min; e. 800 min

对称，几乎观察不到双键和三键的吸收峰，而且同长的—CH_2—相比，强度太低。在 CH 伸缩振动区域(3 000～2 800 cm^{-1})，2 955 cm^{-1}处的峰是—CH_3的不对称伸缩振动。2 923 cm^{-1}和 2 853 cm^{-1}处的峰分别是—CH_2—的不对称和对称伸缩振动，同时也表明有序结构中的多层膜存在长—CH_2—。而且在 1 466 cm^{-1}处观察到了甲基和亚甲基的摇摆振动。聚合前，1 700 cm^{-1}左右没有观察到 C ═ O 的伸缩振动吸收，1 545 cm^{-1}和 1 409 cm^{-1}的吸收峰分别是—COO^-的不对称和对称伸缩振动吸收。这表明聚合前 PCDA 分子完全同 Cd^{2+}形成了 10,12 -双炔二十五羧酸盐。随着聚合时间的增加，在 1 712 cm^{-1}处出现一新的吸收峰，这是—COOH 基团中 C ═ O 的伸缩振动吸收峰。当光照膜时，水合 Cd^{2+}离子中的水离解形成 H^+，同—COO^-结合形成—COOH。虽然 PCDA LB 膜的红外光谱不易观察到双键的衍射峰，但在聚合的初期出现双键(1 650 cm^{-1})的伸缩振动吸收峰，这再一次说明刚开始聚合时，确实存在聚丁三烯结构(b)，三个双键并排，因而可观察到其吸收峰。

以 $TbCl_3$溶液为亚相得到的膜的红外光谱图见图 4.28，甲基和亚甲基的伸缩振动和摇摆振动分别在 2 954 cm^{-1}，2 923 cm^{-1}，2 853 cm^{-1}和 1 466 cm^{-1}处观察到了。3 500～3 200 cm^{-1}范围内的宽吸收峰是—OH 基团的伸缩振动。羧酸盐基团(—COO^-)的不对称和对称伸缩振动吸收分别

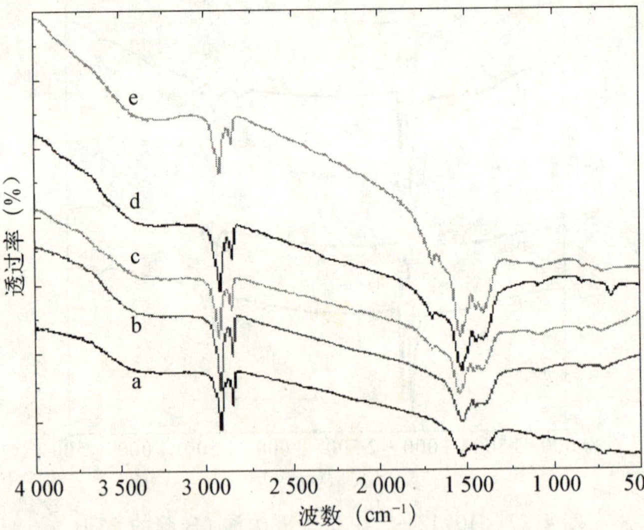

图 4.28 10,12 -二炔二十五碳酸 LB 膜的 FTIR 变换光谱(117 层，基片为单晶硅片)，以 $TbCl_3$ 溶液为亚相

a. 刚沉积，UV 光照；b. 30 min；c. 116 min；d. 200 min；e. 400 min

在 1 540 cm^{-1} 和 1 411 cm^{-1} 处。随着紫外辐照，明显的出现 C=O(1 705 cm^{-1}) 的伸缩振动吸收峰。

4.4 ω-端烯酸类化合物

聚合 LB 膜的重要应用之一是用作刻蚀剂，反应基团在分子链端头的 ω-端烯酸类化合物(酸及其盐)有重要的应用前景。ω-端烯酸在 Y-型 LB 膜上的聚合是离子机理，因为它的活化能很低，对自由基和氧的存在不敏感，反应符合一级反应动力学规律。单体 LB 膜上脂肪链与垂直方向的倾角(θ)和层厚(d)取决于从单分子膜到 LB 膜的沉积表面压(π_{tr})。π_{tr}对 ω-端烯酸在厚的 LB 膜(392 层)上取向的影响可用光波法和 X 射线衍射方法来研究。根据光波方法得到的数据(表 4.4)，随 π_{tr} 的增加，LB 膜厚度增加，其与垂直方向的倾角降低。用 $\cos\theta$ 除以 d 给出归一化的层厚 d_n，该值与酸分子长度就很接近了(也见表 4.4)。正如在表 4.4 中看到的，d_n 与 π_{tr} 无关。需要指出的是这些数据与 X 射线衍射方法得到的数据有满意的相符(均见表4.4)。

表 4.4 沉积表面压对 ω-端烯酸在厚的 LB 膜(392 层)上取向的影响

表面压 π_{tr}(mN/m)	层厚 d(nm)	分子倾角(°)	归一化的厚度(nm)
20	2.66	33	—
25	2.74	30	3.239
30	2.82	27	3.239
37	3.02	21.3	3.236
40	3.05	19.8	3.243

有意义的是比较用 LB 膜方法制备的 ω-端烯酸多层膜和用真空沉积方法制备的 ω-端烯酸多层膜的性能。LB 膜的层间周期较大(π_{tr} = 30 mN/m时为 5.63 nm，比 4.96 nm 大)和分子链的倾角较小表明 ω-端烯酸在 LB 膜中有更有序的结构。

Peterson 研究了建立在降低位错密度基础上的改进 ω-端烯酸 LB 膜均匀性和力学性能的方法。在把 ω-端烯酸单分子膜沉积在 Octadecanoic

酸厚 LB 膜上，位错密度可从 1 000/m^2 降低到 1 /m^2。另一个方法是对水面上 ω-端烯酸单分子膜进行退火，可使位错密度降低到 200/mm^2。由于聚合的结果，倾角增加了 4°，膜本身变得更加无序。聚合 ω-端烯酸 LB 膜的结构和它用于刻蚀技术中作为电子刻蚀剂的多层膜的特征周期的关系是非常密切的。在 ω-端烯酸基础上的负刻蚀剂的反差和灵敏度受聚合物单分散性和 LB 膜的内聚性限定。前者是因为在单体固相聚合时，分子的生长受到限制，造成内应力的发生；后者是因为碳氢链的高度堆砌密度。Peterson 和 Russel 并没有把在沉积 ω-端烯酸到固体基片时多层膜的外延生长的可能性考虑在内。

在 ω-端烯酸 LB 膜中层间的高度粘合力表明聚合不仅可能发生在层内，也可能发生在层间。众所周知，固相聚合是在晶格的缺陷处引发的，在那里原子比较容易改变它们的取向。LB 膜各层之间的界面可以被考虑为一个可以控制的缺陷。因此，在这个低维结构组织的区间里链的引发和生长就发生了。ω-端烯酸 Y-型 LB 膜的层间聚合可能会容易发生，因为分子链端穿入到了其近邻的层中间了。显然，这是所有 ω-端烯酸类化合物在形成 Y-型 LB 膜时的一个特征。依赖于 LB 膜的应用，高度的层间粘合可以在正胶和负胶方面都可起作用。为了避免层间聚合，可以在层间嵌入 X-型的 LB 膜或 Z-型的 LB 膜(当然，这并不总是可能的)，或者用饱和脂肪酸嵌入在 ω-端烯酸 LB 膜各层之间作为中间层(譬如，为防止 ω-端烯酸 C_0C_{20} LB 膜的层间聚合，就可用花生酸作为插入层)，以制得交替层的 LB 膜。

4.5 掺杂染料分子的聚双炔 LB 膜

双炔酸膜的聚合反应可以用 UV 辐射引发，如果层中包埋有在 UV 辐射条件下分解的分子，则产生出来一系列问题。这些问题可以通过将表面活性的花青染料包埋在层中加以克服。人们研究了一系列的吸收极大值在 400～600 nm 之间的染料。

B. Tieke[52-54] 等人研究了将表面活性染料包埋在层中等双炔酸多层膜的光聚合，这种光聚合可以被可见光敏化，所得的聚合转化率与双炔酸以花青染料作为敏化剂直接用 UV 激发所得到的转化率一样。

至今已经发现,所有的花青染料都能把双炔酸的聚合敏化到可见区,用光学光谱已经确定敏化聚合转化率与底层用 UV 辐射聚合转化率一样。当染料浓度在 0.02～3 mol %范围内时,聚合转化率与染料浓度无关,结果,每个染料分子必须能敏化 5 000 多个单体共轭双炔分子的聚合反应。研究所用的表面活性染料为

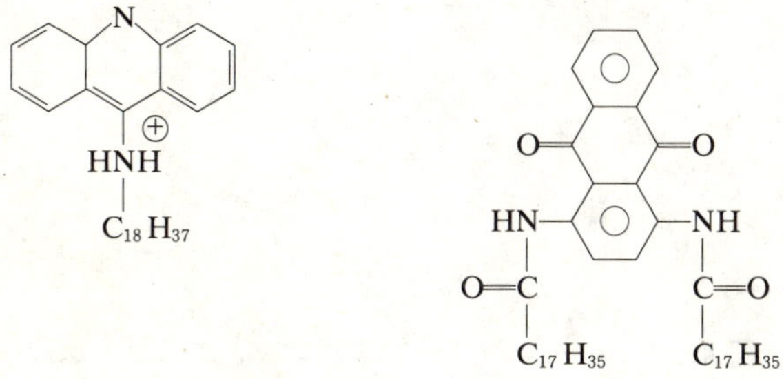

图 4.29 花青染料 acridinium 和 anthraquinone 的分子结构示意图

花青染料与双炔酸混合 LB 膜在不同染料浓度时的激发和发射光谱如图 4.30 所示。40 层花青染料与双炔酸混合 LB 膜和纯双炔酸 LB 膜的积分吸收与辐射量的关系如图 4.31 所示。

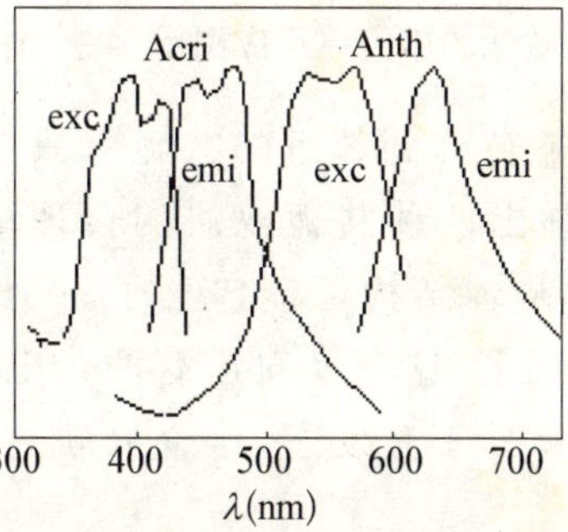

图 4.30 染料 Acri 和 Anth 的浓度分别为 3.7 mol% 和 1.6 mol%时染料的正常激发和发射谱

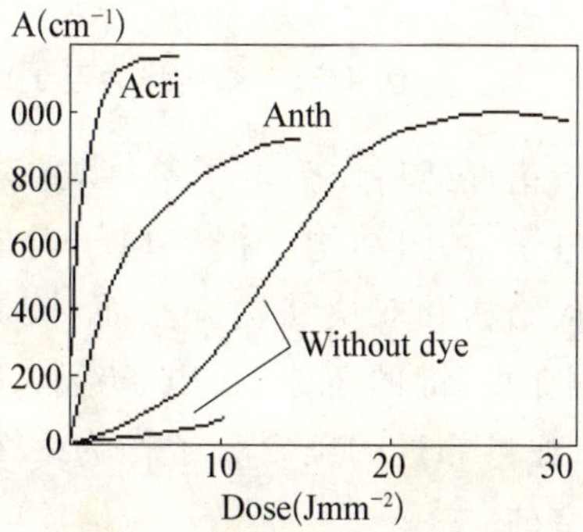

图 4.31 混与未混染料的聚合物 40 层 LB 膜的积分吸收和辐射量的关系

辐射波长为 436 nm

在聚合过程中,Acri 和 Anth 染料的荧光猝灭分别为 20% 和 60%。从染料分子到聚合链的能量转移的证据,可以从观察到的甚至在很低的聚合转化率时,染料荧光的强猝灭现象得到证实。敏化机理可能是电子从染料向双炔链的转移,因为花青染料为电子给体,故提出来是否同样可以用电子受体敏化光聚合得问题。聚合过程如下:

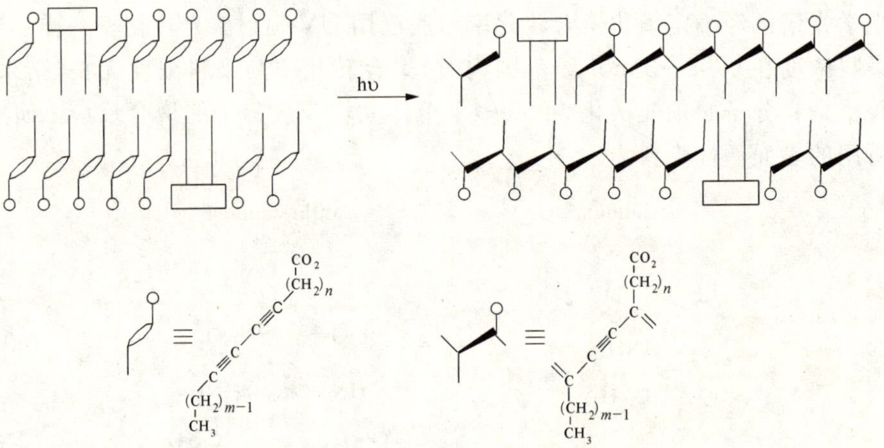

图 4.32 掺杂染料分子的聚双炔 LB 膜的聚合反应

为了给这个敏化机理找到合理的解释，想象有如下电子转移过程：

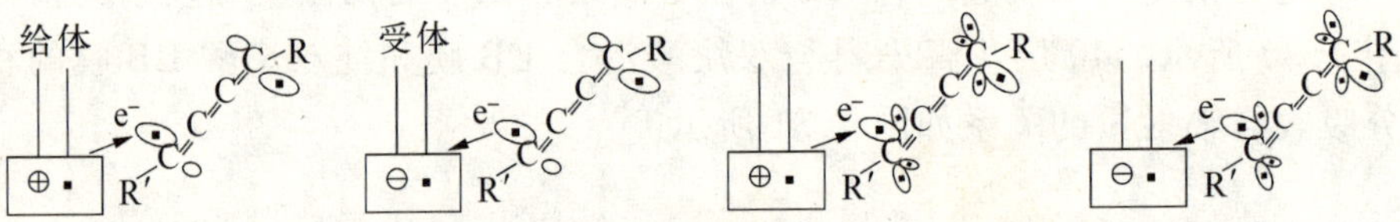

图 4.33 染料作为电子给体和受体敏化的中间体反应图示

花青染料作为电子给体，光激发电站被转移到邻近的共轭双炔上，形成电子-基团结构。据 π 电子分布，可以画出两种共轭双炔的合理结构：丁烯结构和双炔结构。然而，荧光合理的基本结构可能包含了一个在平面上的 σ 键的扭曲，在电子给体染料的情况下，这个 σ 轨道有两个电子占据；如果邻近的染料分子作为一个电子受体处于激发态，这个 σ 轨道将成为空的。

4.6 其他的双炔酸衍生物的聚合 LB 膜

Tieke[55,56] 等人研究了有关共轭双炔的吡啶衍生物的 LB 膜的聚合。不同共轭双炔的吡啶衍生物的分子结构如下图所示：

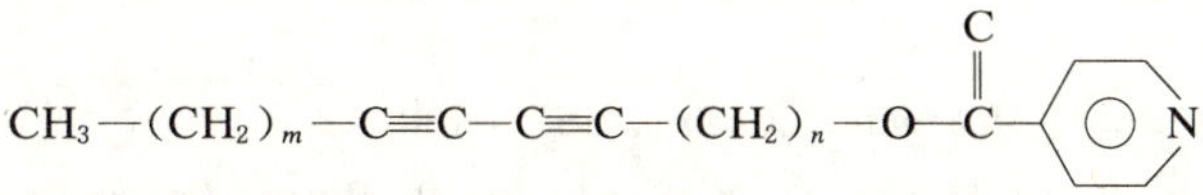
(1)

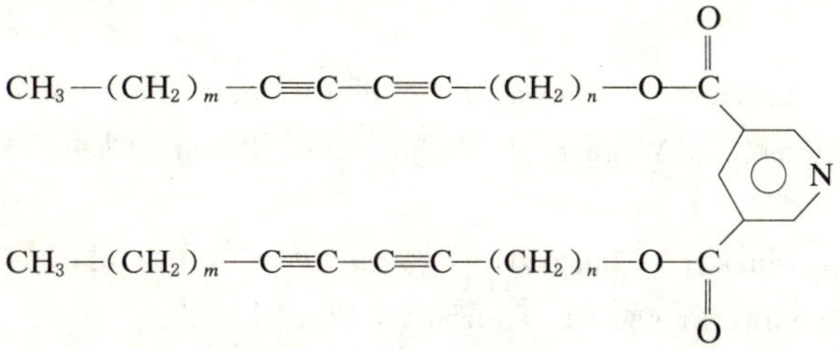
(2)

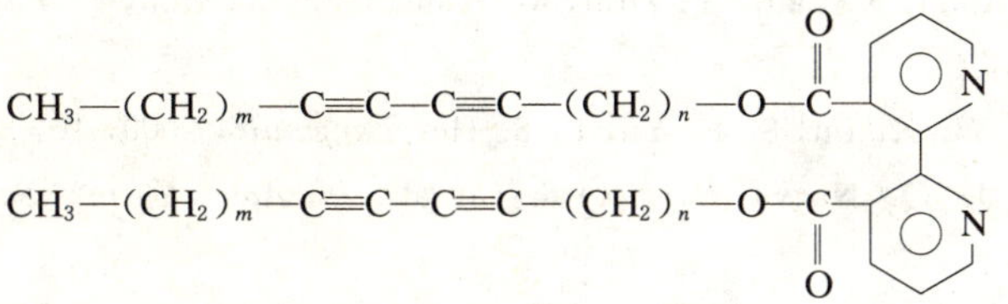
(3)

用^{60}Co 的 γ 射线辐射聚合以上单体的 LB 膜,得出辐射量与聚合转化率得关系如图 4.36。由图似乎也说明了链链之间距离越近,分子排列越规则,聚合的可能性越大,空间位阻降低了聚合的转化率。将上述化合物(1)转化为盐(记 R 为—$(CH_2)_9$—C≡C—C≡C—$C_{12}H_{25}$):

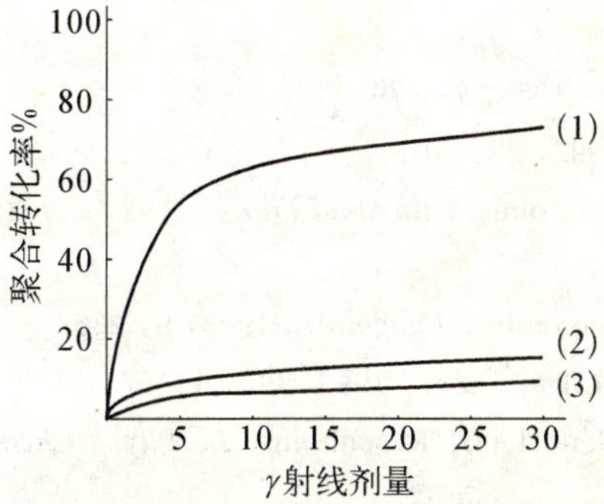

图 4.36 聚合转化率与 γ 射线辐射量的关系图

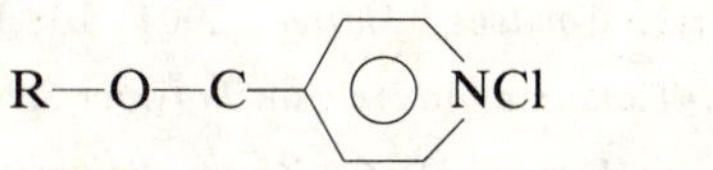
(4)

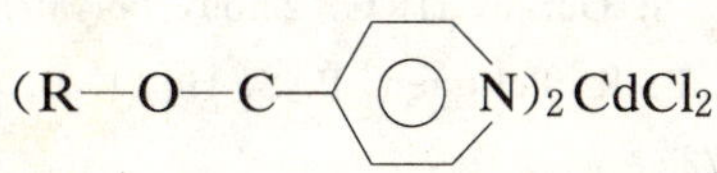
(5)

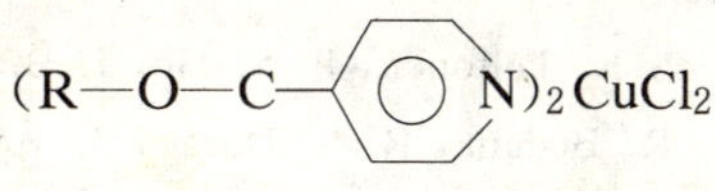
(6)

用 γ 射线辐射聚合且用 UV 吸收光谱测试了辐射时间与聚合转化率之间的关系,又用偏光显微镜观察了多层聚合膜的形态。上述共轭双炔衍生物均可在 UV 辐射条件下聚合。另外,Tieke 等人还研究了 CH_3—$(CH_2)_m$—C≡C—C≡C—$(CH_2)_n$—OH 的聚合膜。法国的 KaJzar 和 Messier 还报告了有关双炔酸的 NH_4^+、Ag^+、Na^+、Cu^+、Hg^{2+}、Mn^{2+} 等盐的聚合膜的研究。还有英国的 Chapman 做过有关磷质上共轭双炔链的聚合 LB 膜的研究。

参考文献

[1] B. Tieke, D. Bloor, *Makromol. Chem.*, 1979, 180: 2275

[2] R. W. Carpick, T. M. Mayer, D. Y. Sasaki, A. R. Burns, *Langmuir*, 2000, 16: 4639

[3] D. R. Day, H. Rindsdorf, *J. Polym. Sci.*, *Polym. Lett. Ed.*, 1978, 16: 205

[4] B. Tieke, G. Lieser, G. Wegner, *J. Polym. Sci.*, *Polym. Chem. Ed.*, 1979, 17: 1631

[5] Y. Tomioka, N. Tanaka, S. Imazeki, *J. Chem. Phys.*, 1989, 91: 5694

[6] N. Mino, H. Tamura, K. Ogawa, *Langmuir*, 1991, 1: 2336

[7] C. Ohe, H. Ando, N. Sato, Y. Urai, M. Yamamoto, K. Itoh, *J. Phys. Chem. B*, 1999, 103: 435

[8] H. L. Zhou, W. X. Lu, S. F. Yu, P. S. He, *Langmuir*, 2000, 16: 2797

[9] A. Reichert, J. Q. Nagy, W. Spevak, et al, *J. Am. Chem. Soc.*, 1995, 117: 7301

[10] J. J. Pan, D. Charych, *Langmuir*, 1997, 13: 1365

[11] K. J. Yun, G. Hyun, M. K. Jong, *Biosensors and Bioelectronics*, 2006, 21: 1536

[12] M. Rangin, A. Basu, *J. Am. Chem. Soc.*, 2004, 126: 5038

[13] R. E. Schwerzel, K. B. Spahr, J. P. Kurmer, V. E. Wood, J. A. Jenkins, *J. Phys. Chem. A*, 1998, 102: 5622

[14] R. W. Carpick, D. Y. Sasaki, M. S. Marcus, M. A. Eriksson, A. R. Burns, *J. Phys. Condens. Matter*, 2004, 16: R679

[15] B. Tieke, in *Advancesin Polymer Science*, 1985, 71: 79

[16] R. S. Duran, H. C. Zhou, *Polymer*, 1992, 33: 4019

[17] J. P. K. Peltonen, P. S. He, J. B. Rosenholm, *Thin Solid Films*, 1992, 210/211: 372

[18] J. P. K. Peltonen, P. S. He, J. B. Rosenholm, *Langmuir*, 1993, 9: 2363

[19] R. R. Bodalia, R. S. Duran, *J. Am. Chem. Soc.*, 1993, 115: 11467

[20] J. P. K. Peltonen, P. S. He, M. Linden, J. B. Rosenholm, *J. Phys. Chem.*, 1994, 98: 12403

[21] P. S. He, in "*Polymers and Organic Solids*" ed. By L. H. Shu and D. B. Zhu, *Science Press*, Beijing, 1997, p25

[22] H. L. Zhou, W. X. Lu, S. F. Yu, P. S. He, *Langmuir*, 2000, 16(6): 2791

[23] G. Zou, K. Fang, X. Sheng, P. S. He, *Langmuir*, 2002, 18(17): 6602

[24] K. Takeda, G. Wegner, *Markromol. Chem.*, 1972, 160: 349

[25] G. Lieser, B. Tieke, G. Wegner, *Thin Solid Films*, 1980, 68: 77

[26] T. Ogawa, *Prog. Polum. Sci.*, 1995, 20: 943

[27] Y. Yoshioka, H, Nakahara, K. Fukuda, *Thin Solid Films*, 1985, 133: 11

[28] Y. J. Chen, G, M. Carter, S. K. Tripathy, *Solid State Commun.*, 1985, 54: 19

[29] J. D. Shutt, S. E. Rickert, *Langmuir*, 1987, 3: 460

[30] A. S. Alekseev, T. Viitala, I. N. Domnin, I. M. Koshkina, A. A. Nikitenko, J. Peltonen, *Langmuir*, 2000, 16: 3337
[31] A. Singh, P. E. Schoen, J. M. Schnur, *J. Chem. Soc. Chem. Commun.*, 1988, 1222
[32] M. D. Mowery, C. E. Evans, *J. Phys. Chem. B*, 1997, 101(42): 8513
[33] F. R. Ahmed, E. G. Wilson, G. P. Moss, *Thin Solid Films*, 1990, 187: 141
[34] S. Okada, H. Matsuda, H. Nakanishi, M. Kato, M. Otsuka, *Thin Solid Films*, 1989, 179: 423
[35] T. Minakata, I. Nagoya, M. Ozaki, *Synthetic Metals*, 1991, 41-43: 1509
[36] Q. Huo, S. P. Wang, A. Pisseloup, D. Verma and R. M. Leblanc, *Chem. Commun.*, 1999, P1601
[37] D. A. Frankel and D. F. O'Brien, *J. Am. Chem. Soc.*, 1991, 113: 7436
[38] T. Kuo and D. F. O'Brien, *J. Chem. Soc. Chem. Commun.*, 1990, 839
[39] Q. Huo, K. C. Russell and R. M. Leblanc, *Langmuir*, 1999, 15: 3972
[40] U. G. Hofmann and J. Peltonen, *Langmuir*, 2001, 17: 1518
[41] N. G. Semaltianos, H. Araujo, E. G. Wilson, *Surface Science*, 2000, 460: 182
[42] D. H. Charych, J. O. Nagy, W. Spevak, *Science*, 1993, 261: 585
[43] S. Okada, H. Matsuda, H. Nakanishi, M. Kato. *Thin Solid Films*, 1989. 179: 423
[44] He Pingsheng, Tian Qingping, Chen Xin, *New Polymeric Materials*, 1991,3(1): 19
[45] K. Ogawa, *Polymer International*, 1992, 28: 25
[46] R. H. Baughman, *J. Appl. Phys.*, 1972, 43: 4362
[47] H. Tamura, N. Mino, K. Ogawa, *Thin Solid Films*, 1989, 179: 33
[48] H. Sixl, W. Neumann, R. Huber, et al., *Physical Review B*, 1985, 31: 142
[49] H. Bassler, V. Enkelmann, H. Sixl, in "Advance in Polymer Science", 1984, p63
[50] 彭景翠, *物理学报*, 1990, 39: 429
[51] Y. Tomioka, N. Tanaka, S. Imazeki, *J. Chem. Phys.*, 1989, 91: 5694
[52] C. Bubeck, K. Weiss, B. Tieke, *Thin solid films*, 1983, 99: 103
[53] C. Bubeck, B. Tieke, G. Wegner, *Ber. Bunsenges Phys. Chem.*, 1982, 86: 499
[54] C. Bubeck, B. Tieke, G. Wegner, *Mol. Cryst. Liq. Cryst.*, 1983, 96: 109
[55] K. Mondong, H. Bässler, *Chem. Phys. Lett.*, 1981, 78: 371
[56] Tieke, *Makromol. Chem.*, 1984, 185: 1455

第 5 章　聚合物的 LB 膜

5.1　聚合物的单分子膜

与小分子化合物不同,对被用作成膜材料的两亲聚合物,只有在亚相表面对聚合物的作用力大于聚合物的本身的内聚力时才能在水面上铺展扩散并形成稳定的单分子膜。另一方面,并不要求聚合物像有机小分子那样在水中具有很强的不溶性。譬如,由于在水中的溶解性增加,烷基碳原子数少于 16 的 *N*-烷基丙烯酰胺在气-水界面上不能形成单分子膜。但对相应的聚合物,在相同的条件下只有在烷基碳原子数小于 16 时才能在水面上铺展成膜,碳原子数大于 16 时,聚合物由于过强的内聚作用,在水面上仍以链球结构的形态存在,不能扩散成单分子膜。另一方面,某些聚合物即使能形成稳定的单分子膜,但它们向固体基片的转移特性比有机小分子差。也就不能制备这类聚合物的 LB 膜。产生这种现象的原因无非是聚合物的分子量太高,聚合物主链的刚性太强,或两亲聚合物中疏水侧基之间过强的相互作用,如侧链结晶等。一般说来,降低聚合物的分子量、利用共聚反应改善聚合物的柔性等措施均能有效地提高聚合物的成膜特性和可转移性。

另一方面,由于聚合物单分子层在水面上的铺展对结构的要求没有像对小分子成膜化合物那样严格,所以很多聚合物都曾被试着来制备它们的 LB 膜。譬如早期的工作有聚二甲基硅氧烷[1]、聚乙烯醇和聚甲基丙烯酸十八酯(Polyoctadecyl methacrylate)[2]、聚硬脂酸乙烯酯[3]、有规立构的聚甲基丙烯酸甲酯[4]、乙酸乙烯酯-乙烯硬脂酸酯共聚物[5],以及聚马来酸酯和丙烯酸酯[6-8]、聚二甲基富马酸酯[9]、聚丙烯酸十八酯[10]、聚甲基丙烯酸异丁酯[11,12]等。

5.1.1 聚合物单分子膜定义

真正的聚合物单分子膜一般是指每个大分子的每个单体单元都能附着在水面上。由于大分子链的内旋转特性,这可能是做不到的。因此可以说,当给定的聚合物试样占有极大的和可重复的水面面积时,就算形成了单分子膜(图5.1)。

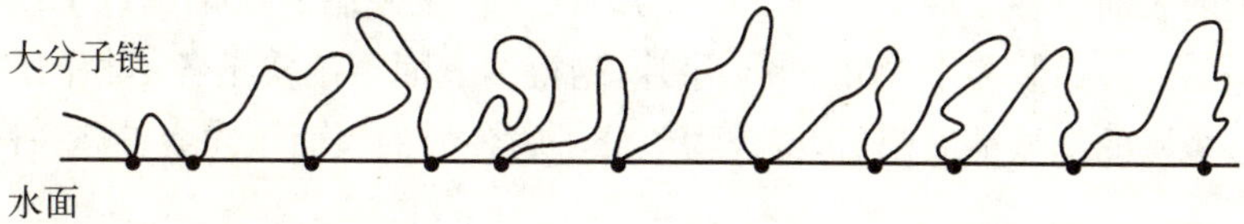

图5.1 聚合物大分子亲水基团都附着在水面上,由于亲水基团的间隔很大,在水面上形成不规则的环圈

聚合物在水面上形成单分子膜能力与小分子的略有不同。对聚合物来说,挥发问题是不存在的,因此支配聚合物单分子膜形成的因素只是其溶解性与其本体内聚力的匹配。只要对水相的亲合力大于聚合物本身的内聚力,就有可能形成稳定的聚合物单分子膜。这里,高度不溶性不是必要条件。特别容易溶解的聚合物是不能形成单分子膜的,而像聚乙烯那样的纯碳氢聚合物,由于本身内聚力太强,根本不可能在上面铺展。即使是一些带有高极性基团的聚合物,如聚丙烯腈、聚己内酰胺,也由于在铺展溶液中极性基团间的相互作用太强而不能铺展。因此,为了制得质量优良的聚合物LB膜必须消除高分子主链对其自组织过程的阻碍作用。Tredgold提出了解决问题的两条途径,一是尽量使用聚合度比较低的高分子化合物作为成膜聚合物;二是在高分子链中引入所谓的间隔基团(Space Group)[7]。

5.1.2 聚合物单分子膜 $\pi-A$ 曲线

在第1章中已经说过,在实验上,与小分子化合物单分子膜 $\pi-A$ 曲线有明显的"相转变"的情况稍有不同,在稳定的聚合物单分子膜 $\pi-A$ 曲线中没有相转变的证据,Crisp [13]很早就建议只有两种聚合物单分子膜即凝聚型膜和膨胀型膜。第一类聚合物单分子膜是因为它们的粘度很大,其分子链的刚性大,其 $\pi-A$ 曲线很陡,典型的聚合物是聚甲基丙烯酸乙酯。凝聚型膜的聚合物分子相互接触在一起,类似于小分子成膜化合物分子的凝聚体,在聚合物链上连接上烃链长侧基,会增强LB膜的凝聚。第二类聚合物单分子膜的膜压在膜被压缩时缓慢增高,有确定的崩溃压,典型的聚合物是聚丙烯酸乙酯。膨胀型膜的聚合物分子与水分子在水面上是互溶的，因此有更大的活动性，就像小分子成膜化合物的单分子膜一样。

当然，在合适的条件下凝聚型膜和膨胀型膜可能相互转换类型。譬如，温度就可以使 PMMA 单分子膜 $\pi-A$ 曲线的类型相互转换[14]。需要指出的是由于聚合物的分子量很大，它们铺展成的单分子膜的表面粘度也非常大。如果成膜聚合物铺展后，压膜过程比较快，聚合物的高粘度会使由此形成的单分子膜的表面压各处都不一样。彭建邦等[15]在聚硬脂酸乙烯酯(PVS)单分子膜不同的地方吊装多个 Wilhelmy 吊片，测得的表面压确实是各不相同的，只有在非常缓慢的压缩铺展膜后，聚合物单分子膜各处的表面压才会各处一样。

5.1.3 共聚物的单分子膜

常用的成膜聚合物是在疏水主链上带有亲水侧基的大分子，如聚甲基丙烯酸甲酯(PMMA)、聚乙酸乙烯酯(PVAc)、聚乙烯基硬脂酸、聚丙烯酸、聚丁酸乙烯酯等烯类聚合物。近年来有关接枝和嵌段共聚物 LB 膜的报道也多了起来。PMMA 能在较大的膜压范围内成膜，其重复单元上的酯甲基为弱亲水基，分布均匀，使 PMMA 分子链具有均匀的亲水性，加上其玻璃化温度 T_g 较高，膜的硬度较好。相比之下马来酸二乙酯-乙酸乙烯酯(PDEE-VAc)共聚物分子链上酯基密度较 PMMA 大，但因为结构规整性较低，玻璃化温度约为 50 ℃左右，膜的硬度不如 PMMA 的。

为了解共聚物中不同组分链段对聚合物单分子膜的影响，Ikada[16]等人研究了聚苯乙烯(PS)-乙酸乙烯酯(VAc)共聚物的单分子膜，他由此得到了有关分子在面上可能的取向(图 5.2)。PS 链在水面上卷缩成球形，聚集

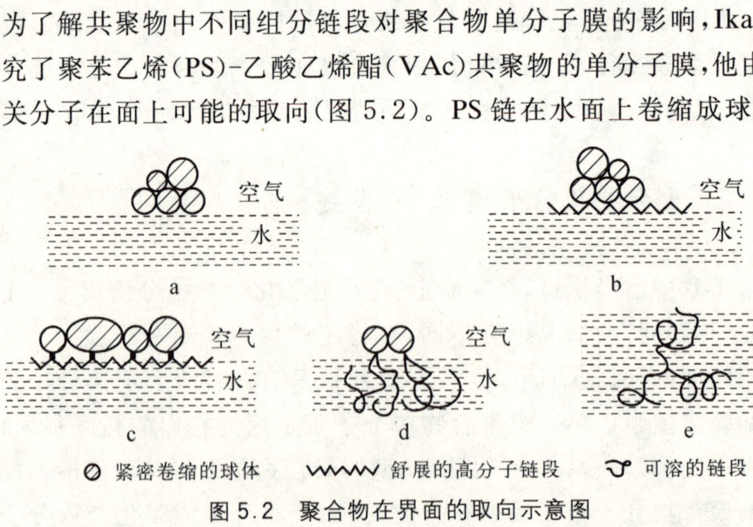

图 5.2　聚合物在界面的取向示意图

多个聚苯乙烯长链在空气/水的界面上卷缩成球(a)，由于与乙酸乙烯酯共聚在一起(b,c)，即使在高度压缩时聚苯乙烯也不会更加聚集，如果令乙酸乙烯酯发生水解，就会在水面上形成水母状形态(d)，聚苯乙烯大分子链球也就变成如 e 所示的形态

在一起，当接有 PVAc 后这样的聚集就不再可能，一旦 PVAc 水解，共聚物分子将以"水母"形式处在水的表面。

5.1.4 新的成膜聚合物

近年来讨论了许多新的成膜聚合物，与传统交替带有亲水、疏水基团的聚合物不同，即便是主链及其疏水侧基中间是用亲水基团相连带聚合物也能形成 LB 膜。Kawaguchi[17] 等人制得了纤维素酯的 LB 膜。Tredgold[18] 研究组更成功地制得了 α 螺旋形式的聚 L-谷氨酸-γ-甲酯和聚 L-谷氨酸-γ-苄基酯的 LB 膜。严格说来，其轴平行于水面的 α 螺旋不是两亲分子，但侧基中的酯连接也能够作为亲水部分而指向水，而主螺旋又是疏水的，可防止真正溶于水。Tiedtke 等人[19] 也制得了聚乙烯基咔唑的 LB 膜。

Tredgold [20] 研究了 50 种马来酸酐类共聚物

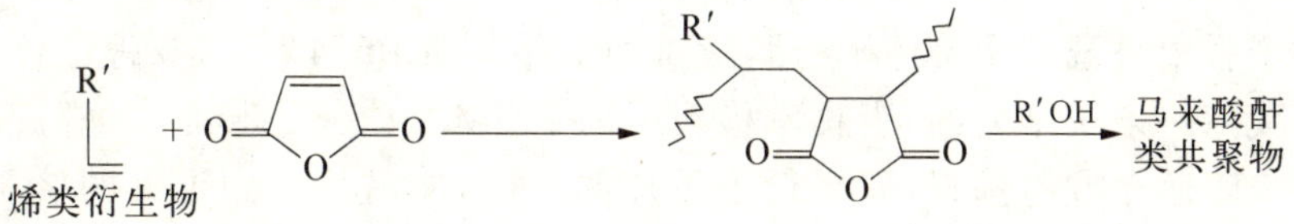

5.1

都能形成稳定的单分子膜，其中大多数已沉积得到了 LB 膜。这类共聚物 LB 膜的耐热性好，在 300 ℃以下也不软化（一般双亲单体聚合的 LB 膜耐热性已达 200 ℃左右），也足够坚韧，不易为一般的触摸所损伤。

为进一步提高 LB 膜的耐热性和机械强度，应该不用长链脂肪酸烃链，而引入极性基团、芳环或杂环。如聚酰亚胺、聚酰胺-聚酰亚胺、聚苯并咪唑咯酮、聚苯并噁酮等。但这类聚合物极难用常规 LB 膜技术直接沉积它们的多层膜。Suzuki[21] 和 Uekita[22] 等人利用容易成膜的所谓"聚合物前驱体"先制备得 LB 膜，利用 LB 膜上的化学反应再得到那些耐高温聚合物的 LB 膜（详见 5.4 节）。

5.2 常见聚合物的LB膜

在疏水主链上带有亲水侧基的大分子，如 PMMA，PVAc 等烯类聚合物是最常用的成膜聚合物。这类聚合物的重复单元上的酯基为弱亲水基，分布均匀，从而有均匀的亲水性，如果聚合物的玻璃化温度 T_g 也较高，由它们铺展而成的单分子膜的强度也较好。

5.2.1 聚甲基丙烯酸甲酯(Polymethylmethacrylate，PMMA)

在聚合物的单分子膜和LB膜中，PMMA是研究得比较多的一个[23]。近年来，由于其在电子束刻蚀中表现出来的优良抗蚀性，用LB技术沉积超薄PMMA薄膜的工作很多[24]。一般使用PMMA的分子量在 10^4 ~ 10^5 之间，溶剂采用氯仿 $CHCl_3$。因为是大分子，溶液粘度较大，浓度配得就要更稀一点，一般小于1 mg/mL，压缩分子膜的速度也只有2 cm/min。

PMMA能在较大的表面压范围内形成稳定的单分子膜，但由于聚合物特有的粘弹性和流变行为，其表面压有明显的各向异性。在Wilhelmy吊片与膜障平行时，PMMA单分子膜不但具有明显高的崩溃压，且相同表面压所对应的重复单元所占面积也较大(图5.3)[25]。因为PMMA分子链在单分子膜中呈现双螺旋体平行膜障排列的结构(图5.4)[23]，双螺旋体是平行于膜障一条条排列的，当膜障移动压缩PMMA单分子膜时，双螺旋体逐渐与膜障运动方向垂直，即平行于吊片的平面，使吊片受到更大的挤压力，从而使单分子膜的表面压升高。

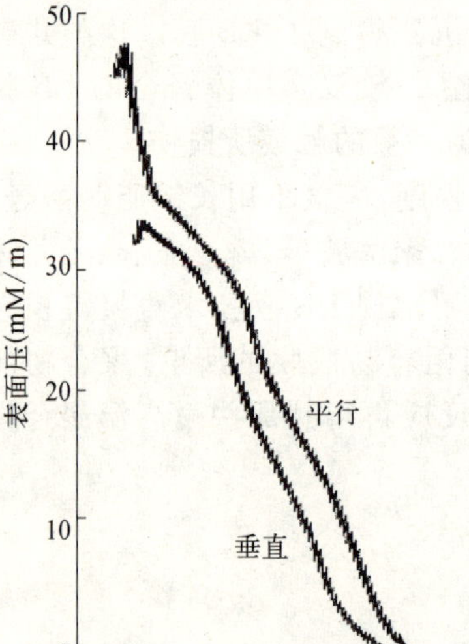

图5.3 PMMA单分子膜的 $\pi-A$ 曲线

由于PMMA特有的粘弹性和流变行为，其表面压呈现明显的各向异性，特别是崩溃压相差很大

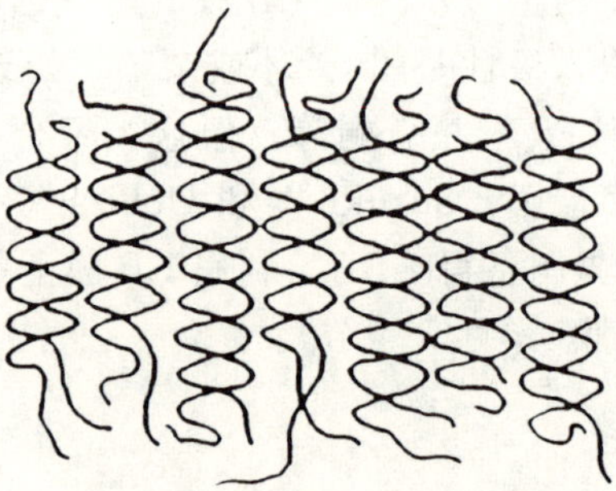

图5.4 PMMA在水面上铺展单分子膜的双螺旋体结构

双螺旋体是平行于膜障一条条排列

PMMA的主链是线形的碳氢链，是疏水的，位于水面上，同时主链上悬挂的是亲水的C═O基团，伸向水中，基本上与水面垂直。压缩前，PMMA在水面上呈二维无序排列。当膜障由右向左推动时，水面上的PMMA分子受到膜障推力而开始由右向左移动，聚集（图5.5）[26]。由于伸入水中C═O基团的相互作用，PMMA的主链趋于伸展。同时由于在水槽内，水面上存在由右向左逐渐减小的压力梯度，每个链段所受的力如图5.5d所示。假使链与膜障不平行，链的两端所受的力就不等，若偏左的链端受力为f_l，则相应就有f_r，由于$f_r > f_l$，则链在向左移动的同时还伴随整链绕其中心O的旋转，直至主链与膜障平行为止。

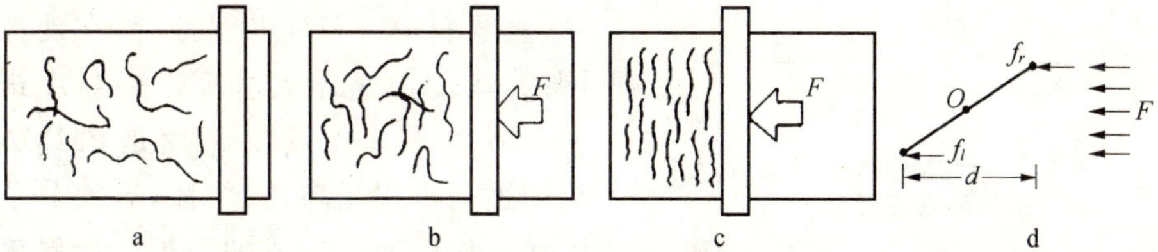

图5.5 PMMA在水面上铺展的单分子膜在膜障压力下大分子链有序排列的示意图

还有就是，PMMA单分子膜的不可重复压缩性。在PMMA已经形成单分子膜后，第二次压缩较第一次崩溃压明显升高，外推至表面压为零时，双螺旋体重复单元所占面积也减小。这与PMMA链具有粘弹性直接相关。当第一次膜障压力解除后，PMMA分子链仍保持一定的有序性，不能很快回复到原来的无序状态，也即需要一定的松弛时间。因此，第二次压缩PMMA单分子膜时，直到压缩面积较小时，其表面压才会迅速升高。在膜障运动压缩PMMA单分子膜时，PMMA分子从无序状态，逐渐变为有序平行排列结构的同时，非平行排列的PMMA受到较大的剪切应力，当膜障停止运动时，其剪切应力达到最大。随后，由于PMMA分子链段的松弛运动，应力逐渐下降，导致PMMA单分子膜表面压下跌很大（图5.6）。

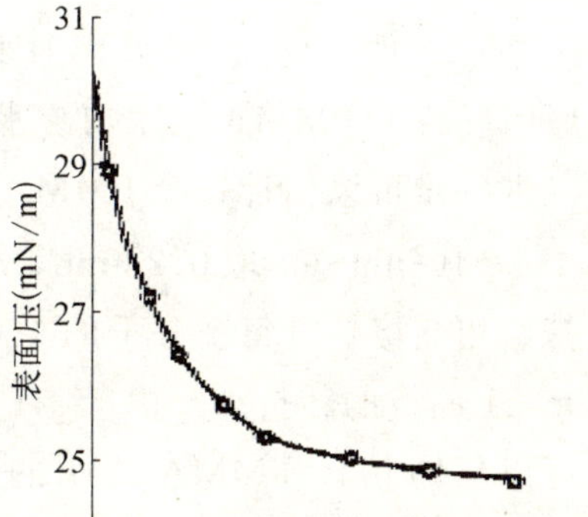

图5.6 PMMA单分子膜在固定表面压下的应力松弛曲线

在300 s的短时间里，表面压降低了5 mN/m

朱扬明[27]曾试用标度理论来讨论PMMA的单分子膜特性。按标度定律,在不太浓时,表面压 π 与(表面)浓度 Γ(正比于 $1/A$)的关系为

$$\pi \propto \Gamma^{y} \tag{5.1}$$

这里 $y = 2v/(2v-1)$,v 是排除体积的指数,其值为 0.77(良溶剂),0.5(θ-条件),与分子量无关。为此,把PMMA的 $\pi - A$ 曲线改画成它们的双对数作图(图5.7)。由图可见,当表面压不太高时,$\ln \pi$ 与 $\ln A$ 呈一线性关系,直线斜率6.67,也就是说,在此范围内,$\pi - A$ 关系满足标度律。当 A 进一步减小,标度律被破坏,就是PMMA线团进一步相互渗透、穿插,导致分子间相互作用增强造成的结果。由斜率可得PMMA线团半径 R_f 与聚合度 N 的关系 $R_f \propto N^{0.59}$,指数介于0.75和0.5之间,说明此时气/液界面对PMMA不是良溶剂,而接近于不良溶剂。其原因反映了PMMA亲水与疏水作用之间的平衡。

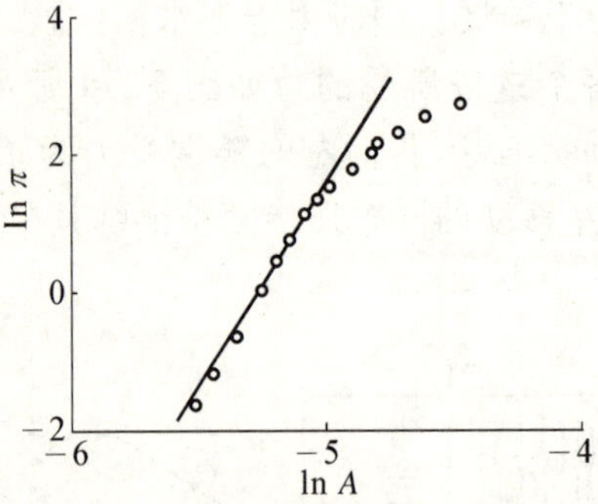

图5.7 PMMA在水面上铺展的单分子膜的标度关系

在起始阶段 $\ln \pi$ 与 $\ln A$ 呈一线性关系,直线斜率6.67,$\pi - A$ 关系满足标度律

进一步可以估计每个PMMA线团所占面积 $A_0 \approx \pi R_f^2 = 3.14 a^2 N^{1.18} \approx 4.4 \times 10^2\,\mathrm{nm}^2$($a$ 取0.23 nm,N 取800),此面积实际上是每个PMMA线团开始相互接触时每个分子的平均占有面积,也是由气态 $\pi - A$ 曲线到标度 $\pi - A$ 曲线的转折点。由 $\pi - A$ 曲线上不同表面压时PMMA分子所占面积可以粗略估计PMMA线团的重叠程度。如 $\pi = 10\ \mathrm{mN/m^2}$ 时,$A = 1.2 \times 10^2\ \mathrm{nm}^2$,与 A_0 相比,可知PMMA线团重叠是较大的。

不同立构的PMMA具有不同的 $\pi - A$ 曲线。全同立构PMMA的 $\pi - A$ 曲线比间同立构的更显膨胀性,并且前者的分子占有面积比后者大一倍。但分子量对标度律中的 y 值没有什么影响。由于聚合物的粘弹性本质,分子量对PMMA单分子膜压缩时的表面压梯度有很大关系,分子量越大,表面压梯度越陡,这是在做聚合物单分子膜实验研究时必须注意的问题[28]。

Takahashi[29]将NLO基团引入PMMA的侧链(5.2),通过它们的两亲性制备了非线性光学聚合物LB膜。PMMA侧链上的NLO基团相对于基片平面的倾斜角很小,它们的二次非线性常数达 $d_{11} = 0.364$ ppm/V 和 $d_{33} = 1.8$ ppm/V。

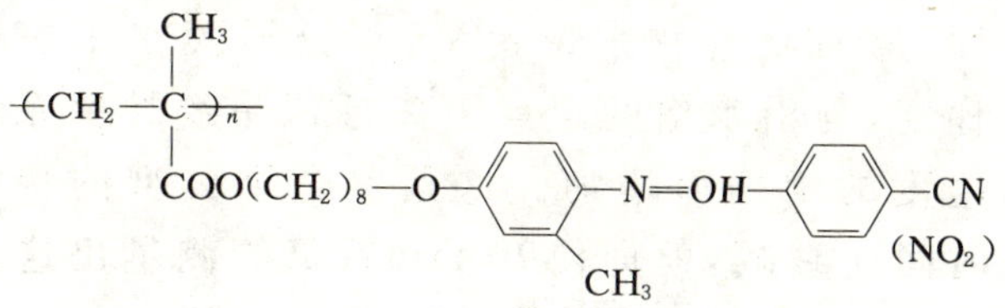

5.2

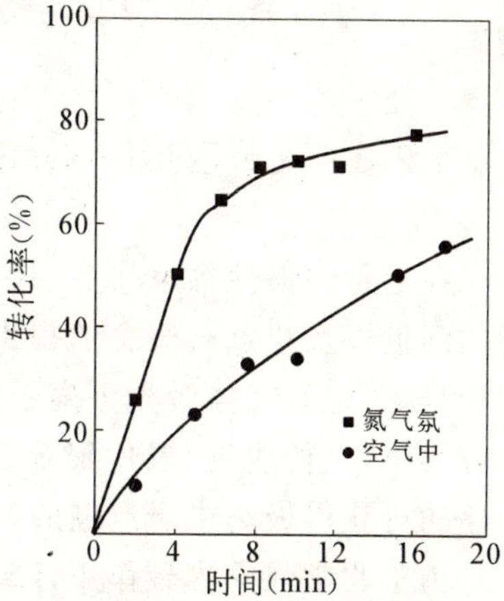

图 5.8 乙烯硬脂酸酯单分子膜在氮气和空气气氛下光聚合的转化率曲线比较

5.2.2 聚乙酸乙烯酯(Polyvinyl Acetate, PVAc)和聚硬酯酸乙烯酯(Polyvinyl Stearate, PVS)

PVAc 和 PVS 都能形成稳定的单分子膜，所以研究得也很多。PVAc 单分子膜的 $\pi-A$ 曲线比 PMMA 的更显膨胀性。Stephan[30]把乙烯硬脂酸酯单体在氮/水界面上发生光聚合得到聚合物，因为部分单体会在空气中降解成硬脂酸，甚至溶于水中的极少量的分子氧都会影响乙烯硬脂酸酯单分子膜的聚合。聚合反应符合二级反应速率表达式，但在单分子膜上聚合的 PVS 分子量比其本体聚合的低，转化率也不高，约为 75%(图 5.8)。

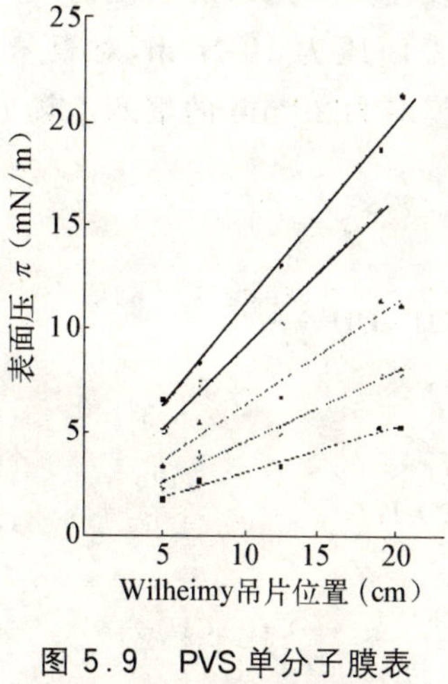

图 5.9 PVS 单分子膜表面压与离水槽定点距离的关系，在下面固定的平均占有面积的地方测量

(●) 0.212 (○) 0.215

(▲) 0.220 (◇) 0.225

(■) 0.230 nm^2/单体

有意思的是由 PVS 聚合物在水面上铺展的单分子膜与在水面上光聚合得到的 PVS 单分子膜在压缩模量和分子占有面积等方面都有差异。水面上聚合而得的 PVS 单分子膜的压缩模量最大，并具有最小的分子占有面积，表明在水面上聚合的聚合物单分子膜排列有序度比 PVS 聚合物在水面上铺展的单分子膜高[31]。

彭建邦从高分子科学观点出发，考察了单体 VS 和聚合物 PVS 单分子膜在压缩过程中膜压的各向异性。显然 VS 是小分子化合物，VS 的单分子膜没有任何的不均匀性，但对聚合物来说，PVS单分子膜在压缩时表现出很大的表面压梯度，与沿水槽的定点距离近似呈线性关系(图5.9)并随膜障移动速度的增加而增加。这是聚合物典型的特征。这个表面压梯度随时间而衰减，但即使90 min后仍能测量出这个表面压梯度。这是每一个从事聚合物单分子膜研究的科技工作者要注意的问题。

5.2.3 聚苯乙烯(Polystyrene,PS)

在近年的惯性约束聚变(ICF)实验研究中，随着超短脉冲超强激光装置的问世以及快点火概念的提出，利用强激光对金属或非金属团簇超薄膜进行打靶，是研究强激光等离子体相互作用物理规律的新实验方法。在这一方案中，氘代或氘-氚代聚苯乙烯超薄薄膜靶被认为是ICF实验中很有前途的可获得极高中子产额的新靶型[32]。

由于非常强的内聚作用，PS一般不会形成稳定的单分子膜。但如果使用环己酮和二甲基甲酰胺作为铺展溶剂，PS也会形成稳定的膜[33]。但要利用LB膜技术来沉积聚苯乙烯超薄膜，最好还是先把聚苯乙烯改性为具有亲水基团的成膜化合物。为此可以通过如下化学反应制备两亲性的聚苯乙烯磺酸和羧酸的两亲化合物。用水作亚相，改性聚苯乙烯溶于氯仿/乙醇(3：1体积比)，对聚苯乙烯磺酸，沉积的目标表面压为10 N/m，对聚苯乙烯羧酸，沉积目标表面压为20 N/m，都能得到膜厚为20 nm的聚苯乙烯LB膜[32]。

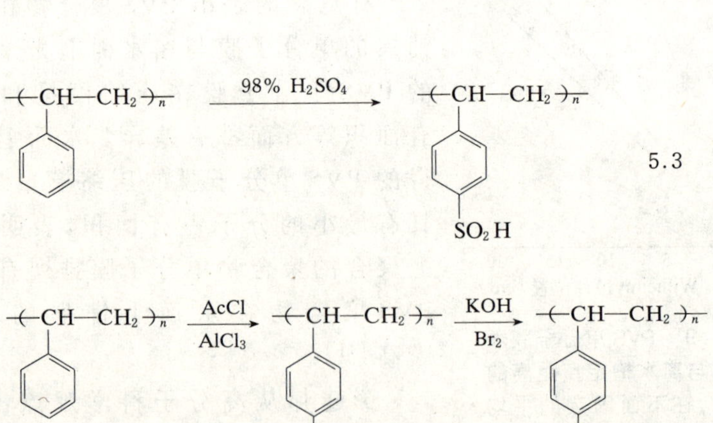

5.3

5.2.4 聚乙烯醇缩醛

聚乙烯醇是水溶性聚合物，但可用直链脂肪醛使之部分缩醛化，成为主链亲水，侧链疏水的两亲性聚合物(图 5.10)。Ohmori 利用缩醛化反应使聚乙烯醇连上部分菲、萘、蒽、芴和芘的生色团，成功铺展了单分子膜，以及沉积得到了它们的 LB 膜。这里，聚乙烯醇缩辛醛是最基本的成膜聚合物，即使有相当一部分辛烷单元被生色团所替代，仍能在水面上形成稳定的单分子膜。由于有生色团在膜上，利用紫外吸收与沉积层数的线性关系(第 1 章)可以清楚证明 LB 膜的沉积是非常均匀的。特别是，尽管芘等生色团的 Forster 半径很小，但它们 LB 膜中单分子层的厚度不会大于 1 nm，小于 Forster 半径，可以观察到层与层之间有效的能量迁移过程。因此，聚乙烯醇缩醛类 LB 膜是设计光物理和光化学过程理想的分子组装材料，有望成为有实际应用的光电功能器件。

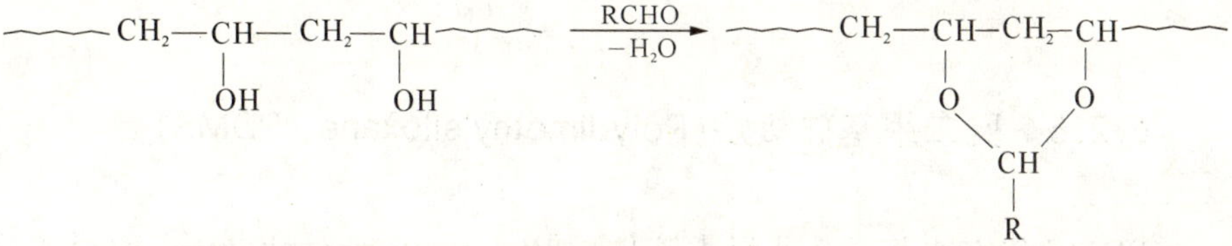

5.4

图 5.10 聚乙烯醇与醛类反应，生成聚乙烯醇缩醛

常用的醛类是甲醛和丁醛，即 R ═H 或—C_3H_7

Koyama 等用分子量为 79 600 的聚乙烯醇与苯甲醛反应，制得部分缩醛化的聚乙烯醇缩苯甲醛(5.4)，同时含有亲水基团乙烯醇(vinyl alcohol)和疏水基团乙烯苯亚甲基(vinyl benzal)[34]：不同苯亚甲基含量的聚乙烯醇缩苯甲醛单分子膜在纯水表面上的分子截面积相差很大，从 13.4Å^2(苯亚甲基含量 = 21.5 mol%)到 30.2Å^2(苯亚甲基含量 = 77.5 mol%)。他们研究了不同无机盐类对聚乙烯醇缩苯甲醛在水表面上分子截面积的影响，发现分子截面积的扩大有如下的顺序：$CaCl_2 > BaCl_2 > Na_2SO_4 \gg NaCl \approx KCl$(图 5.11)。对某种无机盐，譬如 NaCl，则是随 NaCl 的浓度增加而增大，这种聚合物分子的“膨胀”是盐析作用的结果。如果亚相中含有有机盐时，聚合物分子的“膨胀”更为显著，因为有机金属盐具有表面活化作用，它与聚合物分子官能团之间有更强的相互作用，从而导致分子截面积的增加。

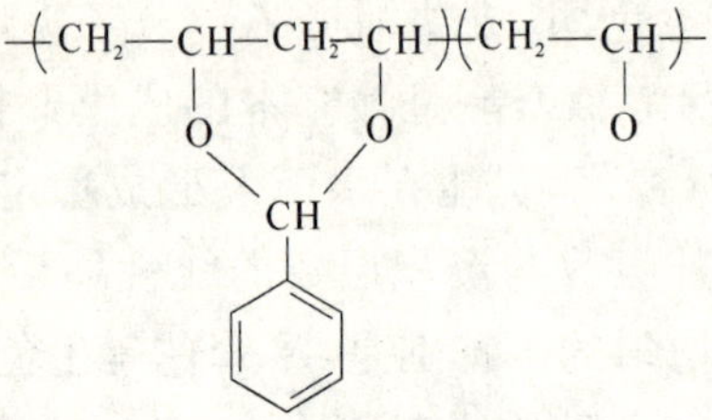

5.5

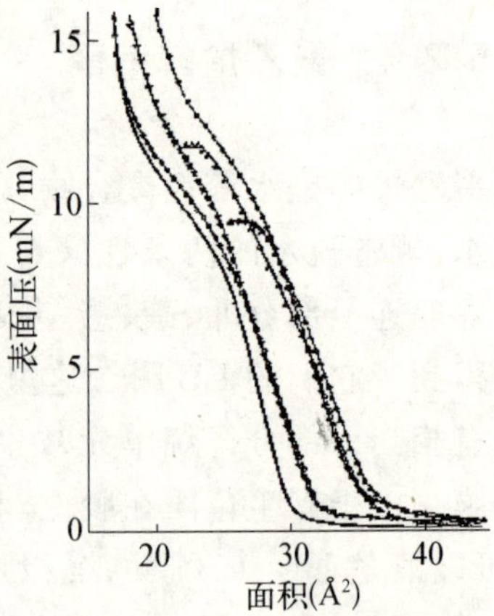

图5.11 聚乙烯醇缩苯甲醛在纯水和不同无机盐溶液上的 $\pi-A$ 面积等温线(浓度均为0.5 M，20℃)

KCl，NaCl，Na_2SO_4，$BaCl_2$，$CaCl_2$

5.2.5 聚二甲基硅氧烷(Polydimethylsiloxane，PDMS)

PDMS能在水相或某些烃类液体(如tricreayl phosphate)表面形成单分子膜。只要分子量足够高，表面压(π)-表面浓度(c)曲线与铺展浓度无关(图5.12)[35]。线形的和环状的PDMS显示出几乎相同的转变区，表明它与分子的几何形状无关，也与分子量无关(分子量范围为730～14 800)。在这个区域里，$\pi-c$ 关系符合标度律 $\pi/RT = kc^y$，像水-空气界面就是PDMS的 θ-溶剂，但表面压的第二维里系数却是负的。看来对聚合物单分子膜来说，用半稀(表面)溶液作的预估原则上是无效的，聚合物单分子膜是否存在半稀浓度区也是不确定的。此外，比较线形的和环状PDMS在交叠浓度 c^* 以上浓度的表现，甚至对三维的半稀溶液比率 c/c^* 也不是一个普适的归一化浓度。

Granick[36]还测定了聚苯基甲基硅氧烷(PPhMS)表面压与分子量的关系。对低于2 300的PPhMS，表面压随表面浓度的增大而增大，但最高的表面压也只有2.5 mN/m，为典型的成膜化合物表面压的1/10。如果PPhMS分子量较大，滴加在水面上根本观察不到表面压，表明聚合物-聚合物间的相互作用要比聚合物-水的大很多。

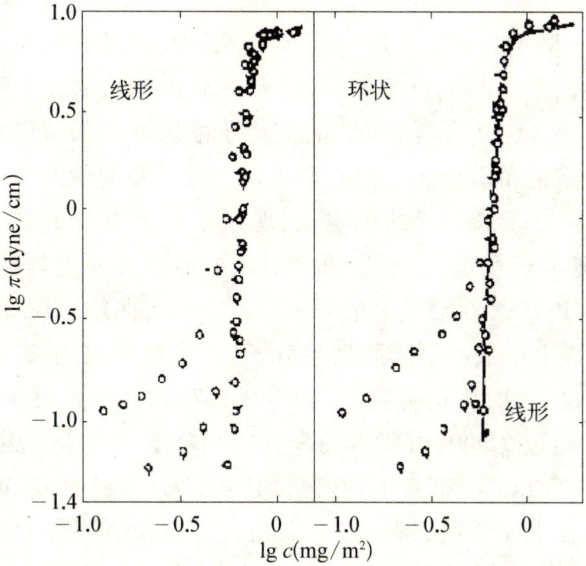

图 5.12 26℃下不同分子量的线形和环状 PDMS 在水相上的表面压(π)-表面浓度(c)曲线

5.2.6 聚氧乙烯(Polyethylene Oxide, PEO)

虽然聚氧乙烯是一个典型的水溶性聚合物,但它在空气-水界面上确实能形成稳定的单分子膜[37]。把 PEO 单分子膜压缩至面积 0.2 nm^2/单体,$\pi-A$ 曲线是可逆的,在第一次压缩到 0.18 和 0.10 nm^2/单体时,PEO 单分子膜会有滞后现象,但当它们被再压缩时 $\pi-A$ 曲线仍与单分子膜在扩张时一样的。测定了不同分子量 PEO 试样的表面压,在转变区表面压几乎与分子量无关,标度的指数 $y=2.85$(图 5.13),表明测量的条件相应于良溶剂,第二维里系数是正值。不同分子量 PEO 表面压在平台区的温度依赖性比较复杂:从 $\partial\pi/\partial T<0$ 到 $\partial\pi/\partial T>0$ 有一个明显的转变,在平台的表面压是正值,与分子量无关。

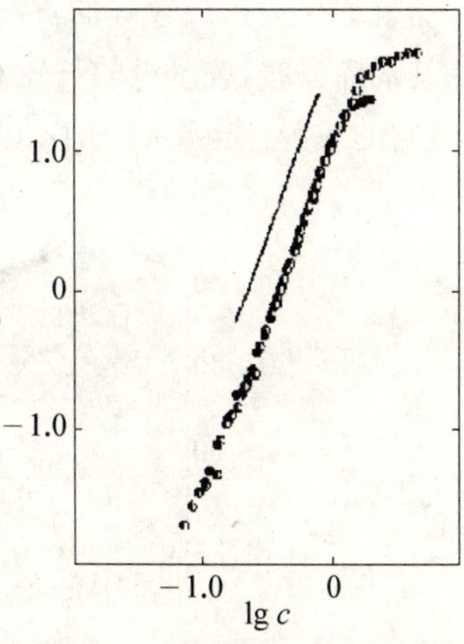

图 5.13 两个不同分子量聚氧乙烯典型的 $\lg \pi-\lg c$ 曲线,图中的直线斜率就是表面压对表面浓度的理论指数 $y=2.85$

PEO在1 mol/L $MgCl_2$亚相上的表面压要比在纯水上的大，在1 mol/L $MgSO_4$亚相上，表面浓度超过0.4 mg/m^2后表面压也超过纯水上的。

除了上述的常用的成膜聚合物，还有一类在疏水主链上带有亲水侧基大分子——聚 N-烷基丙烯酰胺。它们由于酰胺基上的氢键相互作用使得它们能形成稳定的单分子膜。Fan等研究了分子量对聚 N-十二烷基丙烯酰胺(PDDA)单分子膜形成的影响，发现在水面上单分子膜的性质与分子量关系极大，随分子量增大，单分子膜变得更加稳定和更加凝聚[38]。六种不同分子量的PDDA在水面上单分子膜的 π-A 曲线如图5.14所示。单体DDA在水面上形成的是膨胀型单分子膜，崩溃压仅为25 mN/m。而其聚合物PDDA的表面压很为陡峻，崩溃压也高出不少。分子量越高，越是明显。分子量超过7 000，PDDA的单分子膜就变为凝聚型膜，单体单元所占截面积为0.28 nm^2。事实上，在膜障压缩单分子膜时，PDDA下垂的侧基会逐步从水面上站立起来，使得聚合物长链变得更刚性和排列得更紧密(图5.15)。这样，在如图右侧的凝聚型膜时，大分子主链会产生一个应力能，要释放这个应力需要一定的主链长度(超过30个重复单元)。因此，由于这个额外的应力，没有足够的链长的聚合物就不能形成凝聚型膜，下垂的侧基也就不会紧密排列，只能是膨胀型膜。

实验结果表明，这类成膜聚合物分子与上面传统的成膜聚合物有所不同。一般地，在亲水部分带有烷基链的聚合物，要想成膜，一定要有两亲的特性，而且如果要形成较好的Y-型聚合LB膜，烷基链要很长。然后对于这类 N-烷基聚烯酰胺，烷基链的长短对于Y-型聚合LB膜的形成并不重要，即使是温度对它的成膜性也影响很小。XRD表明，烷基取代基垂直于LB膜表面。

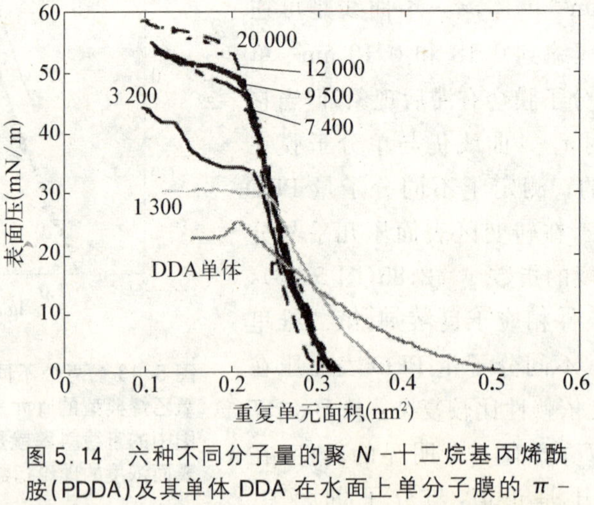

图5.14 六种不同分子量的聚 N-十二烷基丙烯酰胺(PDDA)及其单体DDA在水面上单分子膜的 π-A 曲线

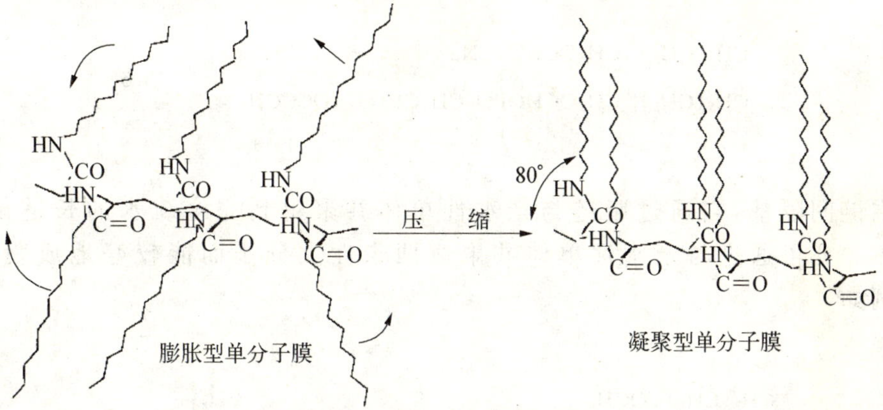

图 5.15 聚 *N*-十二烷基丙烯酰胺大分子链受到膜障压缩，下垂的侧链向上竖起，单分子膜从膨胀型膜转变为凝聚型膜

5.3 主链及其疏水侧基中间是亲水基团相连的聚合物

这里先要说说所谓的“间隔基”(spacer)。间隔基的概念最早是 Ringsdorp 提出来的[39]。我们知道，为得到好的聚合物单分子膜，亲水和疏水基团沿聚合物主链的排列要有规律性和一定的间隔。如果不然，亲水的基团会在水相中卷成一团，而疏水的基团则在水面上卷成一团，由这样的单分子膜沉积成的 LB 膜将不会是高度有序的。间隔基是一类柔性的亲水基团，把它嵌入单体的分子结构中，从而来拆开所得到的聚合物主链与亲水侧基自组织之间的耦合。由于引入间隔基消除了高分子链对其自组织过程的阻碍作用，从而使三维的高分子在二维空间有序化形成 LB 膜。那类聚合物共分三类：侧链间隔基，主链间隔基，主侧链间隔基，见图 5.16。侧链间隔基的例子是把脂链通过间隔基与可聚基团相连结，均聚合即得。如

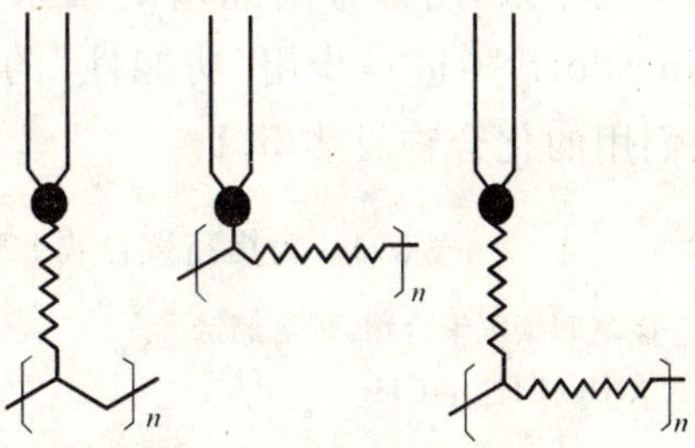

图 5.16 侧链间隔基，主链间隔基，主侧链间隔基

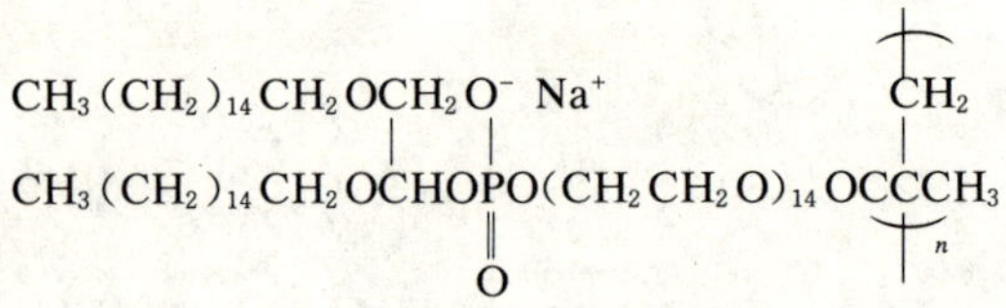

5.6

主链间隔基,它通过脂链与亲水性单体共聚得到完全疏水的长链单体。亦可通过与亲水性单体共聚成两亲性大分子而能较好地成膜,例如

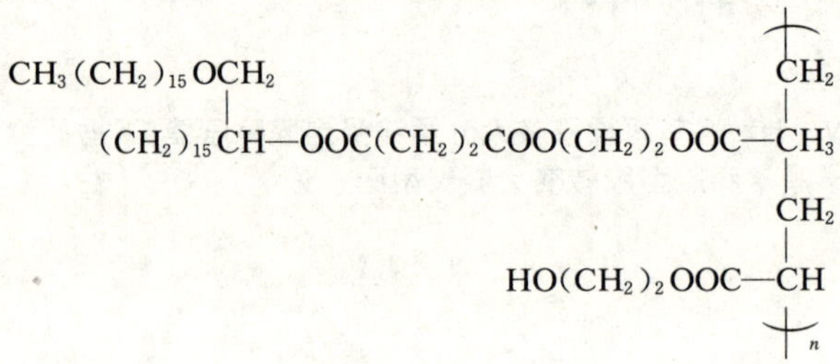

5.7

主侧链间隔基,主链间隔基与侧链间隔基相结合的产物

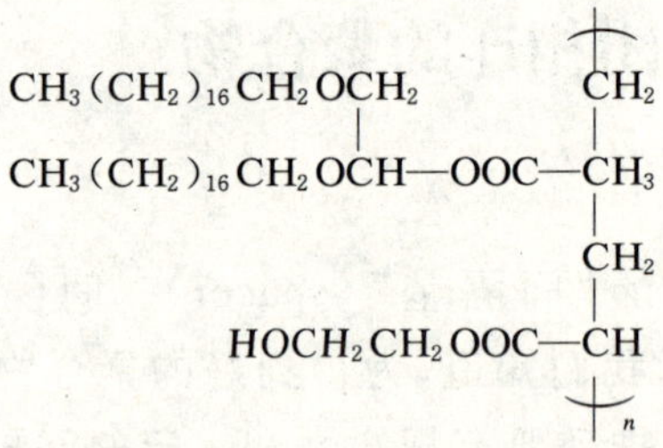

5.8

近年来,用含有间隔基的两亲性聚合物制备LB膜的报道很多,譬如Ringsdoff[40]进一步用“功能性”的间隔基来提高聚合物LB膜的耐热性。他们用的化合物见表5.1。

表5.1 为提高聚合物LB膜耐热性能的“功能性”间隔基

碳氢和碳氟聚合物,碳氢侧链

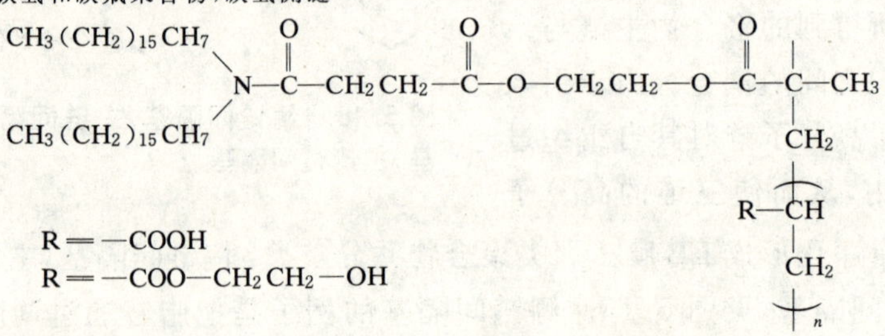

5.9

氟碳侧链

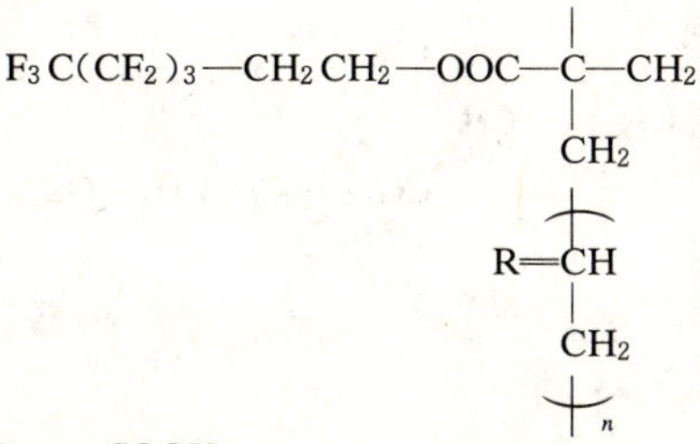

R =—COOH

R =—COO—CH_2—CH_2—OH

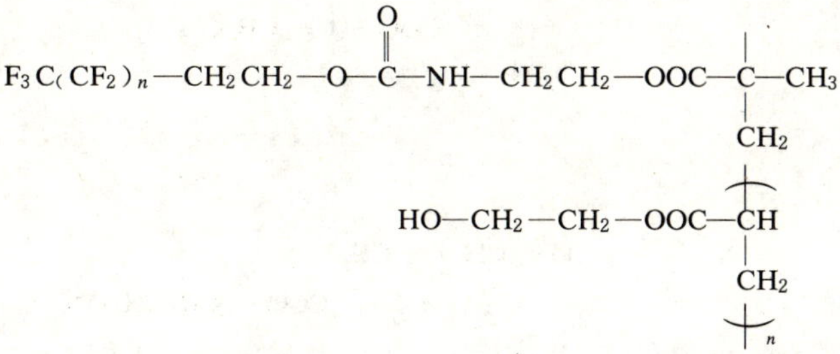

5.10 n = 0,5

碳氢和碳氟聚合物,氟化的侧链

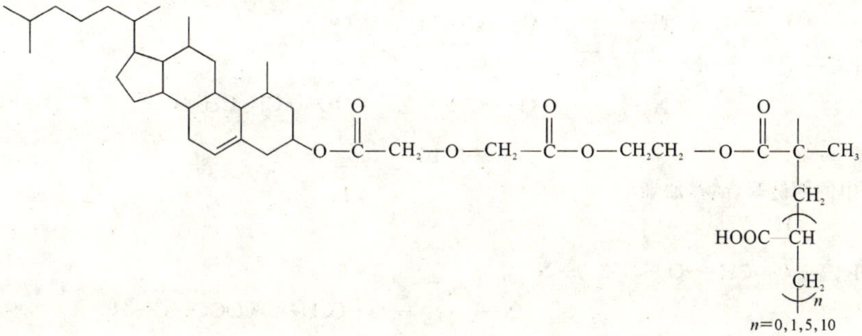

5.11

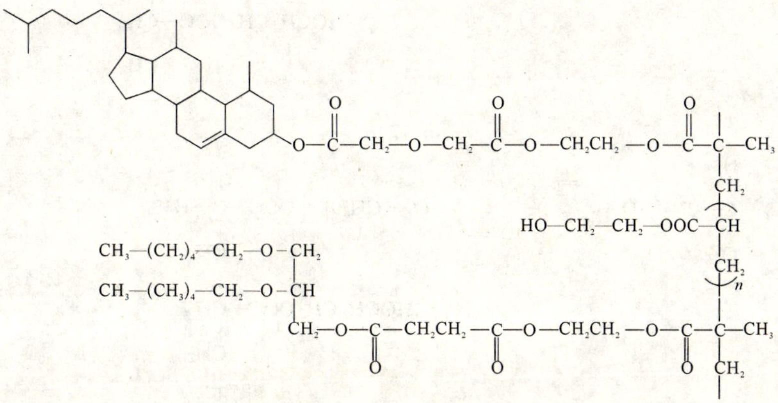

5.12

适中的侧链聚合物，缩聚

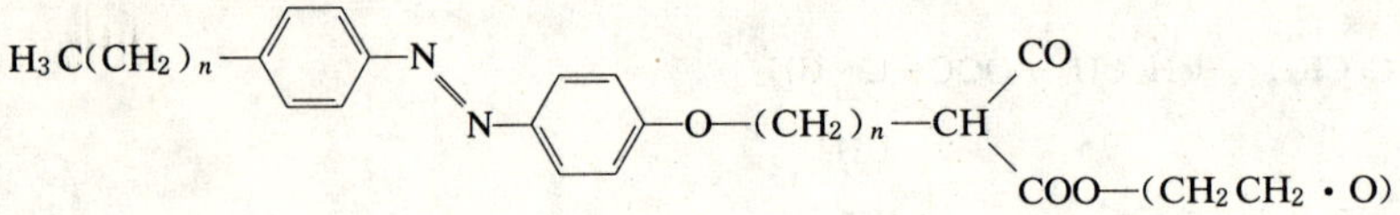

5.13

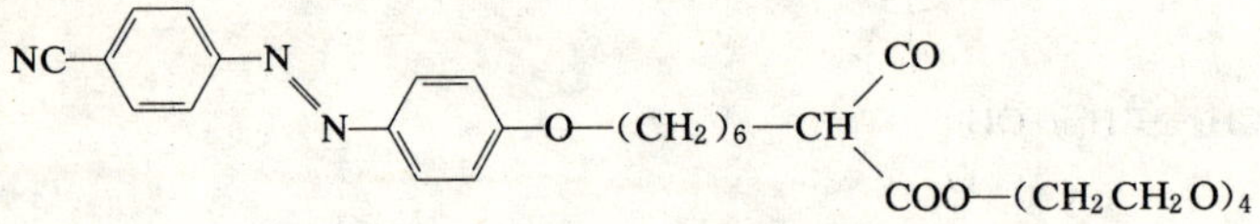

5.14

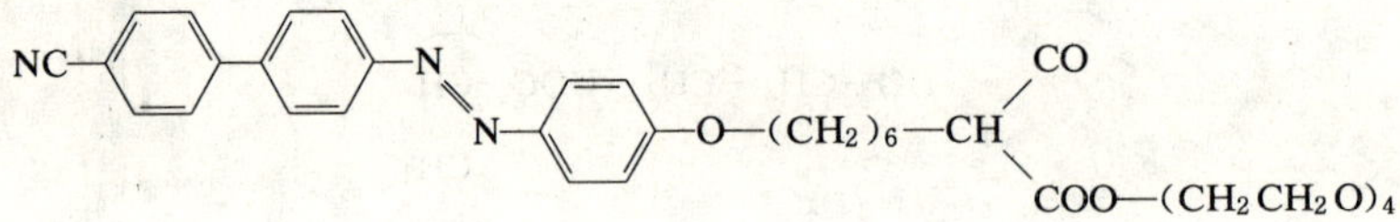

5.15

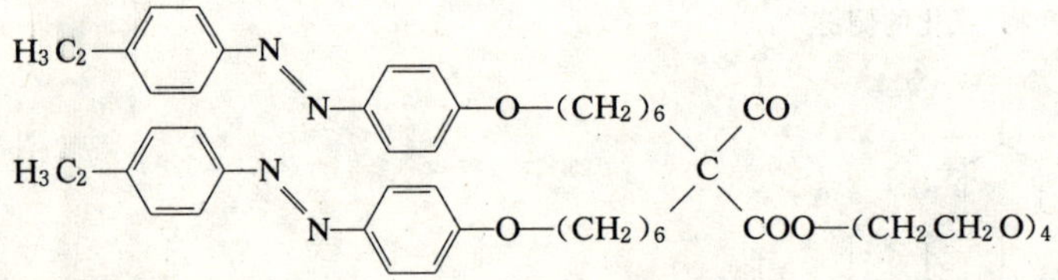

5.16

适中的侧链聚合物，加聚

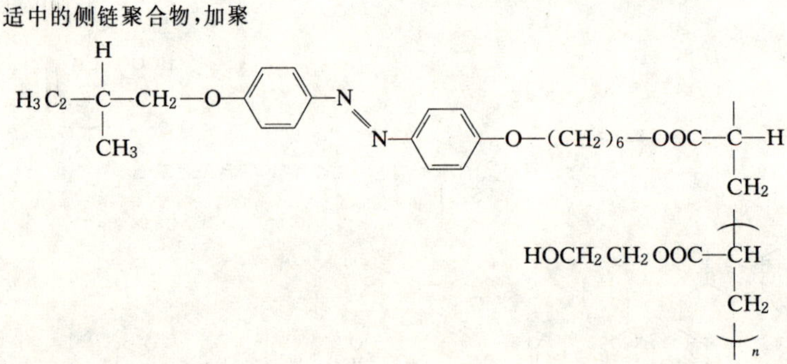

5.17

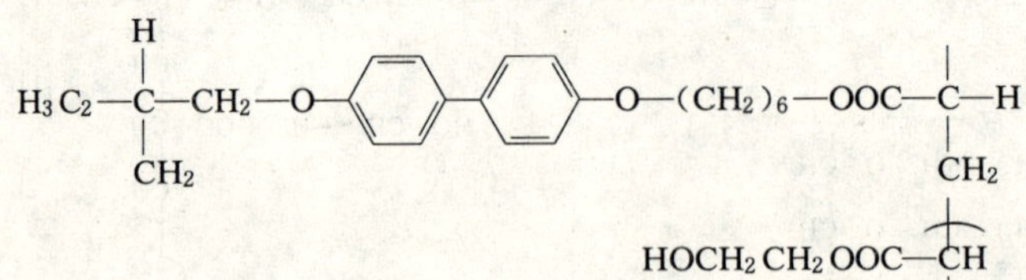

5.18

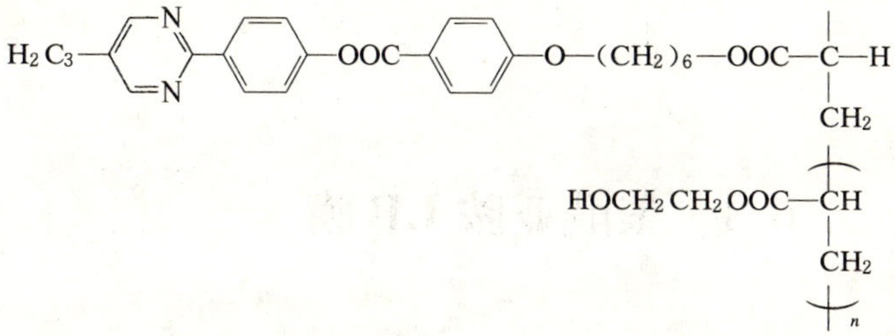

5.19

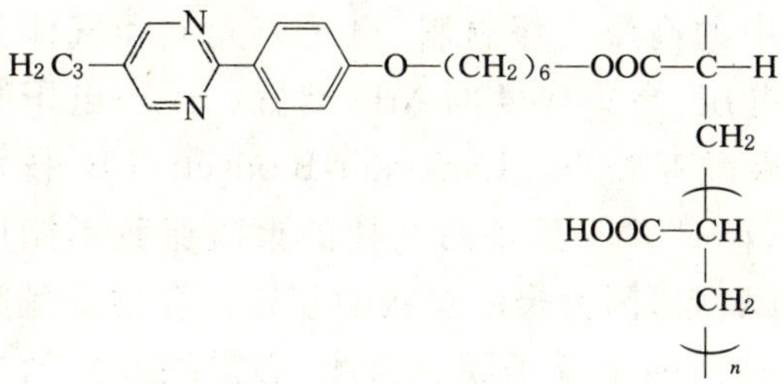

n = 0, 1, 5, 10

5.20

间隔基的长度不但对单体单分子膜有影响，也对所生成的聚合物单分子膜性能有影响。亲水间隔基越长，单体和聚合物单分子膜都越显膨胀性(图 5.17)。

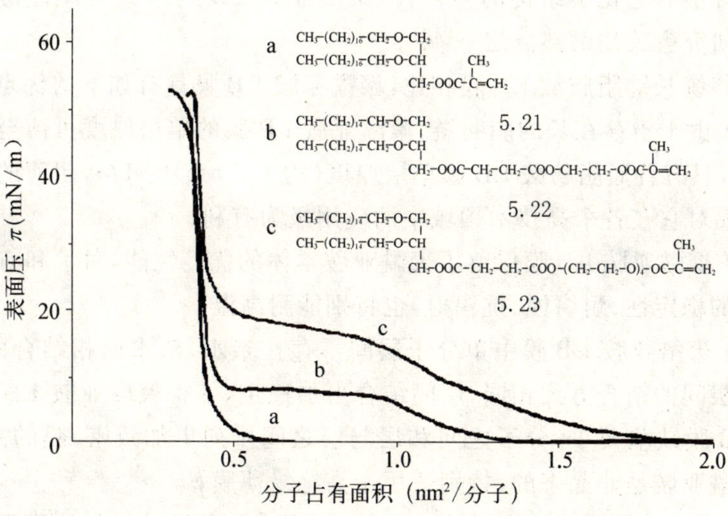

图 5.17 不同间隔基长度对成膜化合物 $\pi-A$ 曲线的影响

5.4 聚酰亚胺 LB 膜

聚酰亚胺是一类物理力学性能和电学性能俱佳的高性能聚合物。聚酰亚胺薄膜广泛用于电子学中的高温绝缘材料、电子束光刻和气体分离的高选择分离膜。像低驱动电压、高集成度的 MIS 装置、分子-电子装置中的存储元件都需要超薄的聚酰亚胺膜。Langmuir-Blodgett(LB)技术是制备超薄膜的有效方法之一,但是并不具备两亲性的聚酰亚胺不能用传统的 LB 技术来制得它们的 LB 膜,因为聚酰亚胺的起始化合物聚酰胺酸不能在水面上铺展形成规则排列的单分子膜。为此,必需探寻新的途径和方法。

近年来 Kakimoto[41] 和 Uekita[22] 发展了一种称之为“前驱物法”的方法来制备聚酰亚胺的 LB 膜。他们先把聚酰胺酸用长链胺来络合以形成具有两亲性的聚酰胺酸盐,即所谓的前驱物,再用 LB 技术铺展成膜,最后沉积到基片上。通过与化学试剂反应或加热亚胺化,在亚胺化的同时把络合上去的长链胺脱掉,从而制得聚酰亚胺的 LB 膜。由于聚酰亚胺本身的优良物理性能和它化学结构的多样性,聚酰亚胺 LB 膜一直是聚合物超薄膜制备和研究者关注的热点之一[42]。

与传统长链脂肪酸 LB 膜相比,聚酰亚胺 LB 膜具有如下的优点:

(1) 由于不存在长的脂肪链,聚酰亚胺 LB 膜的单层厚度可薄至 0.4 ~ 0.6 nm,只有普通脂肪酸 LB 膜单层厚度(约 1.5 nm)的 1/4,超薄的聚酰亚胺 LB 膜对它在各个高技术领域中的应用极为有利;

(2) 聚酰亚胺 LB 膜保留了聚酰亚胺本体的优良性能,对水和有机介质有极好的稳定性、耐腐蚀、抗辐射,也特别能耐高温;

(3) 聚酰亚胺 LB 膜中单分子层间不存在亲水、疏水面相结合的差别,单分子层间的结合方式相同,层间结合更加稳定,使得聚酰亚胺 LB 膜比脂肪酸 LB 膜缺陷要少,分子之间和层与层之间排列更加致密,膜的品质高。因为聚酰亚胺是非晶态的,特别适用于高绝缘薄膜;

(4) 聚酰胺酸衍生物沉积成 LB 膜时,聚合物分子链沿与挂膜平行方向取向,经亚胺化后,这种取向结构在聚酰亚胺 LB 膜中仍保留下来;

(5) 在聚酰亚胺的合成中如果应用合适的新单体,能使聚酰亚胺结构达到所需的要求。特别是可以容易地把一些功能性基团引入到聚酰亚胺LB膜中去，从而可大大开拓它的应用领域。

Kakimoto方法是：芳族聚酰胺酸③是由四酸二酐①和二元胺②反应而得，把③与长链胺⑤相混即能制得聚酰胺酸盐④，其LB膜可用以下三步来制得(图5.18)：

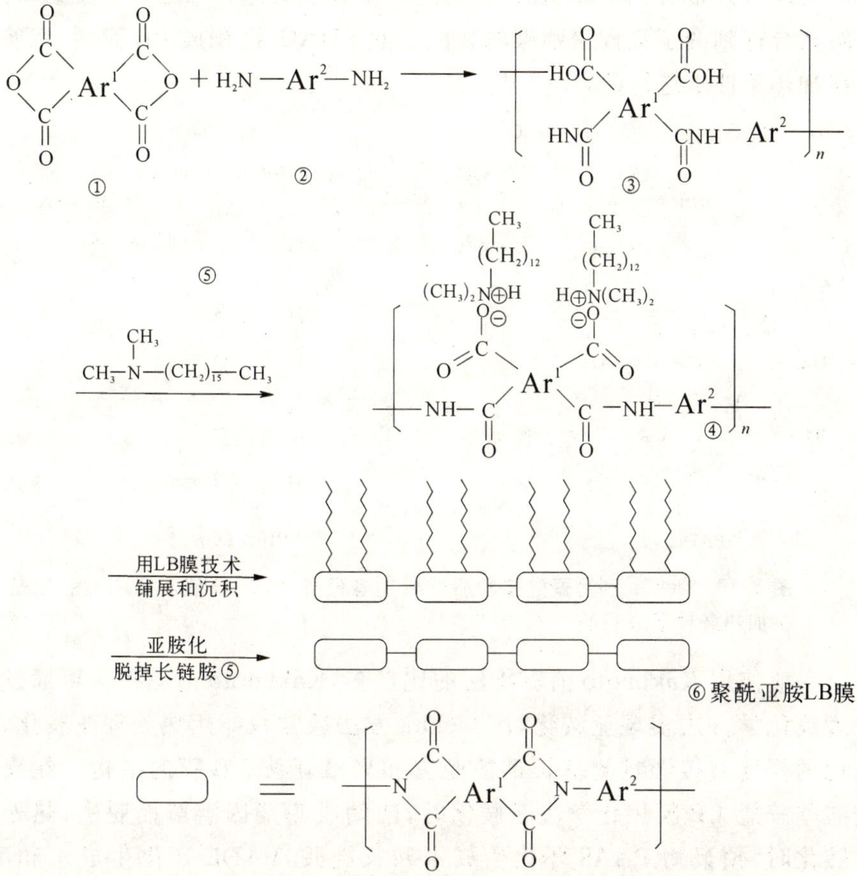

图5.18　Kakimoto的前驱物法制备聚酰亚胺的LB膜

(1) 把带长链胺的聚酰胺酸盐④铺展在水面上形成单分子膜；

(2) 把④的单分子层沉积到适宜的基片上；

(3) 用化学方法或热处理对④的LB膜进行亚胺化。与此同时，碳氢长链也脱落，而形成聚酰亚胺⑥的LB膜。

Kakimoto前驱物法的特点是方法简单，可以直接利用现有的二步合成法的中间产物，不需要其他特殊的原料。但是聚酰胺酸很不稳定，尤其是它的稀溶液在室温下降解很快，水的存在影响就更大。如欲制得高质量的LB

膜，则要求在沉积过程中，每次铺展的单分子膜必须在 2～3 h 内重新更换。而且 Kakimoto 前驱物法还要求亚相为中性，否则将破坏分子内盐的结构，从而破坏单分子膜的稳定性。为此，Uekita 报道了另一种前驱物法，即利用聚酰胺酸脂肪醇制备聚酰亚胺 LB 膜的方法(图 5.19)。Uekita 方法合成步骤较多，但避免了以上不稳定因素的影响。它首先是长链烷基醇与二酸酐反应得到带有二个羧基的二酯，经磺酰氯酰氯化为二酯基二酰氯，再与二胺聚合得到两亲性预聚物聚酰胺酸二酯 PDAE，沉积成 LB 膜后，亚胺化是在加热条件下进行的，反应过程是

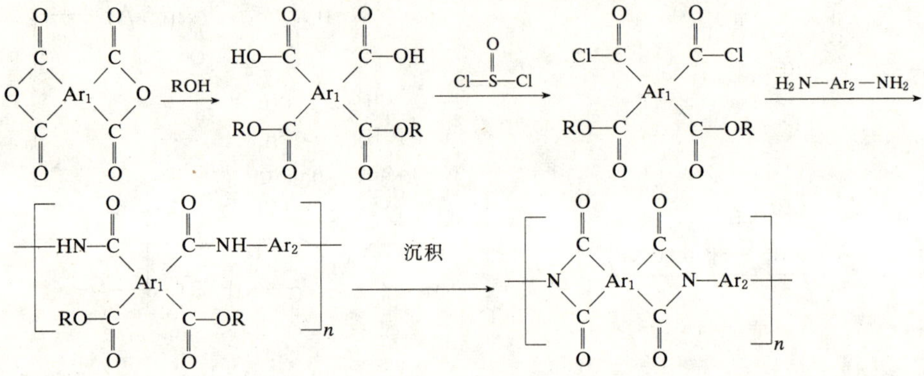

5.24

PADE-　　　　PILB Film

图 5.19　Uekita 利用聚酰胺酸脂肪醇制备聚酰亚胺 LB 膜。它的亚胺化是在加热条件下进行的

一般使用 Kakimoto 前驱物法的比较多，Kakimoto 前驱物法可通过热处理或化学方法实现亚胺化，而 Uekita 方法通常只能用热处理亚胺化，亚胺化的程度直接影响侧基长链的脱去和聚酰亚胺 LB 膜的结构。在聚酰胺酸季胺盐 LB 膜用化学法亚胺化时，辅助成膜剂因溶解而脱去；热处理亚胺化时，预聚物 PAAS 环化生成水和长链胺，PADE 环化生成水和醇，这些胺或醇量很少，在 250℃ 以上，要么热分解，要么受热逸去，因而，经合适的条件亚胺化后，IR 等已检测不到 LB 膜中有辅助成膜剂的存在，表明辅助成膜剂能比较容易地除去，不致对聚酰亚胺 LB 膜的结构有太大的影响。

最常用的芳族基团 Ar^1 和 Ar^2 为： 和

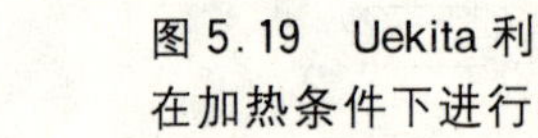，即由均苯四甲酸酐(PMD)和 4,4′-二胺基二苯醚(ODA)制备的 PMDA-ODA 型聚酰亚胺，具有如下结构：

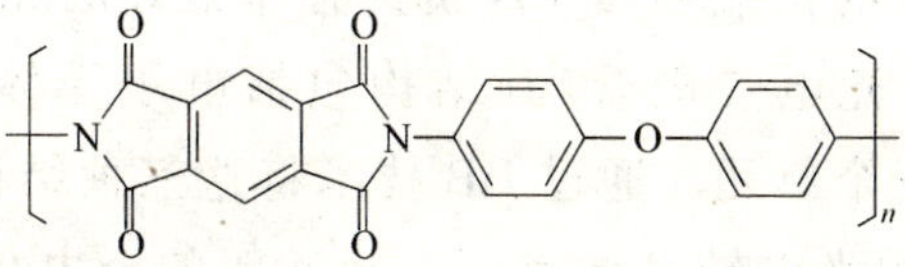

5.25

PMDA-ODA 聚酰亚胺 LB 膜应用不同的 Ar^1 和 Ar^2 基团可以改变所得产物聚酰亚胺 LB 膜的结构，它们的膜厚也随之改变。

Ar^1	Ar^2	单层膜厚(nm)
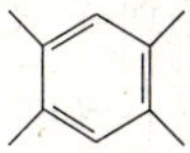	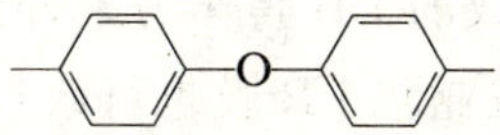	0.4
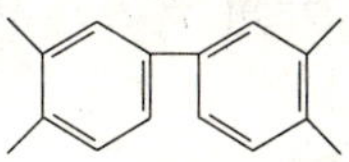	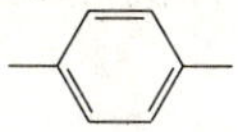	0.42
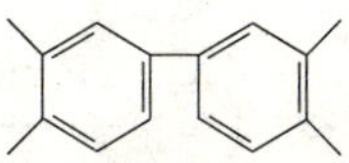	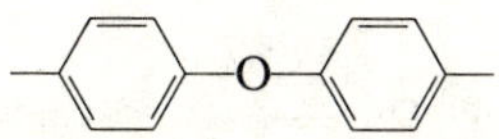	0.5
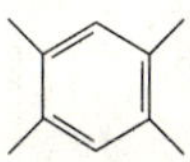	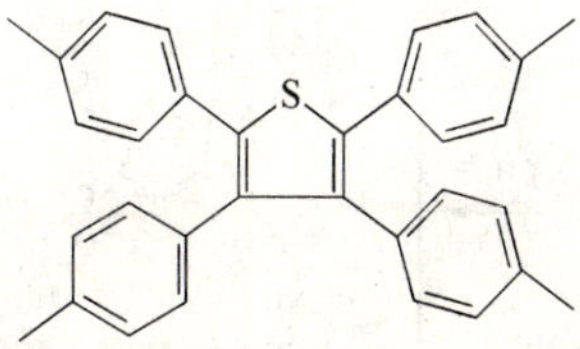	0.56

正如前面所说的，应用不同的二胺和二酐可以引入不同的官能团，从而赋予聚酰亚胺 LB 膜以特定功能。

改变化学结构，引入官能团赋予聚酰亚胺 LB 膜以特定功能的实例是含有卟啉(porphyrin) 基团的聚酰亚胺 LB 膜。卟啉是叶绿素及人造太阳能系统中典型的起光电转换功能的模型化合物。Nishikata[43] 等在聚酰亚胺中引入了四苯基卟啉(TTP)结构单元

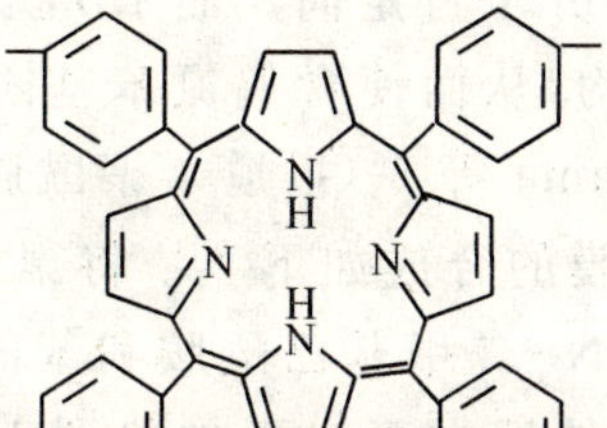

TTP

5.26

这种含TTP结构的聚酰亚胺LB膜具有非常好的光电性能，利用这类材料制备出了分子光电二极管，其结构包括电子受体(A)、光感受体(S)和电子给体(D)三个单元。通过LB技术将这三种结构按一定的空间顺序排列，会有很高的光电转换效率。在半透明的金电极上(E)，制成两种类型的光电二极管，分别是E/D/S/A和E/A/S/D，它们在空间的排列顺序不同。

通过引入具有感光性能基团的聚酰亚胺LB膜还可作为集成电路的光刻胶使用。如Suzuki[44]利用PMDA-ODA聚酰胺酸与4-正十七烷基吡啶(ODP)混合物所形成的LB膜作为紫外光感光层，得到了具有非常好的线分辨率的负膜。聚酰亚胺LB膜也可改性成正膜使用，Iwamoto等[45]合成了一种可作正膜的感光性有机硅聚酰亚胺LB膜，分辨率达到0.25 μm，其制备过程是

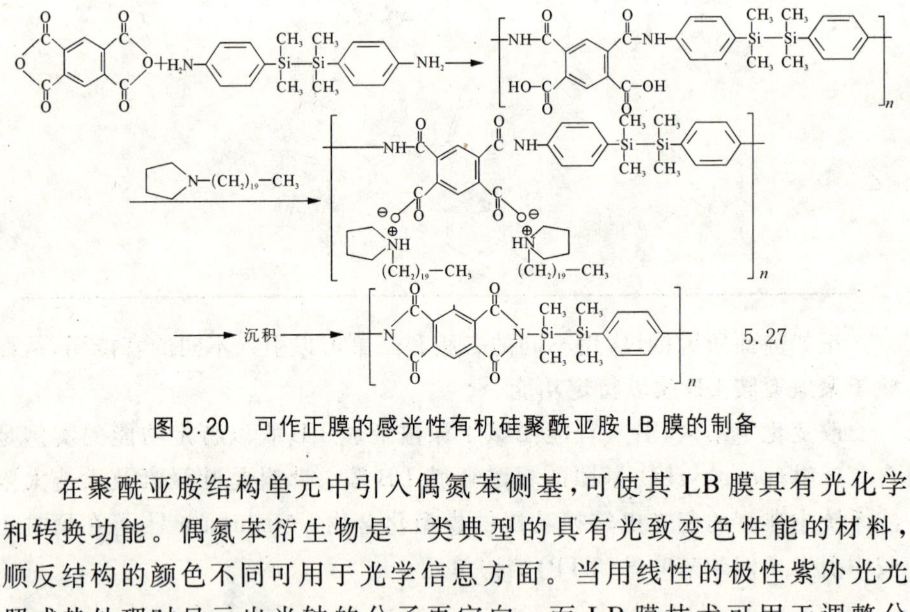

5.27

图5.20 可作正膜的感光性有机硅聚酰亚胺LB膜的制备

在聚酰亚胺结构单元中引入偶氮苯侧基，可使其LB膜具有光化学和转换功能。偶氮苯衍生物是一类典型的具有光致变色性能的材料，顺反结构的颜色不同可用于光学信息方面。当用线性的极性紫外光光照或热处理时显示出光轴的分子再定向。而LB膜技术可用于调整分子膜厚的定向、控制分子结构，从而使含偶氮苯基团的聚酰亚胺LB膜用于光学记录系统。Yokoyama等[46]报道了聚酰胺酸(a)的合成。具有偶氮侧基的聚酰亚胺LB膜的合成如下[9]：将聚酰胺酸(a)和*N*-二十烷吡咯基混合，再放入N,N-二甲基己酰胺和苯的混合液中，得(b)；将(b)铺展成前聚物LB膜，然后在真空下加热到140℃转化成聚酰亚胺LB膜(c)，如图5.21。

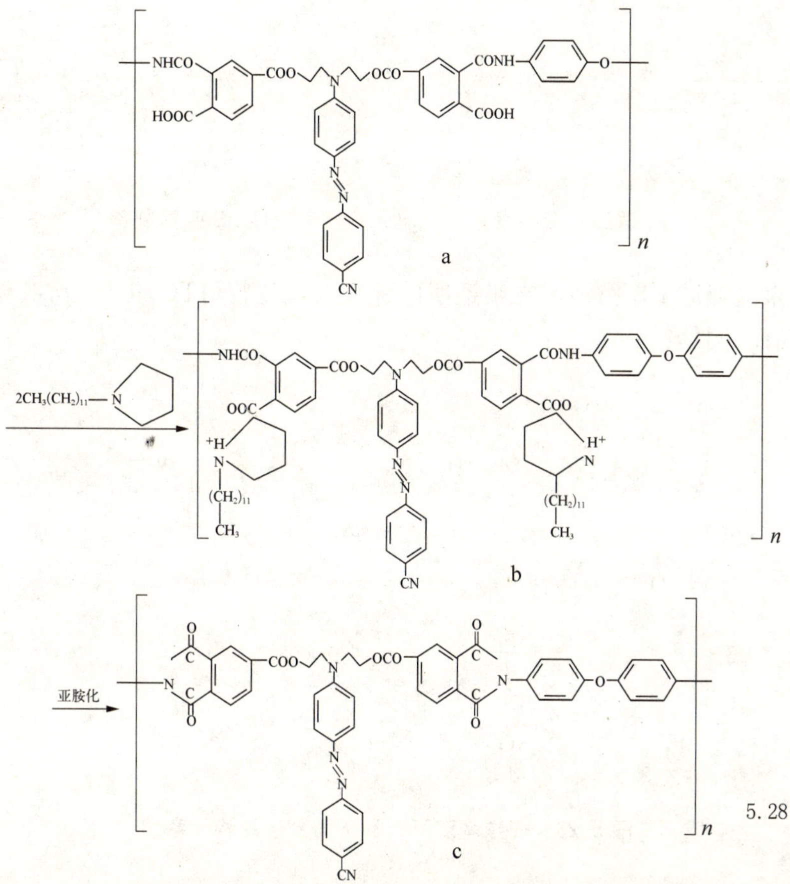

图 5.21 含偶氮苯侧基的聚酰亚胺 LB 膜的制备

Aiping Wu[47] 使 2,5-二(4-苯胺基)吡嗪和四羰基二酐反应，把电发光活性单元引入聚酰亚胺主链，铺展成聚酰亚胺 LB 膜从而制得电发光装置，把有机染料的高发光效率同高分子的热稳定性结合起来：

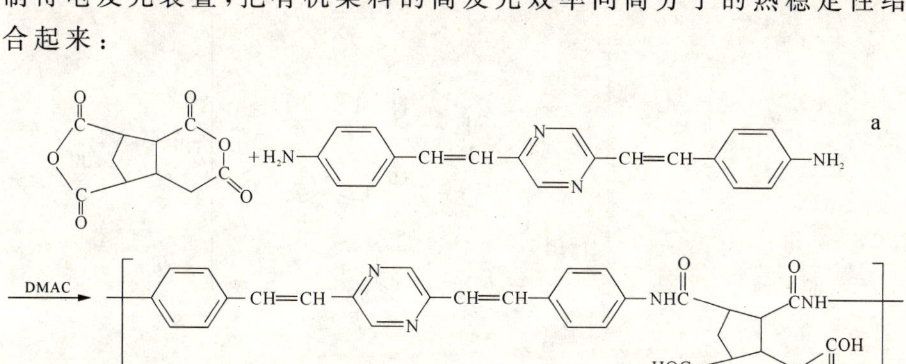

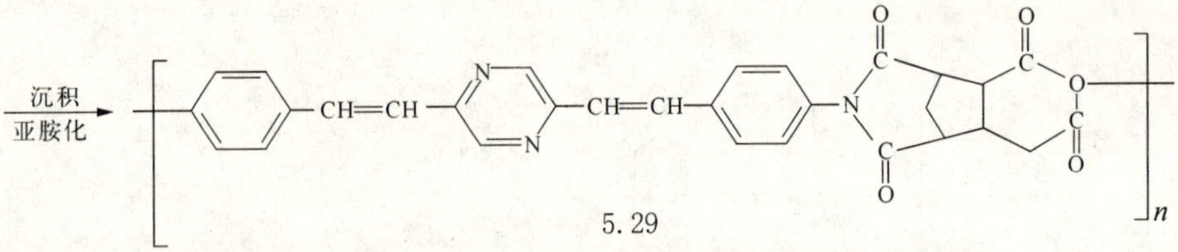

5.29

图 5.22 含电发光活性单元的聚酰亚胺 LB 膜的制备

聚酰亚胺 LB 膜铺展在半透明的锑化铟氧化物(ITO)电极上，四羰基双酐可有不同结构：

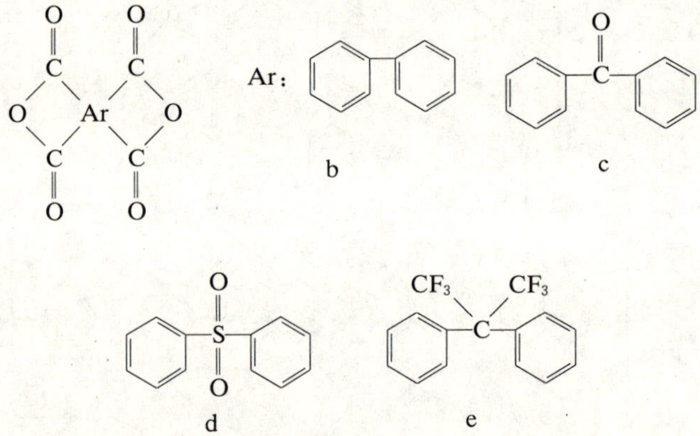

图 5.23 四羰基双酐 5 种不同分子结构示意图

其中用 a 制得的聚酰亚胺 LB 膜光反射最强。

Aoki[48]在聚酰亚胺结构中引入了有机金属络合物，即二元胺的钌络合物(5.30,5.31)：

(1) 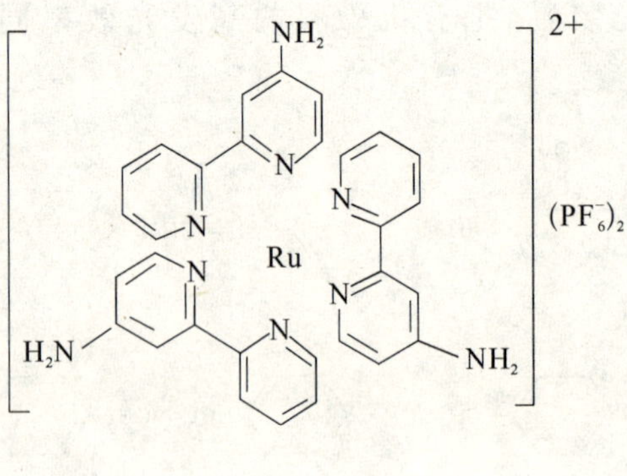 5.30

(2) 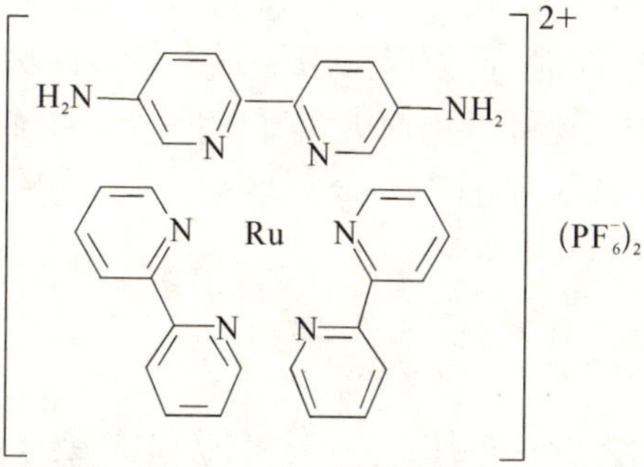 5.31

同样用“前驱物法”，制得聚酰胺酸 5.32，5.33 和 5.34，再亚胺化得到包含感光基团$[Ru(bpy)_3]^{2+}$的聚酰亚胺 LB 膜：

(3) 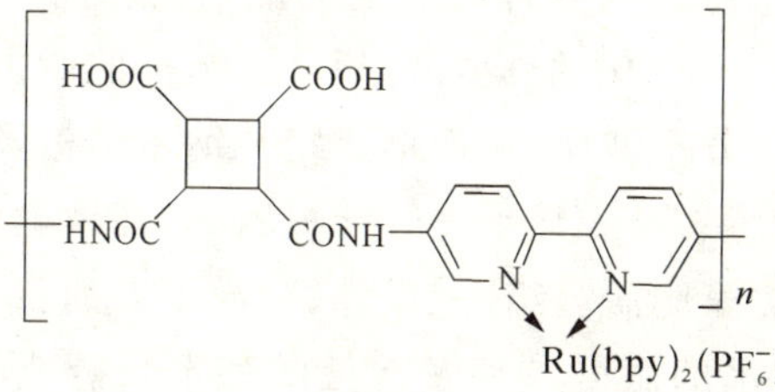 5.32

(4) 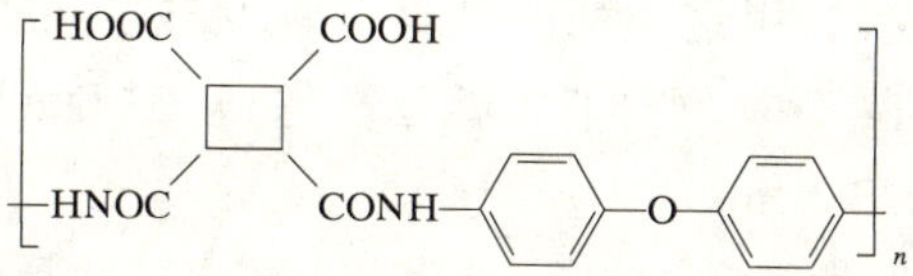 5.33

(5) 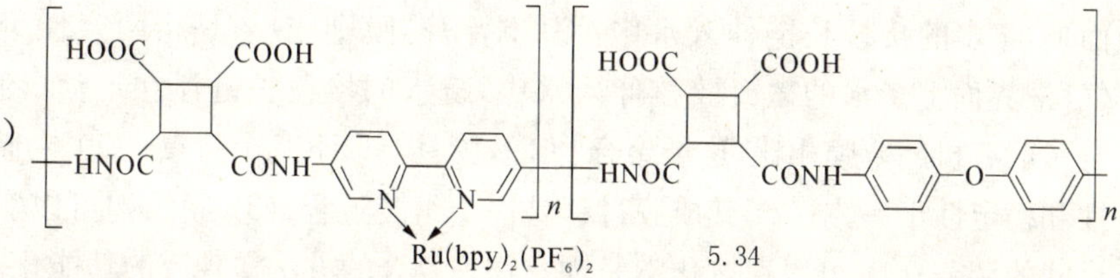 5.34

具有很好的感光性。

除了改变化学结构的手段外，通过各种后处理也可以促使聚酰亚胺 LB 膜的化学结构变化而产生一些特定的功能。Akatsuka[49] 用石英片上的 PMDA－ODA 型聚酰亚胺 LB 膜在氮气气氛中于 400℃～1 000℃下热解 60 min制备得到了电导率高达 300 S/cm 并在几个月内都很稳定的导电 LB 膜，这一电导率值远高于用聚酰亚胺涂膜真空热解所得的电导率值 160 S/cm；而且当热解温度进一步升高到 2 500℃时，PILB 膜则形成网络状的多晶石墨结构，电导率升至 520 S/cm，最高可达 600 S/cm。

我们把沉积在单晶(111)硅片上的聚酰亚胺 LB 膜在 10^{-5} 托真空和

1 000℃下热处理制备得了SiC超薄膜[50, 51]。SiC是优良的半导体材料，具有热性能和电性能，可望广泛用于制作具有高功率、高速、高频、高温和抗辐射等特点的电子器件，从而开辟了又一个由有机LB膜制备无机超薄膜的新方法，详见第8章。

5.5 “浮萍”和“倒浮萍”聚合物超薄膜

为了充分发挥聚合物超薄膜的各种特定的功能，特别是聚合链可以通过某些分子间相互作用，在聚合物中形成特殊超分子结构的能力，即通过组装产生特殊的集合性质或超分子性质，从而形成特殊纳米结构及表面，提高结构材料的综合性能，在传感、存储、显示等智能材料，和在微电子学及分子电子学等领域得到应用。沈家聪研究组[52]设计、合成了系列新型的两亲性聚合物，这类聚合物是由亲水的微凝胶核及接枝的疏水长链或疏水的微凝胶核和亲水的接枝长链组成，利用这类两亲性聚合物发展了一类新型的两亲性聚合物超薄膜，即“浮萍”和“倒浮萍”聚合物超薄膜(Duckweed and Reversed Duckweed type LB films)。

所谓的“浮萍”膜是指两亲性聚合物在气/液界面上疏水的微凝胶核浮在水面上，亲水的接枝长链伸入水中；而“倒浮萍”膜则相反，是指两亲性聚合物在气/液界面上亲水的微凝胶核伸入水中，疏水的接枝长链浮在上面(图5.24)。与一般有机超薄膜相比，这类聚合物LB膜具有以下几个特点：(1) 它们集有序性和稳定性于一体；(2) 其成膜过程是一个组装过程；(3) 膜结构可以实现纳米尺寸的调节；(4) 可以通过化学修饰及物理复合的方法实现膜的功能化。

在超声波振荡下，苯乙烯-二乙烯基苯共聚生成带有大量剩余乙烯基的活性微胶核；再将此活性胶核与亲水性单体甲基丙烯酸接枝共聚。控制反应时间，可分别获得亲水基团含量，分子量及支化度不同的苯乙烯-二乙烯基苯微凝胶/接枝甲基丙烯酸两亲性共聚物(St－DVB/MA)。在气液界面上重排，该聚合物形成了“浮萍”结构的单分子膜。扫描电子显微镜结果表明：由于St－DVB间较强的疏水力作用，聚合物在气液界面上形成聚集体结构，而不是形成单分子膜，随着共聚物亲水基团的含量增长，聚合物的分散性更好。在外面膜压下，聚合物可由施加膜压而诱导组织而形成密堆砌单分子膜，并可转移制备形成LB膜(图5.24)。

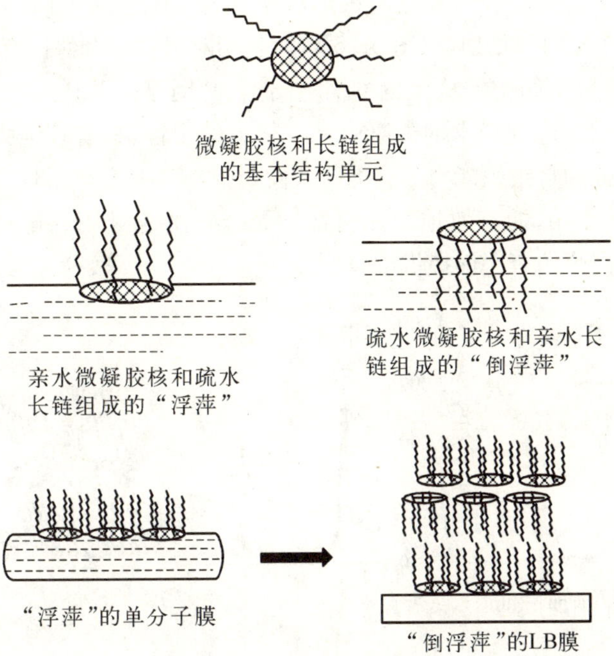

图 5.24 “浮萍”和“倒浮萍”聚合物以及它们的单分子膜和 LB 膜

与一般聚合物 LB 膜相比，它由于是先形成微交联核，再接枝共聚而得两亲性聚合物，因此这种分子的结晶性较差，有序度虽不高，但可避免成膜后结晶重排产生的缺陷；另一方面通过控制接枝反应程度，两亲性接枝共聚物中仍然存在残余的悬吊双键，类似大分子单体性质，成膜后可进一步在光照或加热下再次聚合，因此膜的稳定性较高。该聚合物 LB 膜的电容-电压(C－V)关系在 200 ℃处理 4 h 后，电容倒数(1/C)与层数仍可得到良好的线性关系，说明膜的层状结构仍然存在。因此 St－DVB/MA 聚合物 LB 膜是一种有前途的超薄膜有机绝缘材料。

再来看看“倒浮萍”聚合物单分子膜及 LB 膜。两亲性聚合物在气液界面上铺展成膜时，其侧链的取向和排列由于受到聚合物主链的影响，很难获得高度有序的聚合物 LB 膜。Ringsdorf 将聚合物侧链液晶中的柔性“间隔基”概念引入到两亲性聚合物设计合成中，使得两亲性聚合物主侧链相互作用得以部分分离。通过过量的乙二胺与硬脂酸反应制得的长脂链单胺，然后以不同摩尔比的长脂链单胺与乙二胺，环氧氯丙烷三元熔融聚合，控制反应条件，可制得不同疏水基含量及分子量的环氧氯丙烷-乙二胺，亲水网络/接枝疏水硬脂酸长链的两亲性聚合物(ES)就是这样的聚合物[53]。长链烷基(SA)含量为 75.8%、交联度为 25%的ES－3在气/液界面能形成高度有序的单分子膜(图 5.25(a)是其

π-A 等温线),并可比较容易地转移形成聚合物LB膜。其LB膜至少可观察到三个规则的X射线衍射峰(图5.25(b)),且相对强度呈奇偶性变化规律,表明膜具有良好的层状结构。从此也可推求出这种"倒浮萍"LB膜的排列模型,如图5.25(c)所示。这种亲水的微凝胶具有较大的柔性,具有较强大构象改变能力,亦即有较强的自组织能力。这类两亲性聚合物轻度交联柔性亲水网络起到柔性间隔基的作用,能有效地消除两亲性聚合物主链对侧链排列和取向的影响,从而为提高膜的有序性提供了可能。

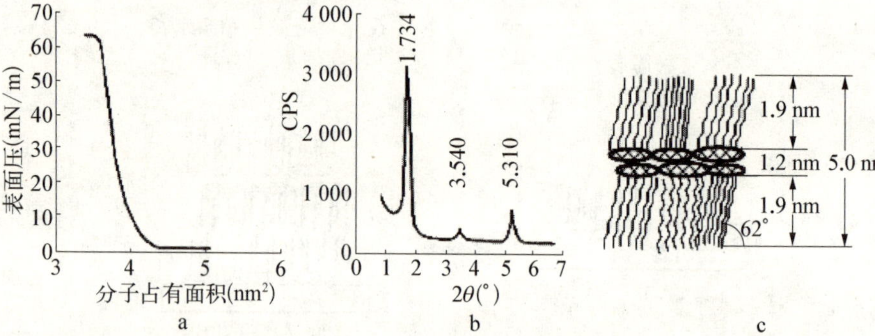

图5.25 长链烷基(SA)含量为75.8%,交联度为25%的ES-3在气/液界面能形成单分子膜

a. 其 π-A 等温线;b. 其LB膜的X射线衍射峰;c. 由此推求出这种倒浮萍LB膜的排列模型

对于含不同亲/疏水基团比例的两种样品,"倒浮萍"单分子膜的成膜过程有着显著差别,只有当聚合物的亲水和疏水达到平衡时,才有最好的成膜性,即密堆砌为"岛状"聚集体。"浮萍"和"倒浮萍"聚合物LB膜的另一个突出特点是其膜结构在纳米尺寸上具有可调节性,可适应不同的要求,膜结构的可控性是通过两亲性聚合物的分子设计来实现的。通过控制微凝胶核的分子量及微凝胶的亲水基团含量,控制接枝疏水长链的含量及亲水和疏水部分的比例,可实现膜结构的纳米可控。

"倒浮萍"两亲性聚合物ES-3在缓慢挥发有机溶剂($CHCl_3$: C_2H_5OH,8 : 2)过程中有特殊的自组织行为。将ES-3的稀溶液在有机溶剂的饱和蒸气压下缓慢挥发24 h,得到了高度有序的聚合物自组织膜。其X射线衍射峰可达10个(图5.26),且第2,5个峰因消光而观察不到[54]。由X射线衍射峰得到等同周期仅为3.6 nm,比一般双层结构周期小,由此可推测此聚合物自组织膜具有部分插入结构(图5.23)。AFM结果也支持这一模型:样品快速挥发时,只能观察到厚度均为5.0 nm的多级台阶,相当于正常双层膜结构;而对缓慢挥发所得的聚合物自组织膜,只能观察到厚度为3.6 nm的多级台阶,对应部分插入结构,形成这种高度有序的自组织膜的原因可能在于有机溶剂的存在为两亲性聚合物提供了一个特殊的微环境：缓慢挥发有机溶剂时，烷基链间较强的疏水作用可能成为主导作用，同时亲水部分和亲水部分相互缔合，亲水部分和疏水部分相互排斥，这些因素的协同作用，导致聚合物中发生自组织现象，形成了这种高度有序的插入结构。

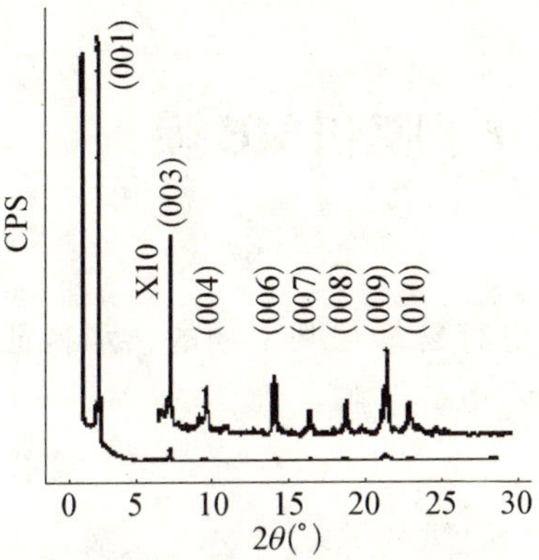

图 5.26 “倒浮萍”两亲性聚合物 ES-3 的稀溶液在有机溶剂的饱和蒸气压下缓慢挥发 24 h，得到高度有序聚合物自组织的 X 射线衍射峰

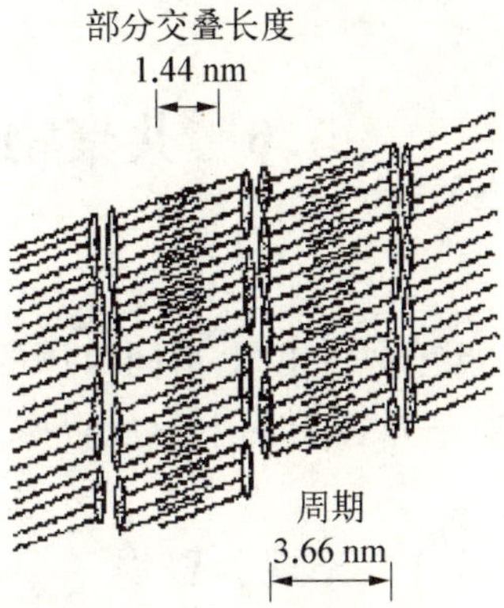

图 5.27 “倒浮萍”两亲性聚合物自组织膜具有部分插入结构

一般来说，含有棒状或盘状介晶基团的有机小分子或聚合物可能表现出热致液晶行为；两亲性分子在溶剂（如水）中可诱导产生溶致液晶行为；含有介晶基团的两亲性分子可能同时具有热致与热致液晶性质。但一般不含介晶基团的两亲性分子表现出热致液晶性质却不多见。但环氧氯丙烷-乙二胺亲水网络/接枝疏水硬脂酸长链的这种不含介晶基团的两亲性聚合物 ES 却表现近晶相热致液晶行为，而且强烈依赖疏水长链的接枝程度：烷基含量低的 ES-1 没有热致液晶性质；烷基含量居中的 ES-2 有一个液晶相转变；烷基含量较高的 ES-3 有两个液晶相转变。可以推测，两亲性聚合物的疏水侧链之间的较强的疏水作用，可能使之相互缔合而形成一种半刚性的微区结构，这种半刚性的微区结构可能起着通常热致液晶分子中刚性棒的作用，而决定了其具有寻常的热致液晶行为。

由于“浮萍”或“倒浮萍”聚合物单分子膜的亲水基团可缔合金属离子，于亚相中引入金属离子（如 Cd^{2+}、Zn^{2+}），从而可以转移制备含金属离子的聚合物多层 LB 膜。再利用层间的化学反应原位生成无机微粒，得到聚合物/无机微粒的复合膜。由于纳米微粒具有许多量子限域性质，因而具有特殊的发光性质。有人曾将一种高荧光效率的染料四苯基丁二烯引入倒浮萍聚合物基质中,成功地构筑了电致发光二极管器件。这种膜组装体发光二极管显现出很多优良的性质,如其光致荧光和电致荧光光谱较其浇铸膜的发光谱有明显的蓝移,并且谱带变窄。

5.6 共聚物的单分子膜和LB膜

由于有两个以上不同单体的引入,更容易掌控共聚物的亲水特征,从而能在空气-水面界面上形成很好的聚合物单分子膜。

5.6.1 无规共聚物

好几个十八-1-烯(octadec-1-ene)和马来酸酐1:1的交替共聚物能与水或乙醇反应,并在水-气界面上铺展[55],其 $\pi-A$ 曲线相对说来比较陡,并随侧链长度的增加有次序的变陡,也与水相的pH值有关。由pH导致的羰基离子化和由此引起的离子之间的排斥作用将使 $\pi-A$ 曲线类型由不太膨胀变得更为膨胀。只有苯乙烯-马来酸酐共聚物的 $\pi-A$ 曲线才显示出代表相变的弯折。

Frey等[56]合成了一个中间由不同长度的亲水长链(聚合的脂质)相连接的双链表面活性剂共聚物(图5.28),测定了它们表面压随温度的变化。

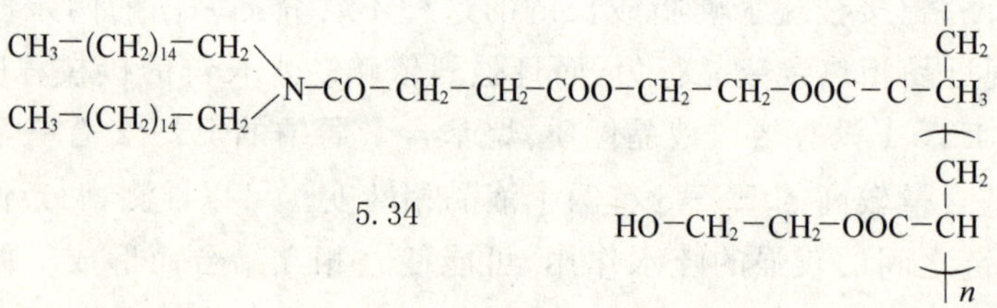

5.34

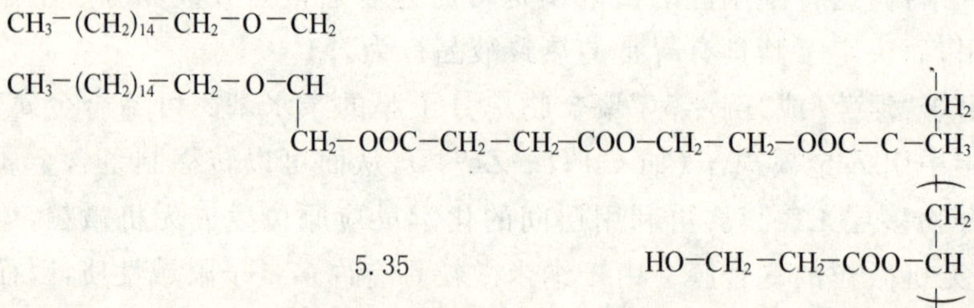

5.35

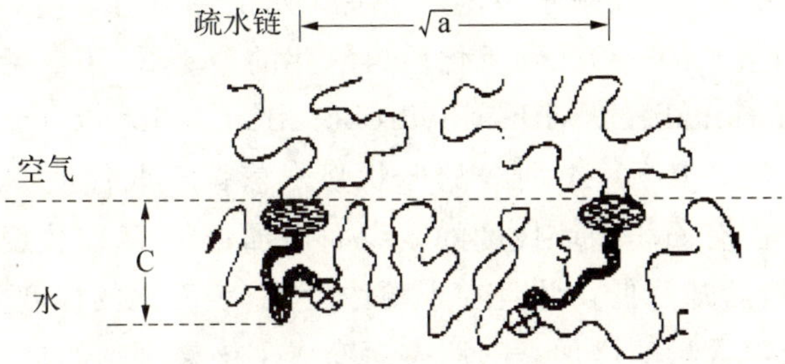

图 5.28 中间不同长度亲水链相连接的对链表面活性剂共聚物单分子膜

其中只有亲水链短的共聚物有明显的相变（$\pi - A$ 曲线有弯折），相变的表面压按 Clausius-Clapeyron 方程预言的那样随温度的增加而增加。亲水链长度增加，就观察不到相变了，$\pi - A$ 曲线上表示相变的弯折变成了在表面压 π_b 处的不连续：高于 π_b，$\pi - A$ 曲线的斜率下降，而 π_b 的值几乎与温度无关，分子占有面积随亲水链的长度增加而增加。标度分析表明，具有长亲水链共聚物在表面压-面积双对数作图上有两条直线：一条的斜率是 4.6，另一条斜率为 1，交点对应的是半稀浓度区（图 5.29）。

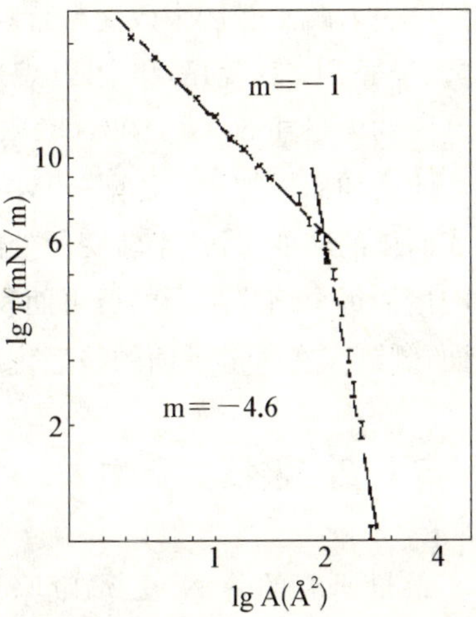

图 5.29 表面压-面积双对数作图

两条直线相交在面积 $A = 200$ Å^2 的地方

他们还制备了富马酸二乙基酯(DEF)与 N-乙烯基咔唑（N-vinylcarbazole（VCz）），苊（acenaphthylene（AcNp））[57] 和十二烷基丙烯酰胺（N-dodecylacrylamide（DDA））与 VCz [58] 的共聚物。由于 DEF 的亲水特征，DEF-VCz 和 DEF-AcNp 共聚物都能形成稳定的单分子膜，$\pi - A$ 曲线都是膨胀型的。DDA-VCz 共聚物的 $\pi - A$ 曲线较陡，崩溃压也很高，并随共聚物中 VCz 含量的增加而降低。这与分子占有面积与聚合物分子链水平躺在水面上，而 VCz 和 AcNp 侧基垂直于主链的设想相一致。

若用苯乙烯(St)代替 VCz 来与 DDA 共聚[59]，St-DDA 共聚物单分子膜的稳定性与共聚物中 St 组分的量密切相关：随 St 组分量的增加，单分子膜越不稳定，崩溃压也随之降低。并且，St 组分量低时，其在凝聚态的等温线与分子量无关，但在 St 组分的摩尔分数 0.6 以上时，因为 St 链段的疏水性超过了 DDA 链段的铺展力，共聚物就很难铺展。

正如上面提到的，在疏水主链上带有亲水的部分可以使单分子膜稳定。Kim测定了用亲水的—OH硼氢化后再氧化的聚1,2-丁二烯(poly-1,2-butadiene functionalized with a hydroboration followed by oxidation)单分子膜的表面压。其$\pi-A$曲线的形状强烈依赖于取代度：(1)在固定表面压时的分子占有面积随取代度的减少而增加；(2)随取代度的增加，崩溃压开始增加，然后却降低。并且在半稀浓度区，表面压的标度分析表明随亲水部分(moiety)含量的增加，气-液表面变成了该聚合物的良溶剂[60]。

当然还有其他办法来提高聚合物单分子膜的稳定性，那就是通过在聚合物主链中引入疏水侧链来改变聚合物的亲水特征。Oguchi[61]把聚乙烯醇与乙醛、丁醛、辛醛、十二(烷)醛和十四(烷)醛缩醛化得到各种聚乙酸乙烯酯(PVAc)，缩醛基团的含量在60%～80%(摩尔分数)之间。它们单分子膜的稳定性随侧链长度的增加而增加。除乙醛-PVAc共聚物外，在它们的$\pi-A$曲线上都能观察到表面压的转变，且这个转变所处的表面压随侧链长度的增加而增加。侧链长度的增加每个缩醛单元的极限面积趋于一个常数值(0.32 nm^2)，与主链平躺在水面，侧链在在主链上面的缩醛化PVAc的分子模型假说相一致。

5.6.2 接枝共聚物

最早研究的是N-乙烯吡咯烷酮(*N*-vinylpyrrolidone)与乙酸乙烯酯的接枝共聚物[62]，接在共聚物上的乙酸乙烯酯伸入到水中。在$\pi-A$曲线上可以看到面积约为0.2 m^2/mg的地方表面压有一个很陡的升高，崩溃压则发生在面积0.04 m^2/mg以下的地方，这是一个非常低的值。崩溃压的绝对值随乙酸乙烯酯含量的增加而变大。

PVAc与St接枝共聚物的$\pi-A$曲线在面积很大时与VAc均聚物的一样，但若进一步压缩，由于St接枝的压力使得接枝共聚物的表面压迅速升高。如果接枝共聚物是铺展在碱性的亚相上，因为PVA的水解，表面压随反应时间的增加而降低[63]。PVAc-St嵌段共聚物也有类似的结果。

Rettig[64]研究了具有硅氧主链接上低分子量侧链的接枝共聚物单分子膜。其$\pi-A$曲线属于凝聚型，在崩溃压以下单分子膜压缩-扩张循环时有一点滞后，共聚物单分子膜在相应于伸展的侧链分子垂直于气-水界面的面积处发生膜的崩溃。

自由基聚合能制备得到以疏水的St-二乙烯基苯(St-DVB)为凝胶核，接上好几个疏水聚甲基丙烯酸(PMAA)支链和若干悬挂乙烯基团的星形接枝共聚物[65]。把它们铺展在浓度为10^{-3} mol的$PbCl_2$水溶液上，发现单分子膜的性质与 PMAA 含量关系极大：随 PMAA 含量增加崩溃压降低，由于凝聚核之间强力的疏水力，$\pi-A$ 曲线更显膨胀性。亲水的星形分子在水面上重排成二维的不对称结构(图 5.30)，能沉积成 LB 膜，并能进一步聚合成交联的层状结构。

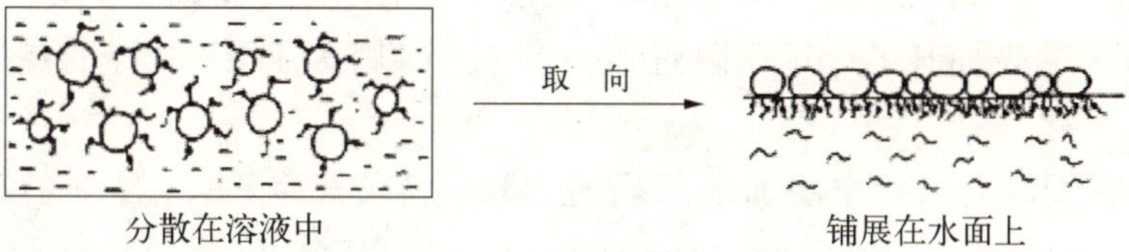

图 5.30 星形亲水聚合物可能的取向

5.6.3 嵌段共聚物

摩尔比为 1.33∶1(PEO/PS)的聚氧乙烯(PEO)-PS 二嵌段共聚物铺展在气-水和庚烷-水界面上。在不太浓的区域(表面浓度为 0.2～1.0 mg/m^2)，$\pi-A$ 曲线在压缩-扩张循环时有一点滞后，但在膨胀后表面压仍能回到原来的值。表面压对表明浓度的双对数作图给出的斜率是 3.38 ± 0.02，比 PEO 均聚物的 2.85 大。在更浓的区域(表明浓度大于 5.0 mg/m^2)，就没有这种可逆性[66]。

Niwa 等制备了一系列亲水嵌段共聚物：聚丙烯酸(PAA)-PSt 和 PEO-PSt[67]，以及由两个烷烃长链组成的($C_{18}H_{37}$)($2C_{18}$)-PMAA，$2C_{18}$-PAA 和 $2C_{18}$-聚甲基丙烯酰胺(PMAm)。PAA-PSt 共聚物的 $\pi-A$ 曲线与 PSt 的链长有关，分子占有面积随 PSt 链长增加而增加，因为形成了 PSt 的无规线团。调节疏水-亲水的平衡有利于嵌段共聚物形成稳定的单分子膜。PEO-PSt 单分子膜在各种不同亚相和沉积条件下，亲水嵌段共聚物在空气-水界面处能形成可逆的聚合物间的复合(interpolymer complexation，图 5.31)。

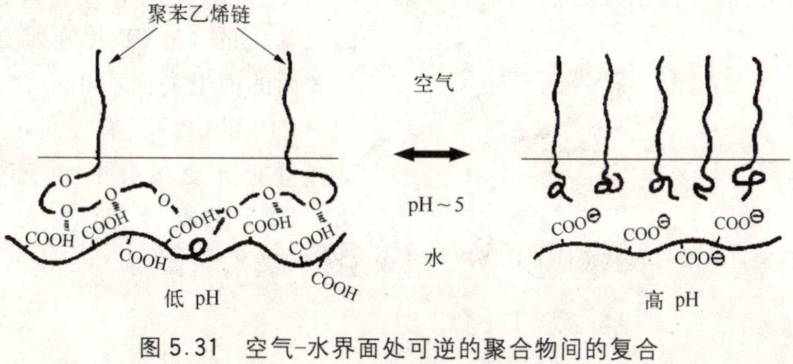

图 5.31 空气-水界面处可逆的聚合物间的复合

由于羧基的离子化,这些共聚物的 $\pi-A$ 曲线都随水相 pH 的增加而呈膨胀型。疏水链段长度对表面压的影响类似于上面提到过的 PAA-PS的情况。对 $2C_{18}$ 系列的共聚物,它们的 $\pi-A$ 曲线也是膨胀型的,分子占有面积随聚合物链段长度的增加而增加。$2C_{18}$-PMAA 共聚物单分子膜表面压在 pH 6 附近有一个提升,因为 PMAA 链的羧基酸基团的离子化。

也有人研究水相中添加电解质对 ABA 嵌段共聚物(A 是聚(12-羟基硬脂酸) Poly(12-hydroxystearic) acid,B 是 PEO)单分子膜表面压的影响[68]。随水相中添加的电解质浓度增加单分子膜越显膨胀性,崩溃压也明显提高。与 $\pi-A$ 曲线相反,表面张力-面积曲线在面积为(3.00 ± 0.50) nm^2(这个面积相应于由 $\pi-A$ 曲线得到的分子占有面积)的地方会聚在一起,并且,不管电解质的浓度是多少,崩溃压也发生在近似一个恒定(面积/分子)值的地方。因此,在这里用表面张力-面积曲线可以更好地指示电解质添加的影响。

Bringuier 研究了[69] PMMA-P4-VPBr(poly(4-vinyl-N-ethylpyridinium bromide))二嵌段共聚物的表面压与带电的组分,添加的电解质浓度的关系。在表面压 0.4 mN/m 以下,表面压对 PMMA 在嵌段共聚物中的浓度作图与纯 PMMA 的一样,与带电的链段长度无关,但在较高的 PMMA 浓度。共聚物的表面压就比 PMMA 均聚物的高。如果把静电的贡献记为 $\pi_e = \pi - \pi_0$(π 和 π_0 分别是共聚物和 PMMA 均聚物在相同 PMMA 表面浓度下的表面压),则 π_e 随添加的 KCl 浓度增加而降低,在稀浓度区,对所有嵌段共聚物 π_e 与 PMMA 表面浓度都满足很好的线性关系。这个线性关系的精度随所添加的 KCl 浓度增加而有所降低。

Zhu[70]测定了 PSt-P4-VPI(聚(4-乙烯基-N-癸基碘吡啶鎓),poly(4-vinyl-N-decyl pyridinium iodide))表面压与温度的关系。在它的 $\pi-A$曲线高表面浓度区能观察到显著的一级相转变,相应的分子占有面积比烷基化的 4-VP 片断躺在垂直与表面的面上的面积小不少,表明 P4-VPI 的嵌段具有三维的构象:某些可能沉浸在水相中,而 PS 的那一段形成水面上硬的核(图 5.32)。

图 5.32 具有三维构象的 P4-VPI 嵌段

5.7 共 混 物

两个和两个以上成膜聚合物的单分子膜在生物、乳液、膜科学和食品工业中都有重要的意义，它们能提供许多有关混合组分的取向，堆砌和相互作用的有用信息。在混合单分子膜中混合组分的相容性是最重要的，判定两个组分在界面的相容性判据有：(1) 在特定表面压时分子占有面积与混合物中某一组分摩尔分数的依赖关系；(2) 崩溃压与摩尔分数的依赖关系；(3) 转变点与摩尔分数的依赖关系。

5.7.1 聚合物-小分子化合物的混合物

脂肪酸是最常用的小分子化合物。最早 Ries[71] 就详细研究了 PVAc 与小分子化合物的二元混合单分子膜，目的是了解水平取向的 PVAc 与垂直取向的小分子化合物在水面上的相互作用。确实在它们的 π - A 曲线上有一些特别的地方。PVAc 与硬脂酸、正二十六(烷)酸、正三十六(烷)酸(n-hexatriacontanoic acid)和 2-羟基硬脂酸(2-hydroxystearic acid)二元混合物的结果都类似，即崩溃压比单一组分的高很多，压缩-膨胀循环中有一些滞后。但 PVAc 与 1-十八(烷)醇(1-octadecanol)、甲基硬脂酸盐(methyl stearate)和胆甾醇(cholesterol)二元混合物的崩溃压却与小分子化合物的很接近。所有混合物在相应于 PVAc 崩溃压的地方都有一个拐点或平台，表明 PVAc 在这个表面压是被挤出了混合单分子膜。

Gabrielli 等[73]研究了 PMMA-SA、PMMA-油酸(OA)和 PMMA-肉豆蔻酸(MA)三对混合膜的特性与 PMMA 摩尔分数的关系。按上面相容性判据 1 和 2 推断，PMMA-SA 和 PMMA-MA 是不相容的，而 PMMA-OA是相容的，但在热力学上比它的单个组分都欠稳定。因此他们认为相容性的主要起因看来是两个组分的取向类似。其实 PMMA-SA 的混合物在水相的 pH 值在 8.3 至 10.1 时是相容的，因为这时组分 SA 发生了离子化。SA 对 PMMA 单分子膜表面压梯度有影响[74]。即使只在 PMMA 中引入 5% 的 SA，就能使表面压梯度大为降低，甚至在

20 mN/m表面压以下几乎观察不到表面压的梯度，表明PMMA和SA在单分子膜中是相容的。

Gabrielli[74]研究了PVAc-OA和PVS-OA两种混合单分子膜，为的是来确认有关聚合物与小分子化合物混合时的相容性问题。PVAc是水平取向的，而PVS是垂直于水面取向的，因此PVAc-OA混合物是相容的，PVS-OA混合物是不相容的。

芳香族聚合物的混和物也得到了研究，如PVCz、PSt、PVN(聚(2-乙烯基萘)、poly(2-vinylnaphtalene))和硬脂酸钡等[75]。所有 $\pi-A$ 曲线在崩溃压以前都显示出单一的增加，崩溃压随摩尔分数有系统地变化，表明两个组分的相容性。分子占有面积随共混物中聚合物组分的增加而降低。固定摩尔分数对应的面积以PSt < PVN < PVCz的次序而增加，这正是芳香族片断的大小次序。P(VCz-DEF)共聚物与SA的混合物单分子膜在20～35 mN/m范围内有相变，相变区随组分SA分数的增加而降低，占有面积也随SA分数的增加而降低，都表明这两种化合物的相容性。星形亲水聚合物于SA的混合单分子膜显示出崩溃压随SA含量的增加而增加，表明这两个化合物很好地相容[76]。

5.7.2 聚合物-聚合物的共混物

二元聚合物共混物单分子膜在水-气界面上的研究是很多的，主要是想了解在二维状态下相容性的一般规律[77]。六对聚醋酸乙烯酯(PVAc)和聚甲基丙烯酸酯类二元共混物的 $\pi-A$ 曲线的研究非常有意思[78]。PVAc-聚甲基丙烯酸正丁酯(P(n-BuMA))、PVAc-聚甲基丙烯酸异丁酯(P(i-BuMA))和PVAc-聚甲基丙烯酸叔丁酯(P(t-BuMA))三对体系不但在界面上不相容，在体相也是不相容的。而PMMA-P(n-BuMA)、PMMA-PVAc和P(n-BuMA)-P(i-BuMA)三对体系在界面上是相容的，但PMMA-P(n-BuMA)和PMMA-PVAc在体相是不相容的。

Gabrielli[79]也研究了聚甲基丙烯酸酯的二元混合物，如PMMA-聚甲基丙烯酸乙酯(poly(ethyl methacrylate)，PEMA)、PMMA-P(n-BuMA)、PEMA-P(n-BuMA)和PMMA-PEMA混合物单分子膜于组分和温度的关系。分子占有面积和混合自由能的组分依赖性表明，温度在20℃和25℃时，由于硬链段之间的内聚力，摩尔比为1∶1是最稳定的。但在温度达30℃时，除了摩尔比为1∶1的以外，混合物的 $\pi-A$ 曲线表现出了明显的阶梯，表明这里有一级相变。在这个温度，分子占有面积也最大（摩尔比 1∶1），混合物的崩溃压也随组分而变化。

对 PMMA－P(n－BuMA) 共混物，分子占有面积的极大负偏差发生在摩尔比 1∶1 的地方，对 PEMA－P(n－BuMA)共混物，约在摩尔比 1∶2 的地方有分子占有面积的极大负偏差。对 PDMS－乙酸纤维素酯共混物，分子占有面积与线性叠加也有很大的负偏差，且崩溃压随摩尔比而变化。在摩尔比为2∶1时占有面积的负偏差达极大值，表明这个二元共混物是相容的[80]。

通过广泛研究 PMMA－聚甲基丙烯酸丙酯（PPMA）、PMMA－聚甲基丙烯酸辛酯（POMA）、PVAc－PVS 和 PVS－POMA 的 $\pi-A$ 曲线，来考虑在界面上聚合物取向的作用[77]。PMMA、PPMA 和 PVAc 是在气－水界面上水平取向的，而其他聚合物则是垂直取向，从恒定表面压时平均面积的摩尔比依赖关系可以知道具有相同取向的聚合物是相容的，相反具有不同取向的聚合物是不相容的，这与聚合物－小分子化合物的情况一样。尽管 PEO、PVAc 和 PMMA 都是水平取向的，PEO－PMMA 共混物全程相容，PVAc－PMMA 共混物由于 PVAc 与 PMMA 的相斥力很大（恒定表面压时的平均面积与加和直线是正偏差），热力学上并不稳定。

5.8 其　他

已经一再强调过，LB 膜技术要求成膜化合物要具有两亲性，即一头是亲水基团，另一头是疏水基团，这疏水基团通常就是脂肪烃长链。但 Feng Fei 等[81]却制备了一类新型的没有脂肪烃长链的环状丙烯酰胺聚合物（PADA，5.37）的 LB 膜。三个不同温度下 PADA 在纯水亚相上的 $\pi-A$曲线如图5.33所示。表面压随单分子膜被压缩而有很陡的上升，温度低的崩溃压高，但对温度并不敏感，都表明 PADA 在水面上形成了稳定的单分子膜。外推至零表面压时求得的分子占有面积为 0.28 nm^2，与理论计算值相符，在水面上应具有图 5.34 所示的分子取向和构型。PADA 在 20 mN/m 表面压下顺利沉积到基片上形成多达 40 层的 LB 膜，缺陷很少。X 射线衍射呈现非常规则的 Bragg 衍射峰，由此计算得到的每一层 PADA 为 1.1 nm。

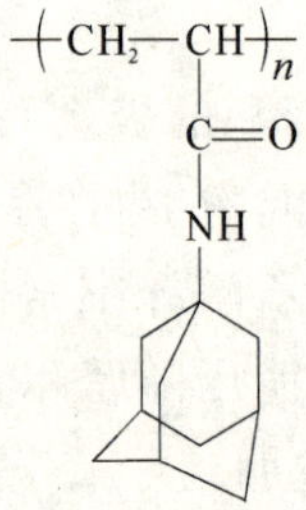

环状丙烯酰胺聚合物(PADA)

5.37

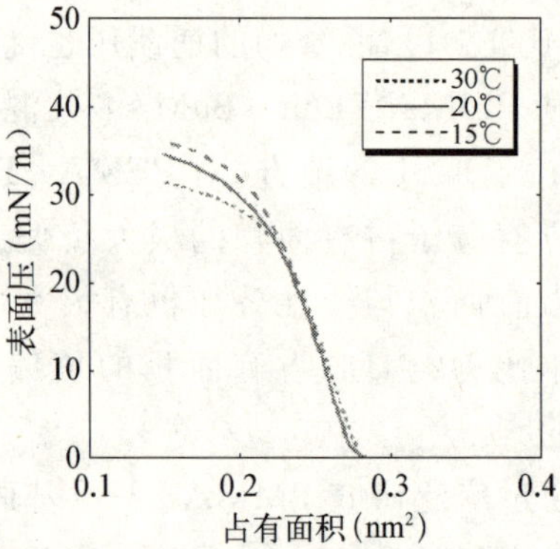

图 5.33 环状丙烯酰胺聚合物(PADA)及其在 15℃,20℃和 25℃三个不同温度下于纯水亚相上的 $\pi-A$ 曲线

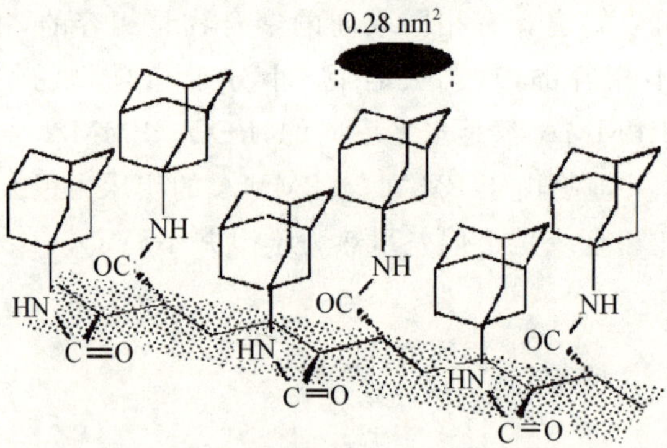

图 5.34 环状丙烯酰胺聚合物(PADA)在水面上的分子构型

参考文献

[1] H. W. Fox, P. W. Taylor, W. A. Zisman, *Ind. Eng. Chem.*,1947, 39: 401

[2] N. K. Adam, J. B. Harding, *Proc. R. Soc. London*, 1934, A143: 104

[3] A. E. Alexander, *Trans. Faraday Soc.*, 1941, 37: 426

[4] N. Beredjick, H. E. Rices JR, *J. Polym. Sci.*, 1962, 62: 64

[5] T. Isemura, H. Hotta, T. Miwa, *Bull. Chem. Soc. Jap.*,1953, 26: 380

[6] R. H. Tredgold, C. S. Winter, *J. Phys. D, Appl. Phys.*, 1982,15: L55

[7] R. H. Tredgold, C. S. Winter, *Thin Solid Films*, 1983, 99: 81

[8] P. Hodge, E. Khoshdel, R. H. Tredgold, A. J. Vickers, C. S, Winter, *Br. Polym. J.*, 1985, 17: 368

[9] K. Shigehara, M. Hara, H. Nakahama, S. Miyata, Y. Murata, A. Yamada, *J. Am. Chem. Soc.*, 1987, 109: 1237

[10] S. J. Mumby, J. D. Swalen, J. F. Rabolt, *Macromolecules*, 1986, 19: 1054

[11] K. Naito, *J. Colloid Interface Sci*. 1989, 131: 218

[12] 何平笙，聚合的 LB 膜和聚合物的 LB 膜，《高技术有机高分子材料进展》，黄维元，闻建勋主编，北京：化学工业出版社，1994，p429

[13] D. J. Crisp, *J. Colloid Sci*., 1946, 1: 161

[14] J. Llopis, J. A. Subirana, *J. Colloid Sci*., 1961, 16: 618

[15] J. B. Peng, G. T. Barnes, *Langmuir*, 1990, 6: 578

[16] Y. Ikada, H. Iwata., S. Nagaoka, F. Hori, M. Hatada, *J. Macromol. Sci*., -*Phys*., 1980, B17(2): 191

[17] Y. Kawaguchi, H. Nakahara, K. Fukuda, *Thin Solid Films*, 1985, 133: 235

[18] C. S. Winter, R. H. Tredgold, *Thin Solid Films*, 1985, 133: 161

[19] H. Tiedtek, G. Buhling, R. Kinne, P. Grupe, H. Pellman, K. Gram, B. Struif, F. R.G. Patent DE 3444354, Al, 1985

[20] R. H. Tredgold, *Thin Solid Films*, 1987, 152: 223

[21] M. Suzuki, M. Kakimoto, T. Konoshi, Y. Imai, M. Iwamoto, I. Hino, *Chem. Lett*., 1986, 15(3): 395

[22] M. Uekita, H. Wji, M. Murata, *Thin Solid Films*, 1988, 160: 21

[23] B. H. G. Brinkhuis, A. J. Schouten, *Macromolecules*, 1991, 24: 1487

[24] 张诚，徐又一，*膜科学与技术*，1996，16(2)：80

[25] 张诚，徐又一，*高等学校化学学报*，1996，(4)：638

[26] 顾宁，杨晓敏，鲁武，陆祖宏，韦钰，*高分子学报*，1995，(1)：88

[27] 朱扬明，陆祖宏，韦钰，*东南大学学报*，1994，24(2)：142

[28] J. B. Peng, G. T. Barnes, *Langmuir*, 1991, 7: 1749

[29] T. Takahashi, Y. M. Chen, A. K. Rahaman, J. Kumar, S. K. Tripahty, *Thin Solid Films*, 1992, 210(1/2): 202

[30] S. A. Letts, T. Fort, J. B. Lando, *Journal of Colloid and Interface Science*., 1976, 56: 64

[31] K. C. O'Brien, J. Long, J. B. Lando, *Langmuir*, 1985, 1: 514

[32] 涂海燕，张林，杜凯，张厚琼，周兰，罗炫，*原子能科学技术*，2002，36(4/5)：353

[33] M. W. Kim, D. G. Peifeer, *Polymer*, 1989, 30: 668

[34] M. Koyma, K. Meguro, *Polymer J*., 1974, 6(5): 370

[35] S. Granick, *Macromolecules*, 1985, 18(8): 1597

[36] S. Granick, D. J. Kuzmenka, S. J. Clarson, J. A. Semlyen, *Macromolecules*, 1989, 22: 1878

[37] M. Kawaguchi, S. Komatsu, M. Matsuzumi, A. akahashi, J. *Colloid Interf. Sci*., 1984, 102: 356

[38] F. Fan, T. Miyashita., *Chemistry Letters*, 1999, 28: 669

[39] R. Elbert, A. Laschewsky, H. Ringsdorf, *J. Am. Chem. Soc*., 1985, 107: 4134

[40] C. Erdelen, A. Laschewsky, H. Ringsdorf, J. Schneider, A. Schuster, *Thin Solid*

Films, 1989, 180: 153
[41] M. Kakimoto, M. Suzuki, T. Konishi et al., *Chem. Lett.*, 1986: 823
[42] 周悦，何平笙，洪昆仑，*应用化学*，1994, 11(4): 14
[43] Y. Nishikata, A. Morikawa, M. Kakimoto et al., *Polym. J.*, 1990, 22(7): 593
[44] M. Suzuki, *Thin Solid Films*, 1989, 80: 253
[45] M. Iwamoto, S. Kasahara, K. Irayama et al., *Jpn. J. Appl. Phys.*, 1991, 30 (2A): L218
[46] S. Yokoyama, M. Kakimoto, Y. Imai, *Langmuir*, 1993, 9: 1086
[47] Aiping Wu, T. Akagi, M. Jikei et al., *Thin Solid Films*, 1996, 273: 214
[48] K. Aoki, K. Kumazawa, Y. Ohsawa, *Thin Solid Films*, 1992, 213: 295
[49] T. Akatsuka, H. Tanaka, J. Toyama, *Thin Solid Films*, 1992, 210/211: 458
[50] Yang Baifang, Zhou Yue, Cai Weili et al., *Appl. Phys. Lett.*, 1994, 64 (11): 1445
[51] Yang Baifang, Cai Weili, He Pingsheng et al., *J. Appl. Phys.*, 1995, 77 (12): 6733
[52] 张希，沈家聪，*高分子学报*，1997,(4): 469
[53] Ruifeng Zhang, Xi Zhang, Hongbin Li, Bing Zhao, Jiacung Shen, *Polymer Bulletin*, 1996, 36: 227
[54] Zhang Xi, Li Hongbin, Zhao Bing, Shen Jiacong, *Macromolecules*, 1997, 30: 1633
[55] C. S. Winter, R. H. Tredgold, A. J. Vickers, E. Khoshdel, P. Hodge, *Thin Solid Films*, 1985, 134: 49
[56] W. Frey, J. Schneider, H. Ringsdorf, E. Sackmann, *Macromolecules*, 1987, 20 (6): 1312
[57] T. Murakata, T. Miyashita, M. Matsuta, *Macromolecules*, 1988, 21: 2730
[58] T. Miyashita, T. Yatsue, M. Matsuta, *J. Phys. Chem.*, 1991, 95: 2448
[59] Y. Mizuta, M. Matsuta, T. Miyashita, *Macromolecules*, 1991, 24: 5459
[60] M. W. Kim, T. C. Chung, J. *Colloid Interf. Sci.*, 1988, 124: 365
[61] K. Oguchi, T. Yoden, K. Sanui, N. Ogata, *Polym. J.*, 1986, 18: 887
[62] J. L. Zatz, B. Knowles, J. *Pharm. Sci.*, 1971, 60: 1731
[63] Y. Ikada, H. Iwata, S. Nagaoka, F. Horii, M. Hatada, *J. Macromolec. Sci. Phys.*, 1980, BI7: 191
[64] W. Rettig, J. Naciri, R. Shashidhar, R. S. Duran, *Macromolecules*, 1991, 24: 6539
[65] X. Cha, R. Yin, X. Zhang, J. Shen, *Macromolecules*, 1991, 24: 4985
[66] B. B. Sauer, H. Yu, C. F. Tien, D. F. Hager, *Macromolecules*, 1987, 20: 393
[67] N. Niwa, N. T. Hayashi, N. Higashi, *Langmuir*, 1990, 6: 263
[68] M. S. Aston, T. M. Herrington, *J. Colloid Interf. Sci.*, 1991, 141: 50
[69] E. Bringuier, R. Vilanove, Y. Gallot, J. Selb, F. Rondelez, *J. Colloid Interf.*

Sci., 1985, 104: 95

[70] J. Zhu, A. Eisenberg, R. B. Lennox, *J. Am. Chem. Soc*., 1991, 113: 5583

[71] H. E. Ries, JR, D. C. Walker, *J. Colloid Sci*., 1961, 16: 361

[72] G. Gabrielli, A. Maddii, *J. Colloid Interf. Sci*., 1978, 64: 19

[73] J. B. Peng, G. T. Barnes, *Langmuir*, 1991, 7: 3090

[74] G. Gabrielli, P. Bagioni, A. Madd, *J. Colloid Interf. Sci*., 1981, 79: 268

[75] T. Murakata, T. Miyashita, M. Matsuda, *Macromolecules*, 1989, 22: 2706

[76] X. Cha, R. Yin, X. Zhang, J. Shen, *Macromolecules*, 1991, 24: 4985

[77] G. Gabrielli, M. Puggelli, P. Baglioni, *J. Colloid Interf. Sci*., 1982, 86: 485

[78] S. Wu and J. R. Huntsberger, J. *Colloid Interf. Sci*., 1969, 29: 138

[79] G. Gabrielli, M. Puggelli, E. Ferroni, *J. Colloid Interf. Sci*., 1974, 47: 145

[80] G. Gabrielli, P. Baglioni, *J. Colloid Interf. Sci*., 1980, 73: 582

[81] F. Feng, A. Aoki, T. Miyashita, *Chemistry Letters*, 1998, 27: 205

第6章　二维聚合反应器——Langmuir膜天平研究聚合反应

6.1　引　言

正如在第1章中所指出的，LB技术提供了一种研究二维状态下聚合反应，制备新一代聚合物的新方法，特别是由于当代电子测量技术日趋精密和计算机技术的进步，用LB技术（并结合其他技术）研究聚合反应正向微观、定量方向发展，包括研究新的聚合类型、二维聚合反应机理、求取聚合反应表观活化能、活化体积等热力学参数[1-6]。同样，由于使用了Langmuir膜天平，成膜单体分子是铺展在液体表面上，分子的间距可以通过改变表面压而调节；铺膜温度（即聚合反应温度）、亚相内所含正离子的价数、亚相的pH值等条件均可以改变而影响二维状态下的聚合反应，研究的内容是很丰富的。聚合反应动力学可以通过单体分子在水面上所占面积的变化而实时跟踪，在恒定表面压的情况下，Langmuir膜天平是一个真正的二维聚合反应器——“面膨胀计”[1]。

尽管Langmuir膜中的化学反应研究可以追溯到20世纪30年代，但那时的研究很大程度上是为了考察膜的稳定性，所研究的化学反应仅局限在水解、氧化和聚合等很少的几类反应，并且由于当时成膜技术和电子技术的限制，人们对LB膜中的化学过程缺乏更深刻的了解。20世纪60年代以后，Kuhn等人的工作实现了在分子水平上控制单分子膜组装体系的制备，使人们对LB膜中化学过程的进一步研究成为可能。需要特别指出的是，LB膜中化学反应的研究将使我们对于化学反应有一个更深入的了解，而单分子膜与生物膜某种程度的相似性，使我们可以用单分子膜中的现象为在生物膜/溶液界面上发生的化学过程提供一个模型。LB膜中化学过程由于在吸附层、线性和二维交联高分子、氧化还原系统、表面催化、有机导体、太阳能转化和存储等方面的应用潜力，正在引起人们越来越多的关注。

在二维聚合方面，自 30 年代开始就陆续有在单分子膜上聚合的报道。如 Geoffery Gee[7] 等人就报道过铺展在酸性水相上 β-甘油三桐酸酯与顺丁烯二酸酐加聚反应。Friendlander 用紫外辐照引起乙烯基硬脂酸单分子膜的聚合等。以后曾研究过不少烯类、二烯类和环氧类单体在单分子膜上的聚合。到 60 年代，已经知道单分子膜上的聚合产物不同于一般情况下聚合反应的产物。70 年代以后 Ringsdorf[8-11]，Lando[11-14]，Barraud[15]，Wagner 和 Tieke[16] 等人对 LB 的聚合膜开展了大量工作。

LB 膜上的聚合反应要求聚合基团不能太大，因此，孤立的双键、共轭双键以及线性双炔基团都是理想的反应基团。曾用作聚合的单分子膜和 LB 膜研究的烯类、二烯类、双炔类化合物已很多，图 6.1 是它们典型聚合的图解。

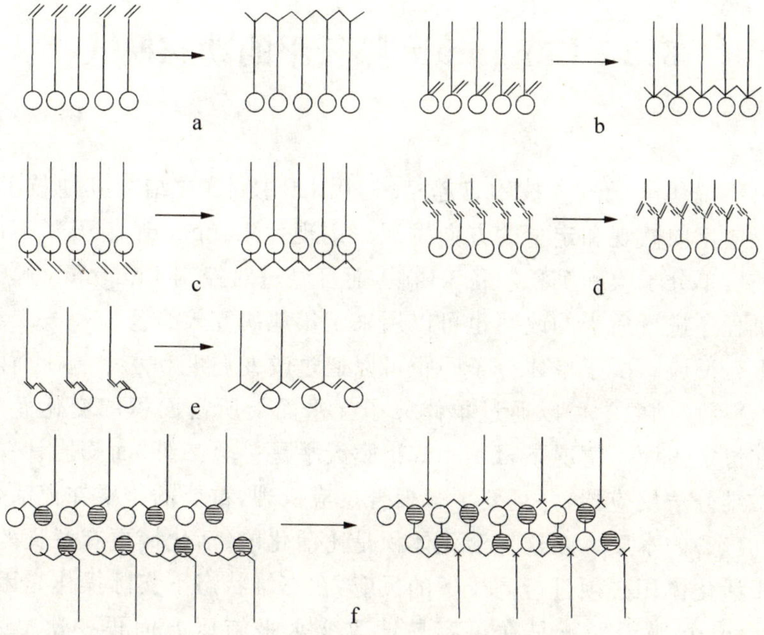

图 6.1　图解 LB 膜上的聚合反应

a. ω-二十三烯酸；b. α-十八烷基丙烯酸酯；c. 乙烯基硬脂酸，十八烷基甲基丙烯酸酯；d. 长链双炔酸；e. 2,4-十八烷基二烯酸；f. α-氨基酸长链酯

在众多的成膜单体中，双炔酸及其衍生物由于其本身不产生突出的“膨胀”，可以用长链脂肪酸取代而不影响分子排列，以及其广泛的应用价值而受到特别的重视。自 70 年代以来，德国 Wegner 和 Tieke 研究组对此做了许多开创性工作。

已经说过，长链双炔酸 C_mC_n 酸只有当碳原子总数为 20，熔点大于 45 ℃时才能形成稳定的单分子膜。但如果在水相中添加少量二价金属离子，则 17 个碳的双炔酸也能形成单分子膜。即便是 20 个碳原子以上的长链双炔酸，为求单分子膜的更加稳定，一般也在水相中添加少量 Cd^{2+}，如加有 10^{-3} mol/L $CdCl_2$ 的单分子膜成膜性就非常好。

有人[17]研究了双炔酸衍生物的二维聚合与烷基链长、亚相酸性条件及亚相离子的关系，由于当时条件所限，有些结论未被后续实验所支持[18]；到了 90 年代，Duran[1,4,19]、Peltonen 及本书作者等[2,3,5,6]开始利用计算机技术，研究二维聚合的机理、动力学以及合成新的聚合物等许多方面，得到许多有用的结果。

6.2　Langmuir 膜天平的动态模式

由于现代电子测量技术日趋精密，用 LB 技术（并结合其他技术）研究聚合反应正向微观和定量的方向发展。用现代 Langmuir 膜天平不但可以用来铺展单分子膜和沉积制备 LB 膜，而且经过对控制 Langmuir 膜天平的计算机程序进行适当的改写也可以用来定量地研究聚合反应——二维状态下的聚合反应。由于单体分子间距可以通过改变温度和水平施压而随意调节，聚合反应动力学可以通过单体分子在水面上所占面积的变化而实时跟踪。在恒定表面压情况下，Langmuir 膜天平是一个二维“面膨胀计”——真正的二维分子反应器，并且要了解聚合反应机理，重要的是要知道活化复合物（过渡态）的本质。在这里活化体积是比活化能、活化熵更有意义的参数。但由于活化体积必须进行高压下的反应，在三维状态下实际操作是困难的，而 Langmuir 膜天平正是在可容易地改变水平施压方面再一次显示其优点，因为“活化体积”的测定相对容易实现。

高级的商品 Langmuir 膜天平已开始带有研究聚合反应的应用软件。这里介绍在一般实验室条件下的操作系统，如采用 DOS 6.22。采用 DOS 的优点是硬件操作比较方便自由，可以说对计算机资源具有完全的控制能力，缺点是编写用户界面如对话框、菜单等不如在 WINDOWS 界面下方便，编程要相对多做一些工作。编程采用 Turbo Pascal 6.0，它是 DOS 下的经典的编程语言，具有较好的图形和数据处理能力，也具有硬件操作能力，可以对端口进行直接的读写,这里主要是对打印端口及 A/D 转换卡端口的读写,可见该编程语言能完成二维聚合反应的研究工作。

总体框架是:该程序完成对 $\pi-A$ 曲线、LB 膜沉积、二维聚合、图形显示打印、仪器自检及调节等过程的自动控制。为便于操作,各功能模块以菜单形式供使用者调用,如图 6.2。

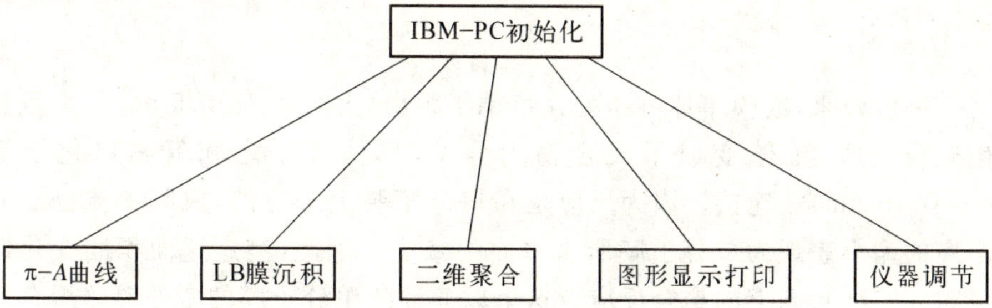

图 6.2 LB 膜天平的主要功能菜单

有些基本操作,特别是接口控制部分,是各模块所共有的,如步进电机的进退、表面张力的测量、载片的升降、图形显示等。这些共有操作,被写成子程序供其他模块调用。这样一方面可以使程序结构更加清晰,另一方面也便于程序修改维护或者移植到新的系统下去。

各功能模块均采用一致的用户界面并有提示,便于使用者尽快掌握:选择各功能以后,即提示调零、放下吊片、输入操作及试样参数等,然后开始自动过程。这里 $\pi-A$ 曲线,控制滑障以一定速度均匀前进,以改变分子占据面积 A,检测在不同分子占据面积条件下的表面压 π,并在屏幕的坐标上做出对应的 $\pi-A$ 曲线。$\pi-A$ 曲线与 Langmuir 的相态及分子属性有关,是对单分子层的有力表征。LB 膜沉积,控制滑障移动,以保持表面压不变。在此恒定的表面压下,控制载片的升降,把 Langmuir 膜转移到载片上,形成 LB 膜。二维聚合:在适当的聚合条件下,如光照等,由于聚合膨胀或收缩,导致分子占据面积的增加或缩小,通过移动滑障以保持表面张力不变,滑障的移动即表征了聚合过程中分子占据面积的变化,以此研究聚合反应的过程。图形显示打印:显示和打印 $\pi-A$ 曲线和二维聚合曲线。仪器自检及调节:调节滑障的起始位置,以及载片的位置,测试各通道是否工作正常。

商品 Langmuir 膜天平有芬兰产的 KSV(KSV-3000 和 KSV-5000)系列,英国产的 MINI 系列和德国产的老牌商品 LAUDO 系列产品等。我国至今还没有形成正规的 Langmuir 膜天平的产品系列。长春(吉林大学)和南京(东南大学)都有少量膜天平生产,但大多数国内高校和科研单位或购买国外产品(经费充裕者),或自己设计制造(经费不足而技术力量较强者)。

6.3 聚合动力学曲线

一般说来,成膜单体分子处在范德华距离(大约0.3～0.5 nm),一旦发生聚合反应,单体变成了聚合物大分子,单体分子之间就是以化学键(～0.15 nm)相连接。因为反应是在单分子膜上进行的,成膜单体分子间距离的缩小表现为单分子膜所占水面的减小。因此,测定这面积的变化即可跟踪二维状态下的聚合反应。这里以亚油酸单分子膜的紫外辐照聚合为例来说明二维状态下的聚合反应和聚合动力学曲线。

亚油酸(linoleic acid,6.1)是18个碳原子的不饱和脂肪酸,有两个并不共轭的双键(图6.3),但在本体和在溶液状态还没有观察到亚油酸能发生双键打开的加成聚合反应。显然,亚油酸是一个典型的两亲性化合物,能在水面上形成稳定的单分子膜。图6.4是亚油酸单分子膜在 10^{-4} mol/L $TbCl_3$ 亚相上的 $\pi-A$ 曲线,由图可见,亚油酸分子的极限占有面积比较大,约为0.28 nm^2,这是因为亚油酸分子具有反式的分子结构。

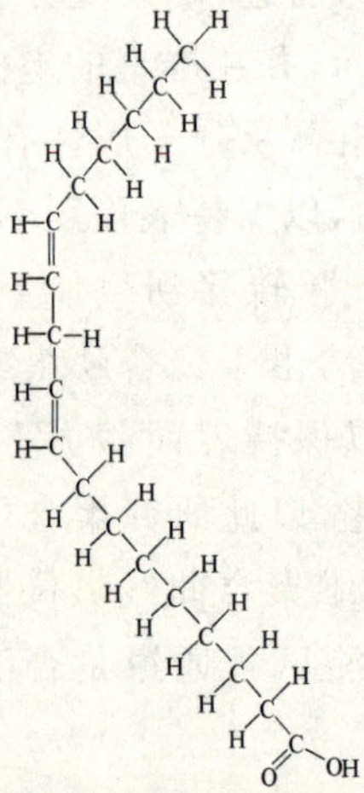

6.1

图6.3 具有两个双键(但并不共轭)的亚油酸分子结构式

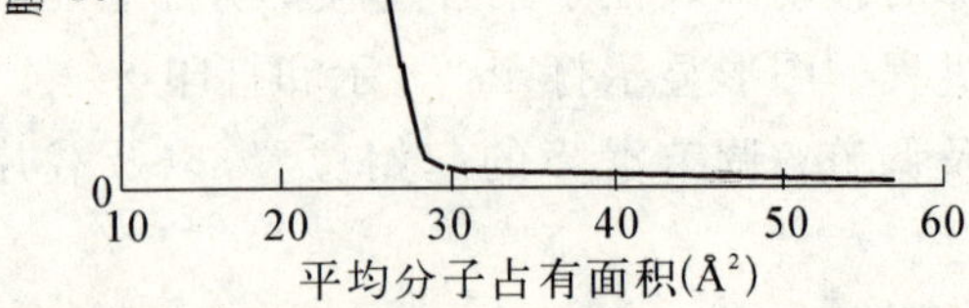

图6.4 亚油酸单分子膜在 10^{-4} mol/L $TbCl_3$ 亚相上的 $\pi-A$ 曲线

把浓度为 1 mg/mL 的亚油酸正己烷稀溶液铺展在 10^{-4} mol/L $TbCl_3$ 亚相上，膜障压缩单分子层至表面压 15 mN/m，并保持恒定。稳定 10 min 后，打开 30 W 低压汞灯，紫外光辐照亚油酸单分子膜。在保持 15 mN/m 恒定表面压条件下，亚油酸分子发生聚合反应，分子间距由范德华距离变为化学键间距，单分子层占有面积即刻收缩。为能保持恒定的 15 mN/m 表面压，膜障必须向前移动，减小面积。这样，膜障移动速度随聚合时间的变化就代表了单分子膜在二维状态的聚合反应动力学曲线。图 6.5 是 25℃ 下亚油酸单分子膜在紫外光辐照下，膜障前移速度和平均分子面积随辐照时间变化的聚合动力学曲线。由图可见，由于紫外光引起亚油酸聚合，膜障瞬即有所响应。30 min 后膜障速度达 1.8 mm/min 的极大值，以后缓慢下降，约 180 min 后膜障速度已相当缓慢，可以认为聚合已基本完成。

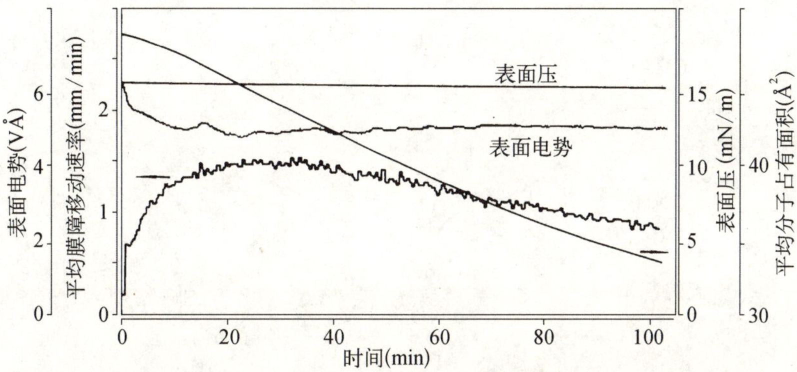

图 6.5 亚油酸单分子膜在紫外光辐照下，膜障前移速度和平均分子面积随辐照时间变化的聚合动力学曲线。开启紫外光源的时间被定为原点。膜障马上就有响应，向前移动减小水面。膜障的前移速度在 30 min 时达极大，以后逐步下降，180 min 后已非常缓慢

以下的几个事实能确定在 10^{-4} mol/L $TbCl_3$ 亚相上，亚油酸单分子膜确实发生了聚合反应并生成了聚合物：

(1) 一打开紫外光开关，光照到水面上的单分子膜，膜障即刻就有响应，单分子膜的占有面积缩小，为保持恒定 15 mN/m 表面压，膜障向前移动，并随光照时间增加，膜障移动速度能达到一个明确的极大值，随后慢慢降低，只要试验时间足够长，就能回到零速度，符合最常见的反应动力学曲线形式；

(2) 聚合完成后，如果继续作已聚合了的亚油酸聚合物的单分子膜的 $\pi-A$ 曲线（图 6.4 中的实线所示），与亚油酸单体的曲线有所不同，其崩溃压有明显的降低，表明这已不是原有的亚油酸了，而是另一种化合物，即亚油酸聚合物的曲线了；

(3) 反应结束后仔细扫集水面，可以得到极微量固体痕迹物，在显微镜下观察，是乳白色的树脂状固体，而亚油酸单体的熔点为 −5℃，室温下应该是液体。表明经 180 min 紫外光辐照后亚油酸确已发生聚合而形成了固体聚合物。值得指出的是，亚油酸在通常条件下的聚合反应还未见报道，但它却能在单分子膜上实现聚合，表明 LB 技术可以作为一种全新的聚合方法来合成新的聚合物。

2-十五烷基苯胺(2-pentadecyl aniline)单分子膜的聚合是另外一个典例[19]。2-十五烷基苯胺分子的结构式如图 6.6 所示，它在纯水和 0.5 mol/L H_2SO_4 亚相上单分子膜的 $\pi-A$ 曲线如图 6.7 所示，为比较也列出了 4-十六烷基苯胺的 $\pi-A$ 曲线和有关信息。

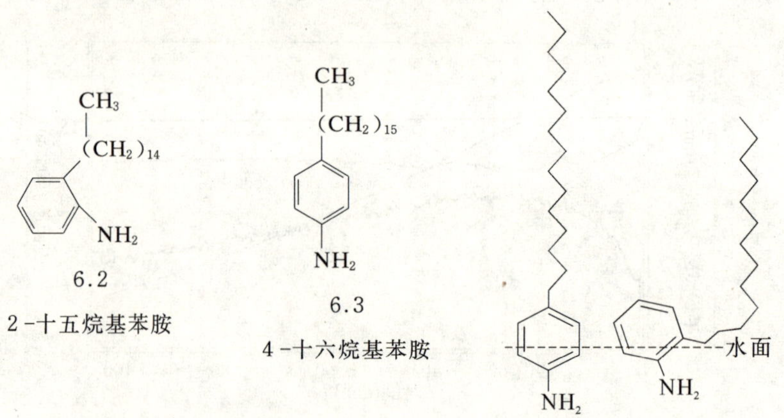

图 6.6　2-十五烷基苯胺和 4-十六烷基苯胺分子的化学结构式(左)以及它们铺展在水面上的状态(右)

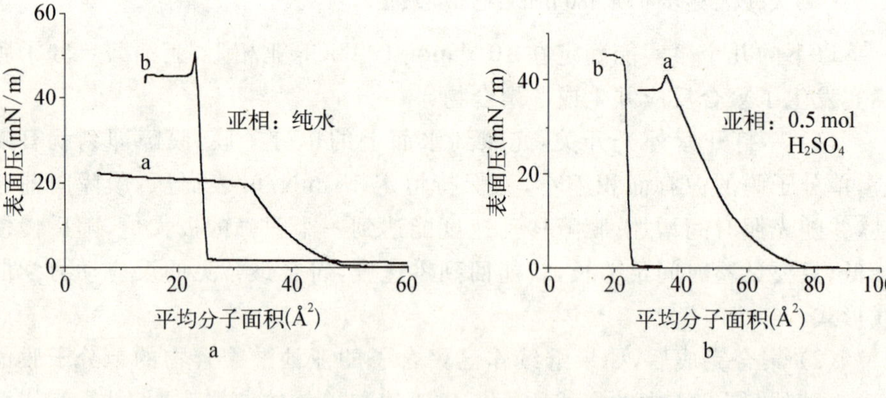

图 6.7　2-十五烷基苯胺和 4-十六烷基苯胺铺展在纯水亚相(a)和 0.5 mol/L H_2SO_4 亚相(b)上的 $\pi-A$ 曲线。2-十五烷基苯胺的起始表面压比 4-十六烷基苯胺大很多，但其崩溃压又比 4-十六烷基苯胺的小很多

2-十五烷基苯胺(6.2)和4-十六烷基苯胺(6.3)在纯水和0.5 mol/L H_2SO_4亚相上都能形成稳定的单分子膜。两者的差别是前者在纯水亚相上的起始压出现在很大面积的地方,而后者的崩溃压又比前者高很多。原因很是简单,因为4-十六烷基苯胺分子的长链在表面压高时是反式构型,而2-十五烷基苯胺分子的构型就不同,造成它不能在亚相上紧密排列。酸性亚相对4-十六烷基苯胺单分子膜的行为影响不大,但使2-十五烷基苯胺单分子膜的崩溃压提高很多。

把水槽用隔板分成两个部分,在其中的一个部分中注满0.5 mmol/L浓度的H_2SO_4,而在另外的那部分中注满添加有少量过硫酸铵氧化剂的水。1 mg/mL浓度的2-十五烷基苯胺氯仿稀溶液就滴加在这纯水表面上,压缩至表面压为20 mN/m,并保持恒定。这时,抽掉水槽中的隔板,H_2SO_4与纯水相混,2-十五烷基苯胺就在这稀H_2SO_4亚相表面上发生聚合作用[19]。2-十五烷基苯胺发生聚合时,失去两个氢原子,并由共价键连接在了一起。分子之间本来是范德华距离变成了更为短的化学键距离,导致了分子占有面积的收缩,膜障向前移动。2-十五烷基苯胺单分子膜的聚合动力学曲线与亚油酸的类似,图6.8是27℃温度下2-十五烷基苯胺单分子膜在30 mN/m恒定表面压聚合时的膜障前移速度和平均分子面积随时间的变化。在27 ℃下只用了约15 min就达到了膜障移动速度的极大值,并在34 min时完成了聚合,膜障移动速度完全减小为零。

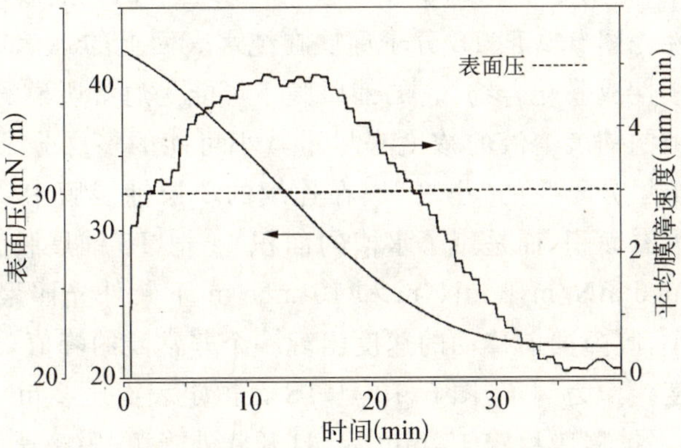

图6.8 27 ℃温度下2-十五烷基苯胺单分子膜在30 mN/m恒定表面压时的聚合动力学曲线

聚合过程中,分子占有面积从起始的0.42 nm^2经34 min后缩小到了0.22 nm^2,比三维本体聚合时的密度变化大很多。因为除了分子间由范德华距离表为化学键外,还有聚合时2-十五烷基苯胺分子的构象变化引起的面积缩小。

测定所得产物的分子量是证实 2-十五烷基苯胺单分子膜确实发生了聚合最直接的证据。由于仅有一层分子发生聚合，不管水槽的水面有多大，所滴加的单体的量和由此聚合而得的聚合物的量都太少了，所以要非常仔细收集水面上的聚合物，并要用灵敏度极高的凝胶渗透色谱（GPC）来测定分子量。Duran 测得由 2-十五烷基苯胺单分子膜聚合而得的聚苯胺的分子量为 $4\times10^3\sim6\times10^3$，确定无误地表明由此生成的的确是高分子量的聚合物。

3-十六烷基吡咯（3 - hexadecyl pyrrole）单分子膜则可在三氯化铁（0.05 mol，$FeCl_3$）水溶液亚相上发生聚合。由此得到的聚合产物也用 GPC 方法测定了分子量，竟达 $8\times10^3\sim15\times10^3$。亚油酸单分子膜紫外聚合产物之所以没有用 GPC 方法测定分子量，是因为没有找到溶解它们的溶剂。GPC 方法的常用溶剂四氢呋喃不能溶解亚油酸单分子膜紫外聚合得到的聚合物，甚至在一些最常用的溶剂，如丙酮，氯仿，乙醇等中都不溶。后面的章节将表明（第 7 章 7.2 节），亚油酸单分子膜紫外聚合产物是一个交联聚合物。

双（对甲苯磺酸）-2,4-己二炔-1,6-二醇酯（TS）

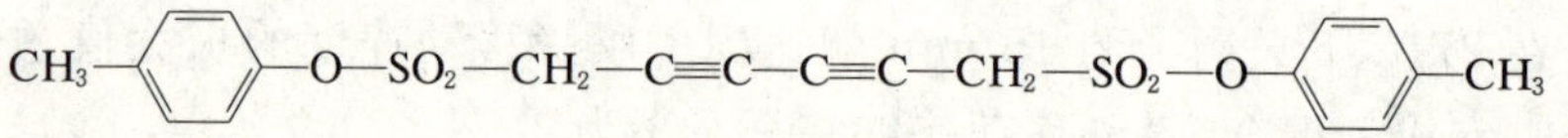

6.4

是对称的分子（见第 3 章 3.3.2 节），但它在水面上的铺展膜却具有一般单分子膜的特性。图 6.9 是 TS 分子铺展在纯水表面上的 $\pi-A$ 曲线。TS 不是传统的两亲性成膜化合物，它的铺展膜不可能是通常所说的单分子膜，尽管可以通过控制铺展溶液的浓度来尽量减小可能的多层分子的重叠，但仍然会有一些多层分子膜的“小岛”嵌在连续的单层铺展膜中（所以在图 6.9 中不用分子占有面积，而是用了水槽的面积）。把 TS 铺展膜分别在恒定表面压 2 mN/m，6 mN/m，8 mN/m 和 10 mN/m 下紫外光照聚合，铺展膜的面积迅速减小，膜障向前移动的速度出现一个非常陡的峰值，并能完全回复到零膜障速度。作为例子，图 6.10 是 TS 在恒定表面压 2 mN/m 下的聚合动力学曲线，在铺展膜稳定 15 min 后，打开紫外光源，膜障速度迅速达到一个极大值。即使膜障如此快速地推进，也来不及稳住 2 mN/m 的表面压，在一个很短的时间里出现一个尖锐的表面压下降峰，2 min 后才又重新稳定到 2 mN/m 的表面压。随后膜障前进速度很快降低，在不到 3 min 时间里膜障速度就回到了零，表明 TS 铺展膜在紫外光照射下能瞬间发生聚合反应，而没有任何诱导期，并且聚合完全。

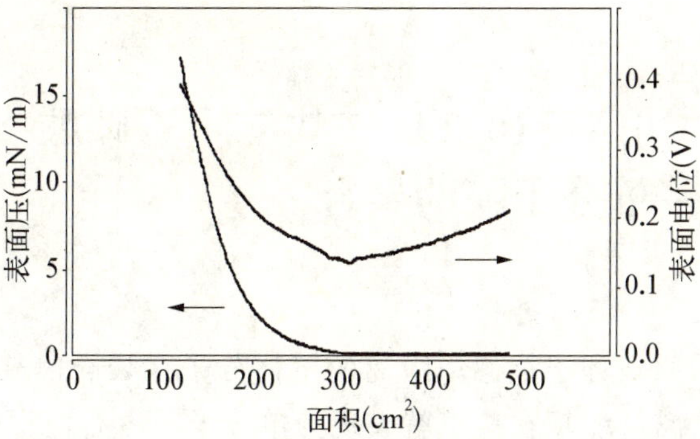

图 6.9 双(对甲苯磺酸)-2,4-己二炔-1,6-二醇酯(TS)在水面上铺展膜的 $\pi-A$ 曲线

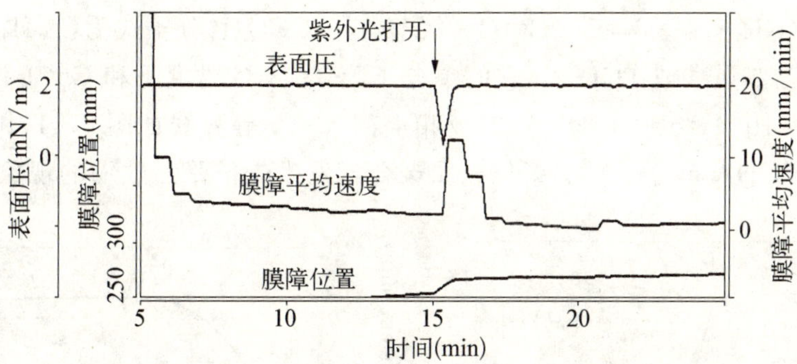

图 6.10 双(对甲苯磺酸)-2,4-己二炔-1,6-二醇酯(TS)

铺展膜在恒定膜压 2 mN/m 下的聚合动力学曲线,一旦紫外光打开,聚合瞬间就发生,没有任何诱导期

TS 单晶体的聚合是晶格控制的固相聚合,当把 TS 单体分子铺展在水面上并压至凝聚相时,由于分子在水面仍有很大的自由取向余地来达到适合聚合的有利位置,从而实现这个固相聚合反应。在通常情况下,TS 单晶体在紫外光辐照或加热下都能容易地发生聚合,但都有一到几小时的诱导期。譬如 TS 单晶体在 60℃ 下热聚合,在 20 h 前聚合很慢,聚合度只有约 10%,在 20 h 后聚合进入加速期,在几个小时里就很快到达 97%～98% 的聚合度,完全聚合约需要 72 h [20]。有无聚合反应诱导期和聚合速度上的明显差异表明 TS 在铺展膜状态下的聚合与本体状态下的聚合确有不同,铺展膜状态下的聚合确有其特殊性。

6.4 10,12-二炔二十五碳酸单分子膜的聚合

一般说来,原来处于范德华距离的单体分子在聚合时变成了化学键连接,分子之间距离的缩短在这里就表现为单分子膜占有面积的收缩,如我们在亚油酸、2-十五烷基苯胺和3-十六烷基吡咯单分子膜聚合时观察到的那样。但也有一些特殊的情况,由于成膜单体在聚合过程中特殊的聚合机理或构象的变化等原因,它们的单分子膜在聚合时面积并不总是收缩的。10,12-二炔二十五碳酸(10,12-pentacosadiynoic acid, 4.17),结构式为$CH_3—(CH_2)_{11}—C≡C—C≡C—(CH_2)_8—COOH$,分子式为$C_{25}H_{42}O_2$,简称$C_{12}C_8$双炔酸或PCDA。它的单分子膜在23 ℃温度下和$CdCl_2$溶液(浓度为$2\times10^{-4}$ mol/L,pH=7.2)亚相上的$\pi-A$等温线如图6.11中的实线所示。PCDA单分子膜的紫外光照聚合就发生先扩张后收缩的现象。

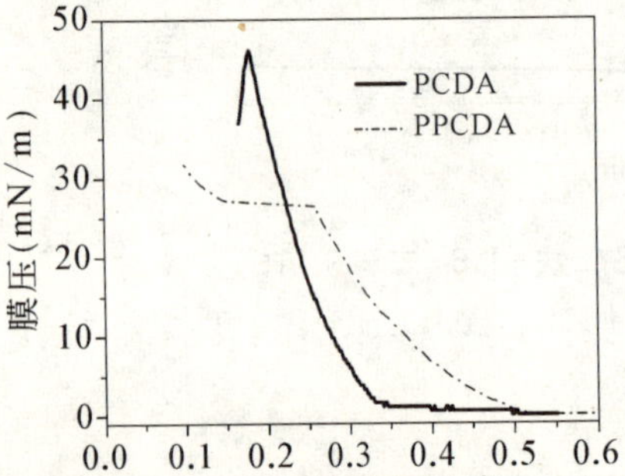

图 6.11 $CdCl_2$ 亚相(pH=7.2, 23℃)上 PCDA 单分子膜在聚合前后的 $\pi-A$ 等温线

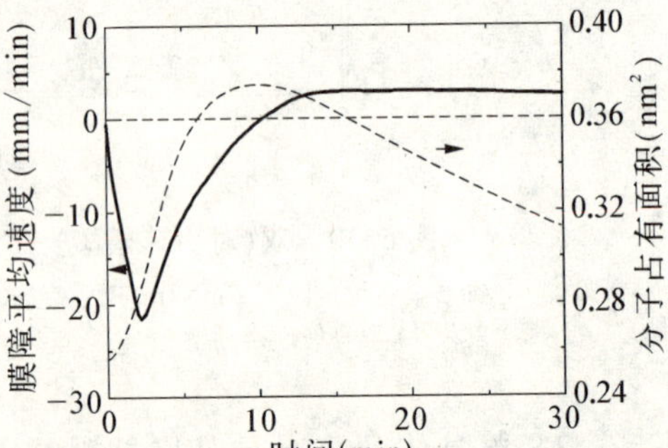

图 6.12 10,12-二炔二十五碳酸单分子膜二维聚合反应(15℃,恒定表面压 5 mN/m)的典型过程

图6.12是PCDA单分子膜在维持恒定表面压5 mN/m和15℃下紫外光照聚合反应的动力学曲线。可以看到,一旦打开紫外光源,单分子膜即开始扩张,表现为膜障为保持表面压不变而向后移动,以负速度表示。滑障后退速度从起始的较小值快速增加,并在2.5 min时达到极小值-21.5 mm/min,此后滑障继续后移,但速度持续减小,并最终在10.25 min

的时候,滑障后移速度减为零,此时扩张过程结束,开始缓慢增长、趋于平稳并最后终止的面积收缩过程。平均分子占据面积也随滑障移动作相应变化,如图中虚线所示,在前 10.25 min 的扩张过程中分子占据面积逐渐增长,并在10.25 min时达到极大值,然后在收缩过程中,分子占据面积逐渐减小。这里从扩张到收缩整个过程比较复杂,下面还要专门论述,这里先可以简单地认为在 10.25 min 聚合反应就已完成。

显然,这里二维聚合反应的面积变化更为复杂。由图可见,在聚合反应发生前,PCDA 分子的平均占据面积为 0.256 nm^2,对应分子间距是 0.506 nm,而从文献可知长链双炔酸聚合后的链节间距为 0.49 nm[21],聚合后单分子膜的面积应稍有收缩。但这里的实验显示,PCDA 单分子膜的紫外光照聚合却发生了较大的面积扩张,并在反应结束时(10.25 min)分子占据面积增大为 0.37 nm^2。由于链节间距是不能变化的,占据面积扩张显然是由于其他的原因。文献早有报道,聚双炔类化合物的大分子链存在有两个结构模型,即如图 6.13(a)所示的 Kuhn 链结构和图 6.13(b)所示的“蠕虫状”链(worm-like chain,也叫 Porod-Kratky chain[22-24])结构。Kuhn 链由有限共轭长度的链段在平面内形成,PCDA 聚合物链中重复单元的距离为 0.49 nm,与聚合前 PCDA 单体的分子间距离 0.50 nm 相当,这与单分子膜紫外光照聚合时面积扩张的事实不符,PCDA 不应该是 Kuhn 链结构。而“蠕虫状”链具有连续的曲率,其中的某些链段可以有很大的倾斜,甚至平躺。如果 PCDA 单分子膜聚合产物是“蠕虫状”链,链节在垂直于链的平面内发生倾斜,占据的面积就会比聚合前紧密排列的单体分子更大,符合这里观察到的面积扩张的实验事实。链节沿链方向连续扭转,使多数链节的脂肪长链倾斜排列在液面上,比反应之前的垂直排列方式占据更多的面积。显然,这里的面积扩张是以垂直方向的收缩为代价的,总体积可能也是缩小的,二维聚合时面积的扩张与三维状态聚合时出现的体积膨胀是不可等同的。聚合中垂直面内的方向的收缩文献中也是有报道的[25]。PCDA 在单分子膜中的聚合将产生“蠕虫状”链的结构形式也为后面动态弹性的测量结果所证实(详见第 7 章 7.4 节)。

a

b

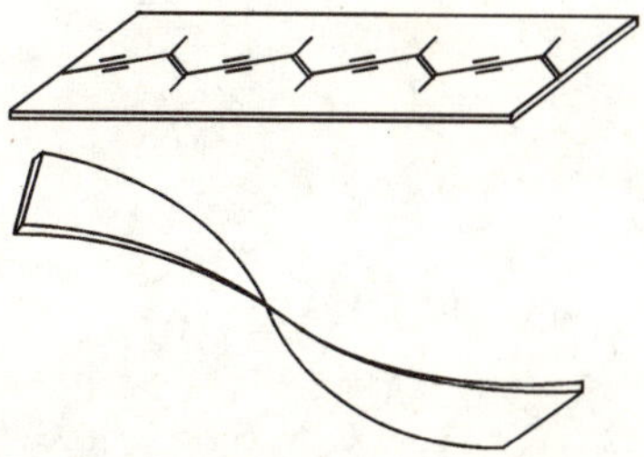

图 6.13 10,12-二炔二十五碳酸聚合物大分子链可能的两种结构模型

a. Kuhn 链;b. Porod-Kratky 链

事实上,PCDA 的聚合可以有 α 和 β 两种方式[29](图 6.14)。在 α 型

聚合方式中,PCDA 单体分子相对疏松排列,在双炔基团的两端即 C-8 和 C-13 位置有较大的弯曲,使相邻的双炔基团的头尾相接而有利于 1,4-加成聚合反应,形成聚丁二炔链;而 β 型聚合方式中,双炔基团被更加紧密地平行堆积在一起,利于 1,2-和 3,4-加成聚合反应,形成平面芳香环型聚合产物。其中,α 型聚合是一种广为认可,并已被实验充分证明的反应过程。模型就是来描述 α 型聚合产物大分子链形态的。

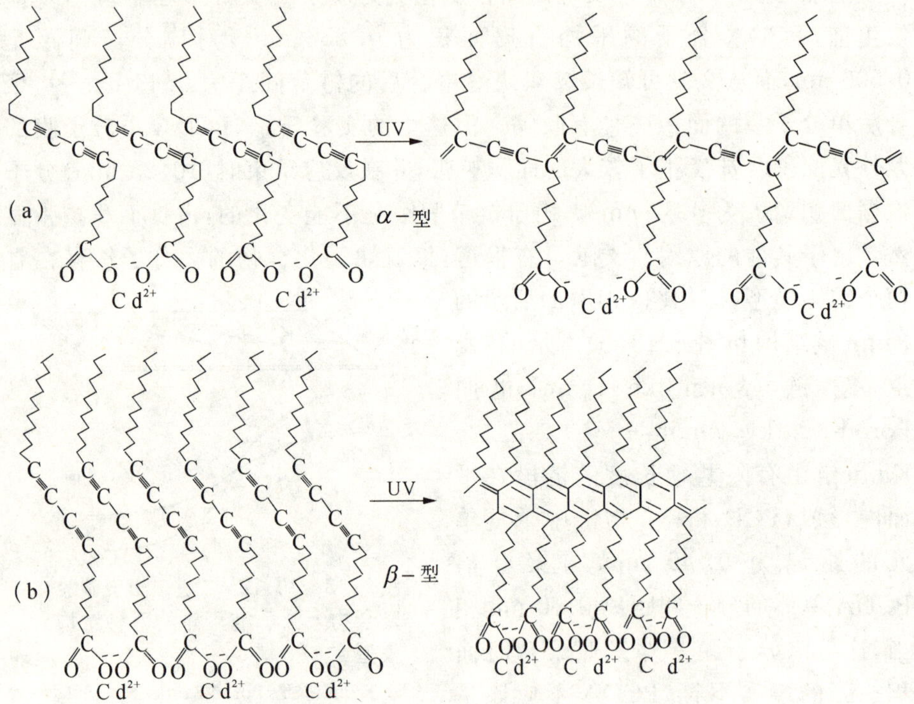

图 6.14　PCDA 的两种紫外光照聚合方式的示意图

有几种方法可以确认 PCDA 单分子膜在紫外光照下发生了聚合反应:(1) 在紫外光照下,滑障速度有明显的极值出现;(2) 在任意时刻只要关闭紫外灯,滑障移动速度即回复到零,即单分子膜面积的变化与紫外光照密切有关外;(3)长链双炔酸的特点之一是它们聚合后会明显改变颜色,由基本上无色,变成有色,并逐渐加深,很容易用肉眼观察。PCDA 单分子膜聚合后的产物显示出与它本体聚合相似的橙红色,显然是其聚合后形成的共轭骨架的显色;紫外-可见吸收和荧光光谱也可证明该共轭骨架的存在。

聚合后 PCDA 单分子膜紫外-可见吸收和荧光光谱如图6.15所示,与聚合前不同,聚合产物在可见光区有明显的吸收,表明聚合后的产物有长的共轭 π 键存在,它在 480 nm 和 528 nm 处的吸收,对应于文献中[15]长链双炔酸 LB 膜聚合后在 500 nm 和 535 nm 处的吸收，这里吸收峰的少许蓝移是由于单分子膜处于不同的应力状态所至[18,27]。同时在 380 nm 的激发光下，聚合产物发出 620 nm 的荧光，双炔酸单体在此位置是没有荧光的，显然该位置的荧光与较长共轭 π 键有关，表明聚合反应确实已经发生。

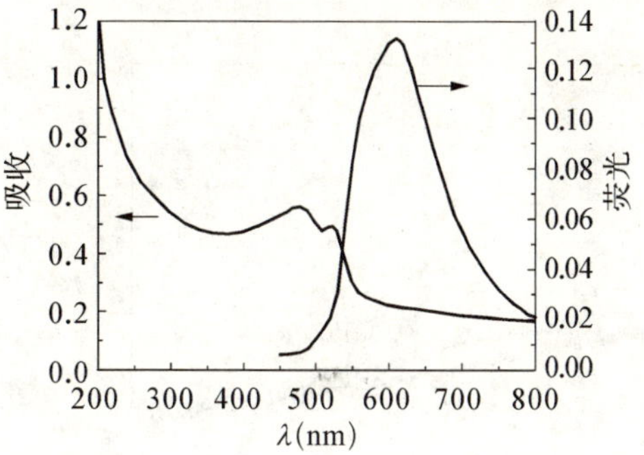

图 6.15　PCDA 单分子膜紫外可见吸收和荧光光谱

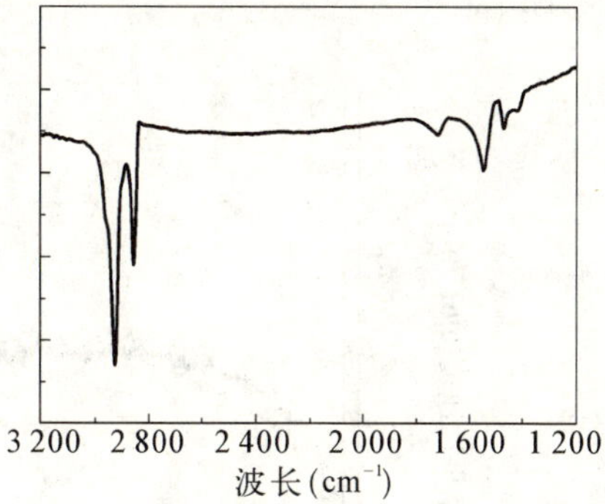

图 6.16　10,12-二炔二十五碳酸单分子膜聚合产物在 1 200～3 200 cm^{-1}的红外光谱

产物的红外光谱如图 6.16 所示，位于 2 955 cm^{-1}处峰是—CH_3的非对称伸缩振动，位于 2 923 cm^{-1}和 2 853 cm^{-1}处峰是—CH_2—的非对称和对称伸缩振动，位于1 466 cm^{-1}处峰是脂肪链的摇摆振动，位于 1 710 cm^{-1}处峰是—COOH 中羰基的伸缩振动，位于 1 538 cm^{-1}和1 409 cm^{-1}处峰是—COO-的非对称和对称伸缩振动，没有聚合物中相应的双键和三键的吸收峰，这是由于在较长的高分子骨架中的这些双键和三键，它们两端的环境是近程对称的，因而其伸缩和摇摆振动没有相应的电磁吸收。

6.5　氧气对单分子膜二维聚合的可能影响

在单分子膜紫外光照聚合时，由于整个膜天平是置于空气中的，单分子膜的表面又非常的大，成膜单体中的反应性基团可能会与空气中的氧发生反应，而影响二维状态下聚合反应研究的可靠性。空气中的氧对成膜单体聚合的可能影响，一直是必须关心的问题。为此，许多研究者分别在空气气氛和氮气气氛中进行完全相同条件下的单分子膜聚合实验。图 6.17 是在其他条件都相同的情况下亚油酸单分子膜分别在空气和氮气气氛中的紫外光照聚合动力学曲线。由图可见，在空气中的聚合和在氮气中的两条曲线非常接近，表明空气中的氧对亚油酸单分子膜二维聚合反应没有实质性的影响。

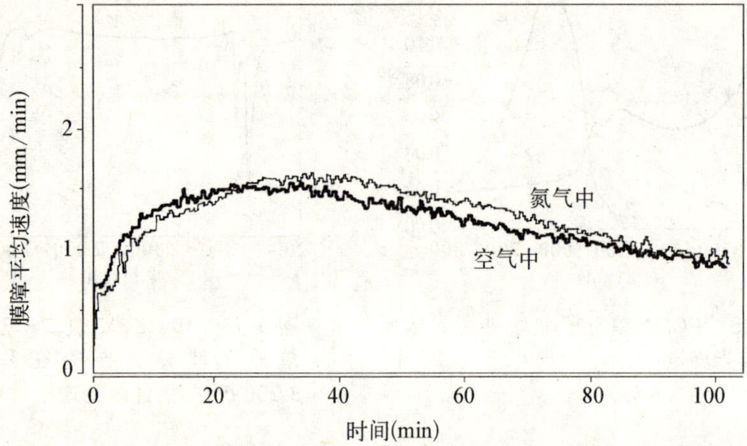

图 6.17 亚油酸单分子膜在空气和氮气中的聚合动力学曲线

空气中的氧不单对亚油酸单分子膜聚合反应没有影响，对其他成膜单体也没有发现有什么影响。图 6.18 是其他条件相同下，即 4×10^{-4} mol/L $CdCl_2$ 亚相溶液，恒定表面压 15 mN/m，pH = 6.9 和 25℃，在空气和氮气气氛中 10,12-二炔二十五碳酸(PCDA)单分子膜的聚合动力学曲线。两条聚合的动力学曲线几乎是重合的，说明空气中的氧对于 PCDA 单分子膜聚合过程中的面积变化也没有影响。另几个不同温度和不同表面压下 PCDA 单分子膜在空气和氮气气氛中紫外光照聚合实验，结论仍然是氧气对 PCDA 单分子膜的聚合中面积的变化没有影响。空气中的氧不参与单分子膜聚合反应的事实对用膜天平研究二维聚合带来了极大的方便，因为要把这样大的膜天平全部置于氮气气氛中总是一件很麻烦的事。

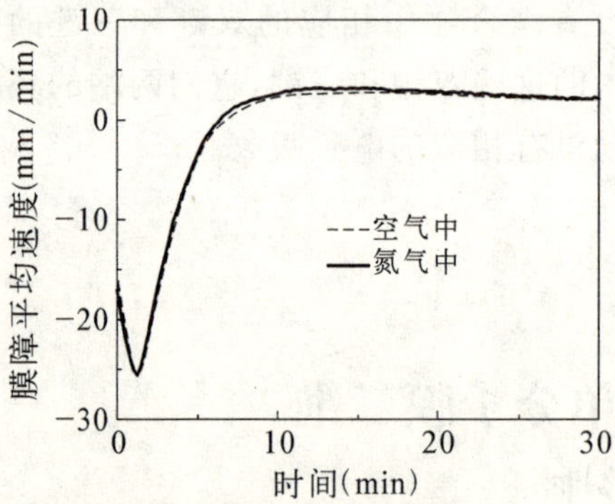

图 6.18 空气和氮气中的聚合 4×10^{-4} mol/L $CdCl_2$ 亚相溶液，25℃，表面压 15 mN/m

原因是,由于长链的成膜分子紧密地排列于液面上,其较长的脂肪链有效地阻止氧气运动到层中间的反应位置,因而氧气根本没法参与反应,在空气(氧气)中的 PCDA 单分子膜聚合产物的红外光谱中确实也没有 PCDA 双炔酸氧化对应的吸收峰。第二种可能是,虽然有少量氧气参与了反应,但其参与的反应并不影响单分子膜的面积变化。

既然在跟踪实时的面积变化研究单分子膜聚合过程的方法中,氧气对实验没有什么实质性的影响。在任何一种情况下,反应过程均可在空气气氛中通过面积变化实时跟踪,而无须一定要在氮气气氛中进行,是单分子膜二维聚合实验研究的一大方便。

6.6 表面压对二维聚合的影响

由单分子膜的 $\pi-A$ 曲线可知,单分子膜在不同表面压时对应的分子之间的间距是不同的,因此,不同表面压时单分子膜上的聚合反应应该有不同表现。一个极端情况是,如果表面压过低,单分子膜中分子间距太大,相邻分子没有机会发生反应。譬如,对亚油酸单分子膜,在表面压为 5 mN/m 时,紫外光照射下单分子膜的面积没有任何变化,表明这样低的表面压不能使亚油酸单分子膜发生聚合反应。只有当表面压达到 8 mN/m 时,紫外光照下亚油酸单分子膜才有面积的收缩,也即发生了聚合。说明寻求合宜的恒定表面压对实现单分子膜的聚合是至关重要的。

一般认为有序排列将使分子运动受束缚,这在通常反应条件下是对的。但由于单分子膜是处在空气/水界面上,在水这样的流体上排列有序的亚油酸单分子膜仍有再排列的自由活动。表面压(横向施压)的大小调节了分子间距,间距太大,分子间不可能彼此接触,引不起反应。只有当分子间距足够近时才能使分子通过相互接触而引起聚合反应。对亚油酸而言,表面压为 8 mN/m 时分子所占有面积为 0.54 nm^2,相当于分子间距为 0.73 nm。

2-十五烷基苯胺在 0.1 mol/L H_2SO_4 亚相上的聚合反应也有类似现象。图 6.18 是 2-十五烷基苯胺单分子膜在 2 mN/m,3 mN/m,10 mN/m,

20 mN/m 和 35 mN/m 五个不同表面压下分子平均占据面积随聚合时间的变化。不管是在什么表面压下，分子平均占据面积都随聚合时间增加而减小。因为表面压不再变化被认为是聚合已经完成，由图 6.19 可见，在较高表面压作用下，聚合反应会更迅速地完成。当表面压由 1 mN/m(相当于单体表面浓度为 1.4 分子/nm^2)增加到 34 mN/m(单体表面浓度为 4.2 分子/nm^2)，聚合反应速率加快 1 倍。

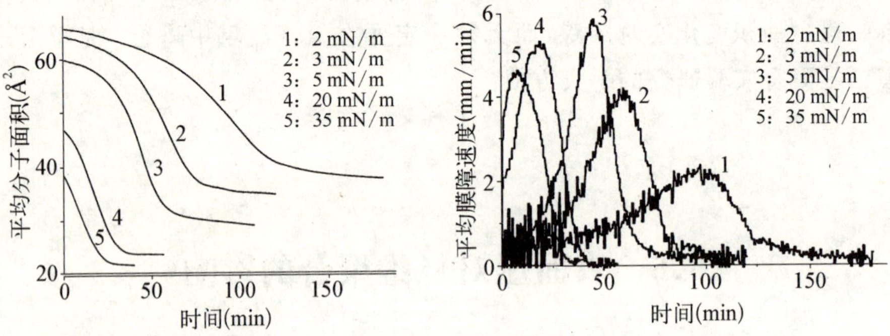

图 6.19　不同表面压下 2-十五烷基苯胺单分子膜聚合时，平均分子面积和膜障平均速度的变化与反应时间的关系

事实上，聚合反应对表面压的强烈依赖性还有更重要的一面。因为对单体分子横向施压，在改变分子间距的同时，也对体系作了功，从而改变了链增长反应的活化能(见 6.7 节)。为了查明何种因素(至少对 2-十五烷基苯胺)是主要的，曾将 2-十五烷基苯胺单体和硬脂酸的混合物铺展成单分子膜，并令其发生聚合。饱和的硬脂酸分子在令 2-十五烷基苯胺单分子膜聚合的紫外辐照下，其分子占有面积没有什么变化，并且硬脂酸与 2-十五烷基苯胺也不分相。现在把摩尔比为 3∶1 的硬脂酸/2-十五烷基苯胺混合物单分子膜与纯 2-十五烷基苯胺单分子膜作对比实验。在保持恒定表面压 30 mN/m 条件下，令它们发生聚合。发现，尽管硬脂酸嵌隔在 2-十五烷基苯胺单体分子之间使后者分子间距加大，但聚合反应速度并不比纯 2-十五烷基苯胺的差多少；相反，如果通过对硬脂酸/2-十五烷基苯胺混合物单分子膜施加更大的表面压使它与纯 2-十五烷基苯胺单分子膜中分子间距相等，反应速度竟相差很大(图 6.20)。这表明，增大表面压，从而增加了表面浓度(也即缩短了分子间距)并不是改变聚合反应速度的主要因素。有意义的是表面压增加导致聚合反应的活化能(求活化能的方法见本章第 6.7 节)变大。

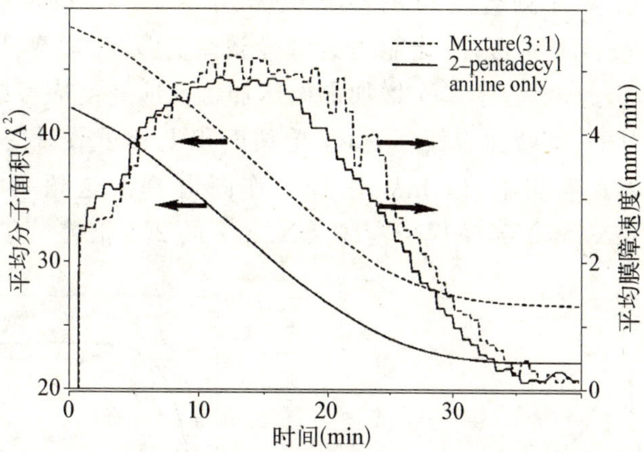

图 6.20 纯 2-十五烷基苯胺单分子膜、2-十五烷基苯胺与硬脂酸混合单分子膜(3∶1)在水面上的聚合动力学曲线

3-十六烷基吡咯单分子膜在 0.05 mol $FeCl_3$ 亚相和 23 ℃下，于 20 mN/m，10 mN/m，5 mN/m 和 3 mN/m 四个不同表面压下的聚合动力学曲线如图 6.21 所示。与 2-十五烷基苯胺单分子膜和长链双炔酸单分子膜的聚合不同，3-十六烷基吡咯单分子膜的聚合没有诱导期，完全聚合时间也几乎不受所施加表面压的影响，但在较低的表面压下，在聚合的起始时段有一点不同的表现。由图可见，在聚合时间超过 10 min，四个表面压下 3-十六烷基吡咯单分子膜聚合动力学曲线几乎没有什么不同，但在 10 min 内，却明显受表面压的影响。表面压 20 mN/m 时的膜障的起始速度比其他表面压时的大很多。并且，在较低的表面压下聚合动力学曲线出现另外一个峰，随表面压增加该峰移向更短的时间。这意味着在较高表面压时出现的较高的膜障平均速度应该是来自另一个反应，形成 3-烷基 2,5-双吡咯基吡咯烷(3-alkyl-substituted 2,5-bis(2-pyrrolyl)-pyrrolidine)，这个反应与聚合反应在低表面压时有一个竞争。

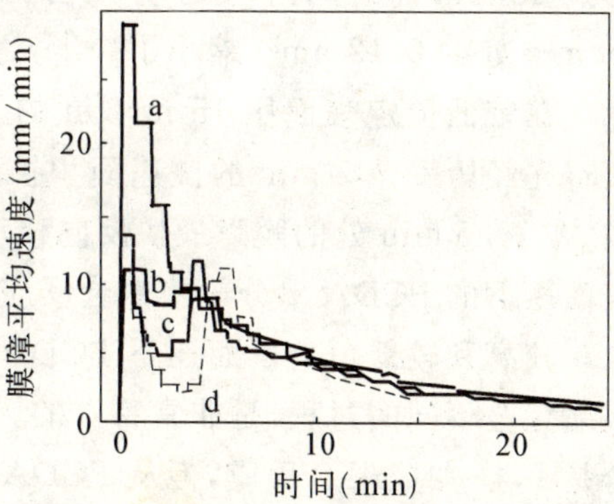

图 6.21 在 0.05 mol $FeCl_3$ 亚相和 23℃下，3-十六烷基吡咯单分子膜于 20(a)，10(b)，5(c)，3 mN/m(d) 四个不同膜压下的聚合动力学曲线

表面压为 10 mN/m，15 mN/m 和 20 mN/m 时求得的 2-十五烷基

苯胺单分子膜紫外聚合反应的活化能分别为 53 kJ/mol, 57 kJ/mol 和 66 kJ/mol。按常理而言，活化能增大将导致聚合反应变慢，但这里却使聚合反应加速，因此，单分子膜上增加表面压加快反应速度应考虑为反应动力学中的前置因子，即增加表面压，由于单位面积上分子数目变多，增加了分子的碰撞频率。事实上，以 ln$k$ 对 1/T 作图可算出这频率因子(见本章6.11节)，20 mN/m 下频率因子为10 mN/m下的 200 倍。

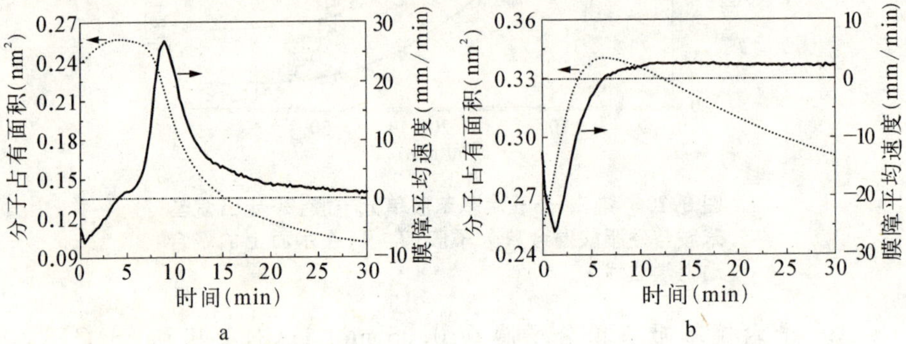

图 6.22　不同膜压下 PCDA 单分子膜的二维聚合反应曲线

a. 膜压 35 mN/m; b. 膜压 15 mN/m 亚相溶液 4×10^{-4} $CdCl_2$，温度 25℃

不同恒定表面压下 PCDA 单分子膜的聚合也有不同的表现。PCDA 单分子膜在 15 mN/m 和 35 mN/m 两个表面压下的聚合动力学曲线如图 6.22 所示。由图可知，它们的聚合动力学曲线有很大的差别。在较高的恒定表面压 35 mN/m 下，经过不到 5 min 的低速面积扩张，即转入明显的面积收缩阶段，在 11 min 处膜障最快的正向移动速度达到 27 mm/min，并在不到 20 min 的时间内，分子平均占据面积从 5 min 处的 0.25 nm^2 缩小到 18 min 处的 0.12 nm^2，缩小了一半，之后，面积收缩明显减缓。

在较低恒定表面压 15 mN/m 的 PCDA 单分子膜聚合过程中，单分子膜首先经历一个 7 min 的快速面积扩张过程，然后进入缓慢的面积收缩阶段，在 1.25 min 处的膜障最快反向移动速度达到 26 mm/min。即较低恒定表面压下的 PCDA 单分子膜聚合反应是以面积的快速扩张为特征的。

较高和较低恒定表面压下 PCDA 单分子膜聚合时面积变化的扩张和收缩完全不同的过程，是非常特殊的。作为典型的长链双炔酸，PCDA 的聚合是 1,4 -加成聚合反应，但从 PCDA 单分子膜的 $\pi - A$ 曲线可以知道，在高表面压 35 mN/m 下，PCDA 分子处在固态膜状态，在这样紧密排列条件下，PCDA 单分子膜有可能发生另两类加成反应，即 1,2 -和 3,4 -加成聚合反应，如图 6.14 所示。由于该聚合反应产物的大分子链节的距离仅为 0.24 nm，并且该大分子只能处于平面结构，因此，从反应前 PCDA 单体分子约为 0.5 nm(范德华距离)反应成大分子链节距离 0.24 nm,聚合过程中明显的面积收缩是完全可以理解的。第二种可能性,进行聚合反应的表面压超出了生成的1,4-加成聚合物的崩溃压,所以已聚合了的聚合物单分子膜那部分就会崩溃,因而当聚合进行到一定程度以后,聚合的过程也伴随着连续的崩溃收缩过程,最后全部转换成聚合了的双层膜。许多其他聚合物单分子膜也有在较高表面压下会崩溃成双层膜而稳定下来的现象[28,29]。

事实上,Ogawa 在研究长链双炔酸 LB 膜的聚合反应时,就提出了在适当条件下制备的 LB 膜中长链双炔酸分子可能发生 1,2-和 3,4-加成聚合反应[30]。图 6.13 两种不同排列的双炔酸发生聚合反应的可能方案就是 Ogawa 提出的。Ogawa 认为,(a)中 PCDA 单体分子排列相对疏松,在双炔基团的两端即 C-8 和 C-13 位置有较大的弯曲,使相邻双炔基团的头尾相接,有利于 1,4-加成聚合反应的进行,这是一种广为认可,并被充分证明了的反应过程;(b) 双炔基团被更加紧密的平行堆积在一起,这种情况有利于 1,2-和 3,4-加成聚合反应的进行。

判定是否发生了 1,4-聚合抑或 1,2-和 3,4-聚合,当然最好是利用现代结构分析手段。但由于聚合的长链双炔酸在常用溶剂中一般都不溶,无法测量其核磁,并且由于铺展成单分子膜单体的量少,从而由此产生的聚合产物的量太少,也使固态核磁的测定极为困难。而两种产物的红外谱图的区别也不足于区分两种产物。这样,只能用传统的 Langmuir 方法来判定导致 PCDA 单分子膜聚合时面积收缩的原因。

图 6.23 中的虚线是 25℃ 下 PCDA 单体在 4×10^{-4} mol/L $CdCl_2$亚相溶液(pH = 7.2)上的 $\pi-A$曲线。在 PCDA 于恒定表面压15 mN/m紫外光照聚合后,再作聚合膜的 $\pi-A$ 曲线,就是图中的实线。PCDA 单分子膜具有较陡的 $\pi-A$ 曲线,在分子占据面积达 0.32 nm^2时,进入液态段,此后表面压随单分子膜的进一步压缩而明显增大,并在分子占据面积缩小到 0.21 nm^2时,单分子膜开始崩溃,崩溃压 49 mN/m。再来看聚合膜的 $\pi-A$ 曲线,相对来说,聚合膜分子占据更大的面积,在分子占据面积(链节占据面积)压缩到 0.46 nm^2时,进入液态膜阶段,此后表面压随占据面积的减小,而持续增加,当分子占据面积压缩

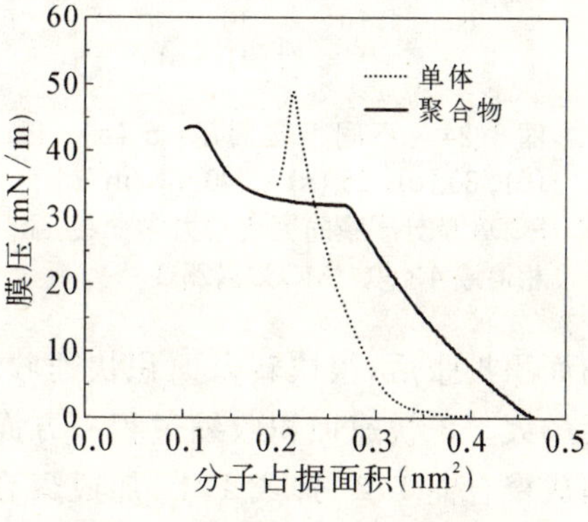

图 6.23 PCDA 单体单分子膜及其在恒定膜压 15 mN/m 下聚合产物的 $\pi-A$ 曲线

到 0.28 nm²时，$\pi-A$ 曲线进入水平段，表面压随占据面积缓慢变化，随后又继续仰起。由 PCDA 聚合物膜的 $\pi-A$ 曲线可以看出，PCDA 聚合膜的崩溃压仅为 31 mN/m。低于这个崩溃压，聚合膜比其单体单分子膜占据更大的面积，所以在低于恒定表面压 30 mN/m 下的 PCDA 单分子膜聚合反应，会有如此明显的扩张现象。在整个崩溃过程中(聚合膜的 $\pi-A$ 曲线对应的崩溃表面压范围在 30～35 mN/m，即 $\pi-A$ 曲线接近水平那一段)，平均分子占据面积从 0.28 nm²(30 mN/m)缩小为 0.15 nm²(35 mN/m)，几乎缩小一半。分别把此崩溃膜及 35 mN/m 的表面压下的聚合膜用水平沉降法沉积到玻片上，并用椭圆偏振仪测定它们的膜厚，发现膜厚均在 5 nm 左右，约为 PCDA 单分子膜两倍的膜厚，显然，PCDA 聚合膜和已崩溃的膜应是双分子层的膜。根据以上事实，可以认为在较高表面压(大于 30 mN/m)下 PCDA 单分子膜的二维聚合反应所伴随的面积收缩也源于在高于崩溃表面压下由聚合膜单层膜崩溃为双层膜之故。

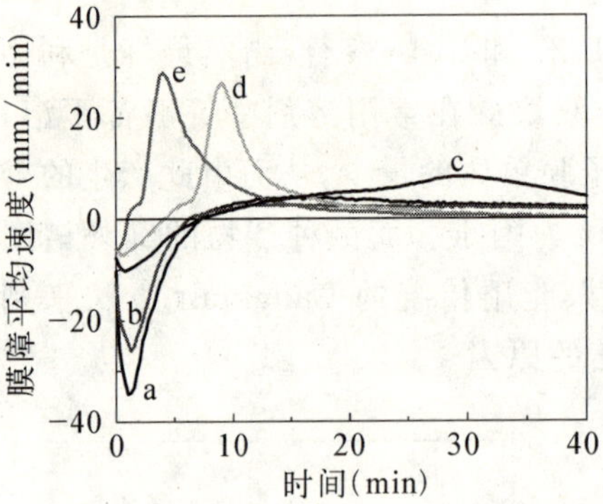

图 6.24 不同恒定膜压：5 (a)，15 (b)，30 (c)，35 (d) 和 40 mN/m (e)下 PCDA 单分子膜的聚合动力学曲线，亚相溶液 4×10^{-4} M $CdCl_2$，25℃

5 mN/m，15 mN/m，30 mN/m，35 mN/m和40 mN/m五个不同恒定表面压下 PCDA 单分子膜聚合动力学曲线如图 6.24 所示。在5 mN/m 和15 mN/m等较低恒定表面压下的聚合反应主要表现为前几分钟明显的面积扩张过程，膜障迅速向后移动，后移速度在 1～2 min内达到极值，然后后移速度持续减小，出现很大的负值，并在7 min左右演变成缓慢的面积收缩过程。相反，在较高恒定表面压35 mN/m和 40 mN/m下，PCDA 单分子膜的聚合经少许的面积扩张后，很快转入面积快速收缩，表现为膜障很快向前移动，正向速度较大。该快速面积收缩过程一方面是 PCDA 单分子膜聚合类型从 1,4-加成聚合向 1,2-抑或 1,4-加成聚合的转变，另一方面也是相应于 PCDA 聚合膜的崩溃。恒定表面压 30 mN/m 下的聚合，开始有一定的面积扩张，但也在7 min前后演变成缓慢的面积收缩，并在接近 30 min 的时候，出现明显的面积收缩。表明 30 mN/m 表面压是 PCDA 聚合膜的一个临界点。

至于在高表面压(>30 mN/m)下，PCDA 单分子膜聚合类型的转变和聚合膜的崩溃在面积收缩中到底各占多大比例，在目前实验条件下还不能得到一个明确的回答。

6.7 温度对二维聚合的影响和聚合反应表观活化能

温度是影响一切化学反应的重要因素，当然也是影响单分子膜聚合的重要因素。单分子膜上发生聚合反应的温度依赖性服从一般的规律，即温度升高，反应速度随之增加。图 6.25 是亚油酸在三个不同温度 15℃，20℃，25℃下的聚合动力学曲线。随温度由低到高，膜障向前移动速度变得越来越快，到达极大膜障速度的时间也依次缩短。不同温度下聚合实验的重要应用之一是通过它们来求取反应的表观活化能。应用阿累尼乌斯公式从不同温度下的反应速度来求聚合反应的表观活化能，重要的是如何来确定聚合反应速率常数 k。这里可以取时间原点至膜障移动速度极大值的连线与时间轴夹角的正切作为聚合反应速率常数 $k=\tan\alpha$（图6.25），则三个温度下的阿累尼乌斯作图 $\ln k-1/T$ 的斜率就是表观活化能。亚油酸在 10^{-4} mol $TbCl_3$ 亚相上的 $\ln k-1/T$ 作图示于图

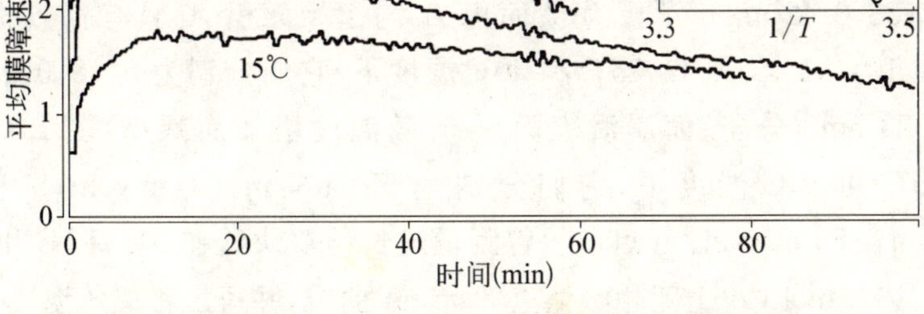

图 6.25 亚油酸在 15℃，20℃，25℃三个不同温度下的聚合动力学曲线

取时间原点至膜障移动速度极大值的连线与时间轴夹角的正切作为聚合反应速率常数 $k=\tan\alpha$。右上角为 10^{-4} mol $TbCl_3$ 亚相和 $CdCl_2$ 亚相上的 $\ln k-1/T$作图

6.25 的右上角，由此求得的亚油酸单分子膜紫外光照二维聚合的表观活化能为 62 kJ/mol。同理，求得亚油酸单分子膜在 $CdCl_2$ 亚相上聚合的表观活化能为 47 kJ/mol。反式-6-十八碳酸单分子膜在 10^{-4} mol/L $CdCl_2$ 亚相上聚合表观活化能为 192 kJ/mol[7]，由于具有一个反式双键，与有两个顺式的亚油酸相比，相对高的活化能是可以理解的。2-十五烷基苯胺在表面压为 10 mN/m 时在 H_2SO_4 界面上聚合反应活化能为 53 kJ/mol。这些都是很难得的反应动力学数据。

测量不同温度下的 $\pi-A$ 曲线可以更好地理解长链双炔酸单分子膜聚合反应的温度依赖性。不同温度下单分子膜的 $\pi-A$ 曲线会有很大差别，有时甚至会导致 $\pi-A$ 曲线类型改变。图 6.26 是PCDA 单分子膜在 10℃，15℃，20℃，25℃ 和 30℃ 五个不同温度下的 $\pi-A$ 曲线（亚相溶液为 4×10^{-4} mol $CdCl_2$）。由图可见，随温度由低升高，它们的 $\pi-A$ 曲线由徒直变得较为倾斜。如果表面压相同，较高温度下 PCDA 分子占有面积扩张，从而分子间距离随温度的升高而增加。同时崩溃表面压随温度的升高而降低。

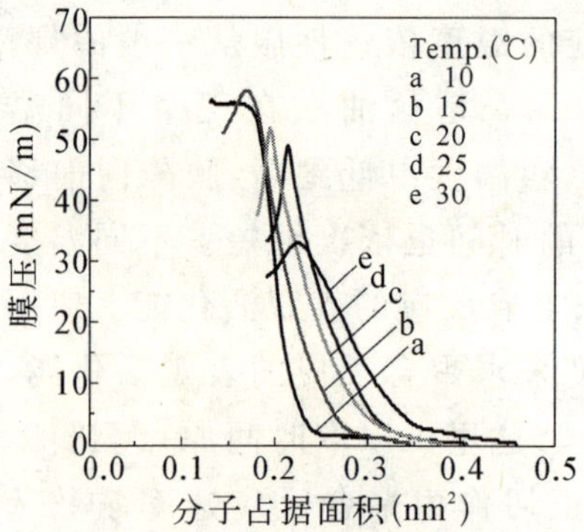

图 6.26　PCDA 单分子膜在五个不同温度下的 $\pi-A$ 曲线，4×10^{-4} mol $CdCl_2$ 亚相溶液，pH=6.9

更定量地说，$\pi-A$ 曲线上可以得到起始面积 A_0（表面压开始上升所对应的分子占据面积）、崩溃面积（A_c）和崩溃表面压（π_c），可以看出 A_0，A_c 和 π_c 都有较大的温度依赖性。在实验温度范围内，起始面积随温度的升高而增加，相应于 10℃，15℃，20℃，25℃ 和 30℃ 的起始面积 A_0 分别为 0.25，0.30，0.35，0.36，0.42 nm^2/分子；崩溃面积 A_c 与起始面积 A_0 具有相似的温度依赖性，在 10℃，15℃，20℃，25℃ 和 30℃ 温度下，它们分别为 0.18，0.18，0.20，0.22，0.23 nm^2/分子；而崩溃表面压 π_c 随温度增加而减小，在 10℃，15℃，20℃，25℃ 和 30℃ 温度下，它们分别为 53 mN/m，54 mN/m，51 mN/m，49 mN/m和 33 mN/m。Tieke[15] 曾测量过长链双炔酸在 5℃，13℃ 和 24℃ 三个温度，10^{-4} mol $CdCl_2$ 亚相溶液上的 $\pi-A$ 曲线，并得出相似的温度依赖性。从聚合反应的角度来看，成膜单体分子之间的距离可以通过温度（和表面压）在较大范围内加以调节，从而我们可由此来研究聚合反应历程。当然，由于是单分子膜的聚合反应是在气-液界面上进行的，实验温度的范围受水的蒸发以及单分子膜在该温度下的稳定性而限制在一个较窄的范围内。

PCDA 单分子膜在 5，10，20，30 mN/m 恒定表面压下的 ln$k$ 与 $1/T$ (K)关系曲线见图 6.27，每一组都具有良好的线性关系，表明不同表面压下单分子膜二维聚合反应都能很好地满足阿累尼乌斯关系。

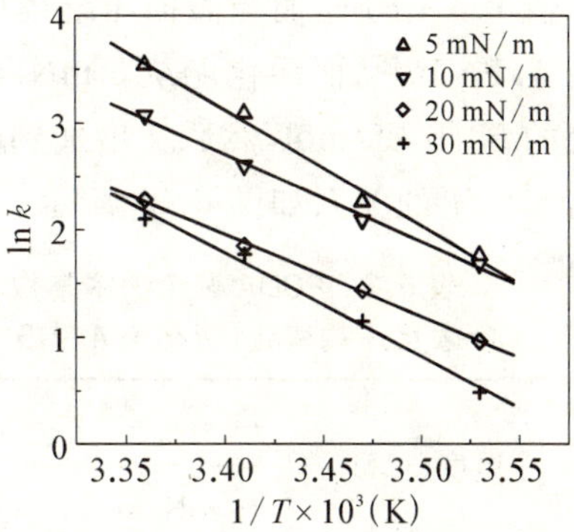

图 6.27 PCDA 单分子膜在表面压 5 mN/m 和四个不同温度 10℃，15℃，20℃和 25℃下聚合过程中，膜障平均速度与聚合时间的关系图。亚相是 4×10^{-4} mol/L $CdCl_2$

由此得到的表观活化能数据列于表 6.1 中。PCDA 单分子膜聚合的表观活化能数据在文献中尚未见任何报道，但若比较仅有的亚油酸、2-十五烷基苯胺等单分子膜聚合的表观活化能数据(表 6.1)可以认为所得到的 PCDA 单分子膜聚合表观活化能数值是合理可信的。

可以比较一下长链双炔酸单分子膜聚合的表观活化能，与双炔化合物晶体的固相聚合的表观活化能。文献上报道的双(对甲基磺酸)-2,4-已二炔-1,6-二醇酯(简称 TS)晶体的固态聚合反应活化能为 96 kJ/mol[31] 和 105.3 kJ/mol[32]，略大于这里得到的 PCDA 单分子膜二维聚合的表观活化能(63.6 ～ 89.7 kJ/mol，对应于不同表面压)，其原因应是，PCDA 单体分子在单分子膜状态比在晶态时具有更大的重排自由度，更容易优化分子的取向和位置，使相互之间发生反应。TS 晶体的固相聚合行为确实有别于 TS 铺展膜的聚合行为。

表 6.1 一些成膜化合物单分子膜聚合的表观活化能

单分子膜	活化能(kJ/mol)	亚相溶液
亚油酸	62	10^{-4} mol/L $TbCl_3$
	47	10^{-4} mol/L $CdCl_2$
2-十五烷基苯胺	53	H_2SO_4
反式-6-十八碳烯酸	192	10^{-4} mol/L $CdCl_2$

表 6.2 反映了 PCDA 聚合速率常数 k、活化能 E_a 和予指常数随聚合温度和表面压的变化。由表可见，速率常数 k 随表面压的增加而减小，但随温度增加而增加；予指常数和活化能均能导致速率常数的变化，当表面压从 5 mN/m增大到 20 mN/m 时，予指常数从其最大值 2.3×10^{17} 减小到其最

小值 1.4×10^{12}，而当表面压继续增长到 30 mN/m 时，予指常数也随之增大到 1.1×10^{15}；而活化能从 5 mN/m 处的 89.7 kJ/mol 持续下降到 20mN/m 处的 63.6 kJ/mol，然后又增加到 30 mN/m 处的 80.2 kJ/mol。活化能 E_a 与表面压的关系如图 6.28 所示。

表 6.2　PCDA 聚合速率常数 k、活化能 E_a 和予指常数随聚合温度和表面压的变化(亚相为 4×10^{-4}M $CdCl_2$)

温度(℃)	速率常数 k			
	5 mN/m	10 mN/m	20 mN/m	30 mN/m
10	5.82	5.35	2.61	1.61
15	9.59	8.08	4.2	3.15
20	22.1	13.4	6.38	5.9
25	34.6	21.5	9.75	8.1
E_a(kJ/mol)	89.7	68	63.6	80.2
予指常数	2.3×10^{17}	1.9×10^{13}	1.4×10^{12}	1.1×10^{15}

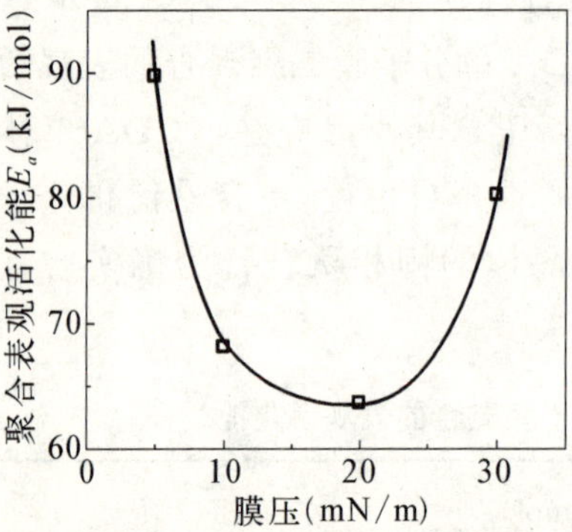

图 6.28　PCDA 单分子膜聚合的表观活化能 E_a 与膜压的关系

定性地说，聚合反应表观活化能与单体的堆积(单体晶格中的晶格参数)及相邻双炔单元的 C1-C4 的距离有关。前面已经指出，PCDA 单分子膜在恒定表面压为 20 mN/m 时发生液态-固态相变，在相变点以下，分子之间作用较小且易于压缩，在 5 ～ 20 mN/m 表面压范围内单分子膜聚合反应的活化能随压力增加而减小主要由于相邻单体的间距减小引起的：随着单分子膜的压缩，分子占据面积持续减小，相邻双炔单元的 C1-C4 距离逐渐减小，因而只需更少的能量便可克服相邻分子之间的排斥力，建立键合所需的临界距离。当单分子膜进一步被压缩到固态(表面压大于 20 mN/m)，分子在水平面内的作用迅速增大，在相变过程中，单体分子从原来的侧向最邻位的排列方式重排为侧向次邻位[33]，因而单体分子需要更多的能量转向最邻位并与之反应，所以在 20～30 mN/m 表面压范围内，PCDA 单分子膜聚合反应表观活化能随表面压的增加而增加。

在 0.1 mol/L H_2SO_4 亚相和 20 mN/m 恒定表面压下，2-十五烷基苯胺单分子膜在 10℃，15℃，20℃，25℃，30℃，35℃ 和 40 ℃ 七个不同温度下膜障平均速度随聚合时间的变化如图 6.29 所示[34]。温度越高，聚合反应越快，40 ℃ 时只要约 17 min 聚合就完成了，在 10℃ 下反应，要 2 h 以上才完成聚合。

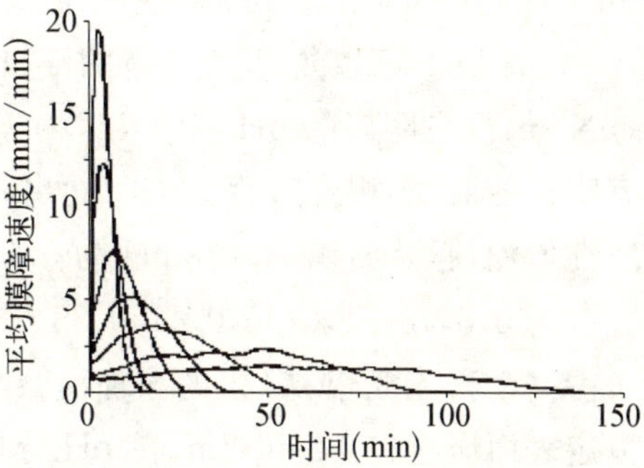

图 6.29 2-十五烷基苯胺单分子膜在 10℃，15℃，20℃，25℃，30℃，35℃ 和 40℃ 七个不同温度下（从左到右）膜障平均速度随聚合时间的变化（0.1 mol H_2SO_4 亚相和 20mN/m 恒定表面压）

6.8 亚相 pH 对二维聚合的影响

由于当今 LB 膜技术常使用极稀的盐溶液作为单分子膜的亚相，因此亚相的 pH 值将改变亚相中金属离子的相互作用，从而改变单分子膜中分子的堆积性质[5, 26]，最终对二维状态的聚合反应产生影响。为了解不同酸度下的分子排列状态，测量了 PCDA 单分子膜在不同 pH 值 $CdCl_2$ 亚相的 $\pi-A$ 曲线，如图 6.30 所示。从 $\pi-A$ 曲线可以看出，不管亚相 pH 值是多少，只要分子占据面积大于 0.65 nm^2，表面压均为零，随亚相 pH 值的变大，起始面积 A_0 从 pH = 5.1 的 0.65 nm^2 逐渐减小到 pH = 7.8 的 0.32 nm^2。除 pH = 5.1 亚相上的 $\pi-A$ 曲线之外，表面压随单分子膜的压缩而单值增加，且有较高的崩溃压；而酸性较强的 pH = 5.1 亚相上的 $\pi-A$ 曲线具有它的特殊性：它没有固态段，并且崩溃压很低，仅为

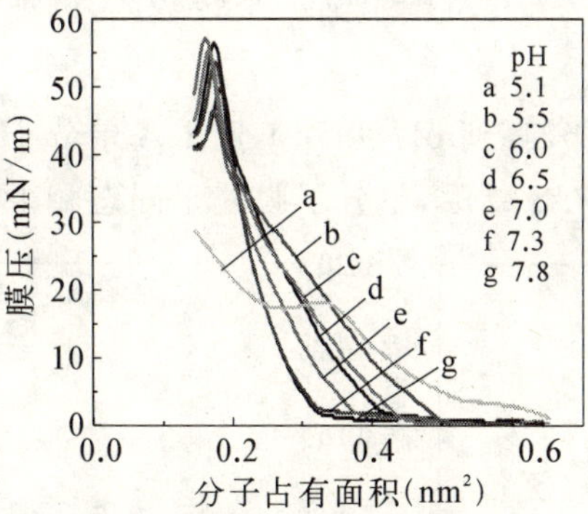

图 6.30 PCDA 单分子膜在 $CdCl_2$ 亚相和 5.1，5.5，6.0，6.5，7.0，7.3 和 7.8 七个不同 pH 值时的 $\pi-A$ 曲线，20℃

17 mN/m，远小于其他 pH 值亚相下的崩溃压。在 pH 为 5.1 ～ 7.0 亚相下的 $\pi-A$ 曲线上可以观测到明显的液-固相变过程，相变点对应的表面压为 37 mN/m，没有明确的 pH 依赖性。对于 pH 大于 7.0 亚相下的 $\pi-A$ 曲线，没有明显的液-固相变过程。可以看出，随亚相 pH 值的变大，单分子膜的可压缩性增加，起始面积 A_0（在 pH 为 5.1，5.5，6.0，6.5，7.0，7.3 和 7.8 亚相下时分别为 0.64，0.51，0.45，0.41，0.38，0.33 ，0.33 nm^2）以及任意表面压下的分子占据面积随亚相 pH 值的增加而减小。今把 PCDA 单分子膜的聚合反应的恒定表面压选在 10 mN/m，在 pH 分别为 5.1，5.5，6.0，6.5，7.0，7.3 亚相溶液上，这个表面压下的分子占据面积分别为 0.42 nm^2，0.39 nm^2，0.36 nm^2，0.34 nm^2，0.31 nm^2，0.27 nm^2 和 0.27 nm^2。通过调节亚相 pH 值和表面压，分子间距可以在 0.8 nm（相应于 pH 为 5.1 处的起始分子占据面积为 0.64 nm^2）到0.4 nm（相应于 pH 为 7.0 处的崩溃面积为0.16 nm^2）之间任意调节。我们也在 pH 为 6.0 的亚相上做了不同恒定表面压（5～35 mN/m）下的二维聚合反应。因为从 pH 为 6.0 亚相的 $\pi-A$ 曲线，可知起始面积 A_0 为 0.45 nm^2，并且一直到表面压 38 mN/m 为止，单分子膜一直处于液态段。

起始面积 A_0、崩溃面积 A_c 和崩溃表面压 π_c 对亚相 pH 值的依赖性如图 6.31 所示，在亚相 pH 为 5.1 ～ 6.0 范围内，随着 pH 值的变大，起始面积 A_0 迅速减小，崩溃压 π_c 迅速变大；另一个较大的转变是在亚相 pH 为 7.0 ～ 7.3 范围内，起始面积、崩溃面积和崩溃表面压同时发生较快的变化。这样，整个图可以归结有三个特征区域：(1) 在亚相 pH 为 5.1 ～ 6.0 范围内是转变区，以崩溃压的快速增长、起始面积的迅速减小为其特征；(2) 在亚相 pH 为 6.0 ～ 7.0 范围是中间过渡区，以崩溃表面压的相对稳定为特点；(3) 在亚相溶液的 pH 为 6.0 ～ 7.0 范围是又一个转变区，以崩溃面积和崩溃压的较大变化为其特点。

图 6.31a 表明液态段始于 pH 为 5.5，直到 pH 为 7.0，PCDA 单分子膜在压缩的早期依然处于液态，当 pH ＞ 7.3 以后，单分子膜处于固态相。这

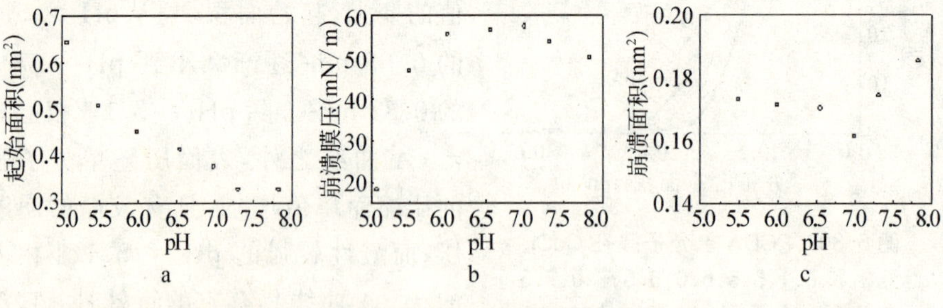

图 6.31　起始面积 A_0、崩溃面积 A_c 和崩溃膜压 π_c 对亚相 pH 值的依赖关系，4×10^{-4} mol $CdCl_2$，20℃

个结果是有益的，因为 PCDA 在常温下是微晶固体，当它处在单分子膜，则可通过调节 pH 值，使其仍处于液态，具有较为疏松的堆积。PCDA 的反应基团位于分子链中间，相邻单体间的排列变化，对其聚合反应性会有影响。

亚相 pH 影响 PCDA 单分子膜的相态及分子占据面积，当然也对聚合行为有影响，特别是在较低表面压下。图 6.32 是不同亚相 pH 值条件下，在 10 mN/m 恒定表面压下 PCDA 单分子膜的聚合动力学曲线。它们在起始阶段都有一个快速的面积扩张过程，随之开始较长时间缓慢的面积收缩，如果仍像前面一样定义动力学曲线达到极值以前的那段线段的斜率为反应速率常数 k，可以计算在 pH = 5.5，6.0，6.5，7.0，7.5 和 8.0 条件下的 PCDA 单分子膜聚合反应速率常数分别为 36，11，8.6，6.3，6.1 和4.7。亚相 pH 值从 6.0 变化到 8.0，聚合反应速率常数只有很小的变化，当亚相 pH 下降到 5.5 时，聚合反应速率常数猛增。由上面的讨论可知，此时 PCDA 单分子膜处于液相，分子平均占据面积为 0.62 nm^2。关于长链双炔酸在近液晶态下能否发生聚合曾有正[35]反[36]两方的结论，从这里地实验结果来看，可以认为在适当条件下是能发生聚合的。

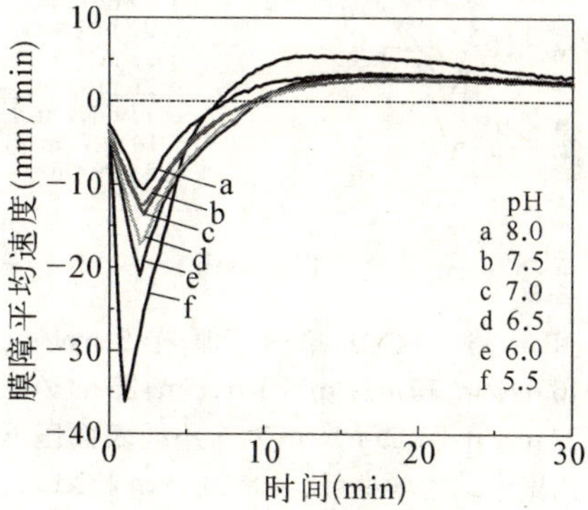

图 6.32 10 mN/m 恒定膜压下 PCDA 单分子膜在pH = 5.5，6.0，6.5，7.0，7.5 和 8.0 时的聚合动力学曲线，4 × 10^{-4} mol $CdCl_2$ at 20℃

一般认为长链双炔酸的固态聚合反应中，当分子间距为 0.5 nm 时，具有最大的反应性，但这里单分子膜的聚合显然有其特殊性：在相同表面压下，反应性随酸度的增加而增加，尽管 pH = 5.5 时，分子占据面积已达 0.62 nm^2，相当于分子间距接近 0.8 nm。这种差异源于分子在晶态和单分子膜中的不同的排列方式和可移动性。

图 6.33 是 PCDA 单分子膜在 pH = 6.0 的亚相上的不同恒定表面压下的聚合反应动力学曲线。由亚相 pH = 6.0 的 $\pi - A$ 曲线可知，在表面压小于 38 mN/m 时，PCDA 单分子膜均处于液态段，这里可以看出其液态膜在不同恒定表面压下的聚合反应过程，在表面压小于 32 mN/m 的所有聚合反应中，均观测到明显的面积扩张过程，随之以较小的面积收缩过程，而在恒定表面压为 35 mN/m 的聚合却在少许面积扩张后出现明显的面积收缩，

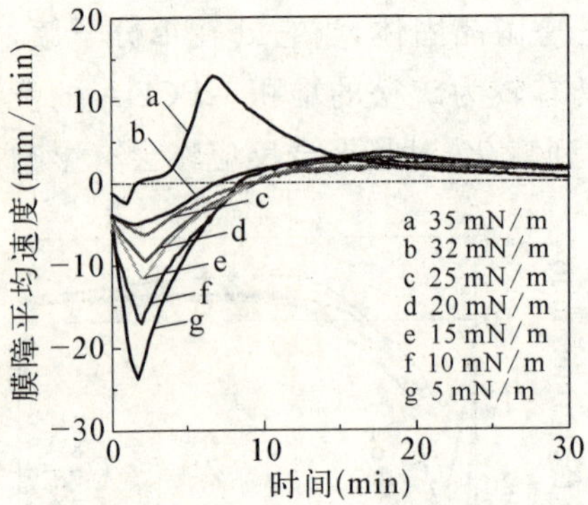

图 6.33 PCDA 单分子膜在 5 mN/m, 10 mN/m, 15 mN/m, 20 mN/m, 25 mN/m, 32 mN/m 和 25 mN/m 六个不同表面压下的聚合动力学曲线，4×10^{-4} mol $CdCl_2$，20℃，pH= 6.0

显然也是由于该恒定表面压下聚合膜的崩溃所致。在 32 mN/m 恒定表面压下的聚合动力学曲线在 18 min左右可观测到面积收缩，可见在亚相 pH = 6.0 时的聚合物单层膜的崩溃压也在略大于 30 mN/m 的表面压处。

反应速率常数可以采用与上面相同的方法计算。在 5 mN/m，10 mN/m，15 mN/m，20 mN/m 和 25 mN/m恒定表面压下反应速率常数分别为 13.5，8.5，5.7，4.5 和3.1。通常表面压对于反应速率的影响决定于反应前后的面积差（ΔA），如果 ΔA 为负值，也就是反应伴随面积的收缩，增加表面压将增大聚合反应速率常数，反之亦然。这里的实验结果是增加表面压将导致反应速率常数的减小，与反应时的面积扩张过程是一致的。

6.9 二维聚合反应动力学模型

6.9.1 Duran 的理论

早在 1936 年 Gee[37] 在研究顺丁烯二酸酐单分子膜聚合时，基于 Semenoff[38] 对于链式反应诱导期的分析，提出了一个二维聚合反应的理论模型。他们认为，单分子膜的平均分子占据面积 A 是个独立的变量，满足如下关系：

$$\frac{\partial A}{\partial t}=\frac{k}{A_0-A_\infty}(A_0-A)(A-A_\infty) \tag{6.1}$$

这里，A_0和 A_∞ 是聚合前后单分子膜的平均分子占据面积，k 是聚合反应速率常数。

R. R. Bodalia 和 R. S. Duran[39] 根据上述关系，推导出决定于膜障速度(BS)与平均分子占据面积 A 的聚合反应速率常数 k 的表达式,并成功地处理了 2-十五烷基苯胺单分子膜二维聚合的动力学过程。如果单分子膜铺展在水槽上的长度和宽度分别为为 L 和 W(mm)(图 6.34),那么已铺展单分子膜的起始平均分子面积 A_0 可表示为

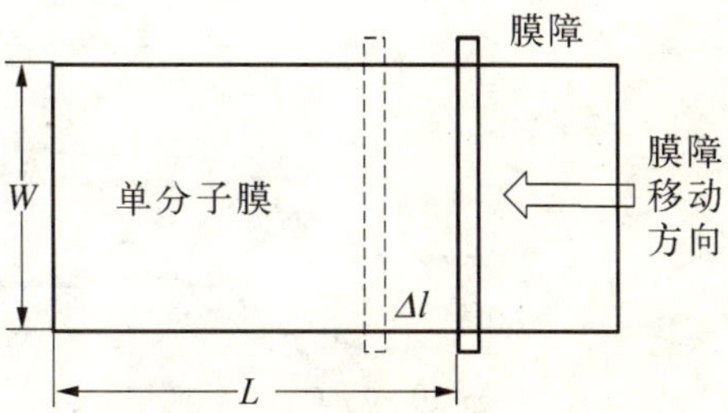

图 6.34 铺展有单分子膜水槽的外形尺寸

$$A_0 = 1.66\times 10^{-10}(L\times W)/M \quad (\text{Å}^2/\text{分子}) \qquad (6.2)$$

这里 M 为铺展单体的摩尔数。

假定单分子膜面积的变化全部来自聚合反应,并且每一反应阶段面积的变化都是一样的,则在任一时刻 t 分子占有面积 $A(t)$ 为

$$A(t) = 1.66\times 10^{-10}(L\times W - 10^{-14}n_t\times \Delta A)/M \qquad (6.3)$$

这里 n_t 为时刻 t 时已经聚合的单体分子数,ΔA 为聚合导致的面积变化。

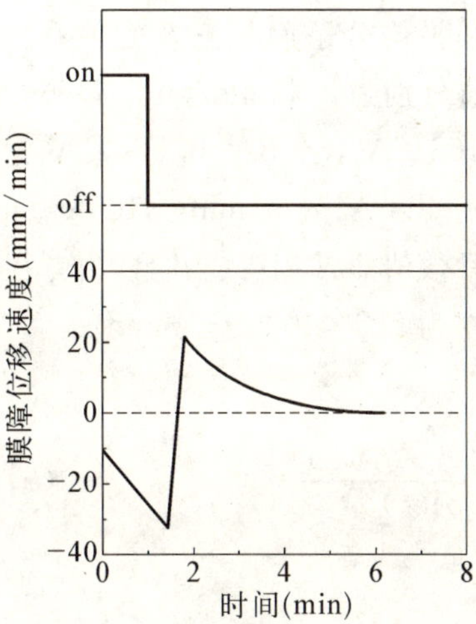

图 6.35 双炔酸二维聚合反应曲线,当聚合至1 min时关闭紫外灯,其中温度 25℃,膜压 5 mN/m

图 6.35 已经画出了膜障位移速度(BS)与聚合时间 t 的关系,从开始的增加到以后的降低,最后在聚合完成时降为零。用数学式表示为

$$\text{BS} = \Delta l/\Delta t \quad (\text{mm/min}) \qquad (6.4)$$

这里,Δl 是膜障在 Δt 时间里位移的距离。则膜障位移速度与平均分子面积的关系为

$$\text{BS} = (L/A_0)\partial A/\partial t = (N/W)\partial A/\partial t \qquad (6.5)$$

这里,N 是铺展在亚相上单体分子数。平均膜障速度与 $\partial A/\partial t$ 成正比,而与 A_0 成反比。图 6.36 是三个滴加不同量 2-十五烷基苯胺单分子膜的聚合动力学曲线。由图可见,$\partial A/\partial t$ 与滴加单体的量关系不大,则聚合反应速率(PR)应为

$$\text{PR} = \Delta n/\Delta t \quad (\text{分子}/\text{min}) \qquad (6.6)$$

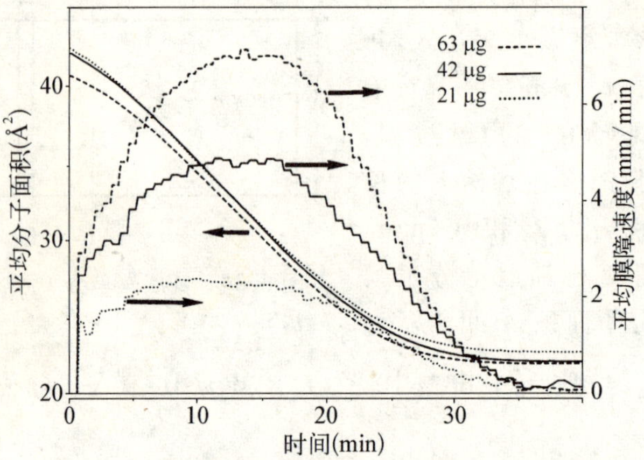

图 6.36 2-十五烷基苯胺单分子膜聚合速率,平均膜障速度和平均分子面积之间的关系

这里 Δn 是在 Δt 时刻里已经聚合的单体分子。把前面几个式子联合起来,可得

$$\mathrm{PR}=-(10^{14}W)\mathrm{BS}/\Delta A=-(6.025\times10^{23}M/\Delta A)\partial A/\partial t \tag{6.7}$$

方程(6.7)联系了聚合速率,膜障速度和平均分子面积三者的关系。由图 6.36 可求得三者的膜障移动速度的极大值分别为 2.42mm/min,4.86mm/min 和7.13 mm/min,而三者的 A_0 分别为 168.6Å²,84.3Å² 和 56.2 Å²。那么,膜障移动速度极大值与 A_0 的乘积分别是 408 Å² mm/min,410 Å² mm/min 和 401Å² mm/min,与方程(6.7)预示的常数值非常相符。并且,由方程还可估算出 2-十五烷基苯胺单分子膜聚合速率为 5.3×10^{15} 分子/min。

如果把 Gee 的公式代入,则有

$$\mathrm{BS}=k\frac{N}{W}\frac{(A_0-A)(A-A_\infty)}{(A_0-A_\infty)} \tag{6.8}$$

由此可求得聚合反应速率常数 k 为

$$k=\frac{10^{14}W(\mathrm{BS})}{N}\frac{A_0-A_\infty}{(A_0-A)(A-A_\infty)} \tag{6.9}$$

按 Arrhenius 公式

$$\ln k=\ln A-\frac{E_a}{RT} \tag{6.10}$$

2-十五烷基苯胺单分子膜聚合的 $\ln k-1/T$ 如图 6.37 所示。很好的线性作图表明聚合反应很好符合 Arrhenius 公式,并由此求得 2-十五烷基苯胺单分子膜聚合的活化能为 66 kJ/mol(20 mN/m 表面压时),其他表面压时的活化能分别是 57 kJ/mol(15 mN/m 表面压时)和 53 kJ/mol(10 mN/m 表面压时)。

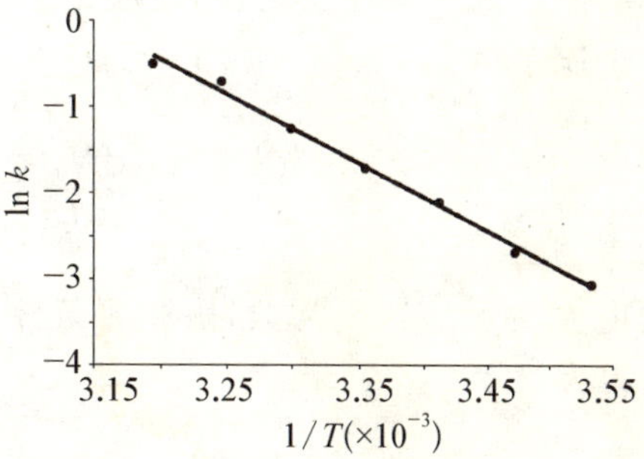

图 6.37 2-十五烷基苯胺单分子膜聚合的 ln k - $1/T$ 作图

6.9.2 Peltonen 和何平笙模型

Peltonen 和作者[5]等在亚油酸单分子膜的二维聚合研究时提出过一个二维聚合反应的动力学模型。假定聚合后的聚合物单分子膜与单体单分子膜的不稳定性是相同的,单分子膜的平均分子占有面积的缩小全是由于紫外光辐照所引起,并且单体聚合成相应链节引起相同的面积变化。令 A_∞ 是聚合反应完成时平均分子占有面积(图 6.38),A_0是反应前单体分子的分子占有面积,则 $A_0 = l_0 W/N_0$,这里 l_0和 W 分别为开始聚合反应时单分子膜在 Langmuir 水槽上所占面积的长度和宽度;N_0为水槽单分子膜上所铺展单体分子的数目,在任一时刻 t 单体分子数为 N_t,此时的平均分子占据面积 A_t 为

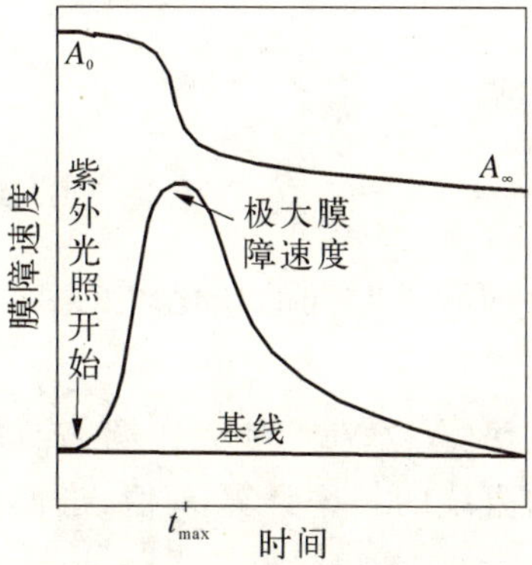

图 6.38 单分子膜二维聚合反应动力学模型图示

一揿光源打开膜障就开始运动,达到极大膜障速度 t_{max}后,速度变慢,最后回到基线水平。分子占据面积则从 A_0 最终降为 A_∞

$$A_t = A_0 - \frac{N_0 - N_t}{N_0}\Delta A = A_0 - x\Delta A \tag{6.11}$$

这里 x 是反应单体的分数,N_0是聚合反应为零时刻的单体分子数。则由聚合反应而引起的膜障的位移 Δl 为

$$\Delta l = \frac{\Delta A N_0}{W} \times \frac{dN_t}{N_0} \tag{6.12}$$

膜障移动速度 $\langle v \rangle_t = dl/dt$,与 dN_t/dt 直接相关,从而可推得

$$\frac{dN_t}{dt} = \frac{\langle v \rangle_t W}{\Delta A} \tag{6.13}$$

按一级反应速度定律，反应速率正比于反应物的浓度(一级反应假定)，即正比于 N_t：

$$\frac{dN_t}{dt} = -kN_t \tag{6.14}$$

这里 k 为反应速度常数，由边界条件：零时刻 $N = N_0$ 和 t 时刻 $N = N_t$，积分得

$$\ln\frac{N_t}{N_0} = -kt \tag{6.15}$$

因为

$$\frac{N_t}{N_0} = \frac{A_t - A_\infty}{A_0 - A_\infty} = \frac{A_t - A_\infty}{\Delta A}$$

从而有

$$A_t = A_\infty + \Delta A e^{-kt} \tag{6.16}$$

式(6.16)给出了单分子膜在聚合时分子占有面积随时间的变化，由此可以用来验证实际聚合过程的面积变化曲线。

对亚油酸的聚合动力学的研究表明，以 $\ln(N_t/N_0)$ 对 t 作图为直线(图6.39)，其二维聚合反应确为一级反应，由直线的斜率计算 k 值，进而计算活化能 E_a：

$$E_a = -RT(\ln k - \ln C) \tag{6.17}$$

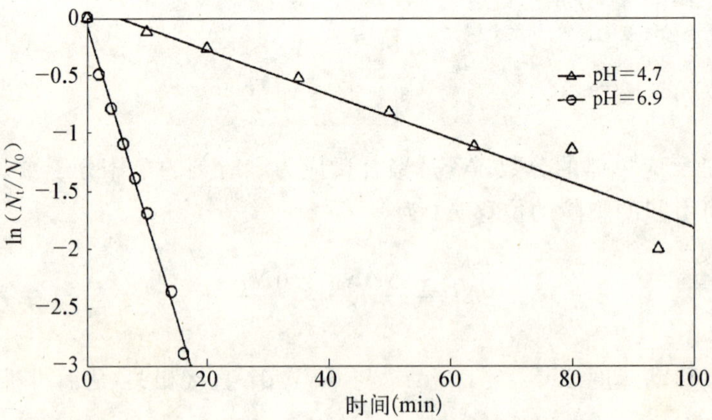

图6.39 在两个不同pH下，亚油酸单分子膜聚合 $\ln(N_t/N_0)$ 对 t 的作图

6.9.3 何平笙和周慧琳模型

一般认为长链双炔酸聚合是一个多步的过程,首先产生一个活性中心,然后单体分子迅速加成上去,可以用一阶速率方程描述[40]。某些双炔酸晶体的聚合反应存在自加速现象[41-44],但对于多层系统[45],却没有这种复杂性,这里我们就以单分子膜为对象研究二维聚合反应动力学。

在二维聚合的动力学方面已有上节中 Peltonen 和作者提出的,以及 Gee 和 Rideal 提出的两种动力学模型[5,37,39],但这两个二维聚合动力学模型都不能应用在长链双炔酸 PCDA 单分子膜的紫外光照聚合。因而,作者又提出了一个新的模型,来解释聚合过程中分子占据面积的变化过程,给出合理的反应速率常数。新模型引入面积松弛的概念,不但能处理聚合速率的紫外光强依赖性,得到聚合速率常数近似与光强成二次幂指数关系,也能用来计算反应的活化面积(0.127 nm^2/mol,见下文),与 PCDA 单分子膜聚合反应的扩张过程一致,并且说明了 PCDA 单分子膜聚合中的活化分子本质上是单分子。

Peltonen 和作者[5]等在亚油酸单分子膜的二维聚合研究时提出过一个二维聚合反应的动力学模型。假定聚合后的聚合物单分子膜与单体单分子膜的不稳定性是相同的,单分子膜的平均分子占有面积的缩小全是由于紫外光辐照所引起,并且单体聚合成相应链节引起相同的面积变化。令 A_∞ 是聚合反应完成时平均分子占有面积,A_0 是反应前单体分子的分子占有面积,则 $A_0 = l_0 W/N_0$,这里 l_0 和 W 分别为开始聚合反应时单分子膜在 Langmuir 水槽上所占面积的长度和宽度;N_0 为水槽单分子膜上所铺展单体分子的数目,在任一时刻 t 单体分子数为 N_t,此时的平均分子占据面积 A_t 为

$$A_t = A_0 - \frac{N_0 - N_t}{N_0}\Delta A = A_0 - x\Delta A \tag{6.18}$$

这里 x 是反应单体的分数,N_0 是聚合反应为零时刻的单体分子数。则由聚合反应而引起的膜障的位移 Δl 为

$$\Delta l = \frac{\Delta A N_0}{W} \times \frac{\mathrm{d}N_t}{N_0} \tag{6.19}$$

膜障移动速度 $\langle v\rangle_t = \mathrm{d}l/\mathrm{d}t$,与 $\mathrm{d}N_t/\mathrm{d}t$ 直接相关,从而可推得

$$\frac{\mathrm{d}N_t}{\mathrm{d}t} = \frac{\langle v\rangle_t W}{\Delta A} \tag{6.20}$$

仍按一级反应速度定律,反应速率正比于反应物的浓度(一级反应假定),即正比于 N_t:

$$\frac{\mathrm{d}N_t}{\mathrm{d}t} = -kN_t \tag{6.21}$$

这里 k 为反应速度常数,由边界条件:零时刻 $N = N_0$ 和 t 时刻 $N = N_t$,积分得

$$\ln\frac{N_t}{N_0} = -kt \tag{6.22}$$

因为

$$\frac{N_t}{N_0} = \frac{A_t - A_\infty}{A_0 - A_\infty} = \frac{A_t - A_\infty}{\Delta A}$$

从而有

$$A_t = A_\infty + \Delta A \mathrm{e}^{-kt} \tag{6.23}$$

式(6.23)给出了单分子膜在聚合时分子占有面积随时间的变化,由此可以用来验证实际聚合过程的面积变化曲线。

对亚油酸的聚合动力学的研究表明,以 $\ln(N_t/N_0)$ 对 t 作图为直线,其二维聚合反应确为一级反应,由直线的斜率计算 k 值,进而计算活化能 E_a:

$$E_a = -RT(\ln k - \ln C) \tag{6.24}$$

或

$$\ln k = \ln C - E_a/RT \tag{6.25}$$

图6.40左图是PCDA单分子膜在25℃和恒定表面压5 mN/m下紫外光照分子占有面积和膜障平均速度随聚合时间的变化,其中实线就是用公式(6.24)计算出的理论曲线,与实验线有一定的符合。当然,公式(6.24)是一个单调函数,它只能拟合聚合前段7.5 min内的面积迅速扩张过程,其后的缓慢收缩过程无法用(6.24)式来拟合。可以看出,(6.24)式即便对聚合前段的拟合效果也并不很好,偏差较大。所以,用这个一级反应假定推出的聚合反应动力学模型来处理长链双炔酸PCDA的二维聚合是不够的。

Gee[37]等基于Semenoff[38]对于链式反应诱导期的分析,提出了另一个二维聚合反应的理论模型。他们认为,单分子膜的平均分子占据面积 A 是个独立的变量,满足如下关系:

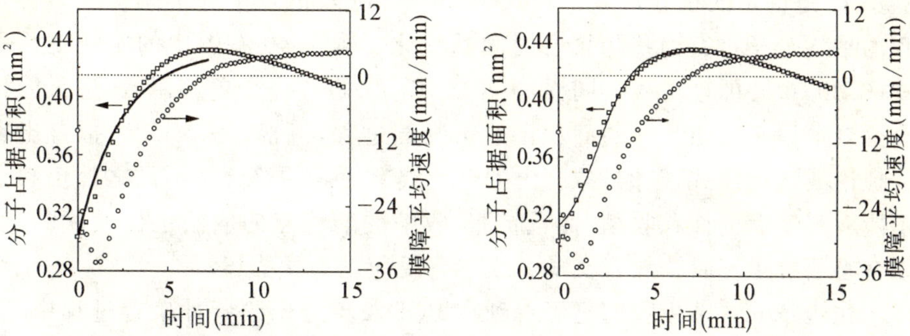

图 6.40 双炔酸二维聚合反应曲线，□ 是面积曲线，○ 是速度曲线，—— 是拟合曲线，其中温度 25℃，表面压 5 mN/m

$$\frac{\mathrm{d}A}{\mathrm{d}t} = \frac{k}{A_0 - A_\infty}(A_0 - A)(A - A_\infty) \tag{6.26}$$

这里，A_0和 A_∞是聚合前后单分子膜的平均分子占据面积，k 是聚合反应速率常数。

R.R.Bodalia 和 R. S. Duran[7]根据上述关系，推导出决定于膜障速度(BS)与平均分子占据面积 A 的聚合反应速率常数 k 的表达式，并成功地处理了二维聚合的动力学过程。膜障速度(BS)与平均分子占据面积 A 的变化率 $\mathrm{d}A/\mathrm{d}t$ 有如下关系：

$$\mathrm{BS} = \frac{l_0}{A_0}\frac{\mathrm{d}A}{\mathrm{d}t} = \frac{N}{W}\frac{\mathrm{d}A}{\mathrm{d}t} \tag{6.27}$$

因为 $l_0/A_0 = N/W$(这里 l_0和 W 仍然分别是开始聚合反应时单分子膜在 Langmuir 水槽上所占面积的长度和宽度，N 是单体分子数)，从而有

$$\mathrm{BS} = \frac{N}{W}\frac{k}{A_0 - A_\infty}(A_0 - A)(A - A_\infty) \tag{6.28}$$

和

$$k = \frac{10^{14} W(BS)(A_0 - A_\infty)}{N(A_0 - A)(A - A_\infty)} \tag{6.29}$$

虽然上述 k 的表达式中含有 min^{-1}的单位，但它还与单体浓度有关，不符合一级反应动力学。

如把(6.26)式积分以后，可得

$$A = A_0 + \frac{(A_\infty - A_0)}{1 + C\mathrm{e}^{-kt}} \tag{6.30}$$

这里 C 是待定的积分常数。用式(6.30)可以来拟合单分子膜实际聚合过程的平均分子占有面积随聚合时间的变化。图 6.40 右图中的实线就是用式(6.30)拟合的理论线。同样,由于式(6.30)也是一个单调函数,也只能拟合聚合前段 7.5 min 内的面积迅速扩张的过程,但根据式(6.30)拟合出来的理论线已比用式(6.24)拟合出的理论线有更好的符合。不足之处仍然是不能解释随后的面积收缩,而且扩张-收缩的转化点的取法也比较武断,所以有必要提出更具一般意义的二维聚合反应动力学描述。

在本章 6.4 节里我们已经看到在 PCDA 单分子膜紫外聚合过程中,有非聚合因素导致的面积变化。为了解这个非聚合因素对单分子膜分子占有面积变化的影响,可以设计如下的实验,即在聚合过程中有规律地关闭引起聚合的紫外光源,并记录膜障的平均速度变化,如图 6.41 所示。在前一分钟的紫外辐照下,膜障迅速后退,即单分子层迅速扩张,反应持续一分钟后,关闭紫外灯,观测到膜障立即由后退转变成向前移动,即单分子层立即由扩张转变成收缩。这个膜障的前进速度逐渐衰减,持续约两分钟。

显然,当紫外灯关闭以后,由于 PCDA 分子聚合的自由基寿命极短,在实验的时间尺度下,可以认为反应立即停止,所以紧跟的收缩过程是去除聚合因素以后的独立过程。可以想象在链增长过程中,单链中各链节由于结构变化引起的占据面积的变化(这里是面积增长)可以被随后的长链间各单元之间的位置调整所弥补,这一调整过程可以称为面积的弛豫过程,应满足指数衰减规律。可见二维聚合过程中的面积变化是由聚合直接引起的面积变化(分子由 0.3～0.5 nm 的范德华距离变为由约 0.15 nm 化学键相连接)和随后的面积弛豫过程两部分组成。

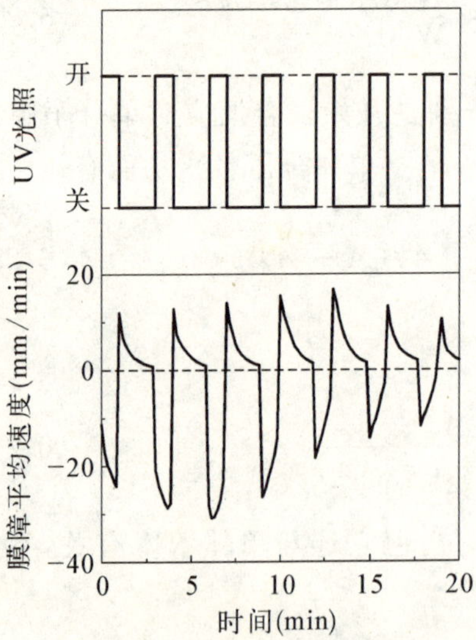

图 6.41 PCDA 单分子膜在周期紫外光照下的二维聚合反应曲线,温度 25℃,表面压 5 mN/m

PCDA 单分子膜在周期紫外光照下聚合时膜障移动速度的变化如图 6.41所示。从中可以清楚地看出由聚合或弛豫引起的面积变化。可见,在长链双炔酸(至少对 PCDA)的二维聚合过程中,面积变化的弛豫因素确实是存在的,而且是不可忽视的。

现在,假定反应前长链双炔酸单分子膜的分子数为 N_0,聚合过程中还没有反应的剩余分子数为 N_t，一个分子双炔酸单体连接到长链上瞬时引起的面积变化为 α_1，则在时刻 t 由于聚合而引起的总面积变化为

$$\alpha_1(N_0 - N_t) \tag{6.31}$$

再假定面积弛豫满足指数衰减律：$\alpha_2 e^{-K_2\tau}$，其中 α_2 为一个 PCDA 分子聚合以后在较长时间以后引起的面积变化，K_2 是速率常数，表征弛豫的快慢，与温度和表面压有关；显然，一个 PCDA 分子聚合以后在时间 τ 内引起的面积变化为 $\alpha_2(1-e^{-K_2\tau})$，所以在 t 时刻由于弛豫而引起的总的面积变化为

$$\int_0^t \alpha_2\left(-\frac{dN_\tau}{d\tau}\right)(1 - e^{-K_2(t-\tau)})d\tau \tag{6.32}$$

式(6.32)是一个卷积积分，它表示在 PCDA 单分子膜二维聚合过程中不断参与聚合的 PCDA 分子到 t 时刻时因弛豫而引起的总面积变化。

以 A_0 和 A_t 分别表示聚合前和聚合到任意 t 时刻的单分子膜的面积，则任意 t 时刻的单分子膜的总的面积变化为式(6.31)与式(6.32)的相减，

$$A_t - A_0 = \alpha_1(N_0 - N_t) - \int_0^t \alpha_2\left(-\frac{dN_\tau}{d\tau}\right)(1 - e^{-K_2(t-\tau)})d\tau \tag{6.33}$$

这里取两项之差值，是考虑到弛豫引起的面积变化与聚合引起的面积变化正好是相反的。当然，可以由 α_2 的正负来决定，这里为直观起见使用减号。

(6.33)式两边同除以 N_0，得

$$a_t - a_0 = \alpha_1(1 - \xi_t) + \int_0^t \alpha_2 \frac{d\xi_\tau}{d\tau}(1 - e^{-K_\tau(t-\tau)})d\tau \tag{6.34}$$

式中 $\xi_t = N_t/N_0$ 是 t 时刻未反应分子数占总数的百分比，a_0 和 a_t 是聚合反应前和反应到 t 时刻的分子平均占据面积，这是可以在实验中直接记录到的量。

长链双炔酸单分子膜的聚合反应动力学通常可以用由一个一阶速率方程来描述[43]：

$$\xi_t = e^{-K_1 t} \tag{6.35}$$

把式(6.35)代入式(6.34)得

$$a_t - a_0 = \alpha_1(1 - e^{-K_1 t}) - \int_0^t \alpha_2 K_1 e^{-K_1\tau}(1 - e^{-K_2(t-\tau)})d\tau \tag{6.36}$$

计算其卷积积分,并化简,得

$$a_t = (\alpha_1 - \alpha_2) - \left(\alpha_1 - \alpha_2 + \frac{\alpha_2 K_1}{K_1 - K_2}\right)e^{-K_1 t} + \frac{\alpha_2 K_1}{K_1 - K_2}e^{-K_2 t} + a_0 \tag{6.37}$$

上式中 α_1 和 α_2, K_1 和 K_2 是待定参数, a_t 是实际记录的面积变化过程,以上式拟合实际的面积变化过程,可以确定待定参数。上式的极限情况:当 $t=0$ 时,即演化成 $a_{t=0}=a_0$,与实际情况一致;当 $t\to\infty$ 时, $a_{t=\infty}=\alpha_1-\alpha_2+a_0$,即最终的分子平均占据面积等于 $\alpha_1-\alpha_2+a_0$,这就是它们的物理意义。

PCDA 单分子膜在15℃和25℃两个温度和5 mN/m 表面压下的二维聚合动力学曲线,及由式(6.37)的拟合曲线如图6.42所示。由图可见,15℃聚合时,在整个20 min 的聚合时间内,除起始0.5 min 有较大的偏差外,其余部分实验线与由式(6.37)求得的理论线均有很好的一致性,而在25℃聚合时,符合情况更好,在整个的20 min 聚合时间内,均有很好的一致性。可见,这里提出的二维聚合动力学模型,在一阶速率方程的基础上,同时考虑了分子排列在剧烈变化之后的弛豫过程,是合理和可信的,在处理长链双炔酸 PCDA 单分子膜聚合时也是成功的。

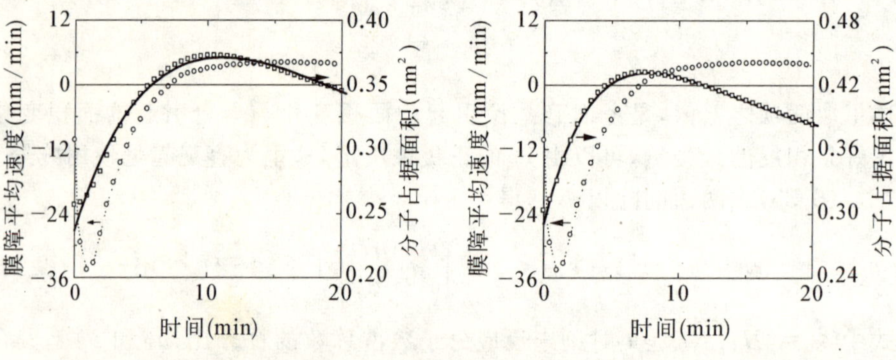

图6.42 PCDA 单分子膜在恒定膜压5 mN/m,15℃(左)和25℃(右)两个温度下的二维聚合动力学曲线,及由式(6.37)的拟合曲线。

在左图拟合中取 $\alpha_1=0.3516$, $\alpha_2=0.3788$, $K_1=0.0919$, $K_2=0.0869$。在右图拟合中取 $\alpha_1=0.3196$, $\alpha_2=0.2623$, $K_1=0.1650$, $K_2=0.1486$。各参数的依赖性均为1

25℃下2-十五烷基苯胺在水面上的聚合反应速度随着表面压增加而线性加快,以 $\ln k$ 对 π 作图可计算出25℃时 ΔA 为 $-0.16\ nm^2$/分子。结果表明,在活化复合物形成过程中面积是减小的,从这么大的负值可以得出结论:这种复合物是双分子。另外,离子和偶极周围溶剂的电致伸缩也能导致压力效应,因而大而负的活化面积和反应速率随所施加的表面压增加而增加不仅表明活化复合物是双分子，也表明在活化复合物形成过程中有同类电荷的接近。水面上单分子膜聚合反应的优点即在于能容易地实现表面压变化的实验，而在三维状态下，施加很大的压力是较为困难的。

6.10 反应速率与紫外光强的关系

紫外光照强度是长链双炔酸单分子膜聚合的激发源，紫外光强肯定会对它们的聚合产生影响。可以用上节的动力学模型来考察聚合速率常数与光强的关系，并计算在不同光强的紫外光照下的聚合速率常数。改变紫外灯的悬挂高度可以方便地调节紫外光照强度，图 6.43 就是 PCDA 单分子膜在紫外灯不同悬挂高度下的聚合动力学曲线。由图可见，较强紫外光照下的聚合反应，较早出现极大扩张速率，且极大扩张速率的值也较大，同时扩张-收缩的转换也较早出现，收缩也比较明显。

由于使用的紫外灯管是长度大致相当于 Langmuir 水槽的细管，可以近似认为光照强度正比于灯管对 LB 膜槽的张角 θ，而 θ 与悬挂高度 h 关系为 $\theta = 2\arctan(W/2h)$，其中 W 为 Langmuir 水槽的宽度(15 cm)。速率常数 k 的对数 $\ln k$ 与相对光强的对数的关系曲线如图 6.44 所示，具有很好的线性，其斜率为 1.87，即速率常数与光强成 1.87 次指数关系，与文献中二聚体的形成与光强成二次关系[46,47]基本一致，表明 PCDA 单分子膜的二维聚合过程基本是个双光子过程：$2M + 2h\nu \rightarrow 2M^*$，与长链双炔酸的实际反应模型一致[48]。

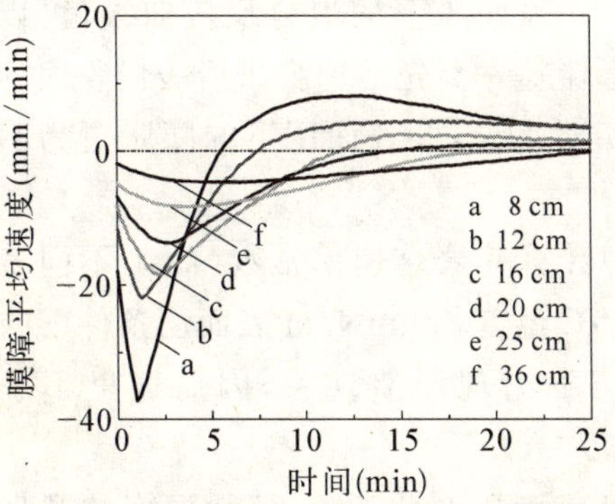

图 6.43 PCDA 单分子膜在紫外灯的不同悬挂高度下的聚合曲线，25℃，膜压 10 mN/m

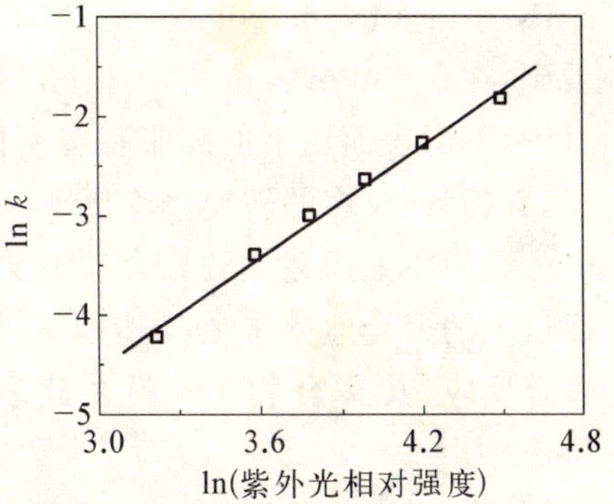

图 6.44 PCDA 单分子膜聚合速率常数与相对紫外光强的幂指数关系，25℃，膜压 10 mN/m

6.11　活化面积计算

在反应动力学参数中，除了反应活化能外，还有活化焓(ΔH)、活化熵(ΔS)和吉布斯自由能(ΔG)等，它们皆可从活化能数据推出，如活化焓：

$$\Delta H = E_a - RT \tag{6.38}$$

如果在单分子膜聚合反应过程中，活化复合物的形成伴随有面积的变化 ΔA^*，则

$$\Delta H = E_a - RT + \pi\Delta A^* \tag{6.39}$$

这里 π 是施加的表面压，ΔA^* 是活化面积，结合阿累尼乌斯方程，有

$$\ln k = k_0 - \frac{\pi\Delta A^*}{RT} \tag{6.40}$$

这里 k_0 是表面压为零时的速度常数。由此可见，表面压对反应速率的影响决定于活化面积 ΔA^* 的正负，如果 ΔA^* 是负的，就是说在复合物形成过程中，面积是减小的，那么增加表面压将加快反应速率，反之亦然。为了衡量活化面积 ΔA^* 及表面压对聚合速率的影响，我们分别在 10℃ 和 20℃ 温度下改变表面压进行了一系列聚合实验，图 6.24 是 10℃ 温度下 PCDA 在 5mN/m，10mN/m，20mN/m 和 30 mN/m 表面压下的聚合反应曲线，可以看到，在 5～30 mN/m 表面压下，聚合都伴随一个先迅速膨胀后缓慢收缩的过程，不同表面压下的膨胀程度不同，相对来说，低表面压下的膨胀更为明显，其扩张-收缩的转换较晚出现。

我们用上面建立的聚合动力学模型计算其聚合速率常数(k_1)，不同表面压下的聚合速率常数(k_1)如下：在 20℃ 温度，30 mN/m 表面压条件下的聚合反应，其聚合物 LB 膜在此表面压下出现崩溃现象，因而这里不予讨论。

值得指出的是，弛豫速率常数 K_2 随表面压变化不大，但随温度的升高而增大，在 5mN/m 表面压下，10℃，15℃，20℃，25℃ 温度下的弛豫速率常数 K_2 分别为 0.056 9，0.086 9，0.122，0.149。表 6.3 中没有分别列出。

表 6.3 不同表面压下的聚合速率常数

温度(℃) \ 表面压(mN/m)	5	10	15	20	30
10	0.070 8	0.057 9	—	0.041 1	0.031 3
20	0.137	0.116	0.102	0.087	—

根据式(6.40),我们可以作出速率常数的对数与表面压的关系曲线,对它作直线拟合以后,可以计算活化面积 ΔA^*。$\ln k-\pi$ 的关系曲线如图 6.45 所示。可以看到,在两个温度下,速率常数的对数与表面压均呈明确的线性关系,且随压力线性减小,意味着活性复合物的形成过程中,面积增大,这与实验结果是一致的,两个温度下的直线的斜率 B 分别为 10℃ 时:$B=-0.032\ 6$,20℃时:$B=-0.029\ 8$,根据式(6.40)直线的斜率等于 $-\Delta A^*/RT$,计算活化面积 ΔA 分别为 10℃ 时:$\Delta A^*=0.127\ \mathrm{nm}^2$/分子及 20℃时:$\Delta A^*=0.121\ \mathrm{nm}^2$/分子,活化面积几乎与反应温度无关,因为温度不会对复合物形成过程中面积变化产生较大影响。

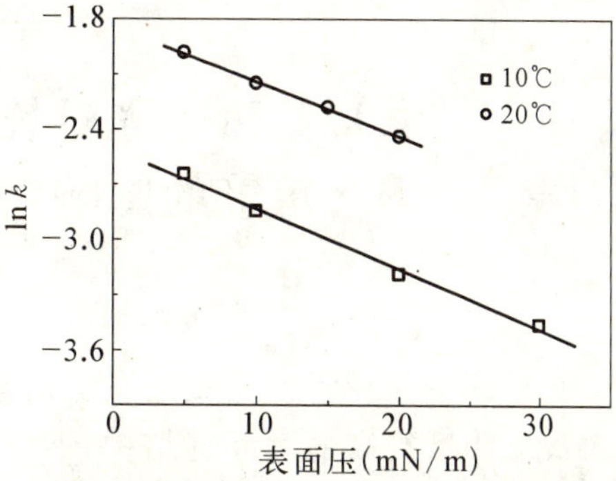

图 6.45 双炔酸在 10℃,20℃温度下的聚合速率常数的对数与表面压的关系,其中的直线为其直线拟合的结果

在 0.1 mol/L H_2SO_4 亚相和 20 mN/m 恒定表面压下,2-十五烷基苯胺单分子膜的聚合速度常数与表面压也有很好的线性关系,由此求得的活化面积 $\Delta A^*=-0.16\ \mathrm{nm}^2$/分子,$\Delta A^*$ 是个负值表明 2-十五烷基苯胺单分子膜的聚合时的活化复合物本质上是双分子的。

有文献认为[49]单分子反应通常导致小而正的活化面积,而双分子反应通常会导致一个负的几立方厘米每分子的活化体积,Evans 和 Polanyi 指出当讨论活化体积时另外两种因素也应考虑[50]:其一,由于结构因素导致的当反应物进入激发态时其本身的面积变化;其二,溶剂分子的重组也可能导致面积变化,对于离子或强极性分子参与的反应,其溶剂效应比结构因素更为主要[51,52]。这里正的活化面积(0.127 nm²/mol)表明活性复合物是单分子的。

活化体积曾被 Whalley[13] 用于阐明反应机理,他认为活化体积(对二维聚合反应就是活化面积)对于理解反应机理是比活化能等动力学参数更为关键的判据。

这里我们可以再一次看到二维聚合的优点：由于是在水面上反应，通过改变表面压的方法可以方便地做不同压力下的聚合实验，从而方面地测量出活化面积这样的聚合反应动力学参数，而在三维本体状态的反应(包括聚合反应)下，改变外部压力的聚合实验总是一件比较难实现的事。

6.12 可见光对长链双炔酸LB膜聚合可能的影响

长链双炔酸在紫外光照下发生拓扑聚合，生成的聚合物的刚性骨架是一个离域程度很高的大π键结构，不管是本体的聚合还是单分子膜的聚合都已有了许多研究[53,54]，然而可见光对其紫外光聚合的影响却未见任何报道。

为了考察可见光对长链双炔酸单分子膜聚合可能的影响，除了在单分子膜上方悬挂用于紫外辐照的20 W的低压汞灯($\lambda=254$ nm)外，再在单分子膜上方加上一个300 W的氙灯(投影仪用的那一种)，通过420 nm的滤色片滤除蓝紫-紫外等短波长的光，然后通过光路把波长为420 nm左右的可见光均匀照射在单分子膜上。通过周期性(光照周期为1 min)的遮挡光路产生对单分子膜周期性的照射。

具体实验是这样做的。一定量的双炔酸氯仿溶液均匀铺展在$CdCl_2$水溶液亚相表面，静置20 min，让溶剂氯仿挥发干净，然后移动膜障，把铺展的双炔酸Langmuir表面压缩到预定的表面压，等待几分钟使膜障稳定以后，打开紫外灯开始聚合，微机记录分子占据面积以及膜障速度随时间的变化。打开紫外灯的时刻作为聚合反应时间的零点。

PCDA单分子膜在$CdCl_2$水溶液亚相表面和恒定表面压5 mN/m下的紫外光照聚合的动力学曲线以及膜障移动速度和分子占据面积随时间的变化曲线已如图6.12所示。在相同的表面压下(5 mN/m)仅用均匀可见光源或交变可见光源辐照PCDA单分子膜，与意料中一样，均没有聚合发生，显然，可见光不会引发其聚合[54]。

证明可见光可以激发链增长，可以有三种方案：第一，分别比较两次在打开和关闭可见光源的条件下的紫外聚合曲线，应能观测到可见光对聚合的加速效果;第二,打开可见光源,维持不变,周期性地打开关闭紫外光源,由于在关闭紫外光源之后的短时间内聚合物的中间体尚未失活,应能观测到可见光下的聚合反应(链增长)的延续;第三,打开紫外光源,维持不变,周期性地打开关闭可见光源,应能观测到在打开可见光源的时间序列中聚合反应的普遍性的加速。第一种方案,由于多次实验之间的操作和实验环境的细微差异不可避免地引入误差,没有采用;第二种方案,曾作过尝试,由于这里采用通过面积变化表征聚合反应的方法,其最小分辨时间约为4 s,远大于活性链的寿命,无法观测短时间内的链增长的延续;而采用第三种方案,由于在一次实验的两组时间序列之间作比较,消除了除可见光源之外的一切变化因素,得到了准确的结果。

为了增加可见光的相对强度,紫外灯提高到距液面20 cm的高度。

我们测量了交替光照和黑暗期间每分钟内面积扩张速率(平均分子占据面积的增大)对时间的曲线,如图6.46,所有棒条的包络与图6.12中速度曲线相似:从一个一定大小的起始值迅速上升到最大值(此时反应速度最大),然后渐渐下降到零,差别仅在于由于紫外光的减弱,扩张过程由图6.12中的7.5 min延长到这里的12～13 min。图中的实心棒表示在无光照条件下的面积变化速率,斜条纹棒表示可见光照下的面积变化速率,所有棒条组成一组台阶,台阶有规律地奇偶跳跃,光照周期到无光周期的膨胀速率的跳跃毫无例外地大于无光照周期到光照周期的扩张速率的跳跃,说明光照周期的扩张速率更大,即光照加速了聚合反应。

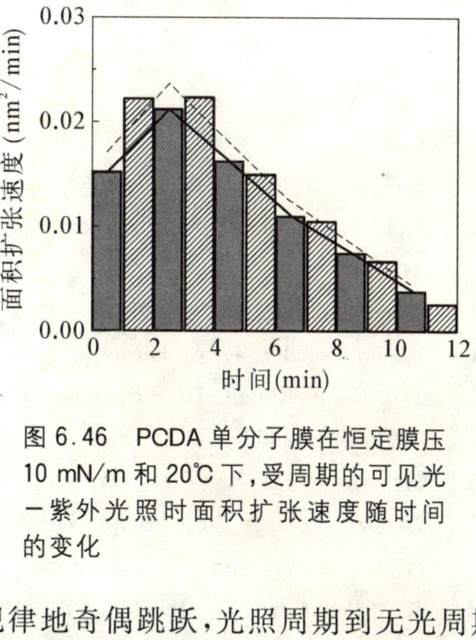

图6.46 PCDA单分子膜在恒定膜压10 mN/m和20℃下,受周期的可见光一紫外光照时面积扩张速度随时间的变化

图中实线是连接无光照条件下的膨胀速率值得到的包络,反映了紫外辐照下的反应速率变化情况,图中虚线是其增加八分之一后的连线,显然该虚线是光照条件下的扩张速率值的较好的包络(即斜纹棒的包络),尽管反应速率较快的第二和第四分钟的棒条高度略微超出了该包络。可以认为,可见光的辐照使聚合速率加快了八分之一以上,在高反应速率区域,加速效果更明显。

已经证明[54],光引发有赖于单体的激发,激发波长应小于它在310 nm

处的吸收位置；二聚体形成以后，链增长可以有两条途径：第一，单体激发后向活性链的能量转移，其激发光在紫外区，这是一个链增长和链引发的竞争过程；第二，活性链的直接激发，所需激发能量随链节数的增加而减小，对双炔酸 TS-6 晶体的研究表明，当链节数增加到 5 以上时，激发波长约为 550 nm，近似于本实验采用的可见光波长，其后所需激发波长变化较小；链终止需要高于链增长的能量；显然，可见光可以加速链增长，并生成更高分子量的聚合物。

利用 LB 技术跟踪 Langmuir 膜在恒温恒表面压下的面积变化可以有效地研究气液界面上长链双炔酸 Langmuir 膜的聚合。可见光无法引发长链双炔酸 Langmuir 膜的聚合，但可以激发其链增长，因而加速其紫外聚合，并适当控制可获得更高分子量的聚合物。可以设想，可见光下的脉冲紫外聚合对于获得更高分子量的聚合物是更为有利的。

参考文献

[1] 朱平平，杨海洋，李春娥，何平笙，*高分子材料科学与工程*，1997，3(4)：1

[2] J. P. K. Peltonen, He Pingsheng, J. B. Rosenholm, *Thin Solid Film*, 1992, 210/211: 372

[3] J. P. K. Peltonen, He Pingsheng, J. B. Rosenholm, *Langmuir*, 1993, 9: 2363

[4] R. R. Bodalia, R. S. Duran, *J. Am. Chem. Soc.*, 1993, 115: 11467

[5] J. P. K. Peltonen, He Pingsheng, M. Linden, J. B. Rosenholm, *J. Phys. Chem.*, 1994, 98: 12403

[6] He Pingsheng, in "*Polymers and Organic Solids*" ed. by Shu Lianghe and Zhu Daoben, Science Press, Beijing, 1997, p25

[7] G. Geoffrey, *Trans. Faraday Soc.*, 1936, 32: 187

[8] R. Ackermann, O. Inacker, H. Ringsdorf, Z. Z. Kolloid, *Poltm.*, 1971, 249: 1118

[9] R. Ackermann, D. Naegele, H. Ringsdorf, *Makromol. Chem.*, 1974, 175: 699

[10] D. Naegele, J. B. Lando, H. Ringsdorf, *Macromolecules*, 1977, 10(6): 1339

[11] H. G. Elias, Polymerization of Organized Systems (*Midland Macromolecular Monograph*, Vol. 3), Gordon and Breach, New York, 1977

[12] A. Cemel, T. Fort Jr., J. B. Lando, *J. Polym. Sci., Part A*-1, 1972, 10: 2061

[13] M. Puterman, T. Fort Jr., J. B. Lando, *J. Colloid Interface Sci.*, 1974, 47(3): 705

[14] H. Ringsdorf, H. Schupp, *J. Macromol. Sci. Chem.*, 1981, A15(5): 1015

[15] A. Barraud, C. Rosiie, Ruaudel-Teixier, *Polym. Prepr., Am. Chem. Soc., Div. Polym. Chem.*, 1978, 19(2): 179

[16] B. Tieke, G. Lieser, G. Wegner, J. *Polym. Sci., Polym. Chem. Ed.*, 1979, 17: 1631

[17] D. R. Day, H. Ringsdorf, *J. Polym. Sci., Polym. Lett. Ed.*, 1978, 16: 205

[18] T. Yasushi, T. Noaki, I. Shuji, *J. Chem. Phys.*, 1989, 91(9): 5694

[19] R. S. Duran, H.C. Zhou, *Polymer*, 1992, 33: 4019

[20] 何平笙，江志坚，朱志伟，*中国科学技术大学学报*，1984, 14(3): 371

[21] V. Enkelmann, *Acta. Cryst.*, 1977, B33: 2842

[22] V. Enkelmann, in "*Polydiacetylenes*" ed. by Hans-Joachim Cantow, Springer-Verlag, Berlin, 1984, p91

[23] G. M. Porod, *Chem.*, 1949, 80: 251

[24] O. Kratky, G. Porod, *Rev. Trav. Chim.*, 1949, 68: 1106

[25] Yu Shufang, Zhou Huilin, He Pingsheng, *J. Mater. Sci.*, 1999, 34: 1

[26] K. Ogawa, *Polymer International*, 1992, 28: 25

[27] H. Eckhardt, D. S. Boudreaux, R. R. Chance, *J. Chem. Phys.*, 1986, 85: 4116

[28] T. Takenaka, K. Harada, M. Matsumoto, *J. Colloid Interface Sci.*, 1980, 84: 220

[29] R. Jones, R. H. Tredgolg, *J. Phys. D: Appl. Phys.*, 1988, 21: 449

[30] Kazufumi Ogawa, *Polymer International*, 1992, 28: 25

[31] H. Bässler, in "*Polydiacetylenes*", ed. by Hans-Joachim Cantow, Springer-Verlag, Berlin, 1984, p9

[32] H. S. He, Z. J. Jiang, Z. W. Zhu, *J. China Univ. Sci. & Technol.*, 1984, 14: 371

[33] R. H. Tredgold, in "*Order in Thin Organic Films*", Cambridge University Press, 1994, p50

[34] R. R. Bodalia, R. S. Duran, *J. Am. Chen. Soc.*, 1993, 115: 11467

[35] P. Meller, R. Peters and H. Ringsdorf, *Colloid Polym. Sci.*, 1989, 267: 97

[36] B. Hupfer, H. Ringsdorf, *Chem. Phys. Lipids*, 1983, 33: 263

[37] G. Gee, *Trans. Faraday Soc.*, 1936, 32: 187

[38] Z. Semenoff, *Physik. Chem.*, 1931, BII: 464

[39] R. R. Bodalia, R. S. Duran, *J. Am. Chem. Soc.*, 1993, 115: 11467

[40] R. H. Baughman, *J. Chem. Phys.*, 1978, 68: 3110

[41] R. R. Chance, G. N. Patel, *J. Polym. Sci. Polym. Phys. Ed.*, 1978, 16: 895

[42] K. C. Yee, R. R. Chance, *J. Polym. Sci. Polym. Phys. Ed.*, 1978, 16: 431

[43] V. Enkelmann, R. J. Leyrer, G. Schleier, G. Wegner, *J. Mat. Sci.*, 1980, 15: 168

[44] V. Enkelmann, *J. Mat. Sci.*, 1980, 15: 951

[45] B. Tieke, G. Wegner, *Makromol. Chem.*, 1978, 179: 1639

[46] W. Neumann, H. Sixl., *Chem Phys.*, 1980, 50: 273

[47] W. Neumann, H. Sixl, *ibid*, 1981, 58: 303

[48] H. Sixl, in "*Polydiacetylenes*", ed. by Hans-Joachim Cantow, Springer-Verlag, Berlin, 1984, p69

[49] T. F. Whalley, *Trans. Faraday Soc.*, 1959, 55: 798

[50] M. G. Evans, M. Polanyi, *Trans. Faraday Soc.*, 1938, 34: 144

[51] J. Buchanan, S. D. Hamann, *Trans. Faraday Soc.*, 1953, 49: 1425

[52] C. T. Burris, K. J. Laidler, *Trans. Faraday Soc.*, 1955, 51: 1497

[53] R. H. Baughman, *J. Chem. Phys.*, 1978, 68: 3110

[54] H. Sixl, in "*Polydiacetylenes*" ed. by Hans-Joachim Cantow, Springer-Verlag, Berlin, 1984, p51

第7章　单分子膜的动态稳定性、动态弹性和聚合物单分子膜可能的二维橡胶态

由于LB膜是由单分子膜在基片上沉积而成的，单分子膜的稳定性不仅对LB膜的沉积有重要的影响，而且本身也是单分子膜形成的基本问题。在第2章中已经介绍了花生酸/C_{60}单分子膜的静态稳定性和它们LB膜的酸、碱稳定性以及纯花生酸LB膜的环境稳定性[1, 2]。这里将更进一步介绍单分子膜在交变应力作用下的动态稳定性。

另外，高分子的凝聚态是高分子物理的基本问题之一，是当今凝聚态物理中最为活跃和极有可能有所突破的前沿学科[3]。聚合物有晶态和非晶态两种凝聚态结构，非晶态聚合物又有玻璃态、橡胶态和粘流态三种力学状态。但是在某些特殊情况下，聚合物是否仍有通常的凝聚态结构和力学状态呢？这些特殊情况包括：单链高分子、二维大分子膜（聚合物单分子膜、LB膜和超薄膜）、超高拉伸聚合物以及结晶度达100%的聚合物宏观单晶体等。已经知道，柔性链高分子有单链玻璃体和单链单晶[4]；而100%结晶度的聚丁二炔根本不存在玻璃化转变[5]。但是对二维大分子膜，有关的许多问题还不是很清楚。

机械力学性能是与材料应用密切相关的重要物理性能，没有一定力学强度的材料根本无法实用化。对单分子膜、LB膜等超薄膜也是如此。因此，小分子成膜化合物常被聚合成高分子或直接使用高分子化合物成膜；还有在大分子侧链上引入反应基团，交联以形成稳定的具有橡胶弹性的聚合物薄膜[6, 7]。从聚合物单分子膜的结构及特殊弹性行为出发，提出二维状态下橡胶态的概念就有一定的合理性，本章将对聚合物LB膜可能的二维橡胶态进行深入的讨论，并力图用实验从几个方面来证实它可

能的存在性。

7.1　单分子膜的动态稳定性

为实现交变应力作用下的有关实验，需要在计算机控制的 Langmuir 膜天平加写专门的计算机程序—VISCOS 模式，以使膜障能在其平衡位置附近作低频小幅度振动。因膜障振动而引起的表面压变化由 Wilhelmy 吊片测定，并由计算机自动记录，这对自己制作，知道源程序的 Langmuir 膜天平来说并不困难。

用 Langmuir 膜天平在位测定单分子膜动态稳定性和动态弹性的 VISCOS 模式是：成膜化合物分子在亚相水面上铺展，等待一定时间令溶剂挥发，譬如说 10 min 后，膜障开始向前运动，压缩单分子膜，一旦成膜化合物的表面压达到所设定值时，计算机自动转入 VISCOS 模式，即膜障运动马上转换成一定频率和一定振幅的动态振动模式，计算机同时记录膜障的振动和由此引起的表面压随时间的变化。图 7.1 是 4.8 mN/m 表面压时硬脂酸单分子膜在 40 mHz 频率和 0.3% 振幅的膜障周期振动下典型的表面压-时间关系曲线。

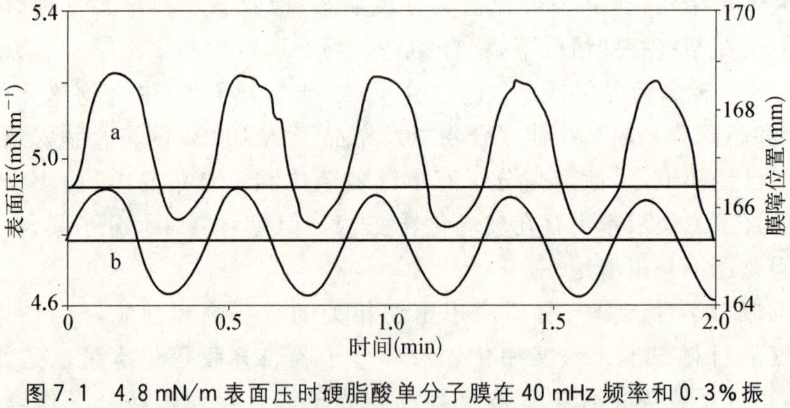

图 7.1　4.8 mN/m 表面压时硬脂酸单分子膜在 40 mHz 频率和 0.3% 振幅的膜障周期振动(b)下典型的表面压－时间关系曲线(a)

为使膜障振动幅度不在不同表面压时单分子表面压缩不同而有所改变，振幅使用相对值，一律固定为单分子膜所占面积的 0.3%（这在计算机编程上并不困难）。振幅越大，造成的表面压变化当然越大，越容易观察到由此引起的表面压变化，但膜障的振幅不能太大，不然会丢失单分子膜状态变化的信息，特别是在相变点附近。

膜障振动频率可从0.1 mHz变到几百 mHz。频率太低，已难分辨膜障运动引起的面积变化与单分子膜自身不稳定而引起的表面压变化；频率太高，对像膜障这样的机械运动机构并不现实，而且在100 mHz频率时表面压的变化已出现明显的“噪声”(图7.2)。为此，实验的振动频率可选择在100 mHz以下，一般是使用基本不出现表面压波动的40 mHz振动频率。

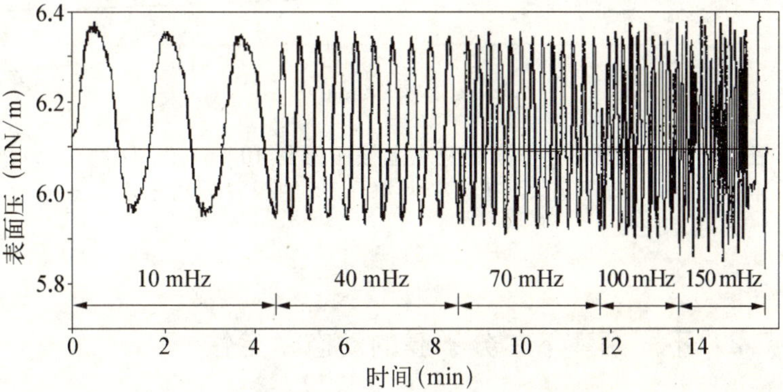

图7.2 不同膜障振动频率下硬脂酸单分子膜的表面压变化

显然，在频率100 mHz以上时，表面压的变化已出现明显的“噪声”，除非是做振动频率的影响，一般是使用基本不出现表面压波动的40 mHz振动频率

7.1.1 不同目标表面压下单分子膜的动态稳定性

在考察单分子膜的静态稳定性时已经知道，单分子膜被压缩到的目标表面压越高，越不稳定[8]。不同目标表面压下单分子膜的动态稳定性也有类似的变化规律。图7.3是硬脂酸在纯水水面上被压缩到目标表面压10,23,30,40 mN/m后，在频率为40 mHz的膜障振动下，表面压随时间的衰减曲线。目标表面压为30,40 mN/m时，在几分钟的时间里表面压迅速下降。这是因为这两个表面压都在硬脂酸“液-固”转变点(26 mN/m)以上的固态区，膜障稍有振动，表面压就迅速下降。当表面压处在“液态”区内的10,23 mN/m，其衰减就平缓得多。但是不管硬脂酸一开始被压缩到多高的目标表面压，在约3 h后表面压均衰减到6～8 mN/m的小范围内，与静态时的实验结果非常相似。类似的结果也可在相同条件(纯水，目标表面压10 mN/m,23 mN/m,30 mN/m和

40 mN/m，膜障振动频率 40 mHz）DDA 单分子膜表面压随时间的衰减曲线中观察到。

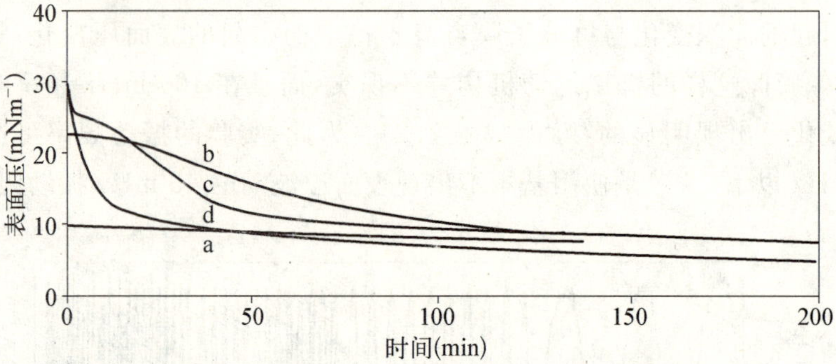

图 7.3 硬脂酸单分子膜在纯水上被压缩到 10 (a)，23 (b)，30(c)，40 mN/m (d)表面压后，在频率为 40 mHz 的膜障振动下表面压随时间的衰减曲线

7.1.2 不同频率下单分子膜的动态稳定性

单分子膜的“静态”稳定性实际上就是动态实验中振动频率为 0 mHz 的特殊情况，因此可以把静态稳定性也包含在动态稳定性里一起考虑。分别在两个表面压下(10 和 30 mN/m)，考察不同的膜障振动频率对硬脂酸单分子膜稳定性的影响。图 7.4 是纯水亚相上硬脂酸单分子膜在被压缩到目标表面压 10 mN/m 后，分别在频率 0 mHz，10 mHz，40 mHz 和 100 mHz 的膜障振动下，表面压随时间的衰减曲线。总的来说，正如所预料的那样，膜障振动频率越高，硬脂酸单分子膜的动态稳定性越差，在特定时间里，表面压有更大的衰减。在膜障频率为 0 mHz，10 mHz，40 mHz 和 100 mHz 的交变振动作用下，原本是10 mN/m的表面压 3 h 后分别降至 9.6 mN/m，8.9 mN/m，4.8 mN/m 和 3.4 mN/m。如果定义表面压降低至其起始值一半的时间为半衰期 $t_{1/2}$，那么硬脂酸单分子膜 $t_{1/2}$分别为 57 min，68 min，80 min 和 54 min。有意思的是在膜障振动频率为 100 mHz 时，硬脂酸单分子膜的表面压在开始阶段有一个较快的下降，致使它的 $t_{1/2}$ 反比静态 (0 mHz) 的小。在硬脂酸单分子膜被压缩到 30 mN/m 表面压的实验中，膜障振动频率为 100 mHz 和 150 mHz 时，也有表面压的较快下降现象。说明像单分子膜这样的二维体系在并不太高的振动频率作用时，稳定性很快就变差了。

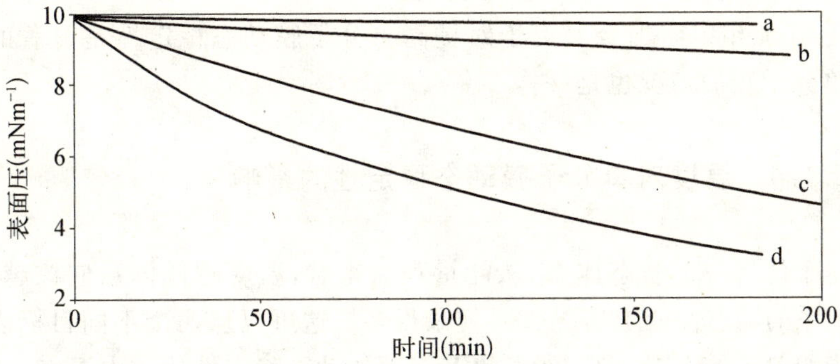

图 7.4 纯水亚相上硬脂酸单分子膜在被压缩到 10 mN/m 表面压后，分别在频率 0(a)，10 (b)，40(c)，100 mHz(d)的膜障振动下，表面压随时间的衰减曲线

7.1.3 亚相离子对单分子膜动态稳定性的影响

与纯水亚相上的单分子膜相比，在亚相溶液中添加各种金属离子后单分子膜的稳定性会有很大的增加。正因为这样，一般单分子膜或 LB 膜工作大都是在诸如 $CdCl_2$ 水溶液亚相上进行的。可以预想，在亚相溶液中添加各种金属离子对单分子膜的动态稳定性也是有影响的。把 DDA 单分子表面压缩至表面压 20 mN/m，并作用以振幅 0.3% 和频率 40 mHz 的交变振动，观察单分子膜的表面压随时间的衰减。

图 7.5 即是 DDA 单分子膜在纯水和在 10^{-4} mol/L $CdCl_2$ 亚相上的动态稳定性曲线。在 130 min 时间里，纯水亚相上 DDA 单分子膜的表面压从 20 mN/m 降为约 16 mN/m，降幅为 20%；而在 10^{-4} mol/L $CdCl_2$ 亚相上，

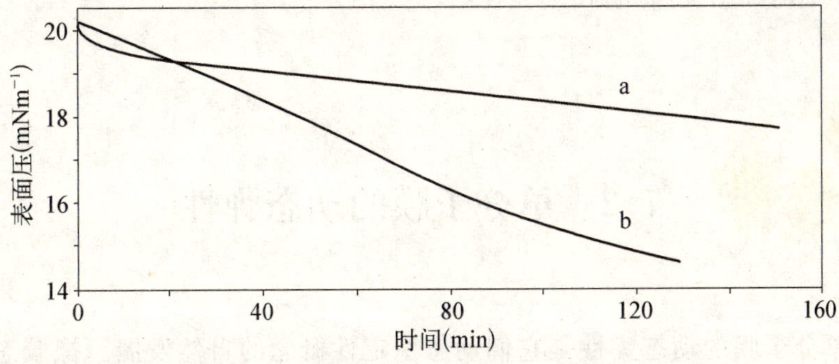

图 7.5 DDA 单分子膜在纯水(a)和在 10^{-4} mol/L $CdCl_2$ 亚相上(b)的动态稳定性曲线

在相同时间里硬脂酸单分子膜的表面压则降至 10 mN/m 以下，降幅超过 50 %。在亚相中添加金属离子对提高单分子膜动态稳定性是显著的。硬脂酸单分子膜的情况也是一样。

7.1.4　温度对单分子膜动态稳定性的影响

对于任何一个静态体系，从能量观点来看，温度越低体系应该越稳定。但在体系的动态性能上情况就要复杂得多。这可以从两个不同目标表面压下硬脂酸单分子膜在 25℃，20℃和 15℃下的动态稳定性比较中看出。图 7.6 是目标表面压为 30 mN/m 时的实验结果。由图 7.6 可见，25℃下硬脂酸单分子膜在 200 min 内降至 15 mN/m，而在 15℃下则降至约 5 mN/m，也就是说硬脂酸单分子膜动态稳定性反而随温度降低而降低。目标表面压为 23 mN/m 时的情况也一样。这是因为在膜障交变振动下，亚相水面上硬脂酸分子受到扰动，而单分子膜的动态稳定性曲线反映受到扰动的分子回复到它原来状态的过程，当然是温度高有利于分子的回复，因此实验结果是完全可以理解的。

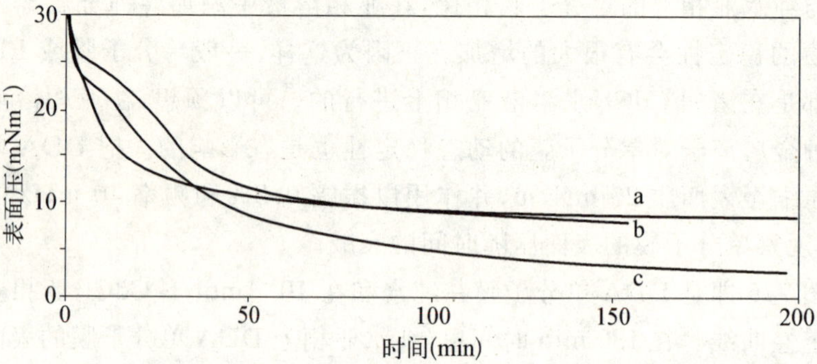

图 7.6　目标表面压为 30 mN/m 时硬脂酸单分子膜在 25℃ (a)，20℃ (b)，15℃ (c)下的动态稳定性

7.2　单分子膜的动态弹性

单分子膜的动态弹性是它们动态稳定性概念的自然发展。橡胶态不是热力学概念的“相态”，而是聚合物一种特有的“力学状态”。因此，要研究单分子膜的二维橡胶态，首先必须知道测定单分子膜力学弹性的实验方法。

力学性能是与材料的应用有关的重要物理性能,没有一定强度的材料是没有用途的。对二维状态下的空气-水界面分子膜来说也是一样。其中,膜的二维弹性对膜的结构、稳定性、LB膜沉积和生物膜的模拟等都有重要的意义[9]。Joly[10]曾从理论和实验上总结了1972年前空气-水界面分子膜的粘弹性数据。近三十多年来,空气-水界面分子膜弹性又出现了许多新测量方法和积累了大量数据[11]。这里,先从单分子膜的静态弹性介绍开始。

7.2.1 空气-水界面单分子膜的静态弹性

空气-水界面分子膜的静态弹性是成膜分子在空气-水界面上达到物质和能量交换平衡时抵抗表面形变的能力。具体定义为

$$\varepsilon_s = -A\mathrm{d}\pi/\mathrm{d}A \tag{7.1}$$

这里 A 是平均分子面积,π 是表面压。按此定义,由膜的 $\pi-A$ 等温线的斜率即可求得单分子膜的静态弹性。

若对单分子膜作周期性刺激,观察膜面积和膜压的变化,得到的是膜的动态弹性。它是一个复数:$\varepsilon=\varepsilon_0+\mathrm{i}\omega\kappa=|\varepsilon|(\cos\theta+\mathrm{i}\sin\theta)$,其中,$\omega$ 是频率,θ 是损耗角,κ 是膨胀粘度,$\varepsilon_0=|\varepsilon|\cos\theta$ 和 $\omega\kappa=|\varepsilon|\sin\theta$ 则分别是储能模量和损耗模量。动态弹性与膜的实际应用关系更为密切,且能提供更多的分子间相互作用的信息。如果单分子膜不是理想弹性而是粘弹性的,那么测量动态弹性还可了解单分子膜的松弛行为。例如,可用麦克斯威流体模型来描述很多小分子或聚合物在空气-水界面上的单分子膜的粘弹性。

对于具有良好结晶性的膜,通常用来研究结构的X射线衍射(XRD)就可用来测量单分子膜的静态弹性[11-13]。当然,这种方法要求X射线表面衍射装置有很高的Q空间分辨率。通过测量集中入射X射线衍射的线形和Bragg峰位置 Q_0 得到Bragg峰的幂指数 η,

$$\eta=\frac{k_BT(\lambda+3\mu)}{4\pi\mu(\lambda+2\mu)}Q_0^2 \tag{7.2}$$

膜的静态压缩模量 ε_s 为

$$\varepsilon_s=-Q_0\frac{\mathrm{d}\pi}{2\mathrm{d}Q_0} \tag{7.3}$$

这里,λ 和 μ 是 Lamé 系数,k_B 和 T 分别是 Boltzmann 常数和绝对温度。对二维分子膜体系,有

$$\varepsilon_s = \lambda + \mu,\ E = \frac{4(\lambda + \mu)\mu}{\lambda + 2\mu} = \frac{4\varepsilon_s \mu}{\varepsilon_s + \mu},\ \sigma = \frac{\lambda}{\lambda + 2\mu} \tag{7.4}$$

这里 E 为杨氏模量，σ 为泊松比。因此，可从 η，ε_s的实验值算出 λ，μ，E 和 σ 等常数。

Zakri 等[11]用 XRD 得到了在空气-水界面上的六方结晶的正癸醇单分子膜的面内弹性模量(剪切弹性 μ 和压缩弹性)，发现在远离熔点(T_m = 14.3℃)时，膜的弹性常数 λ，μ，ε_s、E 分别为(2 300 ± 500)，(210 ± 30)，(2 500 ± 500)，(800 ± 150) mN/m；而在临近 T_m时，膜将软化。他还分析了 Barton 等[12]用标准分辨率的 X 射线装置研究二十一醇膜的实验结果，得出在 30℃，π>20 mN/m 时，二十一醇膜的 ε_s≥3 000 mN/m，而 Barton 等通过等温线得到相同条件下 ε_s≈900 mN/m。这是因为 X 射线只能检测结晶区，而等温线则将晶粒和晶粒边界的结构平均化了。Zakri 等[13]还发展了一种可以对单分子膜的剪切弹性进行微观测量的仪器，测量了空气-水界面上的正癸醇膜和正十二醇膜的剪切弹性，发现它们的 μ 值只有几个 mN/m，比 XRD 测得的微观值(300 mN/m)小得多，从而证明了微观和宏观剪切弹性有很大的差别。Venien-Bryan 等[14]研究了水面上蛋白质单分子膜的二维结晶特征，其面内剪切弹性值(μ≈6mN/m)与电子显微镜观察到的结晶碎片的形态、性质和大小相符，较小的 μ 值说明了这种多晶态膜的弹性主要由结晶碎片间的软颗粒边界决定，或者存在着向表面外的弯曲形变。

大多数的单分子膜是非晶的，不能用 X 射线衍射法测定它们的静态弹性。这时可以从最简单的 $\pi-A$ 曲线直接求得，即对单分子膜 $\pi-A$ 曲线的每一点作微分，就能得到对应于每一表面压下的静态弹性，

$$E = -A\mathrm{d}\pi/\mathrm{d}A \tag{7. 5}$$

即 $\pi-A$ 曲线微分表达式。

7.2.2 空气-水界面单分子膜的动态弹性

若对单分子膜作周期性力学量的刺激，观察单分子膜面积和表面压的变化，就能得到的是单分子膜的动态弹性。单分子膜的动态弹性与膜的实际应用关系更为密切，且能提供更多的分子间相互作用的信息。如果单分子膜，特别是聚合物的单分子膜，不是理想弹性而是粘弹性的，那么测量动态弹性还可了解单分子膜的粘弹性松弛行为。动态弹性的测定比较多，有动态振动法、力学表面波法(MGSW)、表面光散射法(SLS)和电生毛细波衍射法(ECWD)等，分别介绍如下。

7.2.3.1 动态振动法

这是一种很直接的方法,不需添置任何额外装置,在现代计算机控制的 Langmuir 膜天平上编写适当软件就能容易实现。具体是,使膜障作低频小幅的正弦振动,同时测定相应的表面压变化。通过记录表面压 π 和分子面积 A 随时间的变化,可以计算它们的相差 θ 和动态弹性的振幅 $|\varepsilon| = -\Delta\pi_{max}/\Delta A_{max}$,进而得到(膨胀)弹性 ε_d 和(膨胀)粘度 η_d。为了使表面压的变化能准确测量,而又不致丢失单分子膜状态变化的信息或引起膜不可逆的膨胀压缩行为,重要的是选择膜障振幅和频率的选择,这已在前面一节中讲过了。

我们就用动态振动方法测量了双(对甲苯磺酸)-2,4-已二炔-1,6-二醇酯(TS)在水面上铺展膜的动态弹性,弹性随表面压的线性增加关系反映了压缩过程中没有发生相变(图 7.7)。我们还测量了硬脂酸单分子膜的弹性[15]和亚油酸单分子膜聚合前后的弹性[16],研究了分子结构、亚相离子、pH 值和聚合反应对单分子膜的弹性的影响。

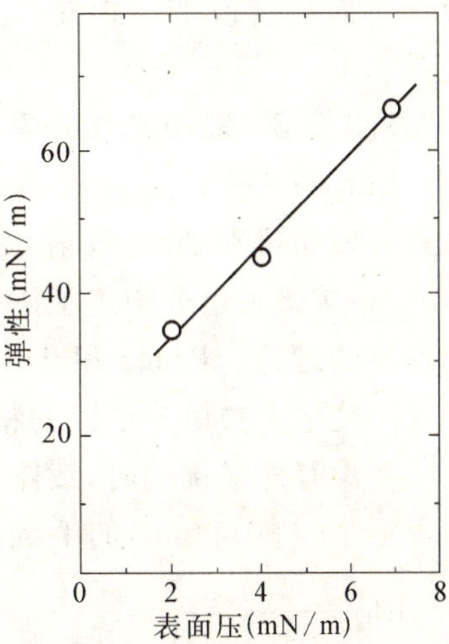

图 7.7 硬脂酸单分子膜动态弹性随表面压变化曲线

对硬脂酸单分子膜,亚相为纯水时,在 16 mN/m 以下的低表面压区,弹性几乎是常数 115 mN/m,随表面压增加,弹性减小,至表面压 26 mN/m 达一个很尖的极小值,此后由于单分子膜的不稳定性变大,弹性测定变得困难;当亚相中有离子 Cd^{2+} 时,膜的稳定性和刚度都有很大提高,膜在不同相弹性差异极大。亚油酸单分子膜的动态弹性随表面压增加而线性增大,但是膜在聚合后动态弹性几乎不受表面压的影响,而随聚合时间增长而减小。聚亚油酸单分子膜的弹性反而比其单体单分子膜的弹性低,这可能和膜中形成了交联结构有关,为二维橡胶态的存在提供了实验证据。Kragel 等[17]用界面剪切流变仪和动态振动法发现一些磷脂在空气-水界面上的单分子膜的剪切粘度和膨胀模量与膜的相状态有很大关系,表明单分子膜的松弛是不同膜状态间的分子重排、交换和再定位的过程。

动态振动法中,膜表面面积的改变不完全是膨胀/压缩的,还包括剪切成分,这使测得的膨胀模量有一定误差。此外,动态振动法能检测的频率较小,力学振动对膜的状态也有干扰;而基于高频小幅表面波技术(可通过力学方法、分子热运动或电场激发产生)的测量方法对膜状态的影响很小,可认为是无扰的。

7.2.3.2 力学表面波法(MGSW)

Leiderer 等[18]发展了一种利用激光反射技术考察了力学表面波的方法,即对一复数频率为 $q=q_0-i\beta$ 的表面衰减波,测量激光在其上面的反射量,通过最小平方拟合得到一定频率范围内(如 500～2 900 Hz)的 q_0 和 β 值。May-Colaianni 等[19]用这种方法研究了在甲苯-水界面上的 PS-PMA 嵌段共聚物膜的力学表面波。结果表明,膜的剪切粘度 $\mu=0$,且精确度很高(10^{-5} mN · s/m),其值和纵向模量的精确度并不随波的频率和分子量而显著改变。但是,在液-气界面膜上应用这种技术还没有文献报道。

7.2.3.3 表面光散射法(SLS)[20, 21]

Langvin[22]曾经对液体表面上的毛细波和用来考察它的性质的方法——表面准弹性光散射(SQELS,简称 SLS)作了详尽的介绍。Buzza 等[23]还从微观角度阐述了用 SLS 研究液-液和气-液界面上的聚合物膜流变性质的理论。Peace 和 Taylor[24]也对 SLS 的理论、实验、数据分析方法以及一些聚合物单分子膜的粘弹性数据进行了综述。

在没有外来扰动时,液体表面上的原子或分子的热运动能使表面产生振幅很小(约 0.1 nm)的毛细波(横切波)。SLS 所能检测到的毛细波波长约为 100 μm,相应频率约为 10^5 Hz。当界面上存在弹性与两边介质都不同的分子膜时,在表面内将有纵向的波动,即膨胀波。毛细波可用光散射来直接检测,而膨胀波则对散射光无直接影响。毛细波和膨胀波之间可以发生耦合的衰减振荡(图 7.8),因而可观察到共振效应。实验表明,在 $\varepsilon_0/\gamma_0\approx0.16$ 时,表面波有最大衰减。

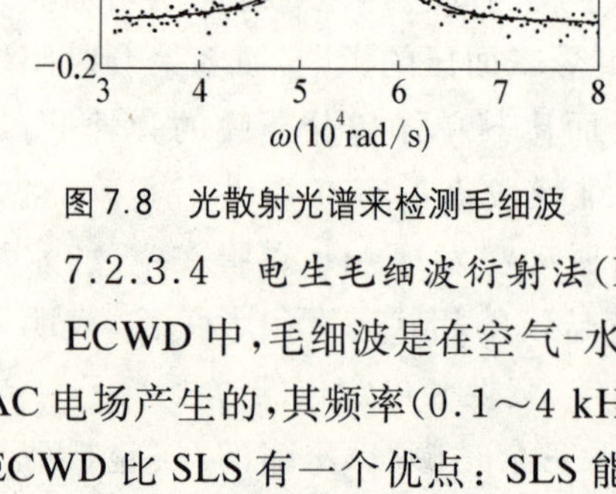

图 7.8 光散射光谱来检测毛细波

7.2.3.4 电生毛细波衍射法(ECWD)

ECWD 中,毛细波是在空气-水界面区域上方约 100 μm 处用一个局部 AC 电场产生的,其频率(0.1～4 kHz)比热产生的波动频率小得多。此外,ECWD 比 SLS 有一个优点:SLS 能检测的最高粘度很低(约 5 mPa s),而 ECWD 的理论极限粘度可高达 10^2 mPa s[25]。

ECWD 的原理与 SLS 相同,都是提供液体表面的动态信息。

Miyano[26]指出,表面波的动力学描述并不决定于它是如何产生的(热学的或力学的),因此这两种方法的分散方程也应是等同的。但是,波的频率和衰减在 SLS 中分别由散射角和时间域决定,而在 ECWD 中则分别由外场的频率和空间域来决定,故 ECWD 和 SLS 在实验上有差别:SLS 是选定波长来考察波随时间的演变,即测量复频率($\omega = \omega_0 - \mathrm{i}\Gamma$)对实波数 q 的函数关系;而 ECWD 则是固定波的频率 ω,测量复波数($q = q_0 + \mathrm{i}\beta$)。因此,它们的复数方程看起来有不同的形式[25]。

ECWD 中,检测表面波的波数 q_0和衰减系数 β 后,可通过如下复数方程计算膜的粘弹性参量[27, 28]:

$$
\begin{aligned}
&[Eq^2/\omega + \mathrm{i}\eta(q + m) + \mathrm{i}\eta'(q + m')][\mathrm{i}\eta(q + m) + \mathrm{i}\eta' \\
&\quad (q + m') + \gamma q^2/\omega + g(\rho - \rho')/\omega - \omega(\rho + \rho')/q] \\
&\quad + [\eta(q + m) - \eta'(q - m')]^2 = 0
\end{aligned}
\tag{7.6}
$$

其中,$q = q_0 - \mathrm{i}\beta$, $m = [q^2 + (\mathrm{i}\omega\rho/\eta)]^{1/2}$, $m' = [q^2 + (\mathrm{i}\omega\rho'/\eta')]^{1/2}$, $E = E_0 - \mathrm{i}\omega\kappa$, $\gamma = \gamma_0 - \mathrm{i}\omega\mu$, ω 是角频率,g 是重力加速度,η 和 η'分别是空气和亚相的剪切粘度,ρ 和 ρ'分别是它们对应的密度,E_0和 κ 分别是动态表面膨胀弹性和相应粘度,而 γ_0和 μ 分别是动态表面张力和横切粘度。通常可认为 $\mu = 0, \gamma = \gamma_0$[25,28]。

Yazdanian 等用 ECWD 测量了硬脂酸在含有 Na^+、Mg^{2+}、Ca^{2+}、Ba^{2+}、Co^{2+}、Cd^{2+}和 Pb^{2+}等金属离子的亚相上的硬脂酸单分子膜的粘弹性质,发现亚相中的离子对单分子膜的粘弹性有很大影响。Yu 等[25]用 ECWD 研究了 PVAc 在空气/水界面上的单分子膜的表面弹性和粘度,表明它们是表面浓度的函数,并发现最大衰减和最大横切粘度出现在横切波和纵向膨胀波之间发生耦合共振的浓度处($\Gamma = 0.45$ mg/m^2)。ECWD 和 SLS 的结果在 PVAc 浓度高时有偏差:用 ECWD 得到的动态弹性显得比静态弹性小,而用 SLS 得到的数值则与静态粘弹性符合较好。Gau 等研究了铺展和吸附在空气/水界面上的 β-酪蛋白[29]、羟基丙基纤维素(HPC)[28]、羟基乙基纤维素(HEC)[28]的单分子膜的粘弹性质。通过它们的动态膨胀弹性及相应粘度随表面浓度、温度、pH 等的变化,证实在相同的溶液条件和表面压下它们的铺展膜和吸附膜有相同的粘弹性质。Budach 和 Möbius[30]用电学技术在表面上产生横切波,而通过与横切波共振产生纵向波,用晶格能量转移(Förster 型)和表面激光反射技术分别检测了纵向波和横切波,并计算了 E_0和 E_0/γ_0,发现压缩单分子膜将改变膜的 E_0和 E_0/γ_0,当 E_0/γ_0到达 0.1(相同条件下理论值为 0.06~0.09)时,将会出现横切波与纵向波间的共振。Vogel 和 Möbius[31]用电生毛细波反射技术发现 PVAc 膜的对应于 $\Delta f_{s,c}$ 的衰减系数在 $\Gamma = 0.40\ \mathrm{mg/m^2}$ 和 $1.59\ \mathrm{mg/m^2}$ 处分别有一个极大值。他们还研究了当产生另一个正交波时横切波对纵向波的耦合，发现固有耦合的横切波和纵向波在第一个极大值处有相移，两种方式的耦合在共振处强烈增大。Jiang 等[32]分别用膜障振动和正弦电场激发在水面产生纵向波和毛细波，用双锁定技术考察了毛细波的波数和衰减系数，准确而灵敏地测量了六乙烯基乙二醇单十二烷基醚(C12E6)的水溶液的表面弹性，发现其损耗角大于 45°，这可能是由于其松弛行为包含了 C12E6 在胶束和单体间的物质交换。

7.2.3.5　其他技术

Wustneck 等[33]以垂滴技术作为一种膜天平，研究了 20℃～30℃下二十二酸在液滴表面的铺展膜在轴对称应力下的松弛过程和膨胀粘弹性。在液态凝聚区，单分子膜的弹性几乎不变，松弛时间的分布很窄，其行为为弹性的；在固态区，其膨胀弹性急剧增大，而松弛过程却变成非均匀的，这可能是由于附加的微观崩溃过程的复合造成的。

Joos 等[34]研究了在连续表面形变(匀速扩张、匀速压缩、线性扩张、相对复杂的扩张和压缩)下癸酸在水面上的吸附膜的表面弹性，发现不同形式的表面形变下的表面弹性 E 都很好地表现出相同的 $E - t_{\mathrm{eff}}{}^{1/2}$ 关系，且都可以用相同的参数 E_0 和 τ_D 来表示：

$$E = \frac{E_0}{1 + (4t_{\mathrm{eff}}/\pi\tau_D)^{1/2}} \approx E_0(\pi\tau_D/t_{\mathrm{eff}})^{1/2} \tag{7.7}$$

其中，t_{eff}是有效时间(依赖于形变速率和形变方式)，τ_D是扩散松散时间，E_0为 Gibbs 弹性。

另外，Ghaskadvi 等[35]用二维 Couette 粘度仪检测了亚相中 Ca^{2+} 离子对花生酸的 Langmuir 膜的粘弹性的影响。Bugress 等[36]利用一种振荡的界面剪切流变仪研究了牛血清蛋白和人体免疫球蛋白 G 等蛋白质膜的流变性质。

无论是基础研究还是应用研究，测量空气-水界面分子膜的弹性都有重要意义。通过它可以了解膜的状态及其变化规律，如膜的松弛行为、分子排列、相结构和相转变等。而这些在分子膜应用中有着很重要的指导意义和参考价值。例如，已有人探讨能否通过使新生婴儿中引起呼吸困难的肺表面活性剂形成二维泡沫结构而得到与肺泡表面类似的力学性质[60]。近年来，人们发展了很多测量方法和用来解释测量结果的膜弹性理论。但是总的来说，人们对膜的二维弹性的研究还很不够，对同一种膜用不同的方法得到的弹性数据往往有较大的差别，理论上也没有比较统一的认识，有待更深入的探索。

7.3 聚甲基丙烯酸甲酯单分子膜的弹性

7.3.1 分子量对聚甲基丙烯酸甲酯单分子膜动态弹性的影响

作为典型的两亲聚合物,聚甲基丙烯酸甲酯(PMMA)单分子膜的相关报道很多。在动态性质方面,Richards 等[37]认为 PMMA 铺展膜类似于 Voigt 固体;Henderson 等[38]研究了间规 PMMA 的铺展膜的静、动态粘弹性质,发现它们有相同的总体特征,但在低表面浓度时有偏差;Yu 等[39,40]发现,PMMA 单分子膜的动态弹性有两相特性,但误差较大且变化很不规则,在相同的表面浓度下其动态弹性比静态弹性大。但是,这些研究中很少考虑分子量对 PMMA 单分子膜性质的影响,而聚合物的特点之一就是它们物理力学性能的分子量依赖性[41]。可以肯定地说,分子量对聚合物单分子膜的弹性也是有影响的。

第 1 章我们曾介绍过两个具有不同分子量、窄分布 PMMA 的单分子膜:试样 P1 的分子量 $\overline{M}_W$ 为 2.7×10^4,分子量分布 $\overline{M}_W/\overline{M}_n$ 为 1.11 和试样 P2 的分子量 $\overline{M}_W$ 为 1.26×10^5,$\overline{M}_W/\overline{M}_n$ 为 1.06。用浓度为 2.11 mmol/L PMMA 氯仿稀溶液在纯水表面上铺展单分子膜。图 1.8 是 20℃下,P1 和 P2 单分子膜的 $\pi-A$ 等温线。PMMA 能在较大的表面压范围内形成稳定的单分子膜,随单分子膜被压缩,明显发生气-液-固态相变;在固态区表面压足够高时,膜发生皱叠或崩溃,表面压上升显著减慢,与文献[42]的结果类似。PMMA 的主链为线形疏水性碳链,位于水的表面,而主链上接有 C═O 亲水基团伸入水相中,基本与液面垂直,彼此间存在的相互作用使 PMMA 主链趋于伸直状态,有利于形成二维单层膜。将 P1、P2 单分子膜在固态区的等温线外推至零表面压,可得到它们的极限分子占据面积 A_0 分别为 0.17 nm² 和 0.16 nm²,前者较大。从图 1.8 还可看到,与分子量较小的 P1 相比,P2 的单分子膜崩溃压 π_c 较大,液态区比 P1 窄,表明分子量较大的 PMMA(P2)单分子膜凝聚性更强。这是由于 P2 的分子链较长,更容易与其他分子链发生链嵌套或缠结等作用而使分子链间的吸引力增大。

PMMA单分子膜的相变和成膜特性可以更清楚地从它们的微分等温线，即$(d\pi/dA)-A$曲线(图7.9)中看到。其中，A值反映了单分子膜在这种状态的压缩程度(A越小，压缩程度越大)，而$d\pi/dA$则体现了单分子膜在此状态下的凝聚性。$|d\pi/dA|$在液态区和固态区分别有一个很明显的极大值点A、B，分别对应着它们所在相区中凝聚性最高的两个点。可见，与P1单分子膜相比，P2单分子膜在这两点的$|d\pi/dA|$和A值都较大，表明P2单分子膜凝聚性更大，而压缩程度更小。而单分子膜的液-固态转变状态(图7.9中的C点)的$|d\pi/dA|$值在各自的微分曲线中是一个极小值。这时，P1和P2单分子膜的凝聚性几乎相同，但前者的压缩程度更大。这些现象，更清晰地证明了$\pi-A$等温线的分析结果。在单分子膜的液态区，还有若干个较小的状态变化(这种变化在$\pi-A$等温线的图1.8中很难发现)，而在固态区，类似较小的变化就少得多，这是由于液态膜中PMMA分子链排列不紧密，彼此间很容易发生各种复杂的相互作用(如扭曲、缠绕等)，而在固态区分子链间紧密排列，类似相互作用已经很难继续发生了。图7.9中的P2单分子膜的微分等温线更显复杂，也是此因素造成的，因为分子量越大，分子链间的作用自然会越复杂。这些结果表明，除$\pi-A$等温线，单分子膜的微分等温线也可以很好地表征单分子膜的成膜特性。

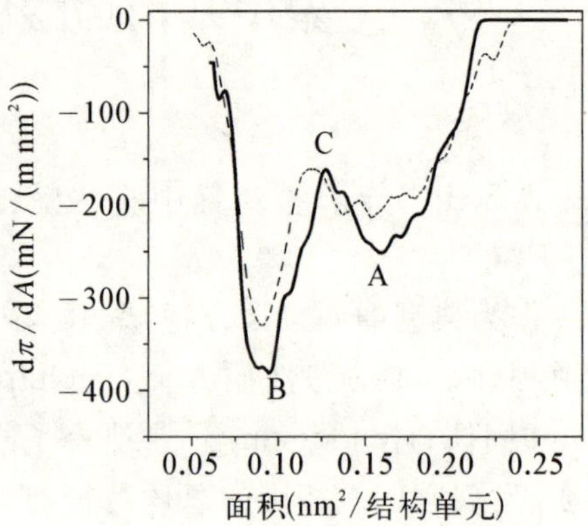

图7.9　试样P1(……)和P2(——)单分子膜弹性的微分等温线，20℃

7.3.2　静态弹性

对在某状态下的PMMA单分子膜的$\pi-A$等温线作微商，再乘以此时的平均分子占据面积，即是PMMA单分子膜在此状态时的静态弹性E_S。图7.10给出了P1和P2单分子膜的静态弹性与表面压的关系($E_S-\pi$曲线)。可见，当表面压从零开始上升时，E_S很快增大，在液态区，当静态弹性增大到一定程度时，由于存在一些较小的状态变化，静态弹性也相应地随表面压增大出现一些小幅度的波动；到单分子膜进入液-固转变区时，静态弹性显著减小至一极小值。当膜转变到固态区后，膜的静态弹性又会增大至一峰值，最后，由于高度压缩造成膜的皱褶或重叠，其静态弹性很快下降到接近 0。因此，总体上看，它们各自的 $E_s-\pi$ 曲线分别在液态区和固态区表现为两个很大的峰包（两相特性），而且在固态区的静态弹性峰值比液态区的峰值小，这说明 PMMA 固态膜的静态抗形变能力比其液态膜弱。而另一方面，无论在液态区还是固态区，P2 单分子膜的静态弹性都比 P1 单分子膜大，说明分子量越大，PMMA 单分子膜的强度有所增大。

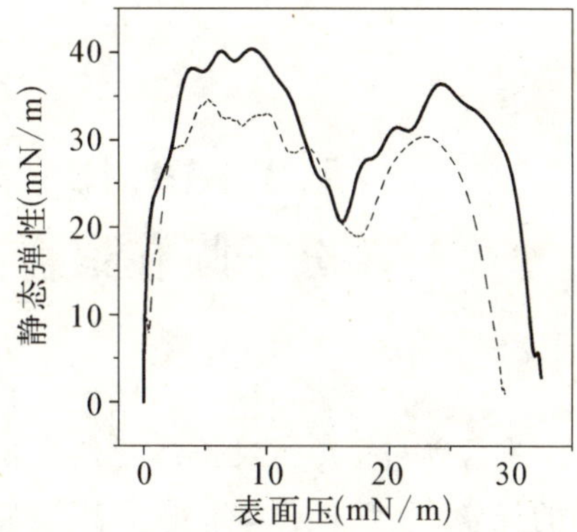

图 7.10 试样 P1(………) 和 P2(——) 单分子膜的静态弹性，20℃

7.3.3 动态弹性

由膜障振动法测得的 P1、P2 单分子膜的动态弹性与平均表面压的关系如图 7.11 所示。当表面压从零升高到 7 mN/m 时，膜的动态弹性迅速升高到 70 mN/m 左右，然后随表面压升高，动态弹性缓慢上升，到膜处于液-固转变状态时，动态弹性又有所减小。当膜进入固态后，动态弹性又显著增大，到高度压缩时，动态弹性又很快减小。这种变化趋势和静态弹性是相同的，所不同的是，膜在液态区的动态弹性都比固态区的小。另外，在相同表面压下动态弹性显著大于静态弹性，这与 Yu 等用 SLS 在高频下的测量结果[43]相符（他们所用 PMMA 样品的粘均分子量 $M_\eta = 191$ kg/mol）。这是因为在动态条件下，膜中 PMMA 分子受到的动态应力使其不易回复到像静态那样的相对平衡位置，特别是在分子排列比较紧密的固态下更是如此。但是他们得到的动态弹性数据很分散而不确定，且表面浓度对其大小没有确切的影响。这种差别是 PMMA 单分子膜的分子量、复杂的相变、松弛特性和稳定性以及所施振动频率等多种因素综合影响的结果。另外，P2 单分子膜的动态弹性显然比 P1 大，这与静态弹性随分子量的变化规律是一致的。

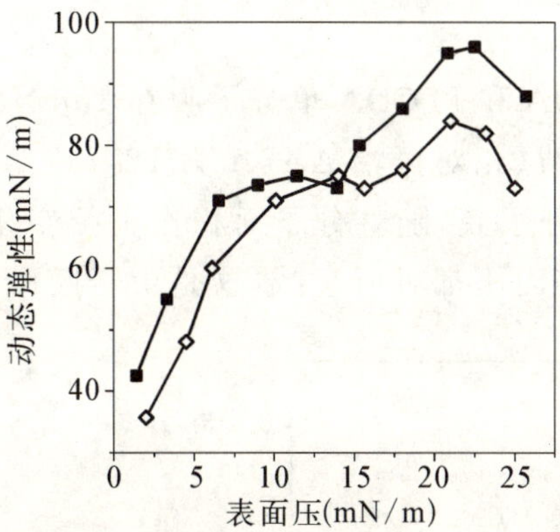

图 7.11 P1、P2 单分子膜的动态弹性与平均表面压的关系

7.4　10,12-二炔二十五碳酸单分子膜在聚合前后的动态弹性

迄今为止，人们对长链双炔酸的二维聚合研究主要集中于聚合过程和膜的光学、电学性质，而很少涉及膜在聚合前后的力学性质（如弹性和粘性）。然而，单分子膜的弹性，特别在动态振动条件下的动态弹性（包括粘度），不仅对膜的形成和稳定性产生影响，而且还影响到它能否顺利转移到固体基片上形成质量良好的LB膜。单分子膜的动态弹性还可以提供很多有关膜的相变和成膜分子间作用力的准确信息。对可聚合的单体单分子膜来说，测量膜在聚合前后的动态弹性，将有助于进一步了解单体在二维状态下聚合过程中发生的结构和性质变化，这无疑是有意义的。10,12-二炔二十五碳酸（PCDA）和它的聚合物PPCDA单分子膜在动态振动下的稳定性不如传统的长链脂肪酸成膜分子。

图7.12,7.13分别是20℃时PCDA和PPCDA单分子膜在15mN/m的表面压附近作动态振动时的实验曲线（相对振幅$\Delta A/A$为1%，频率为40 mHz）。无论是单体还是聚合物单分子膜，随着分子面积作正弦变化，表面压也作周期性的改变，但是平均表面压都有所衰减，这是由于膜中的

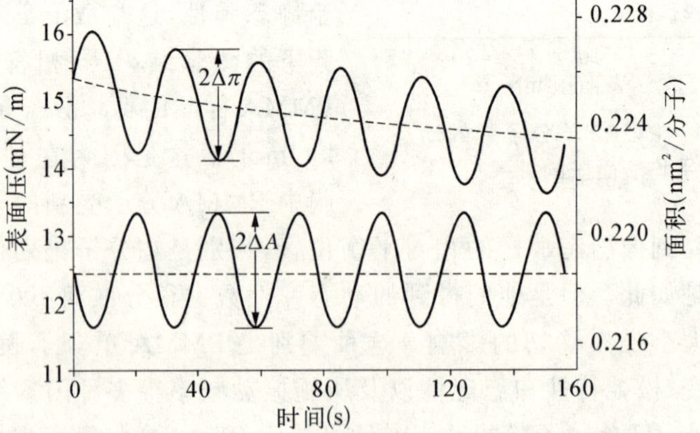

图7.12　20℃时PCDA单分子膜在15 mN/m附近的动态振动曲线

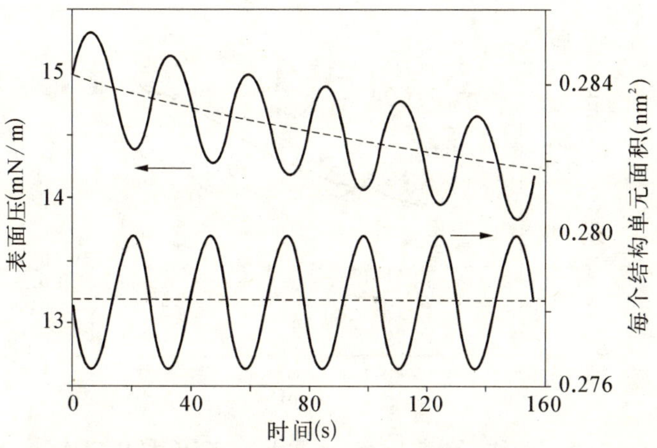

图 7.13 20℃ 时 PPCDA 单分子膜在 15 mN/m 附近的动态振动曲线

分子发生重排的结果。表面压和分子面积的变化都是反相的，说明 PCDA 和 PPCDA 单分子膜的粘度都非常小，几乎是纯弹性的。从动态振动曲线中确定出表面压的振幅 $\Delta\pi$，计算它们的动态弹性，$E_d = |\Delta\pi/(\Delta A/A)| = 100\Delta\pi$。图 7.14，7.15 和 7.16 分别是 PCDA 及其聚合物 PPCDA 单分子膜的动态弹性对表面压、pH 值和温度的依赖关系（其他条件不变）。

显然，PCDA 和 PPCDA 单分子膜的动态弹性都随表面压和 pH 值的增大而增加（但是在 25 mN/m 时，PPCDA 单分子膜容易发生崩溃形成双层膜，所以动态弹性突然下降），随温度升高而减小，因为表面压和

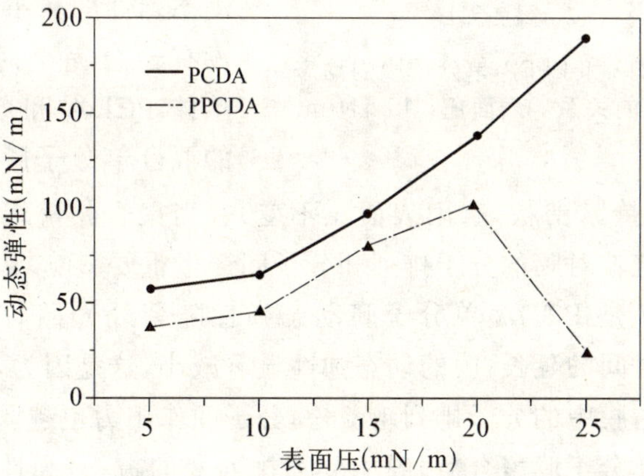

图 7.14 29℃，pH＝5.6 时 PCDA 和 PPCDA 单分子膜的动态弹性与表面压的关系

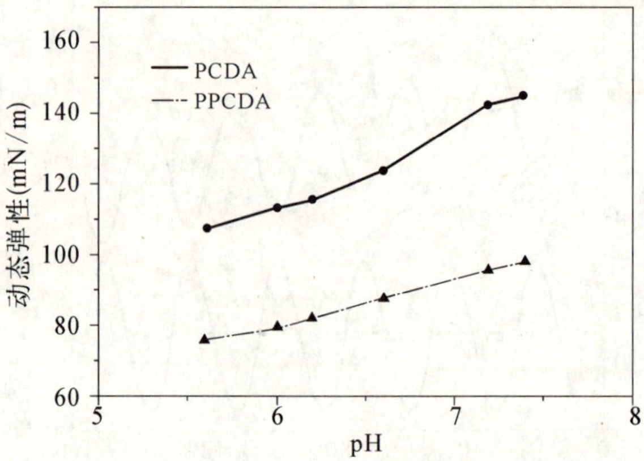

图 7.15 26℃,15 mN/m 附近的 PCDA 和 PPCDA 单分子膜的动态弹性与亚相 pH 值的关系

pH 值的增大有利于膜中分子排列更紧密,分子间作用力更强,而温度升高则会产生相反的结果。与 PPCDA 在近平衡条件下的压缩等温线比 PCDA 更扩张而且不如 PCDA 的等温线陡峭的事实一致,在相同的实验条件下,PPCDA 的单分子膜的动态弹性比其单体 PCDA 小得多。

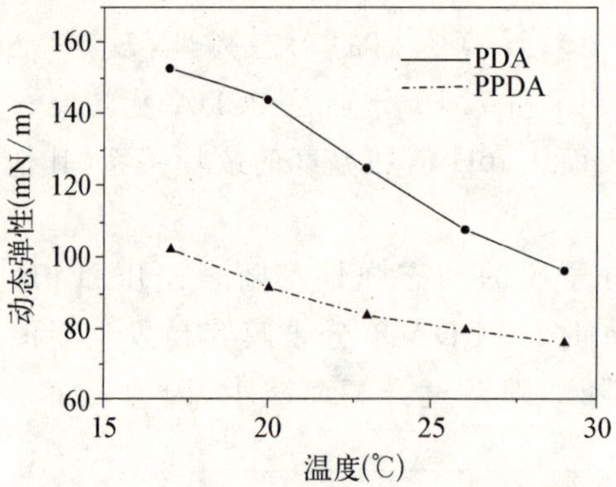

图 7.16 PDA 和 PPDA 单分子膜的动态弹性与温度的关系。表面压:15 mN/m,pH=5.6

通过在不同的聚合阶段测量产物的动态弹性可以更清楚地看到 PCDA 单分子膜聚合后动态弹性的减小。在 PCDA 还没有聚合完全时,膜实际上是单体 PCDA 和聚合物 PPCDA 的混合单分子膜,其中,单体的分子排列仍保持紧密状态(因表面压不变)。当聚合物链增长到一定长度时,聚丁二炔链就对膜的分子排列和分子间产生重要影响,从而也影响膜的弹性。图 7.17 是 PCDA 单分子膜动态弹性随紫外光照时间的变化。可见,随着聚合时间的延长,膜的动态弹性显著减小,这是因为,说明生成的聚丁二炔链越多,膜中的分子排列越疏松,分子间作用力也越弱。以上结果都表明,PCDA 单分子膜聚合后,膜中分子排列变的疏松,弹性减小。这也证明了聚合后的聚丁二炔链就是前面提到的 Porod-Kratky 链,而不是 Kuhn 链。因为如果是 Kuhn 链的话,由于炔键有很高的刚性,有限共轭长度的聚

合链只会导致 PCDA 单分子膜在聚合后的弹性更大。而形成 Porod-Kratky 链时,链段的排列有很大灵活性,在受到动态振动时可通过改变倾斜或弯曲程度以适应外力的变化。与单体分子相比,聚合后的 Porod-Kratky 链排列更疏松,其弹性当然比聚合前更小。

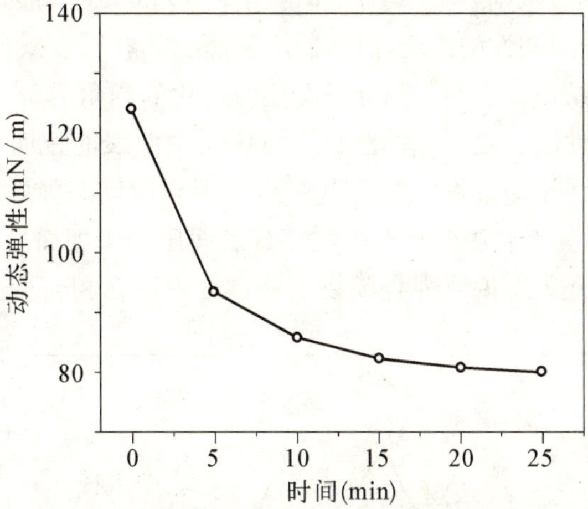

图 7.17 PCDA 单分子膜的动态弹性与紫外光辐照时间的关系

表面压15 mN/m,23℃,pH = 5.6

7.5 10,12-二炔二十五酸和钌有机螯合物混合膜聚合前后的动态弹性

金属有机钌螯合物是人们研究的最广泛的功能材料之一,其应用的关键,是如何将其均匀地散布到某种固体膜基质中。这里,10,12-二炔二十五酸被用来作为单体分子,首先与钌螯合物在水面上形成稳定单分子膜,然后再聚合。得到的嵌有钌有机螯合物的聚双炔酸 LB 膜。钌有机螯合物与聚双炔酸基质间的相容性对于其 LB 膜的应用有重要影响。若以纯水为亚相,不同摩尔比的 10,12-二炔二十五酸-钌有机螯合物混合单分子膜,只有混合比为 1∶1 时混合膜最稳定,相容性最好。这里也用膜障振动法测量混合单分子膜在聚合前后的低频动态弹性,从而来了解混合单分子膜的凝聚态结构及其在聚合过程中的分子重排机制。

7.5.1　聚合前混合单分子膜的动态弹性

图 7.18 是 18℃ 时混合单分子膜在 8mN/m 的表面压附近作动态振动时的实验曲线(同样相对振幅 $\Delta A/A$ 为 1%,频率为 40 mHz)。随着分子面积作正弦变化,表面压也作周期性的改变,但是平均表面压都有所衰减,这是由于膜中的分子发生重排的结果。表面压和分子面积的变化的相角为 π,说明聚合前混合单分子膜是纯弹性的。膜动态弹性和表面压关系曲线能说明混合膜分子间相互作用及混合膜在压缩过程中的相转变[44]。混合膜动态弹性和表面压关系曲线如图 7.19 所示。混合膜的动态弹性随着表面压的增加而增加。动态弹性和表面压间的非线性关系说明混合膜在压缩过程中存在相转变。与纯 PCDA 单

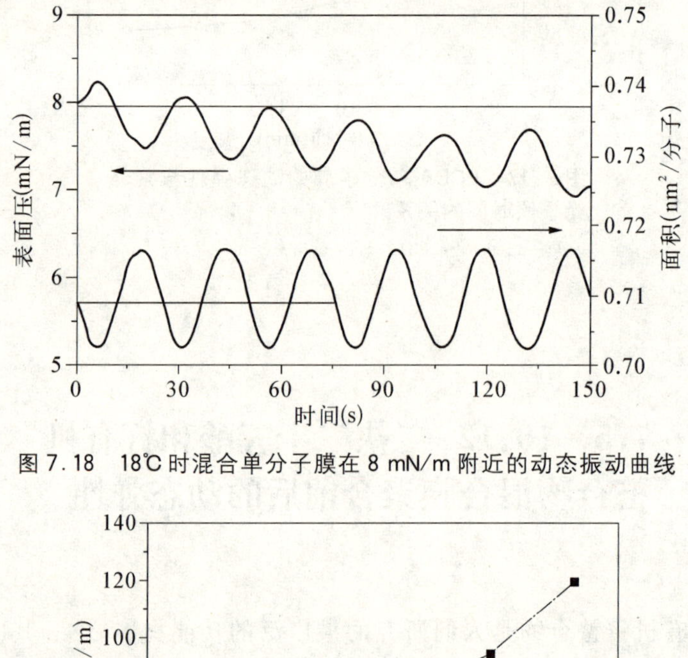

图 7.18　18℃ 时混合单分子膜在 8 mN/m 附近的动态振动曲线

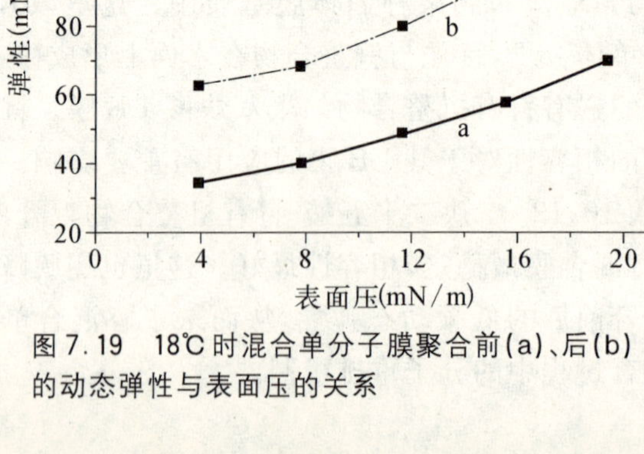

图 7.19　18℃ 时混合单分子膜聚合前(a)、后(b)的动态弹性与表面压的关系

分子膜相比，同样条件下混合单分子膜的动态弹性比纯 PCDA 单分子膜小。即相同表面压下混合单分子膜分子间排列疏松。这与混合单分子膜 $\pi-A$ 等温线结果(带有长链的 PCDA 分子的加入阻碍 Ru(Ⅱ)分子的相互穿透，造成混合单分子膜有较大的扩张，分子排列变松，压缩性降低)是一致的。

7.5.2　混合单分子膜的聚合

在紫外光辐照下，混合单分子膜在恒定表面压下可发生聚合。与纯 PCDA 单分子膜不同，混合单分子膜聚合过程中未观察到膜障后退(即分子膜扩张)过程。图 7.20 是 18℃ 时纯水亚相上的混合单分子膜在聚合前后的 $\pi-A$ 等温线。按第 6 章 6.4 节的分析，PCDA 的大分子链呈蠕虫状，具有连续的曲率，其中的某些链段严重倾斜或平躺，因此占据的面积比聚合前紧密排列的单体分子更大，存在面积膨胀现象。但混合单分子膜实验结果与纯 PCDA 单分子膜相反，聚合后混合单分子膜分子平均占据面积减小，存在面积收缩现象。这种面积收缩应是在聚合过程中混合单分子膜中分子重排的结果。因为混合单分子膜处于非热力学平衡状态，聚合过程中蠕虫链的形成将破坏混合单分子膜结构，钌螯合物分子被挤出重新形成“小岛”结构。由于 Ru(Ⅱ)分子配体间存在较大的空隙，分子可以相互穿透，形成密排的凝聚态结构，造成聚合后混合单分子膜分子平均占据面积减小，分子排列更紧密。

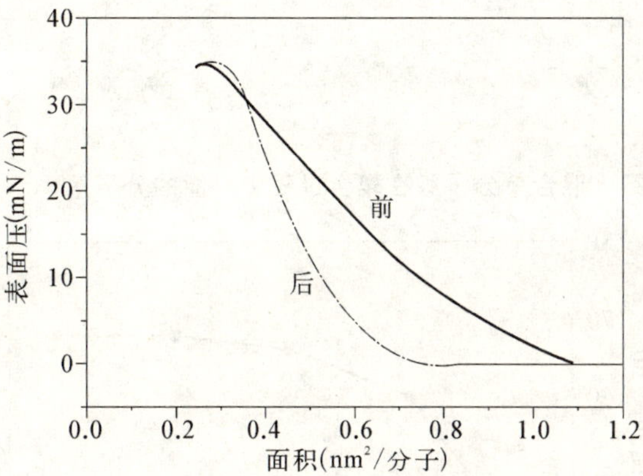

图 7.20　18℃ 混合单分子膜在聚合前后的 $\pi-A$ 等温线

7.5.3　聚合后混合单分子膜的动态弹性

从动态振动曲线中定出表面压的振幅 $\Delta\pi$，则可计算动态弹性为 $E_d=$

$|\Delta\pi/(\Delta A/A)|=100\Delta\pi$。图 7.19b 是聚合后混合单分子膜的动态弹性对表面压的依赖关系(其他条件不变)。聚合后混合单分子膜的动态弹性随着表面压的增加而增加。动态弹性和表面压间的非线性关系说明混合膜在压缩过程中存在相转变。与聚合前单分子膜动态弹性相比,聚合后混合单分子膜的动态弹性增加。即相同表面压下聚合后混合单分子膜分子间排列紧密。这与聚合后混合单分子膜 $\pi-A$ 等温线结果(聚合过程中蠕虫链的形成将破坏混合单分子膜结构,钌螯合物分子被挤出重新形成"小岛"结构,Ru(Ⅱ)分子可以相互穿透,形成密排的凝聚态结构,造成聚合后混合单分子膜分子平均占据面积减小,分子排列更紧密)是一致的。在聚合过程中,混合单分子膜中一部分 PCDA 分子被激化,聚合反应发生。一些 PCDA 分子转化为高分子链,分子重排发生,如图 7.21 所示;而未反应的 PCDA 分子仍然保持与 Ru(Ⅱ)分子原有结构。为了验证上述想法,对混合单分子膜在不同聚合时间条件下的动态弹性进行了详细的研究。混合单分子膜动态弹性随聚合时间变化曲线如图 7.22 所示。混合单分子膜动态弹性随聚合

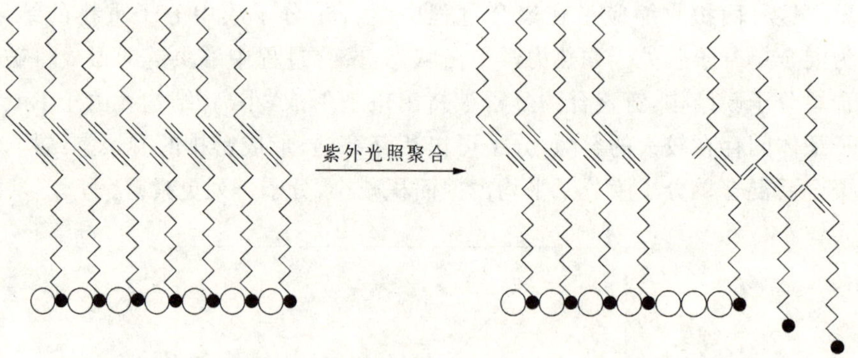

图 7.21　混合单分子膜在聚合过程中可能的分子重排示意图

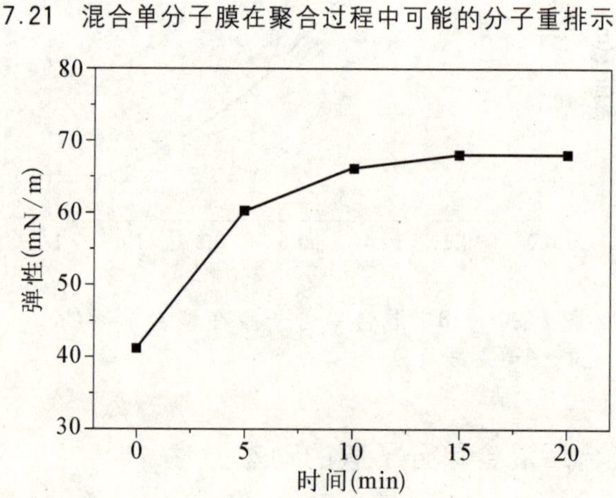

图 7.22　混合单分子膜的动态弹性与紫外光辐照时间的关系

时间增加而增加。聚合时间越长，越多钌螯合物分子被挤出重新形成“小岛”结构，分子排列越紧密，混合单分子膜动态弹性越高。同样，从图 7.20 也可看出，聚合后混合单分子膜 $\pi-A$ 曲线更陡，说明聚合后混合单分子膜凝聚性更高。由聚合后混合单分子动态弹性曲线可看出，表面压和分子面积的变化的相角为 π，说明聚合后混合单分子膜粘度很小，基本是纯弹性的。

7.6 共聚物单分子膜的静、动态弹性

从前面章节已经知道有关共聚物单分子膜的研究本来就较少[45]，分子量对二元共聚物单分子膜性质影响的报道更少。这里专门介绍典型的两亲性二元共聚物苯乙烯-马来酸酐共聚物(PSM)单分子膜的静、动态弹性。

三个 PSM 数均分子量($\overline{M}_n$)及分子量分布($\overline{M}_w/\overline{M}_n$)分别为 8.7×10^3，1.15×10^4，1.46×10^4 和 1.14，1.20，1.16 的样品，分别记为 PSM1、PSM2 和 PSM3，具有马来酸酐和苯乙烯为 1∶1 的交替结构。动态弹性实验的振动频率选为 50 mHz。

7.6.1 PSM 单分子膜的 $\pi-A$ 等温线和微分等温线

共聚物单分子膜的 $\pi-A$ 等温线与小分子的类似。图 7.23 是 20℃下不同分子量 PSM 单分子膜的 $\pi-A$ 等温线。PSM 能在较大的表面压范围内形成稳定的单分子膜，压缩时，膜压逐渐增大。膜压过高，单分子膜发生皱叠或崩溃，膜压上升显著减慢。PSM 的主链为线形碳链，呈疏水性，位于水的表面；而间隔接着的酸

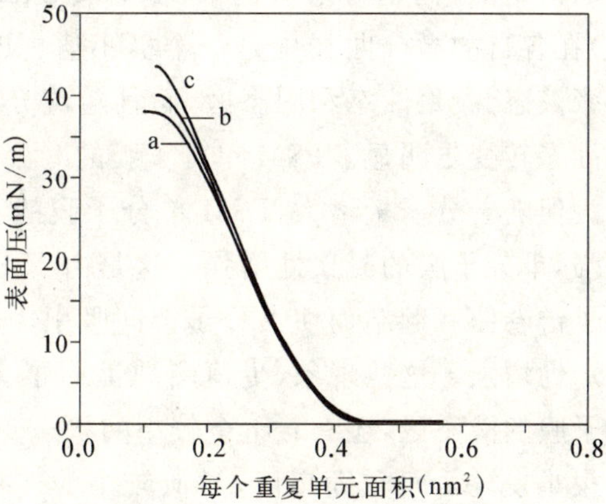

图 7.23 20℃下不同 PSM 单分子膜的 $\pi-A$ 等温线

a. PSM1；b. PSM2；c. PSM3

酐亲水基团，伸入水相，基本与水面垂直。彼此间的相互作用使共聚物主链趋于尽量的伸直状态，有利于形成二维单层膜。从图7.23可见，分子量对PSM膜的$\pi-A$等温线形状和平均链节占据面积的影响不大，但不同分子量的PSM膜的力学性质却有明显差别：随分子量增大，PSM单分子膜的崩溃压π_c也逐渐增大，PSM单分子膜在凝聚态区的等温线的斜率也逐渐增大，这是由于PSM大分子链越长，更容易与其他分子发生链嵌套或缠结等作用而使分子链间的吸引力增大，单分子膜的凝聚性和稳定性增强。

PSM单分子膜在压缩过程中的相变和成膜特性可以更清楚地从它们的微分等温线中得到。将PSM单分子膜的$\pi-A$等温线对分子平均占据面积A进行微分，可得单分子膜的$(\mathrm{d}\pi/\mathrm{d}A)-A$微分等温线(图7.24)。其中，$A$值反映的是单分子膜在这种状态的压缩程度，$A$越小，压缩程度越大；$\mathrm{d}\pi/\mathrm{d}A$则体现着单分子膜在此状态下的凝聚性：$\mathrm{d}\pi/\mathrm{d}A$大小反映单分子膜的可压缩性，其极小值，对应着单分子膜在此相区凝聚性最高的点。如图7.24所示，随着聚合物分子量的逐渐增大，PSM单分子膜的$\mathrm{d}\pi/\mathrm{d}A$极小值逐渐减小(绝对值增大)，即PSM单分子膜的不可压缩性增大，膜的刚性和稳定性增强。通常，聚合物单分子膜在压缩过程中存在着气-液-固态相转变，其中液态区又可分为扩张液态区和凝聚液态区。微分等温线中小峰的出现与PSM单分子膜在压缩过程中的相变密切相关。从图7.24可以看出，对于PSM单分子膜，压缩过程中微分等温线$|\mathrm{d}\pi/\mathrm{d}A|$在液态区和固态区分别有一个很明显的极大值点，分别对应着它们所在相区中凝聚性最高的两个点，而单分子膜的液-固态转变状态的$|\mathrm{d}\pi/\mathrm{d}A|$值(L-S相转变点)在各自的微分曲线中是一个极小值。PSM单分子膜存在明显的气态、扩张液态、凝聚液态和固态区，而且随着分子量增大，在压缩过程中由液态向固态转变更明显。PSM单分子膜的凝聚性几乎相同，分子量对其影响不大。但随着分子量增大，PSM单分子膜的不可压缩性增大，刚性和稳定性增强，单分子膜的凝聚性增强。这是由于PSM大分子链越长，越容易发生分子链卷曲和缠结而使大分子链间吸引力增大，导致单分子膜的凝聚性和稳定性增强。这些现象，更清晰地证明了$\pi-A$等温线的分析结果。在单分子膜的液态区，还有若干个较小的状态变化(这种变化在其$\pi-A$等温线中很难发现)，而在固态区，类似较小的变化就少得多，这是由于液态膜中PSM分子链排列不紧密，彼此间相互作用力弱，在压缩过程中易产生小的相变(如侧链的重新取向、单分子膜的微缺陷、孔洞在压缩过程中被扩大或压缩，甚至挤出等产生的相变)，而在固态区分子链间紧密排列，彼此间相互

作用力很强，这种小的相变已经很难继续发生了。随着分子量的增大，分子链间相互作用对于聚合物单分子膜的成膜性质和相变状态的影响越来越大，共聚物单分子膜的稳定性增强，压缩过程中的相变趋于明显。因此，单分子膜的微分等温线能比积分型 $\pi - A$ 等温线更好地来表征单分子膜成膜特性。

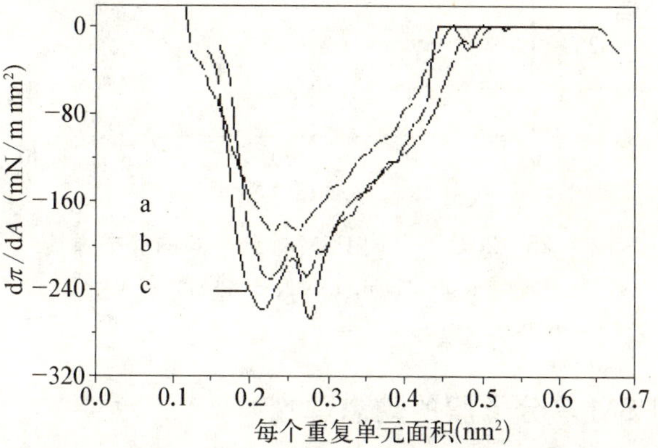

图 7.24 20℃下不同 PSM 单分子膜的微分等温线

a. PSM1; b. PSM2; c. PSM3

7.6.2 PSM 单分子膜的静态弹性

单分子膜的弹性由分子排列的紧密程度（即凝聚性）所决定，反映分子在膜面内的抗形变能力。对某状态下的 PSM 单分子膜的 $\pi - A$ 等温线作微商，再乘以此时的平均分子占据面积，即是此状态下的 PSM 单分子膜的静态弹性 E_s（$E_s = A|\mathrm{d}\pi/\mathrm{d}A|$）。图 7.25 给出了 PSM 单分子膜的静态弹性与膜压的关系（E_s- π 曲线）。可见，当膜压从零开始上升时，E_s很快增大，在液态区，当静态弹性增大到一定程度时，由于存在一些较小的状态变化，静态弹性也相应地随膜压增大出现一些小幅度的波动；当膜转变到固态区后，膜的静态弹性又会增大至一峰值，最后，由于高度压缩造成膜的皱褶或重叠，其静态弹性很快下降到接近 0。因此，总体上看，它们各自的 E_s- π 曲线分别在液态区和固态区表现为两个很大的峰包（两相特性），而且在固态区的静态弹性峰值比液态区的峰值小，这说明 PSM 固态膜的静态抗形变能力比其液态膜弱。而另一方面，无论在液态区还是固态区，随分子量增大，PSM 单分子膜的静态弹性增大，膜的强度有所增大。

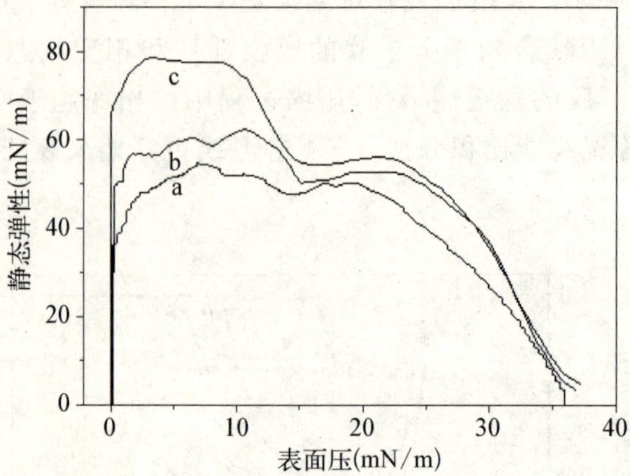

图 7.25　20℃下不同 PSM 单分子膜的静态弹性

a. PSM1; b. PSM2; c. PSM3

7.6.3　PSM 单分子膜的动态弹性

PSM 单分子膜典型的动态弹性曲线如图 7.26 和 7.27 所示。随 PSM 分子量增大，由膜障振动引起的 PSM 单分子膜平均占据面积变化和导致的单分子膜膜压变化之间的相位差逐渐增大，表明随着分子量增大，PSM 单分子膜的粘弹性增加，粘度逐渐增大，单分子膜的松弛行为越来越明显。这也是由于 PSM 大分子链越长，越容易发生分子链卷曲或缠结等作用而使大分子链间的吸引力增大，使得 PSM 单分子膜凝聚性增强，粘度增大，松弛行为更明显。这与 $\pi-A$ 等温线和微分等温线的结果一致。

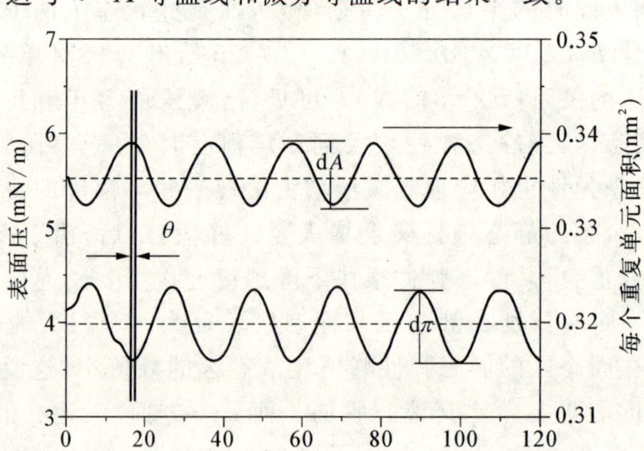

图 7.26　20℃下 PSM1 单分子膜动态弹性曲线

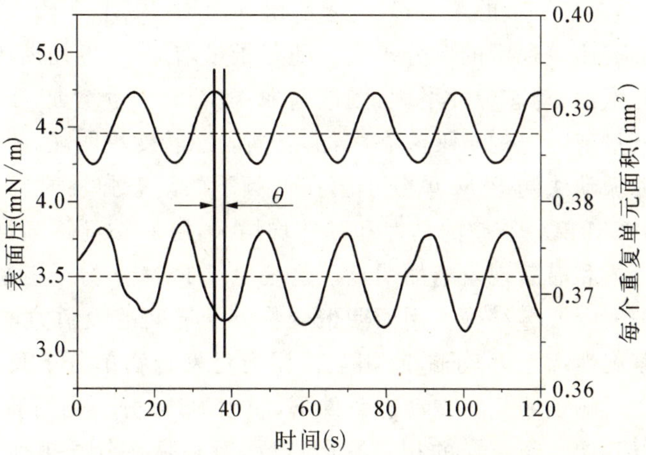

图 7.27 20℃下 PSM3 单分子膜动态弹性曲线

PSM 单分子膜的动态弹性与平均膜压的关系如图 7.28 所示。动态弹性随平均膜压的变化趋势和静态弹性是基本相同的，所不同的是，膜在液态区的动态弹性都比固态区小，说明 PSM 固态膜的动态抗形变能力比其液态膜强。另外，在相同膜压下动态弹性显著大于静态弹性，特别在固态区。这是因为在动态条件下，膜中 PSM 分子受到的动态应力使其不易回复到静态那样的相对平衡位置，特别是在分子排列比较紧密的固态下更是如此。而另一方面，无论在液态区还是固态区，随着分子量增加，PSM 单分子膜的动态弹性增大，单分子膜的刚性增强，稳定性增强。这与单分子膜的 $\pi-A$ 等温线，微分等温线和静态弹性的分析结果是一致的。PSM 单分子膜动态行为是聚合物分子量、复杂的相变、松弛特性和稳定性以及所施振动频率等多种因素综合影响的结果。

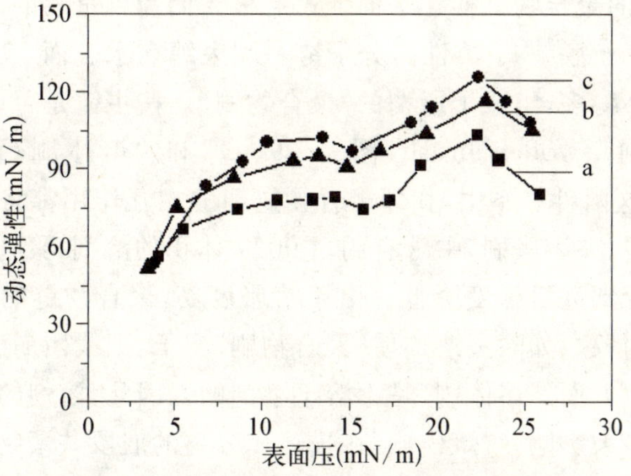

图 7.28 20℃下不同 PSM 单分子膜的动态弹性

a. PSM1; b. PSM2; c. PSM3

可见,不同分子量的苯乙烯-马来酸酐共聚物(PSM)在较大的表面压范围内均能形成比较稳定的单分子膜。随分子量增加,膜的崩溃压增大,凝聚性和稳定性增加,动态弹性增大,刚性增强;随着分子量增加,压缩过程中单分子膜逐渐呈现明显的凝聚液态区,液态向固态转变更明显,相变状态更复杂。用膜障振动法测 PSM 单分子膜在低频下的动态弹性时发现随着分子量的增加,PSM 单分子膜的粘性和弹性均增大,膨胀粘度逐渐增大,单分子膜的松弛行为和滞后现象越加明显。这是由于 PSM 大分子链越长,越容易发生分子链嵌套或缠结等作用而使聚合物分子链间的吸引力增大,PSM 单分子膜的凝聚性增强,分子链间相互作用力对聚合物单分子膜的成膜性质和相变状态影响更明显。在动态条件下,膜中 PSM 分子受到的动态应力使其不易回复到像静态那样的相对平衡位置,特别是在分子排列比较紧密的固态下更是如此,因此 PSM 单分子膜的动态行为还是很复杂的。

7.7 二维橡胶态的概念

7.7.1 聚合物单分子膜

已经说过,真正的聚合物单分子膜一般是指大分子的每个单体单元都能附着在水面上。但是由于大分子链的内旋转特性,这几乎是做不到的。因此,当给定的聚合物试样在水面上占有极大的和可重复的面积时,就可认为形成了单分子膜[46]。柔性高分子链一端束缚在水表面,其侧向间隔比无扰状态下要小得多,组成了所谓的"聚合物刷"。按主链是否可溶,可以将其分为"溶胀刷(swollen brush,图 7.29 a)"和"熔体刷(melt brush,图 7.29 b)"。在这两种体系中,相邻聚合物链间的相互作用都将导致无规线团远离界面伸展。"溶胀刷"中含有约占 90% 体积的溶剂,聚合物链段的浓度沿距界面由近到远呈梯度降低。由于溶胀度高,聚合物链的运动通常足以达到其平衡构象。如除去溶剂使"聚合物刷"变干,则线团崩溃,其性质也大为改变。另一方面,"熔体刷"是不溶于溶剂的。因此,溶剂的存在对熔体刷的性质没有多大影响。"熔体刷"在描述相分离的嵌段共聚物时有很重要的应用。它们通常的形态(如层状、六角、立方等,见图 7.29 c)是界面张力与受紧密挤压的聚合物链的相互作用平衡的结果。研究平面上单分子膜的

“聚合物刷”比研究体相聚合物更具优越性，因为在单分子膜中测量和调节头基的表面浓度相对更容易，并且可使体系有很好的空间取向性。

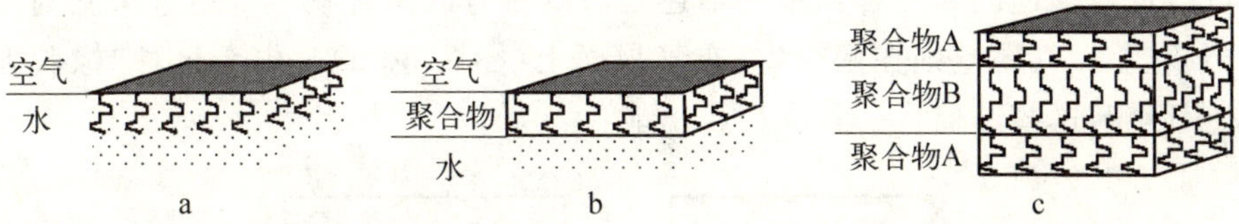

图 7.29 a. 可溶性聚合物刷单分子膜；b. 不溶性聚合物刷单分子膜；c. 层状结构相分离共聚物的示意图

疏水性链处于熔体状态，受缚聚合物的扩张等温线没有表现出任何相变。因此，具有相同链长的单个聚合物膜并不横向分离形成相畴(domain)。在从零表面压到崩溃压的范围内观察在水面上的膜和转移膜的真正的微观结构并没有揭示任何横向结构的信息。但是，在零表面压下膜将破裂形成与裸露的水表面共存的二维泡沫。这是任何不溶性单分子膜的一般特征，可用二维液/气共存来解释。

固体基片上的转移膜的 AFM 图像表明了膜有平滑的表面。此膜偶尔还有微米尺寸的孔，但其大小已小于光学显微镜的分辨率。目前还不清楚这些小孔是在转移时产生的还是本来就存在于水面的。

膜的疏水区并不含有大量的水。因此可以假设聚合物链段的密度与纯聚合物的体相熔体非常接近，并在整个膜内几乎为常数。这预示着膜厚应与链长成正比，而与每个基团的面积成反比：

$$RA = nNv \Leftrightarrow R = Nv(A/n)^{-1} \tag{7.8}$$

水面上的膜和转移膜已有人用 X 射线和中子反射技术研究过。这两种技术只对具有相同高度的那部分膜敏感，却不能检测膜面上的肿块或小滴。这样测得的分级高度和用 X 射线反射得到的厚度都很好地与理论厚度相符。

7.7.2 聚合物单分子膜的热力学分析

对低分子量的两亲性物质，特别是那些可以形成晶体或液晶固相的，常将等温线向下直线延长至零表面压而得到临界面积。这种处理是基于这样的假设：即膜被横向压缩至硬壳排斥而膜的构型不会改变。有时，这种延长也应用于扩张等温线。但是，它有其原理和操作上的问题：(1) 两亲性物的构型改变被忽略了。如果此物质是液态扩张相(如聚合物刷)，则这是不恰当的;(2) 延长线的起点不容易恰当地确定。

如果考虑到聚合物链的构象改变,长于 300 个原子的链的等温线则是可以定量描述的。一种简单的描述是假设所有的聚合物链均通过头基与水相相连,而其尾基则在聚合物-空气界面上(图 7.30 a)。由于这种“橡胶弹性”形变,这些链储存一种弹性自由能:

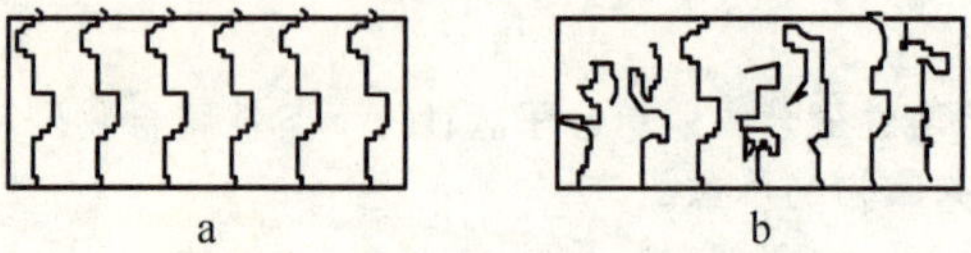

图 7.30　规则生长的聚合物刷

a 和类似于 Semenov 形态的无规伸展的聚合物刷 b 的比较

$$F_{弹} = \frac{3nk_BTR^2}{2<r^2>_0} = \frac{3k_BTn^3N^2V^2}{2<r^2>_0A^2} \tag{7.9}$$

其中,无扰均方端距$<r^2>_0$正比于链长。其一阶导数为

$$\frac{\partial F_{弹}}{\partial A} = -3k_BT\alpha^2N\left(\frac{A}{n}\right)^{-3} \tag{7.10}$$

对自由连接链,常数 $\alpha = v/(<r^2>_0/N)^{1/2}$ 可解释为链段的临界面积。表面压与此一阶导数有关。可以证明,表面压的所有其他分量与链长 N 无关:

$$\Pi = f(A/n) + ck_BT\alpha^2N(A/n)^{-3} \tag{7.11}$$

其中,$c = 3$。此表达式有个重要特征:表面压的弹性部分与链长成线性关系,而与每个头基面积 A/n 的三次方成反比。因此,$\Pi - N$ 曲线应是直线,其斜率反比于$(A/n)^3$。若以 α 来标度,将得到:

$$\frac{\Delta\Pi a}{\Delta Nk_BT} = C\left(\frac{A}{na}\right)^{-3} \Leftrightarrow \lg\left(\frac{\Delta\Pi a}{\Delta Nk_BT}\right) = \lg c - 3\lg\left(\frac{A}{na}\right) \tag{7.12}$$

用此标度法比较链的不同柔性,所有的聚合物都可用单独的一条直线来表示。此方程的预期结果已被一系列带磺酸基端基的聚异戊二烯的实验所验证。

上面人为假设了自由尾基位于膜的上表面,而实际情况更接近于图 7.30 b的情况,即类似于 Semenov 形态的无规伸展的“聚合物刷”。但是可以证明任何紧密的形变都导致相同的幂律,而因子 c 可能与简单模型不同。精确的 Semenov 理论得到相同的幂律,但是 $c = \pi^2/4 \approx 2.47$。这些结果反

映了 Semenov 刷中链可认为是热力学平衡的，而在简单模型中它们的位置在热力学上并不是最佳状态。

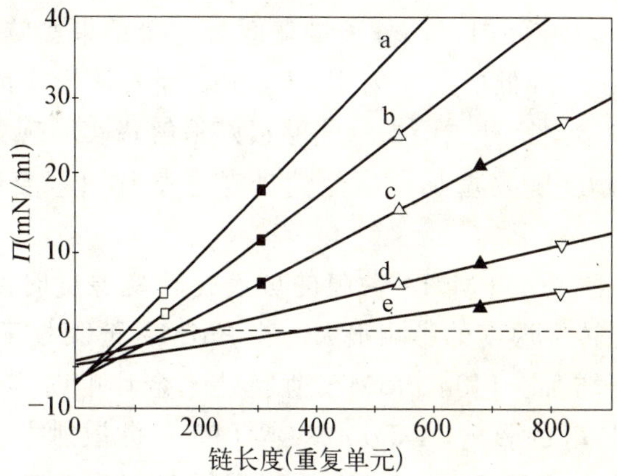

图 7.31 在给定的每个头基所占面积(A/n)时 PI-SO_3 膜的表面压与链长的关系

a. A/n = 150A^2； b. 170A^2； c. 200A^2； d. 250A^2； e. 300A^2

对长链原子数多于 300 的聚合物来说，热力学处理很成功，但链较短时，结果会偏离理论值。当链原子数约为 100，弹性对等温线的贡献显得并不重要。

Goedel[47] 等通过带磺酸基头基的聚异戊二烯（PI－SO_3）的单分子膜考察了一端束缚在水面的疏水聚合物的性质，并用热力学方法分析了 A/n 对等温线的影响，得出结论：在给定 A/n 的情况下，表面压随链长线性增加（图 7.31）；此线的斜率在高斯统计下正比于$(A/n)^3$，而在非高斯统计下则可表示成(A/n)的多项式。将这种聚合物单分子膜在一定条件下交联，可得到交联网状结构，产生类似于橡胶的特殊弹性行为，即可能存在聚合物单分子膜的二维橡胶态。

7.7.3 聚合物薄膜厚度对玻璃化转变温度 T_g 的影响

尽管现在人们对玻璃化转变的实质还不是十分清楚，但有报道称当系统尺寸减小时，聚合物分子的流动性将增加，从而必须考虑系统尺寸和表面在玻璃化转变中所起的作用[48]。Keddie[49] 等人首次在聚合物薄膜中用椭圆偏光法直接测量了薄膜的玻璃化转变温度。把聚苯乙烯薄膜铺在氢钝化的硅表面，当 $h \leqslant 40$ nm 时，所测的 T_g 值比体相 T_g 值低。且发现玻璃化

转变温度随薄膜厚度降低而降低,

$$T_g(h) = T_g(本体)[1 - (a/h)^{\delta}] \tag{7.13}$$

这里,$a = 3.2$ nm, $\delta = 1.8$。分子量高低对实验结果影响不大,排除了受限分子链是导致 T_g降低的主要因素。Keddie 等人认为在薄膜自由表面附近还存在一液态层。这种二层模型能够很好地解释实验现象。当温度升高时,液态表面层厚度随之增加。但他们未考虑基片对聚合物薄膜 T_g值的影响。

用椭圆偏光法测量 PMMA 薄膜的玻璃化转变温度时发现基片对聚合物薄膜的玻璃化转变温度的影响很大。当 PMMA 薄膜处于硅片上时 T_g随薄膜厚度减少而增加。但当 PMMA 薄膜处于金片上时实验结果则相反。为了消除基片对 T_g的影响,A. Foorest[50]用布里渊散射方法首次成功地测量了不同厚度的自由悬浮的聚苯乙烯薄膜的玻璃化转变温度(图 7.32)。发现当聚合物薄膜厚度 $h \leqslant 70$ nm 时,T_g随薄膜厚度线性减少,当薄膜厚度为 29 nm 时,T_g比最初值减少 70 K。

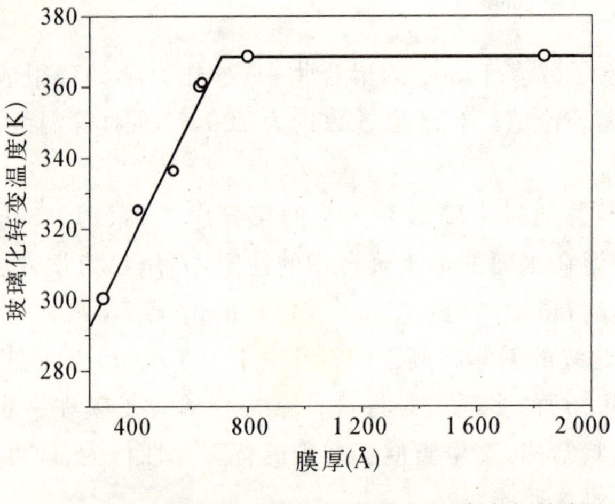

图 7.32 自由悬浮的聚苯乙烯薄膜的玻璃化转变温度 T_g 与薄膜厚度的关系

$$T_g(h) = \begin{cases} T_g(本体)[1 - (h_0 - h)/\varepsilon], & h < h_0 \\ T_g(本体), & h \geqslant h_0 \end{cases} \tag{7.14}$$

这里,$h_0 = 69.1$ nm, $\varepsilon = 213$ nm。实验结果证明自由表面作用降低了体密度,提高了聚合物链的流动性,降低了聚合物薄膜的玻璃化转变温度。薄膜厚度越低,这种作用越强,薄聚合物薄膜的玻璃化转变温度越低。因此,我们可以预见聚合物单分子膜的玻璃化转变温度会更低,有可能会接近室温，这就为聚合物单分子膜的二维橡胶态的存在提供了理论可能。

7.7.4　二维橡胶态的提出及几个证明它可能存在的实验

具有低玻璃化转变温度的聚合物单分子膜是否在室温存在橡胶态是一个值得探索的问题。作者等[51, 52]通过研究亚油酸单分子膜的聚合和聚合反应对单分子膜动态弹性的影响，首次明确提出了二维橡胶态的概念并给出了初步的实验证明。亚油酸单分子膜在紫外光辐照下，膜障为了保持表面压，推进的速度增加到一个明显的最大值；辐照后对单分子膜继续压缩，其崩溃压将达 22 mN/m，反比单体单分子膜的崩溃压 18 mN/m 还高，辐照后在水面上可搜集到痕迹量的树脂状固体物。这些都表明亚油酸单分子膜确已发生了聚合。用动态方法测定了聚合前后亚油酸单分子膜的动态弹性，发现聚合反应后的亚油酸单分子膜的动态模量下降到 40.4 mN/m，比辐照前的 96.3 mN/m 低很多。

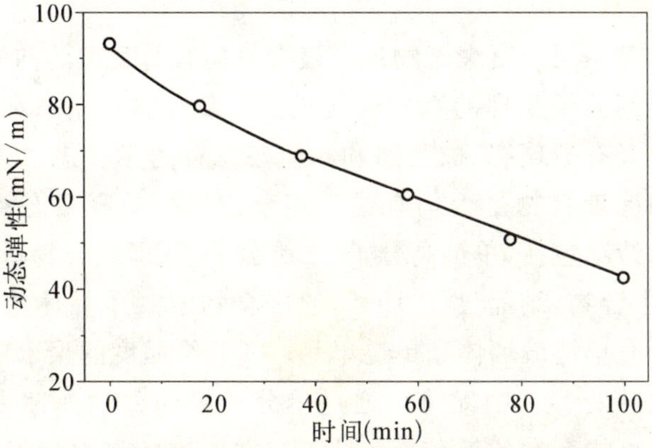

图 7.33　亚油酸单分子膜的弹性随紫外光辐照时间增加而减少

考虑到亚油酸分子中有两个双键，而且树脂状固体物不溶于常见的溶剂，可认定亚油酸发生了交联。如果聚合反应后的单分子膜的玻璃化温度比室温低，那么它将处于高弹橡胶态，因此单分子膜的弹性反比其聚合前的低。据此作者等首次提出了单分子膜的二维橡胶态的概念。

与此同时 R. Heger 和 W. A. Goedel 等[53, 54]通过进一步研究交联的聚合物单分子膜的特性发现头基亲水的聚合物单分子膜在一定条件下可发生交联，且能够被转移到固体基片上，产生了近似橡胶的行为。他们首先合成了头基为磺酸基且每个聚合物分子链上大约接有8个蒽侧基团的线形聚异戊二烯。用紫外光辐照可使蒽侧基团发生交联,从而使聚合物刷单分子膜发生交联。当蒽侧基团在330 nm到430 nm范围的特征吸收强度逐渐减少直至消失时,交联反应完全。

在照射过程中,聚合物单分子膜转变为橡胶弹性薄膜。照射后的单分子膜能通过垂直伸入的一个薄的有0.3 dm内径的铜片来转移。通过光学显微镜研究发现,小孔已充满悬浮的聚合物薄膜。这种聚合物薄膜非常稳定(至少稳定4个月),膜厚度约为40 nm。而如果是没有经过照射的聚合物单分子膜,小孔是不会被充满的。在原子力显微镜下可观察到,用一个轻微的压力从下向上顶薄膜,薄膜中部向上凸起,产生了形变。当松开后发现形变完全消失了,出现了类似三维状态下橡胶弹性形变行为,且这个过程能被多次重复。这就从实验上直接肯定了被转移的聚合物单分子膜的确存在预期的橡胶弹性行为,聚合物单分子膜的二维橡胶态是极有可能存在的。

7.7.5 单分子膜二维橡胶态的进一步探讨

高分子物理是当今凝聚态物理中极有可能有所突破的前沿课题。高分子的凝聚态是高分子物理的基本问题之一。聚合物有晶态和非晶态之分,非晶态聚合物又有玻璃态、橡胶态和粘流态三种力学状态。现在要问的是在某些特殊情况聚合物是否仍有通常聚合物那样的凝聚态和三种力学状态?这些特殊情况包括,单链高分子,二维分子膜,即聚合物单分子膜和LB膜,超高拉伸聚合物,结晶度达100%的聚合物宏观单晶体等。已经知道,柔性链高分子有单链玻璃体和单链单晶;100%结晶度的聚丁二炔根本不存在什么玻璃化转变[2]。因此可以通过单分子膜的力学弹性来研究聚合物在二维状态下可能存在的橡胶态:是否存在二维状态下的橡胶态;大分子在这二维膜中是如何排列和如何表征的等等。

力学性能也是与材料应用有关的重要物理性能。没有一定强度的材料是没有用途的。对高分子膜和LB膜来说也是一样。由于小分子有机化合物形成的单分子膜和LB膜不仅强度低,而且耐热性也不好。为克服这个弱点,常在成膜小分子化合物中引入可进一步反应的基团,或直接使用高分子化合物成膜。此外,材料的力学性能又与组成材料的分子之间的相互作用力密切相关。对单分子膜来说,更是与膜的形成和拉膜过程密切相关。但由于测量上的困难,即使是力学性能中常用的单分子膜弹性(或模量)的数据也很少有报道。当然,按弹性的定义,由 $\pi-A$ 曲线的斜率即可求得单分子膜的弹性。以后有用椭圆偏振和 X 射线衍射的方法直接测定水面上单分子膜弯曲模量的报道。布里渊散射的方法也可被用来测定膜的弹性行为。Miyano 还报道了用面波探测技术确定单分子膜力学性能和各向异性。但以上的技术都需要昂贵的仪器设备,因此直接利用膜天平装置现场测定单分子膜弹性的动态方法就有其突出的优点,并且在现代电脑控制的膜天平添加适当软件就很容易做到这一点。

单分子膜的动态弹性与单分子膜的实际应用更密切相关,更能直接提供分子间相互作用的信息。如果单分子膜不是理想弹性而是粘弹性的,那么动态测量还能从膜障的正弦驱动力与表面压变化之间的相位差来了解聚合物单分子膜的松弛行为。

Bodalia 等认真考察了由单体 2-十五烷基苯胺形成单分子膜在不同的表面压和不同的温度下反应形成的聚合物单分子膜的弹性,结果是非常有趣的。当聚合反应的温度分别控制为 10℃,15℃,20℃,25℃和 30℃时,形成的聚合物单分子膜的模量分别为 103 mN/m,91 mN/m,79 mN/m和 76 mN/m,也就是说,随着反应温度的增加,聚合物单分子膜的模量逐渐降低,这是因为聚合物的平均分子量与聚合反应的温度有关,温度变化将影响聚合反应的活化能。一般来说,反应的温度越低,聚合物的平均分子量越大,因此在较低温度下形成的聚合物将具有较好的机械力学性能。此外,如果保持聚合反应的温度不变,将聚合反应所对应的表面压分别设置为 5 mN/m,10 mN/m,15 mN/m,20 mN/m 时,得到的聚合物单分子膜的模量分别为 101 mN/m,102 mN/m,104mN/m 和 103 mN/m,说明在不同的表面压条件下发生的聚合反应对聚合物单分子膜的模量没有什么影响。再者,如果把聚合之前由聚合单体形成的单分子膜的模量(59 mN/m)与聚合物单分子膜的模量加以比较,不难发现由聚合反应形成的单分子膜的模量要大得多,即聚合反应改善了单分子膜的机械力学性能。但是聚合反应并不总是增加单分子膜弹性的,如果聚合反应后的单分子膜是交联的,并且其玻璃化温度又比室温低,那么交联单分子膜将处在高弹橡胶态,这时单分子膜的弹性反比其聚合前的低。何平笙等用动态测定方法详细研究了聚合前后亚油酸单分子膜的弹性行为。聚合前,亚油酸单分子膜的动态模量为 96.3 mN/m,聚合反应后形成聚合物单分子膜,其动态模量下降到40.4 mN/m,这可能和交联结构的形成有关,因为亚油酸分子有两个双键,在紫外辐射下是有可能形成交联结构的,在水面上收集的痕迹物不溶性证实了这一点。至于交联单分子膜的橡胶弹性将如何去表征,目前还缺乏足够的证据。

参考文献

[1] 何平笙,管水云,李春娥,*高等学校化学学报*,1994,15(6):940

[2] 何平笙,陈仁钊,李春娥,*功能材料*,2000,31(增刊):92

[3] R. Y. Qian, "Perspectives on the Macromolecular Condensed State", World Scientific Publishing Co., Singapore, 2002

[4] 钱人元,*高分子通报*,2000,(2):1

[5] He Pingsheng, Yao Gang, *New Polym. Mater.*, 1991, 3(1): 1

[6] M. Seufert, C. Fakirov, G. Wegner, *Adv. Mater.*, 1995, 7: 52

[7] M. Kunitake, T. Nishi, H. Yamamoto, K. Nasu, Manabr, O. manabr, N. Nakashima, *Langmuir*, 1994, 10: 3207

[8] G. L. Gaines Jr., *Insoluble Monolayers at Liquid Gas Interfaces*, Wiley, New York, 1966

[9] F. Monroy, F. Ortega and R. G. Rubio, *Phys. Rev. E*, 1998, 58(6): 7629

[10] M. Joly, *Surface Colloid Sci.*, 1972, 5: 1

[11] C. Zakri, A. Renault, J. P. Tieu, M. Vallade, G. Grübel, *Phys. Rev. B*, 1997, 55: 14161

[12] S. W. Barto, B. N. Thomas, E. B. Flom, S. A. Rice, B. Lin, J. B. Peng, J. B. Ketterson, P. Dutta, *J. Chem. Phys*, 1988, 89: 2257

[13] C. Zakri, A. Renault, B. Berge, *Physica B*, 1998, 248: 208

[14] Venie-Bryan, P. F. Lenne, C. Zakri, A. Renault, A. Brisson, *Biophys. J.*, 1998, 74: 2649

[15] He Pingsheng, Fang Kun, Zou Gang, J. P. K. Peltonen, J. B. Rosenholm, *Colloids and Surfaces A, Physicochemical and Engineering Aspects*, 2002, 201: 265

[16] He Pingsheng, J. P. K. Peltonen and J. B. Rosenholm, *Chinese Journal of PolymerScience*, 1998, 16(2): 147

[17] J. Kragel, J. B. Li, R. Miller et al., *Colloid Polym. Sci.*, 1996, 274: 1181

[18] P. Leiderer, H. Poisel, M. J. Wanner, *Low Temp. Phy.*, 1977, 28: 167

[19] S. E. May-Colaianni, J. V. Gandhi, K. J. Mloy, J. V. Maher, *Macromolecules*, 1993, 26: 659

[20] R. H. Katyl, U. Ingard, *Phys. Rev. Lett.* 1967, 19: 64

[21] R. H. Katyl, U. Ingard, *Phys. Rev. Lett.*, 1970, 20: 248

[22] D. Langevin, *Light Scattering by Liquid Surfaces and Complementary Techniques*, Marcel Dekker, New York, 1992

[23] D. M. A. Buzza, J. L. Jones, T. C. B. McLeish, R. W. Riwards, *J. Chem. Phys.*, 1998, 109: 5008

[24] S. K. Peace, M. R. Taylor, R. W. Richards, S. K. Peace, Eds. John-Wiley, *Polymer Surfaces and Interfaces* Ⅲ, England, 1999

[25] R. Skarlupka, Y. Seo, H. Yu, *Polymer*, 1998, 39: 387

[26] K. Miyano, D. Langevin, Ed. by Dekker, *Light Scattering by Liquid Surfaces and Complementary Techniques*, New York, 1992

[27] F. Monroy, F. Ortega, R. G. Rubio, *Phys. Rev. E*, 1998, 58(6): 7629

[28] C. S. Gau, H. Yu, G. Zografi, *J. Colloid Interface Sci.*, 1994, 162: 214

[29] C. S. Gau, H. Yu, G. Zografi, *Macromolecules*, 1993, 26: 2524

[30] W. Budach, D. Möbius, *Thin Solid Films*, 1989, 178: 61

[31] V. Vogel, D. Möbius, *Langmuir*, 1989, 5: 129

[32] Q. Jiang, Y. C. Chiew, J. E. Valentini, *J. Colloid Interface Sci.*, 1993, 159: 477

[33] R. Wustneck, P. Enders, T. Ebisch, R. Miller, *Thin Solid Films*, 1997, 298: 39

[34] P. Joos, P. Petrov, J. Fang, *J. Colloid Interface Sci.*, 1996, 183: 559

[35] R. S. Ghaskadvi, S. Carr, M. Dennin, *Rev. Sci. Instru.*, 1999, 111: 3568

[36] D. J. Bugress, N. O. Sahin, *J. Colloid Interface Sci.*, 1997, 189: 74

[37] R. W. Richards, M. R. Taylor, *J. Chem. Soc. Faraday Trans.*, 1996, 92 (4): 601

[38] J. A. Henderson, R. W. Richards, J. Penfold, R. K. Thomas, *Macromolecules*, 1993, 26: 65

[39] M. Kawaguchi, B. B. Sauer, H. Yu, *Macromolecules*, 1989, 22: 1735

[40] A. R. Esker, L. H. Zhang, B. B. Sauer, W. Lee, H. Yu, *Colloids Surf. A*, 2000, 171: 131

[41] 何平笙,《高聚物的力学性能》,合肥:中国科学技术大学出版社,1997

[42] P. Stroeve, M. P. Srinivasan, B. G. H iggins et al., *Thin Solid Films*, 1987, 146: 209

[43] J. A. Henderson, R. W. Richards, J. Penfold, et al., *Macromolecules*, 1993, 26 (1): 65

[44] P. S. He, J. P. K. Peltonen, J. B. Rosenholm, *Chin. J. Polym. Sci.*, 1998, 16 (2): 147

[45] M. Mabuchi, K. Kawano, S. Ito, M. Yamamoto, M. Takahashi, T. Masuda, *Macromolecules*, 1998, 31: 6083

[46] 何平笙,聚合的 LB 膜和聚合物的 LB 膜,载:黄维垣、闻建勋主编的《高技术有机高分子材料进展》,北京:化学工业出版社,1994, p429

[47] W. A. Goedel, R. Heger, *Macromolecules*, 1996, 29: 8912

[48] Tisato Kajiyama, *Macromolecules*, 1994, 27: 7932

[49] J. L. Keddie, R. A. L. Jones, R. A. Cory, *Europhys. Lett.*, 1994, 27(1): 59

[50] J. A. Forrest, K. Dalnoki-Vrtess, J. R. Stevens, J. R. Dutcher, *Phys. Rev. Lett.*, 1996, 77(10): 2002

[51] 杨海洋,朱平平,李春娥,丛树昕,何平笙,*化学通报*,1996, 9: 32

[52] He Pingsheng, J. P. K. Peltonen, J. B. Rosenholm, *Chin. J. Polym. Sci.*, 1998, 16(2): 147

[53] W. A. Goedel, R. Heger, *Polym. Prep.*, 1997, 38(1): 960

[54] W. A. Goedel, R. Heger, *Prog. Colloid Polym. Sci.*, 1997, 105: 167

第 8 章　LB 膜的应用

化学家能用化学键把原子按需要连接在一起，LB 技术则是用范德华力把分子按需排列。单分子膜和 LB 膜上分子的规整排列，可控的超薄厚度和常温常压的沉积工艺为 LB 膜的广泛应用提供了结构基础。LB 膜的聚合更进一步提高了耐热性和力学强度，近十几年以来 LB 膜已走出了基础研究的领域，在制备新聚合物和研究聚合反应、分离膜、化学传感器、电子束光刻、微电子学和非线性光学元件等许多高新技术里找到了现实或潜在的应用[1-5]。

目前人们研究较多的应用领域有：光电转换、能量转移、光电开关、非线性光学器件、化学传感器、生物传感器、光电导、热释导、超导特性、表面催化、各种保护层、电磁波的吸收和衰减、多种气体敏感薄膜、双稳态和记忆材料、表面制备与薄膜改性、化学修饰电极等[1-12]。这些领域涉及了光学、电磁学、材料科学、生物学、化学以及医学等多种学科。

8.1　研究化学反应(包括聚合反应和制备新聚合物)

利用单分子膜和 LB 膜上的化学反应可研究有序状态下的聚合反应的机理[13,14](已见第 6 章)。它们具有一般聚合反应所不具备的规律和动力学，特别是单分子膜和 LB 膜上的光化学反应对光合成，甚至视觉过程都有关系。利用 LB 技术更可以制备液晶聚合物[13]，因为液晶聚合物的三个条件，即(1) 聚合物的链周期一定要与单体晶格的平移周期相符；(2) 聚合物链中单体单元的交叠体体积应与单体分子没有太大差别；(3) 长链形成时的体积收缩应不发生在链增长方向上，这比较容易在 LB 膜技术上得到满足，LB 膜上的分子有序也有利于液晶聚合物的形成。事实上形成亲液性液晶的分子通常是具有一个能溶于水的极性基团和一个（有时是两个，如图 8.1）不溶于水的有机尾端的疏水化合物，而正是这类分子能形成稳定的单分子膜。用 LB 技术已经制备得到了某些两亲分子的向列型结构。

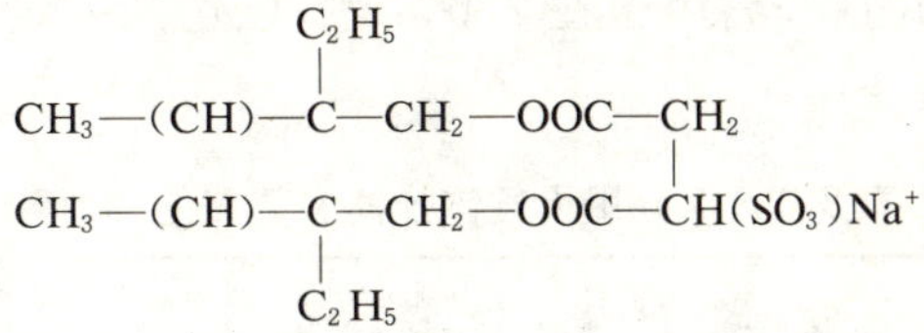

图 8.1　两亲性分子结构示意图

亚油酸是 18 个碳原子的不饱和脂肪酸，有两个并不共轭的双键（见图 6.3），但在本体和在溶液状态还没有观察到亚油酸能发生双键打开的加成聚合反应。亚油酸是一个典型的两亲性化合物，能在水面上形成稳定的单分子膜。实验[15, 16]证明经 180 min 紫外光辐照后亚油酸确已发生聚合而形成了固体聚合物。值得指出的是，亚油酸在通常条件下的聚合反应还未见报道，但它却能在单分子膜上实现聚合，表明 LB 技术可以作为一种全新的聚合方法来合成新的聚合物。

8.2 膜分离

生物膜排列规则，具有很高的分离效率，LB 膜与生物膜在结构上有相似性，理应成为选择性的分离膜材料。LB 膜超薄、均匀、分子有序且可控，针对不同的分离对象，可以在膜的表面和内部引入各种活性基团，得到所需的功能，如亲水性、疏水性等。同时，LB 法可在常温常压下进行，与其他的超薄膜制备技术相比，具有一定的优势。因而，LB 膜作为一种新型的超薄材料复合到多孔的支撑层上，以求获得理想的渗透通量和渗透选择性[17]。

8.2.1 LB 膜用于气相体系的分离

LB 膜用于分离的研究体系很大一部分是气体。Rose 和 Qulnntill[18]

在1968年第一次报道了把硬脂酸钡LB膜转移到可渗透的硅聚物薄膜上，并测定了CO_2、N_2、He对此复合膜的渗透速率。Higashi[19]等用双链碳氟两亲物的聚离子络合物(polyion complex of a double-chain fluorocarbon amphiphile)LB膜作了富氧的研究，Miyashita[20]等列出了部分用于气体分离和富氧的LB膜(表8.1)。由于LB膜超薄，即使沉积上几十层后，渗透通量仍相当大，并且分离因子在2.0左右，已达到一定的选择性，具备了实际工业应用价值。

表8.1 部分用于气体分离和富氧的LB膜

成膜化合物	研究内容	文献
$(C_{18}H_{35}O_2)_2Ba$	气体渗透	[18]
$(C_{18}H_{35}O_2)_2Ba$，$(CH_3(CH_2)_{18}COO)_2Cd$	气体渗透	[21]
$(CH(CH_2)_{12}—C≡C—C≡C—(CH)_8COO)_2Cd$	气体渗透	[22]
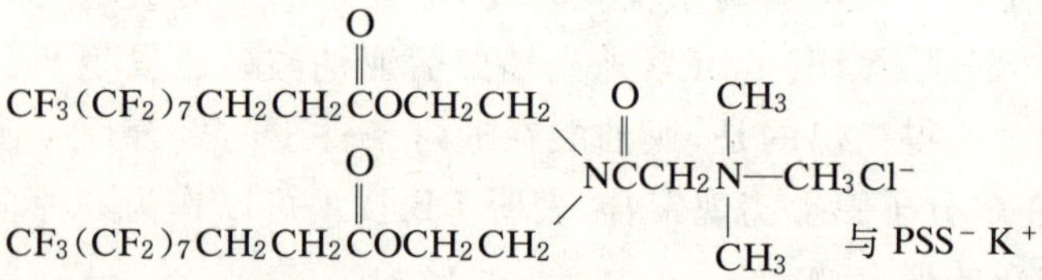 双链碳氟两亲物与poly(styrenesulfonate)沉积在多孔(孔径30 nm)聚碳酸酯膜上76层(约200 nm)	富氧	[19]
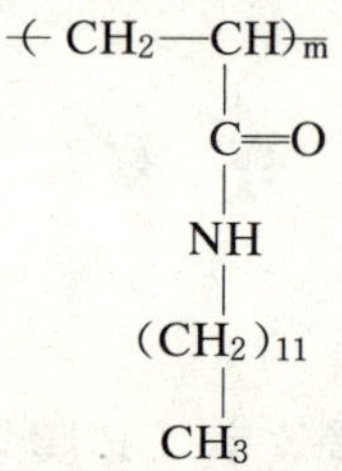 PDDA (poly(*N*-dodecylacrylamide))沉积在阴极氧化铝膜上(孔径100 nm)，49层(约88 nm)	富氧	[20]
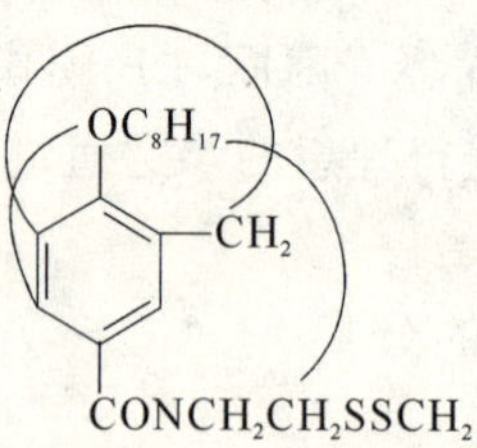	(分子筛)气体分离	[23]

（续表）

成 膜 化 合 物	研究内容	文献
硬脂酸铁与聚 2-乙烯基吡碇共沉积的膜	选择性气体分离	[24]
Ferric poly(maleic anhydride 1-octadecene)与聚 2-乙烯基吡啶共沉积的膜	选择性气体分离	[25]
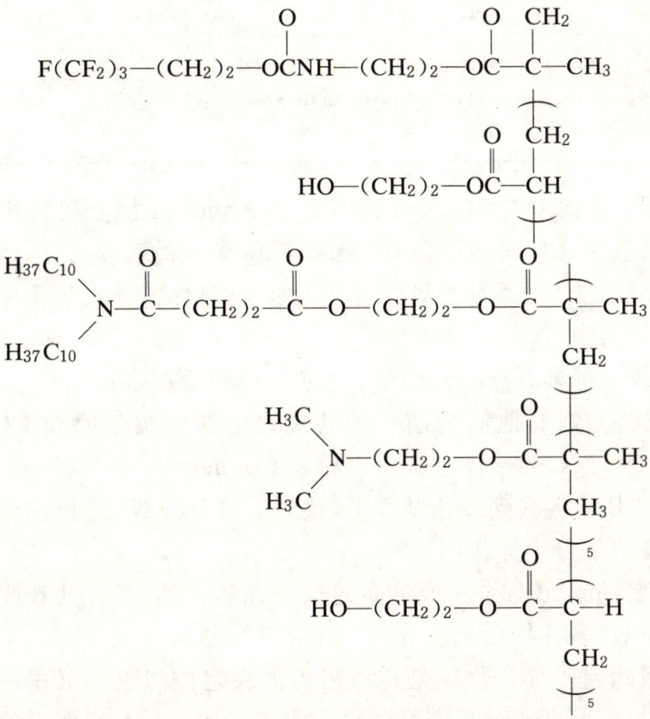	气体分离	[26]
DOAB（Dioctadecyl-dimethylammonium Bromide）溴化十八脂二甲基铵	K^+离子分离	[27]
$[CH_3(CH_2)_{12}—C≡C—C≡C—C(CH_2)_8COO]_2 \cdot Cd$ 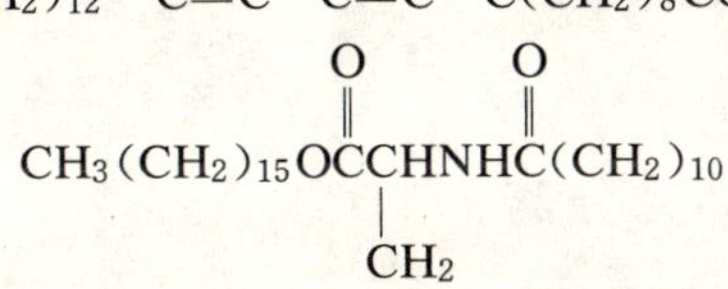	低压反渗透	[28]

(续表)

成膜化合物	研究内容	文献
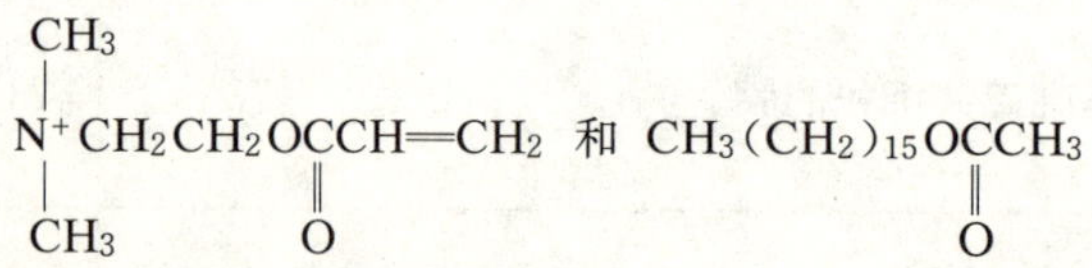	KBr溶液渗透	[29]
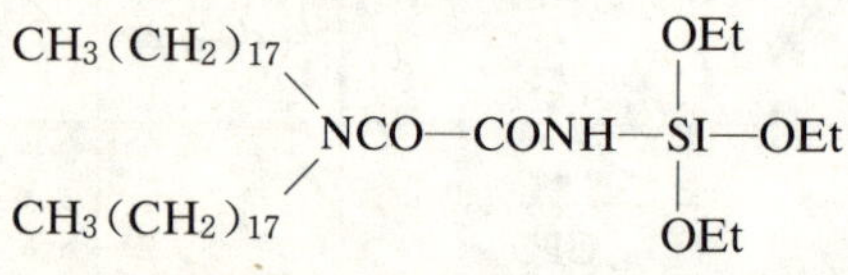	渗透控制	[30]
三嵌段聚离子(poly(styrene-p-sulfonate)-block-poly(methacrynik acid)-block-Poly(styrene-p-sufonate) S_n M_m S_n))和双链阳离子双亲物	渗透	[31]

气体通过微孔氧化铝基片时,其渗透速率受 Knudsen 扩散机理的控制[32],因而 O_2 的渗透速率低于 N_2 的。从 Miyashita 等人的实验可知,当铝片上覆盖上 PDDA LB 膜后,透过侧氧气得到了富集,显然覆盖在氧化铝基片上的 LB 膜起了分离作用。

Bruinsma 等人[23]将具有选择性的聚合物 LB 膜覆盖在多孔基膜上,进行气体的选择性分离。例如他们利用某种共聚物中的叔胺基团与 CO_2、H_2S 的可逆反应,达到与 N_2 的选择性分离。后来 Conner 等人[24]将多孔的表面活性剂材料以 LB 法转移到多孔基膜上,达到了对 He、N_2、SF_6 的选择性分离,其机理被证明是分子筛作用。

气体分离是重要的单元操作。为求高的选择性和传质比,用 LB 膜技术把超薄聚合物沉积在多孔物质上来分离气体有其特殊的优点。多孔衬底的传质阻力较小,因此超薄聚合物膜是传质阻力的决定性因素。沉积的聚合物可以有精确可控的厚度、组成、密度和复杂取向。加上每一层按需的特殊配置,可以突出对某一气体成分的选择性。聚合物 LB 膜沉积过程中可以专把复杂的亲水部分显在表面,因此用 LB 技术制备得到的分离膜可以有很特殊的表面性状。如果选择复杂的疏水部分显在表面,那么分离膜将是不可浸润的,这对于某些物质通过膜壁的受控释放和改进生物相容性等生理应用都很有用。

8.2.2 LB 膜用于液相体系分离

将 LB 膜用于溶液中分子或离子的分离,比气体分离更为复杂和困难,因为此时有机或无机的溶液体系会对很薄的 LB 膜层的稳定性产生影响。Kajiyama 等人[33]研究了 KCl 水溶液中 K^+ 对 LB 复合膜的渗析。结果表明在温度高于 LB 膜的晶态转变温度时，K^+ 的传质速率将更快，因而可由 LB 膜晶态和液晶态的相转变来控制渗透过程。Cackovic 等[34]对基片表面结构和聚合时相变对所成膜的影响作了研究。从他们的 SEM 照片可以看到，基片表面粗糙，孔径大(1～2 pm)时，所成膜裂隙很明显；反之，基片表面光滑，微孔小，成膜质量有明显改善。他们在 NaCl 溶液的低压反渗透实验中没有观察到明显的截留。对 Na_2SO_4 水溶液的低压反渗透实验结果表明，随着复合层数增加，截留率增大，渗透通量减小。Kunitake 等[34]采用三种不同的方法制备聚合物 LB 膜：a) 预聚合的两亲物的单分子层；b) 未聚合单分子层的聚离子络合物；c) 聚合物单分子层的聚离子络合物。其中，c)类 LB 膜具有足够的稳定性，其 LB 复合膜使 KBr 的表观渗透率明显下降，甚至在复合层数为 4 时也有一定截留率。KBr 渗透速率随着复合层散的增加而下降，在 10 层以后，层数的影响才不再明显。Ariga 等使硅烷两亲物在酸性亚相上通过 Si—O—Si 联结而聚合，再通过加热使其与多孔玻璃共价联结，从而得到了对热和有机溶剂都相对稳定的 LB 复合膜。Niwa 等[31]最近通过改变 pH 而改变三嵌段聚离子的构象，从而形成传输的通道，向着生物膜的传输机理又进了一步。

总的来说，LB 膜在分离方面的研究仅是初步的，消除 LB 膜的缺陷(包括针孔、裂隙)及提高稳定性是当务之急。LB 膜的缺陷可由操作过程中的许多因素及基片表面的不理想引起。操作过程中一些因素诸如拉膜速度、压膜速度等直接影响到单分子层在基片上的排列情况。对分离膜来说，转移上去的单分子层必须能完全覆盖住基膜上的孔，如果基膜表面不平整，或孔径过大，就会使基膜表面某些区域得不到覆盖，从而造成缺陷。近来的一些研究表明，适宜的热处理或许是一种解决方法。

提高 LB 膜的稳定性可采用聚合物 LB 膜；另一个办法是采用聚离子络合物(polyion complex) LB 膜，它是将带电荷的两亲性分子在反离子聚电解质(counter charged polyelectrolyte)溶液面上展开，压缩后，亚相里的高分子以层状形式吸附上去并被转移至 LB 膜中。利用这种成膜方式，不仅可在膜中引入具有特殊功能的高分子，而且有些是在纯水亚相上难于成膜的两性分子。在聚电解质溶液的亚相中能得到质量优良的 LB 膜。聚离子络合物 LB 膜已被一些研究证实其稳定性足以用于液相体系分离。

像杯烯那样的化合物若沉积在多孔的基片上，那么选择合宜的杯烯和合宜的基片组合就有可能得到选择性能非常好的分离膜，见图 8.2。

最近，J. Li[35]合成了一个特殊结构的杯烯化合物，见图 8.3。在亚相中加入聚丙烯酸，引发该阳离子型的双亲分子发生“离子交联”。然后在 15 μm厚的 PTMSP(poly(1 -(tri-methyl-silyl)- 1 - propyne))基材表面上沉积双层的 LB 膜，这种双亲分子 LB 膜对氦气和二氧化碳具有优良的选择性透过功能，选择性系数 He/CO_2 大于 150，在分离制备高纯的氦气方面具有潜在的应用前景。

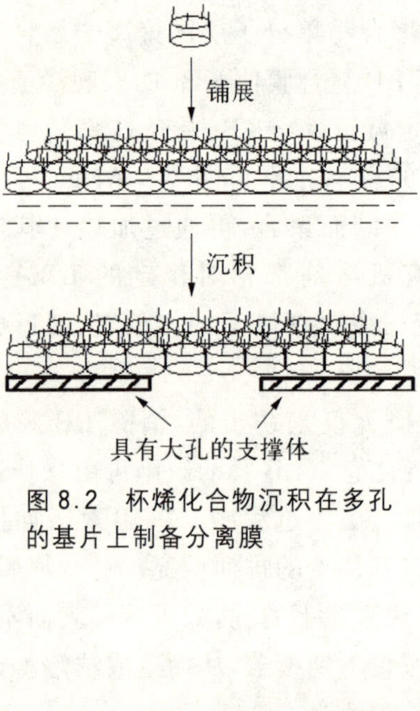

图 8.2 杯烯化合物沉积在多孔的基片上制备分离膜

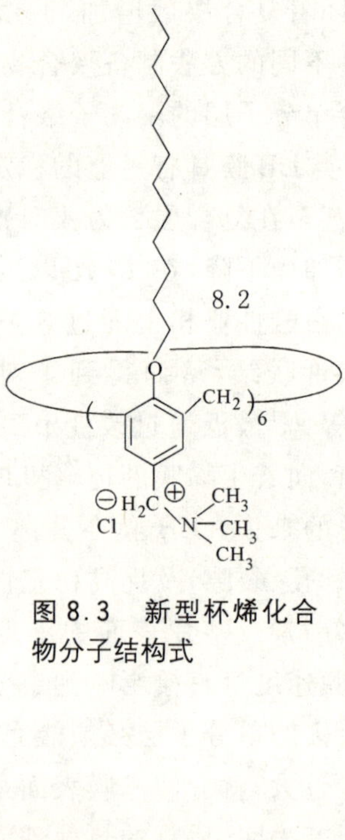

图 8.3 新型杯烯化合物分子结构式

8.3 仿生的 LB 膜

8.3.1 用 LB 膜技术仿制生物膜结构

在许多生物生存过程中，生物膜起到了一个关键性作用，如在能量转移过程中和在细胞输运过程中，而 LB 膜与生物膜非常相似，可用作生物细胞膜的简化模型。生物膜的许多成分均可以在空气-水面界面形成单分子膜和沉积成 LB 膜，这些分子包括磷脂(如 DPPA、脑磷脂、卵磷脂、DMPC、胆固醇等)、色素(如铁卟啉、叶绿素、胡萝卜素、胆红素等)、肽和蛋白质。生物膜是由磷脂双层膜基质组成的。在磷脂双层膜基质中,蛋白质分子被包藏在其中。这些膜蛋白起着多种多样的功能,像选择性的离子通道、酶、激素受体、光激活质子泵等等。诸如微泡和平面磷脂双层膜等这样一些人造的生物膜有很大的科学研究价值。因为这些人造仿生膜可以使膜组成离析状态,并且可以控制环境,以利于研究。为了将生物膜的特性投入传感器、高选择性的过滤装置、太阳能转换器等方面的技术应用,必须有一种方法能在亲水表面上形成大面积的人造膜,由于典型的 LB 膜的结构和化学性质与生物膜很相似,所以可以用 LB 技术很好地实现上述目的。

生物膜是由三种物质组成的:脂质、蛋白质和少量的碳水化合物。脂质分子占的比例最大,与膜的结构完整性相关。而脂质又分为两种:胆固醇和磷脂,二者均为二亲性分子。由于脂质分子两端溶解性能不同,可以自发地形成双层膜形式,或者形成基本的双层形式,或者形成基本的双层 LB 膜。许多科学家认为 LB 膜有序的平面点阵(Organized planar array)可以提供一个探测其组成之间的相互作用的脂质膜的一个适当模型。膜蛋白可以附着在双层膜的表面上或包埋在双层膜中(有些蛋白质分子两端可能暴露于膜的两边)。然而,需要考虑到这些分离出来的蛋白质分子是否能保持蛋白质的高级结构和活性。因为蛋白质的三级结构对亚相上等表面张力极其敏感,所以必须谨慎地估计这种单层膜工作与生物膜的符合程度,例如,酶蛋白的变形将使其失去催化活性。

生物学家们一般把蛋白质注入飘浮的磷脂区域的下面,而后去证实已经发生的一些相互作用。进入到单层膜中的诸如细胞色素 C 之类的蛋白质的穿透程度,可以用磷脂的荧光来标记,当飘浮膜在液体上时,通常比在凝聚相中保留有更大的活性。磷脂 LB 膜的制备不是一项简单的工作,但正常情况下,一些磷脂酰乙醇胺(phosphatidylethanolamine)衍生物已经成功地制成了 LB 膜[36-40],由于邻近端基间的相互作用很弱,可以制取少于三层的膜。

构成含有蛋白质的人造膜的第一步,即需要形成由分散到脂质单层膜中的蛋白质组成的 LB 单层膜。这层膜沉积在亲水的基底上。接下来,为形成完整的类生物膜的双层膜结构,在上述的膜蛋白-脂质单层膜上再沉积上脂质单层膜。

近几年来,人们又发展了一条新的研究天然的生物膜和人造类生物膜模型的途径,合成出许多带有可聚合基团的表面活性剂和磷脂衍生物。例如为了使人造生物膜模型更加稳定,D.G. Rhodes[41]等人已经合成出每个脂肪链上都带有共轭双炔基团的纯磷脂-磷脂酰胆碱(卵磷脂 phosphatidylchoines),这种磷脂可以用LB技术成膜,而后用UV光辐射,使共轭双炔键相互聚合,形成稳定的磷脂膜。

磷脂上带的可聚合基团,除共轭双炔基外,还有丁二烯基团和烯丙基等[42]。双炔-磷脂形成的聚合膜刚性太强,不具备类似于生物膜的相变过程,这与生物膜的近晶的中间相状态不一致。由双烯-磷脂形成的流动性更好的聚合物骨架,可以用于克服这一问题。可聚合磷脂和不可聚合磷脂的混合体系也可以用于克服这一问题(图8.4)。

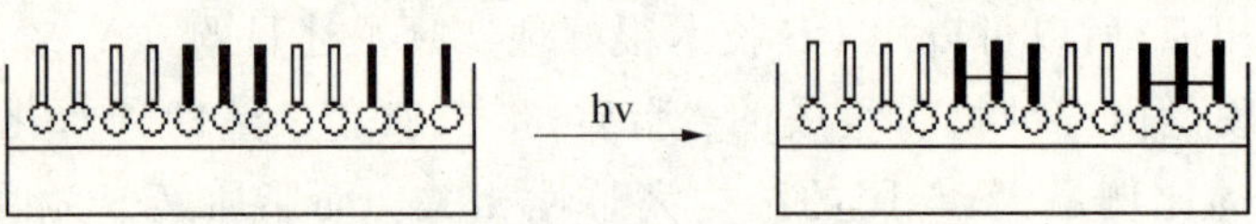

图8.4 可聚合的( )和天然的( )脂质在水溶液亚相上形成的单分子膜

为了解更复杂的生物膜的自然结构,LB单层膜和多层膜脂质体常被用作简单的模型膜。另外,为了使膜具备更好的选择性,自然的磷脂生物膜的有关研究也发展起来了,下述一些变化的研究是非常重要的,例如,通过加入胆固醇或还原不饱和的脂质组分,来改善膜的流动性。因此LB技术,可以仿制出多种多样的生物蛋白质的膜。此外,田心棣教授[43]还提到过用LB技术仿制人造双分子层膜作为仿生膜的设想。

8.3.2 用LB膜模仿生物膜功能

尽管人们对生物脂质的Langmuir膜和LB膜作了大量的研究工作,但很少有人明确地、有目的地研究并恰当地评价把这膜作为生物膜模型这一工作。在大多数情况下。生物分子是以某种方式结合进LB膜中的,远离了其生物环境,在这种LB膜上进行的任何物理研究都与生物体系无关。用LB膜模仿生物膜功能,仅是模仿了一个简化的过程。

8.3.2.1 离子渗透性

在某些情况下,LB膜对于促进生物分子的物理研究有很大的作用,然而,像Franks和Snook[44]所做的那些基础研究是相当罕见的。他们用LB技术,将少数几种纯的膜的组分重新组装成的流动的、含有蛋白质的、规则堆积的脂质双层膜,是小角X射线衍射或中子衍射的理想样品,由此样品可以得到关于蛋白质和脂质分布状态的详细信息。

从结构研究得到的结果能与多层膜堆积的渗透性测量联系起来。当氘取代的渗透分子扩散进堆积膜时，通过跟踪多层膜的中子衍射的强度变化，可以得到膜的渗透性系数。

Heckmann Strobl 和 Bauer 等人[45]用葡萄糖和纤维素二糖的片断(Cellobise residues)作为亲水端合成出一种表面活性剂。将这种表面活性剂分散到 Langmuir 槽中，通过暴露于气态的 3-氯-1,2-环氧丙烷中使之交联，形成交联的膜。可以将形成的单分子简化物薄片转移到一个亲水的、多孔的，并且机械性能稳定的基底上。

形成的交联 LB 膜有可能用于过滤，如被动转运(reverse osmosis)、全蒸发过程(pervaporation)和气体分离，以及作为离子载体(ionophors)和微孔分子(pore molecules)渗透的基底。这种交联对水和小分子量的物质显示出很好的渗透性；而对盐和大分子，则有很高的阻隔能力。

Oesterhelt[46]认为在 Halobateria 细胞膜中发现的光激活质子泵-细菌视紫红质可以用在一种新型的太阳能脱盐(desalination)中作为原初的离子泵。细菌的视紫红质当被照射时，其分子发生一系列的物理和化学变化，产生质子。质子从膜的一侧转移到另一侧。Flanagan[47]已报道了人为地重复这一设想的过程。他将这种紫色膜形式的细菌视紫红质，用 LB 技术沉积在事先已用正十六烷和大豆卵磷脂(Soya lecithin)浸过的纤维素酯滤纸上。试验 K^+ 的选择性离子载体-颉氨酶素对穿过上述化合膜所产生的光电压的影响。

8.3.2.2 电性质

许多生物分子可以用 LB 技术沉积在金属基底上，这样形成的膜的分子排列与细胞膜上分子排列类似(图 8.5)。因而，生物分子的 LB 膜能直接观察到类膜结构中电子过程，不受通常与膜和模型膜相联系的水溶液环境的限制。

尽管有关仿生 LB 膜，人们做了大量的工作，但关于生物分子的 LB 膜的电性质的报告还很少。在这个领域里，血红蛋白的 LB 膜的电性质正在引起人们的兴趣。Taylor 等人[48]研究了有关双十六烷酰磷脂酰乙醇胺(dipalmitoyl phosphatidylethanolamine)和双十六烷酰基卵磷脂(dipalmitoyl phosphatidyl cheline)的电性质。由于膜中有水存在，这种膜呈现出了内电阻。在 1 kHz 频率下测

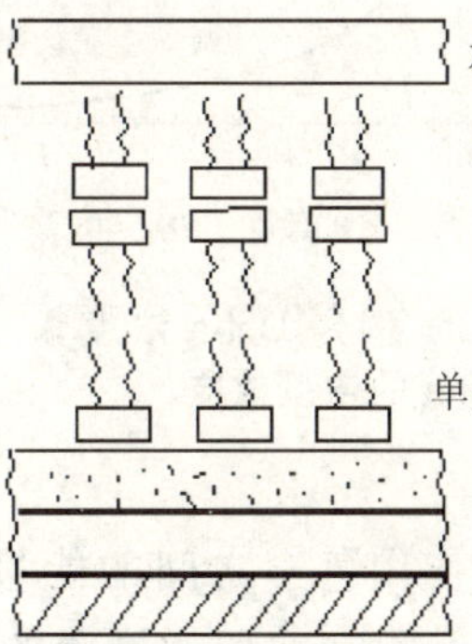

图 8.5 在镀铝的载片上三层脂质 LB 膜的分子排列

量样品的电容，电容值与类似厚度的其他 LB 膜中所观察到的电容相近，也与在生物膜中观察到的电容值很相符。当频率范围为 $10^{-3} \sim 10^5$ Hz 内，电导与频率呈指数关系。对于生物分子的 LB 膜的电性质的研究，在模仿生物膜的信息传递功能方面有着极其重要的意义。

8.3.3 仿生色素膜

光合作用一直是人们十分关注的课题。研究表明，在光合膜中，绝大多数的叶绿素 a 和所有必要的辅助色素都是有规则排列，从而形成集光天线，并通过它们之间的相互作用，将捕获到的光子能量传给特殊的叶绿素——反应中心叶绿素。在光合作用最小的功能单位中，天线叶绿素与反应中心叶绿素的分子比例为 300∶1。

在植物和溶液中，光合作用体系的辅助色素叶绿素 b(Chl-b)能够将能量转移给叶绿素 a(Chl-a)分子，人们也在单分子膜中进行了这种能量的研究，发现 Chl-b 可以向 Chl-a 转移能量，但这种能量转移是可逆的。将叶绿素 a，b 混合(用叶绿醇或 1∶1 的硬脂酸盐和油酸盐-金属离子为 Ba^{2+} 或 Cd^{2+} 作为稀释剂)，在液面上制成单分子膜，并转移到载片上。用光激发两色素的 Soret 带，固定 Chl-b 浓度在很稀的范围内，增大 Chl-a 浓度时，发现如图 8.6 所示的关系：

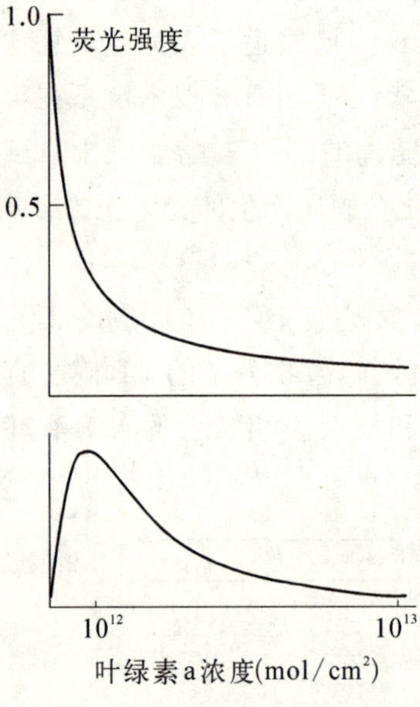

图 8.6 固定 Chl-a 浓度很稀，Chl-a 的浓度效应

Chl-b 的荧光不断被淬灭，而 Chl-a 的敏化荧光开始增强，但当 Chl-a 达到一定浓度时，其荧光开始减弱。这说明：Chl-b 发生了向 Chl-a 能量转移。当 Chl-a 浓度达到一定程度时，发生了荧光的自淬灭。实验还发现：Chl-a 荧光的自淬灭在有 Chl-b 存在时更有效。这可能是因为该体系中还可发生 Chl-a 将能量向回转移 Chl-b 所致。

光合作用色素之间的能量转移是 Förster 转移，它发生在色素的单重激发态之间。在双层类脂膜的模拟体系中已证明从类胡萝卜素向叶绿素的能量转移是有效的。然而，具有十一个共轭双键的 β-胡萝卜素(Car)却不能向 Chl 转移能量，或即便转能量，转移效率也很低。当 Car 在 Chl 体系中可以起到特殊的作用——防止 Chl 被单态氧氧化。Miyasaska 和 Honda[49]利用在 SnO_3 半导体电极上沉积 LB 膜的体系，用光电化学方法，研究了 Chl-a 和 Car 之间的相互作用。他们在 SnO_3 上沉积两层 LB 膜，两层膜分别用 Chl-a 和 Car 混加卵磷脂制成。通过改变两层的上下次序，并与单纯沉积 Chl-a -卵磷脂或 Car -卵磷脂膜进行比较，得出 Car 向 Chl-a 的能量作用无效的结论。并且发现：当 Car 层中 Car 的浓度较高时，Chl-a 的光电流降低。指出了激发的 Chl-a 在三线态被 Car 淬灭的可能性。这种发生在 Car 行 Chl 之间的三线态-三线态淬灭。在溶液体系中已观察到过。从 Car 和 Chl-a 的能级上看，Car 的单线态能量高于 Chl-a 的单线态。从理论上讲，Car 向 Chl 的能量转移是可能的，之所以没有观察到这种转移，被解释为 Car 单线态的寿命很短的缘故。

曾以硬脂酸作为添加剂，将 Chl-a 和 Car 直接混合，在玻璃基片上制成单分子膜，改变 Chl-a 和 Car 的比例（Chl-a 与硬脂酸始终保持 1∶10 的比例），通过用 366 nm（或 415 nm）激发 Car，来观察 Chl-a 的荧光强度，研究 Car 向 Chl-a 的能量转移。通过在处理过的疏水玻璃片上沉积和直接在亲水玻璃片上沉积，制成了两种情况的 LB 膜，如图 8.7 所示：

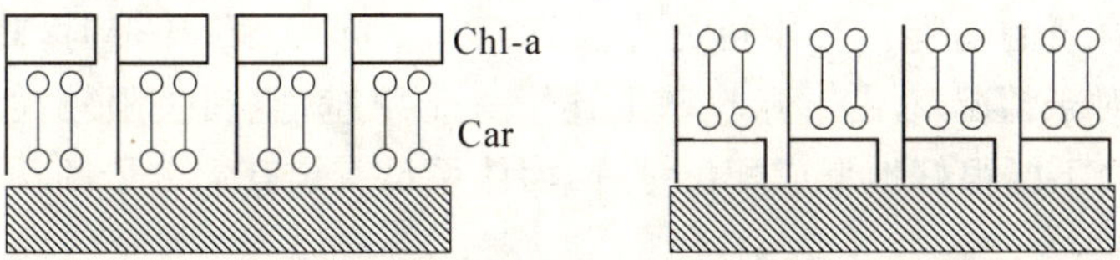

图 8.7 两种情况的 Chl-a－Car 能量转移体系

研究表明：这两种情况下，都有 Car 向 Chl-a 的能量转移，并且转移效率很高。对后种情况，比较了 Chl-a 与 Car 摩尔比分别为 1∶5，1∶25，1∶50，1∶75，1∶100，1∶125 时荧光光谱，可以看出摩尔比为 1∶100 时能量转移效率最高，到摩尔比为 1∶125 时，Chl-a 的荧光强度又开始下降。这可能与 Miyasaka 和 Honda[49]所指出的在一定的 Car 浓度下，发生的 Chl-a 向 Car 三线态能量转移有关。

在前种情况下，Chl-a 的荧光峰有两个，即 677 nm 处和 766 nm 处，而后种情况只有 676 nm 处一个荧光峰。766 nm 处是 Chl-a 聚集态的荧光。这说明在该实验条件下，疏水面所沉积的 LB 膜中，Chl-a 有聚集态存在，而亲水面所沉积的 LB 膜 Chl-a 则全以单体形式存在（氯仿溶液中，Chl-a 的荧光峰位于 676 nm）。可能的解释是：由于 Chl-a 要形成聚集体必须发生生色团大环之间部分面对面重叠。而发生这种情况，对于亲水基片上所沉积的 Chl-a 是不可能的；对于在疏水基片上所沉积的 Chl-a，由于生色团所受束缚力很小，则有生色团大环平面部分面对面取向的可能性。

8.3.4 仿生载氧功能膜

脊椎动物红细胞内的血红蛋白是呼吸蛋白，有捕获并运送氧分子的功能。它由四条肽链组成，每条肽链同一个血红素相连。血红素（还原型）中，Fe(II)可有六个配位键；四个卟啉的四个 N 原子相连，而在卟啉环轴间上下的两个配位键只有一个与肽链的组氨酸 N 原子配位。这种连接方式，活化了 Fe(II)原子在卟啉环另一面的配位键，使其有络合氧分子的能力。

血红蛋白的结构给人们以启示，使人们在用金属卟啉等大环络合物模拟载氧功能或作氧分子催化剂时，想方设法使环内金属在环轴向方向的两个配位键之一预先配位。但不幸的是，在正常条件下，这种目的很难达到，轴向方向的两个配位键络合能力相同，要么都不配位，要么同时配位。然而，利用 LB 膜组装技术，会轻易地实现只在一个方向配位的目的。

Barraud[50]等人用二亲性的四苯基卟啉钴(II)作为活性分子，同 N-十八烷基咪唑和脂肪酸组装成四种 LB 膜体系(图 8.8)。正如预想的那样，只有在咪唑基 N 原子从卟啉环的一面与 Co 原子配位时的 LB 膜组装体系(b,c 情况)，有络合氧的功能。当用可见光激发四苯基卟啉 Soret 带时，观察到了氧的脱出。对于情况 d，由于咪唑基上连了一个甲基，空间位阻较大，使咪唑基 N 与Co(II)不能很好地形成配位键，因而体系没有捕获氧分子的功能。

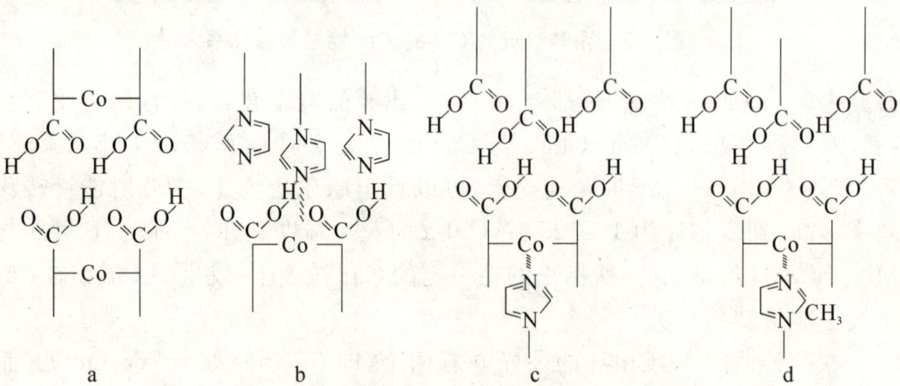

图 8.8 四种 LB 膜组装体系

8.3.5 生物矿化的化学模拟和膜控晶体生长

生物矿化过程是指在生物体中细胞的参与下，无机元素从环境中选择性沉析在特定的有机基质上而形成矿物。近年来,有关生物矿化的研究工作十分引人注目[51-55],其主要原因是这个领域的工作有明显的学科交叉与渗透的特点,处于生命科学、化学和材料科学的交汇点[56-58]。由于生物体内的矿化缓慢而复杂,难以在原位加以研究,科学家们都是利用各种膜模拟体系对矿化过程进行基础性的研究。

单分子膜是两亲分子在空气-水界面上通过水平加压使分子紧密有序排列而形成的有序分子膜。这些两亲分子或垂直或以某一角度倾斜于水相,其亲水基团指向水,疏水基团向着空气。两亲分子的亲水端基在水面上形成了一个单晶生长的平面。膜的微观结构不同,具有不同的膜晶格,若与无机晶体的二维结构相匹配,就可起到对晶体的择向成核作用,从而可诱导无机晶体的生长。自然界中如珍珠、贝壳、软体动物的骨针,乃至动物的牙齿、骨骼中的骨质等,都是在细胞膜诱导下生长的。特别是,这些晶体往往具有特定的结构与取向,从而具有特殊的功能。自然界中在细胞膜诱导下形成的生物材料具有诸如生物磁性(鱼类中的Fe_3O_4)、重力感受(藻类中的$BaSO_4$)以及珠光宝气(软体动物中的$CaCO_3$)等特殊性质。

单分子膜诱导下的晶体生长有一些与一般的晶体生长过程不同的特征,晶核首先在单分子膜界面某一特殊的位置上产生,进一步的生长过程也是在单分子膜的参与下进行的。晶体的生长过程以及所形成的晶体结构和性能均与单分子膜的结构和化学性质相关。晶核在膜界面上产生并相互接触,随后继续在界面上生长,直至膜不能承受其重力为止。而落入容器底部的晶体还会继续在溶液中生长。在单分子膜界面上生长的晶体具有特定的取向,与膜的结构直接相关。例如,$BaSO_4$在$ROSO_3^-$单分子膜上择向成核而形成(100)晶面,而在$RCOO^-$单分子膜诱导下所形成的晶面为(010)面。显然,不同化合物的单分子膜诱导下,同一种无机盐可以得到不同晶型的晶体。比如在$RCOO^-$单分子膜诱导下所得到的$CaCO_3$晶体为方解石结构,而在RNH_3^+单分子膜的诱导下则为文石结构。在单分子膜诱导下产生的晶体形状、尺寸、排列等均相当一致,晶体的数量虽少但尺寸较大,而在普通水溶液中所得到的则是排列杂乱无章、大小不均、形态各异的晶体。

关于单分子膜诱导下的晶体生长的机制有如下几种说法:

1. 局域化学控制

晶体的成核是一个从亚稳相中产生新相的相变过程。在热力学上,成核过程需克服成核活化能ΔG_n。在动力学上,直接推动成核作用的是相变驱动力$F = kTS/\Omega$,通常可以通过降低表面能垒和提高饱和度来达到促进成核目的。单分子膜可以提高溶质在溶液表面的浓度,从而增加了局域过饱和度。膜的存在会降低一部分表面能垒,创造了晶体成核的一些基本条件,促使晶体以异晶成核的方式优先在膜界面上产生。并且单分子膜是带有一定表面电荷或者功能基团的两亲分子所形成的有序分子集合体,膜表面可与一些离子或分子产生静电、配位及主客体作用,膜的界面电位也都会使膜的存在改变局域浓度场和局域电场,影响了与晶体的成核及生长密切相关的物质输送、能量交换与电子转移等过程的进行。

2. 空间定位与约束

单分子膜的作用是为晶体定位生长提供了一个有效中心,对晶体在空间上的扩展给予了一定的限制与约束,使之不能向膜的方向扩展,又由于单分子膜承受能力的限制,使晶体在形态与尺寸上都得到控制的条件下在膜的界面处生长。在二十烷酸诱导下的 PbS 晶体生长过程中,Pb^{2+} 首先在紧靠界面上排列形成(111)PbS 晶体的界面,然后以此为基础,晶体向膜的正下方扩展,再形成第二层、第三层等等,晶体的大小较为均一,其长度在 50 nm左右[59]。

3. 分子间的互补作用

分子间的互补作用是决定晶体选择成核以及择向成核最重要的因素。由于膜界面上成膜的分子与晶体离子或分子存在着结构与立体化学上的互补,可明显降低成核活化能垒。这种分子间的互补作用不仅是电荷互补、结构对应以及立体化学共同作用的结果,而且也是膜对于成核离子、分子识别作用的基础。如果正在形成晶核的某一特定晶面所产生的静电场与膜上成核位点上的极性大小和电荷密度相匹配时,则可大大降低其成核的亲和力,晶体将在这一晶面与膜相接触的状态下择优取向生长,这就是电荷互补。如果晶面上离子二维晶格和膜上与之作用的功能团的有序排列之间存在某种几何尺寸上的对应,则某一特定的晶面也将优于在膜的界面上产生,这是结构的对应,等等。

单分子膜诱导下晶体生长的研究,有可能进一步模拟生物成矿作用,即生物矿化,特别是通过分子设计合成各种具有特殊功能团的两亲分子作为成膜物质,用于诱导甚至控制某些具有特殊物质的无机晶体的生长。

单分子膜诱导下硫化物纳米晶粒的取向生长始于 90 年代 Zhao 和 Fendler 的工作[59]。其实,用作诱导晶体生长的单分子膜铺展很是简单,譬如花生酸(AA)单分子膜是按盛水容器的面积除以它的最密集排列面积 0.2 nm^2 和按上述浓度计算的 AA 溶液量一次铺展的,亚相分别为 5.0×10^{-4} mol/L $Pb(NO_3)_2$ 水溶液、1.0×10^{-3} mol/L $CdCl_2$ 水溶液和 5.0×10^{-4} mol/L $Zn(NO_3)_2$ 水溶液。H_2S 气体按化学程式计量的新鲜 Na_2S 水溶液与H_2PO_3反应产生。

单分子膜诱导纳米晶体的实验操作在封闭的干燥器中进行。在某亚相上铺有AA单分子膜的烧杯和盛有新鲜Na_2S水溶液的烧杯同放在干燥器中,在Na_2S烧杯中加入定量的H_2PO_3后马上盖紧。反应产生的H_2S气体在AA单分子膜诱导下与亚相中的金属离子生成了相应的硫化物。产物捞在盖玻片上作X射线衍射实验;捞在石英片上作紫外可见光谱实验;捞在200目的铜网上作TEM和电子衍射实验。

8.3.5.1 AA单分子膜诱导生长硫化铅PbS纳米晶体

在H_2S与亚相中的$PbNO_3$反应10 min后,亚相液面上就出现一层淡黑色的固体膜,随反应时间增加,颜色逐渐变深,最后得到半透明的黑色固体薄膜。1 h后采集试样做各种测试。图8.9是由AA单分子膜诱导生长成的PbS晶体在$2\theta = 10^\circ \sim 70^\circ$范围内的X射线衍射(XRD)图,得到峰位、峰强和半高峰宽三个信息。三个衍射峰的峰位分别在$2\theta = 25.7^\circ$, 30.6°和53.3°。这里重要的是各峰间的相对强度。因为在单分子膜诱导下生长出的晶体往往表现出一种取向化生长的趋势,取向化后占优势的那个晶面的衍射峰强要远大于不占优势的晶面。由图可见,最强的峰对应于PbS晶体的(111)面,即绝大多数晶体沿(111)面取向生长。XRD中的半峰宽B与晶粒的平均直径D密切相关,满足$D = 0.89\lambda / B\sin\theta$(德拜-谢乐公式[60]),这样算出的PbS晶体的平均直径为15.7nm。由晶体学的基本公式$1/d^2 = (h^2 + k^2 + l^2)/a^2$求得$a = 0.6$ nm。

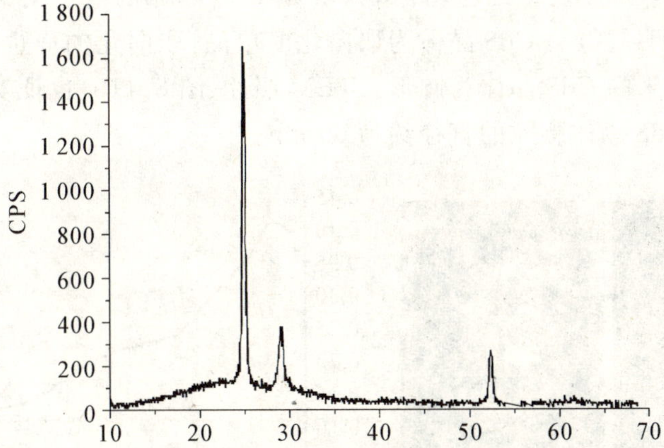

图8.9 硫化铅PbS晶体的X射线衍射图

图8.10b是PbS晶体的电镜照片(TEM)。晶体呈三角形。因H_2S气体的释放速率很快,生成的PbS晶体形貌较不规则。但快的释放速

率,加快了晶体生长速度,得到纳米量级的 PbS 晶体,代价就是形貌不规整。图8.10 a是其电子衍射照片。由样品到底片距离 $L(=0.8\ m)$,最内层衍射斑点到衍射中心的距离 $R(=5\ mm)$,电子波长 $\lambda(=0.0021\ nm)$和式 $Rd=L\lambda$ 可求得 $d=0.336\ nm$,从而得到 $a=0.61\ nm$,与 XRD 的结果基本相符。图 8.10 c 是 PbS 的紫外可见光谱。根据 Wang[61] 提出的紧束缚带模型(TBBM)可求出 350 nm 左右的吸收峰,代表的 PbS 晶体尺寸为 17 nm 左右,与 XRD 的结果 15.7nm 也基本相符。

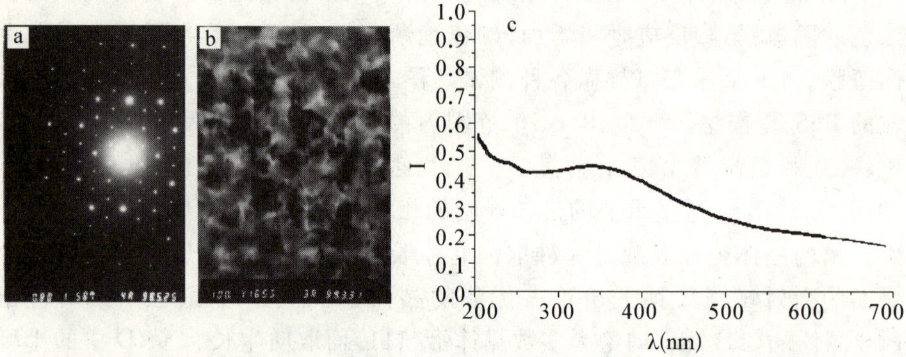

图 8.10 硫化铅 PbS 晶体的电子衍射照片(a),电镜照片(b)和硫化铅 PbS 晶体的紫外-可见光谱(c)

8.3.5.2 AA 单分子膜诱导生长 CdS 纳米晶体

CdS 晶体薄膜为橙红色,图 8.11 a 是 CdS 晶体的电子衍射,短弧线的衍射花样表明制得的 CdS 晶体为取向化的单晶,取向化的面也是(110)面,从而生长出来的 CdS 晶体为圆形。TEM 照片(图 8.11b)也证实了这一点。由此估算 CdS 晶体颗粒的直径约为 60 nm。

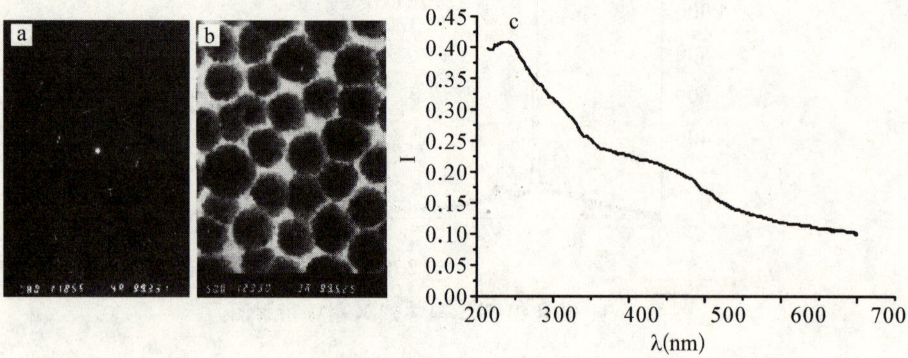

图 8.11 硫化镉 CdS PbS 晶体的电子衍射照片(a),电镜照片(b)和硫化镉 CdS 晶体的紫外可见光谱(c)

CdS 晶体的紫外-可见光谱(图 8.11 c)在 490 nm 左右的吸收峰是纳米级 CdS 的本征吸收峰,非纳米级的 CdS 吸收峰在 560 nm 左右(而240 nm处的峰则是花生酸镉的吸收峰),可见纳米效应使吸收峰发生蓝移。纳米材料在其尺寸接近或小于其激发 Boer 半径时,其吸收阈值将出现明显蓝移现象。利用 Wang 的 TBBM 推算 CdS 颗粒的平均半径约为 55 nm,与电镜的结果很接近。

8.3.5.3 AA 单分子膜诱导生长硫化锌 ZnS 纳米晶体

制得的 ZnS 薄膜为紫色。图 8.12 b 是 ZnS 纳米颗粒的 TEM 照片,呈明显的六方密堆的超晶格结构,六边形边长约为 60 nm。需要指出的是这种六角形的 ZnS 纳米颗粒不是一种单晶结构,而是一种多晶组成的超晶格结构,因为在图 8.12 a 的衍射图形是均匀的环状衍射环,即使选取某个特定的六边形基本重复单元,仍得不到重复有序的 Bragg 格子。说明不仅 ZnS 超晶格结构总体并没有取向性,而且每一个六边形基本重复单元也不是一个单晶,而是许多小单晶组成的多晶体,各个小晶粒之间的晶面角是随意取向的,这与 PbS、CdS 的不同。为探求 ZnS 晶体形成早期的结构,在还观察不到液面上有 ZnS 晶体形成的时候,就用铜网捞起样品,在 20 万倍 TEM 照片(图 8.12 c)下观察到极微小的 ZnS 纳米级颗粒存在,其尺寸估计

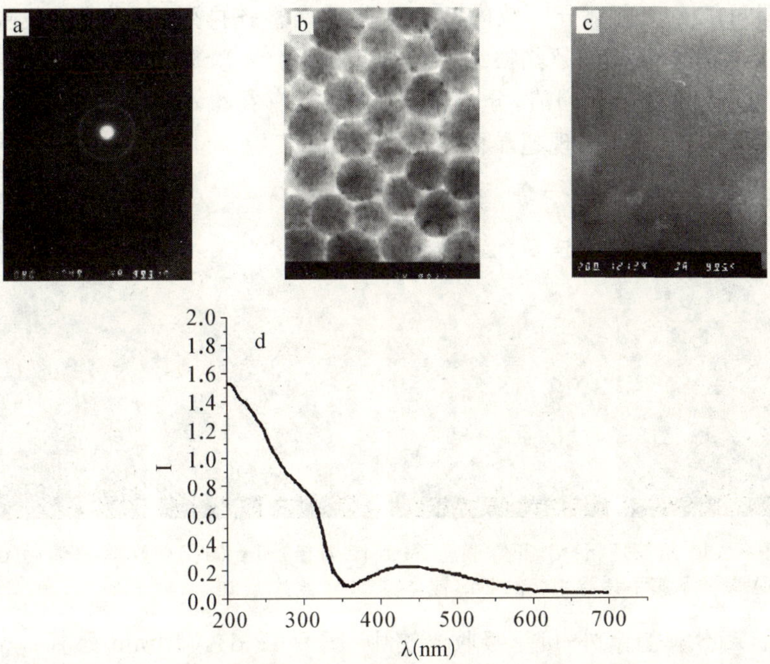

图 8.12 ZnS 纳米颗粒的衍射图形(a),TEM 照片(b),20 万倍 TEM 照片(c) 和 ZnS 膜的紫外可见吸收光谱(d)

在1 nm左右。正是这些小晶粒组成了六角形的超晶格结构。通过对电子衍射图像的计算可以认定，得到的 ZnS 晶体是闪锌矿结构，电子衍射环对应的三个面分别是(201)面、(221)面和(411)面，其中(201)面对应的衍射环最强，大多数晶体是沿(201)面生长。

ZnS 是由穿过 AA 单分子膜的 H_2S 与亚相中的 Zn^{2+} 反应而得的，ZnS 的溶度积是该反应的动力。没有 AA，仅能得到完全无规、大而无固定形状的 ZnS 晶体。与其他硫化物如 PbS、CdS 等完全一致。为进一步研究 ZnS 纳米晶粒的形貌与 AA 单分子膜压力间的关系，特意改变铺展液的用量，以得到不同膜压下 ZnS 纳米晶粒。降低膜压至几个 mN/m，尽管也能得到一致的 ZnS 超晶格结构，但只能在数个近似圆形的区域内观察到超晶格结构。图 8.13 是不同膜压下 AA 单分子膜下诱导生长的 ZnS 晶体的 TEM 照片。在低膜压下(从固态区下降 5%)只在局部范围内得到 ZnS 晶体(图 8.13 a)，而升高膜压使 AA 单分子膜崩溃，所得到的 ZnS 晶体杂乱无章(图 8.13 d)不再是连续的，一个个六边形的基本单元散布在 AA 单分子膜上，超晶格结构消失。仔细比较还可以发现，AA 单分子膜在固态区时，所得的 ZnS 的六边形最完美、整齐划一、晶界清晰可见(图 8.13 b 和 c)。而后两种情况下，ZnS 晶粒的界限模糊，六边形有向球形退化的趋势。可见，六方密堆的固态 AA 单分子膜是 ZnS 产生超晶格结构的关键。气态的 AA 单分子膜只可能在个别部分区域内的 AA 分子是整齐排列的，只有在这部分区域内才能观察到 ZnS 超晶格结构(图8.13 d)。对 PbS 的研究也说明了这一点。当 AA 单分子膜崩溃，分子重叠乱排，只有在很小的，不连续的局域里 AA 排列整齐，无法出现超晶格结构。

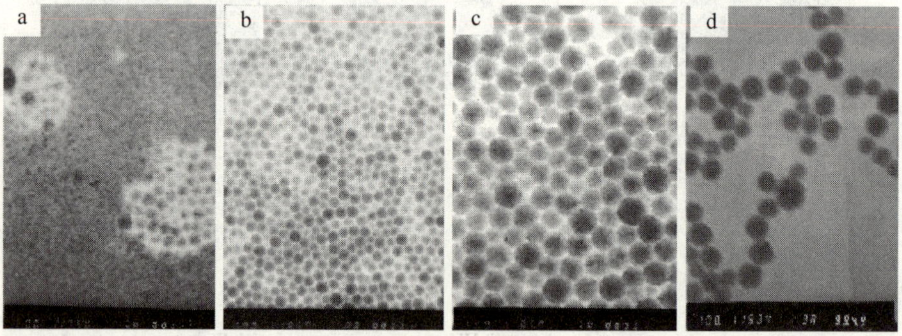

图 8.13　低膜压下(a)，正常膜压下(b (2 万倍)和 c (5 万倍))和崩溃后(d) AA 单分子膜下诱导生长的 ZnS 晶体的 TEM 照片

在 ZnS 膜的紫外-可见吸收光谱中(图 8.12 d)，310 nm 处有一个吸收峰，根据 TBBM 可以计算出 ZnS 单晶的平均半径约为 1.1 nm，这远远小于超晶格结构中六边形基本重复单元的边长，这也说明了重复单元并非单晶。

需要注意的是在吸收光谱中400～500 nm之间有一个宽带且不对称的强吸收峰，这是一个典型的缺陷吸收峰。PbS(111)面的面间距0.420 nm与密堆的AA单分子膜的$d(100) = 0.416$ nm仅有不足1%的差异，PbS将在AA单分子膜的诱导下按(111)方向生长，所得的PbS为大小均匀的等边三角形单晶。CdS的(110)面与AA匹配，但匹配性较差出现碟状及针状两种形貌。ZnS的情况与PbS、CdS不同，它与AA单分子膜的二维点阵没有匹配性，所以在本实验的条件下不可能出现取向化的大尺寸单晶。

ZnS出现超晶格结构的可能机理如下，在AA单分子膜诱导下，ZnS晶格的生长可分为两个阶段：(1) 小晶粒的形成。在亚相溶液中，AA的羧基部分电离，电离的羧基与相溶液中的金属离子很强的静电吸引作用，使金属离子"定位"。在ZnS晶体生长的初期，Zn^{2+}与AA的羧基还能保持一一对应的关系。但两种晶格尺寸之间存在巨大差异，生长了几个周期后难以继续生长。因为生成的ZnS小晶粒不免破坏AA单分子膜的二维点阵，从能量的角度看，继续生长成为较大晶体是不利的。紫外可见吸收光谱的数据表明小晶粒为1 nm左右；(2) 由小晶粒生成超晶格结构。小晶粒的形成后，进一步的生长只能在晶粒间进行，凝聚成较大的多晶体。上述紫外可见吸收光谱的缺陷吸收峰正是晶粒间严重畸变的晶格结构所至。由于AA单分子膜的二维点阵是六方密堆的，ZnS晶体形成的超晶格结构也是六方密堆的。而且从能量的角度上，二维情况下，只有密堆结构能量最低，形成的六方密堆的超晶格结构也可以认为是焓推动的结果。

从上面的讨论可知，以单分子层和LB膜作为模拟体系的膜控晶体生长不同于一般在溶液中的沉淀与结晶。由膜生成的有机界面有空间定位与空间约束，控制成核过程和晶体生长等的立体化学专一的特征，因而使晶体的颗粒形状、结构及大小都能得到控制，由此可获得具有确定晶形的纳米材料[62-70]。随着这种方法的不断完善，不仅有助于弄清生物矿化的机制，丰富生物矿化机理的实际应用，而且有可能成为结晶成核工程的一种新途径，将在结晶科学和功能材料科学等高技术领域中得到应用。

8.4 传感器及其相关领域

有机化合物比无机化合物具有更好的对外界环境的响应，除了这种敏感性以外，LB膜还具有高响应速度和很短的恢复时间。因此利用LB技术可以制备高选择性的传感器[71-73]。

8.4.1 生物传感器

对生物的各种感觉器官功能和机制的分子水平上的研究，最终可以使我们有希望利用LB膜制备具有特殊识别功能的二维组装体系，即生物传感器。如目前对视紫红质薄膜的光开关特性的研究就是其中的一个尝试[74, 75]。

8.4.1.1 酶传感器

离子选择电极或离子敏感场效应管上的酶反应所产生或消耗的化学物质的浓度变化，可以转换成电位或电流变化，根据这种变化，可以把酶的浓度检测出来，如Roberts报道的LB膜酶FET生物传感器[77]。目前研究较多的LB膜酶传感器是葡萄糖氧化酶传感器[78,79]。Mariizumi[86]研究组用光敏的聚乙烯醇作酶固定床和表面H_2O_2电极，把吸附酶的LB膜（花生酸）沉积到过氧化氢电极上构成新型葡萄糖传感器。由此装配的手提式葡萄糖浓度测定仪可用作日常家庭保健。表8.2是用不同材料作LB沉积得的葡萄糖传感器的比较。而用嵌入聚乙烯基咔唑-硬脂酸分子层内的尿素酶的传感器能探测到低至5 mmol的浓度，寿命达5个星期[80,81]。

表8.2 几种葡萄糖传感器的制备方法的比较

方 法	样品厚度	灵敏度 (mmol)	响应时间	稳定性	文献
与脂质体作LB沉积	2层	0.05～1	5 s	3月	[80]
与阳离子聚合物作LB沉积	1～4层	1～20	15 s	2～3月	[81]
与脂质体作LB沉积并紫外光照	1～10层	0.4～4	10 s	没有报道	[82]
与聚噻吩作LB沉积	1层	0.5～2	2 min	40天	[83,84]

现在，已发展了一类所谓的“防护性屏蔽板”方法可以把生物分子连续沉积在聚合物带上，而使铺展的单分子膜不暴露在空气中被氧化。这样，含有盘尼西林G酰基转移酶的薄层可以成功沉积在聚合物带上而不失其生物活性[85]。特别是基于LB技术的proteo-lipidic有序纳米结构作为纳米生物传感器[86]。表8.3是若干这样的酶生物传感器。

表 8.3 酶生物传感器

酶	基体	LB 膜	层数	响应时间	检测极限	灵敏度	线性范围	稳定性	文献
GOD	葡萄糖	花生酸	2 10	1 min	2.8 mmol 0.28 mmol	0.12 μM^{-1} mm^{-2}	5.5～280 mM	5 天	[87]
青霉素酶	青霉素	硬脂酸	20 21	4～5 min		0.57 μM^{-1} mm^{-2}	0.28～28 mM	12 天	[88,89]
GOD	葡萄糖	花生酸甲酯	2	—	0.9 mmol	0.003 μM^{-1} mm^{-2}	3.7～56 mM	—	[90]
GOD	葡萄糖	Octadecanol	1	几分钟	—	—		—	[91]
GOD	葡萄糖	阴离子合成的二烃基中极两性化合物	2	5 s	—	0.35 μM^{-1} mm^{-2}	0.05～1 mM	3 月	[92,93]
GOD	葡萄糖	卵磷脂/胆固醇(1∶1)	2	2～3 min	—	6.8 μM^{-1} mm^{-2}	11～23 mM	—	[94,95]
a-chymotrypsin	N-乙酰基酪氨酸乙烷基脂	琥珀酸胆固醇脂	1	—	10^{-4} M	—	10^{-4}～2×10^{-2} M	—	[96]
尿素酶	尿素			—	10^{-4} M	—	10^{-4}～3×10^{-2} M	—	

（续表）

酶	基体	LB 膜	层数	响应时间	检测极限	灵敏度	线性范围	稳定性	文献
GOD	葡萄糖	卵磷脂/十六烷基溴化物（1：1）	5	10 s	—	—	0.5～5 mM	—	[97, 98]
GOD	葡萄糖	Octodecylamine / Octadecanol /两性二茂铁（1：5：5）	1	—	—	—	0～10 mM	—	[99, 100]
尿素酶	尿素	硬脂胺	0～30	0～5 s	—	—	0.8～8.3 μM（无覆盖层）	—	[101, 102]
GOD	葡萄糖	Behenic acid	—	几秒	—	—	0.8～16 μM（30 覆盖层）	—	
生物素与经抗生物蛋白改进的 GOD 的混合物	葡萄糖	Octadecanoic acid	1	几秒	—	—	1.5～15 mM	—	[103]
抗利尿激素	乙醇	硬脂酸	5	30 s	—	400 mAM^{-1}	1～15 mM	—	[104]
GOD	葡萄糖	聚脂	1～10	10 s	—	2 mAM^{-1}	0～40 μM	10 天	[105]

（续表）

酶	基体	LB膜	层数	响应时间	检测极限	灵敏度	线性范围	稳定性	文献
AChE	磷酸二乙基对硝基苯基酯	紫尿酸盐	60	5 min	—	—	0.4～4 m分子	—	[106]
BuChE	乙酰基维生素B或三氯磷酸酯	硬脂胺	30	30 s	10^{-7} M	—	0～2×10^{-6}分子	3 days	[107,108]
GOD	葡萄糖	类磷脂的乙烯基聚合物		5 s	—	—	0～5 mM	50 days	[109]
尿素酶	尿素	十八烷基胺	6	15 s	0.2 mM	25 $mVmM^{-1}$	0.4～1.3 mM	—	[110]
尿素酶	尿素	硬脂酸/聚-N-乙烯基咔唑(1∶1)	—	2 min	5 mM	10 $mVmM^{-1}$	10～68 mM	35 days	[111]
GOD	葡萄糖	硬脂酸/聚-3-十二烷基噻吩(1∶1)	1	2 min	—	—	5.5～22 mM	40 days	[112]
半乳糖氧化酶	半乳糖	硬脂酸/聚-3-乙基噻吩(1∶1)	30	1 min	—	—	55～222 mM	>90 days	[113]

8.4.1.2 免疫传感器

采用吸附法将抗BSA吸附到花生酸甲酯单分子膜表面，然后以一定的表面压转移到白金或钛电极上，将该电极与高阻抗场效应管连接，制备免疫传感器[114]。以没有挂制抗体膜的金属电极为参照电极，测定两个电极对BSA的电位变化。另一类似的传感器是把IgG抗原与$BaCl_2$同时溶解亚相中，在亚相表面铺展硬脂酸使抗原吸附到硬脂酸单分子膜表面，然后把它转移到电极上，作为传感电极。以紫外处理使抗原失活的吸附电极为参考电极。将两个电极与效应管连接，制备免疫传感器[114]。把硬脂酸和10%左右的三种具有不同吸附波长的荧光分子混合组装成混合LB膜，可以制成味敏传感器。

8.4.2 薄膜电阻型传感器

近年来的大多数工作集中在酞菁类薄膜方面，探测NO_x、NH_3及卤素气体。与其他成膜技术(如真空升华)相比，LB薄膜具有其固有的特点：可在分子尺度上设计薄层结构，因而可精确控制膜厚；在膜层内分子呈二维有序排列。因此在用于气体探测时，薄膜的超薄性应该导致敏感层电学和光学参数的巨大变化。薄层内分子的有序排列和良好的重复性可使响应时间缩短，实际上在大量报道的用真空升华法制作的酞菁铅薄膜传感器方面，对NO_2和卤素的探测灵敏度可达到足够高的水平[115]，但为获得较好的响应和恢复特性，器件的工作温度一般需在120℃～170℃。而LB薄膜气体传感器的工作温度较低，甚至在室温下工作，即可有良好的响应和恢复特性。酞菁铜的化学电阻传感器能够探测低至几个ppm的NO_x[116]，然而人们发现单体金属酞菁制成的电阻式气体传感器具有严重的缺点：它们的电导易受环境温度变化的影响；由温度变化引起的相变使探测灵敏度降低。因此单体金属酞菁薄膜作为探测材料的稳定性和可靠性在实际使用中是一个引人注意的问题。科学家们正在致力于设计合成新材料和研制新器件，在提高LB薄膜气体传感器的实用性和稳定性方面取得了某些进展。Douglas[117]等在其专利发明报道了一种用真空沉积技术制备的酞菁聚合物$(PcMO)_n$薄膜。其中$(PeSiO)_n$和$(PcGeO)_n$薄膜气体传感器具有良好的热稳定性，工作温度扩展至200℃～250℃时对灵敏度没有明显影响。上述两种聚合物薄膜气体传感器除对低至50 ppb的NO_2和Cl_2具有高探测灵敏度外，还可探测ppm水平的有机物质蒸气，如硝基化合物、卤素的碳水化合物以及其他具有明显电子亲和势的分子。对有机分子的探测灵敏性是酞菁聚合物薄膜有别于单体金属酞菁薄膜的一个特点，其原因来自结构上的明显差异。金属酞菁单体中非导电的累积叠层，没有任何形式的共价键。对于像硝基苯这样的远大于 NO_2 和 Cl_2 的分子尺寸的有机分子来说，单体酞菁传感器的吸附和探测存在着明显的阻力。而掺杂的聚合物薄膜具有进一步分离开的层叠结构，电导进一步提高，这二者结构上的差别使得聚合物薄膜能够探测某些有机化合物，并具有一定的选择性，如爆炸物、喷气燃料（硝基苯、一硝基和二硝基甲苯等）以及某些卤素碳水化合物（三氯乙烯等）。酞菁聚合物薄膜传感器的另一特殊应用与电路板中的防护化合物有关。为保护电学设备，在电路板上喷涂一层防护层。如果电路板过热，防护层汽化并释放出一种能被传感器探测的气体，从而可用于电路防火或电路失效预警装置。酞菁聚合物敏感膜（特别是 $(PcSiO)_n$）的另一优点是这种气体传感器不受环境温度、湿度变化的影响，电导对环境湿度的变化不敏感，电导变化仅与被探测气体浓度有关，从而可实现气体的定量探测。

为了研制能够同微电子器件兼容的实用性薄膜气体传感器，W. Ko 等[118]报道了用一种双环酞菁[$(C_5H_{13})_3$SiOSiPcOGePcOH]LB 薄膜和平面微电子技术制成的 LB 薄膜微型传感器。这种器件将温度敏感二极管、加热元件和 LB 薄膜敏感元件集成在一个芯片上。在 20 ℃～150 ℃温度范围内研究了这种 LB 薄膜微型传感器暴露于 NO_2/N_2 时的电导变化。当 NO_2/N_2 浓度从 0.33 ppm 增至 79 ppm 时，薄膜电导从 10^{-6} S/cm 增加到 10^{-4} S/cm，对 NO_2 的探测灵敏度为 5 ppm，接近于 TLV - TWA 水平（在日常工作环境中对人体无损害的低阈值极限）。除此之外，该微型传感器对 Cl_2 和 I_2 卤素气体也有快速响应的敏感特性。在 130℃ 时对 111 ppm Cl_2/N_2 混合气体的电导率变化为 10^{-10}～10^{-6} S/cm，响应和恢复时间 1 min；在 20℃ 时对 40 ppm 的 I_2/空气的电导率变化为 10^{-9}～10^{-8} S/cm，响应和恢复时间约 20 s。这种 LB 薄膜微型传感器具有良好的稳定性，在日常工作条件下使用一星期以上未见性能衰退。

近年来，在研制探测有机化合物的 LB 薄膜气体传感器方面，取得了明显的进展。Grate[119] 研制了用于探测有机磷化合物二甲基甲基磷（DMMP）的化学传感器。他们采用了制备混合 LB 薄膜的方法，其中第一组分为载运电流的有机半导体（如酞菁类化合物）；第二组分为良好的气体吸附剂材料，通过实验筛选确定四枯苯氧基酞菁铜（CuPcCP）作为基质，一种含氟齐聚物（fluoropolyol）作为第二组分制成混合 LB 薄膜，得到了最佳的传感器性能。这些混合膜（PcCP/floropolyol = 60/40（重量比））的转移比为 50%～60%，该转移比虽然不高，对有机磷化合物 DMMP 的探测灵敏度在0.05～0.5 mg/m^3范围，具有良好的响应和恢复特性及其复现性。

作为工业化学品和导弹推进火箭喷气燃料发射剂的联胺(N_2H_4)和联胺的甲基取代物有毒。同样是Grate报道了一种用于探测联胺类有毒气体的化学电阻传感器。他们用称作BDN的一种Ni-Dithiolene复合体同十八醇形成的混合LB薄膜作为敏感材料获得了对联胺的高灵敏度(ppb)探测。他们研究了混合单分子膜(BDN：十八醇＝1：1 (mol))的行为，以及形成固体LB薄膜的转移情况，发现反复压缩铺展在水面上的混合单分子膜可以获得更加稳定的薄膜。用垂直提拉法进行沉积时，转移比稳定在80%～100%。用这种BDN混合膜制成的化学电阻传感器能够探测到200 ppb水平的联胺，响应和恢复特性基本不受作为载气的潮湿空气(55%RH)的影响。实验表明该传感器对19 000 ppm高浓度水汽的响应比对0.5 ppm联胺的响应要低60～70倍，在联胺和水汽之间的选择非常明显。这些结果表明可望将这种传感器用于探测联胺泄漏的报警装置。但由于恢复时间较慢，尚不能用于定量的实时监测。他们还用还原机制讨论了这种BDN LB薄膜化学电阻传感器对联胺敏感特性的形成机理：传感器吸附空气中的联胺使BDN还原成单阴离子甚至双阴离子，该还原过程同空气中的氧化过程互相竞争形成某种稳定态的还原物。传感器对联胺暴露时观测到的电导增加同上述还原机制是一致的。BDNn是n型半导体，上述还原反应过程将增加电荷载流子的数量，使电导增加，大气中的氧气将减少电荷载流子并使电导下降。

A. Barraud[120]报道了一种半亲水性的TCNQ和BEDT-TTF衍生物LB导电膜作为气体敏感材料。刚刚沉积后的LB膜电导率为0.8×10^{-3} S/cm，掺碘后电导率提高到0.05 S/cm，可用来设计成电阻型气体传感器。当这种高电导LB薄膜暴露于PH_3/N_2中，薄膜电阻增加。基于这一原理制成了用于探测PH_3的电阻型气体传感器原型，对PH_3的探测灵敏度低于1 ppm(40℃～50℃时)。

8.4.3 光学气体探测器

利用被吸附气体同某些物质相互作用引起的光学性质变化研制光学气体传感器早已为人们所重视。比如，氧能够淬灭许多有机化合物的荧光和磷光。R.B.Beswick[121]找到了一种金属卟啉LB薄膜的磷光淬灭对不同氧浓度的依赖关系，从而建立了一种探测氧浓度的光学方法。M.Aizawa[122]制得了一种使用荧光淬灭的图形方法，探测氨基酸的光学传感器。M. Furuki[123]用一种含 J 聚集体的方酸染料 LB 薄膜形成了高灵敏度 NO_2光学探测。当 LB 薄膜暴露在 12.5～400 ppb 的 NO_2气体中时，方酸染料 LB 薄膜的荧光强度在数分钟内淬灭，对这种高灵敏度的解释是许多激发态被吸附在 LB 薄膜上的 NO_2分子淬灭。M. C. Petty[5]最近报道了利用表面等离子体共振现象探测气体的一种酞菁 LB 薄膜的光学传感器。当酞菁铜 LB 薄膜暴露于 200 ppm NO_2中时，表面等离子体共振曲线产生明显的变化：共振入射角移动，共振谱带展宽。当激光入射角固定于略低于共振角的某一角度时，用光二极管可检测暴露于 500 ppm NO_2前后光反射强度的时间响应特性曲线。但是目前这类表面等离子体气体传感器灵敏度还比较低，离工业化应用还存在若干问题，如可逆性、选择性和寿命问题。

8.4.4 表面声波(SAW)振荡型气体传感器

表面声波(SAW)技术用于高灵敏度气体探测，近年来也受到了人们的重视。用具有气体敏感特性的超薄有机膜涂敷 SAW 器件，用于气体吸附，薄膜质量增加，引起 SAW 速度的减小最后导致振荡频率向下漂移。由于这种质量效应引起的 SAW 振荡频率的变化很敏感，因而可以用来探测微量气体。M. Rapp 等[124]研制了一种可探测 ppb NO_2 的高频高灵敏度 SAW 器件。他们用升华、LB 技术和类似自组装的离子键合技术在 SAW 器件上涂敷一个单分子层为 40 nm 厚的酞菁敏感层。用超高真空升华技术在 SAW 器件上沉积 1～40 nm 酞菁铅(PbPc)薄膜，在 120℃工作时对 NO_2的探测灵敏度高达 1 ppm，响应时间约为 3 min。用 LB 技术在 SAW 器件上沉积一种R_8FePc($R = —O—C_5H_{11}$)薄膜制成的 SAW 传感器，由于附着力问题，器件工作温度上限为 40℃，在这一工作温度下 SAW 器件对 NO_2的极限探测灵敏度为 2 ppb NO_2/N_2，但响应时间过长。在 1 ppm NO_2浓度下的响应时间(达到最大响应 80%的时间)长达 4 h，脱附时间长达 7 h。如此缓慢的响应和恢复特性显然限制了它本身的实用价值。

M. Furuki[125]研制了一种在石英振荡器上沉积方酸染料 LB 薄膜形成的混合型气体探测器。这种混合型气体探测器将光学探测同吸附气体的称重系统结合起来。在这种探测器上可同时测得含有丁聚体的方酸染料 LB 薄膜的荧光强度变化和在这种染料 LB 薄膜中被吸附气体的总量。当暴露于 25～100 ppb NO_2中时，荧光强度急剧淬灭并伴随着振荡频率的减小。当引入 10 ppm NH_3后，荧光强度的轻微增加，伴随着振荡频率的减小，对三氯乙烷这样的有机溶剂，只观测到振荡频率的减小，荧光没有变化。

讨论了气体分子总量同荧光淬灭比的关系，指出被吸附的NO_2分子形成陷阱能级，从而使方酸染料的激发态被淬灭。这种混合型气体探测器对其他气体的探测表明，通过对探测器两个不同测量系统得到的信息进行综合分析可以识别气体的类型和浓度。他们认为这种混合型气体探测器可望研制成一种在复杂条件下能简单而有效地分辨气体类型和浓度的更加机敏的系统。

8.4.5 LB薄膜离子敏传感器

利用LB薄膜系统作为离子敏传感器已有很多尝试[126]。离子敏(或离子选择)场效应晶体管(ISFET)是这类研究的基础。Sauet [127]描述了一种pH传感器，在热生长SiO_2层的P-Si衬底上沉积一种取代的酞菁一聚硅烷LB膜材料。构成的器件在同水电解质接触的条件下可稳定数月。PePS薄膜对pH敏感，灵敏度随膜层厚度增加。

N. Higashi等[128]报道了聚离子复合体多层膜修饰的塑料光纤(POF)具有pH和Cu^{2+}响应的光学信号变化。光学信号变化相应于作为POF包层的膜基体折射系数的变化。这些是由于聚甲基丙烯酸(PMAA)单元以及PMAA复合体与Cu^{2+}的加入而产生的结构变化引起的。当改变pH值或者交替施加Cu^{2+}和EDTA(乙二胺四乙酸二钠盐，铜离子的一种有效聚配位基配合体)时，光学信号的响应是可逆的。

8.5 LB膜在电子学中的应用

8.5.1 LB膜在分子电子学和生物分子电子学中的应用

为了大大提高信息处理能力，从第一只晶体管问世以来，半导体存储器件中单个元件的尺寸已经减小到约1 μm。人们设想再进一步减小元件的尺寸直至单个功能分子来作为电子元件，如开关、部门电路触发器、存储器等。当然在达到分子水平以前现有元件尺寸的进一步减小还有许多工作等待人们去开展。事实上由于人们的不懈努力，现有的元件尺寸已经小到可以被放到一个白血病毒中去，采用传统无机材料的微电子学的迅速发展可由图8.14表示。从图可见，如果发展趋势确实能按直线继续的话，虚线延长线告诉我们，若要使元件尺寸达到nm量级大约需要30年时间！某些乐观主义者推测有可能用生物分子来缩短这一时间。然而器件的可靠性对于发展有机分子材料将是严峻的问题。

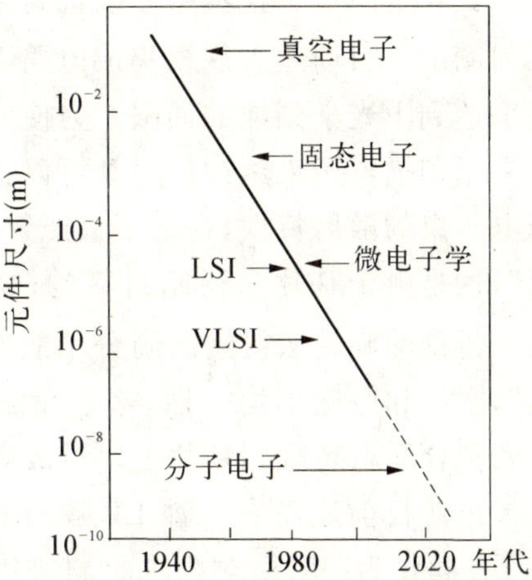

图8.14 微电子学的迅速发展

目前的商品化集成电路多是在二维的硅材料表面进行微加工得到的。这就限制了集成密度。利用传统的硅技术虽然可能实现三维集成化，但有很多困难。因此利用LB膜的自组装技术成为有吸引力的方法。这种技术可以形成独立的三维装配结构，其结构与性能取决于构成单元的分子结构、能级与电子分布、单元功能特性等因素。它们的工作状态，可利用各单元之间的非线性相互作用，如通过这些准液晶态分子间的协同作用来传播激发信息，这些信息可以是电的、磁的或振动耦合，显然通过大量的基础研究，定能研制出具有特定协同作用的分子系统和生物分子系统，承担信息载体的功能。

分子电子学这个概念是近年来才被提出的，目前还无法对它下一个明确严格的定义。如果把"分子电子学"仅仅说成是"分子水平的开关"未免过于局限。按Carter[129]说法，更被人广泛接受的"分子电子学"应该是"系统地开发电子学领域的分子材料"。有许多例子可以说明有机合成化学与固态电子学的结合已经产生诱人的商品器件。虽然制作有机分子薄膜有许多方法，但最有竞争力的仍然是LB膜技术。目前世界工业界为发展这类高技术领域，已有计划的组织物理学、化学、生物学和电子学等各方面专家，实现多学科的通力合作。有迹象表明，LB膜在信息科学中应用的研究，已成为基础学科与技术学科交叉的新边缘领域。

8.5.2 抗蚀膜及其他电子学器件

目前人们要求集成电路具有更高的工作速度和更大的存储量，这就是要把集成电路的集成度进一步提高。为了这一目的许多显微刻蚀技术不断地被开发，以便能制造更小的电路元件。目前具有亚微米分辨率的加工技术是一大目标，而刻蚀的"曝光"方法也从光学扩展到X射线、电子束或离子束。在这些加工技术中光敏抗腐蚀层的性能直接影响到亚微米加工中的几何图形。目前超大规模集成电路VLSI的元件尺寸已在1～2 μm左右，近乎达到了光学刻蚀的局限。为使元件达到高至十几个GHz的工作频率，已采用扫描电子束刻蚀。尽管可以把电子束聚焦到直径10 nm以内，但由于电子束的散射特性，在电子束照射点周围还会形成比10 nm大得多的"晕圈"，这是由于基片上树脂材料的散射。要提高分辨率只能减小抗蚀层厚度。传统的旋转法得到的高分子膜在厚度小于1 μm时将产生很大地"针孔"，密度和厚度不均一性，这是无法使用的。由此LB膜技术将提供一种新的把合适材料载到基片上以形成微结构的方法。

虽然目前还没有一种LB膜材料能够取代传统材料，但是它们揭示了把LB膜作为一种微刻阻蚀材料来得到更高分辨率的重要性。Fariss[130]和Barraud[131]报道了具有较好性能的LB膜抗蚀层。它们发现二十三烯酸是目前最好的材料，其沉积速度可达0.5 cm/S，完全可以与现在工业的涂膜工艺匹敌。当然材料的纯化十分重要，纯度合适时可以得到厚度从30 nm到90 nm的无针孔的LB膜，而且已达到了60 nm的分辨率。

LB膜可以精确地控制厚度，甚至可以达到1 nm，因此能被用来进行很好的基础研究并应用在与量子力学隧道效应有关的器件中。人们做了很多有关的研究，但是结果多是在很低温度下得到的，而且不十分理想。需要指出的是利用LB膜当作隧道隔膜来进行基础研究工作，开展得最好的是Kuhn[132]。在他们的研究中可以容忍针孔的出现，且对膜质量要求不是很高。

虽然LB膜高温稳定性不好，但反复的低温却不会造成破坏。Larkins[133]聚合的乙烯基硬脂酸和双炔在4.2 K下观察到了约瑟夫效应器件的直流特性。这个结果很好地证明LB技术所形成的膜能够控制像超导量子干涉仪这类器件的临界电流、开关速度、能隙等参数。有些时候需要在特定的半导体器件中制作具有量子隧道尺寸的多层膜，如它们可用在浮栅晶体管式开关中。

把绝缘薄膜引入半导体和金属之间可以有效地提高Schottky位垒高度。这一效应首先于LB膜用在GdTe上时观察到。控制膜参数便可得到不同的位垒高度。金属/薄绝缘体/(n/p^+)(或p/n^+)的MISS结构十分吸引人，因为它具有双稳态开关特性。如果能找到可复制的高质量的隧道绝缘体，则其潜在的应用包括存储或光敏或气敏开关以及位移寄存器等。虽然在Si片上的氧化膜不可复制且不均匀，但形成3 nm厚的膜还是可能的。而对于高迁移率(高速器件)的Ⅲ～Ⅴ族化合物如GaAs由于缺少合适的氧化物,要形成好的氧化膜极难。Thomas[134]报道了令人鼓舞的结果:在GaAs MISS结构中用LB膜当绝缘体成功地实现了开关特性,并且在所有被涉及的器件中开关特性很稳定,不随温度和光照变化。

8.5.3 热释电器件

热释电器件与传统的只对温度差有响应的热探测器不同,它是一种对快速温度变化有响应的热释电器件。该器件的响应速度与功能膜的厚度成反比。根据计算,25 Hz的调制频率下使膜有效的厚度为0.5 μm。而常规热电材料在远大于此厚度时热电信号早已消失。因此要进一步发展高性能的热像系统,如高分辨率红外光谱仪、高速扫描红外摄像器件必然要引入LB膜。另外,目前流行的一种热释电器件的结构很像电容器,其介质便是热电材料。由温度变化所产生的电荷可以较长时间地保留在电容结构中具有所谓"存储"特性。这样的结构用LB技术来实现就更加容易,同时还有可能把探测元件和放大器合在一起形成所谓"热电场效应晶体管"。若能找到具有铁电体性质的LB膜材料,则有可能实现像双稳态开关那样的电子学器件。许多种有机晶体具有大的热电效应,但只有Dan等人报道过初级元件[135]对观察薄膜中压电和热电效应的主要障碍是衬底和电极电容等。尽管如此,人们还是努力去寻求红外敏感LB膜以求实用器件,交替膜结构可能提供所需的特殊效应。

8.5.4 场效应晶体管绝缘层

LB膜良好的绝缘性确定了它在场效应晶体管器件中应用的可能性。第一次用LB膜当作绝缘体的FET,于1978年首次报道。此后对MIS(金属/绝缘体/半导体)结构的类似工作,如CdTe、CdHgTe,非晶硅等也有相应研究[136]。结果表明,多种半导体表面都可以用电压来实现聚集、耗尽和反转。Roberts[77]已经报道了用LB膜制作实际器件,并且指出LB技术所提供的极薄层可以改进X子注入半导体的效率。理论研究强调需要用严格的厚度控制来得到合适的工作特性。这已经由下列事实来证实:利用2.5 nm厚LB膜的光电池总效率已达50%。同一研究组也已证实,可以利用LB膜的厚度和完整性来改进MLS电致发光元件的效率。此处LB膜的作用是增强空穴向n型半导体的注入进而使更多的电子、空穴复合发出较强的荧光。另外使用酞菁的LB膜已经显示出很好的结果:器件每平方厘米面积上可以有效地承受高达数十安培的电流，而且还被用在具有很高本征效率的Ⅱ ～ Ⅵ族外延层半导体上。

8.5.5 导电材料

有机超薄导电膜是 LB 膜技术应用研究的主要内容之一。近年来人们对有机导电膜的兴趣日渐高涨，特别是导电聚合物 LB 膜，以其热稳定性好、机械强度高、加工性能好等优点，使其成为设计、组装高度有序的有机导电膜的最有前途的技术。Watanabe[137] 使用化学掺杂法可以使聚 3-己基噻吩(PHT) LB 膜具有导电性，当 PHT/ 硬脂酸(SA) 摩尔比率为 5∶1 时，掺杂 NOPF6 后 LB 膜的电导率为 2 $S \cdot cm^{-1}$。Punkka 等[138] 在聚 3-辛基噻吩(POT) LB 膜中掺杂了碘或亚氯化锑气体时，发现电导率提高了 105 倍，达 2×10^{-4} $S \cdot cm^{-1}$，而且这些掺杂物在高真空下极易除去。它们的电导率较低说明绝缘的烷基链影响了链间载流子的传输。吡咯衍生物单体分子 LB 膜因能溶解于无机溶剂中，修饰氧化铟和氧化锑(ITO) 电极下端的接触电解液，电子沿膜的横向传送而发生电解氧化聚合，可制备得有优越各向异性的聚吡咯导电膜。电化学聚合并没有破坏 LB 膜的晶格，仍保持有序结构。其直流电导率在膜平面平行方向为 10^{-1} $S \cdot m^{-1}$，垂直方向为 10^{-9} $S \cdot m^{-1}$，相差极大，显示出高度的各向异性[139]。聚苯胺链高硬度，对垂直方向拉膜有阻碍作用，且它在一般的有机溶剂中溶解度较小，所以主要是研究其衍生聚合物。Shimidzu[140] 研究小组由两亲性 2-十八烷氧基苯胺出发，经化学聚合得两亲性聚苯胺，在 0.11 mol/ L HCl 溶液亚相界面成膜，将其转移至 SnO_2 电极上，用 X 射线衍射与 TEM 表征证实它具有规整的层状结构，单层膜厚约 317 nm。用碘蒸气掺杂 LB 膜，电导率在膜平面平行方向为 10^{-4} $S \cdot m^{-1}$，垂直方向为 10^{-8} $S \cdot m^{-1}$。

由上所示，共轭型导电聚合物 LB 膜体系的导电性在不同方向相差极大，显示出很大的各向异性，可以用于低维导电体的制备，并通过揭示聚合物的导电性与结构之间的关系，从而在提高其电导率方面起重要作用。利用齐格勒-纳塔催化剂，通过气相聚合方法制备的聚乙炔在掺杂后表现出类似金属的导电性能，因此吸引了有机化学界的广泛注意。用 LB 技术制造超薄导电层，形成二维平面上的限制拓扑，是目前最有前途的方法。Dultser[141] 采用紫外线引发聚合的方法，在二十三烷基炔醇基础上制得了取代聚乙炔 Y 型 LB 膜，并且发现控制单体分子的取向有助于得到顺式聚乙炔单分子层。用碘蒸气掺杂该 LB 膜后，电导率为 0.05～0. 5 $S \cdot m^{-1}$。

8.5.6 电致发光器件

有机薄膜的电致发光始于20世纪60年代，Vincett[142]和Oberts[143]用多种芳香族化合物及荧光色素材料制得了有机薄膜电致发光器件。LB膜可以作为电致发光器件的发光层和修饰层[144-146]，而在温和的条件下使电致发光器件的发光层厚度控制在分子水平的尺寸上。LB膜电致发光器件有三种典型结构，分别为：

单层夹心结构　　Al/LB膜/ITO
双层夹心结构　　Al/LB膜/HTL/ITO
三层夹心结构　　Al/ETL /LB膜/HTL/ITO

单层结构的电致发光器件制备方便，并具有很好的整流特性，常用于对发光层材料的初步选择。双层结构是1987年Tang等[147]首次发现的。Tang等将空穴传输层芳香二胺引入到有机薄膜电致发光器件中，可使器件的驱动电压降至10 V数量级。受双层结构的启发，Adichi等[148, 149]在有机薄膜电致发光器件中再引入一层电子传输层，制得了三层结构的有机薄膜电致发光器件。电子传输层的引入，具有在低驱动电压下增加载流子的有效注入，阻止通过发光层的载流子从而控制复合过程和帮助阻止分子激发的淬灭三个特征[150]。因而，三层结构的有机薄膜电致发光器件的效率高出双层电致发光器件1至2个数量级。

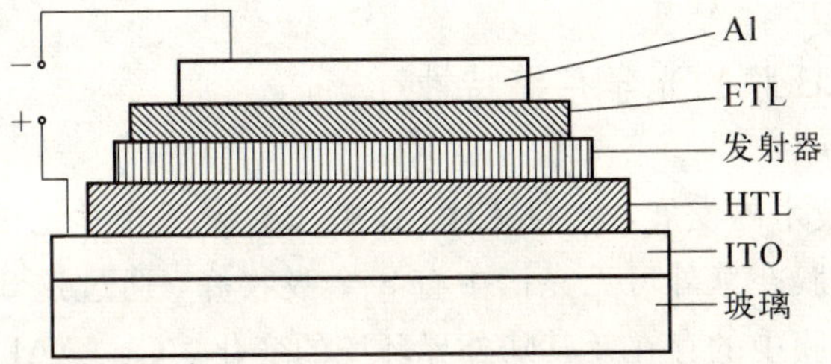

图8.15 LB膜作为发光层电致发光器件(ELD)示意图

在以上ELD器件中，用作ETL和HTL的也可以是LB膜：用作负极的金属除Al外，还可以用低功函的金属Mg及Mg-Ag合金等以降低器件的驱动电压。

Goldenberg等[151]利用z型多层聚合物(8.4)的LB膜作为发光材料制备了单层电致发光器件：Al/8.4的LB膜/ITO，测试了器件的电流-电压特性和发光特性。实验得出：用20层厚LB膜制得的器件在加正向电压时发射黄光，阈值电压力 4 V，量子效率 1×10^{-2}。通过有关计算，证明器件为电子-空穴载流于注入，在有机层复合而发光。

Sluch 等[152]以聚[2-甲氧基-5-(3-乙基己氧基)-对苯亚乙烯](8.5) LB 膜作为单层结构电致发光器件的发光材料。研究了器件的发光特性及 LB 膜的层数对荧光效率的影响。该器件的寿命比由旋转法制得的膜器件长两倍。加正向偏压，LB 膜层数为 64 层时，获得的最佳量子效率为 7×10^{-3}（电流密度 3 mA/cm^2），器件发射橙黄色光。

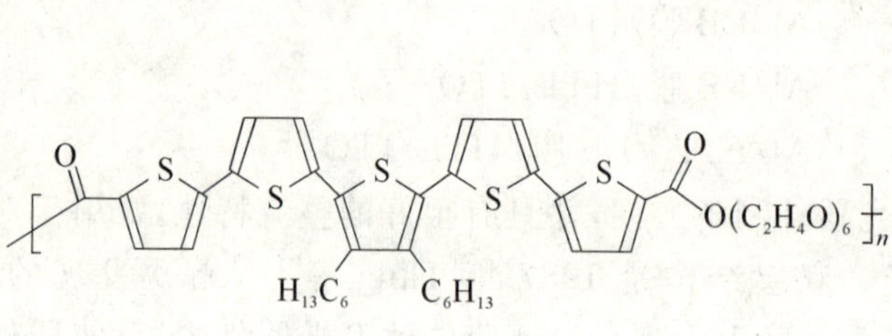

8.4

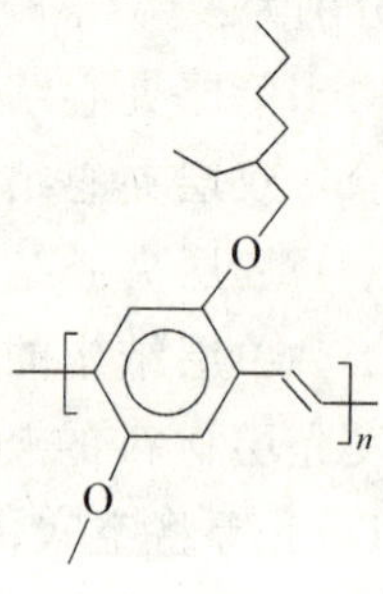

8.5

8.6 LB 膜在光电子学中的应用

8.6.1 LB 膜的光学存储特性

随着 LB 技术的发展，人们又对 LB 膜作为新型光学记录材料进行了探索性研究。C_{60}膜在紫外可见光谱中有 3 个吸收峰，通过这 3 个吸收峰可以检测 C_{60}在 LB 膜中的存在及其随外界环境的变化。C_{60}/AALB 膜中形成了 J 聚体结构。从 C_{60}/AA LB 膜经脉冲激光照射后所测得的吸收光谱发现，C_{60}的 3 个吸收峰均有 3～4 nm 的蓝移，说明经强光照射后，C_{60}/ AA LB 膜中 J 聚体由多聚体向低聚体转化导致 C_{60}的聚集态结构发生光致转变。从这种光致转变入手，叶险峰[153]发现 C_{60}/ AA LB 膜具有光学累积和记录效应，这主要是由于光致转变引起布居光栅的再分布。这种记录效应有望在光学存储技术中得到应用。此外，C_{60}在 LB 膜中的存在，可以实现电荷的跨膜输送，在光化学、光能存储与转换直至整个自然界都具有重要意义。

偶氮苯发色团的顺反异构可以引起光学诱导双折射，从这一点出发，使它们具备了开发光学存储器件的潜力。Dhanabalan[154]研究了分散red-19-n-3,5,5-三甲基-2-环己烯基-1-酮聚氨酯(DR19-IPPU)和硬脂酸镉混合LB膜的光学存储能力。在聚氨酯主链中引入偶氮苯,可以使同分异构过程中内在的分子重新取向拥有足够的自由体积。紫外-可见光和FT-IR光谱表征可以显示硬脂酸镉和DR19-IPPU在膜中的存在状态,偶氮苯发色团形成了J聚体结构,而且X射线衍射表明硬脂酸镉在DR-19本体中形成了小岛状缺陷。实验证明,双折射的振幅随复合LB膜层数的增加而降低,但是膜厚并不影响达到最大双折射所需的时间,输入的信息可以用旋转偏振光照射重新覆盖。Dhanabalan[155]还选用分散red-13甲基丙烯酸酯共聚物和硬脂酸镉复合LB膜作为研究对象,探讨了共聚物中染料含量和LB膜层数对光学存储性质的影响。为确定最佳沉积条件,用表面压和表面势能等温线对LB膜进行了系统研究。结果发现,偶氮苯发色团之间距离和相互作用对其达到50%最大双折射时间和关闭写入光束后剩余的双折射数量影响很大。

H.Tachibana[156]对含有四氰醌18烷(TNCQ)部分的偶氮苯衍生物(APT)-花菁(CY)混合LB膜进行了系统研究,结果发现该混合LB膜具有双输出模式,紫外线和可见光的轮流照射可以使APT发生可逆的顺反异构,电导也随之改变,而且利用CY分子中J聚体的形成可以实现光学信息存储。纯APT单分子膜和1∶1混合的CY/APT单分子膜连续沉积的顺序是影响混合LB膜是否具有双输出模式的主要因素。APT作为功能型分子,不仅电导率发生了变化,而且可以触发CY中J聚体的形成从而引起光学性质变化。

R. Ricceri等人[157]制备了两种新型噻吩间隔N-烷基吡啶丙二腈两性染料的混合LB膜。这种LB膜呈现出两个尖锐的、不重叠的充电转移吸附带,可以发生有选择的不可逆光致褪色。前者在多频光学数据存储中具有潜在的应用价值。

8.6.2 LB膜在非线性器件中的应用

LB膜具有特定的分子取向特性和精确控制结构特性,这对于研制某些非线性器件是有利的。例如利用LB技术制作的功能膜可具有非对称的永久偶极矩。值得注意的一种新方法是用特制的Langmuir槽,交替地沉积多层具有相反偶极矩的不同种类的单分子膜,以获得高质量的非线性特性。在沉积工艺中,利用电场和磁场来提高成膜分子的有序排列,改进膜的结构,有时是可行的。

有序LB膜的重要特性之一是它的非线性光学性能。C_{60}具有足球状的封闭笼形结构，它是一种新型含碳有机材料，其分子式是仅由碳原子组成的全烯烃，而且其共价双键分布在整个球壳层中，成三维共轭结构。这种球形结构一经确定，就引起非线性光学界的广泛注意，认为这种新型含碳有机材料有很强的光学非线性效应。而LB膜是一种分子水平上的有序膜，制备具有显著非线性光学效应的LB膜一直是有机非线性光学材料研究的主要方面。目前，叶险峰[158]成功地将C_{60}作为成膜单体制备成LB膜，并首次对其三阶光学非线性进行了研究。C_{60}是球形的憎水分子，虽然可以在空气-水界面上形成稳定的Langmuir膜，但很难转移到基片上形成质量较好的多层光学膜。而将C_{60}与花生酸(AA)混合，利用花生酸良好的成膜性能，则可制得高质量的C_{60}/AA复合LB多层膜。立体简并四波混频实验发现，C_{60}/AA混合LB膜具有很好的光学三阶非线性，其三阶极化率$\chi^{(3)}=(1.8\pm0.4)\times10^{-8}$ esu，其中源于共振电子的Kerr效应的三阶极化率极小，仅为7.25×10^{-12} esu，而热效应的贡献则为2.03×10^{-9}esu,研究表明C_{60}/AA混合LB膜中的这种光学三阶非线性主要源于C_{60}的吸收效应，该效应产生的三阶极化率与实验测试值具有同一量级。

用LB技术可以很容易地将有机非线性光学材料一层一层的附在纤维表面而制得LB膜，其二阶非线性系数远大于$LiNbO_3$。芪类盐是一种具有较高二阶非线性系数的有机材料。其非线性系数的大小与分子在膜中排列的有序程度、取向及聚集状态有关，且二阶非线性强度的平方根随膜层的增加而线性增大，因此制备可精确控制膜厚的芪类盐LB膜并研究其分子在膜中的取向和所处状态对其在光学器件上的应用很有价值。肖童[159]采用花生酸为成膜材料，将不能单独成膜的芪类盐用花生酸携带，制备出高质量的混合LB膜。研究表明,膜中芪类盐分子的聚集状态均匀致密，且具有层状有序的周期结构。

光学非线性LB膜的信频性能取决于分子中电子给体和受体的选择、膜中分子的聚集程度和分子的排布方式等。半花菁染料因其较高的超分子极化率β(约$10^{-28}\sim10^{-27}$ esu)及较好的成膜性能而成为近年来人们研究的热点。半花菁分子的发色团具有简单的准一维构形并可在水面或基板上形成直立(而非平卧)的排列。韩奎[160]利用线性(偏振吸收)和非线性(旋转样品二次谐波)的测量技术表征了半花菁与花生酸的交替Y型多层LB膜中拉膜诱导的半花菁分子排列的各向异性，并且指出多层LB膜层间相互作用将增强分子沿拉膜方向定向排列的趋向，从而导致平面内沿拉膜方向的附加偏振矩二次谐波强度随层数的增加而超平方地增长。非异构化二苯基二羟基乙烷发色团聚合物LB膜可以转移到固体基板上形成高度有序的LB膜。膜中紧密堆积的发色团结构分明。紧密堆积引起发色团的 $\pi-\pi$ 键交互作用，致使LB膜与溶液相比，UV-vis谱发生强烈变化。该膜具有光学各向异性，显示了发色团在平行于浸渍方向上优先取向。各向异性是由于LB转移过程中物质流动引起的。偏振辐射时各向异性改变，这是由于发色团光学再定位的影响。然而辐射也引起了LB膜谱带的变化，显示出 $\pi-\pi$ 键作用的减弱[161]。

最近，非线形光学已经从纯基础理论研究发展成为面向许多潜在应用价值的研究领域。未来的基本需求之一是实现利用波导的设备。这就需要组装均匀的定向薄膜，所用物质仅限于有机材料。Sottini[162]研究了具有吸引力的 $\chi^{(2)}$ 或 $\chi^{(3)}$ 非线性性质的有机导向体，尤其是制备了含有DCANP LB膜的4层有机导向体，用于光电测试，发现Pockel的 γ_{22} 系数的测量值大于 $LiNbO_3$ 的 γ_{33} 系数的1/10 。在 $\chi^{(3)}$ 材料方面，聚3-BCMU LB膜显示了高度共轭性，可见光及谐振拉曼光谱证实这是由于它们结构非常有序所致。在 $\lambda=1064$ nm下进行的非线性测试结果为 $\chi^{(3)}=3\times10^{-19}$ esu。

8.6.3 光电子器件

LB膜的线性响应使它首先可以作为光学波导来使用。Pitt和Walpita[163]所报道的脂肪酸盐LB膜中的光传输的衰减只有5 db/cm，这是可以接收的。然而这只是LB膜在光电子学中应用的一小部分。Aktsipetrov[164]报道过一些有关单分子膜二次谐波发射的情况。当然还需要进行进一步的研究以探讨应用。自20世纪90年代以来，LB膜技术被用于机能分离型有机高分子光电导体的制备，光生基团适当有序的排列和取向能显著提高该类光电导体的光敏性。采用LB膜技术制备机能型光电导体中的某一组分，要求相应的LB膜具有很高的抗溶剂性能和热稳定性能。徐又一[165]采用单分子膜组装技术，通过预聚法制备含酞菁铜聚亚酰胺LB膜，以此作为机能分离型光电导体的光生层并与适当的传输层材料相匹配，制得了一种新型的光电导体系。通过用光诱导电位衰减曲线(PZD)研究光电性能发现，其光电性能有较大程度的提高，光衰减速率从250 V/s提高到375 V/s，光衰百分比从30.63%提高到63.32%，半衰时间从2.63 s下降到0.63 s。

卟啉是叶绿素及人造太阳能系统中典型的超光电转换功能的模型化合物。Nishikata[166]等在聚酰亚胺中引入了这种含四苯基卟啉(TTP)结构单元，研究了这种含TTP结构的聚酰亚胺LB膜的光电性能，并利用这类材料制备出分子光电二极管，它的结构包括光转换器、电子受体、电子给体三个单元。通过LB膜技术可以将这三种结构按严格的空间顺序排布，使其光电转换性能大大提高。Fernando[167]等研究了基于Cu/p-CuSCN/LB膜的光电化学(PEC)电池，其中混合LB膜作为染料层。通过观察PEC电池的光吸附和光电流变化，详细探讨了混合层的影响。用LB技术在p-CuSCN宽带隙半导体上沉积十八烷基甲基紫(M-C18)和二-十八烷基若丹明(C18-R-C18)的混合物，同时发现光吸附和光电流增强了。在KI(10^{-2} mol/L)+ I_2(10^{-4} mol/L)电解液中，PEC电池的最大光电流量子效率达到36%。这是因为若丹明的C18双链间的M-C18互锁致使染料层的光吸附增强，从而光电流也增加了。TiO_2是一种非常稳定的n-型半导体，受能量大于400 nm(Eg = 310 eV)的光照射时，能有效产生电子空穴对，具有优良的光电化学反应性能。为进一步为扩展这种TiO_2的光谱响应范围，袁锋[168]选择了一种在可见光区有很强吸收的咕吨染料——荧光素作为光敏剂，通过浸浮提拉工艺，在SnO_2导电玻璃基板上生成有良好光电化学性能的TiO_2-荧光素复合LB膜。实验证明，n-型TiO_2薄膜电极能使荧光素受激电子有效分离。荧光素分子吸附在TiO_2薄膜电极表面后，在该分子吸收峰附近光生电流有明显增加，在最大吸收波长处，光生电流的增加幅度最大，所以荧光素能敏化TiO_2薄膜电极，使其吸收波长扩展到500 nm附近。许多有机复合物被认为适合作为光电设备、彩显、太阳能电池中的材料，尤其是酞菁基团化合物显示出最适宜将太阳能转化为电能或化学能的特性。但和无机半导体的带隙照射相比，有机复合物激发子移动到分散电子空穴对的转化率较低，造成入射光转化为光电流的效率也不高。对于许多无机半导体，由于晶格原子间的强相互作用，自由电子的光致转变是直接的。但稳定的无机材料，例如TiO_2、Sr TiO_3通常只在紫外区是活跃的，而这只有总太阳光强度的10%。为了排除这些限制，无机-有机复合系统吸引了人们广泛的注意，LB技术正好适合制备均匀的单分子层或不同分子交替的多层膜。Jie Zhang[169]报道了一种新型的无机-有机交替多层LB膜的组装和光电性能，该多层膜虽然吸附能力不强，但却展示了良好的光电效应响应，感应电场表面光电谱(EFISPS)表征显示多层膜对外加电压具有显著的单一选择性。

传统的光电转换材料主要集中在具有强电子施主或受主的一维共轭π

键的偶极体系，最近，3 叠对称的非偶极两维（八极）非线性光学发色团在理论和实验上得到了广泛研究。Li[170] 合成了一种偶极两维多功能 (D－π) 3－A 分子(p3)，并用 LB 技术成功地将其转移到 ITO 电极或石英基板上。实验证明，在 40 mN/ m^2的压力下沉积时，p3 分子比偶极一维分子D－π－A(pl) 具有更好的光电转换能力。每个 p3 分子的光致电流为 4.92×10^{-12} nA·cm^{-2}，大于 pl 分子的光致电流(7.27×10^{-13} nA·cm^{-2})的 3 倍。

以含有 5%花菁的花生酸双层 LB 膜可以组成 Forster 型能量转移器件。采用生物色素制成的光导电性 LB 膜可以制成光二极管和光放大器。用黄素-卟啉的 LB 膜累积起来形成异质结型 LB 膜，在硅片上形成 5×5 个二维矩阵的金属-绝缘体-金属器件，可以制成图像传感器。

8.7 由有机 LB 膜制备无机超薄膜

薄膜科学是当今高新技术领域中的一门热点学科。随着微电子学、非线性光学、传感技术和高温超导等一系列新技术的出现，对薄膜制造的要求也越来越高。特别是随着装置的小型化和集成化，更要求均匀的超薄膜。高分子化了的 LB 膜仍然不能与无机薄膜的高机械强度和稳定性相媲美。此外，由于要求成膜分子具有两亲性，致使一些具备很好物理力学性能但不具备两亲性的有机化合物（包括聚合物）难以应用 LB 技术来制备它们的超薄膜，大大限制了 LB 技术的使用范围。

另一方面，无机物薄膜具有很高的机械力学强度、热稳定性和化学稳定性。许多金属氧化物膜是各种电子元件的介电层，或高温超导 Josephson 结的隧道阻挡层；还有一些元素的碳化物、氮化物更是当今半导体器件的重要原材料。因此，近年来不少科学家致力于通过有机化合物的 LB 膜来制备无机化合物的超薄膜，以满足对高质量无机超薄膜的需求。

8.7.1 由聚酰亚胺 LB 膜真空热解制备 SiC 单晶薄膜

SiC 是唯一在常温下以固相存在的硅碳二元化合物，是具有优良物理性能和电性能的半导体。它抗高温，抗辐射，具有很高的机械强度和化学稳定性;带隙很宽并且有很高的掺杂导电性;雪崩击穿电场、热导带和饱和电子漂移速率都很高,适合于制作高温、高频、高功率、抗辐射的各种半导体器件,应用前景十分广泛。然而正是由于 SiC 的化学物理性质稳定,分解温度高,使得制备它的薄膜相当困难,直到 20 世纪 80 年代由于化学气相沉积法(CVD)制备 SiC 单晶膜的成功,才使 SiC 的制备和应用研究迅速发展起来。目前制备 SiC 薄膜的方法除 CVD 外,还有升华法、液相外延法、化学转变法等。

现在可由沉积在单晶硅片上的聚酰亚胺 LB 膜真空热解制备得到 β-SiC单晶超薄膜,所用的就是由 PMDA 和 ODA 制得的最常用的聚酰亚胺。按前驱物法制得它们在硅基片上的 LB 膜,放在 1×10^{-5}Torr 的真空炉重加热到1000℃,碳化处理 1~4 h。证明经高温真空处理的聚酰亚胺 LB 膜确实与基片上的硅发生了反应生成了 SiC 单晶薄膜来自如下几个证据:(1) Ar离子溅射深度俄歇谱(图 8.16)。大部分时间 C 与 Si 之比接近 1∶1,表明在硅基片表面形成了 SiC。Si 线在上,C 线在下,两线距离随时间延长逐渐增大,说明 SiC 的形成是以高温下 Si、C 相互扩散反应而成。Si 源源不断向上扩散,C 向下扩散,在 SiC 膜内形成了一个浓度梯度;(2) SiC薄膜的 X 射线衍射劳埃图显示由清晰的三轴对称的衍射斑点(图8.17a),表明 SiC 薄膜是准晶单晶膜;(3) 红外光谱。图 8.17 b 只在800 cm^{-1}处有一个 SiC 相 TO 声子的峰;(4) X 射线光电子能谱(XPS 谱)。图 8.18 是 SiC 膜的 Si 2p 和 C 1s,两者都只包括一个单峰,它们就是生成的 SiC 膜中的 Si 和 C。Si 2p 和 C 1s 的 core level 分别是 101.05 eV 和283.25 eV,与 CVD 方法制得的 β-SiC 膜的数据一致。所有这些都表明在硅基片上的聚酰亚胺 LB 膜热解成了 SiC 膜为异质外延生长的 β-SiC 的准单晶膜[171]。

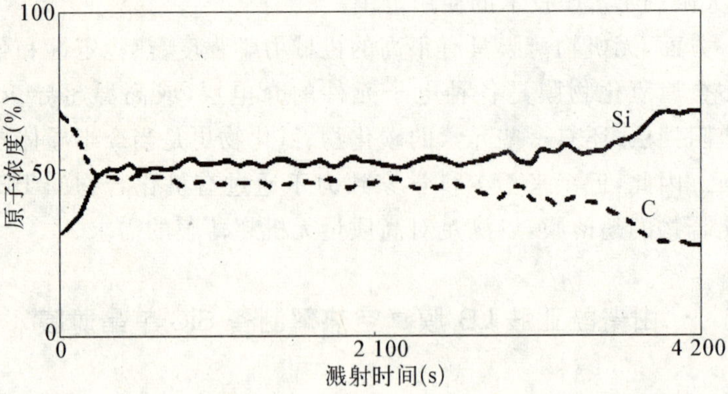

图 8.16 1 000℃下真空处理 1 h 时的 SiC 膜的 Ar 离子溅射深度俄歇谱

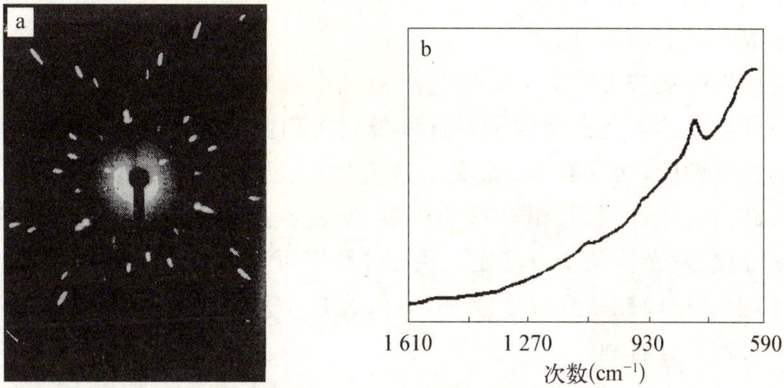

图 8.17 SiC 单晶薄膜的 X 射线衍射图案(a)和红外光谱(b)

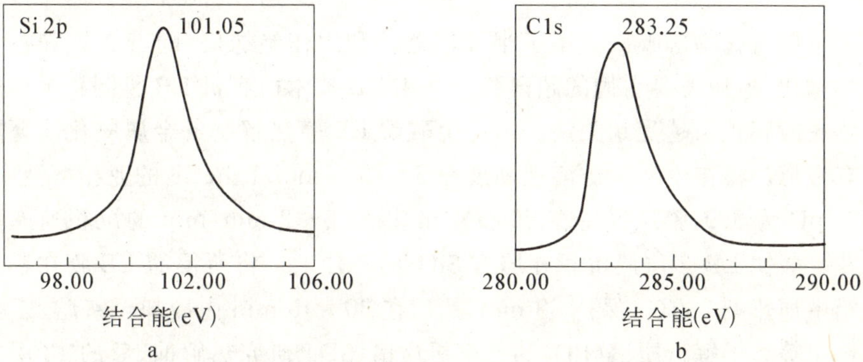

图 8.18 X 射线光电子能谱

深入研究表明,在 500 ℃左右聚酰亚胺热解成无定形 C 骨架,在 670℃左右与基片 Si 开始反应生长 SiC。其后,C 和 Si 的原子由于都具有足够的动能,两者之间相互扩散反应直至反应完全。吸附在 LB 膜上的 O_2 在低温时将 Si 氧化成 SiO_x($x<2$),在高温时(约 670℃)则被分解放出的 CO 还原生成 SiC:

(1) $SiO_2 + CO \longrightarrow SiO + CO_2$;

(2) $C + CO_2 \longrightarrow 2CO$;

(3) $SiO_2 + 3C^* \longrightarrow SiC + CO$;$SiO + 2C^* \longrightarrow SiC + CO$。

其中 C^* 指的是对应于在 670℃时出现的 284.1 eV 处某一新峰的过渡态碳,随着反应的进行,聚酰亚胺中的 C 不断转化成过渡态 C^*,C^* 再进一步与 Si 反应成 SiC[172]。

对不同晶型的单晶硅片、不同层数的聚酰亚胺 LB 膜、不同热解温度和不同的热解时间等的研究表明,Si(111)基片更有利于 SiC 膜的生成,每层聚酰亚胺 LB 膜对 SiC 膜的贡献为 2.5 ～ 3.0 Å。聚酰亚胺 LB 膜在 950 ℃

30 min 后,C 和 Si 的反应已基本完全,而高的真空度($> 10^{-5}$ mbar) 对 SiC 膜的生成是必要的。

由于聚酰亚胺 LB 膜上分子是严格规则排列的,由它热解而生成的碳以及由此生成的碳化硅都保持着这种规则排列。用此法制得的膜既有 SiC 材料的优良性能,又具有 LB 膜的高度有序特性。我们还使用类似的方法,以多孔硅为衬底,沉积聚酰亚胺 LB 膜,经热解法制得多孔碳化硅/多孔硅纳米复合膜,发光性能十分稳定。由于 LB 膜可以在分子水平组装,分子高度有序,膜可精确控制到分子水平,对研究量子尺寸效应,探讨半导体量子电子学材料十分有利。

8.7.2 花生酸铁 LB 膜空气热解制备超薄氧化铁薄膜[173]

金属氧化物薄膜广泛用于半导体器件和用作绝缘层,随着装置和器件的小型化,迫切需要它们的超薄膜。利用 LB 技术由有机 LB 膜制备金属氧化物超薄膜越来越受到关注。由花生酸铁 LB 膜热解制备金属氧化物薄膜已有报道。将花生酸氯仿溶液铺展在 5×10^{-5} mol/L $FeCl_3$ 的亚相溶液中,调节 pH 为 3.9,膜压保持在 30 mN/m,以 0.5～2 mm/min 的沉积速率可把花生酸铁 LB 多层膜沉积在覆有 SiO_2 的硅片上。将所得的 LB 膜在程控烘箱中加热到 300℃,保持 30 min,然后在 30～45 min 内冷却至室温。

用等离子解析质谱(PD)和自解析质谱(SD) 研究热解前、后的 13 层的花生酸铁 LB 膜的结构,表明热解前 LB 膜中的 Fe 以二价和三价存在:$[(A—H)_2Fe](A—H)^-$、$[(A—H)_3Fe](A—H)^-$,加热后变成了 Fe_2O_3。热解时,膜的有机部分被除去。用底物 SiO_2 的示踪原子$[(SiO_2)_nOH]^-$(n = 1 ,2, 3)鉴定出:若 LB 膜有缺陷,则其氧化物膜也保留其缺陷。

用 Rutherford 反散射光谱(RBS)观察 21 层的花生酸铁的 LB 膜在加热前后 Fe 离子的变化。发现热解后 Fe 离子完全留在基片上,Fe_2O_3 膜中铁离子的密度(面密度)与相应沉积的 LB 膜层数成线性关系。且热解后的 Fe_2O_3 膜均匀性随 LB 膜的层数增加而增加。LB 膜层数较少时,Fe_2O_3 膜均匀性不好。

8.7.3 花生酸钇 LB 膜空气热解制备 Y_2O_3 超薄膜

Amm[174, 175] 等将花生酸溶于氯仿,铺展在 YCl_3(10^{-5} mol/L)的亚相上(用 NH_4OH 溶液调节 pH 为 8.0),在疏水的 N -型硅片(100)上,以膜压

25 mN/m、沉积速率 10～50 mm/min 的条件，沉积得到了转移比达 0.9～1.0 的高质量 Y-型花生酸钇 LB 膜。花生酸钇 LB 膜的膜厚不同，相干色彩也不同。50 层的 LB 膜呈深蓝色，200 层的 LB 膜为浅红色。因此由相干色的变化可估算膜厚的变化。

将所得花生酸钇 LB 膜于空气中以 10℃/min 的速率加热。250℃前无明显变化，温度达 250℃时，膜的厚度开始很快变薄。在 250℃～350℃之间，LB 膜中的有机部分被除去。RBS 表明热解过程中，钇几无损失。由低角 X 射线衍射可知，残留的膜实际上是 Y_2O_3 膜。扫描电子显微镜显示所得的 Y_2O_3 膜完全均匀。膜厚从 0.1～40 nm 不等。合适的退火条件导致 Y_2O_3 产生晶体结构，生成均匀的薄膜。

8.7.4 三价稀土花生酸盐 LB 膜热解制备无机氧化物超薄膜

镧系氧化物膜介电系数很高，用于半导体技术和防止不锈钢的高温氧化等，由于有很好的选择性吸收，也可望在光学装置中得到应用。

Fink[176] 等系统地研究了镧系花生酸盐的单分子膜和 LB 膜。发现它们单分子膜的 $\pi-A$ 曲线有两种不同的类型：La、Ce、Pr、Nd、Sm、Eu、Ho、Lu 的花生酸盐单分子膜呈现单一的较陡直的从气态膜到凝聚膜的相转变；而 Gd、Tb、Dy、Er、Tm、Yb 花生酸盐单分子膜则经历多相：从气态膜、流动态膜（液态扩展膜、中间膜、液态凝聚膜）到固态膜。由 $\pi-A$ 曲线测得的崩溃压随原子数的变化表明，膜的稳定性随稀土离子原子数的增加而增加。如果把花生酸氯仿溶液铺展在浓度为 10^{-4} mol/L 的镧系盐亚相中（用缓冲溶液 $NaHCO_3$ 使 pH 保持在 5.8～6.0），在 25℃、表面压 30 mN/m、沉积速率 1.5～5 mm/min 条件下将每种镧系花生酸盐单分子膜沉积在镀金硅片上（10 层，Y-型 LB 膜），AFM 表面形态研究表明，膜有很好的转移性，重离子诱导解吸附质谱和光电子能谱表明此 LB 膜是三价镧系元素的花生酸盐铺展而成。可用所得的镧系花生酸盐的 LB 膜热解制备无机物超薄膜。由于通常的热解方法在热解前分子易聚结，导致所得的无机膜不均匀。Amm 等[177] 用紫外臭氧（UVO）分解铒的花生酸盐 LB 膜，利用无机物的不挥发性来形成无机薄膜。分别将 400 层，200 层，50 层的花生酸铒 LB 膜用 UVO 方法处理，每隔 10 min 用椭圆偏振法测定其膜厚，发现膜厚先随热解而变薄，到一定时间后，膜厚就基本保持不变，约为原 LB 膜厚度的 10%。不同层数的膜完全热解所需的时间不同，400 层，200 层，50 层的 LB 膜需要的时间分别为 160 min，125 min 和 70 min。热解形成的无机膜厚度与相应的 LB 膜厚度成比例。光学显微镜和电子显微镜表明膜非常均匀。用RBS跟踪了花生酸铒LB膜在UVO作用下的热解过程,用峰高和峰宽分别代表膜中铒的浓度和膜厚,发现随时间增加,峰向高、窄方向变化,即膜厚越来越小,铒在膜中的相对浓度越来越高。

若将400层的花生酸铒的LB膜经UVO法处理后,再进一步热解。当温度达400℃以上时,膜厚稳定在37.5 nm。根据花生酸铒LB膜的面密度和Er_2O_3的密度计算400层的LB膜分解成氧化物的膜厚应该为37.0 nm,表明400℃以上时形成的膜为Er_2O_3膜。同样,其他稀土金属花生酸盐的LB膜经相应热解处理也可得到它们的氧化物膜。为制得二价金属的氧化物薄膜,有人利用花生酸来铺展Cd^{2+}、Pb^{2+}、Ba^{2+}等二价金属的LB膜,但在加热降解过程中只是简单熔化、易聚结,导致不均匀加热,从而使形成的膜不均匀。用氧等离子体处理、降解LB膜,金属损失较大。用UVO法处理则无上述缺点。例如具有非常低的晶化温度的CdO膜的制备:将利用"前驱物"法沉积在SiO_2/Si基片上的花生酸镉LB膜,暴露于UVO,然后在空气中退火一段时间即可得到。经UVO法处理不会聚结,可形成均匀膜。通常的CdO,众所周知,具有半导体性质,而这里生成的CdO膜有显著的导电性,可望用作薄膜导体[170,171]。

8.7.5 "表面离子"制备组分可控的混合LB膜

最近,有人用LB膜作为前驱物来制备超薄、膜厚可控、致密和均匀的无机氧化物薄膜,得到了好的机械强度和热稳定性[174-184]。这些研究都是往亚相中加入金属离子,再用得到的LB膜来制备单组分氧化物,如FeO[179]、Fe_2O_3[179,180]、稀土氧化物[174,179,182]、CdO[177,180]、ZnO[183]和TiO_2[184]等。但是,亚相离子方法并不能用来制备组分可控的多组分薄膜,因为亚相中的金属离子是通过静电作用被吸附到脂肪酸单分子层上的,有很大的随机性,因此在亚相中加入多种金属离子是很难控制所得LB膜中不同金属离子的组分。

因此,可将LB膜法和自组装技术相结合,引入不溶于水的金属络合物作为"表面离子"(见第3章)与成膜分子混合铺展在不加任何"亚相离子"的纯水表面,通过表面离子与成膜分子的非键合作用(即自组装)来达到LB膜前驱物的组分的控制[185],而LB膜技术本身对膜厚又是精确可控的,这样,组分和厚度均可控的超薄膜制备就成为可能。本实验室发展了一种制备组分可调的及多组分氧化物陶瓷薄膜的方法[186,187]。与传统的亚相离子方法不同,这种方法用不溶于水的金属螯合物作为"表面离子"与花生酸等经典的成膜分子混合共同成膜，制得了组分可控的多组分混合 LB 膜，再进一步处理可得到无机氧化物陶瓷膜。

图 8.19 是沉积在疏水单晶硅片(100)上的 $Zr(tmhd)_4/Y(tmhd)_3/AA$ 混合 LB 膜的低角 X-光衍射谱，在 2θ 角为 1.5°～10°的范围内出现了四个等距离的 Bragg 衍射峰，这意味着该 LB 膜具有规则的周期结构。既然金属螯合物已嵌入多层膜中，那么金属离子将会成为有效散射中心，因为它的电子密度远大于 LB 膜中其他的原子。LB 膜的 Bragg 衍射峰与 LB 膜的双层等同周期 d 相对应。对有限层 LB 膜，其主衍射峰满足 Bragg 方程 $n\lambda = 2d\sin\theta$，其中 λ 为入射 X-光的波长，n 为衍射级数，θ 为 Bragg 角。设定图 8.19 中从左至右 Bragg 衍射峰依次为(002)，(003)，…，(005)，用 Bragg 方程对各级衍射峰进行计算可得 4 个 d 值，从而求得其平均等同周期长度 $\overline{d} = 5.56$ nm，这与通常的花生酸 LB 膜非常吻合[188]。这表明，在 LB 膜中，金属 β-二酮螯合物团聚成多层并混在 AA 分子层中(如图 8.20 所示)，而不是位于相邻的两个 AA 分子层之间，因为即使有一层金属 β-二酮螯合物分子在相邻的 AA 分子层之间，LB 膜的等同周期也将比花生酸 LB 膜大得多，这与实验结果相去甚远。由平均面间距可以估算出 400 层的 Y-型 LB 膜前驱物的膜厚约为 1.11 μm。因此，可通过对沉积 LB 膜层数的控制，精确控制 LB 膜前驱物的膜厚，从而达到陶瓷膜膜厚可控的目的。

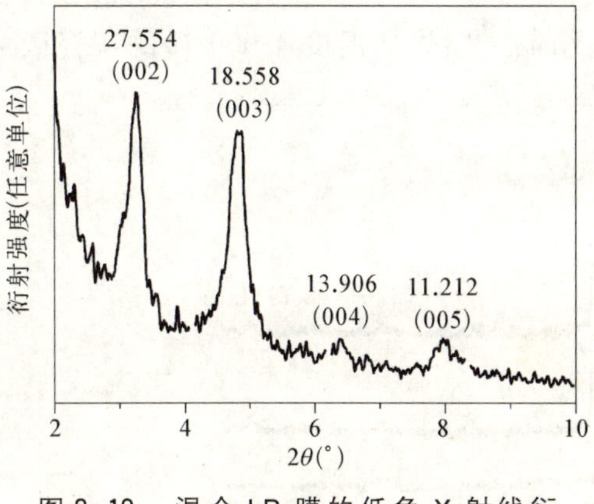

图 8.19　混合 LB 膜的低角 X 射线衍射图

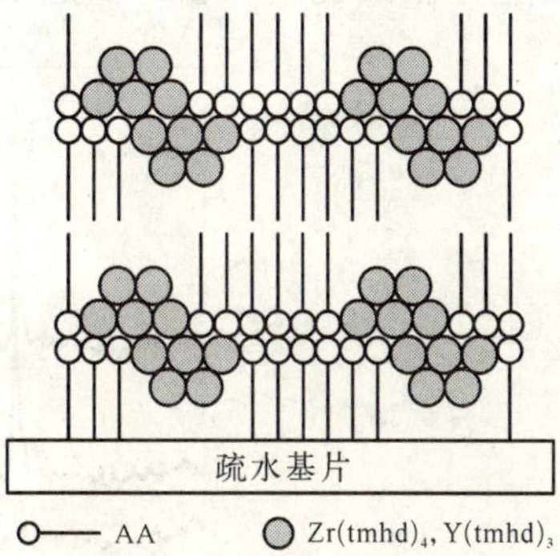

图 8.20　Y-型 $Ce(tmhd)_4/Gd(tmhd)_3/AA$ 混合 LB 膜的结构示意图

直接对 LB 膜前驱物进行热处理，膜上有机成分挥发会在所生成的陶瓷膜中引入缺陷，影响膜的稳定性和其他物理性能。在有机膜未进行热处理之前，先在室温下，对样品进行紫外光照射处理或通氧情况下进行紫外光照射，由于紫外光的照射，同时会在样品表面产生反应活性极强的臭氧，在紫外光和臭氧的同时作用下，样品中的有机成分将被分解，并与臭氧反应挥发，由于整个处理过程是在室温下进行的，避免了所谓的"液滴"出现，样品膜中主要是金属和金属氧化物，并依然保持均匀的状态。这一处理方法成为紫外-臭氧处理，简称为UVO处理。

UVO处理后的剩余膜主要为无机氧化物成分。UVO处理结束后，即可开始高温灼烧处理。选择合适的温度和时间进行高温热处理，才能得到所需的价态和晶型。作者选取的灼烧温度分别为650 ℃，850 ℃，1 000 ℃和1 100 ℃，程序升温速度为3℃/min，并在灼烧温度下保持3 h。灼烧气氛为空气。X射线衍射技术用来表征热处理后的陶瓷膜的结构。图8.21是热处理后的陶瓷膜的X射线衍射谱图。实验分别在30.3°，35.1°，50.5°，59.9°，62.9°处找到相应衍射峰，对照ZrO_2晶体的XRD标准数据，与立方相结构的ZrO_2晶体的(111)，(200)，(220)，(311)，(222)的衍射峰30.5°，35.2°，50.7°，60.3°和63.2°基本一致，位移可能是由于Y_2O_3的掺杂引起的。而与四方相结构的ZrO_2晶体的衍射峰29.8°，34.9°，49.5°，50.1°和59.4°相差较远，并且在其他位置无强衍射峰表明热处理后的陶瓷膜为立方相结构。当灼烧温度为650 ℃时，陶瓷膜开始形成立方相结构，但衍射峰宽，强度低，说明陶瓷膜未形成完整晶相，结晶粒子尺寸很小。随着灼烧温度升高，XRD衍射峰变窄，变强。当灼烧温度为1 000 ℃以上时，陶瓷膜仅存在萤石立方相结构的Y_2O_3稳定ZrO_2结晶。以灼烧温度1 000 ℃的陶瓷膜为

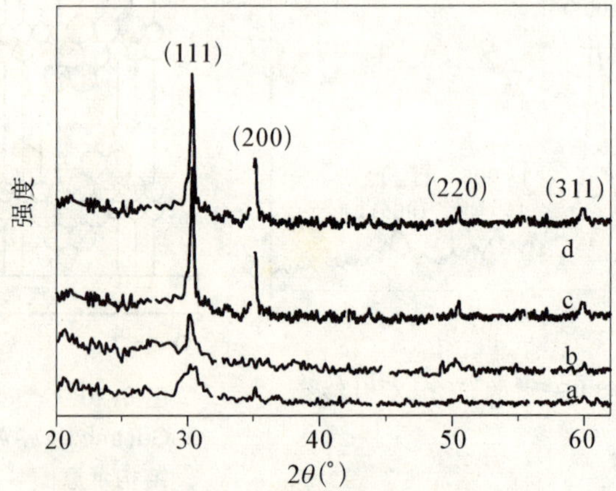

图8.21 热处理后陶瓷薄膜的X射线衍射图。

a. 热处理温度650℃；b. 热处理温度850℃；c. 热处理温度1 000℃；d. 热处理温度1 100℃

例,通过 Scherrer 方程计算陶瓷膜中结晶粒子平均尺寸为 17.2 nm。实验中未观察到 Y_2O_3 晶体的结晶峰,证明 Y_2O_3 进入晶格,得到的陶瓷膜的确是 Y_2O_3 稳定 ZrO_2 的陶瓷薄膜。这同时也证明用于拉膜的混合单分子膜没有发生分相行为。

热处理后的陶瓷膜看上去很规整、平滑。用原子力显微镜(AFM)技术来表征热处理后的陶瓷膜的表面形貌(图 8.22)。热处理后的陶瓷膜中结晶粒子排列规整,但有一些明显的裂纹,这些缺陷是在热处理过程中引起的,因为高温下,粒子结晶速度较快,造成膜在面内的收缩,使局部产生缺陷。粒子尺寸为 30～40 nm,而且排列紧密。这个结果比通过 Scherrer 方程计算的结果大。这可能是因为陶瓷膜中缺陷的存在会使 XRD 衍射峰变宽,Scherrer 方程计算结果偏小。

作者在提出"表面离子"制备形态及组分可控的 LB 超分子体系的基础上,发展了一种制备组分可控的陶瓷超薄膜的 LB 膜方法。利用 Zr－β－二酮螯合物和 Y－β－二酮螯合物作为"表面离子",替代传统的亚相金属离子,制得混合 LB 膜,并以这种混合 LB 膜作为前驱物成功制得了 Y_2O_3 稳定 ZrO_2 (YSZ)超薄膜。这种 LB 膜前驱物法结合了 LB 膜和自组装技术的优点,既能精确控制膜中金属元素的比例,又能精确控制陶瓷膜的厚度,是制备超薄、组分及膜厚可控的氧化物薄膜的一种好方法,为制备超薄、有序、高效的氧化物燃料电池材料提供了一种新途径。推而广之,这种 LB 膜前驱物法为我们提供了一个从有机膜到无机膜的新思路。

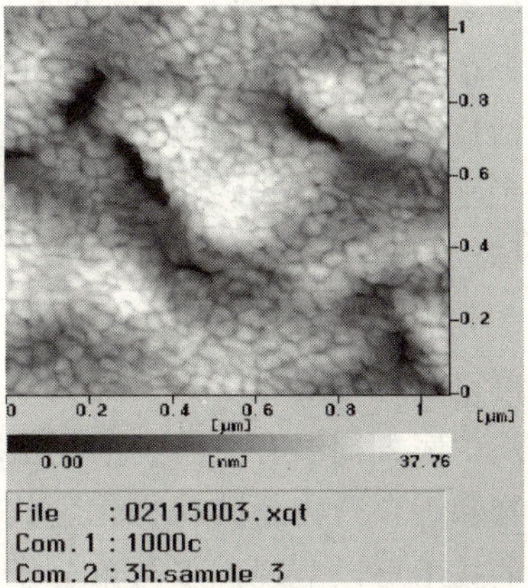

图 8.22 YSZ 陶瓷膜的表面 AFM 照片

8.8 医学中的应用

有关生物膜的化学模拟已经在 8.3 节中有所论述。下面是 LB 膜在医学中的其他可能应用[189]。

8.8.1 LB膜药物和方剂的LB膜模型

LB膜技术允许对许多功能分子在分子尺度上进行装配，装配出各种超结构的异质LB膜，实现沿膜厚方向的一维或多维分子组织设计和组装，这样就可以把具有极强的生物活性的许多金属配合物沉积成LB膜，表达功能分子所要求的功能。

稀土配合物LB膜不仅对于研制用于荧光免疫分析的荧光标记物和探测生物分子结构的荧光探针具有意义，而且对于新型抗肿瘤药物的研制也颇有启发性。有许多生物活性分子，例如磷脂、肽和蛋白质、生物色素等也可以形成LB膜，这是开发研制LB膜生化药物的基础。利用离子载体（比如缬氨霉素）构筑离子载体和不同离子的混合LB膜是研制生物无机药物的一个新方向。利用生物分子LB膜技术还有可能使药物学家找到将一系列活性药物分子定向运送到其作用靶点的有效载体。在这里，单分子膜的分子平均占有面积及其 $\pi - A$ 曲线等都可以作为LB膜药物的质量监控指标。

方剂化学研究及其LB膜模型，特别是在中医方剂学研究方面，我们不仅可以通过方剂化学的研究揭示中医方剂中药物配伍的化学规律，而且可以从中医方剂学有关药物的配伍理论中发现许多关于现代化学特别是组合药物和组合药物新的药物化学技术。能把单分子膜一层一层地沉积成LB膜的技术可以呈现许多与单分子膜不同的特殊性质和功能，与方剂配伍极为相似。如果能够把组成方剂的每一单味中药中的某种活性成分利用LB膜技术进行分子组装，那么，不仅有可能利用 $\pi - A$ 曲线对中医方剂的重要配伍作用进行化学表征，而且有可能在分子水平上进行中医方剂的LB膜组装。

8.8.2 膜诊断和生物膜修饰

膜诊断技术是以LB膜所应用的表征技术为基础，建立一套关于疾病的膜诊断技术。

正如在第1章中说的，已在LB膜中广泛应用的光谱和电镜技术，是可能作为临床诊断技术在临床中应用。机体的组织器官是由细胞组成的，而细胞是荧光生物膜的系统，不同细胞膜间的相互作用在多方面表现出极其重要的生物功能，所以，以LB膜表征技术为借鉴、研究开发膜诊断技术及其膜诊断设备是有很大的临床医学意义的，其重要性就在于它可能给出关于疾病发生变化的早期分子信息。利用膜诊断技术了解生物膜性质和结构的变化状况，利用膜分子修饰技术对其进行相应的分子营救和修饰，是很有可能的。

此外，LB膜技术允许在膜上进行分子组装，这为我们提供了一种通过生物膜修饰技术预防和治疗疾病的全新思路。通过细胞膜分子组装和修饰，对生物膜功能的调节和控制应该是有临床和实践意义的。

8.8.3 有关疾病的成因和防治方法研究

已经说过在有机LB膜基础上制备无机膜的问题就可能与人体中胆结石的成因有关。研究表明，胆红素在有序分子膜中的行为与亚相的pH值有很大关系。在酸性条件下，胆红素衍生物BCOOR的$\pi-A$等温线的膨胀性大大增加，亚相中碱性浓度对其$\pi-A$等温线的影响要比相同浓度的酸所引起的变化大。根据亚相pH与BCOOR单分子平均截面积和崩溃压的相互关系，可知人体环境的pH值范围正好在胆红素构型和性质变化敏感的pH范围内，这可能是人体胆结石容易形成的分子基础。胆红素能与多种金属离子相互作用，利用胆红素的这一性质，我们可以消除在许多疾病条件下(例如肝炎、胆管阻塞、溶血等)过多胆红素对机体组织的毒性，减轻或消除黄疸症状，而在有序分子膜内研究胆红素与金属离子的作用，则更接近与人类环境。利用这一膜技术对于更深入地研究胆红素与金属离子的相互作用及其在动物和人体内的生理功能，了解胆结石的成因有很大的帮助和意义。

例如，如果能在已经掉了坏牙的牙床上通过牙根的有机膜生长出类似于真牙的无机质体，将是非常有意义的创新工作。

8.9 其他应用

8.9.1 LB膜在摩擦学中的应用

可以想象，分子水平上光滑的LB膜应该能大大减小表面的摩擦系数。事实也是这样。早在LB膜研究的初始阶段就已发现单分子膜可以减小两金属表面相对滑动时的摩擦系数。Langmuir 就曾指出，沉积在玻璃表面上的脂肪酸多分子膜足以使摩擦系数从 1.0 降低到 0.1 左右。20 世纪 80 年代，LB 膜首先在磁记录介质的润滑中取得了很大进展。由于高密度磁记录系统中，头-盘间隙小于 1 nm，要求润滑保护层超薄、均匀(单分子层)，与衬底有牢固的结合，LB 膜正是理想的材料[190]。在微型机械的润滑问题研究中，LB 膜也是最佳选择之一。

计算机磁盘向高密度、大容量和高速度的迅速发展，对薄膜材料提出了越来越高的要求。无论是纵向磁记录还是垂直磁记录，都需要降低介质层厚度以提高记录密度。用射频溅射法制备的 Co 合金膜磁记录介质虽可实现 600KBPI 的超高线记录密度，但要将其付诸实用，还需要解决磁记录介质与磁头相对滑动时的耐磨性问题[191]，其实质就是要解决超薄润滑的问题。一般来说，磁记录装置由磁头和磁记录体两大部分组成，由于磁头和磁记录体处在接触状态必然要产生摩擦，因而会使两者发生磨损。不仅如此，磁头位置稍有变化还会加剧这种磨损。因此需要在磁记录体表面涂覆一层质地均匀且性能稳定的超薄润滑层。

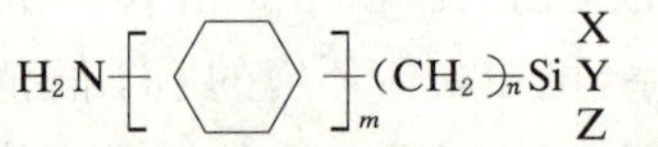

8.6

日本国立工业化学实验室[192]已经研制出了含过氟烷基链的聚合物 LB 膜。这种膜不溶于溶剂，具有优良的耐蚀性、绝缘性和润滑性，为实现磁记录技术中多分子膜超薄润滑开辟了道路。他们还利用 LB 膜技术在脂肪酸溶液中混入粒径为十万分之一毫米的磁性氧化铁微粒，并使其附着在脂肪酸制成 LB 膜[193]。可以认为，借助此法混入超细固体润滑剂微粒制成 LB 膜，对解决多分子膜超薄润滑问题也许是可行的。最近 TDK 公司将化合物 $C_nF_{2n+1}-X-Z$(式中 X 表示含醚基或内酯的亚烃基，Z 为亲水基)在磁记录介质表面制成了 LB 膜，使磁记录介质的耐久性、耐候性和摩擦学性能均得以改善[194, 195]。日本电气株式会社已经利用 LB 膜技术在单分子层上制备了一层 $CF_3(CF_2)_k(CH_2)_lCOOH$ LB 膜，提高了磁记录介质的结合强度，从而改善了磁记录介质的减磨耐磨性能[196]。Seto[197]等将 LB 膜作为金属薄膜磁记录介质的保护层，发现金属薄膜的摩擦学性能得到了明显的改善，只需要一层脂肪酸(C16～22)钡盐单分子层就可以使动摩擦系数由 0.8 降低到 0.2(层数增多效果不明显)。Ginnai 等利用 LB 膜作磁头与磁记录介质间的边界润滑剂的实验结果表明，LB 膜可以减小相当于无润滑表面初始摩擦的 40%，起-停时的接触摩擦也明显地比常规润滑时的低[191]。由于利用 LB 膜金属可使磁记录体的超薄润滑达到分子级水平，所以许多国家都为实现这一目标而努力。Bourden

等[198]发现在不锈钢表面分别沉积的硬脂酸和胆淄醇多分子膜,可使摩擦系数的降低幅度几乎与大量使用硬脂酸时相同,而对于边界润滑只要有几个多分子层即可。对特定的外部环境和材料来说,LB 膜的累积层数有一个有效值,在小于此值的范围内,LB 膜的层数越多润滑性能越好;而在大于此值的情况下,LB 膜的层数对摩擦性能的影响却不很明显。Ando 认为,LB 膜累积层数的有效值约为 9 或 10[199]。

表 8.4 实现几种不同底材有效润滑所需要的单分子层数

底 材	实现有效润滑所需要的单分子层数	
	硬脂酸	硬脂酸铜或硬脂酸银
铂	>10	7～9
不锈钢	3	1
银	7	3
镍	3	3
钴	—	1
铜	3	3

Reich 等[200]研究了聚合反应对 LB 膜润滑作用的影响。他们将 10,12-二炔二十三碳酸($H_3C—(CH_2)_9—C═C—C═C(CH_2)_8—COOH$) LB 膜用紫外光辐照聚合,并且又在拴-盘实验机上考察了它们的摩擦磨损性能。在多分子层上涂复一层聚合物层,可使其摩擦系数有 0.6 减小到 0.1。在聚合物中添加金属或金属氧化物制成的取向膜。不仅导电性能得到了明显的改善,并且化学稳定性和力学性能及摩擦学性能均得以提高。

由于聚合物 LB 膜的结构与极性辐照有机物 LB 膜的明显不同,而且聚合物单体的 LB 膜经紫外光辐照会发生交联,其结构必然要发生变化,何况摩擦过程又十分复杂(既有物理变化,又有化学变化),因而要将聚合的 LB 膜应用于摩擦学领域,还必须进行大量的基础研究。中科院兰州化学物理研究所固体润滑国家重点实验室薛群基小组在 LB 膜摩擦学行为方面做了很多优秀的工作[201]。他们在玻璃和铝基体上沉积 LB 膜显著降低玻璃/钢及铝/钢摩擦的摩擦系数。在 Cu、Ag 和 Au 基体上沉积用二烷基二硫代磷酸(DDP)表面修饰 MoS_2 纳米微粒 LB 膜,可有效降低 Ag 和 Cu 与 GCr15 钢对摩时的摩擦系数。该 LB 膜极易向对偶转移,并在摩擦过程中发生化学反应,无机纳米核起主要承载和抗摩作用。由于 LB 膜与 Ag 基体的结合较弱,Cu 基体上的 LB 膜耐磨寿命较 Ag 基体上 LB 膜的耐磨寿命高达 100 倍[202]。他们还在铝基体上沉积二十酸、DDP 及由 DDP 修饰

WS_2纳米微粒LB膜，几种LB膜的摩擦系数都远比铝的0.70～0.76低，耐磨性能以DDP修饰WS_2纳米微粒LB膜的最好，几乎比二十酸的高20倍[203]。

C_{60}是一个对称的球形分子，理应有更好的摩擦性能。当把C_{60}与长链脂肪酸（硬脂酸）一起沉积时，C_{60}分子会受到两亲分子的限制，从而形成在纳米尺度上有序组装体系超薄膜。这种“有序化”使得C_{60}/硬脂酸体系的摩擦系数明显降低，同时摩擦寿命大大提高，不仅大于无序的C_{60}膜和硬脂酸膜，而且大于单一体系LB膜。当在C_{60}/硬脂酸LB膜加以剪切力时，C_{60}可以发生滚动效应，同时，有序的硬脂酸分子具有“刷子效应”，形成了真正的“分子轴承”。C_{60}能否具有良好的摩擦学性能，关键在于对其进行限域（限域于所谓的“限域阱”中而不自聚为更大颗粒）和有序化[204]。

8.9.2 超微细粒子(Ultra Fine Particle,UFP) 在LB膜上的有序组装

超微细粒子（UFP）与LB膜都是物质的介观状态，都具有独特的表面效应。一般说来，UFP的热稳定性和机械强度较好，但系统中微粒分布不规整，难以形成均匀有序的单层或多层薄膜。因此，探索有效的办法以实现超微细粒子的二维有序组装，为纳米尺度电子器件的制备提供新途径。而LB技术正是一种在纳米尺度上对分子进行组装的切实可行的方法：两亲性有机化合物通过LB技术成膜，膜中分子排列有序，聚集规整紧密，然而其力学性能和热稳定性较差。若将二者结合，制备出排列有序的UFP超薄膜，必将显示出某些新特性。超薄膜的成膜性能及膜中超微细粒子的覆盖度和排列与组装方式有关，LB膜技术能够诱导控制超微细粒子的定向排列，有望获得排列紧密，覆盖度高，成膜性能良好的超微细粒子。近年来，人们在这方面做了大量工作，研制成功许多性能优良的超微细粒子LB复合膜。目前广泛采用纳米微粒的胶体溶液作亚相，用两亲分子进行有序组装，即得到有机-无机复合超薄膜。这种性能良好的超薄材料可以作为纳米尺度电子器件的研制基础。SnO_2是一种经典的半导体材料，纳米化能显著改善其特性，若能制得其纳米超薄层，必将具有更大的应用前景。袁迅道[205]采用LB技术，以SnO_2纳米微粒水溶胶为亚相，用花生酸对其进行有序组装，制得了SnO_2-花生酸复合单层或多层组合体。通过进一步考察该有序组合体的结构和周期性，以及组装体中SnO_2纳米微粒的形貌、粒度分布和表面聚集状态，结果发现用此方法能够制得粒度分布均匀、较

为致密的 SnO_2 纳米粒子复合膜，并且多层复合膜具有良好的周期性。

ZnS 是一种宽带隙半导体材料，可以通过掺杂及控制微粒尺度来调节其发光频率、发光效率等。若实现分子水平上的掺杂，有望研制成显色发光器件，实现超高分辨率、超大屏幕显示等。马国宏[206]利用 LB 技术在石英及 CaF_2 衬底上沉积二十二酸锌 $Zn(BA)_2$ Y-型多层膜，低压(66.7 Pa)下与 H_2S 气体反应，生长 ZnS 纳米微粒。红外、可见光吸收光谱和 X 射线衍射结果表明，反应前后 LB 膜仍然保持良好的有序性。反应后生成的 ZnS 在 LB 膜上是二维分布的，即以单分子膜的状态存在。针状超微细粒子 $\alpha-Fe_2O_3$ 是磁记录材料 $\gamma-Fe_2O_3$ UFP 的中间体，其成膜性能的研究可为磁记录材料膜提供可借鉴的方法。刘成林[207]以去离子水为亚相，用超声分散的方法将 $\alpha-Fe_2O_3$ UFP 分散于硬脂酸/正己烷/氯仿溶液中，用 LB 技术进行有序组装成膜。经过多次对膜的压缩扩张，发现临界崩溃压有下降的趋势，这是由于 $\alpha-Fe_2O_3$ 嵌入膜中的结果，单分子截面积逐渐减小。针状的 $\alpha-Fe_2O_3$ UFP 在每次压缩后逐渐被诱导为有序排列，使复合分子间的距离变小。通过进一步对成膜性能的测试，结果显示：$\alpha-Fe_2O_3$ UFP 能均匀地分散在有机溶剂中，$\alpha-Fe_2O_3$ UFP/硬脂酸单分子膜的成膜性能良好，复合膜中的 $\alpha-Fe_2O_3$ UFP 有一定的有序性，$\alpha-Fe_2O_3$ UFP/硬脂酸 LB 复合膜是具有层状结构的有序体。Svetlana Erokhina[208]将沉积的硬脂酸铜 LB 膜暴露在 H_2S 气氛中至少 12 h，形成 CuS 纳米粒子。然后用氯仿冲洗样品除去硬脂酸分子，得到 CuS 纳米粒子在膜中的聚积。通过测试不同厚度 CuS 薄层电导和频率的关系发现，在硬脂酸铜 LB 膜厚度小于 30 层时，电导随频率变化，因为此时膜不是连续的，可以认为是由彼此分散的“小岛”聚集而成的。当膜厚超过 30 层时，前驱态膜的电导与频率无关，此时已形成连续存在的 LB 膜，这种膜的典型电阻小于 110 Ω。

无机半导体纳米微粒在二维表面组装后可形成量子超晶格结构，通过 LB 技术可以设计单分子层的组合，构造出特定的超分子结构在层内或层间实现场的合成，开发超分子材料。无机半导体纳米微粒 LB 复合膜不仅排列有序，而且能达到纳米尺度，可广泛应用于分子器件的开发，目前利用 LB 膜技术实现纳米粒子有序化已日趋成熟。

8.9.3 LB 膜在电催化中的应用

近年来，修饰在电极表面的催化剂对溶液中物质的氧化还原反应的电催化作用已受到越来越多的重视。由于 LB 膜修饰电极的修饰层很薄，而其中催化剂的密度又很高，有很好的电催化性能。甲醇等有机小分子的电催化氧化已得到广泛的研究。在碱性溶液中，镍及其合金是有机小分子氧化的主要的催化剂。嵌入镍粒子的导电聚合物膜电极对醇类有机小分子也有较高的电催化活性，反应不产生毒化催化剂的中间物，电催化活性中心是镍过氧化物 NiOOH。华炳增[209]首次选用 LB 膜将镍离子一层层的固定在铂基板上，研究了在碱性溶液中，LB 膜对醇类有机小分子的电催化氧化。实验证明，膜电极对甲醇具有良好的电催化作用，在 0.5 mol/L KOH 溶液中，氧化电位为 0.54 V，比镍离子的氧化电位大了 0.12 V。甲醇在 LB 膜上的电催化氧化动力学是复杂的，反应前甲醇分子必须穿过硬脂酸分子层，电催化过程受 OH^- 离子浓度的影响，甲醇、OH^- 需在本体溶液中通过传质嵌入膜内。甲醇本体浓度与响应电流成正比，而氧化峰电流几乎不受电位扫描的影响。

8.10 LB膜在其他高科技领域中的应用

8.10.1 单个分子链的导电

单个分子电阻一直是科学家关心的问题，尽管近年来取得了可喜的进步，但一直争论的问题仍然是什么才是两头通过共价键连上电极的单个分子的电阻。不同实验结果的数据很是分散，反映了形成真正的分子连结的难度。如果分子连结电阻是可再生地被测量，保证电阻真是来自单个分子，是又一个挑战。随着大规模集成电路对集成度的要求越来越高，仅由一个分子组成的单分子电路自然成为科学家和企业家追求的终极目标，在微电子产业中的重要性是不言而喻的。此外，电荷在单个分子中的运动（电流和电阻）对了解生物神经系统的信息传输和化学反应中单元反应的机理也是最直接的[210]。

把单个分子的两头连接到电极上这样一个简单的目标，实现起来却并不容易。近年来已尝试了许多办法企图把单个分子与金属电极相连和测量单个分子的导电性。譬如，由于硫醇与金有很好的结合力，可以用化学反应的方法使被测定的单分子末端各带上一个硫醇基团，这样二硫醇化的分子就能与作为电极板的金片相连，形成电路[211]，甚至直接把纳米金颗粒接在有机高分子上[212]，也有用带金属离子的有机金属络合物基团来修饰待测定的分子末端，也可把要测定的分子形成纳米管，再把这纳米管插到能导电的水银小池中[213]，或形成电路；把原子力显微镜的针尖换成能导电的金属，譬如涂上一层金，与二硫醇化的单分子层相接触[214-216]，等等。

有了导电的连接，就可以用单分子膜或LB膜技术把这些分子排列，用特殊的AFM测定它们的电导或电阻(图8.23)，譬如可用经典成膜化合物硬脂酸或花生酸把待测定分子夹持成膜(见第1章)，再用AFM测定这一单个分子的电导或电阻(图8.24)。

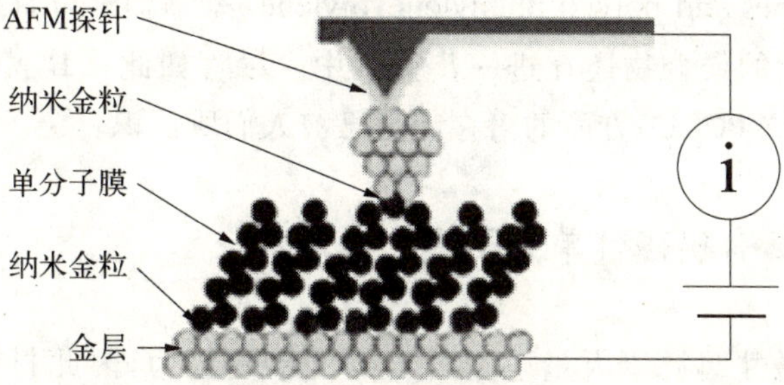

图8.23 通过单分子膜技术测定单个分子的电导

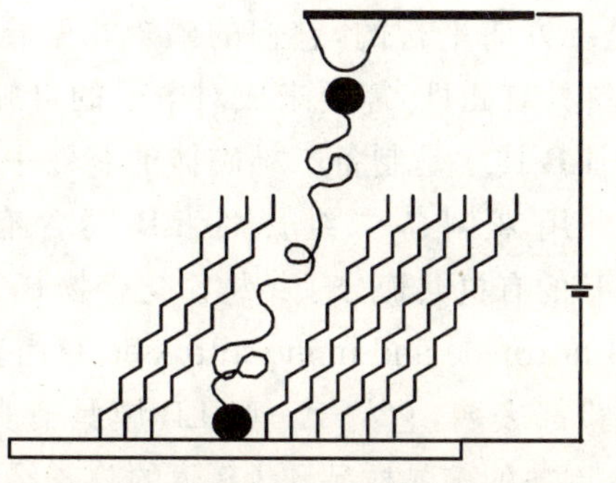

图8.24 用长链脂肪酸夹持法把待测分子铺展成膜后测定其电导或电阻

8.10.2 有机发光二极管(OLED)和聚合物发光二极管(PLED)

有机发光二极管是一个有几十亿产业的潜在领域，特别是利用导电聚合物的发光二极管(PLED)在大面积、易折叠、重量轻的大平面显示器方面的潜在应用，黑格尔等曾因此获得了2000年诺贝尔化学奖。OLED(或

PLED)要求有机物或导电聚合物以非常薄的膜(只有一层或几层)夹在两个电极中。这就为LB膜技术提供了用武之地。

通常是用甩膜或浇铸膜的方法来制备OLED(或PLED)的有机(或聚合物)薄层的,但它们只能得到微米量级的薄膜,只有LB膜才能得到分子量级的超薄膜,并且LB膜还可以控制薄膜的有序度和取向,膜的缺陷也少,对OLED(或PLED)的量子发光效率有利。譬如,poly(3-hexylthiophene)单分子层厚度是3.3 nm,5～10层的LB膜厚也只有16～33 nm[217]。当然,对PLED,因为沉积的是聚合物的LB膜,所以一般用水平沉积法。已经试用过的聚合物有poly(3-decylmethoxythiophene)(PDMT),polyfluorens,polyquinoxalines and poly(p-phenylenevinylene)[218],但最合宜用作OLED(或PCED)中间层的聚合物还在进一步探索中。尽管如此,LB膜技术在制备高效能OLED(或PCED)方面的潜在能力已被人们所认识。

8.10.3 有机磁性单分子膜和LB膜

材料的磁性起源于大量电子的自旋的协同行为,因此材料的宏观磁行为有可能与微观的磁行为不同。永久磁体由具有强相互作用的大量未成对电子组成,电子自旋朝着一定的方向。但有机分子是反磁性体,因为它们在成键时,电子自旋是反方向平行的,它们的磁矩相互抵消,所以有机物是没有磁性的。要使材料具有磁性,需要未成对电子的自旋矩平行排列,这正是LB技术的长处——LB技术是制备二维磁体的有效手段。

图8.25是两个用来制备二维磁性LB膜含有nitronylnitroxide or iminonitroxide自由基的有机共轭分子结构。化合物8.7在苯环的meta位置上带有含有nitronyl nitroxide and imino nitroxide自由基,电子自旋共振实验和超导量子干涉实验都表明,它的Z-型LB膜具有典型的磁性薄膜的特征[219]。化合物8.8制备的多晶样品和LB膜的分子结构及磁性能力已经通过ESR、SQUID、X-ray衍射等方法被充分的研究。多晶样品的层间距大约有

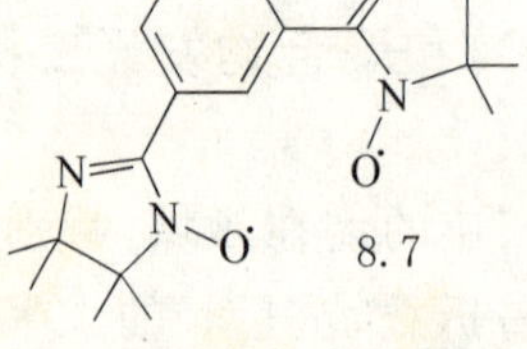

8.7

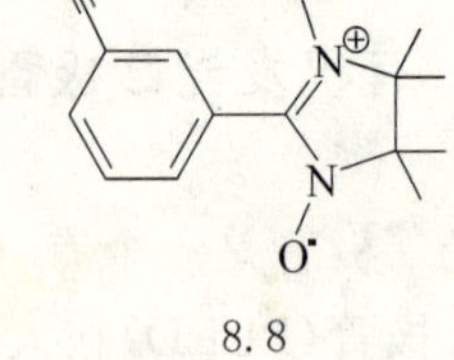

8.8

图8.25 两个制备磁性LB膜材料的分子结构

(29.9±0.2) A,这与侧链完全伸直的头尾排列的两性分子吻合。然而单层LB膜厚为22 A,因此棒状的刚性分子将倾斜地位于基片表面。

LB膜的ESR光谱是完全对称的,尤其是洛伦兹衍生物,这证实了硬纤维存在交换相互作用。此外,ESR信号的温度依赖性被记录用于测定LB膜内磁性相互作用的存在。随着温度的改变,所有样品磁化系数测量值间的差异将增加。化合物8.8样品的多晶粉末在温度2 K到300 K之间符合居里-外斯法则,这样负的外斯常数将能计算出来。在2 K以下,产量将随着温度降低而减少。按照这个结果,外斯常数是负值并且在极小的温度范围内降低,因此大多数材料的分子相互作用是反铁磁性的。相反的是,LB膜的磁化系数与温度的分析同居里-外斯法则相吻合。然而,外斯常数是正值表明膜内部存在磁性相互作用。LB技术有着精确控制分子相互作用的优势,能利用有反磁性相互作用的材料设计出2D的磁性分子[220]。

8.10.4 单分子膜和软刻蚀

软刻蚀是一种纳米器件制备的新方法,能在金、银、硅片、陶瓷等基材表面印刷出nm～μm量级的精细结构,印制导电高分子微电路,以及制作三维结构微制品。该方法精确重复,工艺简单,对实验室条件要求也不高,在微电子学、超微机械加工等超微器件制备中有很好的应用前景[221,222]。

利用在软刻蚀的微模板上LB膜的沉积可以很好地形成微图案(图8.26)。通过控制软刻蚀的微模板控制有机分子LB膜在模板上的沉积区域,从而形成微图案。该方法结合了软刻蚀技术和LB技术的优点,可精确制备很好的微图案[223]。

图8.26 软刻蚀的微模板上沉积LB膜

现在由LB膜制得的商用器件还比较少，距离大规模的实用阶段还有很长一段路要走。但它提供了在分子水平上利用人工控制的排布方式组建分子聚集体的可能性。许多LB膜技术的应用研究受到广泛的重视并拥有政府提供的研究基金。著名的LB膜技术专家Kuhn[224]在总结以往工作的基础上，提出了现代LB膜研究的3个核心问题：(1) 利用有序组装体系研究新的物理化学作用以及有关分子排列的基本原理；(2) 研究更为稳定、高强度的LB膜以满足实际应用需要；(3) 设计制造相互关联、相互作用的有序体系，形成功能单元以制造功能器件，这将成为各国致力于LB技术的科学家们不懈努力的方向。

参考文献

[1] G. G. Rorberts, *Advances in Physics*, 1985, 34(4): 475

[2] S. T. Kowel, R. Selfridge, C. Eldering, M. N. Matloff, *Thin Solid Films*, 1987, 152: 377

[3] 何平笙，彭建邦，*化工新型材料*，1985，13(12)：10

[4] M. C. Petty, *Langmuir-Blodgett Films*, Cambridge University Press, Cambridge, 1996

[5] G. L. Gaines, Jr., *Insoluble monolayer at liquid-gas interface*, Wiley-Interscience, New York, 1966

[6] 李亚军，*发光学报*，2003，24(1)：8

[7] 毕先同，*化学进展*，2002，21(12)：894

[8] 刘云圻，*化学通报*，1988，(8)：13

[9] 江龙，*化学进展*，1994，6(3)：195

[10] 黄春辉，李富友，黄岩谊，*光电功能超薄膜*，北京：北京大学出版社，2001

[11] 欧阳健明，《LB膜原理与应用》，广州：暨南大学出版社，1999

[12] Janos H. Fendler, *Membrane-Mimetic Approach to Advanced Materials*, Springer-Verlag Berlin, 1994

[13] M. Breton, *J. Macromol. Sci. Rev. Macromol. Chem.*, 1981, C21(1): 61

[14] C. Bubeck, *Thin Solid Films*, 1988, 160: 1

[15] P. S. He, J. P. K. Peltonen, J. B. Rosenholm, *Chin. J. Polym. Sci.*, 1998, 16(2): 147

[16] 杨海洋，朱平平，李春娥等，*化学通报*，1996，9：32

[17] T. R. Chen, W. J. Koros, H. B. Hopfenberg, V. T. Stannett, in "*Materials Science of Synthetic Membranes*", ACS Symp. Series 269 American Chemical Society, Washington, DC, 1985, 25

[18] G. D. Rose, J. A. Quinn, *Journal of Colloid and Interfacre Science*, 1968, 27(2):

193
[19] N. Higashi, T. Kunitake, T. Kajiyama, *Polym. J.*, 1987, 19(2): 289
[20] T. Miyashita, M. Konno, M. Matsuda, et al., *Macromolecules*, 1990, 23: 3531
[21] G. L. Gaines, W. J. Ward, *Journal of Colloid and Interface Science*, 1977, 60(1): 210
[22] O. Albrecht, A. Laschewsky, H. Ringsdorf, *Macromolecules*, 1984, 17: 937
[23] P. J. Bruinsma, G. J. R. Spooner, L. B. Coleman, et al, *Thin Solid Films*, 1992, 210/211: 440
[24] M. Conner, V. Janout, S. L. Regen, *J. Am. Chem. Soc.*, 1993, 115: 1178
[25] P. J. Bruinsma, P. Storeve, *Thin Solid Films*, 1994, 244: 958
[26] 董声雄, *膜科学与技术*, 1990, 10(4): 15
[27] T. Kakiyama, A. Kumano, M. Takayanagl, et al., *Chemistry Letters*, 1984, 915
[28] H. Cackovic, H. P. Schwengers, *J. Membr. Sci.*, 1986, 26: 63
[29] T. Kunitake, N. Higashi, M. Kunitake, et al., *Marcmmolecules*, 1989, 22: 485
[30] K. Ariga, Y. Okahata, *J. Am. Chem. Sec.*, 1989, 111, 5: 618
[31] M. Niwa, A. Mukai, N. Higashi, *Macromolecules*, 1991, 124: 3314
[32] K. Itaya, S. Sugawara, K. Arai, S. Saito, *J. Chem. Eng. Jpn.*, 1984, 17: 514
[33] T. Kajiyama, A. Kumano, M. Takayanagl, et al, *Chem. Lett.*, 1984, 915
[34] H. Cackovic, H. P. Schwengers, *J. Membr. Sci.*, 1986, 26: 63
[35] J. Li, V. Janout, S. L. Regen, *Langmuir*, 2005, 21: 1676
[36] R. Rachana, R. Banerjee, *Colloids and surface B-biointerface*, 2006, 50: 9
[37] C. M. McQuaw, A. G. Sostarecz, L. L. Zheng, et al., *Langmuir*, 2005, 21: 807
[38] J. F. Rathman, P. Sun, *Faraday Discussions*, 2005, 129: 193
[39] E. Gyorvary, W. M. Albers, J. Peltonen, *Langmuir*, 1999, 15: 2516
[40] Y. F. Dufrene, W. R. Barger, J. B. D. Green, et al., *Langmuir*, 1997, 13: 4779
[41] D. G. Rhodes, A. Singh, *Chem. Phys. Lipids*, 1991, 59: 215
[42] H. Lamparski, Y. S. Lee, T. D. Sells, D. F. Obrien, *J. Am. Chem. Soc.*, 1993, 115: 8096
[43] 何玉萼, 谢明贵, 赵玉丛, 田心棣, *高等学校化学学报*, 1995, 8: 1237
[44] N. P. Franks and K. A. Snook, *Thin Solid Films*, 1983, 99: 139
[45] K. Heckmann, C. Strobl and S. Bawer, *Thin Solid Fiims*, 1983, 99: 265
[46] D. Oesterhelt and W. Stoeckenius, *Proc. Nurl. Acud. Sci. US*, 1973, 70: 2853
[47] M. T. Flanagan, T. R. Hesketh, *Biochim. Biophys. Acta*, 1973, 298: 535
[48] D. M. Taylor, J. N. Lambi, *Thin Solid Films*, 1994, 243: 384
[49] T. Miyasaka, T. Watanabe, A. Fujishima, K. Honda, *J. Am. Chem. Soc.*, 1978, 100: 6657
[50] A. Barraud, *Thin Solid Films*, 1983, 99: 317
[51] E. K. Girija, et al., *Mater. Chem. Phys.*, 1998, 52: 253

[52] S. J. Cooper, R. B. Session, S. D. Lubetkin, *J. Am. Chem. Soc.*, 1998, 120: 2090

[53] S. J. Cooper, R. B. Session, S. D. Lubetkin, *Langmuir*, 1997, 13: 7165

[54] M. R. Shedam, et al., *Mater. Chem. Phys.*, 1998, 52: 263

[55] 李晓峰等,*中国科学(B辑)*,1996,26: 52

[56] 王夔,韩万书主编,《中国生物无机化学十年进展》,北京: 高等教育出版社,1997, p149-161, p193

[57] S. Mann, *J. Mater. Chem.*, 1995, 5: 935

[58] 唐睿康,邰子厚,*化学通报*,1995,(11): 24

[59] X. K. Zhao, J. Yang, L. D. McCormick and J. H. Fendler, *J. Phys. Chem.*, 1992, 96: 9933

[60] 周贵恩编著,《聚合物X射线衍射》,合肥: 中国科学技术大学出版社,1989

[61] Y. Wang, N. Herron, *J. Phys. Chem.*, 1991, 95: 525

[62] S. Mann, et al., *Biomineralization: Chemical and Biochemical Prospectives*, 1989

[63] S. A. Davls, S. Mann, *Nature*, 1997, 385: 420

[64] S. Mann and G. A. Ozin, *Nature*, 1996, 382: 313

[65] S. L. Burkett, S. Mann, *J. Chem. Soc., Chem. Commun.*, 1996, 321

[66] P. Calvert, S. Mann, *Nature*, 1997, 387: 127

[67] 邰子厚, 无机化学学报, 1994, 10: 299

[68] R. Tang, C. Jiang, Z. Tai, *Langmuir*, 1997, 13: 5204

[69] C. Jiang, R. Tang, Z. Tai, *J. Mater. Chem.*, 1998, 8: 81

[70] N. J. Turro, W. R. Cherry, *J. Am. Chem. Soc.*, 1987, 100: 7431

[71] 吕安德等, *功能材料*, 1991, (1): 22

[72] G. G. Roberts, *Langmuir-Blodgett Films*, Plenum Press, New York, 1990, p317

[73] Ludovico, Valli, *Advances in Colloid and Interface Science*, 2005, 116: 13

[74] 章献明,叶险峰等,*功能材料*,1994,25(1): 17

[75] R. R. Bridge, *Annu. Rev. Phys. Chem.*, 1990, 41: 683

[76] Frank Davis, P. J. Seamus, Higson, *Structured thin films as functional components within biosensors Biosensors and Bioelectronics*, 2005, 21: 1

[77] G. G. Roberts, *Sensors and Actuators*, 1983, 5: 131

[78] 唐芳琼,袁金锁,李津茹,江龙,*化学传感器*,1990,10(1): 26

[79] T. Marizumi, et al., The 3rd International Conference on LB films, 1987, 286

[80] L. Pastorino, T. S. Berzina, V. I. Troitsky, M. P. Fontana, E. Bernasconi, C. Nicolini, *Colloid. Surf. B*, 2002, 23: 57

[81] A. P. Girard-Egrot, S. Godoy, L. J. Blum, *Advanced in Colloid and Interface Science*, 2005, 116: 205

[82] Y. Okahata, T. Tsuruta, K. Ijiro, K. Ariga, *Langmuir*, 1988, 4: 1373

[83] A. Eremenko, I. Kurochin, S. Chernov, A. Barmin, A. Yaroslavov, T. Moskvitina, *Thin Solid Films*, 1995, 260: 212

[84] S. Y. Zaitsev, *Sens. Actuators B*, 1995, 24: 177

[85] R. Singhal, W. Takashima, K. Kaneto, S. B. Samanta, S. Annapoorni, B. D. Malhotra, *Sens. Actuators*, 2002, B 86: 42

[86] R. Singhal, A. Gambir, M. K. Pandey, S. Annapoorni, B. D. Malhotra, *Biosens. Bioelec*. 2002, 17: 697

[87] T. Moriizumi, *Thin Solid Films*, 1988, 160: 413

[88] J. I. Anzai, K. Furuya, C. W. Chen, T. Osa, *Matsuo T. Anal Sci*, 1987, 3: 271

[89] J. I. Anzai, J. Y. Hashimoto, T. Osa, *Matsuo T. Anal Sci*, 1988, 4: 247

[90] M. Sriyudthsak, H. Yamagishi, T. Moriizumi, *Thin Solid Films*, 1988, 160: 463

[91] H. Tsuzuki, T. Watanabe, Y. Okawa, S. Yoshida, S. Yano, K. Koumoto, et al., *Chem. Lett.*, 1988, 1265

[92] Y. Okahata, T. Tsuruta, K. Ijiro, K. Ariga, *Langmuir*, 1988, 4: 1373

[93] Y. Okahata, T. Tsuruta, K. Ijiro, K. Ariga, *Thin Solid Films*, 1989, 180: 65

[94] J. R. Li, M. Cai, T. F. Chen, L. Jiang, *Thin Solid Films*, 1989, 180: 205

[95] F. Q. Tang, J. R. Li, L. Zhang, L. Jiang, *Biosens Bioelectron*, 1992, 7: 503

[96] J. I. Anzai, S. Lee, T. Osa, *Makromol Chem. Rapid Commun.*, 1989, 10: 167

[97] S. Yu Zaitsev, N. A. Kalabina, V. P. Zubov, *J. Anal. Chem. USSR*, 1991, 45: 1054

[98] S. Yu Zaitsev, T. H. Hanke, U. Wollenberger, E. Ebert, N. A. Kalabina, V. P. Zubov, et al., *Bioorg Khim*, 1991, 17: 767

[99] T. Tatsuma, H. Tsuzuki, Y. Okawa, S. Yoshida, T. Watanabe, *Thin Solid Films*, 1991, 202: 145

[100] S. Arisawa, T. Arise, R. Yamamoto, *Thin Solid Films*, 1992, 209: 259

[101] S. Arisawa, R. Yamamoto, *Thin Solid Films*, 1992, 210/211: 443

[102] C. Fiol, S. Alexandre, N. Delpire, J. M. Valleton, E. Paris, *Thin Solid Films*, 1992, 215: 88

[103] S. Lee, J. I. Anzai, T. Osa, *Sens Actuators B*, 1993, 12: 153

[104] P. Pal, D. Nandi, T. N. Misra, *Thin Solid Films*, 1994, 239: 138

[105] S. Yu Zaitsev, *Sens Actuators B*, 1995, 24: 177

[106] J. W. Choi, J. Min, J. W. Jung, H. W. Rhee, W. H. Lee, *Thin Solid Films*, 1998, 327-329: 676

[107] J. W. Choi, Y. K. Kim, I. H. Lee, J. Min, W. H. Lee, *Biosens Bioelectron*, 2001, 16: 937

[108] K. Wan, J. M. Chovelon, *Jaffrezic-Renault N. Talanta*, 2000, 52: 663

[109] M. Yasuzawa, M. Hashimoto, S. Fujii, A. Kunugi, T. Nakaya, *Sens. Actuators B*, 2000, 65: 241

[110] A. Zhang, Y. Hou, N. Jaffrezic-Renault, J. Wan, A. Soldatkin, J-M. Chovelon, *Bioelectrochemistry*, 2002, 56: 157

[111] R. Singhal, A. Gambhir, M. K. Pandey, S. Annapoorni, B. D. Malhotra, *Biosens Bioelectron*, 2002, 17: 697

[112] R. Singhal, W. Takashima, K. Kaneto, S. B. Samanta, S. Annapoorni, B. D. Malhotra, *Sens Actuators B*, 2002, 86: 42

[113] S. K. Sharma, R. Singhal, B. D. Malhotra, N. Sehgal, A. Kumar, *Electrochim Acta*, 2004, 49: 2479

[114] 李春鸿,*化学传感器*,1992,12: 9

[115] B. Bott, et al., *Sensors and Actuators*, 1984, 5: 43; A. Heilmann, et al., *Sensors and Actuators*, 1991, B4: 511

[116] R. H. Tredgold, et al., *Inst. Electr. Eng.*, Part 1, 1985, 132

[117] J. P. Douglas, *Inter. Patent Classifications*, WO 90/05160

[118] W. Ko, et al., *Sensors and Materials*, 1990, 2: 139

[119] J. M. Grate, et al., *Anal. Chem.*, 1990, 62: 1927

[120] L. Henrion, et al., *Sensors and Actuators*, 1989, 17: 493

[121] R. B. Beswick, et al., *Chem. Phys. Lett.*, 1988. 43: 589

[122] M. Aizawa, et al., *Thin Solid Films*, 1988, 60: 476

[123] M. Fumki, et al., *Thin Solid Films*, 1989, 180: 193

[124] M. Rapp, et al., *Thin Solid Films*, 1992, 210: 474

[125] M. Furuki, et al., *Thin Solid Films*, 1992, 210: 471

[126] A. P. Brown, *Sensors Actuators*, 1984, 6: 151

[127] D. G. Zhu, et al., *Sensors Actuators*, 1990, B2: 265

[128] N. Higashi, et al., *Thin Solid Films*, 1992, 210: 465

[129] F. L. Carter, *Molecular Electronics Devices I*, Dekker, New York, 1982

[130] G. Farriss, J. B. Lando, S. Richert, *Thin Solid Films*, 1983, 99: 305

[131] A. Barraud, *Thin Solid Films*, 1983, 99: 317

[132] B. Mann. H. Kuhn, *J. Appl. Phys.*, 1971, 42: 4389

[133] C. D. Fung, C. L. Larkins, *Thin Solid Films*, 1985, 132(1-4): 33

[134] N. J. Thomas, M. C. Petty, G. G. Robert, H. Y. Hall, *Electronics Letters*, 1984, 20: 838

[135] M. F. Dan, O. C. Lettington, S. M. Small, *Thin Solid Films*, 1983, 99: 61

[136] C. K. Chiang, S. C. Gau, C. R. Fincher, Jr., Y. W. Park, A. G. MacDiarmid and A. J. Heeger. *Appl. Phys. Lett.*, 1978, 33: p18

[137] I. Watanabe, K. Hong, M. F. Rabner, *Thin Solid Films*, 1989, 179: 199

[138] P. Yli-lahti, E. Punkka, H. Stubb, et al., *Thin Solid Films*, 1989, 179: 221

[139] T. Shimidzu, T. Iyoda, K. Ohitani, et al., *Thin Solid Films*, 1988, 167: 160

[140] T. Iyoda, M. Ando, T. Kaaneko, et al., *Tet rahedron Lett.*, 1986, 27: 5633

[141] F. N. Dulster, S. M. Repinaky, L. L. Svesshinikova, *Thin Solid Films*, 2000, 359: 239

[142] P. S. Vincett, G. G. Roberts, et al., *Thin Solid Films*, 1982, 94: 171

[143] G. G. Roberts, P. S. Vincett, et al., *Solid State Commun.*, 1979, 32: 683

[144] M. I .Sluch, C. Person, M. C. Petty, et al., *Synth. Metals*, 1998, 94: 285

[145] M. Era., J. Koganemaru, T. Tsutsui, *Synth. Metals*, 1997, 91: 83

[146] T. Ostergard, A. J. Pal, H. Stubb, *Thin Solid Films*, 1998, 327-329: 712

[147] C. W. Tang, S. A. Vanslyke, C. H. Chen, *Appl. Phys. Lett.*, 1987, 51: 913

[148] C. Adachi, S. Tokito, T. Tsutsui, S. Saito, *Jpn. J. Appl. Phys.*, 1988, 27: L269

[149] C. Adachi, T. Tsutsui, S. Saito, *Appl. Phys. Lett.*, 199, 55: 1489

[150] 黄颂羽，段彩明等,*功能材料*,1994,25(4)：309

[151] L. M. Goldenberg, M. Leclerc, A. Donat-Bouillud, *Thin Solid Films*, 1998, 327

[152] M. I. Sluch, C. Person, M. C. Petty, et al., *Synth. Metals*, 1998, 94: 285

[153] 叶险峰，章献民，陈杭生，*功能材料*，1995，26(6)：488

[154] A. Dhanabalan, D. S. Dos Santos Jr., C. Mendonca, *Langmuir*, 1999, 15(13): 4560

[155] A. Dhanabalan, C. R. Mendonca, et al., *Macromolecules*, 1999, 32(16): 5277

[156] H. Tachibana, F. Sato, M. Matsumoto. *Thin Solid Films*, 2000, 372: 237

[157] R. Ricceri, A. Abbotto, A. Facchetti, et al., *Thin Solid Films*, 1999, 340: 218

[158] 叶险峰，章献民，陈杭生，*功能材料*，1995，26(6)：484

[159] 肖童，穆劲，徐旭荣等，*化学研究与应用*，1995，7(4)：413

[160] 韩奎，徐永生，马世红等. *物理化学学报*，1996，12(7)：589

[161] H. Lackmann, M. D. Foster, H. Menzel, et al., *Colloids and Surfaces A: Physicochemical and Engi neeri ng Aspects*, 2002, 198-200: 709

[162] S. Sottini, D. Grando, et al., *Materials Science and Engineering C*, 1999, 5: 167

[163] C. W. Pitt and L. M. Walpita, *Electron. Lett.*, 1976, 12, p479

[164] O. A. Aktsipetrov, E. D. Misshina, T. V. Murzina et al., *Thin Solid Films*, 1995, 256(1/2): 176

[165] 徐又一，陈元胜，徐志康,*功能材料*，1997，28(6)：629

[166] Y. Nisshikata, T. Konisshi, A. Morikawa, et al., *Polymer J.*,1990, 22: 5293

[167] C. A. N. Fernando, W. T. C. Priyankara, I. M. Dharmadasa, et al., *Renewable Energy*, 2002, 25: 69

[168] 袁锋，黎甜楷，沈涛等，*物理化学学报*，1995，11(6)：526

[169] Zhang Jie, Wang Dejun, *Thin Solid Films.*, 1997, 300: 208

[170] Li Fuyou, Zhang Jie, Huang Chunhui, et al., *J. Phys. Chem. B*, 2000, 104: 5090

[171] Yang Baifang, Zhou Yue, Cai Weili, He Pingsheng, Ruan Yaozhong, *Applied Physics Letter*, 1994, 64(11): 1445

[172] 金邦坤，季明荣，何平笙，杨碚芳，*高分子学报*，2002,(2)：208

[173] D. Brandl, C. H. Schoppmann, C. H. Tomaschko, et al., *Thin Solid Films*, 1994, 249: 113

[174] D. T. Amm, D. J. Johnson, T. Laursen, et al., *Appl. Phys. Lett.*, 1992, 61(5): 522

[175] D. J. Johnson, D. T. Amm, T. Laursen, et al., *Thin Solid Films*, 1993, 232: 245

[176] C. Fink, J. Hassmann, B. Irmer, et al., *Thin Solid Films*, 1995, 263: 213

[177] D. T. Amm, D. J. Johnson, T. Laursen, et al., *Thin Solid Films*, 1993, 242: 74

[178] N. Matsuura, D. J. Johnson, D. T. Amm, *Thin Solid Films*, 1997, 295: 260

[179] Y. Ando, T. Hiroike, T. Miyashita, T. Miyazaki, *Thin Solid Films*, 1995, 266: 292

[180] T. Tippmann-Krayer, W. Meisel, U. Hohne, H. Mohwald, *Makromol. Chem. Macromol. Symp*. 1991, 46: 241

[181] T. Faldum, W. Meisel, P. Gutlich, *Surf. Interf. Anal.*, 1996, 24: 68

[182] M. Schurr, J. Hassmann, R. Kugler, Ch. Tomaschko, H. Voit, *Thin Solid Films*, 1997, 307: 260

[183] D. M. Taylor, J. N. Lambi, *Thin Solid Films*, 1994, 243: 384

[184] D. V. Paranjape, M. Sastry, P. Ganguly, *Appl. Phys. Lett.*, 1993, 63: 18

[185] 何平笙,邹纲,方堃,*物理化学学报*,2004,20(10): 1275

[186] W. X. Lu, W. H. Guo, H. L. Zhou, P. S. He, *Langmuir*, 2000, 16(11): 5137

[187] W. X. Lu, K. Fang, H. B. Wang, W. H. Guo, P. S. He, M. R. Ji, *Thin Solid Films*, 2002, 418(2): 175

[188] G. Zou, K. Fang, P. He, H. Song, *J. Mater. Chem.*, 2002, 12: 2998

[189] 赵平,冯前进,*山西中医学院学报*,2001,2(1): 28

[190] 张军,薛群基,Langmuir-Blodgett 膜及其摩擦行为,*摩擦学学报*,1992,12(2): 97

[191] T. Ginnai, et al., *Thin Solid Films*, 1988, 180: 287

[192] 国外科技消息,1989,8: 17

[193] J. of New Traditional Technology, 1988, 233

[194] JP 89103681

[195] JP 89304080

[196] JP 89240598

[197] J. Seto, T. Nagai, C. Ishimato, et al., *Thin Solid Films*, 1985, 134: 101

[198] F. P. Bourden, L. Leben, *Phil. Trans.*, 1939, A239: 1

[199] E. Ando, Goto, K. Morimoto, *Thin Solid Films*, 1989, 180: 287

[200] R. A. Reich, D. Snyder, *Tribology Transations*, 1989, 33: 463

[201] 薛群基,张军,《分子有序体系超薄膜及其在摩擦学中的应用》, 沈阳: 辽宁科学技术出版社,1996

[202] 张平余,薛群基,刘维民,张治军,杜祖亮,*摩擦学学报*,1999,19(2): 112

[203] 张平余,薛群基,张治军,张军,杜祖亮,*摩擦学学报*,1996, 16(3): 272

[204] Zhang Jun, Xue Qunji, Du Zuliang Zhu Ziqiang, *Science in China*, 1995, 38(8): 920

[205] 袁迅道，董立新，任延志等，*物理化学学报*，1997，13(11)：1014

[206] 马国宏，杜祖亮，赵伟利，*化学物理学报*，1998，11(3)：253

[207] 刘成林，李远光，顾建华等，*化学物理学报*，1998，11(2)：156

[208] Svetlana Erokhina，Victor Erokhin，Claudio Nicolini，et al. *Colloids and Surf aces A: Physicochemical and Engineering Aspects*，2002，198 - 200：645

[209] 华炳增，胡文云，陈衍珍等，*电化学*，1997，3(3)：282

[210] A. Nitzan，*Annu. Rev. Phys. Chem.*，2001，52：681

[211] Lei Fu，Lingchao Cao，Yunqi Liu，Daoben Zhu，*Advances in Colloid and Interface Science*，2004，111：133

[212] James Worden，G. Andrew，W. Shaffer and Qun Huo，*Chem. Commun.*，2004：518

[213] S. Frank，P. Poncharal，Z. L. Wang，W. A. de Heer，*Science*，1998，280：1744

[214] M. Dorogi，J. Gomez，R. Osifchin，R. P. A. Andres，*Phys. Rev. B*，1995，52：9071

[215] D. I. Gittins，D. Bethell，D. J. Schiffrin，R. J. Nichols，*Nature*，2000，408：67

[216] X. D. Cui，A. Primak，X. Zarate，J. Tomfohr，O. F. Sankey，A. L. Moore，T. A. Moore，D. Gust，G. Harris，S. M. Lindsay，*Reproducible Measurement of Single-Molecule Conductivity*

[217] G. Xu，Z. Bao and J. T. Groves，*Lanmguir*，2000，16：1834

[218] U. Mitschke and P. Bauerle，*J. Mater. Chem.*，2000，10：1471

[219] D. Zhang，Y. Xu，L. Ding；Y. Liui and D. Zhu，*Chem. Phys. Lett.*，1999，304：236

[220] J. L. Gallani，J. Le Moigne，L. Oswald，M. Bernard and P. Turek，*Langmuir*，2001，17：1104

[221] 潘力佳，何平笙，*化学通报*，2000，(12)：12

[222] Y. N. Xia，*Annu. Rev. Mater. Sci.*，1998，28：153

[223] Q. J. Guo，X. W. Teng，H. Yang，*Adv. Mater.*，2004，16(5)：1337

[224] H. Kuhn，*Thin Solid Films*，1989，178：1